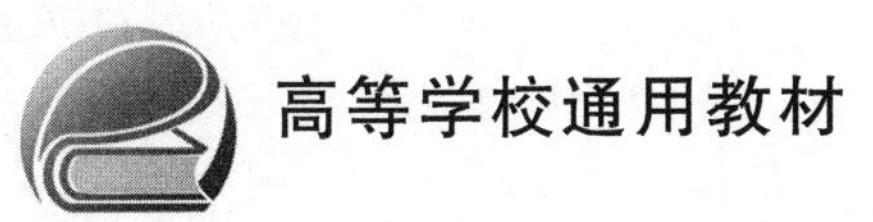

传感器与航空测试系统

袁　梅　高占宝　吕俊芳　编著

北京航空航天大学出版社

内容简介

本教材分为三个部分，共14章。第1～3章为基本理论部分，介绍有关测试技术的基本概念、测试系统的组成及分类，航空测试系统的特点；测试系统静态及动态特性的描述、指标计算及数据处理方法；常用传感器的敏感机理。第4～12章为参数测量部分，着重讲解多种参数的测量原理和特点，相应的测试系统组成、静/动态特性、误差分析和参数选择原则等。其中第4～6章介绍了和流体参数相关的压力、流量、温度测量；第7～11章介绍了和飞行参数相关的飞行高度、速度及马赫数(Ma)、迎角、总静压及总温测量、飞行姿态测量及航向测量；第12章介绍了航空航天及工业领域常用的其他参数（转速、扭矩、油量、振动、冲击及线加速度等）的测量。第13和14章为系统集成部分，重点介绍了航空机载总线、数据采集以及典型机载测试系统举例，介绍机载大气数据系统、导航系统、机载燃油测量系统、综合显示系统的原理、组成以及相关技术的发展。

本书是航空特色高等学校自动化专业检测方向专业必修课“航空测试系统”的配套教材，也适用于测试、航空航天相关专业教学，亦可供航空航天机载、地面测试系统设计、维修人员参考。

图书在版编目(CIP)数据

传感器与航空测试系统 / 袁梅，高占宝，吕俊芳编著. -- 北京 ：北京航空航天大学出版社，2022.3

ISBN 978-7-5124-3742-5

Ⅰ. ①传… Ⅱ. ①袁… ②高… ③吕… Ⅲ. ①航空—测试系统 Ⅳ. ①V21

中国版本图书馆CIP数据核字(2022)第036626号

传感器与航空测试系统

袁 梅 高占宝 吕俊芳 编著

策划编辑 蔡 喆 责任编辑 董 瑞

*

北京航空航天大学出版社出版发行

北京市海淀区学院路37号(邮编100191) http://www.buaapress.com.cn

发行部电话：(010)82317024 传真：(010)82328026

读者信箱：goodtextbook@126.com 邮购电话：(010)82316936

涿州市新华印刷有限公司印装 各地书店经销

*

开本：787×1 092 1/16 印张：26.75 字数：685千字

2022年4月第1版 2022年4月第1次印刷 印数：2 000册

ISBN 978-7-5124-3742-5 定价：79.00元

若本书有倒页、脱页、缺页等印装质量问题，请与本社发行部联系调换。联系电话：(010)82317024

前　言

著名科学家德米特里·伊万诺维奇·门捷列夫说："科学始于测量，没有测量便没有精密的科学"。测量是以确定被测对象的量值为目的的全部操作，即利用各种装置对可观测量（也称被测参数）进行定性和定量的过程。测试是具有试验性质的测量，即测量和试验的综合。测试是人们认识客观世界的一种基本方法，在日常生活、科学研究、工农业生产、交通运输、智能制造、医疗卫生、机器人、智慧城市、国防建设等军用/民用领域发挥着重大作用。测试技术的水平与发展状况反映了人类认识客观世界的能力与程度。

传感技术是测试技术的重要组成部分，也是信息技术的三大支柱之一，是人工智能、物联网的前端和基础。伴随着新原理、新材料、新工艺的产生，新型传感器不断涌现，测试技术也向集成化、多功能化和智能化方向发展。

本教材是本科生专业必修课"航空测试系统"的配套教材。"航空测试系统"课程的前身是"航空仪表"，设置于 1954 年专业设立之初，已经有 60 多年的开课历史。目前作为北京航空航天大学自动化专业检测方向的专业必修课，该课程以飞机为主要对象，以空（天）参数测量为主线，兼顾民用领域的相关参数测试，主要介绍机载测试系统的组成、原理及特点，课程内容丰富，知识面宽，专业性强，航空航天特色明显。

本教材根据北京航空航天大学自动化专业本科 2017 版教学计划制定的教学大纲进行编写，参照了由樊尚春教授、吕俊芳教授等于 2005 年编著出版的《航空测试系统》，并根据教学计划和前修课的变化，增加了常用传感器敏感机理方面的内容；与此同时，对原书章节进行了调整，补充了航空测试系统涉及的新技术。本书除适用于北京航空航天大学自动化专业检测方向的专业必修课教学外，也适用于其他相关专业教学，亦可供航空测试系统设计、维修人员参考。

本教材分为三个部分，共 14 章。第 1～3 章为基本理论部分，介绍有关测试技术的基本概念、测试系统的组成及分类，航空测试系统的特点；测试系统的静态及动态特性的描述、指标计算及数据处理方法；常用传感器的敏感机理。第 4～12 章为参数测量部分，着重讲解多种参数的测量原理和特点，相应的测试系统组成、静/动态特性、误差分析和参数选择原则等。其中第 4～6 章介绍了和流体参数相关的压力、流量、温度测量，第 7～11 章介绍了和飞行参数相关的飞行高度、速度及马赫数（Ma）、迎角、总静压及总温测量、飞行姿态测量及航向测量，第 12 章介绍了航空航天及工业领域常用的其他参数（转速、扭矩、油量、振动、冲击及线加速度等）的测量。第 13 和 14 章为系统集成部分，重点介绍了航空机载总线、数据采集以及典型机载测试系统举例，介绍机载大气数据系统、导航系统、机载燃油测量系统、综合显示系统的原理、组成以及相关技术的发展。

本书第1章由吕俊芳教授编写，第2～12章、14章由袁梅教授编写，第13章由高占宝博士编写。全书由袁梅主编并统稿。

书中如有疏漏之处，欢迎读者批评指正。

编　者

2022年1月于北京

目　　录

第1章 绪　　论

1.1 引　　言

1.1.1 测试、测量与测试系统

测量是以确定被测对象的量值为目的的全部操作，即利用各种装置对可观测量（也称被测参数）进行定性和定量的过程。测试是具有试验性质的测量，即测量和试验的综合。由于测试和测量密切相关，在实际使用中往往并不严格区分测试与测量。

测试的基本任务就是获取有用的信息，即借助专门的仪器、设备，通过设计合理的实验方法，以及进行必要的信号分析与数据处理，从而获得与被测对象有关的信息。测试是人们通过实验认识客观世界，取得实验对象的定性或定量信息的一种基本方法。

测试系统是把被测参数自动转换成具有可直接观测的指示值或等效信息的测试设备的总称，其关键部件之一是传感器。传感器是一种检测装置，能感受到被测量的信息，并能将感受到的信息，按一定规律变换成为电信号或其他所需形式的信号输出，以满足信息的传输、处理、存储、显示、记录和控制等要求。

1.1.2 测试的作用与地位

著名科学家德米特里·伊万诺维奇·门捷列夫说："科学始于测量，没有测量便没有精密的科学"。测量科学的先驱凯尔文又说："一个事物你如果能够测量它，并且能够用数字表达它，你对它就有了深刻的了解；但如果你不知道如何测量它，且不能用数字表达它，那么你的知识可能就是贫瘠的，是不令人满意的"。测量是知识的起点，也是进入科学殿堂的开端。

在当代科技的发展过程中，测试工作已处于各种现代装备系统设计和制造的前端，成为生产率、制造能力及实用性水平的重要标志。国际上工业先进国家都对测试技术、测试设备和系统投入了巨资进行开发研究并取得了惊人的发展。随着科学技术的发展，各学科领域对测试技术都提出了越来越高的要求，任何一个新的学科理论和现代装备，如果没有先进的测试技术和仪器支持，其研究、设计及试验都是不可能实现的。近年来，微电子技术和计算机技术极大地推动了测试技术和仪器的发展并使常规的测试原理和仪器设计发生了重大变化，未来还将会产生更加新颖的测试理论以及新的测试仪器和系统，在提高测试质量的同时，亦会降低测试成本。测试贯穿整个试验与测量全过程，对现代装备的性能与质量起到保证作用。

在当代信息技术的三大组成部分——测试技术、计算机技术和通信技术中，测试技术是关键和基础，而传感器则是测试技术的前端，是信息技术的源头。如果没有传感器对原始参数的准确、可靠、实时的测试，信息处理的能力再强，都没有任何实际意义。传感器在航空测试技术与系统中起着重要的作用。航空测试技术与系统关系到飞机的飞行品质与作战性能，在航空工业的发展过程中具有重要的作用。

1.1.3 测试技术的内容

测试技术的内容包括测试原理、测试方法、测试系统和测试信号的分析与处理。

1. 测试原理

测试原理指进行测试所依据的原理。比如，监测材料塑性变形与裂纹的出现，可以利用材料声发射原理。又如，在绝对零度以上的物体都会发出热辐射，利用这个特性采用相应检测器及测试系统，可以测出物体表面的温度、材料的缺陷及物体的形状。

2. 测试方法

测试方法是根据测试原理所采用的测量方法。测试方法可分为直接测量与间接测量、静态测量与动态测量、接触测量与非接触测量；也可以根据选用的测试原理不同，分为电信号检测、光信号检测、磁信号检测、声信号检测、辐射测量等。

直接测得被测量值（包括数值大小和单位）的测量方法叫直接测量，例如用直尺（游标卡尺）测量工件外形尺寸，用等臂天平测量物体的质量。但是，许多被测参数是不能直接测量的，往往需要借助一些其他的手段进行测量。常将这种通过测量与被测量有已知函数关系的其他量，进而得到该被测量值的测量方法，称为间接测量。例如，大气层外的压力随着高度而变化，通过测量大气静压力，可以利用压-高公式将其转换成高度，这种高度的测量方法，就是间接测量。

根据被测量是否随时间变化及随时间变化的程度不同，分为静态测量和动态测量。静态测量是指被测量在测量过程中是固定不变的（或是其变化程度远远小于其低阶固有频率），对这种被测量进行测量的测量方法。静态测量不需要考虑时间因素对测量的影响。动态测量是指被测量在测量过程中是随时间不断变化的，对这种被测量进行测量的测量方法。

按照测量仪器是否与被测对象相接触，可以分为接触式测量与非接触测量。例如，用水银温度计测量病人的腋下体温，属于接触式测量；而利用红外传感器进行人体辐射温度测量，就属于非接触测量。

检测信号的方法随着科学技术的发展不断发展，目前采用的方法有光信号检测（分可见光、红外、激光、X光等检测方法）、电信号检测（如采用电阻、电容、电感、压电等传感元件或电磁波进行检测）、声信号检测（包括超声、声发射、声呐、语音分析、生物语音训练等方法）、磁信号和放射性检测等。

3. 测试系统

测试总是需要借助一定的测试设备。测试系统是指能把被测参数自动转换成具有可直接观测的指示值或所需的其他等效信息的测试设备的总称。测试系统是由根据测试原理和测试方法制造或选择的设备（也包括嵌入式软件和算法）组成的。

对测试系统的基本要求是实现无失真（或误差允许范围内的）测量。这有两层含义，一是测试系统不能对被测对象造成干扰，二是测试系统的输出能够真实反映被测对象的变化。

4. 测试信号的分析与处理

通过测试系统获得的信号是信息的载体，携带着有关被研究物理过程的信息。信号分析通常指分析信号的类别、构成以及特征参数；信号处理指对信号进行滤波、变换、调制、解调、识别和估值等加工处理，以便削弱信号中多余无用分量并增强信号中有用分量，或将信号变换成某种更为希望的形式，以便比较全面、准确地获取有用信息。

信号分为确定性信号与随机性信号两大类。确定性信号分析的理论基础是傅里叶变换，特别是快速傅里叶变换(FFT)算法出现后，大大缩短了计算时间；确定性信号分析方法有模拟量及数字量两大类。模拟量分析设备可以是机械的、光学的、电子或混合式的，其中电子模拟分析设备较为普遍，如模拟滤波器、模拟频谱分析仪和模拟相关分析仪等。数字量分析设备是通过模/数转换器将连续模拟信号转换成离散数字信号，再由计算机进行分析处理的数字信号分析处理设备。随机性信号的分析理论基础是概率论、数理统计、傅里叶变换和小波变换。通常采用统计平均方法，确定有关的统计特征参数与函数，可分为以下 3 类：

① 幅值域：方差、均方值、概率密度函数和联合概率密度函数；

② 时间域：自相关函数、互相关函数等；

③ 频率域：自(功率)谱函数、互(功率)谱密度函数和相干函数等。

以上这些参数可由计算机实时显示或事后取得。

随着新的测试原理的出现，激光、红外等新型检测元件及大规模集成电路、微型计算机、数字信号处理技术等迅速发展，测试技术也不断发展完善。目前，测试技术正向着高速、实时、遥测、总线、多信息融合的方向发展。

1.1.4　测试系统的组成与分类

测试系统是测量、控制和分析实验对象各种信息的全部软件和硬件的集合。它按照测量程序的指令，进行数据采集、分析和处理，并给出被测对象的特征量，完成测量和控制任务。

测试系统由如下 6 个基本功能单元组成，如图 1.1.1 所示。它包括：

① 被测对象，即测试系统所测量的对象，被测量包括位移、速度、加速度、压力等。有时测试工作所希望获取的信息并没有直接显示在可检测的信号中，这时测试系统就必须选用合适的方式激励被测对象，使其产生既能充分表征有关信息又便于检测的信息。

② 敏感元件，从被测对象中吸取能量，并产生按某种规律随被测量变化而变化的输出量。

③ 转换元件，将一些量(如机械量等)转变为电量或是其他便于传输的物理量。初始敏感单元和变量变换单元可以合二为一，组成各种传感器。

国家标准 GB/T 7665—2005 对传感器(transducer/sensor)的定义是：能感受被测量并按一定的规律转换成可用输出信号的器件或装置，通常由敏感元件和转换元件组成。敏感元件(sensing element)，即初始敏感单元，指传感器中能直接感受或响应被测量的部分；转换元件(transducing element)，即变量变换单元，指传感器中能将敏感元件感受或响应的被测量转换成适于传输或测量的电(光)信号部分。

④ 信号调理单元，完成信号的阻抗匹配、放大、调制解调等信号的调理功能，将信号转换成适合进一步传输和处理、功率足够的形式，这里的信号转换多数情况下是电信号之间的转换，例如幅值放大、将阻抗的变化转换成电压、电流、频率的变化等。

⑤ 信号分析处理单元，接收来自调理环节的信号，并进行各种运算、分析(如频谱分析、相关分析、特征参数提取等)。

⑥ 显示、记录、传输单元，是测试系统的输出环节，用以显示记录分析处理结果的数据、图形等，以便进行进一步的分析研究，找出被测信息的规律；或是将分析处理的结果送到后续的其他系统中，参与其他系统的控制和管理。

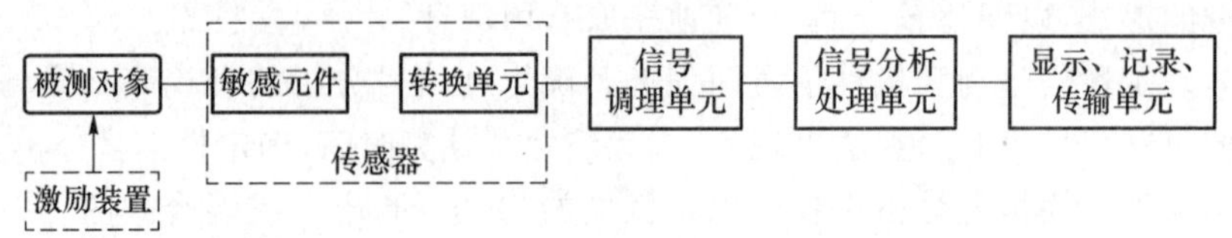

图 1.1.1　测试系统组成单元框图

根据测试系统中所处理信号类型的不同可分为模拟式和数字式两种测试系统。

模拟式测试系统如图 1.1.2 所示。

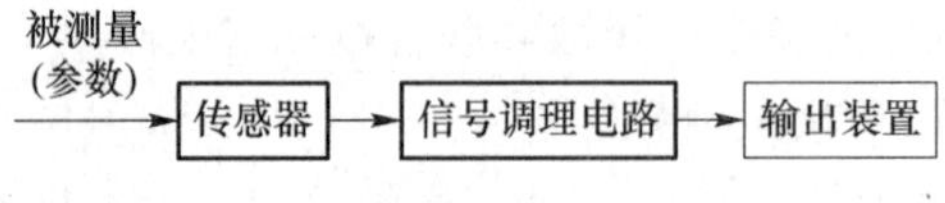

图 1.1.2　模拟式测量系统

图 1.1.2 中，传感器在系统中感受被测量(如位移、速度、加速度、压力、温度、流量等)，并将其转换成与被测量有一定函数关系的另一种物理量，转换后通常得到的是电量，为模拟信号。

信号调理电路：将传感器的输出信号进行加工、变换和处理，例如将源信号放大、变换、调制、解调、滤波线性化处理等，统称为信号的调理，调理后转换成便于传输、显示、记录和输出的信号。

输出装置：用来显示、记录被测量的大小；输出与被测量有关的控制信号，以供用户(或其他系统)使用。

模拟测试系统处理、传输和输出都是模拟信号。

数字式测试系统如图 1.1.3 所示。该系统为一种多路输入，即多参数数字式测试系统。

在数字式测试系统中，传感器和信号调理电路部分与模拟测试系统相同，一般情况下，也为模拟信号(当然也可能是数字式或谐振式传感器)。计算机前端输入接口与后端输出接口之间的信号为数字式信号。

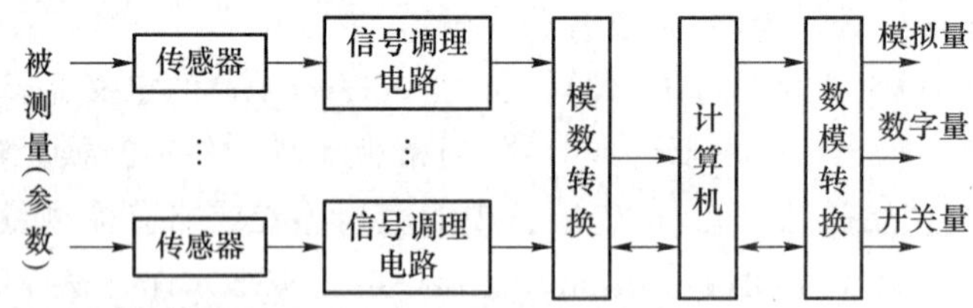

图 1.1.3　数字式测量系统

信号调理电路的作用与模拟系统基本相同，但由于计算机只能处理数字式信号，必须考虑后面输入接口的要求，往往需要增加两种功能：一要将信号放大到与输入接口中 A/D 的输入要求相匹配；二要进行预滤波，压缩频带宽度，抑制噪声或干扰中的高频分量，尽可能在满足采样定理的条件下，降低采样频率，并避免频谱混叠现象。

① 模/数转换：将模拟信号转换为数字信号，一般为数据采集卡(或采集板)，通常包含采样保持环节和模/数转换环节。

② 计算机：按设定的程序自动进行信号的采集与存储，数据的运算、分析与处理，并以友

好的界面输出、显示测量结果。

③ 数/模转换：主要将数字信号转换成外设所需的信号，供显示、记录或使用，通常包含数/模转换环节和平滑滤波环节。

数字式测试系统中传输的信号为数字式信号，具有抗干扰能力强、测量速度快、精度高和实现功能多等特点。

测试任务不同，对测试系统的要求也不一样，但在设计、综合和配置测试系统时，应考虑以下要求：

① 性能稳定：即系统的各个环节具有时间稳定性。

② 精度符合要求：主要取决于传感器、信号调节采集器等模拟变换部件。

③ 有足够的动态响应：现代测试中，高频信号成分迅速增加，要求系统必须具有足够的动态响应能力。

④ 具有实时和事后数据处理能力：能在试验过程中处理数据，便于现场实时观察分析，及时判断试验对象的状态和性能。实时数据处理的目的是确保试验安全、加速试验进程和缩短试验周期。系统还必须有事后处理能力，待试验结束后能对全部数据做完整、详尽的分析。

⑤ 具有开放性和兼容性：主要表现为测试设备的标准化。计算机和操作系统具有良好的开放性和兼容性，可以根据需要扩展系统硬件和软件，便于使用和维护。

今后的测试系统将采用标准化的模块设计，大量采用光纤作为传输总线，并用多路复用技术同时传输测试数据、图像和语音，向多功能、大信息量、高度综合化和自动化方向发展。

1.2　航空测试系统的测量对象

飞机是在大气层内飞行的重于空气的航空器，由机体、发动机、机载设备和各种附件组成。为了了解和控制飞机在飞行时所处的状态及其变化规律，保证飞行安全，并准确地完成各项复杂的飞行任务，必须随时测量以下几类参数。

1.2.1　飞机运动状态参数

飞机在空中飞行，其运动状态可用飞行速度、飞行高度、迎角、侧滑角和轨迹俯仰角、滚转角等的参数表示。介绍表示飞机运动状态的参数，必须首先介绍相关的坐标系。

1. 坐标系

当飞机在地球表面附近运动时，一方面飞机相对于地球有相对运动，同时地球相对于惯性空间也有运动，因此，描述飞机的运动状态至少需要三套坐标系，即惯性坐标系、固定在地球上的坐标系以及固定在飞机上的坐标系。若只须描述飞机相对于地球的运动，则只须两套坐标系，即固定在地球上的坐标系和固定在飞机上的坐标系。下面介绍在航空领域经常采用的坐标系。

(1) 太阳中心赤道坐标系 $I\xi_1\eta_1\zeta_1$（简称：日心惯性坐标系 I）

通过太阳中心 I 点，作黄道平面，即地球绕太阳公转运动的平均轨道平面；另作赤道平面与地球赤道平行。这两个平面的交线是 $\gamma\Omega$，如图 1.2.1(a)所示。γ 点和 Ω 点在天文学上分别称为春分点和秋分点。赤道坐标系中的坐标轴 ξ_1 沿着 $I\gamma$ 的方向，坐标轴 ζ_1 的方向与地球自转轴的方向平行，坐标轴 η_1 则与 $\xi_1\zeta_1$ 平面相垂直。这样就组成了固定在太阳中心的赤道坐标系 $I\xi_1\eta_1\zeta_1$，凡是通过 $I\xi_1$ 轴的平面称为“赤道圈”；而与 $\xi_1\eta_1$ 平面相平行的平面称为赤纬圈。一个质点在该坐标系中的位置，可以用球面坐标参数来表示，即质点 P 与 I 点的距离 R_1 及赤经 α、赤纬 δ，如图 1.2.1(a)所示。

(2) 太阳中心黄道坐标系 $I\xi_1'\eta_1'\zeta_1'$（亦简称：日心惯性坐标系 I）

该坐标的原点位置及 ξ_1' 轴的方向分别与赤道坐标系中的原点位置及 ξ_1 轴的方向相同。但 ζ_1' 轴的方向则与黄道平面垂直，η_1' 轴则在黄道平面内。一个质点在该坐标系中的位置则用 R_1、黄经 λ 及黄纬 β 三个球面坐标系来表示，如图 1.2.1(b)所示。

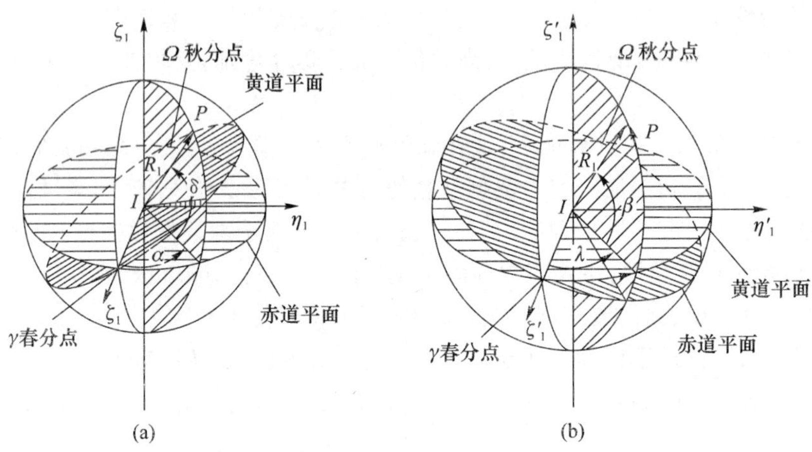

图 1.2.1　两种日心惯性坐标系

(3) 地球中心坐标系 $E\xi_0\eta_0\zeta_0$（亦称：地心惯性坐标系 E_0）

该坐标系原点 E 在地球球心处，它的按个坐标轴分别与太阳中心赤道坐标系的三个坐标轴平行，指向空间固定的方向，不随地球做旋转运动，如图 1.2.2 所示。

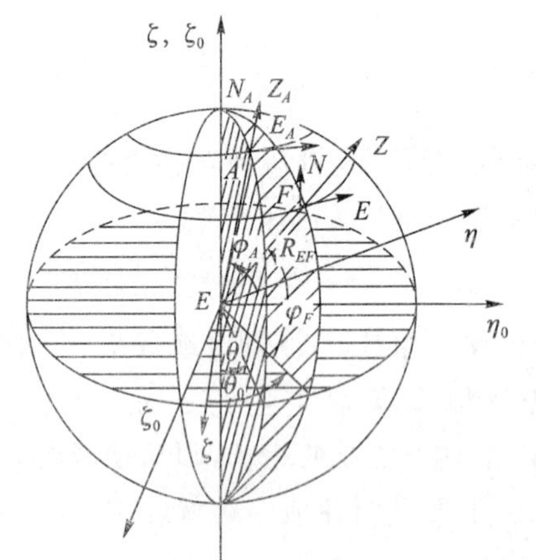

图 1.2.2　地心惯性坐标系、地心地球坐标系和地球坐标系

(4) 固定在地球上的坐标系 $E\xi\eta\zeta$（或称：地心惯性坐标系 E）

如图 1.2.2 所示，该坐标系原点 E 依然固定于地球球心处，ζ 轴沿地球自转轴，ξ 轴及 η 轴都在地球赤道平面内，且 ξ 轴指向零子午线方向，η 轴垂直于 $\xi\zeta$ 平面。一个质点 F 在坐标系中的位置则用该质点 F 与地球球心的距离 R_{EF}、经度 θ_F 和纬度 ϕ_F 来表示。

(5) 固定地球表面 A 点坐标系 $AE_AN_AZ_A'$（或称：地球坐标系 A）

如图 1.2.2 所示，该坐标系原点固定在地球表面某参考点 A（例如起飞地、目标地或轨迹上某一点），通过 A 点作地球的经度圈及纬度圈，并作 AE_A 与纬度圈相切，方向向东；另作 AN_A 与经度圈相切，方向向北；再沿地球半径方向向上做 AZ_A'。这就构成了固定在 A 点的坐标系 $AE_AN_AZ_A'$。

(6) 机体坐标系 $Oxyz$

该坐标系原点固定在飞机重心 O 处；Ox 轴沿飞机纵轴方向指向机头；Oy 轴在飞机垂直对称面内，且垂直于 Ox 轴，向上；Oz 轴垂直于 xOy 平面，向右，如图 1.2.3 所示。

2. 表示飞机运动状态的参数

飞机坐标系在所选坐标系中的运动，即飞机在所选坐标系中的运动，包括飞机坐标系原点在所选参考坐标系中的直线运动(包括线位移、线速度、线加速度)及旋转运动(包括角位移、角速度和角加速度)。图 1.2.4 表示了飞机坐标系 $Oxyz$ 相对于地平面的运动状态。表 1.2.1 给出了表示飞机运动状态的主要参数，这些参数又可以分为飞行相关参数(如飞机的飞行高度、飞行速度等)和导航相关参数(飞机的飞行姿态与航向等)。

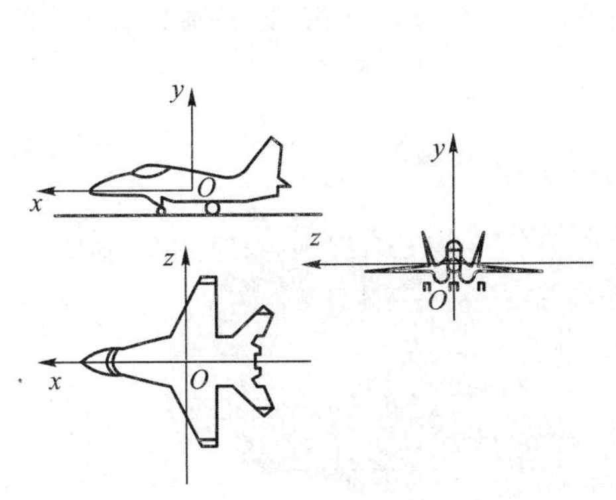

图 1.2.3　飞机坐标系

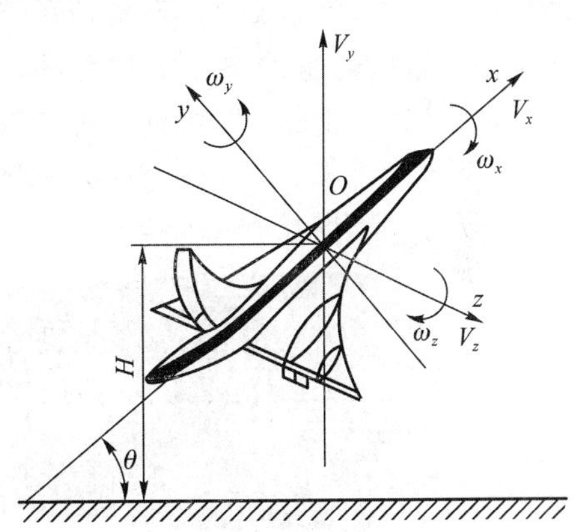

图 1.2.4　飞机在地球坐标系中的运动状态

表 1.2.1　主要飞行状态参数

飞行状态		X(纵轴)	Y(立轴)	Z(横轴)
沿轴向直线运动	距离 S	目标距离、飞过距离、航程等	各种高度、高度偏差等	
	线速度 $\frac{dS}{dt}$	地速、空速、Ma，相对接近速度等	升降速度、高度变化率等	侧滑速度
	线加速度 $\frac{d^2S}{dt^2}$	纵向加速度	垂直加速度	横向加速度
	三个方向的 S、$\frac{dS}{dt}$、$\frac{d^2S}{dt^2}$ 分别确定了飞行器的重心坐标、方位、重心速度、重心加速度等			
绕轴向旋转运动	角度 α	倾斜角、侧滑角	偏航角、各种航向角、航迹角、偏流角等	俯仰角、迎角等
	角速度 $\frac{d\alpha}{dt}$	倾斜角速度、侧滑及侧滚角速度等	偏航角速度、转弯角速度等	俯仰角速度等
	角加速度 $\frac{d^2\alpha}{dt^2}$	侧滑及翻滚角加速度	偏航角加速度、转弯角加速度等	俯仰角加速度等
	三个方向的 α、$\frac{d\alpha}{dt}$、$\frac{d^2\alpha}{dt^2}$ 确定了飞行器的运动方向、航迹、姿态等			
时间		飞行时间、续航时间、可用时间等		

1.2.2 流体状态参数

飞机在空中飞行，不仅与周围的空气产生相对运动，而且在飞行过程中对流体造成扰动、并产生压缩。许多飞行状态参数是通过测量流体的相关参数进行解算的，例如利用压力-高度公式解算飞行高度。常需要测量的流体参数包括静压力、动压力、总压，流体的温度、流量等。

1.2.3 发动机动力系统工作状态参数

发动机是飞机的动力来源，是飞机的重要组成部分。涡轮喷气发动机原理如图 1.2.5 所示。示意图中表示出了包括进气、压缩、点火燃烧、排气等工作过程所需的部件及系统。为保证发动机正常工作，还需要燃油和滑油系统，如图 1.2.6 和图 1.2.7 所示。发动机动力系统所需的测量参数包括转速、扭矩、振动(位移、速度、加速度、频率等)、冲击，以及流体介质(液体或气体)的压力、温度、流量、密度、油量等参数。

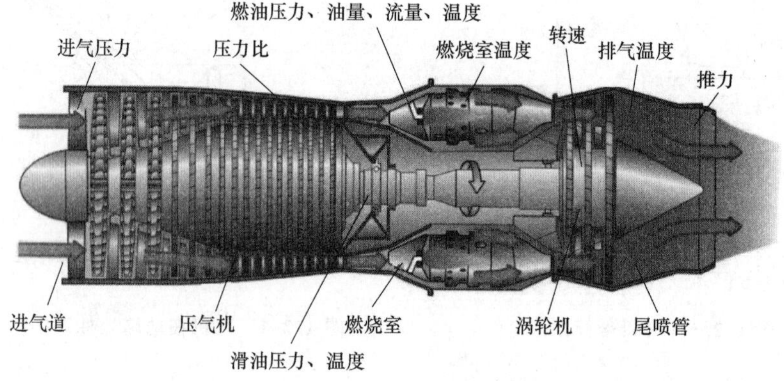

图 1.2.5 涡轮喷气发动机原理示意图

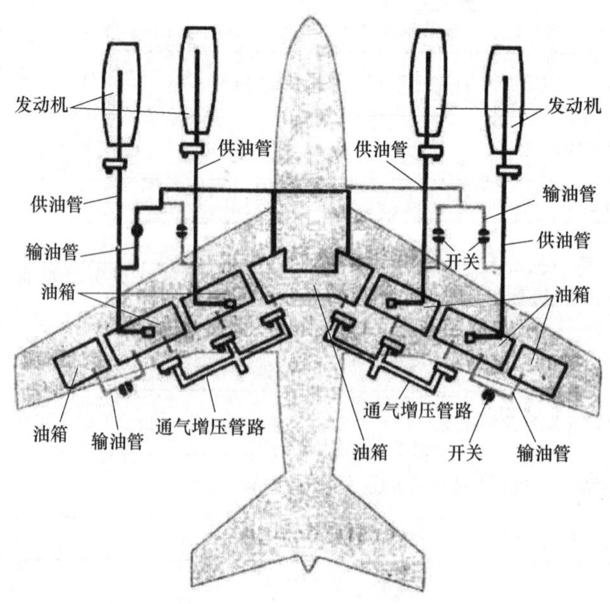

图 1.2.6 供油系统示意图

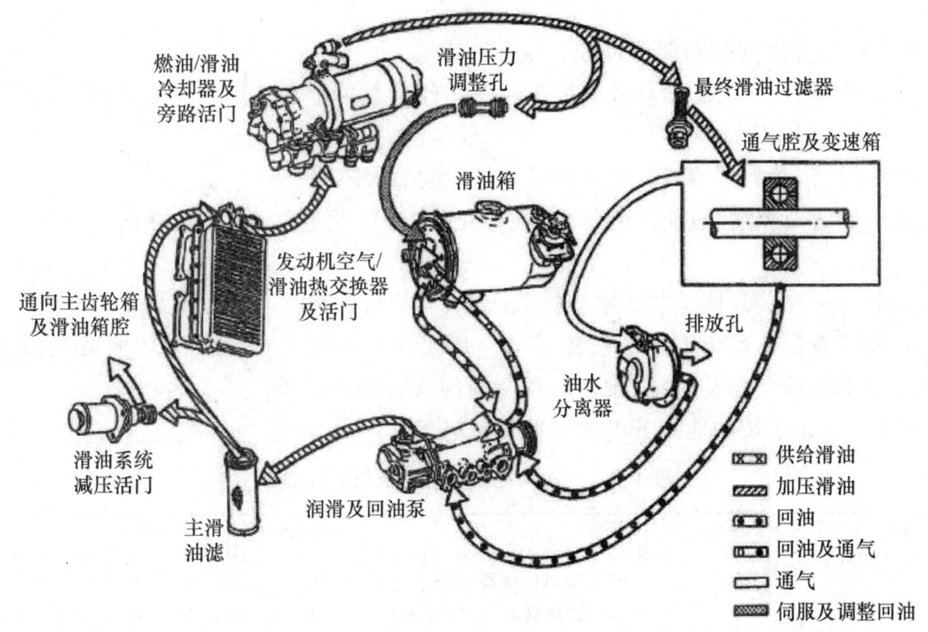

图 1.2.7 飞机发动机滑油系统组成及滑油走向示意图

1.2.4 其他参数

为了保障飞行安全及所有设备的安全可靠,还必须检测所有附件及设备的相关参数。例如,检测飞机的主要附件(如各个舵、起落架、襟翼、副翼等)等的位置或状态;利用结构健康监测技术,在线检测飞机主要结构件的受力状态等参数;各类故障(如振动、电源、火灾等)的监测和报警;安全和生命保障系统所需检测的参数等。

1.3 航空测试技术中的传感器

航空测试技术都是基于传感器实现的。作为信息获取的关键,传感器技术在航空测试系统与技术中具有核心的、主导的地位。

1.3.1 传感器的作用与分类

据统计,一架现代飞机上装备着成千上万只传感器(例如 A380 上安装各类传感器 8 000 余只,而参与整机测试的传感器多达 25 万只),分别用来测量飞行器的飞行姿态、飞行状态、导航定位参数、动力装置及燃滑油系统工作参数,测量武器与火控系统的探测参数,测量飞控、液压、电源、起落架、环控、救生、安全与防护等机载设备系统的工作参数,以及结构健康监测、预测与综合管理系统所需的各类参数。这些传感器少部分与仪表显示系统配套,供驾驶员直接了解飞行器的有关状态,其大多数用于各种装置和系统的调节与控制、系统状态的实时监测。

此外,在飞机的飞行试验以及在地面上进行的发动机试验、飞机结构强度试验、风洞试验等航空领域的试验中,也都需要大量的传感器。

通常航空测试技术中的传感器称为航空用传感器,而直接用于飞机的又可称为航空机载传感器。

航空机载用传感器按功能可以分为以下 5 大类：

① 飞行状态、飞行姿态信息及其操纵系统工作参数传感器。用于航姿系统、飞参系统、飞行控制系统。

② 导航、定位参数传感器。用于导航系统、通信系统。

③ 动力装置及燃油、滑油参数传感器。用于发动机及进气道系统、燃油管理系统和滑油系统。

④ 武器与火控参数传感器。用于机载武器、火控系统和雷达探测系统。

⑤ 其他机载设备系统工作参数传感器。用于液压系统、电气系统、环控系统、起落架系统、救生系统和安全与防护系统、设备的预测与健康管理系统等。

表 1.3.1 列出了按功能划分的航空机载传感器。

表 1.3.1　按功能划分的航空机载传感器

功　能	类　别	传感器名称
飞行状态、飞行姿态及其操作系统工作参数传感器	大气数据级飞行状态参数	空气压力传感器，动压传感器，静压传感器，总压传感器，总温传感器，气压高度(H)传感器，定高高度差(ΔH)传感器，升降速度($\mathrm{d}H/\mathrm{d}t$)信号器，真空速(V)传感器、指示空速V_i 及失速、过速告警传感器，马赫数(Ma)传感器及信号器，迎角(α)传感器，临界迎角信号器，侧滑角(β)，过载加速度传感器，大气数据传感器(含 H，$\mathrm{d}H/\mathrm{d}t$，ΔH，V，V_i，Ma，α，β 信息)
	航姿状态参数	姿态角(俯仰角、倾斜角)传感器——地平仪、航向角传感器、全姿态角组合陀螺传感器、角速率传感器
	操作系统工作参数	操纵控制面(升降舵、方向舵、副翼、襟翼安定面、调整片、扰流板等)位置传感器、操纵传动杆位置传感器、驾驶杆力传感器
导航、定位传感器	导航、定位参数	惯导组件(内含：角速率传感器、三轴向加速度传感器)； 气压高度传感器、真空速传感器、地速传感器、航向传感器、无线电高度传感器、目标方位距离探测器、磁传感器
动力装置及燃油滑油参数传感器	发动机参数	进气压力传感器、进气温度传感器、进气道结冰信号器、斜板位置传感器、调节锥位置传感器、压气机转速传感器、涡轮转速和扭矩传感器、压力比传感器、气缸头温度传感器、振动传感器、喘振传感器、火焰探测器、涡轮后温度传感器、涡轮叶片温度传感器、排气温度传感器、油门杆位置传感器、导向片位置传感器、喷口位置传感器
	燃油参数	油量(液位)传感器、压力传感器、温度传感器、密度传感器、介电常数补偿传感器、燃油温控开关、燃油流量传感器
	滑油参数	滑油油量传感器、压力传感器、温度传感器、金属屑末传感器
武器与火控参数传感器	武器制导参数	红外传感器、雷达探测器、激光接收机、图像传感器
	发射条件与发射修正参数	气压传感器、吊挂载荷传感器、机翼扭矩及应变传感器
	导航与飞控参数	惯导组合(含角速率传感器、三轴向加速度传感器)、大气数据组件(含气压高度、空速、Ma 升降速度、迎角、侧滑角等参数)、无线电高度传感器、动力调谐陀螺

续表 1.3.1

功 能	类 别	传感器名称
其他机载设备系统工作参数传感器	液压系统参数	液压油压力传感器、温度传感器、液面信号器
	电源系统参数	发电机过热告警信号器、蓄电池温度告警信号器、蓄电池放电告警信号器、低压探测器
	环控系统参数	座舱压力传感器、温湿度传感器、空气耗量传感器、气体成分传感器
	起落架系统参数	起落架位置传感器、轮速传感器、刹车脚蹬位置传感器、刹车压力传感器
	救生系统参数	弹射座椅状态(高度、空速、姿态)传感器、氧气压力传感器、自动开伞器
	安全与防护系统参数	翼面温度传感器、结冰信号器、舱门位置传感器、烟雾探测器、火警(过热)传感器

航空机载传感器按被测量性质分类可以分为两类。

① 物理量传感器:包括压力、力、力矩、位移、速度、加速度、角位移、转速、温度、液位、密度、流量、电量、物态、方位、距离和地理位置传感器等。

② 化学量传感器:主要包括成分传感器、烟雾探测器和火焰探测器等。

本教材有针对性地重点介绍、讨论几种典型的航空测试系统及其所应用的传感器。

1.3.2 传感器的重要性和地位

机载传感器安装在飞行器的各个部位,应用在飞行器的各个不同系统中。一方面,同一性质的传感器可能要应用在不同的系统和部位;另一方面,在余度设计中,同一系统、同一部位有可能设置多个相同(或不同)的传感器,以保证系统工作的可靠性与安全性。

在飞控系统中,来自大气数据、飞行状态和飞行姿态的测量信号,都要用于飞行控制律的参数调节,关系到飞行品质的优劣和飞行安全。如来自大气压力受感器和大气数据传感器的静压信号,若出现 1 mmHg(约 133 Pa)的测量误差,在 10 000 m 高空,则会造成 34 m 的气压高度误差,这会严重影响空中交通高度分层管理和飞行安全。在军机作战中,会失去占据有利高度的机会。

在导航系统中,正是依靠各种导航定位传感器提供的准确信息,才能准确引导飞行器到达预定的目标。

发动机传感器除提供显示系统监视发动机工作状态外,更要提供发动机控制系统的重要调节参数。传感器工作可靠,是保证在各种飞行条件下发动机实现稳态控制、过渡控制和安全限制的必要条件,是使发动机推力保持和接近最佳状态的必要保证。从另一方面看,传感器的错误信号,不仅会造成错误的判读,甚至会造成错误的控制,导致严重后果。例如,滑油压力温度传感器的误报警,会导致发动机被迫停机。火焰探测器的误判,会提供错误的控制信号,导致加力燃烧室工作异常。温度传感器的测量值偏低 2%,将导致发动机在超温状态下工作,严重影响发动机的工作寿命。

在某种意义上说,传感器技术水平制约着发动机性能的提高。发动机传感器属于特殊传感器,应能耐受极限试验的考核,真正适应发动机严酷的工作环境条件。没有耐高温、耐振动的传感器,就无法感受和判断发动机的真实工作状态,并进一步达到正确的调节控制。

航空测试技术中的传感器是航空测试系统的关键。准确、实时、可靠的参数测量,是所有机载设备/系统实施正确控制的前提和最基本的条件。航空用传感器的质量和水平直接决定了航空测试系统的功能和质量。因此,应当把航空用传感器技术研究放在十分重要和突出的地位。

1.4 航空测试系统的特点

航空航天领域的测试技术及系统与地面上采用的常规测试技术及系统比较起来,具有独特之处。

1. 被测参数种类繁多

为了了解和控制飞机、发动机及机载设备的状态及其变化,保证安全、准确地完成各项飞行任务,需要实时测量表征飞机运动参数、发动机工作状态的参数和各种机载设备工作状态的参数。为了保证测量的准确、可靠,在同一架飞机上为了测量同一被测参数,往往需要同时采用多种不同测量原理(或多套相同测量原理)的测试系统,并应保证所得到的测量数据是最佳结果。当某套测试系统出现故障时能自动报警,并能自动以正确信号切换该系统所提供的信号。

2. 被测参数随时间的变化规律复杂

当飞机在良好的气象条件下作巡航飞行时,表示飞机运动状态和发动机工作状态的某些参数可能为常值,或以缓慢的速度变化,或以一定的幅值和周期作周期性变化;而在恶劣气象条件下,或在空战中,某些被测参数却会随时间急剧地改变,也难以完全重复再现,这时就更需要测试系统提供准确、可靠的测试信号。

3. 被测参数的交联设备多,信号流复杂

在现代飞机上有几百个参数需要测量,而测相同参数所需的设备可能是不同的,例如其中某些参数既要送往驾驶舱中显示、供驾驶员了解飞机所处的状态,以操纵飞机完成飞行任务;又要送往自动驾驶系统,以便按预期的规律自动控制发动机的工作状态,或自动操纵飞机飞行;同时,还要送往故障监测报警系统中进行记录和相应的分析比较,以便判断是否存在着潜伏的危险,并及时告诉乘务人员所应采取的对策。

另一方面,在现代飞机上对于同一信号来说,有的用户需要所测信号为模拟信号,有的用户却需要所测信号为数字信号。

4. 被测参数的综合显示

以前飞行人员进行人机对话的主要途径是观察各种仪表的显示。若要将每个被测参数都各用一个仪表显示出来,则驾驶舱里需要安装上百个仪表,如图 1.4.1 所示,拥挤不堪。在使用空间分割式仪表时(简称空分制仪表,即每个仪表占用固定的空间),对于驾驶员来说,既要操纵飞机和发动机,又要观察如此众多的仪表,这实在是一个颇为沉重的负担。因此,要尽可能减小每个仪表的体积、质量,同时要求尽可能地增强每个仪表的功能以减少仪表的数目,因而相继出现了很多类型的组合仪表。早期的组合仪表大多是将用不同测量原理测量同一参数的几个仪表或是表示某一对象工作状态所需的有关参数的几个仪表组装在一个表壳中。在微电子技术和计算机技术获得广泛应用的今天,飞机上广泛采用电子综合显示系统,如图 1.4.2 所示。在飞机座舱里由六块显示屏代替了布满仪表舱各处的单个显示仪表。这种采用时间分割的形式、在不同的任务阶段在相同的显示器上显示不同信息的方式又叫时分制仪表阶段,此时，电子综合显示系统的主要特点是：

① 信息量大、综合化程度高，它把完成某种任务所需的信息集中于同一显示器中进行形象、直观地显示，并能根据不同的飞行阶段(或飞行任务)显示所需的信息。

② 显示系统与各类检测、控制系统相互交联，能相互提供所需的信息。

图 1.4.1　早期飞机座舱仪表板(空分制阶段)

图 1.4.2　飞机电子综合显示仪表板(时分制阶段)

5. 航空仪表的使用环境条件恶劣

(1) 温　度

地球表面附近空气的温度随纬度和季节不同，可在 －60～＋60 ℃间变化；地球表面空气的温度还随高度而改变，图 1.4.3 表示出了当标准海平面的大气温度为＋15 ℃时大气温度随高度的变化曲线。另一方面，当飞机以高速飞行时，由于空气与飞机表面的摩擦和阻滞会在飞机表面产生高温。可见航空仪表的使用环境温度变化剧烈，其变化范围为－60～＋60 ℃。

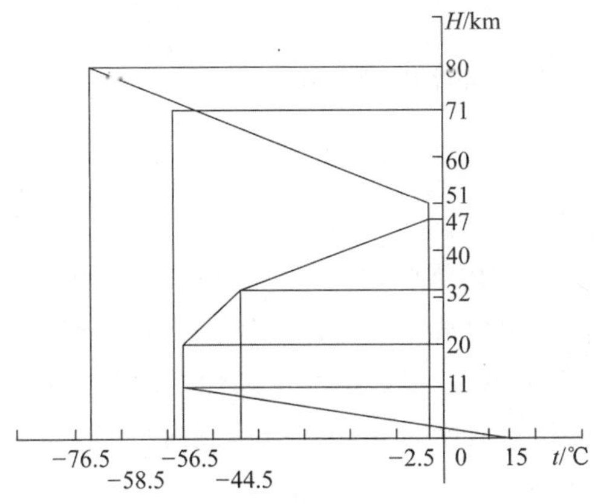

图 1.4.3　大气温度与高度的关系

(2) 空气静压和密度

空气的静压和密度随高度增高而降低，如图 1.4.4 所示。他们的改变将会影响仪表的电气、机械性能。

例如在标准海平面上大气压力为 101 325 Pa；而飞行高度为 20 km 时，大气压力降至 5 466 Pa；高度为 30 km 时，气压将为 1 127.9 Pa，高度为 60 km 时，气压将为 20 Pa；高度为 100 km 时，气压仅为 0.133 322 Pa。

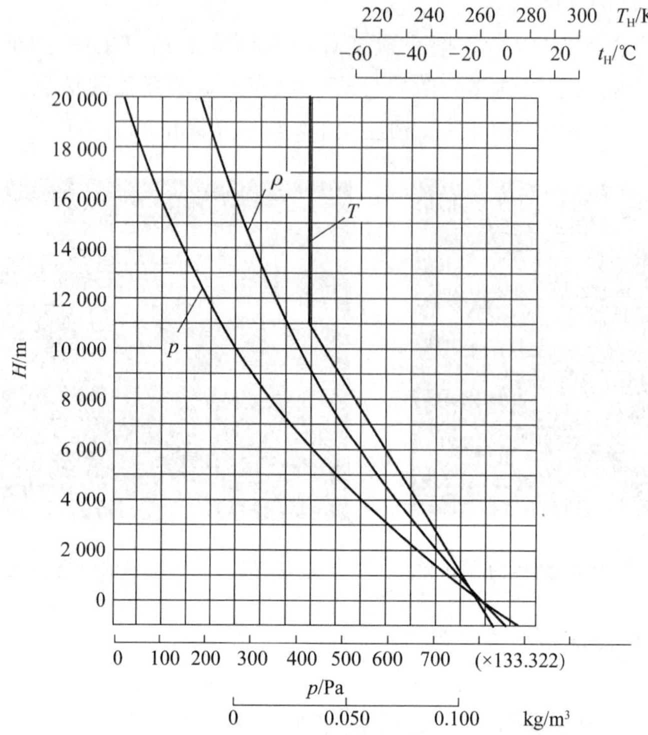

图 1.4.4 大气压力、密度与高度的关系

在进行航空仪表与测试系统设计时应充分考虑到大气压力和密度的改变对电气和机械性能所带来的影响。

(3) 湿 度

空气中水蒸气的含量一般用相对湿度来表示：

$$\varphi=\frac{q}{Q}\times 100\% \tag{1.4.1}$$

式中：φ——相对湿度(%)；

Q——某一温度下单位体积内饱和水蒸气的含量(kg/m^3)；

q——同一温度下单位体积内水蒸气的含量(kg/m^3)。

空气湿度较高时，零件会生锈，使仪表电气绝缘性能降低。基于航空飞行器的工作特点，航空仪表及测试系统应能在相对湿度为 0～100%范围内长期正常工作。

(4) 振动、冲击和线加速度

飞行中的空气动力及发动机的运转，将会使飞机各部分产生相应的振动，其振动频率范围为 10～300 Hz，最大振幅可达 1 mm，最大振动加速度可达 100 m/s^2。当飞行中爬升、俯冲、起飞、着陆、加速或减速时，飞机的线加速度可达±200 m/s^2，在飞机起飞、着陆时，飞机各部分将承受巨大的冲击，其最大冲击加速度可达 450 m/s^2。若设计时未考虑周到或未采取相应的减振或隔振措施，轻则会使仪表引起附加误差，重则会使仪表损坏。

(5) 电 源

飞机上的基本电源为直流 27 V 和交流 400 Hz，115 V(或 36 V)。但它们的稳定度一般为±5%～±15%。若仪表或测试系统中欲采用其他种类或精度的电源，则应自行考虑。

(6) 其　他

除上述因素外，航空仪表及测试系统还需考虑防盐雾、防霉、防水及长期存储等因素。

思考题与习题

1.1 举例说明测试的重要性。

1.2 简述测试技术研究的基本内容。

1.3 对测试系统的基本要求是什么？如何理解无失真测量？

1.4 设计、实现测试系统时，主要应考虑哪些方面？

1.5 研究飞机在惯性坐标系中的运动状态时，至少要用到哪些坐标系，为什么？

1.6 简要说明航空测试系统的特点。

1.7 从信息流的角度说明传感器是测试系统中的关键部分。

1.8 航空机载用传感器主要用于飞机的哪些系统？

第 2 章　测试系统的特性与指标

本章主要介绍测试系统的组成和分类，测试系统的特性及描述方法，如何建立测试系统的静态、动态特性方程，以及测试系统静态、动态特性的评价指标。

2.1　测试系统的组成和分类

测试系统可以用不同的分类方法将其分类，但无论是何种测试系统，均可以按照被测参数的多少，将其分为单参数测试系统和多参数测试系统。再根据测试信号在测试系统中的传递关系，进一步将单参数测试系统分为开环测试系统与闭环测试系统；将多参数测试系统分为多输入/单输出系统与多输入/输出系统。单参数测试系统是研究有关测试技术及系统的基本概念的基础，也是组成多参数测试系统的基础，是本章研究的重点。

2.1.1　单参数开环测试系统

单参数开环测试系统的特点是测试信号在测试系统中仅单方向传递，位于后面的测量环节的输出信号不会返回去作为前面的测量环节的输入信号。单参数开环测试系统又可以分为串联测试系统和并联测试系统。

单参数串联测试系统中测试信号在各个功能元件间的传递关系如图 2.1.1 所示。该结构方块示意图说明，单参数串联测试系统中各个功能元件（也可称为测量环节）按相同的信号流向串联而成。

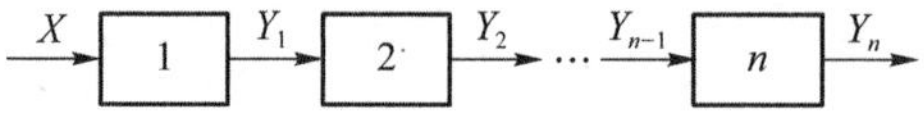

图 2.1.1　单参数串联测试系统方块图

单参数并联测试系统中测试信号在各个功能元件间的传递关系如图 2.1.2 所示。该结构方块示意图说明，单参数并联测试系统中各个测量环节按相同的信号流向并联而成，且各个测量环节有相同（或不同）的输入，而测试系统的输出为各个测量环节输出的代数和。

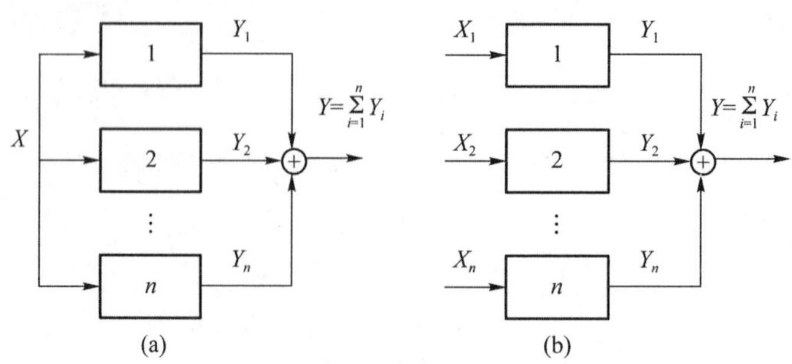

图 2.1.2　单参数并联测试系统方块图

2.1.2　单参数闭环测试系统

单参数闭环测试系统是利用反馈控制理论组成的测试系统，根据反馈信号与输入信号间的相位关系，可分为利用负反馈原理组成的测试系统和利用正反馈原理组成的测试系统。

利用负反馈原理组成的测试系统的信号在各个测量环节间的传递方式如图 2.1.3 所示。图 2.1.3(b)中，环节 1、2 可分别由图 2.1.3(a)中单个测量环节或多个测量环节串联而成。组成环节 1 的串联通路称为正馈回路；组成环节 2 的串联通路称为反馈回路。该结构方块示意图表明，利用负反馈原理组成的单参数测试系统中，各测量环节按相同的信号流向串联而成，并且它将输出信号的一部分或全部反馈回去减弱输入信号。

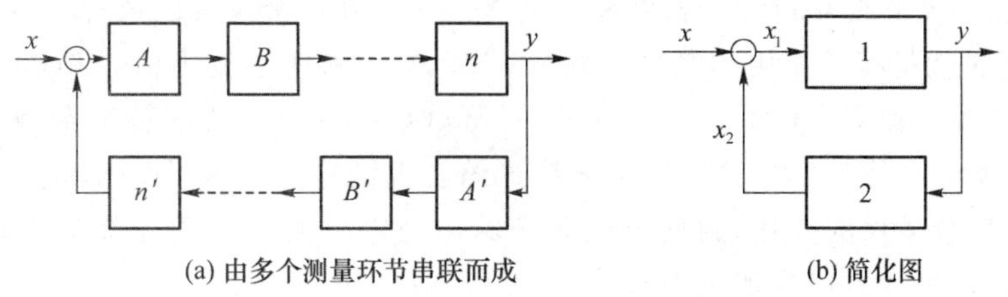

图 2.1.3　负反馈测试系统方块图

利用正反馈原理组成的测试系统中，测试信号在各个测量环节间的传递关系如图 2.1.4 所示。该系统中各个测量环节按相同的信号流向串联而成，并且它将输出信号的一部分或全部反馈到输入端以增强输入信号。

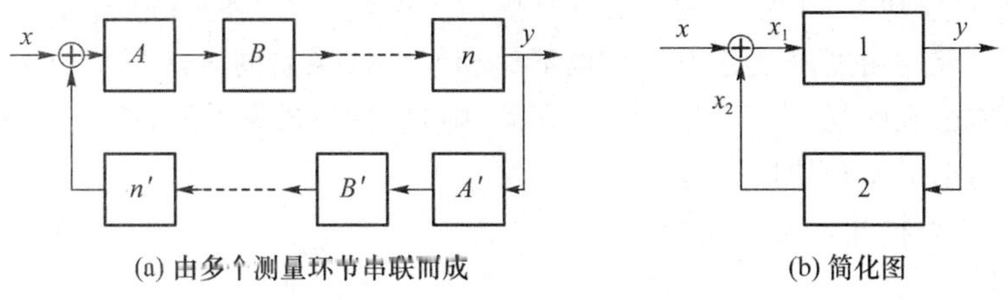

图 2.1.4　正反馈测试系统方块图

2.2　测试系统静态特性

测试系统的静态特性是指被测参数为常值且系统的输出达到稳定状态时测试系统输入和输出之间的函数关系。该函数关系不随时间改变，通常可以用解析法、图解法、数据表三种方式来表示测试系统所具有的静态输入/输出之间的关系。解析法表示的静态特性又称作静态特性方程。

2.2.1　测试系统的静态特性一般描述

若测试系统或某测量环节的静态输入/输出关系可以用解析式表示为

$$y = f(x) = \sum_{i=0}^{k} a_i x^i \tag{2.2.1}$$

则称此式为该测试系统或测量环节的静特性方程。式中：a_i——测试系统的标定系数，反映了系统静态特性曲线的形态。

当式(2.2.1)写为

$$y=a_0+a_1x \tag{2.2.2}$$

时，系统的静态特性为一条直线，称a_0为零位输出，a_1为静态传递系数(或静态增益)。通常测试系统的零位是可以补偿的，使系统的静态特性变为

$$y=a_1x \tag{2.2.3}$$

这时称测试系统输入/输出为线性关系；否则即为非线性关系。

2.2.2 测试系统的静态误差

描述事物状态及其变化过程的被测参数在客观上存在一个真实的值，简称被测量的真值，记为x_t；对其测量就是将它作用于测试系统中，并以测试系统的输出值y_t(或称响应值、实测值、指示值等)来表示被测真值的大小。因此，对测试系统的根本要求就是希望通过它能够无失真地给出被测量的大小。由于实际测试系统的实现结构及参数、测量原理、测试方法不完善，或由于使用环节条件的变化，致使测试系统给出的输出值y_a不等于无失真输出值y_t。通常定义它们之间产生的差值为测试误差，即

$$\Delta y=y_a-y_t \tag{2.2.4}$$

测试系统在测量过程中产生的测试误差的大小是衡量测试系统、测试技术水平的重要技术指标之一。

1. 误差的分类

误差问题在科学研究、工程实践以及日常生活中得到了人们的普遍关心与研究，但由于目的不同，关心与研究的角度以及分类方法也不尽相同。按误差的表达形式可分为绝对误差和相对误差；按误差出现的规律可以分为系统误差、随机误差、过失误差；按误差产生的原因可以分为原理误差、构造误差和使用误差。

(1) 绝对误差与相对误差

1) 绝对误差

测试系统的绝对误差是指被测参数的给出值y_a与相应的真值y_t之间的差，如式(2.2.4)所示。

测试系统的给出值是指包括其输出值、指示值或利用有关模型计算得到的近似值；真值则是指无失真测试系统对被测参数进行测量时，它所应具有的输出值。

在实际测量中，由测试系统得到的是实际的输出值y_a，而不是所希望得到的真值y_t。如果想知道真值y_t的大小，不仅需要知道测试系统的实际输出值y_a，还应知道其误差Δy，然后由式(2.2.5)来确定真值y_t，即

$$y_t=y_a-\Delta y \tag{2.2.5}$$

习惯上，常把与绝对误差大小相等、符号相反的量称为修正量，以Δy_c表示，则有

$$\Delta y_c=-\Delta y=y_t-y_a \tag{2.2.6}$$

于是可得

$$y_t=y_a+\Delta y_c \tag{2.2.7}$$

为了便于获得各种主要被测参数的真值，统一计量标准，各国标准计量局和国际有关机构都设立了各种实物基准和标准器，并指定以它们的数值作为相应被测参数的近似真值，还规定

一切测试系统的实测值均分别与其比较，以确定其误差。这种确定测试系统误差的过程称为标定或校准。

2）相对误差

测试技术中将绝对误差与同量纲的约定值的百分比称为相对误差，根据所取约定值的不同，可分别定义为如下 4 类。

① 标称相对误差

$$\xi_s=\frac{\Delta y}{y_t}\times 100\% \tag{2.2.8}$$

② 实际相对误差

$$\xi_a=\frac{\Delta y}{y_a}\times 100\% \tag{2.2.9}$$

③ 额定相对误差

$$\xi_{ra}=\frac{\Delta y}{y_{\max}-y_{\min}}\times 100\% \tag{2.2.10}$$

式中：$y_{\max}$，$y_{\min}$——测试系统输出的最大值与最小值。

④ 最大额定相对误差

$$\xi_{\max}=\frac{\Delta y_{\max}}{y_{\max}-y_{\min}}\times 100\% \tag{2.2.11}$$

测量工程中，常用最大额定相对误差 $\xi_{\max}$ 表示具有线性特性的仪器仪表或测试系统的精度等级。例如，某仪器的精度为 0.1 级，则表明该仪器的最大额定相对误差为

$$\xi_{\max}=\frac{\Delta y_{\max}}{y_{\max}-y_{\min}}\times 100\%=0.1\% \tag{2.2.12}$$

由于 $y_a>\Delta y$，且有 $y_t\approx y_a$，因此标称相对误差与实际相对误差之间的差别不大，在实际使用时可以不加以区别，可相互替代。

(2) 系统误差、随机误差与过失误差

1）系统误差

在测量过程中，如果测量误差保持不变，或按一定规律变化，则称这类误差为系统误差或称确定性误差。按误差值表现特点，可将其分为恒值误差和变值误差。恒值误差的数值大小和符号在整个测量过程中均保持不变。变值误差可按其误差数值及符号的变化规律分为线性误差、周期性误差和按复杂规律变化的误差。

产生系统性误差的主要原因有：

① 原理误差　又称方法误差，是因测量某参数时所依据的理论或测量原理或测量方法不完善所引起的误差。例如，理论公式推导过程中的近似假设或忽略，测量时忽略了某些因素的影响而进行了近似测量，测量装置对被测参数的干扰等。

② 构造误差　由于测试系统的构造、材料、制造、装配、调整工艺等方面的不完善所引起的误差。

③ 设备误差　由于测量所使用的仪器、设备等本身不完善，或使用、调整不当所引起的误差。

④ 环境误差　由于外界环境条件，如环境温度、湿度、大气压的改变以及环境干扰振动的产生引起的误差。

⑤ 人员误差　由于测量人员生理的局限性及习惯性所造成的误差。它虽因人而异，但对同一人同一条件下却有一定的规律性。

系统误差一般是有规律性的，原则上可以修正或消除。在测量中，系统误差的大小表明测量结果偏离真值的程度，系统误差越小，说明测量结果越准确。

2）随机误差

随机误差又称偶然误差。在相同的条件下对同一参数进行多次重复测量时，所得各次测量值的误差，其大小和符号各不相同，且变化无确定性规律，但其平均值却随着测量次数的增加而趋于零。这种误差称为随机误差或偶然误差。

产生随机误差的原因与产生系统误差的原因相同，只是由于变化因素太多，对测量影响太复杂，以致人们尚未完全认识，并未掌握其变化规律。

对于任何一次测量，其随机误差总是不可避免的，也无一定规律可循。但若在相同条件下对同一参数进行多次重复测量，出现的随机误差，就其总体来说，却服从于一定的统计规律，可以用概率统计的方法计算出它对测量结果的影响。随机误差决定了测试系统的精密度，随机误差越小，测量结果的精密度越高。

系统误差与随机误差之间并不存在不可逾越的鸿沟。随着人们对误差来源及其变化规律的认识的深化，就有可能把以往认识不到而归于随机误差的某些误差明确为系统误差；而在认识不足时，就可能把系统误差当成随机误差。

3）过失误差

过失误差又称粗大误差。这是由于测量过程中，测量者在操作、读数、记录、计算等过程中粗心大意所造成的一次性较大的误差。这类误差在合理判断后，应予以舍弃。

2. 单参数测试系统静态误差分析

单参数测试系统静态特性方程可以描述为

$$y=f(a_0,a_1,a_2,\cdots,a_n,x) \tag{2.2.13}$$

式中：x——测试系统的输入被测量；

y——测试系统的输出量；

$a_0,a_1,a_2,\cdots,a_n$——由测试系统工作原理、结构参数、材料、使用环境条件所确定的系数。

在设计、制造和使用测试系统时，总是力图使系数$a_0,a_1,a_2,\cdots,a_n$在任何情况下均能保持不变，但在工程实践中要做到这一点却是非常困难的。例如，机械元件的结构参数、弹性元件的刚度、电阻元件的阻值等均随温度而变化，这些就引起$a_0,a_1,a_2,\cdots,a_n$中某些系数的变化，于是测试系统的静态特性方程将偏离理论特性方程，两者之间就会造成误差。此外，式(2.2.13)描述的测试系统的静态特性是在没有考虑各有关环节输入端与输出端可能存在的干扰因素的情况下得到的，但在实际测试过程中，由于存在着诸如摩擦力(矩)、零位输出、间隙等干扰因素，这些都会使测试系统的静态特性偏离理论方程。

考虑系数a_i产生微小偏差Δa_i，则利用式(2.2.13)可得相应的误差为

$$\Delta y=\sum_{i=0}^{n}\frac{\partial f}{\partial a_i}\Delta a_i \tag{2.2.14}$$

式中：$\frac{\partial f}{\partial a_i}\Delta a_i$——测量环节系数$a_i$变化所引起的测试系统输出的变化，也即相应的测量误差。

2.3　测试系统的静态标定

测试系统的静态特性是通过静态标定或静态校准的过程获得的。

静态标定就是在一定的标准条件下，利用一定等级的标定设备对测试系统进行多次往复测试的过程，如图 2.3.1 所示。

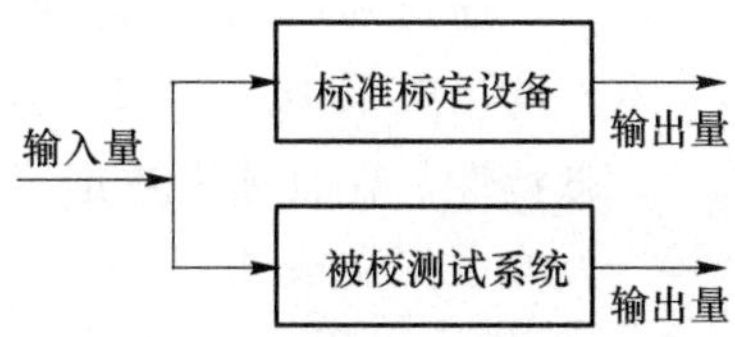

图 2.3.1　测试系统的静态标定

2.3.1　静态标定条件

静态标定的标准条件主要反映在标定的环境和所用的标定设备上，其中对标定环境的要求是：

① 无加速度、无振动、无冲击；

② 温度为 15～25 ℃；

③ 相对湿度不大于 85 %；

④ 大气压力为 0.1 MPa。

对所用的标定设备的要求是：

当标定设备和被标定的测试系统的确定性系统误差较小或可以补偿，而只考虑它们的随机误差时，应满足如下条件：

$$\sigma_s \leqslant \frac{1}{3}\sigma_m \tag{2.3.1}$$

式中：σ_s——标定设备的随机误差；

σ_m——被标定的测试系统的随机误差。

如果标定设备和被标定的测试系统的随机误差比较小，只考虑它们的系统误差时，应满足如下条件：

$$\varepsilon_s \leqslant \frac{1}{10}\varepsilon_m \tag{2.3.2}$$

式中：ε_s——标定设备的系统误差；

ε_m——被标定的测试系统的系统误差。

2.3.2　测试系统静态特性的建立

在上述条件下，在标定的范围内（被测量的输入范围），选择 n 个测量点 x_i，$i=1,2,\cdots,n$；共进行 m 个循环，于是可以得到 $2mn$ 个测试数据。

正行程的第 j 个循环、第 i 个测点为（x_i，y_{uij}），反行程的第 j 个循环，第 i 个测点为（x_i，y_{dij}），$j=1,2,\cdots,m$，为循环数。

对上述(x_i, y_{uij})，(x_i, y_{dij})进行处理便可以得到测试系统的静态特性。

应当指出：n 个测点 x_i 通常是等分的，根据实际需要也可以是不等分的。同时第一个测点 x_1 就是被测量的最小值 $x_{\min}$，第 n 个测点 x_n 就是被测量的最大值 $x_{\max}$。

对于第 i 个测点，基于上述标定值，所对应的平均输出为

$$\overline{y_i} = \frac{1}{2m}\sum_{j=1}^{m}(y_{uij} + y_{dij}), \qquad i = 1,2,\cdots,n \tag{2.3.3}$$

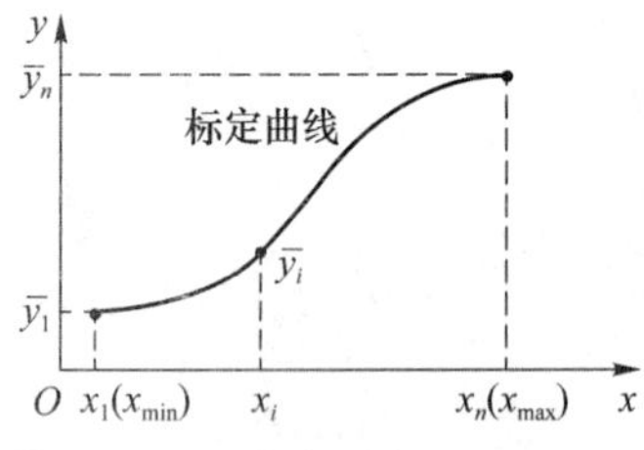

图 2.3.2　测试系统的标定曲线

通过式(2.3.3)得到了测试系统 n 个测点对应的输入输出关系$(x_i, \overline{y_i})$$(i=1,2,\cdots,n)$，这就是测试系统的静态特性。在具体表述形式上，可以将 n 个点$(x_i, \overline{y_i})$用有关方法拟合成式(2.2.1)的曲线来表述，如图 2.3.2 所示，也可以用表格、图来表述。计算机测试系统一般直接利用上述 n 个离散的点进行分段(线性)插值来表述测试系统的静态特性。

2.4　测试系统的主要静态性能指标及其计算

2.4.1　测量范围

测试系统所能测量到的最小被测量(输入量)值 $x_{\min}$ 与最大被测量(输入量)值 $x_{\max}$ 之间的范围称为测试系统的测量范围，即$(x_{\min}, x_{\max})$。

2.4.2　量　程

测试系统测量范围的上限值 $x_{\max}$ 与下限值 $x_{\min}$ 的代数差 $x_{\max}-x_{\min}$ 称为量程。例如，一个温度测试系统的测量范围是－60～＋125 ℃，那么该测试系统的量程为 185 ℃。

2.4.3　静态灵敏度

测试系统被测量的单位变化量引起的输出变化量称为静态灵敏度，如图 2.4.1 所示。

$$S=\lim_{\Delta x \to 0}\left(\frac{\Delta y}{\Delta x}\right)=\frac{\mathrm{d}y}{\mathrm{d}x} \tag{2.4.1}$$

某一测点处的静态灵敏度是其静态特性曲线的斜率。线性测试系统的静态灵敏度为常数；非静态测试系统的静态灵敏度是个与被测量值大小有关的变量。

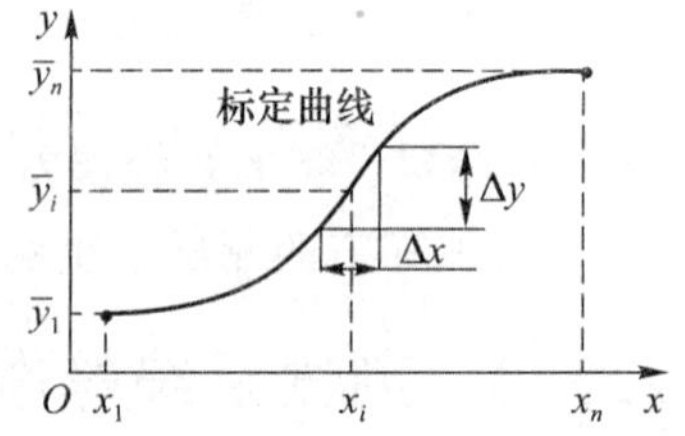

图 2.4.1　测试系统的静态灵敏度

静态灵敏度是重要的性能指标，它可以根据系统的测量范围、抗干扰能力等进行选择。特别是对于测试系统中的敏感元件，其灵敏度的选择尤为关键。一般来说，敏感元件不仅受被测量的影响，而且也受到其他干扰量的影响。在优化敏感元件的结构及参数时，就要使敏感元件的输出对被测量的灵敏度尽可能地小。例如，加速度敏感元件的输出量 y，理想情况下只是被测量 x 轴方向的加速度a_x 的函数，但实际上其也与干扰量 y 轴方向的加速度a_y 及 z 轴方

向的加速度a_z有关，即其输出为

$$y=f(a_x,a_y,a_z) \tag{2.4.2}$$

那么对该敏感元件优化设计的原则为

$$\left|\frac{S_{ax}}{S_{ay}}\right| \gg 1 \tag{2.4.3}$$

$$\left|\frac{S_{ax}}{S_{az}}\right| \gg 1 \tag{2.4.4}$$

式中：$S_{ax}=\dfrac{\partial f}{\partial a_x}$——敏感元件输出对被测量$a_x$的静态灵敏度；

$S_{ay}=\dfrac{\partial f}{\partial a_y}$——敏感元件输出对被测量$a_y$的静态灵敏度；

$S_{az}=\dfrac{\partial f}{\partial a_z}$——敏感元件输出对被测量$a_z$的静态灵敏度。

2.4.4　分辨力与分辨率

测试系统的输出/输入特性曲线在整个测量范围内不可能做到处处连续。输入量变化太小时，输出量不会发生变化，只有输入的变化量达到一定程度时，输出量才发生变化。因此，从微观来看，实际测试系统的特性曲线有许多微小的起伏，如图 2.4.2 所示。

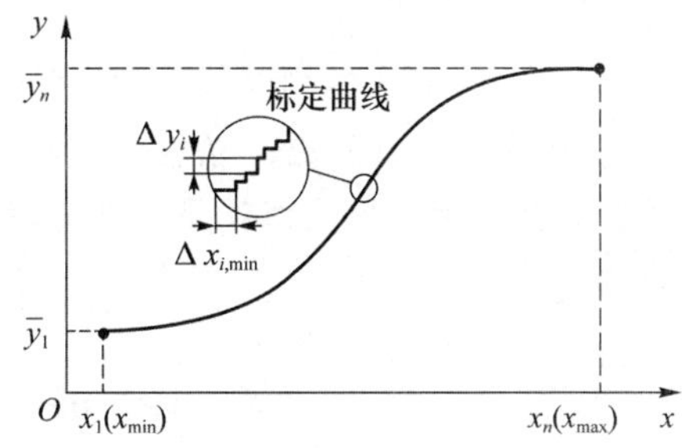

图 2.4.2　分辨力

对于实际标定过程中的第 i 个测点 x_i，当$\Delta x_{i,\min}$变化时，输出就有可观测到变化，那么$\Delta x_{i,\min}$就是该测点处的分辨力。各测点处的分辨力是不一样的。在全部工作范围内够产生可观测输出变化的最小输入量的最大值$\max|\Delta x_{i,\min}|(i=1,2,\cdots,n)$就是该测试系统的分辨力，而测试系统的分辨率为

$$r=\frac{\max|\Delta x_{i,\min}|}{x_{\max}-x_{\min}} \tag{2.4.5}$$

分辨力反映了测试系统检测输入微小变化的能力，对正反行程都适用。造成测试系统具有有限分辨力的因素很多，例如机械运动部件的干摩擦和卡塞，电路系统中的储能元件、A/D 变换器的位数。

此外，测试系统在最小(起始)测点处的分辨力通常称为阈值或死区等。

2.4.5　漂　移

当测试系统的输入和环境温度不变时，输出量随时间变化的现象就是漂移，又称时漂。它是测试系统内部各环节性能不稳定或由于内部温度变化引起的，反映了测试系统的稳定性指标。通常考察测试系统时漂的时间范围可以是一个小时、一天、一个月、半年或一年。

2.4.6　温　漂

由外界环境温度变化引起的输出量变化称为温漂。温漂可以从两个方面来考察。一方面

是零点温漂，即测试系统零点处的温漂，反映了温度变化引起测试系统特性平移而斜率不变的漂移；另一方面是灵敏度温漂，即引起测试系统特性斜率变化的漂移。

零点温漂可由下式计算：

$$\upsilon=\frac{\overline{y}_0(t_2)-\overline{y}_0(t_1)}{\overline{y}_{FS}(t_1)(t_2-t_1)}\times 100\% \tag{2.4.6}$$

式中：$\overline{y}_0(t_2)$——在规定的温度（高温或低温）t_2 保温一小时后，测试系统零点输出的平均值；

$\overline{y}_0(t_1)$——在室温 t_1 时，测试系统零点输出的平均值；

$\overline{y}_{FS}(t_1)$——在室温 t_1 时，测试系统满量程输出的平均值。

灵敏度漂移可由下式计算：

$$\beta=\frac{\overline{y}_{FS}(t_2)-\overline{y}_{FS}(t_1)}{\overline{y}_{FS}(t_1)(t_2-t_1)}\times 100\% \tag{2.4.7}$$

式中：$\overline{y}_{FS}(t_2)$——在规定的温度（高温或低温）t_2 保温一小时后，测试系统满量程输出的平均值。

2.4.7 线性度

由式(2.2.2)描述的测试系统静态特性是一条直线，但实际上，由于种种原因测试系统实测的输入/输出关系并不是一条直线，因此测试系统实际的静态特性的校准特性曲线与某一参考直线不吻合程度的最大值就是线性度，如图 2.4.3 所示。计算公式为

$$\xi_L=\frac{(\Delta y_L)_{\max}}{y_{FS}}\times 100\% \tag{2.4.8}$$

$$(\Delta y_L)_{\max}=\max|\Delta y_{i,L}|,\qquad i=1,2,\cdots,n$$

$$\Delta y_{i,L}=\overline{y}_i-y_i$$

式中：y_{FS}——满量程输出，$y_{FS}=|B(x_{\max}-x_{\min})|$，其中，$B$ 为所选定的参考直线的斜率；

$\Delta y_{i,L}$——第 i 个校准点平均输出值与所选定的参考直线的偏差，称为非线性偏差；

$(\Delta y_L)_{\max}$——n 个测点中的最大偏差。

以上述定义，选取不同的参考直线，计算出的线性度不同。

1. 绝对线性度 ξ_{La}

绝对线性度 ξ_{La} 又称理论线性度，其参考直线是事先规定好的，与实际标定过程和标定结果无关。通常这条参考直线过坐标原点(0,0)和所期望的满量程输出点，如图 2.4.4 所示。

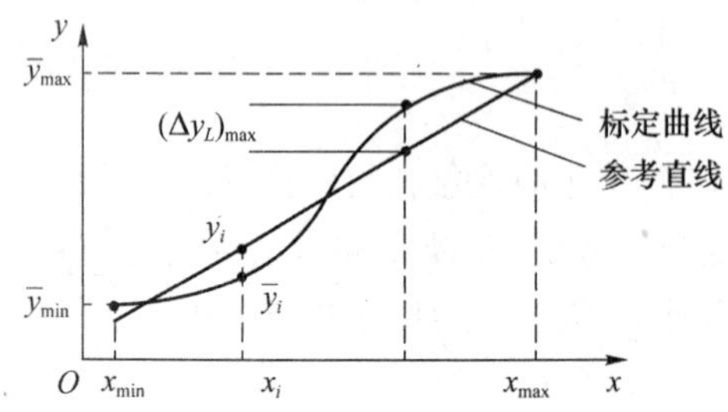

图 2.4.3　线性度

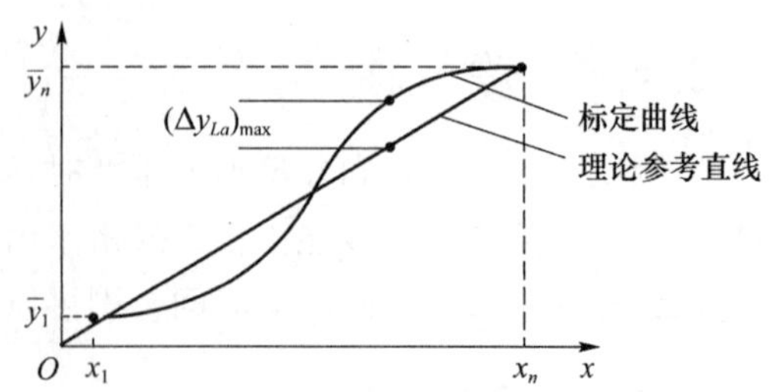

图 2.4.4　理论参考直线

2. 端基线性度 ξ_{Lt}

参考直线是标定过程获得的两个端点$(x_1,\overline{y}_1)$,$(x_n,\overline{y}_n)$的连线,如图 2.4.5 所示。端基直线为

$$y=\overline{y}_1+\frac{\overline{y}_n-\overline{y}_1}{x_n-x_1}(x-x_1) \tag{2.4.9}$$

利用式(2.4.9)可计算出第 i 个校准点平均输出值与端基参考直线的偏差为 Δy_i,Δy_i 中绝对值的最大值构成$(\Delta y_L)_{\max}$。

端基直线只考虑了实际标定的两个端点,而并没有考虑其他测点的分布情况。为了尽可能减小最大偏差,可将端基直线平移,以使最大正、负偏差的绝对值相等,这样就可以得到平移端基直线,如图 2.4.6 所示。按此直线计算得到的线性度就是平移端基线性度。

假设上述 n 个偏差 Δy_i 的最大正偏差为 $\Delta y_{P,\max}\geqslant 0$,最大负偏差为 $\Delta y_{N,\max}\leqslant 0$,平移端基直线为

$$y=\overline{y}_1+\frac{\overline{y}_n-\overline{y}_1}{x_n-x_1}(x-x_1)+\frac{1}{2}(\Delta y_{P,\max}+\Delta y_{N,\max}) \tag{2.4.10}$$

n 个测点的标定值对于平移端基直线的最大正偏差与最大负偏差的绝对值是相等的,均为

$$\Delta y_{M\_BASE}=\frac{1}{2}(\Delta y_{P,\max}-\Delta y_{N,\max}) \tag{2.4.11}$$

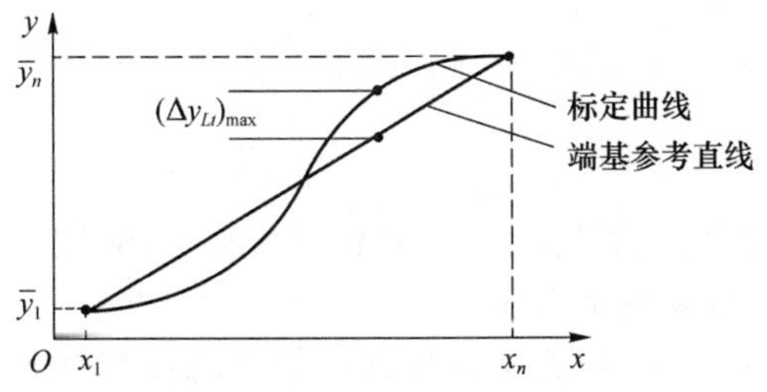

图 2.4.5　端基参考直线

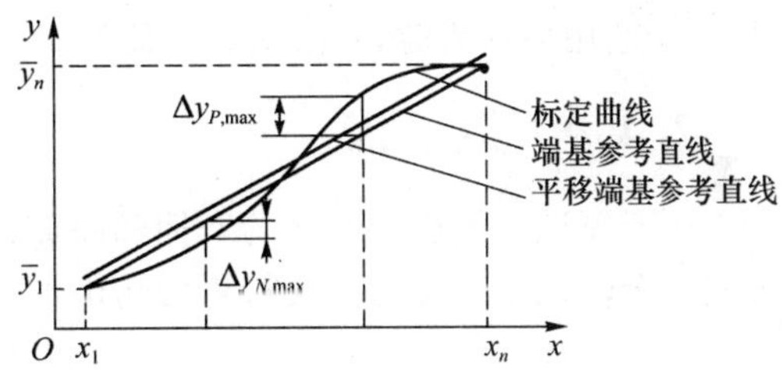

图 2.4.6　平移端基参考直线

3. 最小二乘线性度 ξ_{La}

基于所得到的 n 个标定点$(x_i,\overline{y}_i)(i=1,2,\cdots,n)$,利用偏差平方和最小来确定最小二乘直线。

当参考直线为

$$y=a+bx \tag{2.4.12}$$

第 i 个测点的偏差为

$$\Delta y_i=\overline{y}_i-y_i=\overline{y}_i-(a+bx_i) \tag{2.4.13}$$

总的偏差平方和为

$$J=\sum_{i=1}^{n}(\Delta y_i)^2=\sum_{i=1}^{n}[\overline{y}_i-(a+bx_i)]^2 \tag{2.4.14}$$

利用$\frac{\partial J}{\partial a}=0$,$\frac{\partial J}{\partial b}=0$ 可以得到最小二乘法最佳 a,b 值

$$a=\frac{\sum_{i=1}^{n}x_i^2\sum_{i=1}^{n}\overline{y}_i^2-\sum_{i=1}^{n}x_i\sum_{i=1}^{n}x_i\overline{y}_i}{n\sum_{i=1}^{n}x_i^2-\left(\sum_{i=1}^{n}x_i\right)^2} \tag{2.4.15}$$

$$b=\frac{n\sum_{i=1}^{n}x_i\overline{y}_i-\sum_{i=1}^{n}x_i\sum_{i=1}^{n}\overline{y}_i}{n\sum_{i=1}^{n}x_i^2-\left(\sum_{i=1}^{n}x_i\right)^2} \tag{2.4.16}$$

4. 独立线性度 ξ_{La}

相对于最佳直线的线性度，又称最佳线性度。所谓最佳直线指的是，依此直线作为参考直线时，得到的最大偏差是最小的。

利用上述几种典型的参考直线，可以计算出每一个测点的偏差，得到最大偏差，然后由式(2.4.8)计算出相应的线性度。

2.4.8 符合度

对于静态特性具有明显非线性的测试系统，就必须用非线性曲线，而不是用直线来拟合测试系统的静态特性。这样，实际标定得到的测点相对于某一非线性参考曲线的偏差程度就是符合度。通常参考曲线的选择方式较参考直线要多，在考虑参考曲线时应当考虑以下原则：

① 应满足所需要的拟合精度要求；

② 函数的形式尽可能简单；

③ 选用多项式时，其阶次尽可能低。

2.4.9 迟　滞

由于测试系统机械部分的摩擦和间隙、敏感结构材料的缺陷、磁性材料的磁滞等，测试系统同一个输入量对应的正反行程的输出不一致，这一现象就是迟滞。

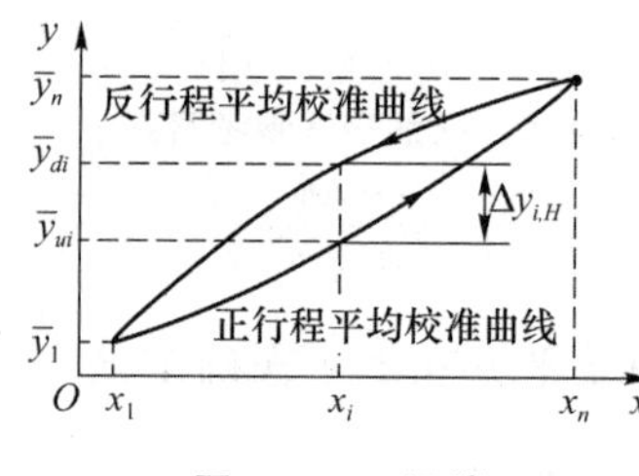

图 2.4.7　迟滞

对于第 i 个测点，其正反行程输出的平均校准点分别为$(x_i,\overline{y}_{ui})$和$(x_i,\overline{y}_{di})$

$$\overline{y}_{ui}=\frac{1}{m}\sum_{j=1}^{m}\overline{y}_{uij} \tag{2.4.17}$$

$$\overline{y}_{di}=\frac{1}{m}\sum_{j=1}^{m}\overline{y}_{dij} \tag{2.4.18}$$

第 i 个测点的正反行程的偏差为(见图 2.4.7)

$$\Delta y_{i,H}=|\overline{y}_{ui}-\overline{y}_{di}| \tag{2.4.19}$$

$$(\Delta y_H)_{\max}=\max(\Delta y_{i,H}),\quad i=1,2,\cdots,n \tag{2.4.20}$$

迟滞误差为

$$\xi_H=\frac{(\Delta y_H)_{\max}}{2\,\Delta y_{FS}}\times 100\% \tag{2.4.21}$$

2.4.10 重复性

同一测点，测试系统按同一方向作全量程的多次重复测量时，每次的输出值都不一样，其大小是随机的。为反映这一现象，引入重复性指标，如图 2.4.8 所示。

考虑正行程的第 i 个测点,其平均校准值为

$$\overline{y}_{ui}=\frac{1}{m}\sum_{j=1}^{m}y_{uij} \tag{2.4.22}$$

基于统计学的观点,将 y_{uij} 看成第 i 个测点正行程的子样,$\overline{y}_{ui}$ 则是第 i 个测点正行程输出值的数学期望值的估计值,可以利用下列方法来计算第 i 个测点的标准偏差。

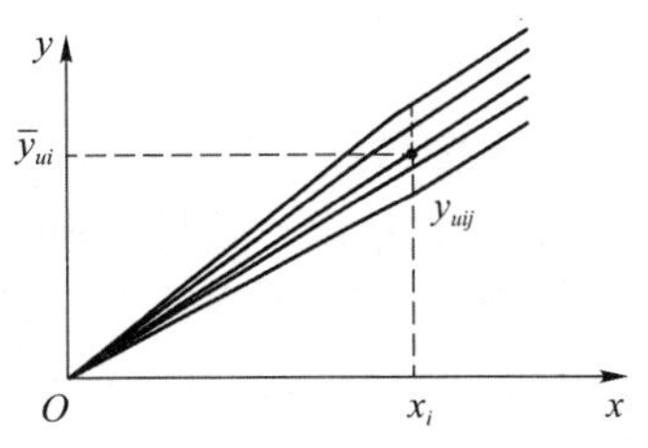

图 2.4.8　重复性

1. 极差法

$$s_{ui}=\frac{W_{ui}}{d_m} \tag{2.4.23}$$

$W_{ui}=\max(y_{uij})-\min(y_{uij})$,　　$j=1,2,\cdots,m$

式中:W_{ui}——极差,即第 i 个测点正行程的 m 个标定值中的最大值与最小值之差;

d_m——极差系数,取决于测量循环次数,即样本容量 m。

极差系数与 m 的关系见表 2.4.1。类似可以得到第 i 个测点反行程的极差 W_{di} 和相应的 s_{di}。

表 2.4.1　极差系数表

m	2	3	4	5	6	7	8	9	10	11	12
d_m	1.41	1.91	2.24	2.48	2.67	2.83	2.96	3.08	3.18	3.26	3.33

2. 贝塞尔(Bessel)公式

$$s_{ui}^2=\frac{1}{m-1}\sum_{j=1}^{m}(\Delta y_{uij})^2=\frac{1}{m-1}\sum_{j=1}^{m}(y_{uij}-\overline{y}_{ui})^2 \tag{2.4.24}$$

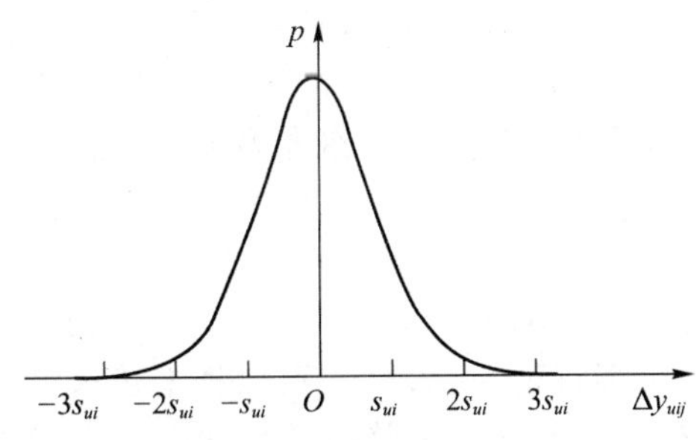

图 2.4.9　正态分布概率曲线

s_{ui} 的物理意义是:随即测量值 y_{uij} 可以看成是正态分布时,y_{uij} 偏离期望值 $\overline{y}_{ui}$ 的范围在 $(-s_{ui},s_{ui})$ 之间的概率为 68.37%,在 $(-2s_{ui},2s_{ui})$ 之间的概率为 95.40%,在 $(-3s_{ui},3s_{ui})$ 之间的概率为 99.73%,如图 2.4.9 所示。

类似地可以给出第 i 个测点反行程的子样标准偏差 s_{di}。

对于整个测量范围,综合考虑正反行程问题,并假设正反行程的测量过程是等精度(等精密性)的,即正行程的子样标准偏差和反行程的子样标准偏差具有相等的数学期望。这样第 i 个测点的子样标准偏差为 s_i,即

$$s_i=\sqrt{0.5(s_{ui}^2+s_{di}^2)} \tag{2.4.25}$$

对于全部 n 个测点,当认为是等精度测量时,可以用式(2.4.26)来计算整个测试过程的标准偏差,即

$$s=\sqrt{\frac{1}{n}\sum_{i=1}^{n}s_i^{\ 2}}=\sqrt{\frac{1}{2n}\sum_{i=1}^{n}(s_{ui}^2+s_{di}^2)} \tag{2.4.26}$$

也可以利用 n 个测点的正反行程子样标准偏差中的最大值来计算整个测试过程的标准偏差,即

$$s=\max(s_{ui},s_{di}),\qquad i=1,2,\cdots,n \tag{2.4.27}$$

整个测试过程的标准偏差 s 就可以描述测试系统的随机误差。则测试系统的重复性指标为

$$\xi_R=\frac{3s}{y_{FS}}\times100\% \tag{2.4.28}$$

式中：3——置信概率系数；

3s——置信限或随机不确定数。

其物理意义为：在整个测量范围内，测试系统相对于满量程输出的随机误差不超过 ξ_R 的置信概率为 99.73%。

2.4.11 误差的合成

对于线性测试系统，反映其测试误差的主要有非线性、迟滞和重复性；对于非线性测试系统，反映其测试误差的主要有符合度、迟滞和重复性。考虑到目前的测试系统几乎都是基于计算机来进行信号处理与分析的，因此，对于测试系统已不再特别考虑其线性度或符合度。测试系统的综合误差就是将其迟滞和重复性进行综合考虑。由于迟滞和重复性分属于测试系统的系统误差与随机误差，因此将它们进行综合的方法很多，目前尚不统一。这里给出一种具有较为明确的数学意义的基于极限点来评估测试系统综合误差的方法。

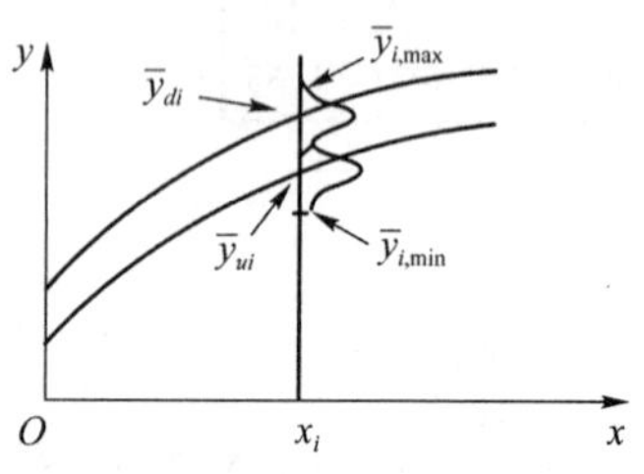

图 2.4.10 极限点法原理示意图

对于第 i 个测点，其正行程输出的平均校准点为 $(x_i,\overline{y}_{ui})$，如果以 s_{ui} 为其子样标准偏差，那么随机测量值 y_{uij} 偏离期望值 $\overline{y}_{ui}$ 的范围在 $(-3s_{ui},3s_{ui})$ 之间的置信概率为 99.73%，则第 i 个测点的正行程输出值以 99.73% 的置信概率落在区域 $(\overline{y}_{ui}-3s_{ui},\overline{y}_{ui}+3s_{ui})$。类似地，第 i 个测点的反行程输出值以 99.73% 的置信概率落在区域 $(\overline{y}_{di}-3s_{di},\overline{y}_{di}+3s_{di})$，如图 2.4.10 所示。

第 i 个测点的输出值以 99.73% 的置信概率落在区域 $(y_{i,\min},y_{i,\max})$，其中 $y_{i,\min}$，$y_{i,\max}$ 称为第 i 个测点的极限点，满足

$$y_{i,\min}=\min(\overline{y}_{ui}-3s_{ui},\overline{y}_{di}-3s_{di}) \tag{2.4.29}$$

$$y_{i,\max}=\max(\overline{y}_{ui}+3s_{ui},\overline{y}_{di}+3s_{di}) \tag{2.4.30}$$

这样可以得到 $2n$ 个极限点，而这些极限点的置信概率都将是 99.73%。可以把上述这组数据看成在一定置信概率意义上的确定点，由它们可以确定出测试系统静态特性的一个实际不确定区域。显然，该方法的人为因素很小。

对于第 i 个测点，如果以极限点的中间值 $0.5(y_{i,\min}+y_{i,\max})$ 为参考值，那么该点的极限点偏差为

$$y_{i,\mathrm{ext}}=0.5(y_{i,\max}-y_{i,\min}) \tag{2.4.31}$$

利用上述 n 个极限点偏差中的最大值，便可以给出测试系统的综合误差指标

$$\xi_a=\frac{\Delta y_{\mathrm{ext}}}{y_{FS}}\times100\% \tag{2.4.32}$$

$$\Delta y_{\mathrm{ext}}=\max(\Delta y_{i,\mathrm{ext}}),\qquad i=1,2,\cdots,n \tag{2.4.33}$$

$$y_{FS}=0.5[(y_{n,\min}+y_{n,\max})-(y_{1,\min}+y_{1,\max})] \tag{2.4.34}$$

2.4.12　计算实例

表 2.4.2 给出了一组压力测试系统的实际标定值。表 2.4.3 给出了中间计算过程值。参考直线选为最小二乘直线。

表 2.4.2　某压力测试系统标定数据

行　程	10^{-5} · 输入压力 x/Pa	测试系统输出电压 y/mV				
		第 1 循环	第 2 循环	第 3 循环	第 4 循环	第 5 循环
正行程	2	190.9	191.1	191.3	191.4	191.5
	4	382.8	383.2	383.5	383.8	383.8
	6	575.8	576.1	576.6	576.9	577.0
	8	769.4	769.8	770.4	770.8	771.0
	10	963.9	964.6	965.2	965.7	966.0
反行程	10	964.4	965.1	965.7	965.7	966.1
	8	770.6	771.0	771.4	771.4	772.0
	6	577.3	577.4	578.1	578.1	578.5
	4	384.1	384.2	384.1	384.9	384.9
	2	191.6	191.6	192.0	191.9	191.9

表 2.4.3　某压力测试系统标定数据的计算处理过程

计算内容	10^{-5} · 输入压力 x/Pa					备　注
	2	4	6	8	10	
正行程平均输出 $\overline{y}_{ui}$	191.22	383.42	576.48	770.28	965.08	
反行程平均输出 $\overline{y}_{di}$	191.80	384.56	577.88	771.28	965.40	
迟滞 $\Delta y_{i,H}$	0.58	1.14	1.40	1.00	0.32	$(\Delta y_H)_{\max}=1.40$
总平均输出 $\overline{y}_i$	191.51	383.99	577.18	770.78	965.24	
最小二乘直线输出 y_i	190.89	384.32	577.74	771.17	964.59	$y_{FS}=773.70$
非线性偏差 $\Delta y_{i,L}$	0.62	−0.33	−0.56	−0.39	0.65	$(\Delta y_L)_{\max}=0.65$
正行程极差 W_{ui}	0.5	1.0	1.2	1.6	2.1	max $(s_{ui}, s_{ui})=0.847$ s_{ui} 由式(2.4.31)计算
反行程极差 W_{di}	0.4	0.8	1.2	1.4	1.7	
正行程标准偏差 s_{ui}	0.217	0.427	0.517	0.672	0.847	
反行程标准偏差 s_{di}	0.187	0.385	0.512	0.522	0.663	
正行程极限点 $(\overline{y}_{ui}-3s_{ui}, \overline{y}_{ui}+3s_{ui})$	190.57, 191.87	382.14, 384.70	574.93, 578.03	768.26, 772.30	962.54, 967.62	s_{ui} 由式(2.4.31)计算
反行程极限点 $(\overline{y}_{ui}-3s_{ui}, \overline{y}_{ui}+3s_{ui})$	191.24, 192.36	383.40, 385.72	576.34, 579.42	769.71, 772.85	963.41, 967.39	
综合极限点 $(y_{i,\min}, y_{i,\max})$	190.57, 192.36	382.14, 385.72	574.93, 579.42	768.26, 772.85	962.54, 967.39	
极限点偏差 $\Delta y_{i,\text{ext}}$	0.90	1.79	2.25	2.30	2.43	$\Delta y_{\text{ext}}=2.43$

$$y=-2.5350+96.7125x$$

1. 非线性(最小二乘线性度)

$$\xi_{LS}=\frac{|(\Delta y_L)_{\max}|}{y_{FS}}\times 100\%=\frac{0.65}{773.70}\times 100\%=0.084\%$$

2. 迟　滞

$$\xi_H=\frac{(\Delta y_H)_{\max}}{2y_{FS}}\times 100\%=\frac{1.40}{2\times 773.70}\times 100\%=0.091\%$$

3. 重复性

(1) 极差法

利用式(2.4.29)可以算出各个测点处的 s_{ui} 和 s_{di}，然后利用式(2.4.31)计算出 s_i。则按式(2.4.26)计算出的标准偏差为

$$s=\sqrt{\frac{1}{n}\sum_{i=1}^{n}s_i^{\ 2}}=\sqrt{\frac{1}{2n}\sum_{i=1}^{n}(s_{ui}^2+s_{di}^2)}=$$

$$\sqrt{\frac{1}{2\times 5}\frac{1}{2.48^2}(0.5^2+0.4^2+1.0^2+0.8^2+1.2^2+1.2^2+1.6^2+1.4^2+2.1^2+1.7^2)}=$$

0.522

重复性为

$$\xi_R=\frac{3s}{y_{FS}}\times 100\%=\frac{3\times 0.522}{773.70}\times 100\%=0.202\%$$

按式(2.4.27)计算出的标准偏差为

$$s=\max(s_{ui},s_{di})=0.847$$

重复性为

$$\xi_R=\frac{3s}{y_{FS}}\times 100\%=\frac{3\times 0.847}{773.70}\times 100\%=0.328\%$$

(2) 贝塞尔公式

按式(2.4.26)计算出的标准偏差为

$$s=\sqrt{\frac{1}{n}\sum_{i=1}^{n}s_i^{\ 2}}=\sqrt{\frac{1}{2n}\sum_{i=1}^{n}(s_{ui}^2+s_{di}^2)}=$$

$$\sqrt{\frac{1}{2\times 5}(0.217^2+0.187^2+0.427^2+0.385^2+0.517^2+0.512^2+0.672^2+0.522^2+0.847^2+0.663^2)}=$$

0.532

重复性为

$$\xi_R=\frac{3s}{y_{FS}}\times 100\%=\frac{3\times 0.532}{773.70}\times 100\%=0.206\%$$

选择 5 个测点正反行程的子样标准偏差中的最大值，即

$$s=\max(s_{ui},s_{di})=0.847$$

则重复性为

$$\xi_R=\frac{3s}{y_{FS}}\times 100\%=\frac{3\times 0.847}{773.70}\times 100\%=0.328\%$$

4. 综合误差

利用式(2.4.32)可以计算出利用极限点法评估测试系统的综合误差为

$$\xi_a=\frac{\Delta y_{\text{ext}}}{y_{FS}}\times 100\%=\frac{2.43}{773.50}\times 100\%=0.314\%$$

注：此处 y_{FS} 由式(2.4.34)计算得到，即

$$y_{FS}=0.5(962.54+967.39)-0.5(190.57+192.36)=773.50$$

2.5　测试系统的动态特性

2.5.1　概　述

在测试过程中，被测量 $x(t)$ 随时间变化，测试系统的输出 $y(t)$ 也随时间变化。而测试的任务就是通过测试系统的输出 $y(t)$ 来获得输入被测量 $x(t)$，这就要求输出 $y(t)$ 能够实时地、无失真地反映、跟踪被测量 $x(t)$ 的变化过程，因此就必须研究系统的动态特性。

测试系统的动态特性反映的是测试系统在动态测量过程中的特性，在动态测量过程中，描述系统的一些特征量随时间而变化，而且与测试系统固有的最低阶运动模式的变化程度相比，随时间的变化程度不是缓慢的变化过程。

2.5.2　动态无失真测试条件

在动态测试过程中(见图 2.5.1)，输入被测信号 $x(t)$ 通过测试系统 $g(t)$ 后所得的响应 $y(t)$ 与被测信号 $x(t)$ 间无波形上的变化，但允许其幅值等比例放大(或衰减)，也允许有一定的延迟时间，可以描述为

$$y(t)=Kx(t-t_0) \tag{2.5.1}$$

式中：K——比例常数；

t_0——延迟时间。

$x(t)$ 被测输入量 →	标准标定设备	→ $y(t)$ 输出量

图 2.5.1　测试系统及输入/输出信号

由式(2.5.1)可知，系统的幅频特性与相频特性分别为

$$A(\mathrm{j}\omega)=K \tag{2.5.2}$$

$$\varphi(\omega)=-\omega t_0 \tag{2.5.3}$$

图 2.5.2 所示为无失真测试系统的时域输入/输出特性曲线。图 2.5.3 所示为无失真测试系统的幅频特性曲线与相频特性曲线。可见，如果被测量通过线性测试系统后允许延时 t_0，那么必须在被测参数的全频带范围内测试系统的幅频特性是常数，相频特性是一条过原点的斜率为 $-t_0$ 的直线；如果既不允许有时延，又不允许产生任何失真，则要求测试系统的相频特性应为过原点斜率为零的直线。

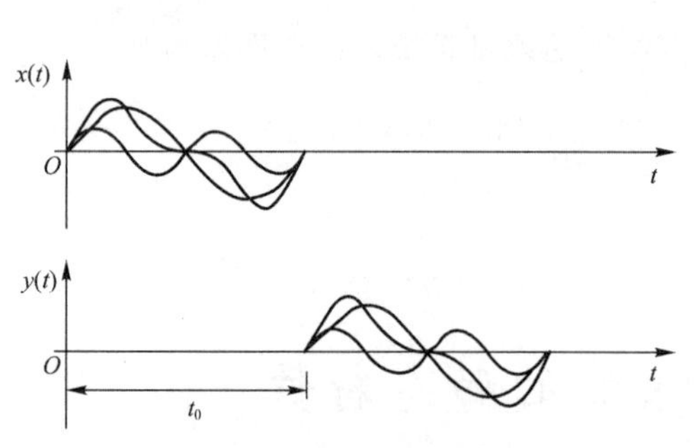

图 2.5.2　无失真测试系统的时域输入/输出特性曲线

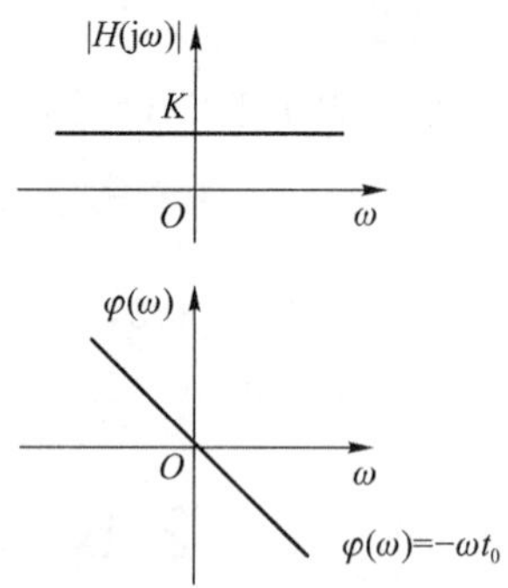

图 2.5.3　无失真测试系统的幅频特性曲线与相频特性曲线

在科学研究与工程实践中被测信号通常为非周期时限信号，具有无穷宽的频谱，要用测试系统对其进行无失真测试是非常困难的，甚至是不可能的。因此，在实际测试中只能尽量减小其失真，可根据所允许的测量误差大小近似认为非周期时限信号的绝大部分能量集中于某一频率范围内，即认为被测信号的频谱 $X(\mathrm{j}\omega)$ 在一定的范围($\omega_{\min}$，$\omega_{\max}$)内有值，而在此频率范围外其值为零。这时可按带限信号来处理。对于带限信号，可根据所允许的误差来确定测试系统应具有的频带宽度。

随着快速傅里叶变换(*FFT*)的出现和计算机技术的迅速发展与提高，基于快速傅里叶变换所建立的测试系统本身的数学模型 $G(\mathrm{j}\omega)$ 和由被测信号 $x(t)$ 引起的输出响应 $y(t)$ 的快速傅里叶变换 $Y(\mathrm{j}\omega)$，由

$$Y(\mathrm{j}\omega)=G(\mathrm{j}\omega)X(\mathrm{j}\omega) \tag{2.5.4}$$

可以得到输入被测信号 $x(t)$ 的快速傅里叶变换 $X(\mathrm{j}\omega)$，即

$$X(\mathrm{j}\omega)=\frac{Y(\mathrm{j}\omega)}{G(\mathrm{j}\omega)} \tag{2.5.5}$$

再对所得到的 $X(\mathrm{j}\omega)$ 进行傅里叶反变换，即可以得到输入被测信号的时间域函数 $x(t)$，即

$$x(t)=F^{-1}[X(\mathrm{j}\omega)] \tag{2.5.6}$$

另一方面，当知道了测试系统的数学模型 $G(\mathrm{j}\omega)$ 后，也可以采用测试系统中串联逆滤波器的思路来实现无失真测试，即

$$Y_1(\mathrm{j}\omega)=Y(\mathrm{j}\omega)\cdot\frac{1}{G(\mathrm{j}\omega)}=G(\mathrm{j}\omega)X(\mathrm{j}\omega)\cdot\frac{1}{G(\mathrm{j}\omega)}=X(\mathrm{j}\omega) \tag{2.5.7}$$

式中：$\dfrac{1}{G(\mathrm{j}\omega)}$——所设计的逆滤波器的傅里叶变换；

$Y_1(\mathrm{j}\omega)$——测试系统串联了逆滤波器 $\dfrac{1}{G(\mathrm{j}\omega)}$ 后输出的傅里叶变换。

然后由式(2.5.6)对 $Y_1(\mathrm{j}\omega)$($X(\mathrm{j}\omega)$)进行傅里叶反变换，即可得到被测信号的时间域函数 $x(t)$。

从理论上讲，这两种方法都可以实现无失真测试，但在实际应用中，其效果取决于所建立的测试系统的数学模型、傅里叶变换的算法、误差准则等的精度。

2.5.3　测试系统动态特性方程

测试系统动态特性方程依赖于测试系统本身的测量原理和结构，取决于系统内部机械的、

电气的、磁性的、光学的等各种参数，而且认为这个特性本身不随输入量、时间和环境条件的不同而变化。为了便于分析、讨论问题，本书只针对线性时不变测试系统来讨论。对于线性时不变测试系统，通常可以采用时域的微分方程、状态方程和复频域的传递函数来描述。

1. 微分方程

对于线性测试系统，其动态特性的输入/输出微分方程可描述为

$$\sum_{i=0}^{n} a_i \frac{\mathrm{d}^i y(t)}{\mathrm{d}t^i} = \sum_{j=0}^{m} b_j \frac{\mathrm{d}^j x(t)}{\mathrm{d}t^j} \tag{2.5.8}$$

或

$$\sum_{i=0}^{n} a_i p^i [y(t)] = \sum_{j=0}^{m} b_j p^j [x(t)] \tag{2.5.9}$$

式中：$x(t)$——测试系统的输入量(被测量)；

$y(t)$——测试系统的输出量；

n——测试系统的阶次，式(2.5.8)描述的为 n 阶测试系统；

p——微分算子，$p=\mathrm{d}/\mathrm{d}t$；

$a_i(i=1,2,\cdots,n)$，$b_j(j=1,2,\cdots,m)$——由系统的测试原理、结构和参数等确定的常数，一般情况下，$n\geqslant m$，同时考虑到实际测试系统的物理特征，上述某些常数不能为零。

典型测试系统的微分方程为：

(1) 零阶测试系统

$$a_0 y(t)=b_0 x(t)$$

$$y(t)=kx(t) \tag{2.5.10}$$

式中：k——测试系统的静态灵敏度，或静态增益，$k=\frac{b_0}{a_0}(a_0 b_0 \neq 0)$。

(2) 一阶测试系统

$$a_1 \frac{\mathrm{d}y(t)}{\mathrm{d}t} + a_0 y(t) = b_0 x(t)$$

$$T \frac{\mathrm{d}y(t)}{\mathrm{d}t} + y(t) = kx(t) \tag{2.5.11}$$

式中：T——测试系统的时间常数(s)，$T=\frac{a_1}{a_0}(a_0\ a_1 \neq 0)$。

(3) 二阶测试系统

$$a_2 \frac{\mathrm{d}^2 y(t)}{\mathrm{d}t^2} + a_1 \frac{\mathrm{d}y(t)}{\mathrm{d}t} + a_0 y(t) = b_0 x(t)$$

$$\frac{1}{{\omega_n}^2} \cdot \frac{\mathrm{d}^2 y(t)}{\mathrm{d}t^2} + \frac{2\xi_n}{\omega_n} \cdot \frac{\mathrm{d}y(t)}{\mathrm{d}t} + y(t) = kx(t) \tag{2.5.12}$$

式中：ω_n——测试系统的固有频率(无阻尼自振频率)(rad/s)，${\omega_n}^2=\frac{a_0}{a_2}(a_0 a_2 \neq 0)$；

ξ_n——测试系统的阻尼比系数，$\xi_n=\frac{a_1}{2\sqrt{a_0\ a_2}}$。

(4) 高阶测试系统

式(2.5.8)描述的系统，当 $n\geqslant 3$ 时，为高阶测试系统。

2. 传递函数

初始条件为零的线性定常系统，对式(2.5.9)两端进行拉氏(Laplase)变换，得

$$\sum_{i=0}^{n} a_i s^i Y(s) = \sum_{j=0}^{m} b_j s^j X(s) \tag{2.5.13}$$

该系统输出量的拉氏变换 $Y(s)$ 与输入量的拉氏变换 $X(s)$ 之比称为系统的传递函数 $G(s)$，即

$$G(s) = \frac{Y(s)}{X(s)} = \frac{\sum_{j=0}^{m} b_j s^j}{\sum_{i=0}^{n} a_i s^i} \tag{2.5.14}$$

3. 状态方程

用微分方程或传递函数来描述测试系统时，只能了解测试系统输出量与输入量之间的关系，而不能了解测试系统在输入量的变化过程中，系统的某些中间环节或中间量的变化情况。因此可以采用状态空间法来描述测试系统的动态方程。

系统的状态，是在某一给定时刻($t=t_0$)描述该系统所具备的最小变量组。当知道了系统在 $t=t_0$ 时刻的状态(上述变量组)和 $t \geqslant t_0$ 时系统的输入变量时，就能够完全确定系统在任何时刻的特性。将描述该动态系统所必需的最小变量组称为状态变量，将用状态变量描述的一组独立的一阶微分方程组称为状态变量方程或简称为状态方程。

为便于讨论，将式(2.5.14)描述的动态系统改写为

$$G(s) = \frac{Y(s)}{X(s)} = d_0 + \frac{\beta_1 s^{n-1} + \beta_2 s^{n-2} + \cdots + \beta_{n-1} s + \beta_n}{s^n + \alpha_1 s^{n-1} + \alpha_2 s^{n-2} + \cdots + \alpha_{n-1} s + \alpha_n} \tag{2.5.15}$$

n 阶测试系统必须用 n 个状态量来描述。对于式(2.5.14)描述的线性测试系统，可以用一个单输入、单输出的状态方程来描述，即

$$\dot{\boldsymbol{Z}}(t) = \boldsymbol{A}\boldsymbol{Z}(t) + \boldsymbol{b}x(t) \tag{2.5.16}$$

$$y(t) = \boldsymbol{c}\boldsymbol{Z}(t) + dx(t) \tag{2.5.17}$$

式中：$\boldsymbol{Z}(t)$——$n \times 1$ 维状态向量；

$\boldsymbol{A}$——$n \times n$ 维矩阵；

$\boldsymbol{b}$——$n \times 1$ 维向量；

$\boldsymbol{c}$——$1 \times n$ 维向量；

d——常数。

矩阵 $\boldsymbol{A}$，向量 $\boldsymbol{b}$，$\boldsymbol{c}$ 的具体实现形式并不唯一，理论上有无限多种，其可控型实现为

$$\boldsymbol{A} = \begin{bmatrix} 0 & 1 & 0 & 0 & \cdots & 0 \\ 0 & 1 & 0 & 0 & \cdots & 0 \\ 0 & 0 & 0 & 1 & \cdots & 0 \\ \vdots & \vdots & \vdots & \vdots & \vdots & \vdots \\ 0 & 0 & 0 & 0 & \cdots & 1 \\ -\alpha_n & -\alpha_{n-1} & -\alpha_{n-2} & -\alpha_{n-3} & \cdots & -\alpha_1 \end{bmatrix}_{n \times n}$$

$$\boldsymbol{b} = [0 \quad 0 \quad 0 \quad \cdots \quad 1]_{1 \times n}^{\mathrm{T}}$$

$$\boldsymbol{c} = [\beta_n \quad \beta_{n-1} \quad \beta_{n-2} \quad \cdots \quad \beta_1]_{1 \times n}$$

$$d = d_0$$

2.6　测试系统动态响应及动态性能指标

若测试系统的单位脉冲响应函数为 $g(t)$。输入被测量为 $x(t)$，那么系统的输出可以描述为式(2.6.1)的卷积形式，即

$$y(t)=g(t)*x(t) \tag{2.6.1}$$

若测试系统的传递函数为 $G(s)$，输入被测量的拉氏变换为 $X(s)$，那么系统在复频域的输出为

$$Y(s)=G(s)\cdot X(s) \tag{2.6.2}$$

系统的时域输出为

$$y(t)=L^{-1}[Y(s)]=L^{-1}[G(s)\cdot X(s)] \tag{2.6.3}$$

对于测试系统的动态特性，在时域主要分析其在阶跃输入、脉冲输入下的响应，本书只针对阶跃响应进行时域动态特性分析，在频域主要分析系统在正弦输入下的稳态响应，并着重从系统的幅频特性和相频特性来讨论。

2.6.1　测试系统时域动态性能指标

当被测量为单位阶跃时

$$x(t)=\varepsilon(t)=\begin{cases}1, & t\geqslant 0\\ 0, & t<0\end{cases} \tag{2.6.4}$$

若要求测试系统能对此信号进行无失真、无延迟测量，使其输出为

$$y(t)=k\times\varepsilon(t) \tag{2.6.5}$$

式中：k——系统的静态增益。这就要求系统的特性为

$$G(s)=k \tag{2.6.6}$$

或

$$G(\mathrm{j}\omega)=k,\qquad 0\leqslant\omega<+\infty \tag{2.6.7}$$

在实际中要做到这一点是十分困难的。为了评估测试系统的实际输出偏离希望的无失真输出的程度，常在实际输出响应曲线中从幅值和时间两方面找出有关的特征量作为衡量依据。

1. 一阶测试系统的时域响应特性及其动态性能指标

设某一阶测试系统的传递函数为

$$G(s)=\frac{k}{Ts+1} \tag{2.6.8}$$

式中：T——测试系统的时间常数(s)；

k——测试系统的静态增益。

当输入为单位阶跃时，其拉氏变换为

$$X(s)=L[\varepsilon(t)]=\frac{1}{s} \tag{2.6.9}$$

系统的输出为

$$Y(s)=G(s)\cdot X(s)=\frac{k}{Ts+1}\cdot\frac{1}{s}=\frac{k}{s}-\frac{kT}{Ts+1} \tag{2.6.10}$$

$$y(t)=k\left[\varepsilon(t)-\mathrm{e}^{-\frac{t}{T}}\times 100\%\right] \tag{2.6.11}$$

图 2.6.1 给出了一阶测试系统阶跃输入下的归一化响应曲线。为便于分析测试系统的动态误差,引入相对动态误差 $\xi(t)$,即

$$\xi(t)=\frac{y(t)-y_s}{y_s}\times 100\%=-\mathrm{e}^{-\frac{t}{T}}\times 100\% \tag{2.6.12}$$

式中:y_s——测试系统的稳态输出,$y_s=y(\infty)=k$。

图 2.6.2 给出了一阶测试系统阶跃输入下的相对动态误差 $\xi(t)$。

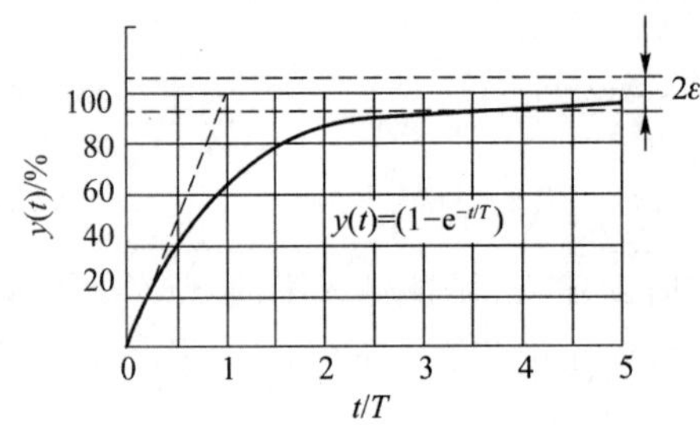

图 2.6.1 一阶测试系统阶跃输入下的归一化响应曲线

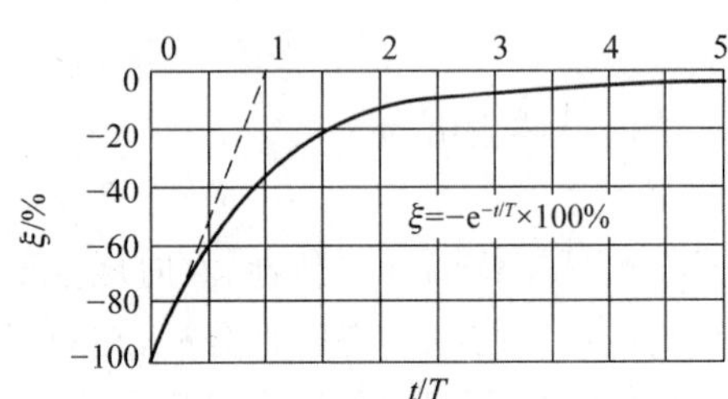

图 2.6.2 一阶测试系统阶跃输入下的相对动态误差 $\xi(t)$

对于测试系统的实际输出特性曲线,可以选择几个特征时间点作为其时域动态性能指标。

(1) 时间常数 T

输出 $y(t)$ 由零上升到稳态值 y_s 的 63%所需的时间称为时间常数,用 T 表示。

(2) 响应时间 t_s

输出 $y(t)$ 由零上升达并保持在与稳态值 y_s 的偏差的绝对值不超过某一量值 σ 的时间称为响应时间(又称过渡过程时间),用 t_s 表示。σ 可以理解为测试系统所允许的动态相对误差值,通常为 5%、2%或 10%。这时响应时间分别记为 $t_{0.05}$、$t_{0.02}$ 和 $t_{0.10}$。在本书中,若不特殊指出,则响应时间即指 $t_{0.05}$。

(3) 延迟时间 t_d

输出 $y(t)$ 由零上升到稳态值 y_s 的一半所需要的时间称为延迟时间,用 t_d 表示。

(4) 上升时间 t_r

输出 $y(t)$ 由 $0.1y_s$(或 $0.05y_s$)上升到 $0.9y_s$ 所需要的时间称为上升时间,用 t_t 表示。

对于一阶测试系统,时间常数是相当重要的指标,其他指标与它的关系是

$$t_{0.05}=3T$$

$$t_{0.02}=3.91T$$

$$t_{0.10}=2.3T$$

$$t_d=0.69T$$

$$t_r=2.2T \quad 或 \quad t_r=2.25T$$

对于上升时间 t_r,$t_r=2.2T$ 对应输出 $y(t)$ 由 $0.1y_s$ 上升到 $0.9y_s$ 所需的时间;$t_r=2.25T$ 对应输出 $y(t)$ 由 $0.05y_s$ 上升到 $0.9y_s$ 所需的时间。在本书中,若不特殊指出,则上升时间即指 $t_r=2.2T$。

显然时间常数越大,到达稳态的时间就越长,即相对动态误差就越大,测试系统的动态特性就越差。因此,应当尽可能地减小时间常数,以减小动态测试误差。

2. 二阶测试系统的时域响应特性及其动态性能指标

设某二阶测试系统的传递函数为

$$G(s)=\frac{k\,\omega_n^{\ 2}}{s^2+2\zeta_n\omega_n s+\omega_n^{\ 2}} \tag{2.6.13}$$

式中：ω_n——测试系统的固有频率(无阻尼自振频率)；

ζ_n——测试系统的阻尼比系数；

k——测试系统的静态增益。

当输入为单位阶跃时，系统的输出为

$$Y(s)=\frac{k\,\omega_n^{\ 2}}{s^2+2\zeta_n\omega_n s+\omega_n^{\ 2}}\cdot\frac{1}{s} \tag{2.6.14}$$

二阶测试系统动态性能指标与 ω_n，ζ_n 有关，同时系统的归一化输出特性曲线与其阻尼比系数密切相关，如图 2.6.3 所示。下面分三种情况进行讨论。

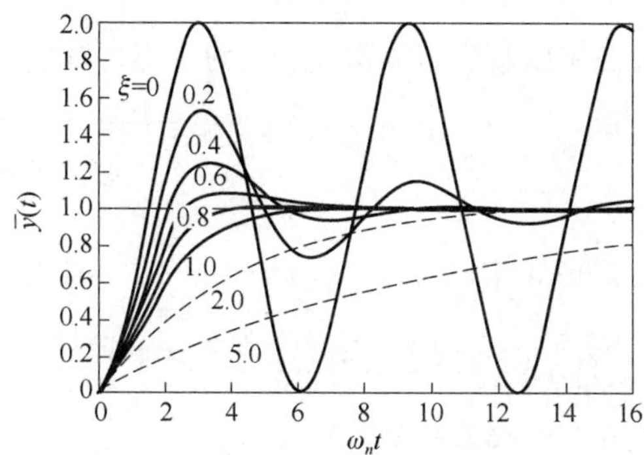

图 2.6.3　二阶测试系统归一化阶跃响应曲线与阻尼比系数关系

① 当 $\zeta_n>1$ 时，系统为过阻尼无振荡系统，测试系统的阶跃响应为

$$y(t)=k\left[\varepsilon(t)-\frac{(\zeta_n+\sqrt{\zeta^2 n-1})\,\mathrm{e}^{(-\zeta_n+\sqrt{\zeta_n^2-1})\omega_n t}}{2\sqrt{\zeta^2 n-1}}+\frac{(\zeta_n-\sqrt{\zeta_n^2-1})\,\mathrm{e}^{(-\zeta_n+\sqrt{\zeta_n^2-1})\omega_n t}}{2\sqrt{\zeta^2 n-1}}\right] \tag{2.6.15}$$

相对动态误差 $\xi(t)$ 为

$$\xi(t)=\left[-\frac{(\zeta_n+\sqrt{\zeta_n^2-1})\,\mathrm{e}^{(-\zeta_n+\sqrt{\zeta_n^2-1})\omega_n t}}{2\sqrt{\zeta^2 n-1}}+\frac{(\zeta_n-\sqrt{\zeta^2 n-1})\,\mathrm{e}^{(-\zeta_n+\sqrt{\zeta_n^2-1})\omega_n t}}{2\sqrt{\zeta_n^2-1}}\right]\times 100\% \tag{2.6.16}$$

利用式(2.6.16)可以确定不同误差带 σ 对应的系统响应时间 t_s；而上升时间 t_r、延迟时间 t_d 可以近似写为

$$t_r=\frac{1+0.9\zeta_n+1.6\zeta_n^2}{\omega_n} \tag{2.6.17}$$

$$t_d=\frac{1+0.6\zeta_n+0.2\zeta_n^2}{\omega_n} \tag{2.6.18}$$

② 当 $\zeta_n=1$ 时，系统为临界阻尼无振荡系统，测试系统的阶跃响应为

$$y(t)=k\{\varepsilon(t)-(1+\omega_n t)\mathrm{e}^{-\omega_n t}\} \tag{2.6.19}$$

相对动态误差 $\xi(t)$ 为

$$\xi(t)=-(1+\omega_n t)\mathrm{e}^{-\omega_n t} \tag{2.6.20}$$

这时系统的动态性能指标与 ω_n 有关，ω_n 越高，衰减越快。利用式(2.6.20)可以确定不同误差带 σ 对应的系统的响应时间 t_s，而上升时间 t_r、延迟时间 t_d 仍可以利用式(2.6.17)和式(2.6.18)近似计算(将 $\zeta_n=1$ 代入)。

③ 当 $0<\zeta_n<1$ 时，系统为欠阻尼振荡系统，测试系统的阶跃响应为

$$y(t)=k\left[\varepsilon(t)-\frac{1}{\sqrt{1-\zeta_n^2}}\mathrm{e}^{-\zeta_n\omega_n t}\cos(\omega_d t-\varphi)\right] \tag{2.6.21}$$

式中：ω_d——测试系统的阻尼振荡角频率(rad/s)，$\omega_d=\sqrt{1-\zeta_n^2}\omega_n$；其倒数的 2π 倍为阻尼振荡周期 $T_d=\dfrac{2\pi}{\omega_d}$；

φ——测试系统的相位延迟，$\varphi=\arctan\dfrac{\zeta_n}{\sqrt{1-\zeta_n^2}}$。

这时，二阶测试系统的响应以其稳态输出 $y_a=k$ 为平衡位置的衰减振荡曲线，其包络线为 $1-\dfrac{1}{\sqrt{1-\zeta_n^2}}\mathrm{e}^{-\zeta_n\omega_n t}$ 和 $1+\dfrac{1}{\sqrt{1-\zeta_n^2}}\mathrm{e}^{-\zeta_n\omega_n t}$(见图 2.6.4)。响应的振荡频率和衰减的快慢程度取决于 ω_n 及 ζ_n 的大小。

当 ζ_n 一定时，ω_n 越高，振荡频率越高，衰减越快；当 ω_n 一定时，ζ_n 越接近 1，振荡频率越低，振荡衰减部分前的系数 $\dfrac{1}{\sqrt{1-\zeta_n^2}}$ 也越大，这两个因素使衰减变缓。另一方面，$\mathrm{e}^{-\zeta_n\omega_n t}$ 部分的衰减将加快，因此阻尼比系数对系统的影响比较复杂。

这时，二阶测试系统的相对动态误差 $\xi(t)$ 为

$$\xi(t)=-\frac{1}{\sqrt{1-\zeta_n^2}}\mathrm{e}^{-\zeta_n\omega_n t}\cos(\omega_d t-\varphi)\times 100\% \tag{2.6.22}$$

相对误差的大小可以用其包络线来限定，即

$$|\xi(t)|\leqslant\frac{1}{\sqrt{1-\zeta_n^2}}\mathrm{e}^{-\zeta_n\omega_n t} \tag{2.6.23}$$

图 2.6.4 给出了衰减振荡二阶测试系统的阶跃响应包络线和有关指标示意图。

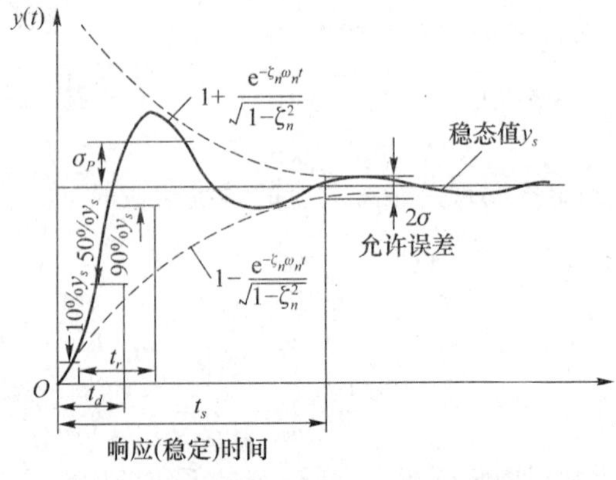

图 2.6.4 二阶测试系统阶跃响应包络线及指标

利用式(2.6.23)可以确定不同误差带 σ 对应的系统的响应时间 t_s；而上升时间 t_r、延迟时间 t_d 可以近似写为

$$t_r=\frac{0.5+2.3\zeta_n}{\omega_n} \tag{2.6.24}$$

$$t_d=\frac{1+0.7\zeta_n}{\omega_n} \tag{2.6.25}$$

当 $0<\zeta_n<1$ 时，二阶测试系统的响应过程有振荡，所以还应讨论一些衡量振荡的动态性能指标。

① 振荡次数 N。相对振荡误差曲线 $\xi(t)$ 的幅值超过允许误差限 σ 的次数。

② 峰值时间 t_P 和超调量 σ_P。动态误差曲线由起始点到达第一个振荡幅值点的时间间隔 t_P 称为峰值时间。动态误差曲线的幅值随时间的变化率为零时将出现峰值，即

$$\frac{\mathrm{d}\xi(t)}{\mathrm{d}t}=0 \tag{2.6.26}$$

利用式(2.6.22)和式(2.6.26)可得

$$\sin\omega_d t=0 \tag{2.6.27}$$

于是 t_P 满足

$$\omega_d t_P=\pi \tag{2.6.28}$$

即

$$t_P=\frac{\pi}{\omega_d}=\frac{\pi}{\omega_n\sqrt{1-\zeta_n^2}}=\frac{T_d}{2} \tag{2.6.29}$$

这表明峰值时间为阻尼振荡周期 T_d 的一半。

超调量是指峰值时间对应的相对动态误差值，即

$$\sigma_P=\frac{1}{\sqrt{1-\zeta_n^2}}\mathrm{e}^{-\zeta_n\omega_n t_P}\cos(\omega_d t_P-\varphi)\times 100\%=\mathrm{e}^{-\pi\zeta_n/\sqrt{1-\zeta_n^2}}\times 100\% \tag{2.6.30}$$

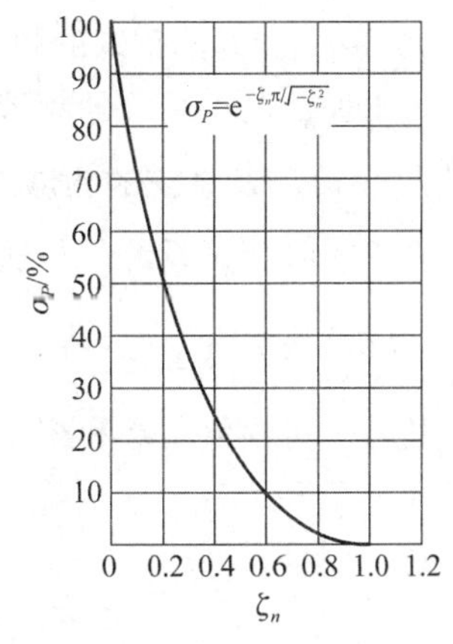

图 2.6.5　超调量与阻尼比系数 ζ_n 的近似关系曲线

图 2.6.5 给出了超调量 σ_P 与阻尼比系数 ζ_n 的近似关系曲线。ζ_n 越小，σ_P 越大。在实际测试系统中，往往可以根据所允许的相对误差 σ 为系统的超调量 σ_P 的原则来选择测试系统应具有的阻尼比系数 ζ_n，并称这时的阻尼比系数为时域最佳阻尼比系数，以 $\zeta_{\mathrm{best},\sigma_P}$ 表示。表 2.6.1 给出了 $\zeta_{\mathrm{best},\sigma_P}$ 与 σ_P 的关系，可以看出：所允许的相对动态误差 σ_P 越小，时域最佳阻尼比系数就越大。

表 2.6.1　二阶测试系统阶跃响应允许相对动态误差 σ_P 与时域最佳阻尼比系数 $\zeta_{\mathrm{best},\sigma_P}$ 的关系

$\sigma_P\times 0.01$	$\zeta_{\mathrm{best},\sigma_P}$	$\sigma_P\times 0.01$	$\zeta_{\mathrm{best},\sigma_P}$	$\sigma_P\times 0.01$	$\zeta_{\mathrm{best},\sigma_P}$	$\sigma_P\times 0.01$	$\zeta_{\mathrm{best},\sigma_P}$
0.1	0.910	1.5	0.801	4.0	0.716	8.0	0.627
0.2	0.892	2.0	0.780	4.5	0.703	9.0	0.608
0.3	0.880	2.5	0.762	5.0	0.690	10.0	0.591
0.4	0.860	3.0	0.745	6.0	0.667	12.0	0.559
0.5	0.826	3.5	0.730	7.0	0.646	15.0	0.517

③ 振荡衰减率 d。指相对动态误差曲线相邻两个阻尼振荡周期 T_d 的两个峰值 $\varepsilon(t)$ 和 $\varepsilon(t+T_d)$ 之比，如图 2.6.6 所示。

$$d=\frac{\varepsilon(t)}{\varepsilon(t+T_d)}=\frac{e^{-\zeta_n\omega_n t}}{e^{-\zeta_n\omega_n(t+T_d)}}=e^{\zeta_n\omega_n T_d}=e^{2\pi\zeta_n/\sqrt{1-\zeta_n^2}} \tag{2.6.31}$$

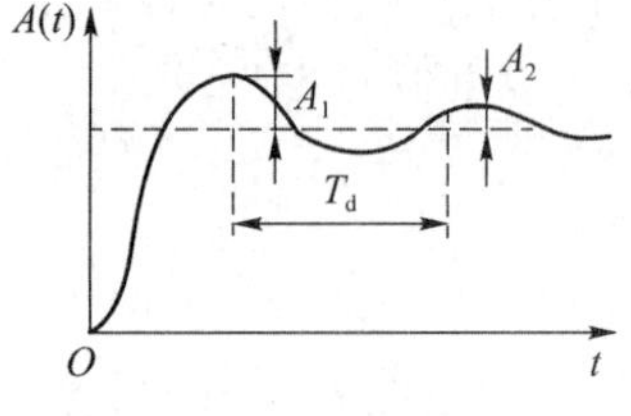

图 2.6.6　求振荡衰减率示意图

或用衰减率 D 来描述，即

$$D=\ln d=\frac{2\pi\zeta_n}{\sqrt{1-\zeta_n^2}} \tag{2.6.32}$$

2.6.2　测试系统频域动态性能指标

当被测量为正弦函数时

$$x(t)=\sin\omega t \tag{2.6.33}$$

要求测试系统能对此信号进行无失真、无延迟测量，使其输出为

$$y(t)=k\times\sin\omega t \tag{2.6.34}$$

式中：k——系统的静态增益。

而在实际测试系统不可能做到这一点，系统的稳态输出响应曲线为

$$y(t)=k\times A(\omega)\sin[\omega t+\varphi(\omega)] \tag{2.6.35}$$

式中：$A(\omega)$——测试系统的归一化幅值频率特性，即幅值增益；

$\varphi(\omega)$——测试系统的频率动态性能特性，即相位差。

为了评估测试系统的频域动态性能指标，常就 $A(\omega)$和 $\varphi(\omega)$进行研究。

1. 一阶测试系统的频域响应特性及其动态性能指标

设某一阶测试系统的传递函数为

$$G(s)=\frac{k}{Ts+1}$$

其归一化幅值增益和相位特性分别为

$$A(\omega)=\frac{1}{\sqrt{(T\omega)^2+1}} \tag{2.6.36}$$

$$\varphi(\omega)=-\arctan T\omega \tag{2.6.37}$$

一阶测试系统归一化幅值增益 $A(\omega)$与所希望的无失真的归一化幅值增益 $A(0)$的误差为

$$\Delta A(\omega)=A(\omega)-A(0)=\frac{1}{\sqrt{(T\omega)^2+1}}-1 \tag{2.6.38}$$

一阶测试系统相位差 $\varphi(\omega)$与所希望的无失真的相位差 $\varphi(0)$的误差为

$$\Delta\varphi(\omega)=\varphi(\omega)-\varphi(0)=-\arctan T\omega \tag{2.6.39}$$

图 2.6.7 给出了一阶测试系统的归一化幅频特性和相频特性曲线。输入被测量的频率 ω 变化时，测试系统的稳态响应的幅值增益和相位特性随之而变。当 $\omega=0$ 时，归一化幅值增益 $A(0)$最大，为 1，幅值误差 $\Delta A(0)=0$，相位差 $\varphi(0)=0$，相位误差 $\Delta\varphi(0)=0$ 即测试系统的输出信号并不衰减。当 ω 增大，归一化幅值增益逐渐减小，相位差由零变负，绝对值逐渐增大。这表明测试系统输出信号的幅值衰减增强，相位误差增大。特别当 $\omega\to\infty$时，幅值增益衰减到

零，相位误差达到最大，为$-\frac{\pi}{2}$。

从上述分析可知：一阶测试系统对于正弦周期输入信号的响应是与输入信号的频率密切相关的。当频率较低时，系统的输出能够在幅值和相位上较好地跟踪输入量；反之，若频率较高时，系统的输出就很难在幅值和相位上跟踪输入量，出现较大的幅值衰减和相位延迟。因此就必须对输入信号的工作频率加以限制。

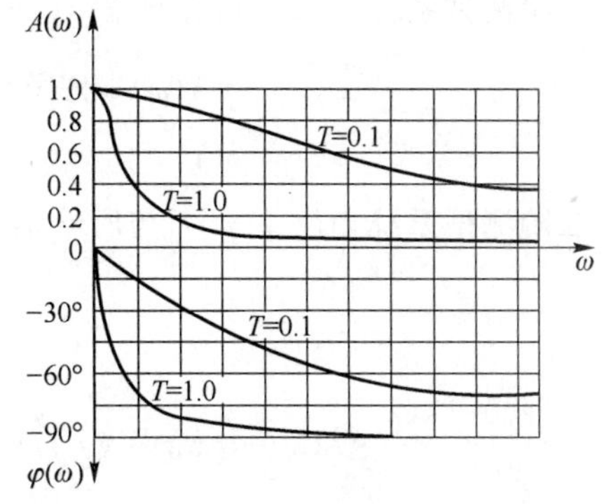

图 2.6.7　一阶测试系统的归一化幅频特性和相频特性曲线

对于一阶测试系统，除了幅值增益误差和相位误差以外，其动态性能指标有通频带和工作频带。

(1) 通频带 ω_B

通频带 ω_B 即幅值增益的对数特性衰减 -3 dB 处所对应的频率范围。利用式(2.6.36)可得

$$
\begin{gathered}
-20\lg\left[\sqrt{(T\omega_B)^2+1}\right]=-3 \\
\omega_B=\frac{1}{T}
\end{gathered}
\tag{2.6.40}
$$

(2) 工作频带 ω_g

工作频带 ω_g 即归一化幅值误差小于所规定的允许误差 σ 时，幅频特性曲线所对应的频率范围。

$$|\Delta A(\omega)|\leqslant\sigma \tag{2.6.41}$$

依式(2.6.38)以及一阶测试系统幅值增益随频率 ω 单调变化的规律，可得

$$
\begin{gathered}
1-\frac{1}{\sqrt{(T\omega_g)^2+1}}\leqslant\sigma \\
\omega_g=\frac{1}{T}\sqrt{\frac{1}{(1-\sigma)^2}-1}
\end{gathered}
\tag{2.6.42}
$$

式(2.6.42)表明：提高一阶测试系统的工作频带的有效途径是减小系统的时间常数。

2. 二阶测试系统的频域响应特性及其动态性能指标

设某二阶测试系统的传递函数为

$$G(s)=\frac{k\omega_n^2}{s^2+2\zeta_n\omega_n s+\omega_n^2}$$

其归一化幅值增益和相位特性分别为

$$A(\omega)=\frac{1}{\sqrt{\left[1-\left(\frac{\omega}{\omega_n}\right)^2\right]^2+\left(2\zeta_n\frac{\omega}{\omega_n}\right)^2}} \tag{2.6.43}$$

$$
\varphi(\omega)=\begin{cases}
-\arctan\dfrac{2\zeta_n\dfrac{\omega}{\omega_n}}{1-\left(\dfrac{\omega}{\omega_n}\right)^2}, & \omega\leqslant\omega_n \\[2ex]
-\pi+\arctan\dfrac{2\zeta_n\dfrac{\omega}{\omega_n}}{\left(\dfrac{\omega}{\omega_n}\right)^2-1}, & \omega>\omega_n
\end{cases}
\tag{2.6.44}
$$

二阶测试系统归一化幅值增益 $A(\omega)$ 与所希望的无失真的归一化幅值增益 $A(0)$ 的误差为

$$\Delta A(\omega)=A(\omega)-A(0)=\frac{1}{\sqrt{\left[1-\left(\frac{\omega}{\omega_n}\right)^2\right]^2+\left(2\zeta_n\frac{\omega}{\omega_n}\right)^2}}-1 \tag{2.6.45}$$

二阶测试系统相位差 $\varphi(\omega)$ 与所希望的无失真的相位差 $\varphi(0)$ 的误差为

$$\Delta\varphi(\omega)=\varphi(\omega)-\varphi(0)=\begin{cases}-\arctan\dfrac{2\zeta_n\dfrac{\omega}{\omega_n}}{1-\left(\dfrac{\omega}{\omega_n}\right)^2}, & \omega\leqslant\omega_n\\[2ex] -\pi+\arctan\dfrac{2\zeta_n\dfrac{\omega}{\omega_n}}{\left(\dfrac{\omega}{\omega_n}\right)^2-1}, & \omega>\omega_n\end{cases} \tag{2.6.46}$$

图 2.6.8 给出了二阶测试系统的幅频特性和相频特性曲线。输入被测量的频率 ω 变化时，测试系统的稳态响应幅值增益和相位特性随之变化，而且变化规律与阻尼比系数密切相关。

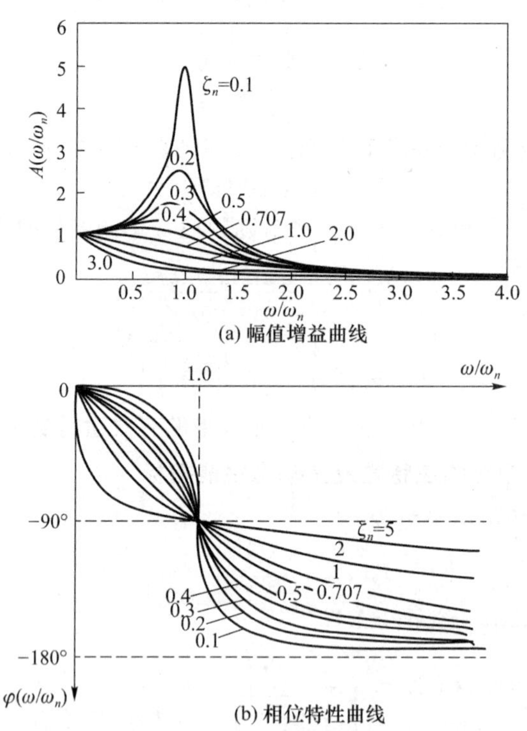

(a) 幅值增益曲线

(b) 相位特性曲线

图 2.6.8　二阶测试系统的幅频特性和相频特性曲线

由图 2.6.8 看出：

① 当 $\omega=0$ 时，相对幅值误差 $\Delta A(\omega)=0$，相位误差 $\Delta\varphi(\omega)=0$，即测试系统的输出信号不失真、不衰减；

② 当 $\omega=\omega_n$ 时，相对幅值误差 $\Delta A(\omega)=\frac{1}{2\zeta_n}-1$，相位误差 $\Delta\varphi(\omega_n)=-\frac{\pi}{2}$；

③ 当 $\omega\to\infty$ 时，幅值增益衰减到零，相对幅值误差 $\Delta A(\omega)\to-1$，相位延迟达到最大，为 $-\pi$；

④ 幅频特性曲线是否出现峰值取决于系统的阻尼比系数 ζ_n，由 $\frac{dA(\omega)}{d\omega}=0$ 可得

$$\omega_r=\sqrt{1-2\zeta_n^2}\omega_n\leqslant\omega_n \tag{2.6.47}$$

由式(2.6.47)可知：当阻尼比系数在 $0<\zeta_n<\frac{1}{\sqrt{2}}$ 时，幅频特性曲线才出现峰值，这时 ω_r 称为系统的谐振频率。谐振频率 ω_r 对应的谐振峰值为

$$A_{\max}=A(\omega_r)=\frac{1}{2\zeta_n\sqrt{1-\zeta_n^2}} \tag{2.6.48}$$

相应的相角为

$$\varphi(\omega_r)=-\arctan\frac{\sqrt{1-2\zeta_n^2}}{2\zeta_n}\geqslant-\frac{\pi}{2} \tag{2.6.49}$$

从上述分析可知，二阶测试系统对于正弦周期输入信号的响应与输入信号的频率、测试系统的固有频率、阻尼比系数密切相关。

对于二阶测试系统，由于幅值增益有时会产生峰值，而且其峰值可能比较大，故二阶系统的通频带的实际意义并不是很重要，相对而言，工作频带更确切，更有意义。

下面讨论二阶测试系统的阻尼比系数 ζ_n 和固有频率 ω_n 对其工作频带 ω_g 的影响情况。

(1) 阻尼比系数 ζ_n 的影响

二阶测试系统的固有频率 ω_n 不变时，系统的阻尼比系数 ζ_n 对其动态特性的影响非常大。图 2.6.9 给出了具有相同固有频率而阻尼比系数不同，在允许的相对幅值误差不超过 σ 时，它们所对应的工作频带各不相同的示意。

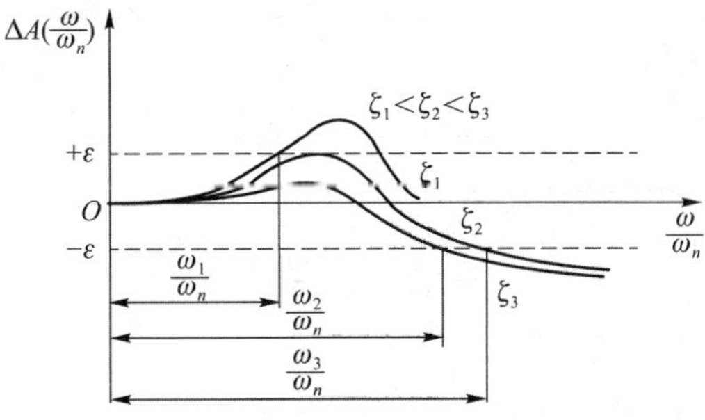

图 2.6.9　二阶测试系统的阻尼比系数与工作频带的关系

由图 2.6.9 可以看出，对于相同的允许误差 σ 必定有一个使二阶测试系统获得最大工作频带的阻尼比系数，称之为频域最佳阻尼比系数，以 $\zeta_{\text{best},\sigma}$ 表示。依图 2.6.8 的分析，$\zeta_{\text{best},\sigma}<\frac{1}{\sqrt{2}}$，即这时的二阶测试系统的幅值特性曲线一定有峰值。

由该阻尼比系数所得的归一化幅值特性应具有峰值，且峰值为 $1+\sigma$，由式(2.6.48)可得

$$A_{\max}=A(\omega_r)=\frac{1}{2\zeta_{\text{best},\sigma}\sqrt{1-\zeta_{\text{best},\sigma}^2}}=1+\sigma$$

即

$$\zeta_{\text{best},\sigma}=\sqrt{\frac{1}{2}-\sqrt{\frac{\sigma(2+\sigma)}{4(1+\sigma)^2}}}\approx\sqrt{\frac{1}{2}-\sqrt{\frac{\sigma}{2}}} \tag{2.6.50}$$

再根据最大工作频带 $\omega_{g,\max}$ 应满足

$$A(\omega_{g,\max})=\frac{1}{\sqrt{\left[1-\left(\frac{\omega_{g,\max}}{\omega_n}\right)^2\right]^2+\left(2\zeta_{\text{best},\sigma}\frac{\omega_{g,\max}}{\omega_n}\right)^2}}=1-\sigma$$

可得

$$\frac{\omega_{g,\max}}{\omega_n}=\sqrt{\sqrt{2\sigma}+\sqrt{\frac{\sigma(4-5\sigma+2\sigma^2)}{1-\sigma}}}\approx\sqrt{\sqrt{2\sigma}+\sqrt{4\sigma}}\approx 1.848\sqrt[4]{\sigma} \tag{2.6.51}$$

由式(2.6.50)和式(2.6.51)可知:二阶测试系统所允许的相对幅值误差 σ 增大时,其最佳的阻尼比系数随之减小,而最大工作频带随之增宽。表 2.6.2 给出了由式(2.6.50)和式(2.6.51)计算得到的在不同允许相对幅值误差 σ 所对应的频域最佳阻尼比系数 $\zeta_{\text{best},\sigma}$ 和二阶测试系统的最大工作频带 $\omega_{g,\max}$ 相对于固有频率 ω_n 的值 $\frac{\omega_{g,\max}}{\omega_n}$。

表 2.6.2 二阶测试系统在不同允许相对动态误差 σ 值下频域最佳阻尼比系数 $\zeta_{\text{best},\sigma}$ 和 $\omega_{g,\max}/\omega_n$

$\sigma_P\times0.01$	$\zeta_{\text{best},\sigma}$	$\omega_{g,\max}/\omega_n$	$\sigma_P\times0.01$	$\zeta_{\text{best},\sigma}$	$\omega_{g,\max}/\omega_n$	$\sigma_P\times0.01$	$\zeta_{\text{best},\sigma}$	$\omega_{g,\max}/\omega_n$
0	0.707	0	2.0	0.634	0.695	8.0	0.558	0.983
0.1	0.691	0.329	2.5	0.625	0.735	9.0	0.549	1.012
0.2	0.684	0.391	3.0	0.617	0.769	10.0	0.540	1.039
0.3	0.679	0.432	3.5	0.609	0.779	11.0	0.532	1.064
0.4	0.675	0.465	4.0	0.602	0.826	12.0	0.524	1.088
0.5	0.671	0.491	5.0	0.590	0.874	13.0	0.517	1.110
1.0	0.656	0.584	6.0	0.578	0.915	14.0	0.510	1.120
1.5	0.644	0.647	7.0	0.568	0.951	15.0	0.476	1.150

最大工作频带对应的相角误差为

$$\Delta\varphi(\omega_{g,\max})=\begin{cases}-\arctan\dfrac{1+2\zeta_{\text{best},\sigma}\cdot\dfrac{\omega_{g,\max}}{\omega_n}}{1-\left(\dfrac{\omega_{g,\max}}{\omega_n}\right)^2}\geqslant-\dfrac{\pi}{2}, & \omega_{g,\max}\leqslant\omega_n\\[2ex] -\pi+\arctan\dfrac{1+2\zeta_{\text{bext},\sigma}\cdot\dfrac{\omega_{g,\max}}{\omega_n}}{\left(\dfrac{\omega_{g,\max}}{\omega_n}\right)^2-1}<-\dfrac{\pi}{2}, & \omega_{g,\max}>\omega_n\end{cases} \tag{2.6.52}$$

由式(2.6.50)、式(2.6.51)和式(2.6.52)可得

$$\Delta\varphi(\omega_{g,\max})=\begin{cases}-\arctan\dfrac{1+3.696\sqrt{\dfrac{1}{2}-\sqrt{\dfrac{\sigma}{2}}}\cdot\sqrt[4]{\sigma}}{1-3.414\sqrt{\sigma}}, & \sigma\leqslant0.0858\\[2ex] -\pi+\arctan\dfrac{1+3.696\sqrt{\dfrac{1}{2}-\sqrt{\dfrac{\sigma}{2}}}\cdot\sqrt[4]{\sigma}}{3.414\sqrt{\sigma}-1}, & \sigma>0.0858\end{cases} \tag{2.6.53}$$

这表明:当二阶测试系统所允许的相对动态误差 $\sigma\leqslant0.0858$ 时,系统的最大工作频带

$\omega_{g,\max}$要比其固有频率小，介于系统谐振频率和固有频率之间，即 $\omega_n \geqslant \omega_{g,\max} \geqslant \omega_r$；而当所允许的相对动态误差 $\sigma > 0.0858$ 时，系统的最大工作频带 $\omega_{g,\max}$要比其固有频率大，即 $\omega_{g,\max} \geqslant \omega_n \geqslant \omega_r$。

(2) 固有频率 ω_n 的影响

二阶测试系统的阻尼比系数 ζ_n 不变时，系统的固有频率 ω_n 越高，系统的频带越宽，如图 2.6.10 所示。

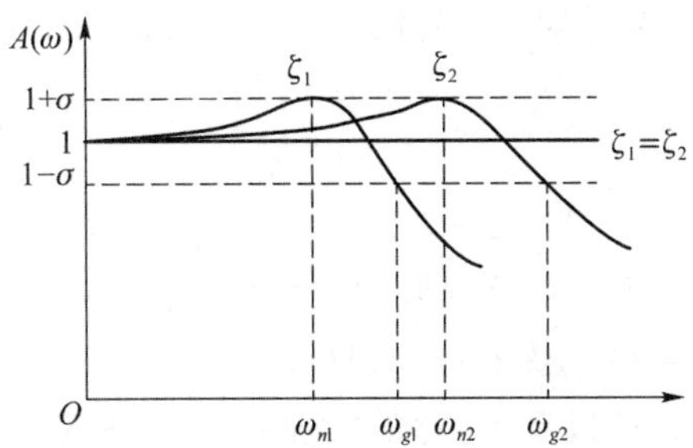

图 2.6.10　二阶测试系统固有频率与工作频带的关系

2.7　测试系统动态性能测试与动态模型建立

2.7.1　测试系统动态标定

要分析和研究测试系统的动态性能指标就必须要对测试系统进行动态标定，并在此基础上研究、分析测试系统的动态特性；或通过建立测试系统动态模型的方法，针对所建立的动态模型研究和分析测试系统的动态特性。

测试系统的动态特性通常可以从时域和频域两方面来研究和分析。在时域，主要针对测试系统在阶跃输入、回零过渡过程、脉冲输入下的瞬态响应进行分析；而在频域，主要针对系统在正弦输入下的稳态响应的幅值增益和相位差进行分析。通过上述测试系统在时域或频域的典型响应就可以分析、获取测试系统的有关动态性能指标。

为了对实际的测试系统进行动态标定，获取系统在典型输入下的动态响应，必须要有合适的动态测试设备，包括合适的典型输入信号发生器、动态信号记录设备和数据采集处理系统。由于动态测试设备与实际的被标定的测量系统是连接在一起的，因此实际的输出响应包含了动态测试系统和被标定的测试系统响应。为了减少动态测试系统对实际输出的影响，就必须考虑如何选择动态测试设备的问题。

通常为了获得较高准确度的动态测试数据，就要求动态测试设备中的所有影响动态测试过程的环节，如典型输入信号发生器、动态信号记录设备和数据采集处理系统等具有很宽的频带。例如典型信号发生器要能够产生较为理想的动态输入信号，如果是要获得时域的脉冲响应，就必须要保证输入能量足够大，且脉冲宽度尽可能窄；如果是要获得频域的幅值频率特性和相位频率特性，就必须要保证输入信号是不失真的正弦周期信号，而不能有其他谐波信号。

对于动态信号记录设备，工作频带要足够宽，应大于被标定测量系统输出响应中最高次的谐波的频率。但这一点在实际系统中很难满足，因此实际动态标定中，常选择记录设备的固有频率不低于动态测试系统的固有频率的 3～5 倍，或记录设备的工作频带不低于被标定测试设

备固有频率的 2～3 倍，即

$$\begin{cases}\Omega_n \geqslant (3\sim5)\omega_n \\ \Omega_g \geqslant (2\sim3)\omega_n\end{cases} \tag{2.7.1}$$

式中：Ω_n，Ω_g——记录设备的固有频率(rad/s)和工作频带(rad/s)；

ω_n——被标定测试系统的固有频率(rad/s)。

对于信号采集系统来说，为了减少其对测试系统输出响应的影响，其采样频率或周期应按下式选择，即

$$f_s \geqslant 10 f_n \tag{2.7.2}$$

$$T_s \leqslant 0.1 T_n \tag{2.7.3}$$

式中：f_s，T_s——数据采集处理系统的采样频率(Hz)和周期(s)；

f_n，T_n——被标定测试系统的固有频率(Hz)和周期(s)。

由式(2.7.2)和式(2.7.3)可以看出，对于二阶系统，当其阻尼比系数较小时，系统的输出响应相当于在一个衰减振荡周期内采集 10 个以上的数据；当阻尼比系数为 0.7 时，相当于在一个衰减振荡周期内采集 14 个以上的数据。

在动态测试过程中，为了减少干扰，还应正确连接测试线路的地线和加强输入信号的强度，并适当对输出响应信号进行滤波处理。

2.7.2 由实验阶跃响应曲线获取系统传递函数的回归分析法

对于一阶测试系统来说，在阶跃输入作用下，系统的输出响应是非周期型的。对于二阶测试系统来说，在阶跃输入作用下，当阻尼比系数 $\zeta_n \geqslant 1$ 时，系统的输出响应是非周期型的；而当 $0<\zeta_n<1$ 时，系统的输出响应为衰减振荡。下面分别讨论。

1. 由非周期性阶跃响应过渡过程曲线求一阶或二阶测试系统的传递函数的回归分析

(1) 一阶测试系统

典型一阶测试系统的传递函数为

$$G(s)=\frac{k}{Ts+1}$$

系统的阶跃响应过渡过程曲线如图 2.6.1 所示。因此实际的阶跃过渡过程曲线与图 2.6.1 相似时，就可以近似地认为测试系统是一阶的。

由上式知，k 为测试系统的静态增益，可以由静态标定获得。因此只要根据实验过渡过程曲线求出时间常数 T 就可以获得测试系统的动态数学模型。

对于一阶测试系统，其归一化的阶跃过渡过程为

$$y_n(t)=1-e^{-\frac{t}{T}} \tag{2.7.4}$$

归一化的回零过渡过程为

$$y_n(t)=e^{-\frac{t}{T}} \tag{2.7.5}$$

利用式(2.7.4)可得

$$e^{-\frac{t}{T}}=1-y_n(t)$$

$$-\frac{t}{T}=\ln[1-y_n(t)]$$

取 $Y=\ln[1-y_n(t)]$，$A=-\frac{1}{T}$，则上式可以转换为

$$Y=At \tag{2.7.6}$$

对于回零过渡过程，由式(2.7.5)可得

$$-\frac{t}{T}=\ln[y_n(t)]$$

取 $Y=\ln[y_n(t)]$，$A=-\frac{1}{T}$，则上式也可以转换为式(2.7.6)。

因此，通过求解由式(2.7.6)描述的线性特性方程求解回归直线的斜率 $A\left(A=-\frac{1}{T}\right)$，就可以获得回归传递函数。

将所得到的 T 代入式(2.7.4)或式(2.7.5)可以计算出 $y_n(t)$，然后与实验所得到的过渡过程曲线进行比较，检查回归效果。

计算实例：表 2.7.1 的前三行给出了某系统的单位阶跃响应的实测动态数据及数据相关处理，试回归其传递函数。

表 2.7.1　某系统单位阶跃响应的实测动态数据及相关处理数据

实验点数	1	2	3	4	5	6	7
时间 t/s	0	0.1	0.2	0.3	0.4	0.5	0.6
实测值 $y(t)$	0	0.426	0.670	0.812	0.892	0.939	0.965
$Y_i=\ln[1-y_n(t)]$	0	−0.555	−1.109	−1.671	−2.226	−2.797	−3.352
回归值 $\hat{y}(t)$	0	0.427	0.672	0.812	0.893	0.938	0.965
偏差 $\hat{y}(t)-y(t)$	0	0.001	0.002	0	0.001	−0.001	0

解：首先计算 $Y_i=\ln[1-y_n(t)]$，列于表 2.7.1 中的第 4 行。

利用有约束的最小二乘法(这时直线的节距为零)求回归直线的斜率，有

$$A=\frac{\sum_{i=1}^{7}Y_i}{\sum_{i=1}^{7}t_i}=-5.576$$

故回归时间常数为

$$T=-\frac{1}{A}=0.179\,3$$

回归递函数为

$$G(s)=\frac{1}{0.179\,3s+1}$$

检查回归效果：利用式(2.7.5)可以计算出回归得到的过渡过程曲线，结果列于表 2.7.1 中的第 5 行，同时在表 2.7.1 中的第 6 行列出了回归结果与实测值的偏差。回归效果较好。

(2) 二阶测试系统

当阻尼比系数 $\zeta_n\geqslant1$ 时，典型二阶测试系统的传递函数为

$$G(s)=\frac{k\omega_n^2}{s^2+2\zeta_n\omega_n s+\omega_n^2}$$

或

$$G(s)=\frac{k}{(T_1s+1)(T_2s+1)}=\frac{kp_1p_2}{[s-(-p_1)][s-(-p_2)]} \tag{2.7.7}$$

式中：$-p_1$，$-p_2$——特征方程式中的两个负实根。它们与 T_1，T_2 和 ω_n，ζ_n 的关系是

$$\begin{cases} p_1=\dfrac{1}{T_1},p_2=\dfrac{1}{T_2} \\ p_1=\omega_n(\zeta_n-\sqrt{\zeta_n^2-1}) \\ p_2=\omega_n(\zeta_n+\sqrt{\zeta_n^2-1}) \end{cases} \tag{2.7.8}$$

二阶测试系统阶跃过渡过程曲线如图 2.6.3 所示。

① 当 $\zeta_n=1$ 时，$p_1=p_2=\omega_n$，系统特征方程有两个相等的根，归一化单位阶跃响应为

$$y_n(t)=1-(1+\omega_nt)\mathrm{e}^{-\omega_nt} \tag{2.7.9}$$

归一化的回零过渡过程为

$$y_n(t)=(1+\omega_nt)\mathrm{e}^{-\omega_nt} \tag{2.7.10}$$

当 $t=\dfrac{1}{\omega_n}$时，由式(2.7.9)有

$$y_n\left(t=\frac{1}{\omega_n}\right)=1-2\mathrm{e}^{-1}\approx 0.26 \tag{2.7.11}$$

由式(2.7.10)有

$$y_n\left(t=\frac{1}{\omega_n}\right)=2\mathrm{e}^{-1}\approx 0.74 \tag{2.7.12}$$

基于上述分析，对于归一化单位阶跃响应曲线，$y_n(t)\approx 0.26$ 处的时间 $t_{0.26}$ 的倒数就是系统近似的固有频率。

对于归一化回零过渡过程曲线，$y_n(t)\approx 0.74$ 处的时间 $t_{0.74}$ 的倒数就是系统近似的固有频率。

② 当 $\zeta_n>1$ 时，归一化单位阶跃响应为

$$\begin{aligned} y_n(t)&=1+C_1\mathrm{e}^{-p_1t}+C_2\mathrm{e}^{-p_2t}= \\ &1-\frac{(\zeta_n+\sqrt{\zeta_n^2-1})\mathrm{e}^{(-\zeta_n+\sqrt{\zeta_n^2-1})\omega_nt}}{2\sqrt{\zeta_n^2-1}}+\frac{(\zeta_n-\sqrt{\zeta_n^2-1})\mathrm{e}^{-(\zeta_n+\sqrt{\zeta_n^2-1})\omega_nt}}{2\sqrt{\zeta_n^2-1}} \end{aligned} \tag{2.7.13}$$

由于这时系统有两个负实根，$p_1=\omega_n(\zeta_n-\sqrt{\zeta_n^2-1})$ 绝对值相对较小；$p_2=\omega_n(\zeta_n+\sqrt{\zeta_n^2-1})$，绝对值相对较大。例如，当 $\zeta_n=1.5$ 时，$p_2/p_1\approx 6.85$。这样经过一段时间后，过渡过程中只有稳态值 $p_1=\omega_n(\zeta_n-\sqrt{\zeta_n^2-1})$ 和对应的暂态分量 $C_1\mathrm{e}^{-p_1t}$。因此这时的二阶系统阶跃响应与一阶系统的阶跃响应类似，即经过一段时间后，有

$$y_n(t)\approx 1+C_1\mathrm{e}^{-p_1t}=1-\frac{(\zeta_n+\sqrt{\zeta_n^2-1})\mathrm{e}^{(-\zeta_n+\sqrt{\zeta_n^2-1})\omega_nt}}{2\sqrt{\zeta_n^2-1}} \tag{2.7.14}$$

因此当利用实际测试数据的后半段时，处理过程同一阶系统。这样就可以求出系数 C_1 和 p_1。

再利用初始条件，$t=0$ 时，$y_n(t)=0$，$\dfrac{\mathrm{d}y_n(t)}{\mathrm{d}t}=0$，可得方程组

$$\begin{cases}1+C_1+C_2=0\\C_1p_1+C_2p_2=0\end{cases}\tag{2.7.15}$$

可得

$$\begin{cases}C_2=-1-C_1\\p_2=\dfrac{C_1p_1}{1+C_1}\end{cases}\tag{2.7.16}$$

对于 $\zeta_n>1$ 时的归一化回零过渡过程，其后半段有

$$y_n(t)\approx C_1\mathrm{e}^{-p_1t}=\frac{(\zeta_n+\sqrt{\zeta_n^2-1})\mathrm{e}^{(-\zeta_n+\sqrt{\zeta_n^2-1})\omega_nt}}{2\sqrt{\zeta_n^2-1}}\tag{2.7.17}$$

类似于一阶系统的处理方式，可以得到 C_1，p_1；再利用初始条件，$t=0$ 时，$y_n(t)=y_{n0}$，$\dfrac{\mathrm{d}y_n(t)}{\mathrm{d}t}=0$，可得

$$\begin{cases}C_2=y_{n0}-C_1\\p_2=-\dfrac{C_1p_1}{y_{n0}-C_1}\end{cases}\tag{2.7.18}$$

将所得到的 C_1,C_2,p_1,p_2 代入式(2.7.18)或式(2.7.17)，可以计算出 $y_n(t)$，然后与实验所得到的相应的过渡过程曲线进行比较，检查回归效果。

2. 由衰减振荡型阶跃响应过渡过程曲线求二阶测试系统的传递函数的回归分析

当实测得到的阶跃响应的过渡过程曲线为衰减振荡型时，其动态模型可以利用衰减振荡型的二阶测试系统来回归。

振荡二阶测试系统的归一化阶跃响应为

$$y(t)=1-\frac{1}{\sqrt{1-\zeta_n^2}}\mathrm{e}^{-\zeta_n\omega_nt}\cos(\omega_dt-\varphi)$$

不同的阻尼比系数对应的阶跃响应差别比较大，分以下情况进行讨论。

① 阻尼比系数较小，振荡次数较多，如图 2.7.1(a)所示。这时实验曲线提供的信息比较多。因此可以用 A_1,A_2,T_d,t_r,t_p 来回归，可用下面任何一组来确定 ω_n 和 ζ_n。

第一组：利用 A_1，A_2 和 T_d。

在输出响应曲线上可量出 A_1，A_2 和振荡周期 T_d，根据衰减率 d 和动态衰减率 D 与 A_1，A_2 和 T_d 的关系

$$d=\frac{A_1}{A_2}=\mathrm{e}^{\zeta_n\omega_nT_d}=\mathrm{e}^{2\pi\zeta_n/\sqrt{1-\zeta_n^2}}$$

$$D=\ln d=\frac{2\pi\zeta_n}{\sqrt{1-\zeta_n^2}}$$

可以得到阻尼比系数 ζ_n，再根据振荡频率与固有频率的关系

$$\omega_d=\sqrt{1-\zeta_n^2}\omega_n$$

就可以得到固有频率 ω_n。

第二组：利用 A_1 和 t_p。

利用超调量 A_1、峰值时间 t_p 与 ω_n 和 ζ_n 的关系

$$\sigma_p = A_1 = e^{-\pi\zeta_n / \sqrt{1-\zeta_n^2}}$$

$$t_p = \frac{\pi}{\omega_d} = \frac{\pi}{\omega_n \sqrt{1-\zeta_n^2}} = \frac{T_d}{2}$$

可以得到固有频率 ω_n 和阻尼比系数 ζ_n。

第三组：利用 t_p 和 t_r。

利用峰值时间 t_p、上升时间 t_r 与 ω_n 和 ζ_n 的关系

$$t_p = \frac{\pi}{\omega_d} = \frac{\pi}{\omega_n \sqrt{1-\zeta_n^2}} = \frac{T_d}{2}$$

$$t_r = \frac{1+0.9\zeta_n + 1.6\zeta_n^2}{\omega_n}$$

可以得到固有频率 ω_n 和阻尼比系数 ζ_n。

② 振荡次数 $0.5 < N < 1$ 如图 2.7.1(b)所示。

只要在衰减振荡响应曲线上量出峰值 A_1、上升时间 t_r 和峰值时间 t_p，就可用上述第二组或第三组求得 ω_n 和 ζ_n。

③ 振荡次数 $N \leqslant 0.5$，如图 2.7.1(c)所示。

这时峰值 A_1 量测不准，但上升时间 t_r 和峰值时间 t_p 仍然可以准确量出，因此可以利用上述第三组的方法求得 ω_n 和 ζ_n。

④ 超调很小的情况，如图 2.7.1(d)所示。

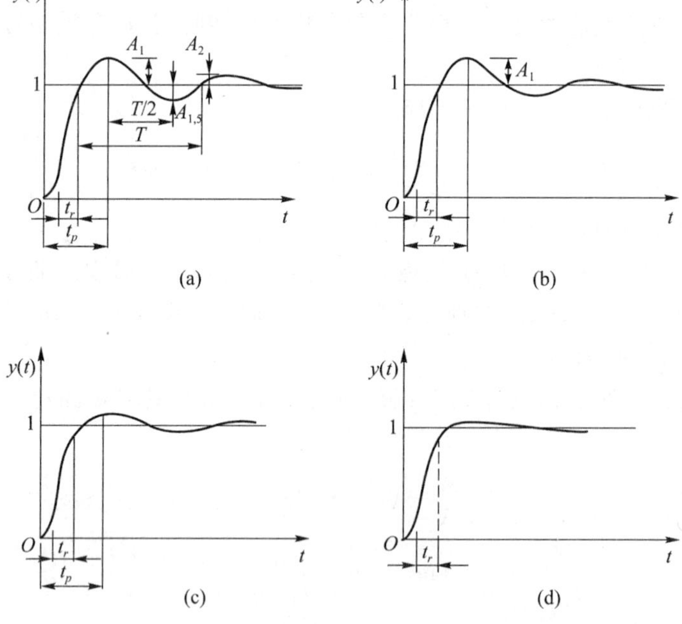

图 2.7.1 二阶测试系统在单位阶跃作用下的衰减振荡响应曲线

这时只能准确量出上升时间 t_r，此时阻尼比系数约在 0.8～1.0。利用

$$t_r = \frac{1+0.9\zeta_n + 1.6\zeta_n^2}{\omega_n}$$

在 0.8～1.0 之间初选阻尼比系数，计算 ω_n，然后利用其他信息检验回归效果。

计算实例：某系统的单位归零过渡过程如图 2.7.2 所示，试求其回归传递函数。

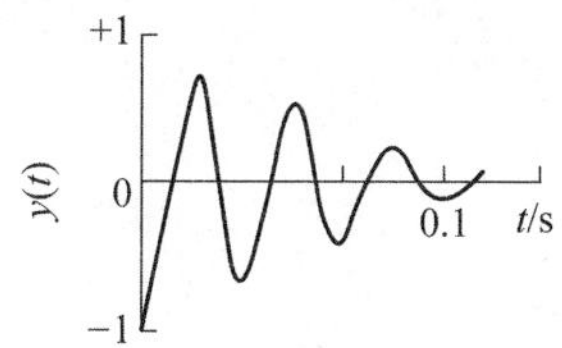

图 2.7.2　某系统的单位回零过渡过程曲线

解：首先确定其振荡周期和振荡频率。

由测试曲线量出三个振荡周期对应的时间为 0.1 s，故振荡周期为

$$T_d=\frac{0.1}{3}=0.0333\ \text{s}$$

振荡频率为

$$\omega_d=\frac{2\pi}{T_d}=188.5\ \text{rad/s}$$

计算衰减率。由测试曲线上量出相差一个振荡周期的幅值为

$$A_1=0.75,\quad A_2=0.5$$

$$D=\frac{2\pi\zeta_n}{\sqrt{1-\zeta_n^2}}=\ln\frac{A_1}{A_2}=\ln\frac{0.75}{0.5}=0.4055$$

计算阻尼比系数和固有频率。利用上式，可得阻尼比系数为

$$\zeta_n=0.0644$$

利用 $\omega_d=\sqrt{1-\zeta_n^2}\omega_n$ 可得

$$\omega_n=189.3\ \text{rad/s}$$

回归传递函数为

$$G(s)=\frac{189.3^2}{s^2+2\times 0.0644\times 189.3\,s+189.3^2}=\frac{35834}{s^2+24.38\,s+35834}$$

2.7.3　由实验频率特性获取系统传递函数的回归分析法

许多测试系统的动态标定可以在频域进行，即通过测试系统的频率特性来获取其动态性能指标。下面主要讨论如何利用系统的幅频特性曲线获取系统的传递函数。

1. 一阶测试系统

典型的一阶测试系统的传递函数为

$$G(s)=\frac{k}{Ts+1}$$

其归一化幅值频率特性为

$$A(\omega)=\frac{1}{\sqrt{T(\omega)^2+1}}\tag{2.7.19}$$

图 2.7.3 给出了一阶测试系统幅频特性曲线示意图。$A(\omega)$取 0.707、0.900 和 0.950 时的频率分别记为 $\omega_{0.707}$、$\omega_{0.900}$ 和 $\omega_{0.950}$，由式(2.7.19)可得

$$\begin{cases}\omega_{0.707}=\dfrac{1}{T}\\ \omega_{0.900}=\dfrac{0.484}{T}\\ \omega_{0.950}=\dfrac{0.329}{T}\end{cases} \tag{2.7.20}$$

一种比较实用的方法是利用 $\omega_{0.707}$、$\omega_{0.900}$ 和 $\omega_{0.950}$ 回归一阶测试系统的时间常数 T：

$$T=\frac{1}{3}\left(\frac{1}{\omega_{0.707}}+\frac{0.484}{\omega_{0.900}}+\frac{0.329}{\omega_{0.950}}\right) \tag{2.7.21}$$

当然也可以利用其他数据处理方法，例如最小二乘法来回归。得到测试系统的模型参数后，利用式(2.7.19)得到的计算值与实验值进行比较，检查回归效果。

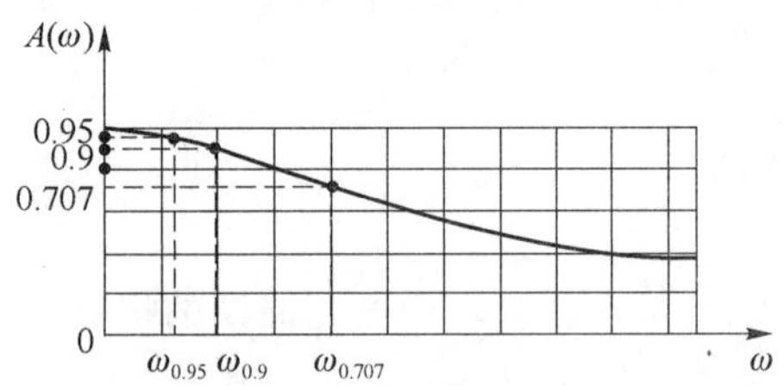

图 2.7.3　一阶测试系统的幅频特性曲线

2. 二阶测试系统

典型的二阶测试系统的传递函数为

$$G(s)=\frac{k\omega_n^2}{s^2+2\zeta_n\omega_n s+\omega_n^2}$$

其归一化幅值频率特性为

$$A(\omega)=\frac{1}{\sqrt{\left[1-\left(\dfrac{\omega}{\omega_n}\right)^2\right]^2+\left(2\zeta_n\dfrac{\omega}{\omega_n}\right)^2}} \tag{2.7.22}$$

图 2.6.8 给出了二阶测试系统幅频特性曲线示意图。幅频特性可以分为两类：一类为有峰值的；另一类为无峰值的。

当 $\zeta_n<0.707$ 时，幅频特性有峰值，峰值 $A_{\max}$ 及对应的频率 ω_r 分别为

$$A_{\max}=A(\omega_r)=\frac{1}{2\zeta_n\sqrt{1-\zeta_n^2}} \tag{2.7.23}$$

$$\omega_r=\sqrt{1-2\zeta_n^2}\,\omega_n \tag{2.7.24}$$

利用式(2.7.23)可以求得阻尼比系数 ζ_n，再利用式(2.7.24)可以求得系统的固有频率 ω_n。

利用所求得的 ω_n 和 ζ_n，由式(2.7.22)可以计算出幅频特性曲线，并与实测得到的幅频特性曲线进行比较，以检查回归效果。

对于动态测试所得的幅频特性曲线无峰值的二阶测试系统而言，在曲线上可以读出使 $A(\omega)$ 为 0.707、0.900 和 0.950 时的值 $\omega_{0.707}$、$\omega_{0.900}$ 和 $\omega_{0.950}$。由式(3.5.22)可得

$$\frac{\omega_{0.950}}{\omega_n}=\sqrt{(1-2\zeta_n^2)+\sqrt{(1-2\zeta_n^2)^2+\left[\left(\frac{1}{A(\omega_{0.950})}\right)^2-1\right]}} \tag{2.7.25}$$

$$\frac{\omega_{0.900}}{\omega_n}=\sqrt{(1-2\zeta_n^2)+\sqrt{(1-2\zeta_n^2)^2+\left[\left(\frac{1}{A(\omega_{0.900})}\right)^2-1\right]}} \tag{2.7.26}$$

$$\frac{\omega_{0.707}}{\omega_n}=\sqrt{(1-2\zeta_n^2)+\sqrt{(1-2\zeta_n^2)^2+\left[\left(\frac{1}{A(\omega_{0.707})}\right)^2-1\right]}} \tag{2.7.27}$$

由上述三式中的任意两式可以求得 ω_n 和 ζ_n。利用所得到的 ω_n 和 ζ_n，由式(2.7.22)就可以计算幅频特性曲线，然后与实验值进行比较，检查回归效果。

思考题与习题

2.1 测试系统的静态误差是如何产生的？如何进行分类？

2.2 简要讨论环境温度变化对测试系统引起的静态误差。

2.3 对于一个实际测试系统，如何获得它的静态特性？怎样评价其静态性能指标？

2.4 测试系统静态校准的条件是什么？

2.5 写出利用极限点法计算测试系统综合误差的过程，并说明其特点。

2.6 试求题表 2.1 所列数据的有关线性度：

① 端基线性度；

② 平移端基线性度；

③ 最小二乘线性度。

题表 2.1　输入/输出数据表

x	1	2	3	4	5	6
y	2.02	4.00	5.98	7.9	10.10	12.05

2.7 某压力测试系统的一组标定数据如题表 2.2 所列，若工作特性选端基平移直线，试计算迟滞误差和重复性误差。

2.8 利用极限点法计算题 2.7 中的压力测试系统的综合误差。

2.9 一线性测试系统正反行程的实测特性为：$y=x-0.03x^2+0.03x^3$ 和 $y=x+0.01x^2-0.01x^3$；x 和 y 分别为测试系统的输入和输出。输入范围为 $0\leqslant x\leqslant 1$，若以端基直线为参考直线，试计算该测试系统的迟滞误差和线性度。

2.10 简述研究测试系统动态特性的重要性。

2.11 如何描述测试系统的动态模型。

2.12 测试系统动态校准时，应注意哪些问题？

2.13 什么是动态无失真测试条件？简述其物理意义。

2.14 测试系统动态特性的时域指标主要有哪些？并说明它们的物理意义。

2.15 测试系统动态特性的频域指标主要有哪些？并说明它们的物理意义。

题表 2.2 某压力测试系统的一组标定数据

行程	10^{-5} · 输入压力/Pa	输出电压/mV		
		第 1 循环	第 2 循环	第 3 循环
正行程	2.0	190.9	191.1	191.3
	4.0	382.8	383.2	382.5
	6.0	575.8	576.1	576.6
	8.0	769.4	769.8	770.4
	10.0	963.9	964.6	965.2
反行程	10.0	964.4	965.1	965.7
	8.0	770.6	771.0	771.4
	6.0	577.3	577.4	578.1
	4.0	384.1	384.2	384.7
	2.0	191.6	191.6	192.0

2.16 某测试系统的回零过渡过程如题表 2.3 所列，试求其一阶动态回归模型。

题表 2.3 某测试系统的回零过渡过程

实验点数	1	2	3	4	5	6
时间 t/s	0	0.2	0.4	0.8	1.0	1.2
实测值 $y(t)$	1	0.512	0.262	0.135	0.359	0.185

2.17 某测试系统的一组实测的幅值频率特性点为$[\omega_i, A(\omega_i)](i=1,2,\cdots,n)$，基于这组点利用最小二乘法确定其一阶测试系统的动态模型。

2.18 简要说明二阶测试系统的时域最佳阻尼比系数与频域最佳阻尼比系数的物理意义。

2.19 试给出二阶测试系统在频域最佳阻尼比系数 $\zeta_{\text{best},\sigma}$ 下的谐振频率 ω_r。

第3章　常用传感器敏感机理

本章主要介绍传感器的基本知识，包括传感器定义、分类方法以及常用传感器的基本敏感机理。既包括经典的、常规的传感器（如变电阻式传感器、热电式传感器、电容式传感器、变磁路式传感器、压电式传感器、谐振式传感器、声表面波传感器等），又适当介绍近年来出现的新型传感器技术（如光纤光栅传感器等）。

3.1 引　言

国家标准 GB/T 7665—2005 对传感器（transducer/sensor）的定义是：能感受被测量并按一定的规律转换成可用输出信号的器件或装置，通常由敏感元件和转换元件组成。敏感元件（sensing element）指传感器中能直接感受或响应被测量的部分；转换元件（transducing element）指传感器中能将敏感元件感受或响应的被测量转换成适于传输或测量的电信号的部分。

传感器的基本结构组成如图 3.1.1 所示，其核心是敏感元件。

图 3.1.1　传感器基本结构组成示意图

事实上，人类的日常生活、生产活动和科学实验都离不开测量。从本质上说，测量的功能就是人们感觉器官（眼、耳、鼻、舌、身）所产生的视觉、听觉、嗅觉、味觉、触觉的延伸和替代。如果把计算机看作自动化系统的“电脑”，就可以把传感器形象地比喻为自动化系统的“电五官”。可见，传感器技术是信息系统、自动化系统中信息获取的首要环节。如果没有传感器对原始参数进行准确、可靠、在线、实时地测量，那么无论信号转换、信息分析处理的功能多么强大，都没有任何实际意义。

在信息技术领域，传感器是源头。没有传感器，就不能实现科学测量；没有科学测量，就没有科学，就没有技术。因此，大力发展传感器技术在任何领域、任何时候都是重要的和必要的。

3.1.1　传感器的分类

传感器主要按其工作原理和被测量来分类。

1. 按工作原理分类

传感器按其工作原理，一般可分为物理型、化学型和生物型三大类，如图 3.1.2 所示。

物理型传感器是利用某些敏感元件的物理性质或某些功能材料的特殊物理性能制成的传感器。如利用金属材料在被测量作用下引起的电阻值变化的应变效应的应变式传感器；利用半导体材料在被测量作用下引起的电阻值变化的压阻效应制成的压阻式传感器；利用电容器在被测量的作用下引起电容值的变化制成的电容式传感器；利用磁阻随被测量变化的简单电感式、差动变压器式传感器；利用压电材料在被测力作用下产生的压电效应制成的压电式传感器等。

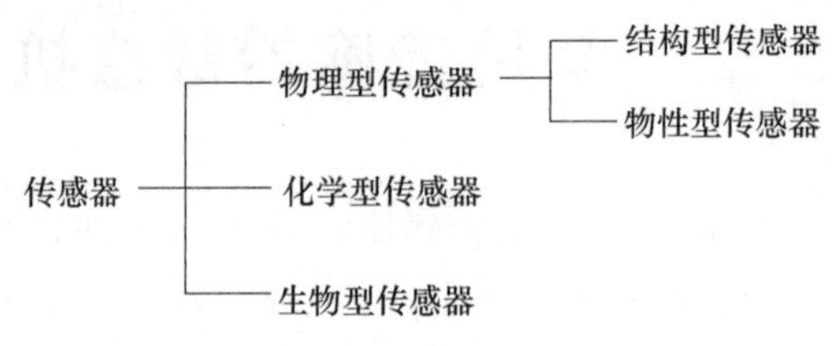

图 3.1.2　传感器的分类

物理型传感器又可以分为结构型传感器和物性型传感器。

结构型传感器是以结构(如形状、几何参数等)为基础,利用某些物理规律来感受(敏感)被测量,并将其转换为电信号实现测量的。例如电容式压力传感器,必须有按规定参数设计制成的电容式敏感元件,当被测压力作用在电容式敏感元件的动极板上时,引起电容间隙的变化导致电容值的变化,从而实现对压力的测量。又如谐振式压力传感器,必须设计制作一个合适的感受被测压力的谐振敏感元件,当被测压力变化时,改变谐振敏感结构的等效刚度,导致谐振敏感元件的固有频率发生变化,从而实现对压力的测量。

物性型传感器就是利用某些功能材料本身所具有的内在特性及效应感受(敏感)被测量,并转换成可用电信号的传感器。例如利用半导体材料在被测压力作用下引起其内部应力变化导致其电阻值变化制成的压阻式传感器,就是利用半导体材料的压阻效应实现对压力的测量;利用具有压电特性的石英晶体材料制成的压电式压力传感器,就是利用石英晶体材料本身具有的正压电效应而实现压力测量。

一般而言,物理型传感器对物理效应和敏感结构都有一定要求,但侧重点不同。结构型传感器强调要依靠精密设计制作的结构才能保证其正常工作;而物性型传感器则主要依靠材料本身的物理特性、物理效应来实现对被测量的敏感。

近年来,由于材料科学技术的飞速发展与进步,物性型传感器应用越来越广泛。这与该类传感器便于批量生产、成本较低及易于小型化等特点密切相关。

化学传感器是利用电化学反应原理,把无机或有机化学的物质成分、浓度等转换为电信号的传感器。最常用的是离子敏传感器,即利用离子选择性电极,测量溶液的 pH 值或某些离子的活度,如 K^+,Na^+,Ca^{2+} 等。虽然电极的测量对象不同,但其测量原理基本相同,主要是利用电极界面(固相)和被测溶液(液相)之间的电化学反应,即利用电极对溶液中离子的选择性响应而产生的电位差。所产生的电位差与被测离子活度对数呈线性关系,故检测出其反应过程中的电位差或由其影响的电流值,即可给出被测离子的活度。化学传感器的核心部分是离子选择性敏感膜。膜可以分为固体膜和液体膜。玻璃膜、单晶膜和多晶膜属固体膜;而带正、负电荷的载体膜和中性载体膜则为液体膜,化学传感器广泛应用于化学分析、化学工业的过程在线检测及环保检测中。

生物传感器是近年来发展很快的一类传感器。它是一种利用生物活性物质选择性来识别和测定生物化学物质的传感器。生物活性物质对某种物质具有选择性亲和力,也称其为功能识别能力;利用这种单一的识别能力来判定某种物质是否存在,其浓度是多少,进而利用电化学的方法进行电信号的转换。生物传感器主要由两大部分组成。其一是功能识别物质,其作用是对被测物质进行特定识别。这些功能识别物有酶、抗原、抗体、微生物及细胞等。用特殊方法把这些识别物固化在特制的有机膜上，从而形成具有对特定的从低分子到大分子化合物进行识别功能的功能膜。其二是电、光信号转换装置，此装置的作用是把在功能膜上进行的识别被测物所产生的化学反应转换成便于传输的电信号或光信号。其中最常应用的是电极，如氧电极和过氧化氢电极。近来有把功能膜固定在场效应晶体管上代替栅-漏极的生物传感器，使得传感器体积非常小。如果采用光学方法来识别在功能膜上的反应，则要靠光强的变化来测量被测物质，如荧光生物传感器等。变换装置直接关系着传感器的灵敏度及线性度。生物传感器的最大特点是能在分子水平上识别被测物质，不仅在化学工业的监测上，而且在医学诊断、环保监测等方面都有着广泛的应用前景。

2. 按被测量分类

按传感器的被测量——输入信号分类，能够很方便地表示传感器的功能，也便于用户使用。按这种分类方法，传感器可以分为温度、压力、流量、物位、质量、加速度、速度、位移、转速、角位移、力、力矩、湿度、黏度、浓度等传感器。生产厂家和用户都习惯于这种分类方法。

上面所述仍很概括，仅温度传感器中就包括用不同材料和方法制成的各种传感器，如热电偶温度传感器、热敏电阻温度传感器、金属热电阻温度传感器、P－N 结二极管温度传感器、红外温度传感器等。通常传感器命名就是将其工作原理和被测参数结合在一起，先说工作原理，后说被测参数，如硅压阻式压力传感器、电容式加速度传感器、压电式振动传感器、谐振式质量流量传感器等。

针对传感器的分类，不同的被测量可以采用相同的测量原理，同一个被测量可以采用不同的测量原理。因此，必须掌握用不同的测量原理测量不同的被测量时，各自具有的特点。

3.1.2　传感器技术的特点

传感器技术是涉及传感器的机理研究与分析、传感器的设计与研制、传感器的性能评估与应用等的综合性技术。因此，传感器技术具有以下特点：

① 涉及多学科与技术，包括物理学科中的各个门类（力学、热学、电学、光学、声学、原子物理等）以及各个技术学科门类（材料科学、机械、电工电子、微电子、控制、计算机技术等）。由于现代技术发展迅速，敏感元件与传感器产品的更新换代周期也越来越短，使得一些新型传感器具有原理新颖、机理复杂、技术综合等鲜明的特点。因此，需要不断更新生产技术，配套相关的生产设备，同时需要配备多方面的高水平技术人才协作攻关。

② 品种繁多，被测参数包括热工量（温度、压力、流量、物位等）、电工量（电压、电流、功率、频率等）、物理量（光、磁、湿度、浊度、声、射线等）、机械量（力、力矩、位移、速度、加速度、转角、角速度、振动等）、化学量（氧、氢、一氧化碳、二氧化碳、二氧化硫、瓦斯等）、生物量（酶、细菌、细胞、受体等）、状态量（开关、二维图形、三维图形等），故需要发展多种多样的敏感元件和传感器。除了基型品种外，还要根据应用场合和不同具体要求来研制大量的派生产品和规格。

③ 要求具有高的稳定性、高的可靠性、高的重复性、低的迟滞和快的响应，做到准确可靠、经久耐用。对于处于工业现场和自然环境下的传感器，还要求具有良好的环境适应性，能够耐高温，耐低温，抗干扰，耐腐蚀，安全防爆，便于安装、调试与维修。

④ 应用领域十分广泛。无论是工业、农业和交通运输业，还是能源、气象、环保和建材业；无论是高新技术领域，还是传统产业；无论是大型成套技术装备，还是日常生活用品和家用电器，都需要采用大量的敏感元件和传感器。例如，航天飞机所用的传感器数量大约 3 500 只，

其中运载火箭上 2 500 只，航天飞机上 1 000 只；一座大型钢铁厂需要 20 000 台套传感器和检测仪表；大型石油化工厂需要 6 000 台套传感器和检测仪表；大型发电机组需要 3 000 台套传感器和检测仪表等。

⑤ 应用要求千差万别，有量大、面广、通用性强的，也有专业性强的；有单独使用、单独销售的，也有与主机密不可分的；有的要求高精度，有的要求高稳定性，有的要求高可靠性，有的要求耐振动，有的要求防爆，如此等等。因此，不能用统一的评价标准进行考核、评估，也不能用单一的模式进行科研与生产。

⑥ 相对于信息技术领域的其他技术（特别是信息处理技术），传感器技术发展缓慢；但一旦成熟，其生命力强，不会轻易退出竞争舞台，可长期应用，持续发展的能力非常强。像应变式传感技术已有 90 多年的历史，硅压阻式传感器也有 60 多年的历史，目前仍然在传感器技术领域占有重要的地位。

3.1.3 传感器技术的发展

从传感器的作用，即从测量的角度考虑，传感器的历史相当久远，可以说伴随着人类的文明进程。传感器技术（测量技术）的发展程度，影响、决定着人类认识世界的程度与能力。人类认识到的客观世界就是能够利用各种各样的传感器技术测量到的范围与程度。但如果将传感器限定于可用的电信号输出时，那么传感器技术则是近百年的事。

早期的结构型敏感元件利用物质的机械尺寸或形状受外界环境引起的变化来探测外界物质世界的参量。1860 年，发明了利用铜线圈电阻变化检测温度。随着电子技术的进步，出现了热敏电阻、热电偶、压电敏感元件等。20 世纪 70 年代，微电子技术促进了各种半导体传感器的发展。20 世纪 80 年代初期，出现了以半导体传感器与微电子电路集成为主要特点的集成传感器和智能传感器（smart sensors）。20 世纪 90 年代开始，微电子技术的进步促进了微机械电子技术（Micro Electro-Mechanical Systems，MEMS）的兴起和发展。由于出现了大量新型的加工手段，使传感器微小型化、生产批量化成为主流。进入 21 世纪，物联网、移动互联网的等新兴产业的快速发展拉动了智能传感器的发展，而智能传感器也更向着微型化衍进。

近年来迅速发展起来的现代信息技术的三大技术基础是信息的获取、信息的传输和信息的分析处理，也就是传感器技术、通信技术和计算机技术。它们分别构成了信息技术系统的“感官”“神经”和“大脑”。美国曾把 20 世纪 80 年代看成是传感器技术时代，并列为 20 世纪 90 年代 22 项关键技术之一。日本将开发和利用传感器技术列为国家重点发展 6 大核心技术之一。德国 80 项优先资助的计划中，两项为传感器的计划：一项为微型化传感器，另一项为生物传感器。代表欧洲国家在高新技术领域的整体研究趋向的计划有 29 个项目直接与传感技术相关。

我国传感技术的发展始于 20 世纪 50 年代初期，20 世纪 60 年代先后研制出应变元件、霍尔元件、离子电极；20 世纪 70 年代初研制生产出一批新型敏感元件及传感器，如扩散硅力敏传感器、砷化镓霍尔元件、碳化硅热敏电阻等。20 世纪 80 年代敏感元件与传感器列入国家攻关计划、研制出一批包括集成温度传感器、集成磁敏传感器以及薄膜和厚膜箔电阻、电涡流故障诊断等集成传感器。从“十二五”规划开始，以提高我国科学仪器设备自主创新能力和自我装备水平为宗旨，国家自然科学基金委、科技部分别设立了重大科学仪器专项，安排专项经费支持；我国“十三五”规划中明确把传感器技术列为国家战略发展的重点；工信部发布的《智能传感器产业三年行动指南(2017—2019 年)》更是提出要推动基于 MEMS 工艺的新型智能传感器设计技术的研发。为我国仪器仪表、传感技术的发展提供了强有力的保障。

近几年来,大规模集成电路、微纳加工、网络等技术的发展,为传感技术的发展奠定了基础。微电子、光电子、生物化学、信息处理等各学科、各种新技术的互相渗透和综合利用,可望研制出一批新颖、先进的传感器。传感器领域的主要技术将在现有基础上予以延伸和提高,并加速新一代传感器的开发和产业化。随着生产自动化程度的不断提高,人们生活水平的不断改善,对传感器的需求也不断增加。技术推动和需求牵引共同决定了未来传感技术的发展趋势,突出表现在以下几个方面:一是开发新原理、新材料、新工艺的新型传感器;二是实现传感器的微型化、集成化、多功能化、高精度和智能化;三是多传感器的集成融合,以及传感器与其他学科的交叉融合,实现无线网络化。

3.2　变电阻式传感器

变电阻式传感器指的是能将被测量转换成电阻阻值变化的一类传感器的总称。常用的变电阻式传感器包括应变式传感器、压阻式传感器、电位器式传感器和热阻式传感器等。

3.2.1　应变式传感器

利用应变式变换原理可以制成电阻式应变片(resistance strain gage)或应变薄膜。它可以感受测量物体受力或力矩时所产生的应变,并将应变变化转换为电阻变化,通过电桥进一步转换为电压或电流的变化。利用应变式变换原理实现的传感器称为应变式传感器(strain gage transducer/sensor)。

1. 应变式变换原理

以金属电阻丝为例来说明应变式变换原理。

截面为圆形的金属电阻丝的电阻值为

$$R=\frac{L\rho}{S}=\frac{L\rho}{\pi r^2} \tag{3.2.1}$$

式中:R——电阻值(Ω);

ρ——电阻率(Ω·m);

L——金属丝的长度(m);

S——金属丝的横截面积(m^2);

r——金属丝的横截面的半径(m)。

考虑一段如图 3.2.1 所示的金属电阻丝。当其受到拉力而伸长 dL 时,其横截面积将相应减少 dS,电阻率则因金属晶格畸变因素的影响也将改变 dρ,从而引起金属丝的电阻改变 dR,将式(3.2.1)微分可得

$$\mathrm{d}R=\frac{1}{\pi r^2}\mathrm{d}\rho+\frac{\rho}{\pi r^2}-2\,\frac{\rho L}{\pi r^3}\mathrm{d}r \tag{3.2.2}$$

$$\frac{\mathrm{d}R}{R}=\frac{\mathrm{d}\rho}{\rho}+\frac{\mathrm{d}L}{L}-2\,\frac{\mathrm{d}r}{r} \tag{3.2.3}$$

作为一维受力体的电阻丝,其轴向应变$\varepsilon_r=\mathrm{d}L/L$ 与径向应变$\varepsilon_r=\mathrm{d}r/r$ 满足

$$\varepsilon_r = -\mu \varepsilon_L \tag{3.2.4}$$

式中：μ——金属电阻丝材料的泊松比。

利用式(3.2.3)和式(3.2.4)可得

$$\frac{\mathrm{d}R}{R} = \frac{\mathrm{d}\rho}{\rho} + (1+2\mu)\varepsilon_L = \left[\frac{\mathrm{d}\rho}{\varepsilon_L \rho} + (1+2\mu)\right]\varepsilon_L = K_0\ \varepsilon_L \tag{3.2.5}$$

$$K_0 \stackrel{\mathrm{def}}{=} \frac{\frac{\mathrm{d}R}{R}}{\varepsilon_L} = \frac{\mathrm{d}\rho}{\varepsilon_L \rho} + (1+2\mu)$$

式中：K_0——金属材料的应变灵敏系数，表示单位应变引起的电阻变化率。

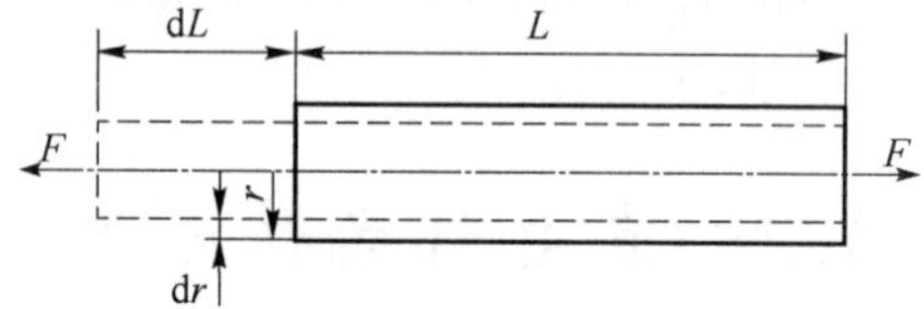

图 3.2.1　金属电阻丝的应变效应示意图

由式(3.2.5)可知：K_0 越大，单位应变引起的电阻相对变化越大，即越灵敏。

由式(3.2.5)还可知：K_0 一方面受材料的几何参数变化的影响，即$(1+2\mu)$；另一方面受电阻率变化的影响，即 $\mathrm{d}\rho/(\varepsilon_L\rho)$，这一项很难用解析式描述，所以通常 K_0 由实验来确定。大量实验表明：在电阻丝拉伸的比例极限内，电阻的相对变化与其轴向应变成正比，即 K_0 为一常数。例如对康铜材料，$K_0 \approx 1.9 \sim 2.1$；对镍铬合金材料，$K_0 \approx 2.1 \sim 2.3$；对铂材料，$K_0 \approx 3 \sim 5$。

2. 金属应变片

(1) 结构及应变效应

利用金属丝的应变效应可以制成金属应变片。图 3.2.2 给出了金属应变片的基本结构。它一般由敏感栅、基底、黏合层、引出线和覆盖层等组成。敏感栅由金属细丝制成，用黏合剂将其固定在基底上。基底的作用是将被测试件上的应变不失真地传递到敏感栅上，因此它非常薄。此外，基底应有良好的绝缘、抗潮和耐热性能，且随外界条件变化的变形小。敏感栅上面粘贴有覆盖层，用于保护敏感栅。敏感栅电阻丝两端焊接引出线，用以和外接电路相连接。

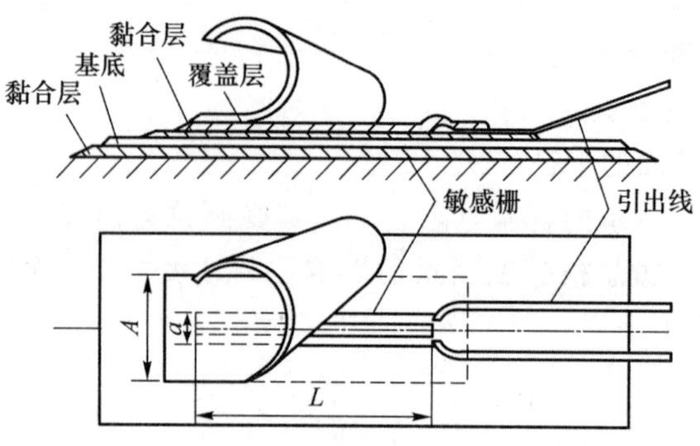

图 3.2.2　金属应变片的基本结构示意图

由金属丝制成敏感栅并构成应变片后，应变片的电阻应变效应与金属电阻单丝的情况稍有不同。应变片的电阻应变效应还受结构、制作工艺和工作状态的影响。所以，在应变片出厂时，必须按照统一标准重新进行实验测定。测定时规定，将电阻应变片粘贴在一维应力作用下的试件上，如一维受轴向拉伸的杆或纯弯的梁等。试件材料规定为泊松比$\mu_0=0.285$的钢。采用精密电阻电桥或其他仪器测出应变片的电阻变化，得到电阻应变片的电阻与其所受的轴向应变的特性。实验表明：应变片的电阻相对变化$\Delta R/R$片因轴向应变ε_x的关系，在很大范围内具有很好的线性特性，即

$$\frac{\Delta R}{R}=K\varepsilon_x \tag{3.2.6}$$

$$K\overset{\text{def}}{=}\frac{\frac{\Delta R}{R}}{\varepsilon_x}$$

式中：K——电阻应变片的灵敏系数，又称标称灵敏系数。

实验表明：应变片的灵敏系数K小于同种材料金属丝的灵敏系数K_0。其主要原因就是应变片的横向效应和粘贴胶带来的应变传递失真。因此，在实际使用应变片时，一定要注意被测工件的材料以及受力状态。为确保测试精度，应变片的灵敏系数要通过抽样法测定，每批产品抽取一定数量或一定比例（如 5%）实测其灵敏系数K，以其平均值作为这批产品在所使用场合的灵敏系数。

(2) 横向效应及横向灵敏度

直的金属丝受单向拉伸时，其任一微段所感受的应变都相同，且每一段都伸长。因此，线材每一段电阻都将增加，总电阻的增加为各微段电阻增加的总和。当同样长度的线材制成金属应变片时（见图 3.2.3(a)），在电阻丝的弯段，电阻的变化率与直段明显不同。例如对于单向拉伸，当x方向的应变ε_x为正时，y方向的应变ε_y为负（见图 3.2.3(b)）。这样，应变片的灵敏系数要比直段线材的灵敏系数小。于是产生了所谓的横向效应。应变片的电阻变化包括两部分，它们分别是由ε_x和ε_y引起的，可以写为

$$\frac{\Delta R}{R}=K_x\varepsilon_x+K_y\varepsilon_y \tag{3.2.7}$$

式中：K_x——电阻应变片对轴向应变ε_x的应变灵敏系数，表示$\varepsilon_y=0$时应变片电阻相对变化与ε_x的比值，$K_x=\left(\frac{\Delta R}{R}/\varepsilon_x\right)\Big|_{\varepsilon_y=0}$。

按上述定义，电阻的变化率（相对变化量）为

$$\frac{\Delta R}{R}=K_x\left(\varepsilon_x+\frac{K_x}{K_x}\varepsilon_y\right)=K_x(\varepsilon_x+C\varepsilon_y) \tag{3.2.8}$$

式中：C——应变片的横向灵敏度，$C=K_y/K_x$。

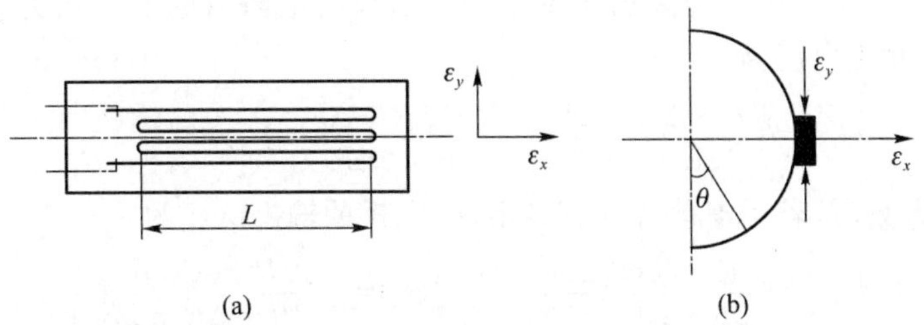

图 3.2.3　应变片的横向效应

横向灵敏度反映了横向应变对应变片输出的影响，一般由实验方法来确定 K_x，K_y，再求得 C。

根据应变片出厂标定情况，应变片处于单向拉伸状态，$\varepsilon_y = -\mu_0 \varepsilon_x$。由式(3.2.7)可得

$$\frac{\Delta R}{R} = K_x(\varepsilon_x + C\varepsilon_y) = K_x(1 - C\mu_0)\varepsilon_x = K\varepsilon_x \tag{3.2.9}$$

$$K = K_x(1 - C\mu_0) \tag{3.2.10}$$

式(3.2.10)给出了应变片的标称灵敏系数 K 与 K_x，C 的关系。

(3) 电阻应变片的种类

目前应用的电阻应变片主要有金属丝式应变片、金属箔式应变片、薄膜式应变片以及半导体应变片等。

3. 测量电桥原理

利用应变片可以感受由被测量产生的应变，并得到电阻的相对变化。通常可以通过电桥(bridge circuit)将电阻的变化转变成电压或电流信号。测量电桥根据应变电阻的接入方式不同，可以分为单臂受感电桥、双臂受感电桥和四臂受感电桥；根据供电方式不同，可以分为恒压源供电与恒流源供电。不同的接入方式和供电方式，输出灵敏度和抑制温度对测量的干扰能力不同。图 3.2.4(a)～(c)给出了常用的恒压源测量电路，U_{in} 为工作电压，U_{out} 为输出电压，R_1，R_2，R_3，R_4 为受感应变片(或常值)电阻，被测量引起的应变电阻变化值为 ΔR。图 3.2.5 所示恒流源单臂测量电路，I_0 为恒流源电流，U_{out} 为输出电压。

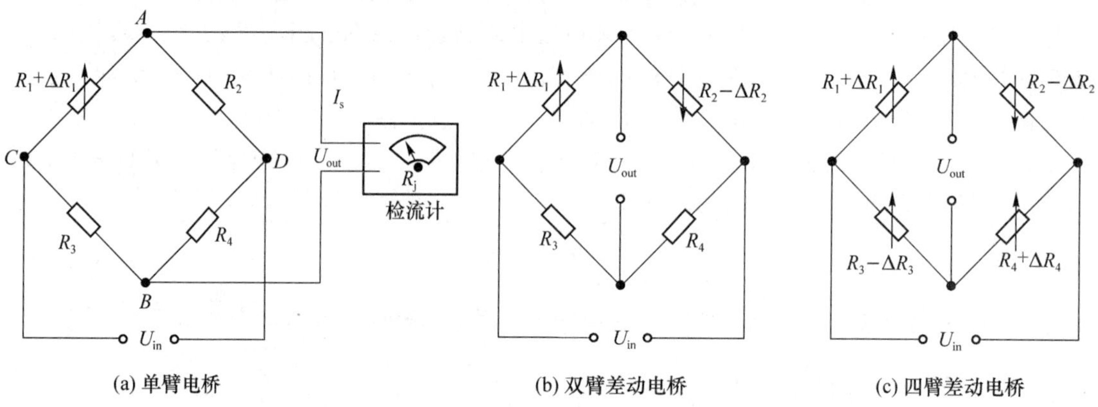

图 3.2.4　恒压源供电全桥电路

图 3.2.6 给出了考虑温度对应变阻值影响的四臂差动恒压源与恒流源供电电桥，每一臂的电阻初始值均为 R，被测量引起的电阻变化值为 ΔR，其中两个臂的电阻增加 ΔR，另两个臂的电阻减小 ΔR，同时四个臂的电阻由于温度变化引起的电阻值的增量均为 ΔR_t，当采用恒压源供电时，电桥的输出电压为

$$U_{out} = \left(\frac{R + \Delta R + \Delta R_t}{2R + 2\Delta R_t} - \frac{R - \Delta R + \Delta R_t}{2R + 2\Delta R_t}\right)U_{in} = \frac{\Delta R U_{in}}{R + \Delta R_t} \tag{3.2.11}$$

不采用差动方案时，若考虑单臂受感的情况，电桥的输出电压为

$$U_{out} = \left(\frac{R + \Delta R + \Delta R_t}{2R + \Delta R + \Delta R_t} - \frac{1}{2}\right)U_{in} = \frac{(\Delta R + \Delta R_t)U_{in}}{2(2R + \Delta R + \Delta R_t)} \tag{3.2.12}$$

比较式(3.2.11)与式(3.2.12)可知：当温度引起的电阻变化 ΔR_t 出现在分子上时，温度

引起的测量误差非常大。因此差动电桥检测是一种非常好的温度误差补偿方式。

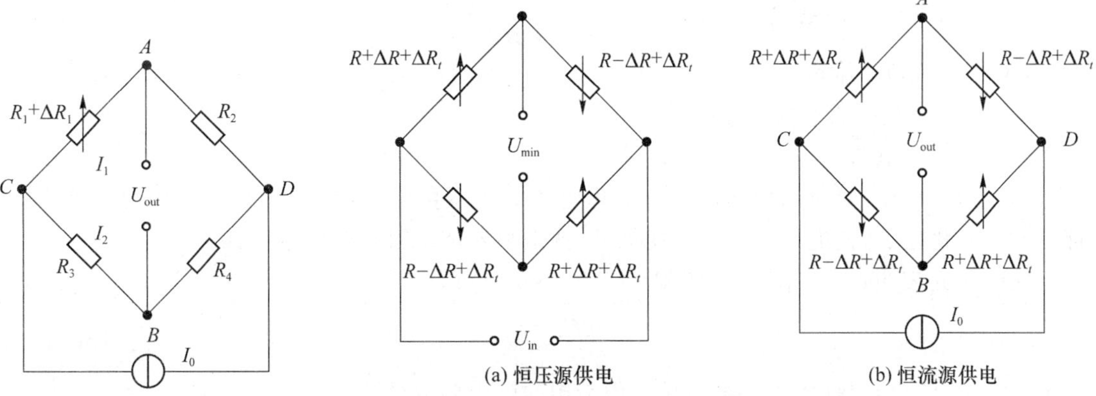

图 3.2.5 恒流源供电单臂电桥　　**图 3.2.6 考虑温度对应变阻值影响的恒压源与恒流源供电电桥**

当然采用恒压源供电工作方式,四臂受感电桥差动方式仍然有温度误差。当采用恒流源供电工作方式时,参见图 3.2.6(b),电桥的输出电压为

$$U_{out}=\Delta R\,I_0 \tag{3.2.13}$$

从原理上完全消除了温度引起的误差。

在测试工作中,除了直接用电阻应变丝(片)来测量试件的应变和应力外,还广泛用其制成不同的应变式传感器来测量多种物理量,如力、加速度、压力、力矩和流体速度等。应变式传感器的基本构成通常可分为两部分:弹性敏感元件和应变片(丝)。弹性敏感元件在被测物理量的作用下产生一个与被测物理量成正比的应变,利用应变片(丝)作为传感元件将应变转换为电阻变化,然后利用电桥原理转换为电压或电流的变化。相关内容详见后续章节。

3.2.2 压阻式传感器

1. 压阻式变换原理

利用压阻式变换原理可以制成压敏电阻(piezo resistor),压敏电阻可以感受被测量物体受力或力矩时所产生的应力。应力使压敏电阻产生电阻变化,通过电桥进一步将电阻变化转换为电压或电流的变化。利用压阻式变换原理制成的传感器称为压阻式传感器(piezoresistive transducer/sensor)。

固体受到作用力后电阻率(或电阻)要发生变化,这就是固体的压阻效应。固体的压阻效应以半导体材料最为显著,因而最具有实用价值。半导体材料的压阻效应通常有两种应用方式:一种是利用半导体材料的体电阻做成粘贴式应变片;另一种是在半导体材料的基片上,用集成电路工艺制成扩散型压敏电阻或离子注入型压敏电阻,本节重点讨论这种效应。

任何材料的电阻变化率均可以写为

$$\frac{dR}{R}=\frac{d\rho}{\rho}+\frac{dL}{L}-2\frac{dr}{r}$$

对于金属电阻而言,$d\rho/\rho$ 很小,主要由几何变形量 dL/L 和 dr/r 形成电阻的应变效应;对于半导体材料而言,$d\rho/\rho$ 很大,相对来说几何变形量 dL/L 和 dr/r 很小,这是由半导体材料的导电特性决定的。

半导体材料的电阻取决于有限数目的载流子、空穴和电子的迁移。其电阻率可表示为

$$\rho \propto \frac{1}{eN_i \mu_{av}} \tag{3.2.14}$$

式中：N_i——载流子浓度；

μ_{av}——载流子的平均迁移率；

e——电子电荷量，$e=1.602\times10^{-19}$ C。

当应力作用于半导体材料时，单位体积内的载流子数目（载流子浓度 N）、平均迁移率μ_{av}都会发生变化，从而使电阻率 ρ 发生变化，这就是半导体压阻效应的本质。

实验研究表明：半导体材料的电阻率的相对变化可写为

$$\frac{d\rho}{\rho}=\pi_L \sigma_L \tag{3.2.15}$$

式中：π_L——压阻系数（Pa^{-1}），表示单位应力引起的电阻率的相对变化量；

σ_L——应力（Pa）。

对于单向受力的晶体，引入$\sigma_L=E\varepsilon_L$。式(3.2.15)可以进一步写为

$$\frac{d\rho}{\rho}=\pi_L E \varepsilon_L \tag{3.2.16}$$

电阻的变化率可写为

$$\frac{dR}{R}=\frac{d\rho}{\rho}+\frac{dL}{L}+2\mu\frac{dL}{L}=(\pi_L E+2\mu+1)\varepsilon_L=K\varepsilon_L \tag{3.2.17}$$

$$K=\pi_L E+2\mu+1\approx\pi_L E \tag{3.2.18}$$

半导体材料的弹性模量 E 的量值范围为 $1.3\times10^{11}\sim1.9\times10^{11}$ Pa，压阻系数π_L 的量值范围为 $40\times10^{-11}\sim80\times10^{-11}$ Pa^{-1}，故$\pi_L E$ 的范围为 50～150。因此在半导体材料的压阻效应中，其等效的应变灵敏系数远远大于金属的应变灵敏系数，且其系数的应变灵敏系数主要是由电阻率的相对变化引起的，而不是由几何形变引起的。基于上面的分析，有

$$\frac{dR}{R}\approx\pi_L \sigma_L=\pi_L E \varepsilon_L \tag{3.2.19}$$

2. 压阻式传感器的特点

利用半导体材料的压阻效应可以制成压阻式传感器，压阻式传感器的主要优点是：压阻系数很高，分辨率高，动态响应好，易于向集成化、智能化方向发展。基于压阻式原理可以做成压阻式力传感器、压力传感器、加速度传感器和振动传感器。压阻式压力传感器目前在飞机大气数据系统中广泛使用，用于测量大气静压和总压（或动压）。

压阻式传感器的最大的缺点是压阻效应的温度系数大，存在较大的温度误差。由于压阻效应主要是基于电阻率的变化，而对于半导体特殊的导电机制，其电阻率受温度的影响非常大，因此单晶硅的压阻效应受温度的影响非常大。所以，在应用压阻式压力传感器时，必须考虑温度对其测量过程的影响。通常使用图 3.2.6(b)所示的恒流源电路供电，以消除温度误差的影响。

3.2.3 电位器式传感器

1. 电位器式传感器工作原理

在仪器仪表、传感器中，电位器（potentiometer）是一种将机械位移转换为电阻阻值变化的

变换元件，如图 3.2.7 所示。它主要包括电阻元件和电刷（滑动触点）。电阻元件通常由极细的绝缘导线按照一定规律整齐地绕在一个绝缘骨架上形成。在它与电刷接触的部分，去掉绝缘导线表面的绝缘层并抛光，形成一个电刷可在其上滑动的光滑而平整的接触道。电刷通常由具有一定弹性的耐磨金属薄片或金属丝制成，接触端处弯曲成弧形。要求电刷与电阻元件之间保持一定的接触压力，使接触端在电阻元件上滑动时始终可靠地接触，良好地导电。电阻元件除了由极细的绝缘导线绕制外，还可以采用具有较高电阻率的薄膜制成。

根据不同的应用场合，电位器可以用作变阻器或分压器，如图 3.2.8 所示。

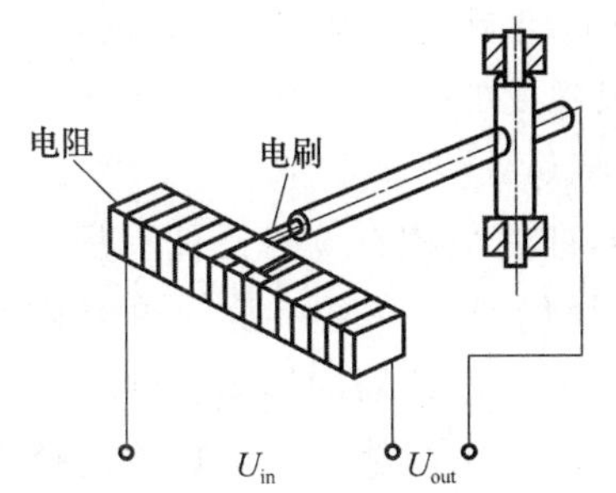

图 3.2.7　电位器组成

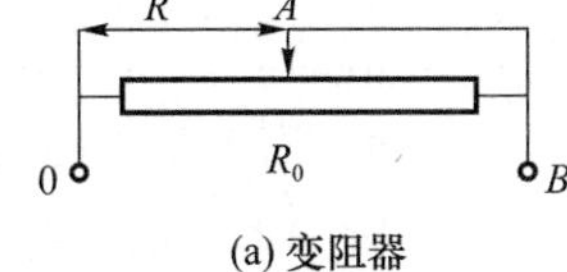

(a) 变阻器

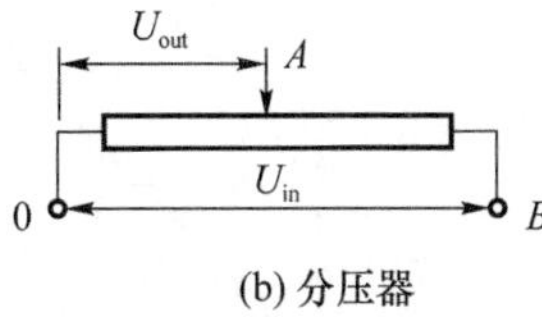

(b) 分压器

图 3.2.8　用作变阻器或分压器的电位器

电位器的优点主要有：结构简单，参数设计灵活，输出特性稳定，可以实现线性和较为复杂的特性，受环境因素影响小，输出信号强，一般不需要放大就可以直接作为输出，成本低，测量范围宽等。其不足主要是触点处始终存在着摩擦和损耗。由于有摩擦，就要求电位器有比较大的输入功率，否则就会降低电位器的性能。有摩擦和损耗使电位器的可靠性和寿命受到影响，并降低电位器的动态性能。对于线绕式电位器（wire-wound potentiometer），阶梯误差是其固有的不足。

电位器的种类很多。按其结构形式不同，可分为线绕式、薄膜式、光电式和磁敏式等。在线绕式电位器中，又分为单圈式和多圈式两种。按其输入/输出特性可分为线性电位器和非线性电位器两种。这里重点讨论线绕式电位器。

2. 线绕式电位器的特性

（1）灵敏度

图 3.2.9 所示为线绕式电位器的构造示意图，其骨架为矩形截面。在电位器的 x 处，骨架的宽和高分别 $b(x)$ 和 $h(x)$，所绕导线的截面积为 $q(x)$，电阻率为 $\rho(x)$，匝与匝之间的距离（定义为节距）为 $t(x)$。因此，在 Δx 微段上有 $\Delta x/t(x)$ 匝导线，每匝的长度为 $2[b(x)+h(x)]$，则在微段上，导线的长度为 $2[b(x)+h(x)]\Delta x/t(x)$，所对应的电阻为

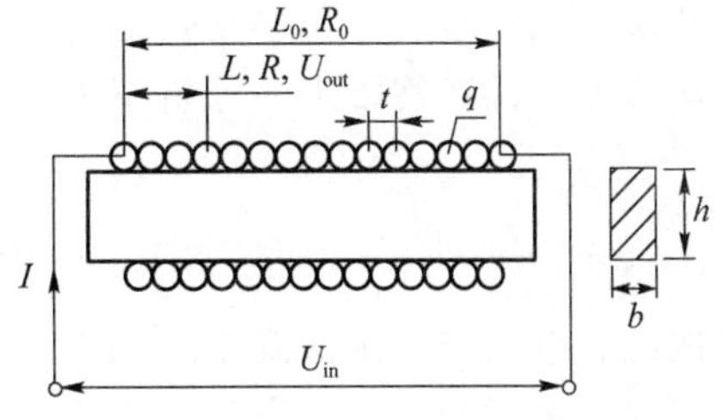

图 3.2.9　线绕式电位器

$$\Delta R(x)=2[b(x)+h(x)]\frac{\Delta x}{t(x)}\cdot\frac{\rho(x)}{q(x)}=$$

$$2[b(x)+h(x)]\frac{\rho(x)}{q(x)}\cdot\frac{1}{t(x)}\cdot\Delta x \tag{3.2.20}$$

则电位器的电阻灵敏度(Ω/m)和电压灵敏度(V/m)分别为

$$\frac{\Delta R(x)}{\Delta x}=\frac{2[b(x)+h(x)]\rho(x)}{q(x)t(x)} \tag{3.2.21}$$

$$\frac{\Delta U(x)}{\Delta x}=\frac{\Delta R(x)}{\Delta x}I=\frac{2[b(x)+h(x)]\rho(x)}{q(x)t(x)}I \tag{3.2.22}$$

式中:I——通过电位器的电流(A)。

对于线绕式电位器,其灵敏度与其骨架截面、绕线的材质和绕制方式等有关。因此,通过改变电位器骨架截面、绕线的材质和绕制方式等可以实现其灵敏度的变化。

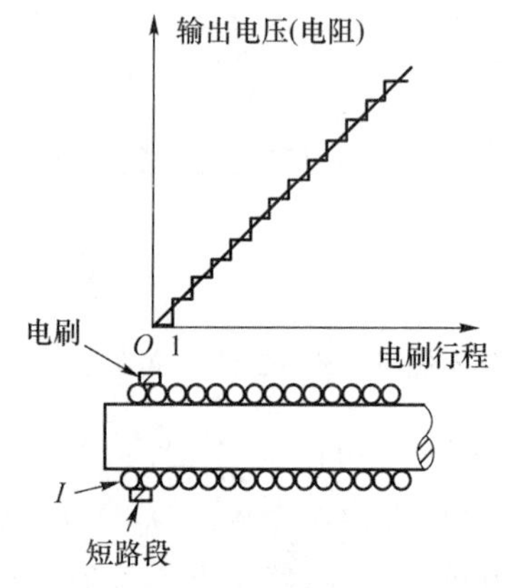

图 3.2.10 线绕式电位器的阶梯特性

(2) 阶梯特性和阶梯误差

对于线绕式电位器,即使电刷在电阻元件上是连续滑动的,它与导线的接触仍是以一匝一匝为单位移动的,而不是连续实现的。因此电位器的输出特性是一条阶梯形状的折线,即电位器的电阻输出或电压输出随着电刷的移动而出现阶跃变化。电刷每移动一个节距,输出电阻或输出电压都有一个微小的跳跃。当电位器有 W 匝时,其有 W 次跳跃。这就是线绕式电位器的阶梯特性,如图 3.2.10 所示。

线绕式电位器的阶梯特性带来的误差称为阶梯误差,通常可以用理想阶梯特性折线与理论参考输出特性之间的最大偏差同最大输出的比值来表示。对于线性电位器,当电位器的总匝数为 W,总电阻为 R_0 时,其阶梯误差表述为

$$\xi_s=\frac{\frac{R_0}{2W}}{R_0}=\frac{1}{2W}\times100\% \tag{3.2.23}$$

(3) 分辨率

线绕式电位器的分辨率是指电位器所能反映的输入量的最小变化量与全量程输入量的比值。电位器阶梯特性带来的分辨率为

$$r_s=\frac{\frac{R_0}{W}}{R_0}=\frac{1}{W}\times100\% \tag{3.2.24}$$

线绕式电位器的阶梯误差和分辨率是由于其工作原理的不完善而引起的,是一种原理误差。它也决定了线绕式电位器所能达到的最高精度。减少阶梯误差的主要方式就是增加总匝数。当骨架长度一定时,就要减小导线直径;反之,当导线直径一定时,就要增大骨架长度。多圈螺旋电位器就是基于这一原理设计的。

电位器式传感器可以作为线位移(角位移)式传感器在测量系统中直接使用,也可以作为相对位移检测环节,在加速度传感器、振动传感器中使用。具体见后续章节。

电位器式传感器的优点是输出信号较大(可达 V 级),使用时不需要专门的信号放大电路;缺点是误差稍大,灵敏度较低,工作频带窄,功耗高,寿命短。

3.3　变电容式传感器

物体间的电容量与其结构参数密切相关，通过改变结构参数而改变物体间的电容量来实现对被测量的检测就是电容式测量的原理。利用电容式测量原理实现的传感器称为电容式传感器(capacitance transducer/sensor)。

3.3.1　基本电容式敏感元件

物体间的电容量与构成电容元件的两个极板的形状、大小、相互位置以及极板间的介电常数有关，可以描述为

$$C=f(\delta,S,\varepsilon) \tag{3.3.1}$$

式中：C——电容(F)；

δ——极板间的距离(m)；

S——极板间相互覆盖的面积(m^2)；

ε——极板间介质的介电常数(F/m)。

电容式敏感元件虽然在外观上差别较大，但结构方案基本上是两类：平行板式和圆柱同轴式，以平行板式最常用。

电容式敏感元件都是通过改变 δ,S,ε 来改变电容量 C 而实现测量的。因此有变间隙、变面积和变介质三类电容式敏感元件。

变间隙电容式敏感元件可以用来测量微小的线位移(如小到 0.01 μm)；变面积电容式敏感元件可以用来测量角位移(如小到 $1''$)或较大的线位移；变介质电容式敏感元件常用于测定各种介质的某些物理特性，如湿度、密度等。

电容式敏感元件的特点主要有：非接触式测量、结构简单、灵敏度高、分辨率高、动态响应好、可在恶劣环境下工作等；其缺点主要有：受干扰影响大、特性稳定性稍差、易受电磁干扰、高阻输出状态、介电常数受温度影响大、有静电吸力等。

3.3.2　电容式敏感元件的主要特性

1. 变间隙电容式敏感元件

图 3.3.1 所示为平行极板变间隙电容式敏感元件原理图。

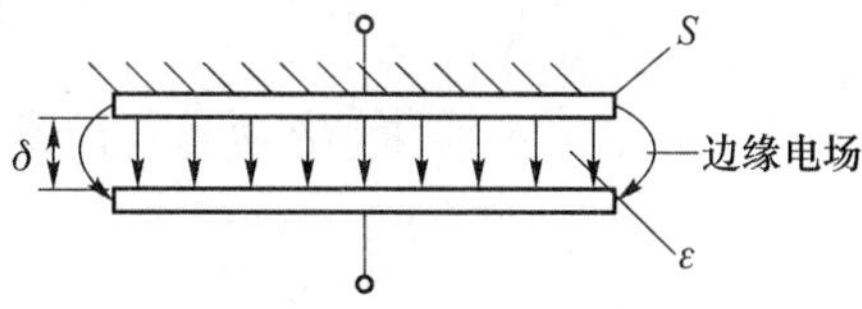

图 3.3.1　平行极板变间隙电容式敏感元件

当不考虑边缘效应时，其电容的特性方程为

$$C=\frac{\varepsilon S}{\delta}=\frac{\varepsilon_r\varepsilon_0 S}{\delta} \tag{3.3.2}$$

式中：ε_0——真空中的介电常数(F/m)，$\varepsilon_0=\frac{10^{-9}}{4\pi\times 9}$ F/m；

ε_r——极板间的相对介电常数，$\varepsilon_r=\frac{\varepsilon}{\varepsilon_0}$，对于空气约为1。

由式(3.3.2)可知：电容量 C 与极板间的间隙 δ 成反比，具有较大的非线性。因此在工作时，动极板一般只能在较小的范围内工作。

当间隙 δ 减小 $\Delta\delta$，变为 $\delta-\Delta\delta$ 时，电容量 C 将增加 ΔC，则

$$\Delta C=\frac{\varepsilon S}{\delta-\Delta\delta}-\frac{\varepsilon S}{\delta} \tag{3.3.3}$$

故

$$\frac{\Delta C}{C}=\frac{\frac{\Delta\delta}{\delta}}{1-\frac{\Delta\delta}{\delta}} \tag{3.3.4}$$

当 $\frac{\Delta\delta}{\delta}\ll 1$ 时，将式(3.3.4)展为级数形式，有

$$\frac{\Delta C}{C}=\frac{\Delta\delta}{\delta}\left[1+\frac{\Delta\delta}{\delta}+\left(\frac{\Delta\delta}{\delta}\right)^2+\cdots\right] \tag{3.3.5}$$

进一步可以得到输出电容的相对变化 $\frac{\Delta C}{C}$ 与相对输入位移 $\frac{\Delta\delta}{\delta}$ 之间的近似线性关系，即

$$\left(\frac{\Delta C}{C}\right)_1\approx\frac{\Delta\delta}{\delta} \tag{3.3.6}$$

当略去式(3.3.5)方括号内 $\frac{\Delta\delta}{\delta}$ 二次方以上的各项小量时，有

$$\left(\frac{\Delta C}{C}\right)_2=\frac{\Delta\delta}{\delta}\left(1+\frac{\Delta\delta}{\delta}\right) \tag{3.3.7}$$

对于变间隙的电容式敏感元件，由式(3.3.6)得到的特性为图3.3.2所示的直线1；按式(3.3.7)得到忽略二阶以上小量的曲线2；曲线2的参考直线采用端基直线3，则有

$$\left(\frac{\Delta C}{C}\right)_3=\frac{\Delta\delta}{\delta}\left(1+\frac{\Delta\delta_{\mathrm{m}}}{\delta}\right) \tag{3.3.8}$$

式中：$\Delta\delta_m$——极板工作的最大位移(m)。

曲线2对于参考直线3的非线性误差为

$$\Delta y\xrightarrow{\text{def}}\left(\frac{\Delta C}{C}\right)_2-\left(\frac{\Delta C}{C}\right)_3=\frac{\Delta\delta}{\delta}\left(\frac{\Delta\delta-\Delta\delta_{\mathrm{m}}}{\delta}\right) \tag{3.3.9}$$

由 $\mathrm{d}(\Delta y)/\mathrm{d}(\Delta\delta)=0$ 可知：当 $\Delta\delta=0.5\Delta\delta_{\mathrm{m}}$ 时，上述非线性误差取极值，绝对值为

$$(\Delta y)_{\max}=\frac{1}{4}\left(\frac{\Delta\delta_{\mathrm{m}}}{\delta}\right)^2 \tag{3.3.10}$$

则相对非线性误差为

$$\xi_L=\frac{(\Delta y)_{\max}}{\left(\frac{\Delta C}{C}\right)_{3,\max}}=\frac{\frac{1}{4}\left(\frac{\Delta\delta_{\mathrm{m}}}{\delta}\right)^2}{\frac{\Delta\delta_{\mathrm{m}}}{\delta}+\left(\frac{\Delta\delta_{\mathrm{m}}}{\delta}\right)^2}\times 100\% \tag{3.3.11}$$

通过以上分析，可得以下几点结论：

欲提高测量灵敏度，应减小初始间隙 δ，但应考虑电容器承受击穿电压的限制及增加装配工作的难度。

由式(3.3.10)和式(3.3.11)可知：非线性随相对位移的增大而增加，为保证线性度，应限制间隙的相对位移。通常 $|\Delta\delta_m/\delta|$ 的取值范围为 0.1～0.2，此时非线性误差为 2%～5%。

为改善非线性，可以采用差动方式，如图 3.3.3 所示。一个电容增加，另一个电容则减小。结合适当的信号变换电路形式，可得到非常好的特性。

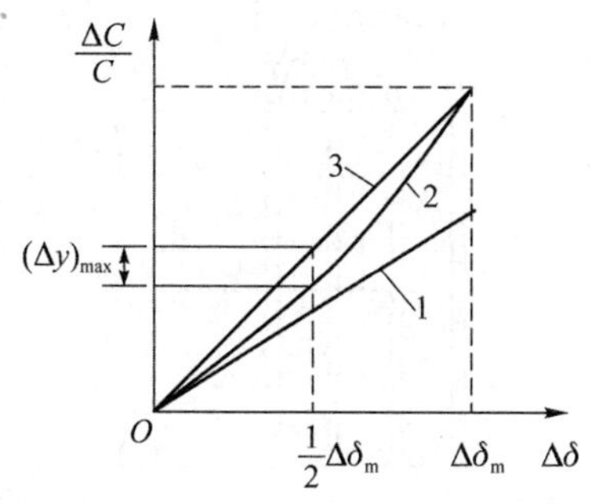

图 3.3.2　变间隙电容式敏感元件特性

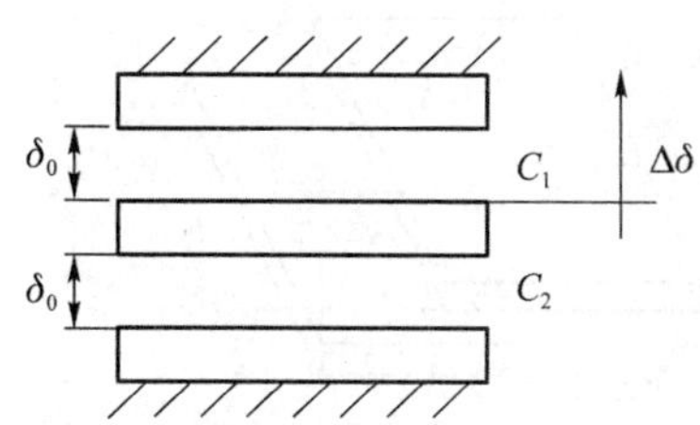

图 3.3.3　变间隙差动电容式敏感元件

2. 变面积电容式敏感元件

图 3.3.4 所示为平行极板变面积电容式敏感元件原理图。当不考虑边缘效应时，其电容的特性方程为

$$C=\frac{\varepsilon b(a-\Delta x)}{\delta}=C_0-\frac{\varepsilon b\Delta x}{\delta} \tag{3.3.12}$$

$$\Delta C=\frac{\varepsilon b}{\delta}\Delta X \tag{3.3.13}$$

变面积电容式敏感元件，电容变化量与变量位移的变化量是线性关系。增大 b 或减小 δ 时，灵敏度增大。而极板宽度 a 不影响灵敏度，但影响边缘效应。

图 3.3.5 所示为圆筒形变面积电容式敏感元件原理图。当不考虑边缘效应时，其电容的特性方程为

$$C=\frac{2\pi\varepsilon_0(h-x)}{\ln\frac{R_2}{R_1}}+\frac{2\pi\varepsilon_1 x}{\ln\frac{R_2}{R_1}}=\frac{2\pi\varepsilon_0 h}{\ln\frac{R_2}{R_1}}+\frac{2\pi(\varepsilon_1-\varepsilon_0)x}{\ln\frac{R_2}{R_1}}=C_0+\Delta C \tag{3.3.14}$$

$$C_0=\frac{2\pi\varepsilon_0 h}{\ln\frac{R_2}{R_1}} \tag{3.3.15}$$

$$\Delta C=\frac{2\pi(\varepsilon_1-\varepsilon_0)x}{\ln\frac{R_2}{R_1}} \tag{3.3.16}$$

式中：ε_1——某一种介质(如液体)的介电常数(F/m)；

ε_0——空气的介电常数(F/m)；

h——极板的总高度(m)；

R_1——内电极的外半径(m)；

R_2——外电极的内半径(m)；

x——介质ε_1 的物位高度(m)。

由上述模型可知:圆筒形电容敏感元件介电常数为ε_1 部分的高度为被测量 x,介电常数为 ε_0 的空气部分的高度为$(h-x)$。被测量物位 x 变化时,对应于介电常数为ε_1 部分的面积是变化的。此外,由式(3.3.16)可知:电容变化量 ΔC 与 x 成正比,通过对 ΔC 的测量就可以实现对介质介电常数为ε_1 的物位高度 x 的测量。

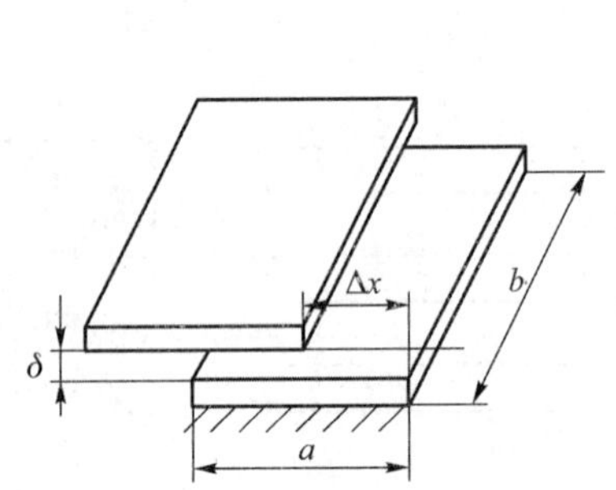

图 3.3.4 平行极板变面积电容式敏感元件

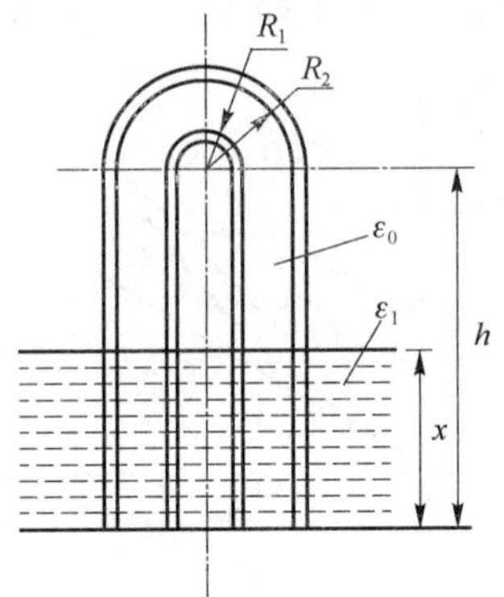

图 3.3.5 圆筒形变面积电容式敏感元件

3. 变介电常数电容式敏感元件

一些高分子陶瓷材料,其介电常数与环境温度、绝对湿度等有确定的函数关系,利用其特性可以制成温度传感器或湿度传感器。

图 3.3.6 所示为一种变介电常数电容式敏感元件的结构示意图。介质的厚度 d 保持不变,而相对介电常数 ε_r 变化,从而导致电容发生变化。由此原理可以制成感受绝对湿度的传感器等。

4. 电容式敏感元件的等效电路

图 3.3.7 所示为电容式敏感元件的等效电路。其中:R_P 为低频参数,表示在电容上的低频耗损;R_C,L 为高频参数,表示导线、极板电阻以及导线间的动态电感。

考虑到 R_P 与并联的$X_C=\frac{1}{\omega C}$相比很大,故忽略并联大电阻 R_P;同时 R_C 与串联的$X_L=\omega L$ 相比很小,故忽略串联小电阻 R_C,则

$$\mathrm{j}\omega L+\frac{1}{\mathrm{j}\omega C}=\frac{1}{\mathrm{j}\omega C_{\mathrm{eq}}} \tag{3.3.17}$$

$$C_{\mathrm{eq}}=\frac{C}{1-\omega^2 LC} \tag{3.3.18}$$

当 L,C 确定后,等效电容是频率 ω 的函数;ω 增大时,等效电容 C_{eq}增大。由式(3.3.18)可得

$$\mathrm{d}C_{\mathrm{eq}}=\frac{\mathrm{d}}{\mathrm{d}C}\left(\frac{C}{1-\omega^2 LC}\right)\mathrm{d}C=\frac{\mathrm{d}C}{(1-\omega^2 LC)^2}=C_{\mathrm{eq}}\frac{\mathrm{d}C}{C(1-\omega^2 LC)} \tag{3.3.19}$$

则等效电容的相对变化为

$$\frac{\mathrm{d}C_{\mathrm{eq}}}{C_{\mathrm{eq}}}=\frac{\mathrm{d}C}{C}\cdot\frac{1}{1-\omega^2 LC}>\frac{\mathrm{d}C}{C} \tag{3.3.20}$$

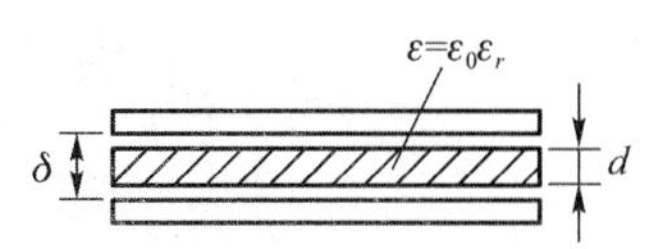

图 3.3.6　变介电常数的电容式敏感元件

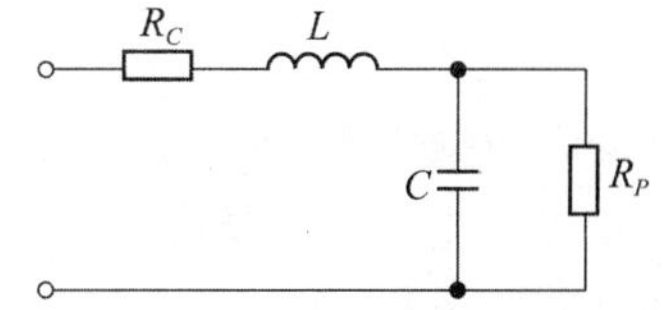

图 3.3.7　电容式敏感元件的等效电路

3.4　变磁路式传感器

变磁路式传感器通过改变磁路进行测量，可以很好地实现机电式信息与能量的相互转化，在工业领域中应用广泛。通过改变磁路可以把多种物理量，如位移、振动、压力、应变、流量和密度等参数转变成电信号输出，从而实现各种变磁路式传感器。变磁路式传感器的种类非常多，既有利用磁阻变化实现的，也有利用电磁感应实现的，还有利用一些特殊的磁电效应实现的，如电涡流效应、霍尔效应等。在不引起误解的情况下，变磁路式传感器可简称为磁传感器(magnetic transducer/sensor)。

与其他测量原理相比，变磁路测量原理有如下特点：

① 结构简单，工作中没有活动电接触点，工作可靠，寿命长。

② 灵敏度高，分辨力高，能测出 0.01 μm 甚至更小的机械位移变化，能感受小到 0.1″的微小角度变化。

③ 重复性较好，在较大的范围内具有良好的线性度(最小几十 μm，最大达数十甚至上百 mm)。

这种测量原理也有一些明显不足，如存在较大的交流零位输出信号，不适于高频动态测量，易受外界电磁场干扰。

3.4.1　变电感式传感器

1. 简单变电感式变换元件

常用的电感式变换原理的实现方式主要有：π 形、E 形和螺管形三种。电感元件由线圈、铁芯和活动衔铁三部分组成。

图 3.4.1 所示为最简单的电感式元件原理图。其中铁芯和活动衔铁均由导磁材料(如硅钢片或坡莫合金)制成，导磁材料可以是整体的，也可以是叠片的，衔铁和铁芯之间有空气隙。当衔铁移动时，磁路发生变化，即气隙的磁阻发生变化，从而引起线圈电感的变化。这种电感量的变化与衔铁位置(气隙大小)有关。因此，只要能测出这种电感量的变化，就能获得衔铁的位移量。这就是电感式变换的基本原理。

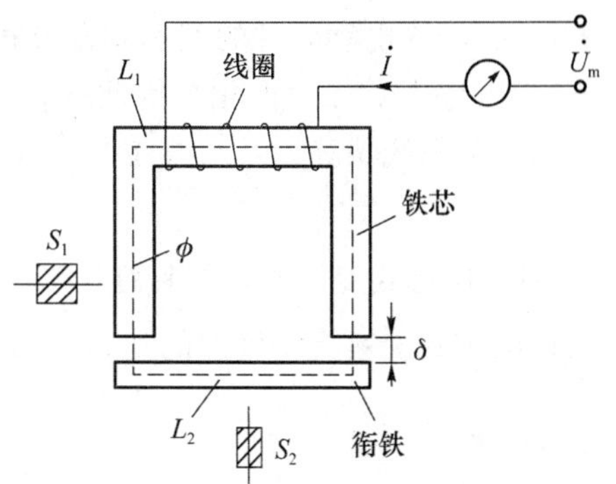

图 3.4.1　电感式元件原理图

根据电感的定义，匝数为 W 的电感线圈的电感量为

$$L=\frac{W\phi}{I} \tag{3.4.1}$$

式中：ϕ——线圈中的磁通(Wb)；

I——线圈中流过的电流(A)。

根据磁路欧姆定律，磁通为

$$\phi=\frac{IW}{R_M}=\frac{IW}{R_F+R_\delta} \tag{3.4.2}$$

铁芯的磁阻 R_F 和空气隙磁阻 R_δ 的计算式如下：

$$R_F=\frac{L_1}{\mu_1 S_1}+\frac{L_2}{\mu_2 S_2} \tag{3.4.3}$$

$$R_\delta=\frac{2\delta}{\mu_0 S} \tag{3.4.4}$$

式中：L_1——磁通通过铁芯的长度(m)；

S_1——铁芯的截面积(m^2)；

μ_1——铁芯在磁感应强度 B 处的导磁率(H/m)；

L_2——磁通通过衔铁的长度(m^2)；

S_2——衔铁的横截面积(m^2)；

μ_2——铁芯在磁感应强度处的导磁率(H/m)；

δ——气隙长度(m)；

S——气隙的截面积(m^2)；

μ_0——空气的导磁率(H/m)，$\mu_0=4\pi\times10^{-7}$ H/m

导磁率 μ_1，μ_2 可由磁化曲线或 $B=f(H)$ 表格查得，也可以按下式计算：

$$\mu=\frac{B}{H}\times4\pi\times10^{-7} \tag{3.4.5}$$

式中：B——磁感应强度(T)；

H——磁场强度(A/m)。

通常，铁芯的导磁率 μ_1 与衔铁的导磁率 μ_2 远远大于空气的导磁率 μ_0，因此 $R_F \ll R_\delta$，则

$$L\approx\frac{W^2}{R_\delta}=\frac{W^2\mu_0 S}{2\delta} \tag{3.4.6}$$

式(3.4.6)为电感元件的基本特性方程。当线圈的匝数确定后，只要气隙或气隙的截面积发生变化，电感 L 就发生变化。因此电感式变换元件主要有变气隙式和变截面积式两种。前者主要用于测量线位移以及与线位移有关的量，后者主要用于测量角位移以及与角位移有关的量。

2. 简单电感式变换元件的特性

假设电感式变换元件气隙的初始值为 δ_0，由式(3.4.6)可得初始电感为

$$L_0=\frac{W^2\mu_0 S}{2\delta_0} \tag{3.4.7}$$

当衔铁的位移量(气隙的变化量)为 δ_0 时，气隙长度 δ_0 减少 $\Delta\delta$，则电感量为

$$L=\frac{W^2\mu_0 S}{2(\delta_0-\Delta\delta)} \tag{3.4.8}$$

电感的变化量和相对变化量分别为

$$\Delta L=L-L_0=\left(\frac{\Delta\delta}{\delta_0-\Delta\delta}\right)L_0 \tag{3.4.9}$$

$$\frac{\Delta L}{L_0}=\frac{\Delta\delta}{\delta_0-\Delta\delta}=\frac{\Delta\delta}{\delta_0}\left(\frac{1}{1-\frac{\Delta\delta}{\delta_0}}\right) \tag{3.4.10}$$

实际应用中$|\Delta\delta/\delta_0|\ll 1$,可将式(3.4.10)展为级数形式,即

$$\frac{\Delta L}{L_0}=\frac{\Delta\delta}{\delta_0}+\left(\frac{\Delta\delta}{\delta_0}\right)^2+\left(\frac{\Delta\delta}{\delta_0}\right)^3+\cdots \tag{3.4.11}$$

由式(3.4.11)可知:如果不考虑包括 2 次项以上的高次项,则 $\Delta L/L_0$ 与 $\Delta\delta/\delta_0$ 成比例关系。因此,高次项的存在是造成非线性的原因。当气隙相对变化 $\Delta\delta/\delta_0$ 减小时,高次项将迅速减小,非线性可以得到改善,但这又会使传感器的测量范围(衔铁的允许工作位移)变小,故对输出特性线性度的要求和对测量范围的要求是相互矛盾的。通常$\left|\frac{\Delta\delta}{\delta_0}\right|$取 0.1~0.2。

3. 简单电感式变换元件的等效电路

电感式变换元件反映铁芯线圈的自感随衔铁位移的变化,因此,理想情况下,它就是一个电感 L,其感抗为

$$X_L=\omega L \tag{3.4.12}$$

然而,线圈不可能是纯电感,还包括铜损电阻 R_C、铁芯的涡流损耗电阻 R_e、磁滞损耗电阻 R_h 和线圈的寄生电容 C。因此,电感式变换元件的等效电路如图 3.4.2 所示。其中铜损电阻 R_C 是由线圈导线的直流电阻引起的。涡流损耗电阻 R_e 是由导磁体在交变磁场中,磁通量随时间变化,在铁芯及衔铁中产生的涡流损耗引起的。影响导磁体涡流损耗大小的因素较多,主要有铁芯材料的电阻率、铁芯厚度、线圈的自感和材料的导磁率等。磁滞损耗电阻 R_h 主要与气隙有关。涡流损耗与磁滞损耗统称铁损。一般而言,工作频率升高时,铁损增加;工作频率降低时,铜损增加。此外,电感式变换元件存在一个与线圈并联的寄生电容 C。这一电容主要由线圈绕组的固有电容和电感式变换元件与电子测量设备的连接电缆的电容组成。

为便于分析,先考虑无寄生电容的情况,如图 3.4.3 所示。这时,线圈的阻抗为

$$Z=R'+\mathrm{j}\omega L' \tag{3.4.13}$$

$$R'=\frac{R_m\omega^2L^2}{R_m^2+\omega^2L^2} \tag{3.4.14}$$

$$L'=\frac{R_m^2L}{R_m^2+\omega^2L^2} \tag{3.4.15}$$

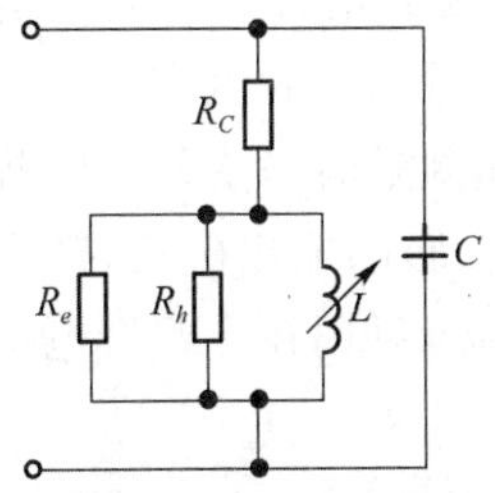

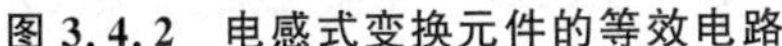

图 3.4.2　电感式变换元件的等效电路

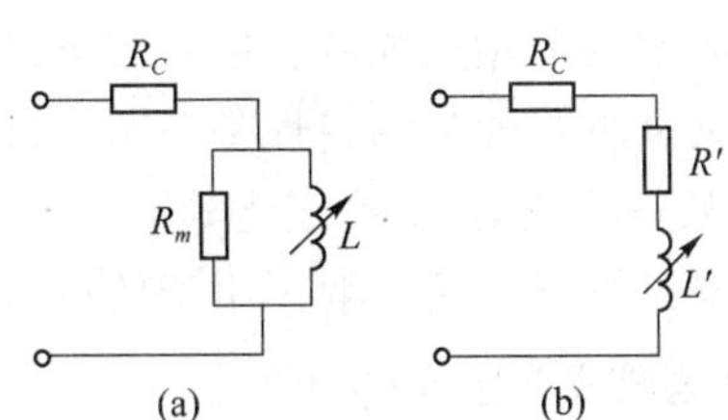

图 3.4.3　电感式变换元件等效电路的变换形式

R_m 为涡流损耗电阻 R_e 与磁滞损耗电阻 R_h 的并联，通常称为等效铁损电阻，可得

$$R_m=\frac{R_eR_h}{R_e+R_h} \tag{3.4.16}$$

综合考虑各种电阻给电感式变换元件带来的耗损影响，引入总耗损因素 D，可表述为

$$D=\frac{R'}{\omega L'} \tag{3.4.17}$$

显然，D 值越大，综合耗损越大，电感式变换元件的品质越差。这就需要尽可能地减少各种损耗。另一方面，可以引入电感式变换元件的品质因数 Q 来反映其综合耗损的情况。它被定义为总耗损因素 D 的倒数，即

$$Q=\frac{1}{D}=\frac{\omega L'}{R'} \tag{3.4.18}$$

考虑寄生电容 C 的影响，线圈的阻抗为

$$Z_P=\frac{(R'+\mathrm{j}\omega L')\dfrac{1}{\mathrm{j}\omega C}}{R'+\mathrm{j}\omega L'+\dfrac{1}{\mathrm{j}\omega C}}=\frac{R'+\mathrm{j}[(1-\omega^2L'C)\omega L'-\omega(R')^2C]}{(\omega R'C)^2+(1-\omega L'C)^2}=$$
$$\frac{R'}{\left(\dfrac{\omega^2L'C}{Q}\right)^2+(1-\omega L'C)^2}+\mathrm{j}\omega\frac{L'\left[(1-\omega^2L'C)-\dfrac{\omega^2L'C}{Q^2}\right]}{\left(\dfrac{\omega^2L'C}{Q}\right)^2+(1-\omega L'C)^2} \tag{3.4.19}$$

当品质因数较大时，$Q^2\gg1$，则式(3.4.19)可简化为

$$Z_P=\frac{R'}{(1-\omega L'C)^2}+\mathrm{j}\omega\frac{L'}{1-\omega L'C}=R_P+\mathrm{j}\omega L_P \tag{3.4.20}$$

$$R_P=\frac{R'}{(1-\omega L'C)^2} \tag{3.4.21}$$

$$L_P=\frac{L'}{1-\omega L'C} \tag{3.4.22}$$

$$Q_P=\frac{\omega L_P}{R_P}=\frac{\omega L'}{R'}(1-\omega L'C)=Q(1-\omega L'C) \tag{3.4.23}$$

当考虑并联寄生电容时，有效串联损耗电阻和有效电感 L_P 都增大了，而有效品质因数 Q_P 却减小了。

电感式变换元件在考虑并联电容后的有效灵敏度为

$$\frac{\mathrm{d}L_P}{L_P}=\frac{1}{(1-\omega L'C)}\frac{\mathrm{d}L'}{L'} \tag{3.4.24}$$

式(3.4.24)表明，并联电容后，电感式变换元件的有效灵敏度增大了。因此实际应用时，必须根据测量设备所用电缆的长度对其进行校正，或重新调整总的并联电容。

简单电感式变换元件的特性是一条不过零的曲线，在实际测量时易受外界干扰的影响，如电源电压和频率的波动、温度变化等都会使线圈电阻 R_C 改变，影响输出电流，产生一定误差。因而简单电感式变换元件一般不用于较精密的测量仪表和系统，只用在一些继电信号装置中。

4. 差动电感式变换元件

两只完全对称的简单电感式变换元件合用一个活动衔铁便构成了差动电感式变换元件。图 3.4.4(a)，(b)分别为 E 形和螺管形差动电感变换元件的结构原理图。其特点是上下

两个导磁体的几何参数、材料参数完全相同，上下两只线圈的电气参数（线圈铜电阻、线圈匝数）也完全一致。

图 3.4.4(c)所示为差动电感式变换元件接线图。变换元件的两只电感线圈接成交流电桥的相邻两个桥臂，另外两个桥臂由电阻组成。

这两类差动电感式变换元件的工作原理相同，只是结构形式不同。

从图 3.4.4 可以看出，差动电感式变换元件和电阻构成了交流电桥，由交流电源供电，在电桥的另一对角端输出交流电压。

初始位置时，衔铁处于中间位置，两边的气隙相等，$\delta_1=\delta_2=\delta_0$。因此，两只电感线圈的电感量在理论上相等，即

$$L_1=L_2=L_0=\frac{W^2\mu_0 S}{2\delta_0} \tag{3.4.25}$$

式中：L_1——差动电感式变换元件上半部的电感(H)；

L_2——差动电感式变换元件下半部的电感(H)。

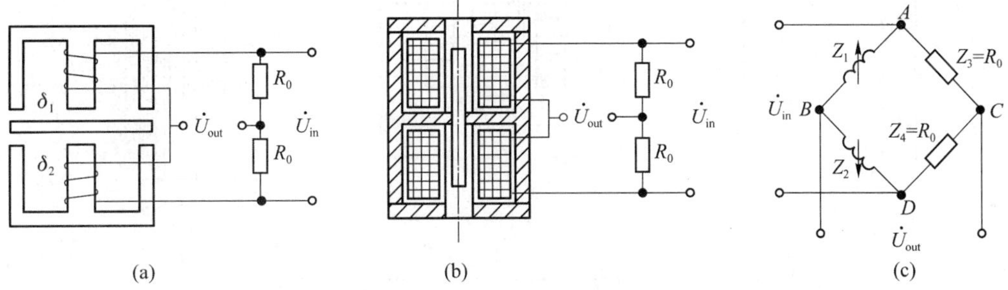

图 3.4.4　差动式电感变换元件的原理和接线图

这样，上下两部分的阻抗是相等的，即 $Z_1=Z_2$；电桥的输出电压应为零，即 $\dot U_{out}=0$，电桥处于平衡状态。

当衔铁偏离中间位置向上或向下移动时，造成两边气隙不一样，使两只电感线圈的电感量一增一减，电桥就不平衡。假设活动衔铁向上移动，即

$$\begin{cases}\delta_1=\delta_0-\Delta\delta\\ \delta_2=\delta_0+\Delta\delta\end{cases} \tag{3.4.26}$$

式中：$\Delta\delta$——衔铁向上的移动量(m)。差动电感式变换元件上下两部分的阻抗分别为

$$\begin{cases}Z_1=\mathrm{j}\omega L_1=\mathrm{j}\omega\dfrac{W^2\mu_0 S}{2(\delta_0-\Delta\delta)}\\ Z_2=\mathrm{j}\omega L_2=\mathrm{j}\omega\dfrac{W^2\mu_0 S}{2(\delta_0+\Delta\delta)}\end{cases} \tag{3.4.27}$$

电桥的输出为

$$\dot U_{out}=\dot U_B-\dot U_C=\left(\frac{Z_1}{Z_1+Z_2}-\frac{1}{2}\right)\dot U_{in}=\left(\frac{\frac{1}{\delta_0-\Delta\delta}}{\frac{1}{\delta_0-\Delta\delta}+\frac{1}{\delta_0+\Delta\delta}}-\frac{1}{2}\right)\dot U_{in}=\frac{\Delta\delta}{2\delta_0}\dot U_{in} \tag{3.4.28}$$

由式(3.4.28)可知：电桥输出电压的幅值与衔铁的相对移动量成正比，当 $\Delta\delta>0$ 时，$\dot U_{out}$ 与 $\dot U_{in}$ 同相；当 $\Delta\delta<0$ 时，以 $\dot U_{out}$ 与 $\dot U_{in}$ 反相。故本方案可以测量位移的大小和方向。

3.4.2 差动变压器式传感器

差动变压器式变换元件简称差动变压器。其结构与上述差动电感式变换元件完全一样，也是由铁芯、衔铁和线圈三个部分组成。其不同之处在于，差动变压器上下两只铁芯均有一个初级线圈1(又称激磁线圈)和一个次级线圈2(又称输出线圈)。衔铁置于两铁芯中间，上下两只初级线圈串联后接交流激磁电压$\dot{U}_{in}$，两只次级线圈则按电势反相串接。图3.4.5给出了差动变压器的几种典型结构形式。图3.4.5(a)与(b)所示的两种差动变压器，衔铁均为平板形，灵敏度高，测量范围则较窄，一般用于测量几 μm～几百 μm 的机械位移。对于位移在1 mm至上百 mm 的测量，常采用圆柱形衔铁的螺管形差动变压器，见图3.4.5(c)与(d)。图3.4.5(e)与(f)所示为测量转角的差动变压器，通常可测几角秒的微小角位移，输出的线性范围一般在±10°左右。

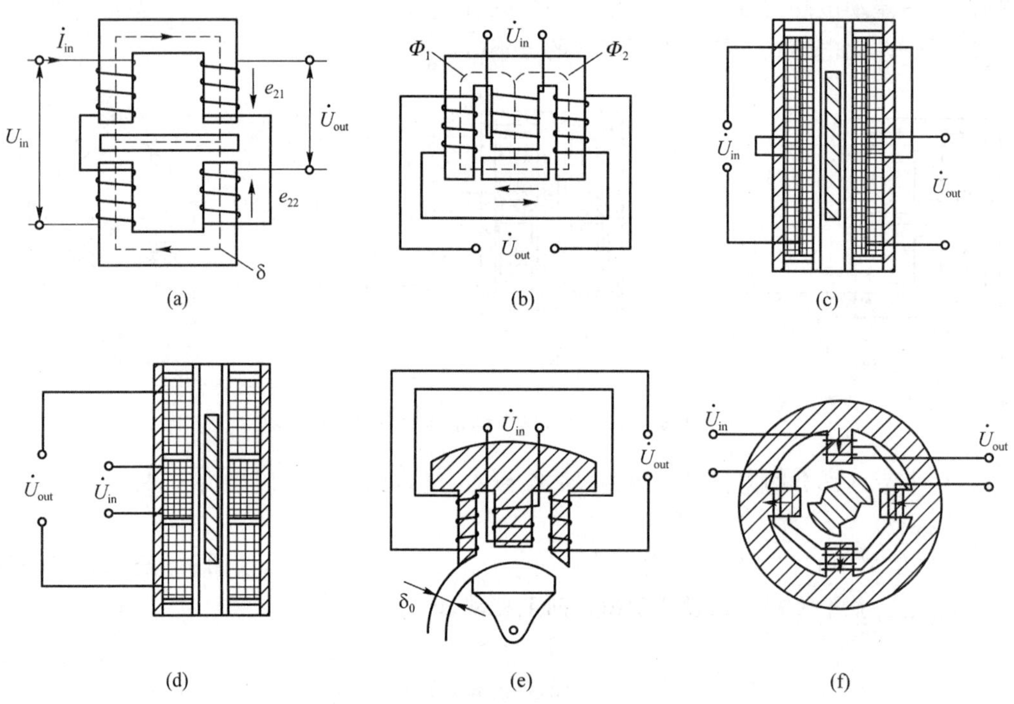

图3.4.5 各种差动变压器的结构示意图

1. 磁路分析

(1) 基本结构与假设

假设变压器原边的匝数为W_1，衔铁与π形铁芯1(上部)和π形铁芯2(下部)的间隙分别为δ_{11}和δ_{21}，激磁输入电压为$\dot{U}_{in}$，对应的激磁电流为$\dot{I}_{in}$；变压器副边的匝数为W_2，衔铁与π形铁芯1和π形铁芯2的间隙分别为δ_{12}和δ_{22}，输出电压为$\dot{U}_{out}$。应当指出：该变压器的原边正接，副边反接。

通常π形铁芯1与2的原边与衔铁的间隙及副边与铁芯的间隙是相同的，即有

$$\begin{cases}\delta_{11}=\delta_{12}=\delta_1\\ \delta_{21}=\delta_{22}=\delta_2\end{cases}\tag{3.4.29}$$

这里考虑的是理想情况，即忽略铁损，忽略漏磁，输出为空载的情况。此外，在初始情况下，衔铁处于中间位置，两边的气隙相等，即$\delta_1=\delta_2=\delta_0$，因此两只电感线圈的电感量在理论上相等，电桥的输出电压$\dot{U}_{\text{out}}=0$，电桥处于平衡状态。

(2) 信号变换(测量)过程

当衔铁偏离中间位置，向上(铁芯 1)移动 $\Delta\delta$ 时，则有

$$\begin{cases}\delta_1=\delta_0-\Delta\delta \\ \delta_2=\delta_0+\Delta\delta'\end{cases} \tag{3.4.30}$$

图 3.4.6 给出了等效磁路图。G_{11}为气隙δ_{11}引起的磁导(磁阻的倒数)，G_{12}为气隙δ_{12}引起的磁导，G_{21}为气隙δ_{21}引起的磁导，G_{22}为气隙δ_{22}引起的磁导，则

$$G_{11}=G_{12}=\frac{\mu_0 S}{\delta_{11}}=\frac{\mu_0 S}{\delta_1} \tag{3.4.31}$$

$$G_{21}=G_{22}=\frac{\mu_0 S}{\delta_{21}}=\frac{\mu_0 S}{\delta_2} \tag{3.4.32}$$

对于 π 形铁芯 1，电流$\dot{I}_{\text{in}}$引起的磁通(Wb)为

$$\Phi_{1\text{m}}=\sqrt{2}\,\dot{I}_{\text{in}}W_1 G_1=\sqrt{2}\,\dot{I}_{\text{in}}W_1\frac{G_{11}G_{12}}{G_{11}+G_{12}} \tag{3.4.33}$$

式中：G_1——磁导G_{11}与磁导G_{12}串联后的磁导，即 π 形铁芯 1 的总磁导。

π 形铁芯 1 的原边与副边之间的互感(H)为

$$M_1=\frac{\Psi_1}{I_{\text{in}}}=\frac{W_2\,\Phi_{1\text{m}}}{\dot{I}_{\text{in}}\sqrt{2}}=W_1W_2\frac{G_{11}G_{12}}{G_{11}+G_{12}} \tag{3.4.34}$$

式中：Ψ_1——π 形铁芯 1 的次级线圈的互感磁链(AH)。

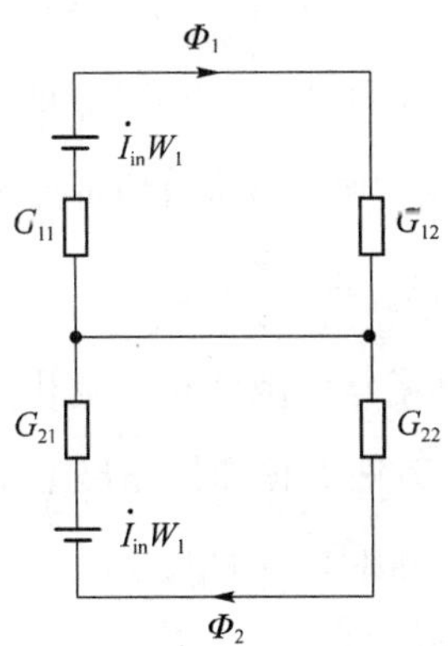

图 3.4.6　π 形差动变压器的等效磁路图

类似地，可以得到 π 形铁芯 2 的原边与副边之间的互感(H)，即

$$M_2=\frac{\Psi_2}{I_{\text{in}}}=\frac{W_2\,\Phi_{2\text{m}}}{I_{\text{in}}\sqrt{2}}=W_1W_2\frac{G_{22}G_{21}}{G_{22}+G_{21}} \tag{3.4.35}$$

由此，输出电压(V)为

$$\dot{U}_{\text{out}}=e_{21}-e_{22}=-\text{j}\omega\,\dot{I}_{\text{in}}(M_1-M_2) \tag{3.4.36}$$

式中：e_{21}——π 形铁芯 1 的次级线圈感应出的电势(V)；

e_{22}——π 形铁芯 2 的次级线圈感应出的电势(V)。

由式(3.4.31)～式(3.4.36)可得

$$\dot{U}_{out}=-j\omega W_1 W_2 I_{in}\mu_0 S\cdot\frac{\Delta\delta}{\delta_0^2-(\Delta\delta)^2} \tag{3.4.37}$$

2. 电路分析

根据图 3.4.5(a),π 形差动变压器的初级线圈上、下部分的自感(H)分别为

$$L_{11}=W_1^2 G_{11}=\frac{W_1^2\mu_0 S}{2\delta_1}=\frac{W_1^2\mu_0 S}{2(\delta_0-\Delta\delta)} \tag{3.4.38a}$$

$$L_{21}=W_1^2 G_{21}=\frac{W_1^2\mu_0 S}{2\delta_2}=\frac{W_1^2\mu_0 S}{2(\delta_0+\Delta\delta)} \tag{3.4.38b}$$

初级线圈上、下部分的阻抗(Ω)分别为

$$Z_{11}=R_{11}+j\omega L_{11} \tag{3.4.39a}$$

$$Z_{21}=R_{21}+j\omega L_{21} \tag{3.4.39b}$$

则初级线圈中的输入电压与激磁电流的关系为

$$\dot{U}_{in}=\dot{I}_{in}(Z_{11}+Z_{21})=\dot{I}_{in}\left\{R_{11}+R_{21}+j\omega W_1^2\frac{\mu_0 S}{2}\left[\frac{2\delta_0}{\delta_0^2-(\Delta\delta)^2}\right]\right\} \tag{3.4.40}$$

式中:R_{11}——初级线圈上部分的等效电阻(Ω);

R_{21}——初级线圈下部分的等效电阻(Ω)。

选择 $R_{11}=R_{21}=R_0$,使之对称,而且考虑到$\delta_0^2\gg(\Delta\delta)^2$,结合式(3.4.37)和式(3.4.40),可得

$$\dot{U}_{out}=-j\omega\frac{W_2}{W_1}L_0\frac{\Delta\delta}{\delta_0}\cdot\frac{\dot{U}_{in}}{R_0+j\omega L_0} \tag{3.4.41}$$

式中:L_0——衔铁处于中间位置时初级线圈上(下)部分的自感(H),$L_0=\dfrac{W_1^2\mu_0 S}{2\delta_0}$。

通常线圈的 Q 值 $\omega L_0/R_0$ 比较大,则式(3.4.41)可以改写为

$$\dot{U}_{out}=-\frac{W_2}{W_1}\cdot\frac{\Delta\delta}{\delta_0}\cdot\dot{U}_{in} \tag{3.4.42}$$

由式(3.4.42)可知:副边输出电压与气隙的相对变化成正比,与变压器次级线圈和初级线圈的匝数比成正比。而且当 $\Delta\delta>0$(衔铁上移)时,输出电压 $\dot{U}_{out}$与输入电压 $\dot{U}_{in}$反相;当 $\Delta\delta<0$(衔铁下移)时,输出电压 $\dot{U}_{out}$与输入电压 $\dot{U}_{in}$同相。

3.4.3 电涡流式传感器

1. 电涡流效应

一块导磁性金属导体放置于一个扁平线圈附近,相互不接触,如图 3.4.7 所示,当线圈中通有高频交变电流 i_1 时,在线圈周围产生交变磁场Φ_1;交变磁场Φ_1 使通过附近的金属导体产生电涡流,同时产生交变磁场Φ_2,且Φ_2 与Φ_1 的方向相反。Φ_2 对Φ_1 有反作用,从而使线圈中的电流 i_1 的大小和相位均发生变化,即线圈中的等效阻抗发生了变化。这就是电涡流效应。线圈阻抗的变化与电涡流效应密切相关,即与线圈的半径 r、激磁电流 i_1 的幅值、角频率 ω、金属导体的电阻率 ρ、导磁率 μ 以及线圈到导体的距离 x 有关,可以写为

$$Z=f(r,i_1,\omega,\rho,\mu,x)$$

实用时，只改变上述其中的一个参数，控制其他参数，则线圈阻抗的变化就成为这个改变参数的单值函数。这就是利用电涡流效应实现测量的原理。

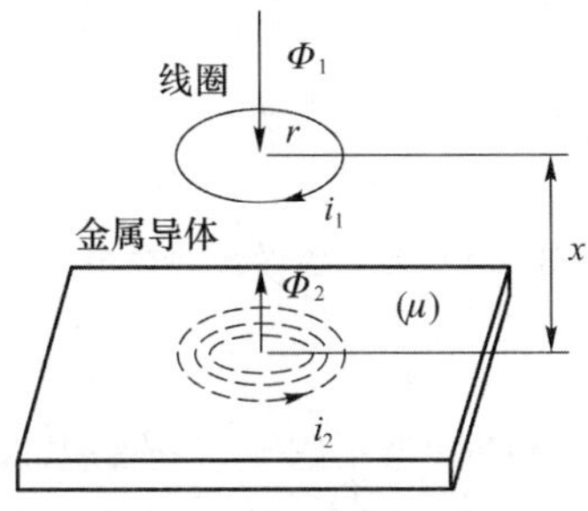

图 3.4.7　电涡流效应示意图

利用电涡流效应制成的变换元件的优点主要有：可进行非接触式测量，结构简单，灵敏度高，抗干扰能力强，不受油污等介质的影响等。这类元件常用于测量位移、振幅、厚度、工件表面粗糙度、导体温度、材质的鉴别以及金属表面裂纹等无损检测中，在科学研究和工业生产等领域有广泛的应用。

2. 等效电路分析

由上述电涡流效应的作用过程可知：金属导体可看作一个短路线圈，它与高频通电扁平线圈磁性相连。基于变压器原理，把高频导电线圈看成变压器原边，金属导体中的涡流回路看成副边，即可画出电涡流式变换元件的等效电路，如图 3.4.8 所示。图中 R_1 和 L_1 分别为通电线圈的铜电阻和电感，R_2 和 L_2 分别为金属导体的电阻和电感，线圈与金属导体间的互感系数 M 随间隙 x 的减小而增大。$\dot{U}_{\text{in}}$ 为高频激磁电压。由克希霍夫定律可写出方程

$$\left.\begin{aligned}(R_1+\mathrm{j}\omega L_1)\dot{I}_1-\mathrm{j}\omega M\dot{I}_2&=\dot{U}_{\text{in}}\\-\mathrm{j}\omega M\dot{I}_1+(R_2+\mathrm{j}\omega L_2)\dot{I}_2&=0\end{aligned}\right\}\tag{3.4.43}$$

利用式(3.4.41)，可得线圈的等效阻抗(Ω)为

$$\left.\begin{aligned}Z=\frac{U_{\text{in}}}{I_1}=R_1+R_2\frac{\omega^2M^2}{R_2^2+\omega^2L_2^2}+\mathrm{j}\omega\left(L_1-L_2\frac{\omega^2M^2}{R_2^2+\omega^2L_2^2}\right)=R_e+\mathrm{j}\omega L_e\\R_e=R_1+R_2\frac{\omega^2M^2}{R_2^2+\omega^2L_2^2}\\L_e=L_1-L_2\frac{\omega^2M^2}{R_2^2+\omega^2L_2^2}\end{aligned}\right.\tag{3.4.44}$$

式中：L_1——不计涡流效应时线圈的电感(H)；

L_2——电涡流等效电路的等效电感(H)；

R_e——考虑电涡流效应时线圈的等效电阻(Ω)；

L_e——考虑电涡流效应时线圈的等效电感(H)。

由上述分析可知：由于涡流效应的作用，线圈的阻抗由 $Z_0=R_1+\mathrm{j}\omega L_1$ 变成了 Z。比较 Z_0 与 Z 可知：电涡流影响的结果使等效阻抗 Z 的实部增大，虚部减少，即等效的品质因数 Q 减小了，表明电涡流将消耗电能，在导体上产生热量。

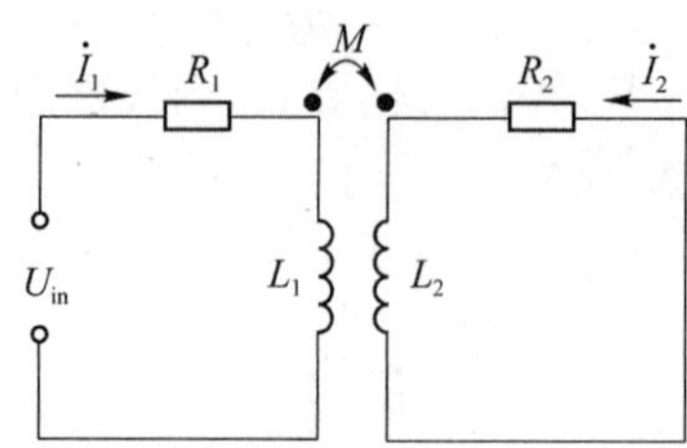

图 3.4.8　电涡流效应等效电路图

3. 信号转换电路

利用电涡流式变换元件进行测量时,为了得到较强的电涡流效应,通常激磁线圈工作在较高频率下,所以信号转换电路主要有定频调幅电路和调频电路两种。

(1) 定频调幅信号转换电路

调幅信号转换电路的原理如图 3.4.9(a)所示。它由高频激磁电流对一个并联的 LC 电路供电。图中 L_1 表示电涡流变换元件的激磁线圈。由于 LC 并联电路的阻抗在谐振时达到最大,而在失谐状态下急剧减少,故在定频 ω_0、恒流 $\dot{I}_{in}$ 激励下,输出电压为

$$\dot{U}_{out}=\dot{I}_{in}Z=\dot{I}_{in}\left[\frac{(R_e+j\omega_0 L_e)\cdot\frac{1}{j\omega_0 C}}{(R_e+j\omega_0 L_e)+\frac{1}{j\omega_0 C}}\right] \tag{3.4.45}$$

为便于分析,假设激磁电流的频率 $f=\frac{\omega_0}{2\pi}$足够高,即满足 $R_e\ll\omega_0 L_e$,则由式(3.4.45)可得

$$\dot{U}_{out}\approx\dot{I}_{in}\frac{\frac{L_e}{R_e C}}{\sqrt{1+\left[\frac{L_e}{R_e}\left(\frac{\omega_0^2-\omega^2}{\omega_0}\right)\right]^2}}\approx\dot{I}_{in}\frac{\frac{L_e}{R_e C}}{\sqrt{1+\left(\frac{2L_e}{R_e}\Delta\omega\right)^2}} \tag{3.4.46}$$

式中:ω——激磁线圈自身的谐振角频率(rad/s),$\omega=\frac{1}{\sqrt{L_e C}}$,由于 L_e 与电涡流效应有关,故 ω 是与涡流有关的变量;

$\Delta\omega$——失谐角频率偏移量(rad/s),$\Delta\omega=\omega_0-\omega$。

由式(3.4.46)可知:当 $\omega_0=\omega$ 时,输出达到最大,为

$$\dot{U}_{out}=\dot{I}_{in}\frac{L_e}{R_e C} \tag{3.4.47}$$

对非导磁金属,涡流增大导致 L_e 减小,ω 增高,R_e 增大,因此式(3.4.46)的分子减小而分母增大,则输出电压随涡流增大而减小,谐振频率及谐振曲线向高频方向移动,如图 3.4.9(b)所示。

这种方式多用于测量位移,其信号转换系统框图如图 3.4.9(c)所示。

(2) 调频信号转换电路

定频调幅电路虽然应用较广,但电路复杂,线性范围较窄;而调频电路则比较简单,线性范围也较宽,电路中将 LC 谐振回路和放大器结合构成 LC 振荡器。其频率始终等于谐振频率,而幅值始终为谐振曲线的峰值,即

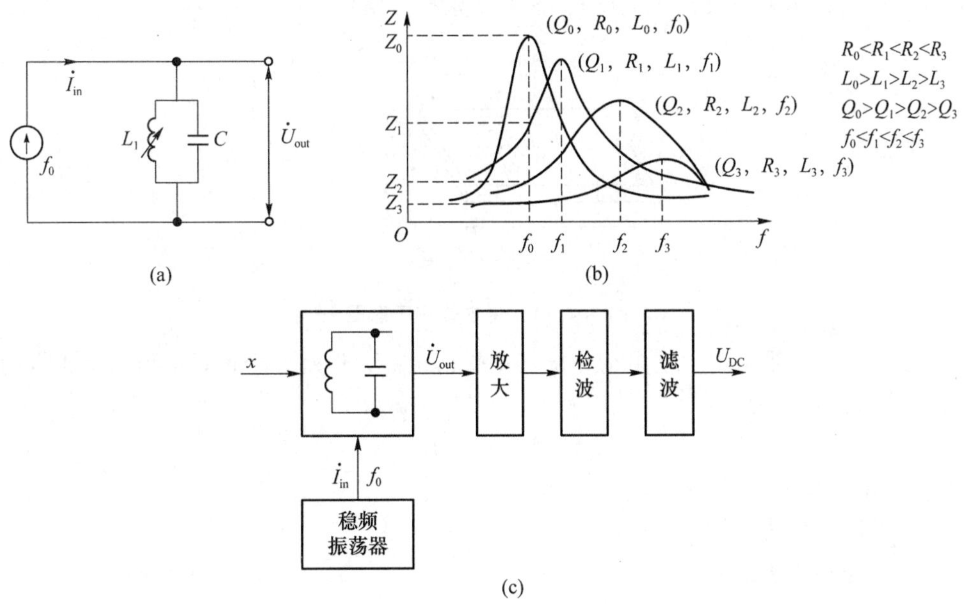

图 3.4.9　定频调幅信号转换电路

$$\omega_0=\frac{1}{\sqrt{L_e C}} \tag{3.4.48}$$

$$\dot{U}_{out}=\dot{I}_{in}\frac{L_e}{R_e C} \tag{3.4.49}$$

当涡流效应增大时,L_e减小,R_e增大,谐振频率升高,而输出幅值变小。在调频方式下有两种可采用的方式。一种称为调频鉴幅式,利用频率与幅值同时变化的特点,测出图 3.4.10(a)的峰点值,其特性如图中谐振曲线的包络线所示。此法的优点是选取了图 3.4.9(c)中的稳频振荡器,而且利用了其后的简单检波器。另一种是直接输出频率,如图 3.4.10(b)所示,信号转换电路中的鉴频器将调频信号转换为电压输出。

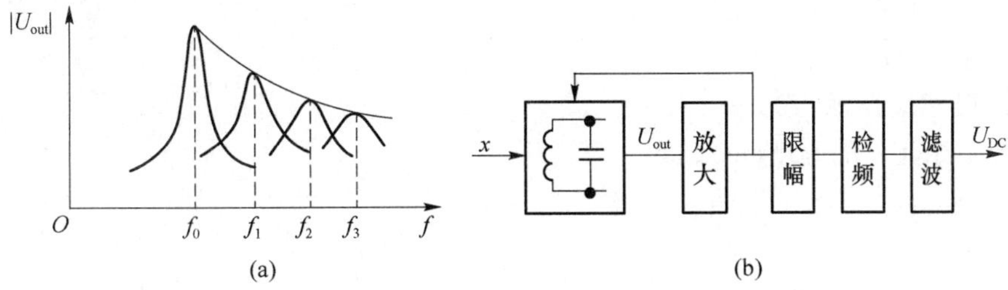

图 3.4.10　调频信号转换电路

3.4.4　霍尔式传感器

1. 霍尔效应

如图 3.4.11 所示的金属或半导体薄片,若在它的两端通以控制电流 I,并在薄片的垂直方向上施加磁感应强度为 $\boldsymbol{B}$ 的磁场,则在垂直于电流和磁场的方向上(霍尔输出端之间)将产生

电动势 U_H(称为霍尔电势或霍尔电压)。这种现象称为霍尔效应。

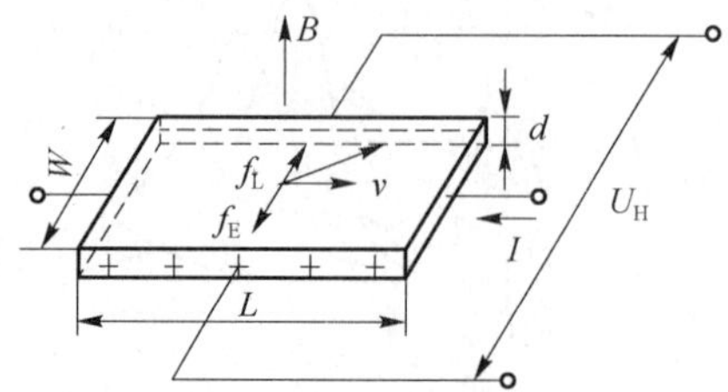

图 3.4.11　霍尔效应示意图

霍尔效应的产生是由于运动电荷在磁场中受洛伦兹力作用。当运动电荷为带正电的粒子时,其受到的洛伦兹力为

$$\boldsymbol{f}_L = e v \times \boldsymbol{B} \tag{3.4.50}$$

式中:$\boldsymbol{f}_L$——洛伦兹力矢量(N);

v——运动电荷速度矢量(m/s);

$\boldsymbol{B}$——磁感应强度矢量(T);

e——单位电荷电量(C),$e=1.602\times10^{-19}$ C

当运动电荷为带负电的粒子时,其受到的洛伦兹力为

$$\boldsymbol{f}_L = -e v \times \boldsymbol{B} \tag{3.4.51}$$

假设在 N 型半导体薄片的控制电流端通以电流 I,那么半导体中的载流子(电子)将沿着和电流相反的方向运动。若在垂直于半导体薄片平面的方向上加入磁场 $\boldsymbol{B}$,则由于洛伦兹力的作用,电子向一边偏转(偏转方向由式(3.4.51)确定),并使该边形成电子积累,而另一边则积累正电荷,于是产生电场。该电场阻止运动电子继续偏转。当电场作用在运动电子上的力 $\boldsymbol{f}_E$ 与洛仑兹力 $\boldsymbol{f}_L$ 相等时,电子的积累便达到动态平衡。这时,在薄片两横端面之间建立的电场称为霍尔电场 E_H,相应的电势就称为霍尔电势 U_H。其大小可用下式表示,即

$$U_H = \frac{R_H I \boldsymbol{B}}{d} \tag{3.4.52}$$

式中:R_H——霍尔常数($m^3 \cdot C^{-1}$);

I——控制电流(A);

$\boldsymbol{B}$——磁感应强度(T);

d——霍尔元件的厚度(m)。

引入

$$K_H = \frac{R_H}{d} \tag{3.4.53}$$

将式(3.4.53)代入式(3.4.52),则可得

$$U_H = K_H I \boldsymbol{B} \tag{3.4.54}$$

由式(3.4.54)可知:霍尔电势的大小正比于控制电流 I 和磁感应强度 $\boldsymbol{B}$。K_H 称为霍尔元件的灵敏度。它是表征在单位磁感应强度和单位控制电流时输出霍尔电压大小的一个重要参数,一般希望它越大越好。霍尔元件的灵敏度与元件材料的性质和几何参数有关。由于半导体(尤其是 N 型半导体)的霍尔常数 R_H 要比金属的大得多,所以在实际应用中,一般都采用 N 型半导体材料做霍尔元件。此外,元件的厚度 d 对灵敏度的影响也很大,元件越薄,灵敏度

就越高，所以霍尔元件一般都比较薄。

式(3.4.54)还说明，当控制电流的方向或磁场的方向改变时，输出电势的方向也将改变。但当磁场和电流同时改变方向时，霍尔电势并不改变原来的方向。

当外磁场为零时，通以一定的控制电流，霍尔元件的输出称为不等位电势，是霍尔元件的零位误差，可以采用图 3.4.12 所示的补偿电路进行补偿。

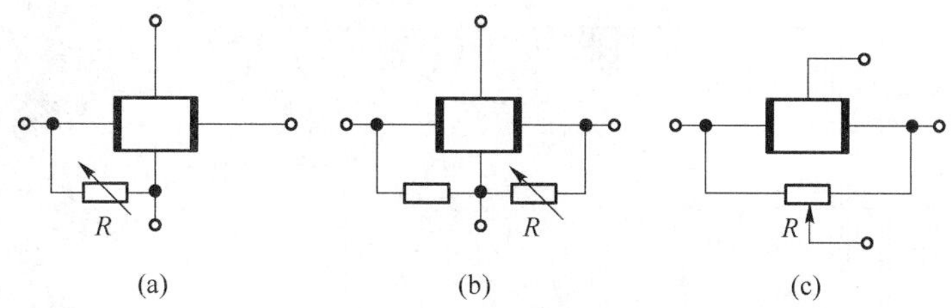

图 3.4.12　补偿电路

事实上，自然界还存在着反常霍尔效应，即不加外磁场也有霍尔效应。反常霍尔效应与普通的霍尔效应在本质上完全不同，不存在外磁场对电子的洛伦兹力而产生的运动轨道偏转，它是由于材料本身的自发磁化而产生的，因此是另一类重要物理效应。最新研究表明，反常霍尔效应具有量子化，即存在着量子反常霍尔效应。这或许为新型传感技术的实现提供了新的理论基础。

2. 霍尔元件

霍尔元件一般用 N 型的锗、锑化铟和砷化铟等半导体单晶材料制成。锑化铟元件的输出较大，但受温度的影响也较大。锗元件的输出虽小，但它的温度性能和线性度却比较好。砷化铟元件的输出信号没有锑化铟元件大，但是受温度的影响却比锑化铟要小，而且线性度也较好。因此，采用砷化铟做霍尔元件的材料受到普通重视。在高精度测量中，大多采用砷化铟元件；而作为敏感元件时，一般采用锑化铟元件。

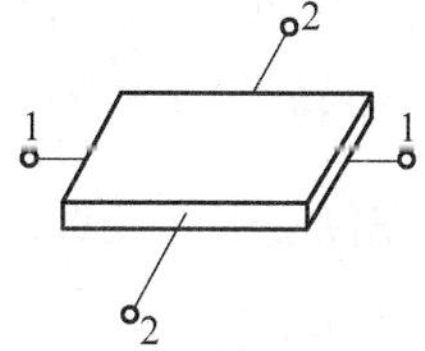

图 3.4.13　霍尔元件示意图

霍尔元件的结构很简单，由霍尔片、引线和壳体组成。霍尔片是一块矩形半导体薄片，如图 3.4.13 所示。在元件长边的两个端面上焊上两根控制电流端引线(见图 3.4.13 中 1—1)，在元件短边的中间以点的形式焊上两根霍尔输出端引线(见图 1.4.13 中 2—2)。在焊接处要求接触电阻小，而且呈纯电阻性质(欧姆接触)。霍尔片一般用非磁性金属、陶瓷或环氧树脂封装。

3.4.5　感应同步器式传感器

1. 感应同步器的结构与分类

感应同步器分为两大类：测量直线位移的直线感应同步器和测量角位移的圆形感应同步器(也称为旋转式感应同步器)。它们都是由两片平面型印刷电路绕组构成。两片绕组以 0.05～0.25 mm的间距相对平行安装，其中一片固定不动，另一片相对固定片作直线移动或转动。相应地，分别称固定片和运动片为定尺和滑尺(对于直线感应同步器)或定子和转子(对于旋转式感应同步器)。定尺和转子上是连续绕组，滑尺和定子上交替排列着周期相等但相角相差 90°的正弦和余弦两组断续绕组，如图 3.4.14 所示。

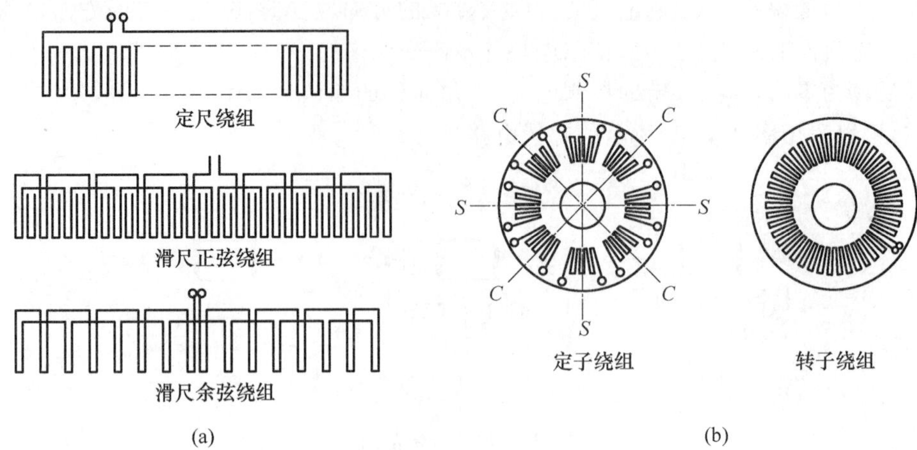

图 3.4.14 感应同步器的绕组图形

直线感应同步器又分为标准型、窄型、带型和三重型。前三种的结构相同，只是几何参数不同。绕组节距均为 2 mm，因此都只能在 2 mm 内细分；而对 2 mm 以上的距离则无法区别，只能用增量计数器建立相对坐标系统。三重型由粗、中、细三套绕组组成。它们的周期分别为 4000 mm、200 mm 和 2 mm，并分别按 200 mm、2 mm 和 0.01 mm 细分，建立了一套绝对测量坐标系统，可由输出信号辨别测量的绝对几何参数。

圆形感应同步器有直径为 302 mm、178 mm、76 mm 和 50 mm 四种，径向导线数（亦称为极数）有 360、720、1 080 和 512。在极数相同的条件下，直径越大，精度越高。

2. 感应同步器的工作原理

感应同步器是利用电磁感应原理来测量位移的一种数字式传感器。以图 3.4.15(a)所示的直线感应同步器为例介绍其工作原理。图中 S 表示滑尺正弦绕组，C 表示滑尺余弦绕组，两绕组在位置上相隔四分之三节距$\left(\frac{3d}{4}\right)$。S=1 代表绕组 S 通有激磁电流，C=0 代表绕组 C 未通激磁电流，以图 3.4.15(b)中(1)位置为坐标起点。

当正弦绕组 S 通有激磁电流后，就在导体周围形成环形磁场，这个磁场也环绕定尺绕组，如图 3.4.15(a)所示。当滑尺移动，环绕定尺绕组导体的磁场强度发生变化时，就在其上感应出电势 e；当滑尺处于图 3.4.15(b)中(1)位置时，环绕定尺导体的磁场最强，定尺绕组的感应电势最高，$e=E_m$，滑尺向右移动，环绕定尺绕组的磁场逐渐减小，感应电势逐渐减小；当移动到$\frac{d}{4}$位置时，相邻两感应单元的空间磁通全部抵消，如图 3.4.15(b)中(2)所示。这时定尺绕组的感应电势 $e=0$。滑尺继续向右移动，感应电势由零变负；当移到$\frac{d}{2}$处，即图 3.4.15(b)中(3)位置时，感应电势达到负最大值，即 $e=-E_m$。此后，当滑尺继续向右移动，感应电势逐渐升高，向正方向变化；当移到$\frac{3d}{4}$时，感应电势 $e=0$。滑尺继续向右移动，感应电势由零变正；当滑尺移到 d 时，感应电势又达到正最大值。这样，当滑尺移动时，定尺绕组就输出与位移成余弦关系的感应电势 e，如图 3.4.15(c)所示。如果在余弦绕组 C 通有激磁电流后，则定尺绕组就输出以$\frac{3d}{4}$为起始点的正弦感应电势。

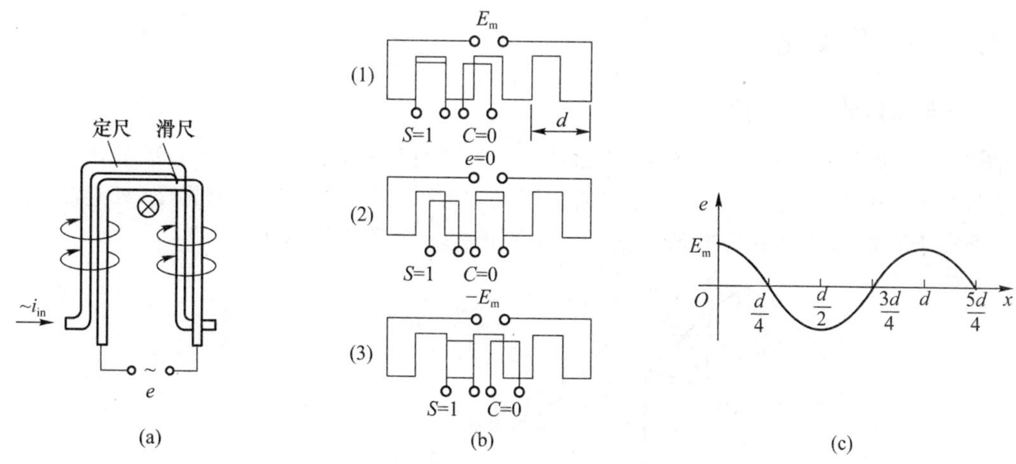

图 3.4.15　感应同步器的工作原理

基于上述分析，如果激磁电压为

$$u_{in}=U_m\sin\omega t \tag{3.4.55}$$

则激磁电压加在滑尺正弦绕组和滑尺余弦绕组上时，定尺绕组的输出感应电势分别为

$$e_S=KU_m\cos\left(2\pi\frac{x}{d}\right)\cos\omega t \tag{3.4.56}$$

$$e_C=KU_m\sin\left(2\pi\frac{x}{d}\right)\cos\omega t \tag{3.4.57}$$

式中：K——电磁耦合系数；

x——滑尺与定尺之间的相对位移(mm)；

d——绕组节距(mm)；

U_m，ω——激磁电压信号的幅值(V)和角频率(rad/s)。

由此可见，感应电势的大小取决于滑尺的位移，故可通过感应电势来测量位移。应当指出，绕组的起始点不同，感应电势空间位置相位角不同。可以根据需要进行设置。

3.5　压电式传感器

某些电介质，当沿一定方向对其施加外力导致材料发生变形时，其内部将发生极化现象，同时在其某些表面产生电荷；当外力去掉后，又重新回到不带电状态。这种将机械能转变成电能的现象称为正压电效应。反过来，在电介质极化方向施加电场，它会产生机械变形；当去掉外加电场时，电介质的变形随之消失。这种将电能转变成机械能的现象称为逆压电效应，又称电致伸缩效应。电介质的正压电效应与逆压电效应统称压电效应(piezoelectric effect)。目前，利用逆压电效应可以制成微小驱动器，甚至制成高频振动台。而从传感器输出可用电信号角度考虑，压电式传感器(piezoelectric transducer/sensor)重点讨论正压电效应。

具有压电特性的材料称为压电材料，可以分为天然的压电晶体材料和人工合成的压电材料。自然界中，压电晶体的种类很多，如石英、酒石酸钾钠、电气石、硫酸铵和硫酸锂等。其中，石英晶体是一种最具实用价值的天然压电晶体材料。人工合成的压电材料主要有压电陶瓷和压电膜。

3.5.1 石英晶体

1. 石英晶体的压电机理

图 3.5.1 给出了右旋石英晶体的理想外形。它具有规则的几何形状。石英晶体有三个晶轴,如图 3.5.2 所示。其中 z 为光轴,它是利用光学方法确定的,没有压电特性;经过晶体的棱线,并垂直于光轴的 x 轴称为电轴;垂直于 zx 平面的 y 轴称为机械轴。

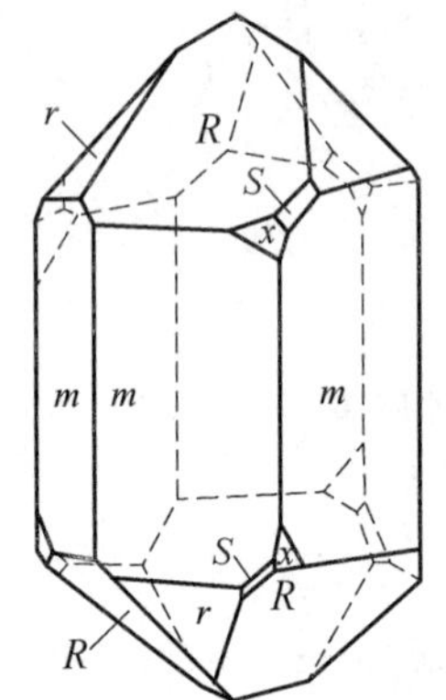

图 3.5.1 石英晶体的理想外形

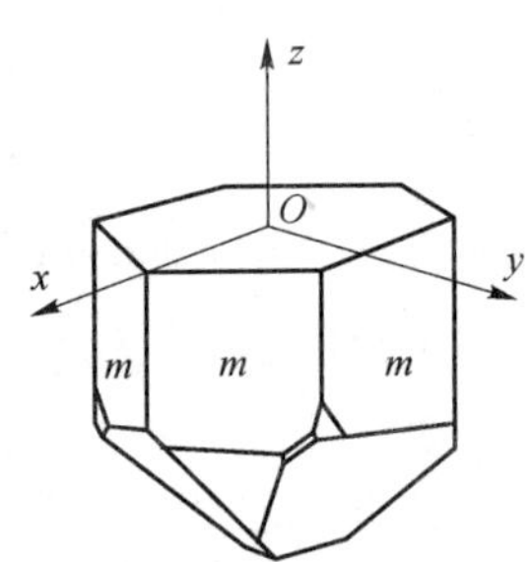

图 3.5.2 石英晶体的直角坐标系

石英晶体的压电特性与其内部结构有关。为了直观了解其压电特性,将组成石英(SiO_2)晶体的硅离子和氧离子排列在垂直于晶体 z 轴的平面上的投影,等效为图 3.5.3(a)中的正六边形排列。

当石英晶体未受到外力作用时,Si^{4+} 和 2 O^{2-} 正好分布在正六边形的顶角上,形成三个大小相等、互成 120°夹角的电偶极矩 $\boldsymbol{p}_1,\boldsymbol{p}_2,\boldsymbol{p}_3$,如图 3.5.3(a)所示。电偶极矩的大小为 $p=ql$。q 为电荷量,为正、负电荷之间的距离。电偶极矩的方向由负电荷指向正电荷。此时正、负电荷中心重合,电偶极矩的矢量和等于零,即 $\boldsymbol{p}_1+\boldsymbol{p}_2+\boldsymbol{p}_3=0$。因此晶体表面不产生电荷,石英晶体从总体上说呈电中性。

当石英晶体受到沿 x 轴方向的压缩力作用时,晶体沿 x 轴方向产生压缩变形。正、负离子的相对位置随之变动,正、负电荷中心不再重合,如图 3.5.3(b)所示。电偶极矩在 x 轴方向的分量为$(\boldsymbol{p}_1+\boldsymbol{p}_2+\boldsymbol{p}_3)_x(>0)$,在 x 轴的正方向的晶体表面上出现正电荷;而在 y 轴和 z 轴方向的分量均为零,即$(\boldsymbol{p}_1+\boldsymbol{p}_2+\boldsymbol{p}_3)_y=0$,$(\boldsymbol{p}_1+\boldsymbol{p}_2+\boldsymbol{p}_3)_z=0$。在垂直于 y 轴和 z 轴的晶体表面上不出现电荷。这种沿 y 轴方向施加作用力,而在垂直于此轴晶面上产生电荷的现象,称为纵向压电效应。

当石英晶体受到沿 y 轴方向的压缩力作用时,沿 x 轴方向产生拉伸变形,正、负离子的相对位置随之变动,晶体的变形如图 3.5.3(c)所示,正、负电荷中心不再重合。电偶极矩在 x 轴方向的分量为$(\boldsymbol{p}_1+\boldsymbol{p}_2+\boldsymbol{p}_3)_x(<0)$,在 x 轴正方向的晶体表面上出现负电荷;同样在 y 轴和 z 轴方向的分量均为零,在垂直于 y 轴和 z 轴的晶体表面上不出现电荷。这种沿 y 轴方向施加作用力,而在垂直于 x 轴晶面上产生电荷的现象,称为横向压电效应。

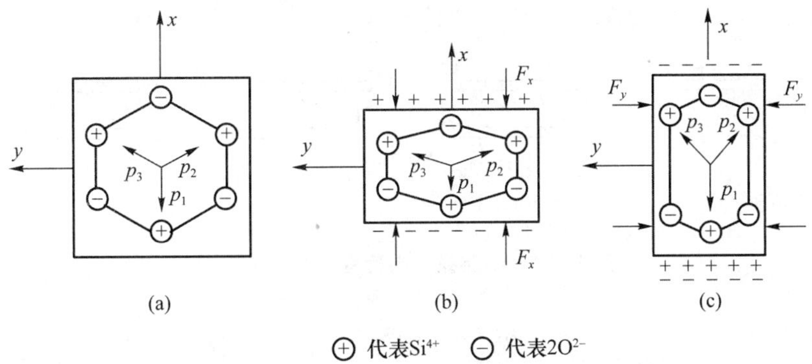

图 3.5.3　石英晶体压电效应机理示意图

当石英晶体受到沿 z 轴方向的力，无论是拉伸力还是压缩力，由于晶体在 x 轴方向和 y 轴方向的变形相同，正、负电荷的中心始终保持重合，电偶极矩在 x 轴方向和 y 轴方向的分量等于零，所以沿光轴方向施加作用力，石英晶体不会产生压电效应。

当作用力 F_x 或 F_y 的方向相反时，电荷的极性将随之改变。同时如果石英晶体的各个方向同时受到均等的作用力时(如液体压力)，石英晶体将保持电中性，即石英晶体没有体积变形的压电效应。

2. 石英晶体的压电常数

从石英晶体上取出一片平行六面体，使其晶面分别平行于 x 轴、y 轴、z 轴，晶片在 x 轴、y 轴、z 轴的几何参数分别为 h、L、W，如图 3.5.4 所示。

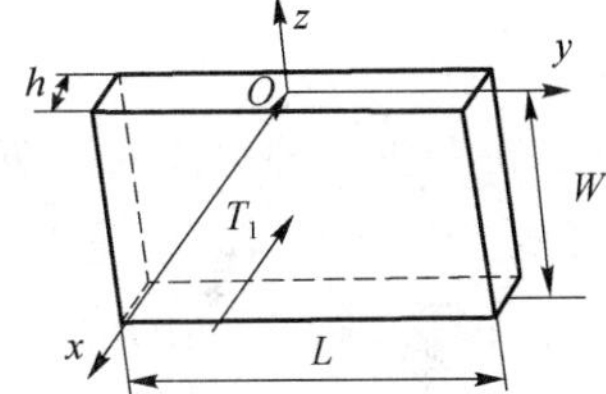

图 3.5.4　石英晶体平行六面体切片

(1) 在垂直于 x 轴表面上产生的电荷密度的计算

当晶片受到 x 轴方向的压缩应力 T_1(N/m^2)作用时，晶片将产生厚度变形，在垂直于,轴表面上产生的电荷密度 σ_{11}(C/m^2)与应力 T_1 成正比，即

$$\sigma_{11}=d_{11}T_1=d_{11}\frac{F_1}{LW} \tag{3.5.1}$$

式中：d_{11}——压电常数，$d_{11}=2.31\times10^{-12}$ C/N，表示晶片在 x 方向承受正应力时，单位压缩正应力在垂直于 x 轴的晶面上所产生的电荷密度；

F_1——沿晶轴 x 方向施加的压缩力(N)，图中未给出。

由式(3.5.1)可得

$$q_{11}=\sigma_{11}LW=d_{11}F_1 \tag{3.5.2}$$

这表明：在上述情况下，当石英晶片的 x 轴方向受到压缩应力时，在垂直于 x 轴的晶面上所产生的电荷量q_{11}正比于作用力 F_1，所产生的电荷极性如图 3.5.5(a)所示。当石英晶片在 x 轴方向受到拉伸作用力时，在垂直于 x 轴的晶面上将产生电荷，但极性与受压缩的情况相反，如图 3.5.5(b)所示。

当石英晶片受到 y 方向的作用力 F_2 时，同样在垂直于 x 轴的晶面上产生电荷，电荷的极性如图 3.5.5(c)(受到压缩正应力)或图 3.5.5(d)(受到拉伸正应力)所示。电荷密度σ_{12}与所受到的作用力的关系为

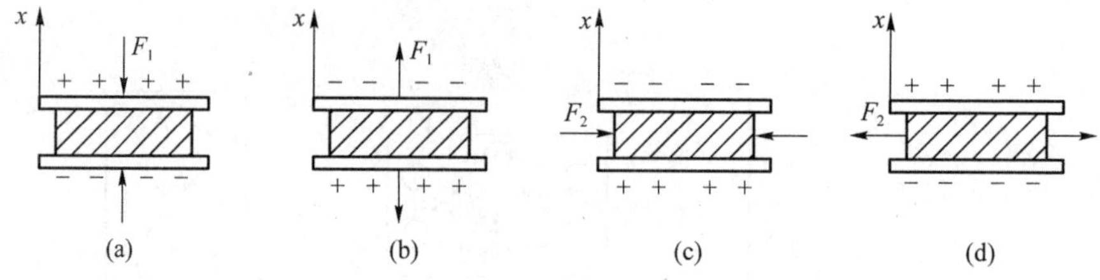

图 3.5.5　石英晶片电荷生成机理示意图

$$\sigma_{12}=d_{12}T_2=d_{12}\frac{F_2}{hW} \tag{3.5.3}$$

式中：d_{12}——晶体在 y 方向承受机械应力时的压电常数（C/N），表示晶片在 y 方向承受应力时，在垂直于 x 轴的晶面上所产生的电荷密度；

T_2——沿晶轴 y 方向施加的正应力（N/m^2）。

由式（3.5.3）可得

$$q_{12}=\sigma_{12}LW=d_{12}\frac{F_2}{hW}LW=d_{12}\frac{LF_2}{h} \tag{3.5.4}$$

根据石英晶体的轴对称条件，有

$$d_{12}=-d_{11} \tag{3.5.5}$$

$$q_{12}=-d_{11}\frac{L}{h}F_2 \tag{3.5.6}$$

这表明：当沿机械轴方向对石英晶片施加作用力时，在垂直于 x 轴的晶面上所产生的电荷量与晶片的几何参数有关。适当选择晶片的参数（h,L）可以增加电荷量，提高灵敏度。

当晶体受到 z 方向的应力 T_3 时，无论是拉伸力还是压缩力，都不产生电荷，即

$$\sigma_{13}=d_{13}T_3=0 \tag{3.5.7}$$

$$d_{13}=0 \tag{3.5.8}$$

当晶体受到剪切应力时（见图 3.5.6），有如下基本结论：

$$\sigma_{14}=d_{14}T_4 \tag{3.5.9}$$

$$\sigma_{15}=d_{15}T_5=0 \tag{3.5.10}$$

$$\sigma_{16}=d_{16}T_6=0 \tag{3.5.11}$$

式中：d_{14}——压电常数（C/N），$d_{14}=0.73\times10^{-12}$ C/N，晶体在 yz 面承受切应力时的压电常数；

d_{15}——压电常数（C/N），$d_{15}=0$，晶体在 zx 面承受切应力时的压电常数；

d_{16}——压电常数（C/N），$d_{16}=0$，晶体在 xy 面承受切应力时的压电常数；

T_4,T_5,T_6——在 yz 面，zx 面，xy 面的切应力，相当于绕 x,y,z 轴的转矩的作用。

综上，石英晶片在垂直于二轴表面上产生的电荷密度的计算公式为

$$\sigma_1=\sigma_{11}+\sigma_{12}+\sigma_{13}+\sigma_{14}+\sigma_{15}+\sigma_{16}=d_{11}T_1-d_{11}T_2+d_{14}T_4 \tag{3.5.12}$$

（2）在垂直于 y 轴的表面上产生的电荷密度的计算

类似地，石英晶体在垂直于 y 轴的表面上产生的电荷密度为

$$\sigma_2=d_{25}T_5+d_{26}T_6=-d_{14}T_5-2d_{11}T_6 \tag{3.5.13}$$

即在垂直于 y 轴的晶面上，只有切应力 T_5,T_6 的作用才产生电荷，且有

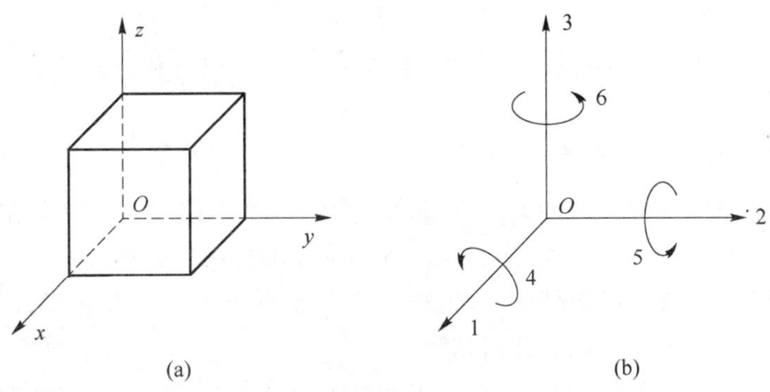

图 3.5.6　石英晶体的剪切应力作用

$$d_{25}=-d_{14} \tag{3.5.14}$$

$$d_{26}=-2d_{11} \tag{3.5.15}$$

(3) 在垂直于 z 轴的表面上产生的电荷密度的计算

石英晶体在垂直于 z 轴的表面上产生的电荷密度为

$$\sigma_3=0 \tag{3.5.16}$$

即在垂直于 z 轴的晶体表面上没有压电效应。

(4) 石英晶体的综合压电效应

综合式(3.5.12)～式(3.5.16)可以得到石英晶体的正压电效应，即

$$\begin{bmatrix}\sigma_1\\ \sigma_2\\ \sigma_3\end{bmatrix}=\begin{bmatrix}d_{11} & -d_{11} & 0 & d_{14} & 0 & 0\\ 0 & 0 & 0 & 0 & -d_{14} & -2d_{11}\\ 0 & 0 & 0 & 0 & 0 & 0\end{bmatrix}\begin{bmatrix}T_1\\ T_2\\ T_3\\ T_4\\ T_5\\ T_6\end{bmatrix} \tag{3.5.17}$$

石英晶体只有两个独立的压电常数，即

$$d_{11}=\pm 2.31\times 10^{-12}\ \text{C/N}$$

$$d_{14}=\pm 0.73\times 10^{-12}\ \text{C/N}$$

根据有关标准规定：右旋石英晶体的 d_{11}，d_{14} 取负号，左旋石英晶体的 d_{11}，d_{14} 取正号。

基于上述分析，对于石英晶体来说：选择恰当的石英晶片的形状(又称晶片的切型)、受力状态和变形方式很重要，它们直接影响着石英晶体元件机电能量转换的效率。

(5) 石英晶体应用中的基本变形方式

通过上述分析可知：石英晶体压电元件承受机械应力作用时，有四种基本变形方式可将机械能转换为电能，即

厚度变形：通过 d_{11} 产生 x 方向的纵向压电效应。

长度变形：通过 $d_{12}(d_{11})$ 产生 y 方向的横向压电效应。

面剪切变形：晶体受剪切力的面与产生电荷的面相同。例如：对于 x 切晶片，当在垂直于 x 轴的面(xz 面)上作用有剪切应力时，通过 d_{14} 在该表面上将产生电荷；对于 y 切晶片，通过 $d_{12}(-d_{14})$ 可在垂直于 y 轴的面(zx 平面)上产生剪切式能量转换。

厚度剪切变形：晶体受剪切力的面与产生电荷的面不共面。例如：对于 y 切晶片，当在垂直于 z 轴的面（xy 平面）上作用剪切应力时，通过 $d_{26}(-2d_{11})$ 可在垂直于 y 轴的面（zx 平面）上产生电荷。

3. 石英晶体几何切型的分类

石英晶体是各向异性材料，在 $Oxyz$ 直角坐标系中，沿不同方位进行切割，可以得到不同的几何切型。它主要分为两大切族：X 切族和 Y 切族，如图 3.5.7 所示。

X 切族是以厚度方向平行于晶体 x 轴、长度方向平行于 y 轴以及宽度方向平行于 z 轴这一原始位置旋转出来的各种不同的几何切型。

Y 切族是以厚度方向平行于晶体 y 轴、长度方向平行于 x 轴以及宽度方向平行于 z 轴这一原始位置旋转出来的各种不同的几何切型。

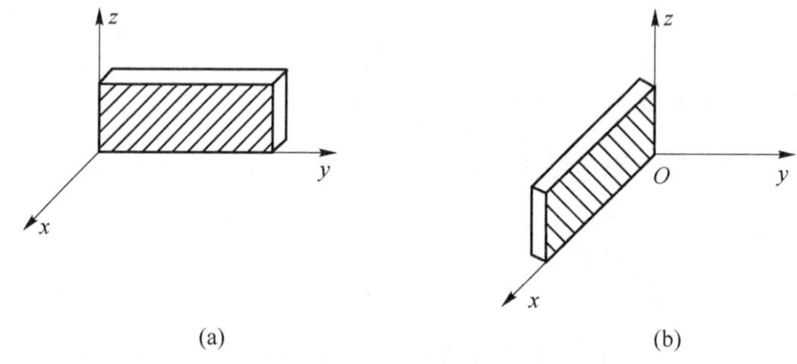

图 3.5.7 石英晶体的切族

4. 石英晶体的性能

石英晶体是一种性能优良的压电晶体。它不需要人工极化处理，没有热释电效应，介电常数和压电常数的温度稳定性非常好。在 20～200 ℃范围内，温度每升高 1 ℃，压电常数仅减少 0.016%；温度上升到 400 ℃时，压电常数 d_{11} 也仅减小 5%；当温度上升到 500 ℃时，d_{11} 急剧下降；当温度达到 573 ℃时，石英晶体失去压电特性，这时的温度称为居里温度点。

石英晶体的压电特性非常稳定，但比较弱；它的温度特性和长期稳定性非常好。此外，石英晶体材料的固有频率高，动态响应好，机械强度高，绝缘性能好，迟滞小，重复性好。

5. 石英压电谐振器的热敏感性

通常把压电谐振器的谐振频率与温度的关系称为热敏感性。石英压电谐振器的热敏感性习惯上用热灵敏系数 C_t 作定量评价。热灵敏系数 C_t 在数量上等于某一确定温度（一般取为 $t_0=25$ ℃）下频率对温度的导数，即

$$C_t=\left.\frac{\partial f}{\partial t}\right|_{t=t_0} \tag{3.5.18}$$

在考虑各种不同工作频率谐振器的热敏感性时，可采用式(3.5.19)定义的频率温度系数进行比较，即

$$T_f=\frac{C_t}{f}=\left.\frac{1}{f}\frac{\partial f}{\partial t}\right|_{t=t_0} \tag{3.5.19}$$

谐振器的频率与温度关系称为温度－频率特性。实验表明：石英谐振器的温度－频率特性是一条直线或二次或三次抛物线。在－200～200 ℃温度范围内，温度－频率特性可表示为

$$f(t)=f_0\left[1+\sum_{n=1}^{3}\frac{1}{n!f_0}\frac{\partial^n f}{\partial t^n}\bigg|_{t=t_0}(t-t_0)^n\right] \tag{3.5.20}$$

式中：f_0——温度为 t_0 时的谐振频率(Hz)。

式(3.5.20)具有足够的实用精度。

系数$\frac{1}{n!\ f_0}\frac{\partial^n f}{\partial t^n}\bigg|_{t=t_0}\overset{\text{def}}{=\!=\!=}T_f^{(n)}$ 称为 n 阶频率温度系数。前三阶频率温度系数分别为

$$T_f^{(1)}=\frac{1}{f_0}\frac{\partial f}{\partial t}\bigg|_{t=t_0} \tag{3.5.21}$$

$$T_f^{(2)}=\frac{1}{2f_0}\frac{\partial^2 f}{\partial t^2}\bigg|_{t=t_0} \tag{3.5.22}$$

$$T_f^{(3)}=\frac{1}{6f_0}\frac{\partial^3 f}{\partial t^3}\bigg|_{t=t_0} \tag{3.5.23}$$

结合式(3.5.21)～式(3.5.23)，式(3.5.20)可以表述为

$$f(t)=f_0\left[1+\sum_{n=1}^{3}T_f^{(n)}(t-t_0)^n\right]=f_0[1+T_f^{(1)}(t-t_0)+T_f^{(2)}(t-t_0)^2+T_f^{(3)}(t-t_0)^3] \tag{3.5.24}$$

由于石英晶体材料各向异性，故其温度系数与压电元件的取向以及采用的振动模态密切相关。对于非敏感温度的压电石英元件，应当选择适当的切型和工作模式，以降低其频率温度系数；而对于敏感温度的压电石英传感器而言，却要选择恰当的频率温度系数。

3.5.2　压电陶瓷

1. 压电陶瓷的压电机理

压电陶瓷是人工合成的多晶压电材料，它由无数细微的电畴组成。这些电畴实际上是自发极化的小区域。自发极化的方向完全是任意排列的，如图 3.5.8(a)所示。在无外电场作用时，从整体上看，这些电畴的极化效应被相互抵消了，使原始的压电陶瓷呈电中性，不具有压电性质。

为了使压电陶瓷具有压电效应，必须进行极化处理。所谓极化处理，就是在一定温度下对压电陶瓷施加强电场(例如 20～30 kV/cm 的直流电场)，经过 2～3 h 以后，压电陶瓷就具备了压电性能。这是因为陶瓷内部的电畴的极化方向在外电场作用下都趋向于电场的方向，如图 3.5.8(b)所示。这个方向就是压电陶瓷的极化方向。

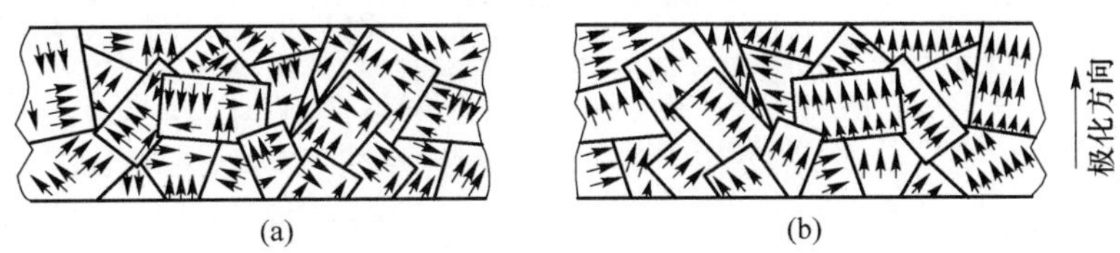

图 3.5.8　压电陶瓷的电畴示意图

经过极化处理的压电陶瓷，在外电场去掉后，其内部仍存在着很强的剩余极化强度。当压电陶瓷受到外力作用时，电畴的界限发生移动，因此剩余极化强度将发生变化，压电陶瓷就呈现出压电效应。

2. 压电陶瓷的压电常数

压电陶瓷的极化方向通常取 z 轴方向，垂直于 z 轴的平面上的任何直线都可以取作 x 轴或 y 轴。对于 x 轴和 y 轴，其压电特性是等效的。压电常数 d_{ij} 的两个下标中的 1,2 可以互换，4,5 可以互换。根据实验研究，压电陶瓷通常有三个独立的压电常数，即 d_{33}，d_{31}，d_{15}。例如，钛酸钡压电陶瓷的压电常数矩阵为

$$\left\{\begin{array}{l}\boldsymbol{D}_P=\begin{bmatrix}0 & 0 & 0 & 0 & d_{15} & 0\\ 0 & 0 & 0 & -d_{15} & 0 & 0\\ d_{31} & d_{31} & d_{33} & 0 & 0 & 0\end{bmatrix}\\ d_{33}=190\times10^{-12}\ \mathrm{C/N}\\ d_{31}=-0.41d_{33}=-78\times10^{-12}\ \mathrm{C/N}\\ d_{15}=250\times10^{-12}\ \mathrm{C/N}\end{array}\right. \tag{3.5.25}$$

由式(3.5.25)可知：钛酸钡压电陶瓷除了可以利用厚度变形、长度变形和剪切变形获得压电效应外，还可以利用体积变形获得压电效应。

3. 常用压电陶瓷

(1) 钛酸钡压电陶瓷

钛酸钡压电常数 d_{33} 是石英晶体压电常数 d_{11} 的几十倍，介电常数和体电阻率也都比较高；但温度稳定性、长期稳定性以及机械强度都不如石英晶体，而且工作温度比较低，居里温度点为 115 ℃，最高使用温度只有 80 ℃左右。

(2) 锆钛酸铅压电陶瓷

锆钛酸铅压电陶瓷(PZT)是由锆酸铅和钛酸铅组成的固溶体。它具有很高的介电常数，各项机电参数随温度和时间等外界因素的变化较小。

根据不同的用途对压电性能提出的不同要求，在锆钛酸铅材料中再添加一种或两种微量的其他元素，如铌(Nb)、锑(Sb)、锡(Sn)、锰(Mn)、钨(W)等，可以获得不同性能的 PZT 压电陶瓷，参见表 3.5.1(表中同时列出了石英晶体材料有关性能参数)。PZT 的居里温度点比钛酸钡要高，其最高使用温度可达 250 ℃左右。由于 PZT 的压电性能和温度稳定性均优于钛酸钡压电陶瓷，故它是目前应用最普遍的一种压电陶瓷材料。

表 3.5.1 常用压电材料的性能参数

参数	石英	钛酸钡	锆钛酸铅 PZT-4	锆钛酸铅 PZT-5	锆钛酸铅 PZT-8
压电常数 PC/N	$d_{11}=2.31$ $d_{14}=0.73$	$d_{33}=190$ $d_{31}=-78$ $d_{15}=250$	$d_{33}=200$ $d_{31}=-100$ $d_{15}=410$	$d_{33}=415$ $d_{31}=-185$ $d_{15}=670$	$d_{33}=200$ $d_{31}=-90$ $d_{15}==410$
相对介电常数 ε_r	4.5	1 200	1 050	2 100	1 000
居里温度点/℃	573	115	310	260	300
最高使用温度/℃	550	80	250	250	250
10^{-3}密度/(kg·m^{-3})	2.65	5.5	7.45	7.5	7.45

续表 3.5.1

参数	石英	钛酸钡	锆钛酸铅 PZT-4	锆钛酸铅 PZT-5	锆钛酸铅 PZT-8
10^{-9}弹性模量/Pa	80	110	83.3	117	123
机械品质因数	10^5～10^6		≥500	80	≥800
10^{-6}最大安全应力/Pa	95～100	81	76	76	83
体积电阻率/(Ω·m)	≥10^{12}	≥10^{10} *	>10^{10}	10^{11} *	
最高允许相对湿度/%	100	100	100	100	

* 在环境温度 25 ℃的情况下测得。

3.5.3 聚偏二氟乙烯

聚偏二氟乙烯(PVF2)是一种高分子半晶态聚合物。根据使用要求,可将 PVF2 原材料制成薄膜、厚膜和管状等。

PVF2 压电薄膜具有较高的电压灵敏度,比 PZT 大 17 倍。它的动态品质非常好,在 10^{-5} Hz～500 MHz频率范围内具有平坦的响应特性,特别适合利用正压电效应输出电信号。此外,它还具有机械强度高、柔软、不脆、耐冲击、易于加工成大面积元件和阵列元件以及价格便宜等优点。

PVF2 压电薄膜在拉伸方向的压电常数最大($d_{31}=20\times10^{-12}$ C/N),而垂直于拉伸方向的压电常数 d_{32}最小($d_{32}\approx0.2d_{31}$)。因此在测量小于 1 MHz 的动态量时,大多利用 PVF2 压电薄膜受拉伸或弯曲产生的横向压电效应。

PVF2 压电薄膜最早应用于电声器件中,近来在超声和水声探测方面的应用发展很快。它的声阻抗与水的声阻抗非常接近,两者具有良好的声学匹配关系。PVF2 压电薄膜在水中是一种透明的材料,可以用超声回波法直接检测信号;在测量加速度和动态压力方面也有所应用。

3.5.4 压电换能元件的等效电路

当压电换能元件受到外力作用时,会在压电元件一定方向的两个表面(电极面)上产生电荷:在一个表面上聚集正电荷,在另一个表面上聚集负电荷。因此可以把用作正压电效应的压电换能元件看作一个电荷发生器。显然,当压电元件的两个表面聚集电荷时,相当于一个电容器,其电容量为

$$C_a=\frac{\varepsilon S}{\delta}=\frac{\varepsilon_r\varepsilon_0 S}{\delta} \tag{3.5.26}$$

式中:C_a——压电元件的电容量(F);

S——压电元件电极面的面积(m^2);

δ——压电元件的厚度(m);

ε——极板间的介电常数(F/m);

ε_0——真空中的介电常数(F/m);

ε_r——极板间的相对介电常数,$\varepsilon_r=\varepsilon/\varepsilon_0$。

图 3.5.9(a)所示为考虑直流漏电阻(又称体电阻)时的等效电路,正常使用时 R_A 很大,可

以忽略。因此可以把压电换能元件理想地等效于一个电荷源与一个电容并联的电荷等效电路，如图 3.5.9(b)所示。

由于电容上的开路电压 u_a、电荷量 q 与电容 C_a 三者之间存在以下关系，即

$$u_a=\frac{q}{C_a} \tag{3.5.27}$$

所以压电换能元件又可以等效为一个电压源和一个串联电容表示的电压等效电路，如图 3.5.9(c)所示。

特别指出：从机理上说，压电换能元件受到外界作用后直接转换出的是电荷量，而非电压量，这一点在实用时必须注意。

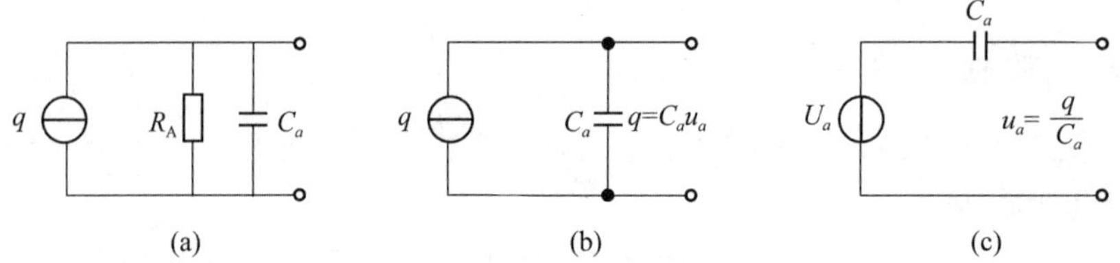

图 3.5.9　压电换能元件的等效电路

3.6　谐振式传感器

以敏感元件处于谐振状态而实现测量的传感器称为谐振式传感器(resonator transducer/sensor)。谐振式传感器自身为周期信号输出(准数字信号)，只用简单的数字电路(不是 A/D 或 V/F)即可转换为易与微处理器接口的数字信号；同时，由于谐振敏感元件的重复性、分辨力和稳定性等非常优良，因此谐振式传感器自然成为当今人们研究的重点。

3.6.1　谐振状态及其评估

1. 谐振现象

谐振式传感器是通过谐振式敏感元件(谐振子)的振动特性受被测参量的影响规律来工作的。工作时，谐振子可以等效为一个单自由度系统(见图 3.6.1(a))。其动力学方程为

$$m\ddot{x}+c\dot{x}+kx-F(t)=0 \tag{3.6.1}$$

式中：m——振动系统的等效质量(kg)；

c——振动系统的等效阻尼系数(N・s/m)；

k——振动系统的等效刚度(N/m)；

$F(t)$——外激励力(N)；

$m\ddot{x}$，$c\dot{x}$ 和 kx 分别反映了振动系统的惯性力、阻尼力和弹性力，它们的方向见图 3.6.1(b)。

根据谐振状态应具有的特性，当上述振动系统处于谐振状态时，外激励力应当与系统的阻尼力平衡；惯性力应当与弹性力平衡，系统以其固有频率振动，即

$$\begin{cases} c\dot{x}-F(t)=0 \\ m\ddot{x}+kx=0 \end{cases} \tag{3.6.2}$$

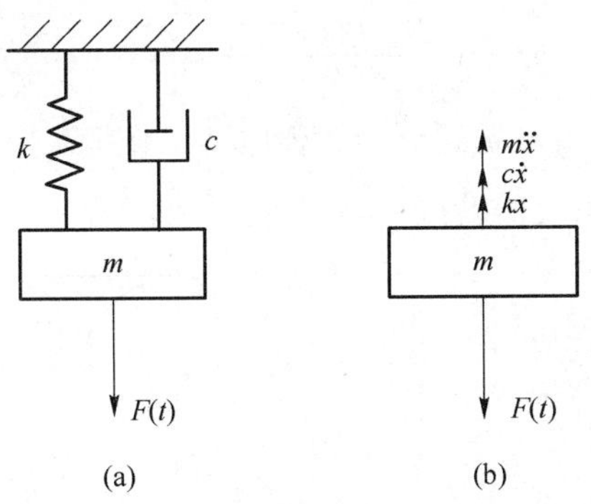

图 3.6.1　单自由度振动系统

这时振动系统的外力超前位移矢量$\frac{\pi}{2}$(90°)，与速度矢量同相位。弹性力与惯性力之和为零。系统的固有角频率(rad/s)为

$$\omega_n=\sqrt{\frac{k}{m}} \tag{3.6.3}$$

这是一个理想的情况，在实用中很难实现，原因是实际振动系统的阻尼力很难确定。因此，可以从系统的频谱特性来认识谐振现象。

当式(3.6.1)中的外力 $F(t)$是周期信号时，即

$$F(t)=F_m\sin\omega t \tag{3.6.4}$$

则系统的归一化幅值响应和相位响应分别为

$$A(\omega)=\frac{1}{\sqrt{\left(1-\left(\frac{\omega}{\omega_n}\right)^2\right)^2+\left(2\zeta_n\frac{\omega}{\omega_n}\right)^2}} \tag{3.6.5}$$

$$(\omega)=\begin{cases}-\arctan\dfrac{2\zeta_n\dfrac{\omega}{\omega_n}}{1-\left(\dfrac{\omega}{\omega_n}\right)^2}, & \omega\leqslant\omega_n\\[2ex] -\pi+\arctan\dfrac{2\zeta_n\dfrac{\omega}{\omega_n}}{\left(\dfrac{\omega}{\omega_n}\right)^2-1}, & \omega>\omega_n\end{cases} \tag{3.6.6}$$

式中：ω_n——系统的固有角频率(rad/s)；

ζ_n——系统的阻尼比，$\zeta_n=\frac{c}{2\sqrt{km}}$，对谐振子而言，$\zeta_n\leqslant1$，为弱阻尼系统。

图 3.6.2 给出了系统的幅频特性曲线(见图 3.6.2(a))和相频特性曲线(见图 3.6.2(b))示意图。

当 $\omega=\sqrt{1-2\zeta_n^2}\omega_n$ 时，$A(\omega)$达到最大值，有

$$A_{\max}=\frac{1}{2\zeta_n\sqrt{1-\zeta_n^2}}\approx\frac{1}{2\zeta_n} \tag{3.6.7}$$

这时系统的相位为

$$\varphi(\omega)=-\arctan\frac{2\zeta_n\sqrt{1-2\zeta_n^2}}{2\zeta_n^2}\approx-\arctan\frac{1}{\zeta_n}\approx-\frac{\pi}{2} \tag{3.6.8}$$

通常，工程上将系统的幅值增益达到最大值时的工作情况定义为谐振状态，相应的激励频率($\omega_r=\omega_n\sqrt{1-2\zeta_n^2}$)定义为系统的谐振频率。

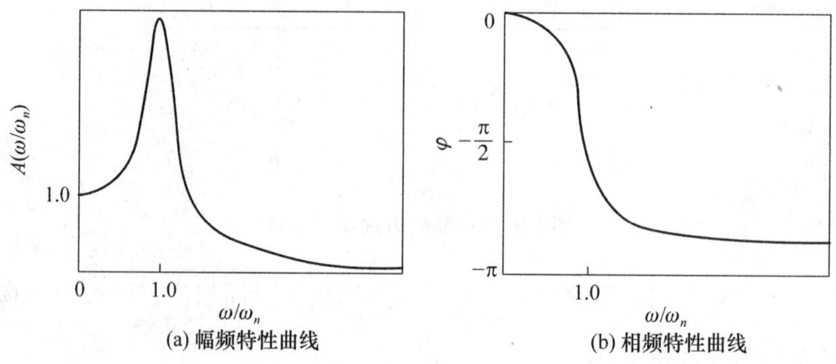

图 3.6.2　系统的幅频特性曲线和相频特性曲线

2. 谐振子的机械品质因数 Q

根据上述分析，系统的谐振频率为 $\omega_r=\omega_n\sqrt{1-2\zeta_n^2}$。由于系统的固有频率 ω_n($\omega_n=\sqrt{k/m}$)只与系统固有的质量和刚度有关，而与系统的阻尼比无关，即系统的固有频率是一个与外界阻尼等干扰因素无关的量，故具有非常高的稳定性。而实际系统的谐振频率与系统的固有频率存在着一定的差别，这个差别又与系统的阻尼比密切相关。显然，从测量的角度出发，这个差别越小越好。为了描述这个差别，或者说为了描述谐振子谐振状态的优劣程度，常利用谐振子的机械品质因数 Q 进行讨论。

谐振子是弱阻尼系统，$0<\zeta_n\leqslant 1$ 时，利用图 3.6.3 所示的谐振子的幅频特性可给出

$$Q\approx A_{\max}\approx\frac{1}{2\zeta_n}\approx\frac{\omega_r}{\omega_2-\omega_1} \tag{3.6.9}$$

显然，Q 值反映了谐振子振动中阻尼比的大小及消耗能量快慢的程度，也反映了幅频特性曲线谐振峰陡峭的程度，即谐振敏感元件选频能力的强弱。

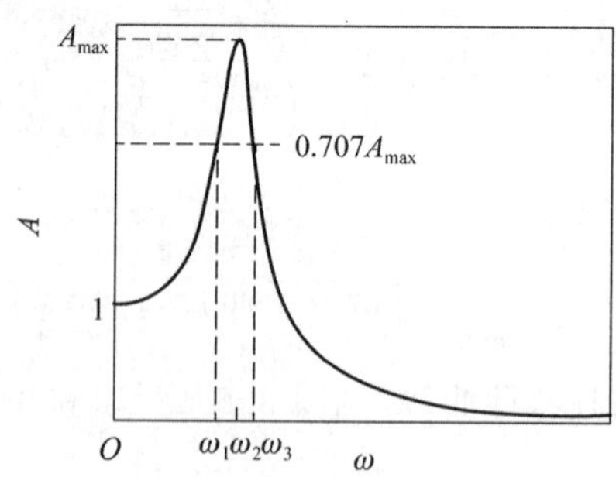

图 3.6.3　利用幅频特性获得谐振子的 Q 值

从系统振动的能量来说，Q 值越高，表明相对于给定的谐振子每周储存的能量而言，由阻尼等消耗的能量就越少，系统的储能效率就越高，系统抗外界干扰的能力就越强；从系统幅频

特性曲线来说，Q 值越高，表明谐振子的谐振频率与系统的固有频率 ω_n 越接近，系统的选频特性就越好，越容易检测到系统的谐振频率，同时系统的振动频率就越稳定，重复性就越好。总之，对于谐振式传感器来说，提高谐振子的品质因数至关重要。应采取各种措施提高谐振子的 Q 值。这是设计谐振式传感器的核心问题。

通常提高谐振子 Q 值的途径主要有下四个方面：

① 选择高 Q 值的材料，如石英晶体材料、单晶硅材料和精密合金材料等。石英晶体材料的品质因数的极限值可描述为

$$Qf=1.2\times10^{13}\,(\mathrm{Hz}) \tag{3.6.10}$$

式中：f——工作频率(Hz)。

② 采用较好的加工工艺手段，尽量减小由于加工过程引起的谐振子内部的残余应力。如对于测量压力的谐振筒敏感元件，由于其壁厚只有 0.08 mm 左右，所以通常采用旋拉工艺，但在谐振筒的内部容易形成较大的残余应力，其 Q 值大约为 3 000～5 000；而采用精密车磨的工艺，其 Q 值可达到 8 000 以上，比前者要高。

③ 注意优化设计谐振子的边界结构及封装形式，即要阻止谐振子与外界振动的耦合，有效地使谐振子的振动与外界环境隔离。为此通常采用调谐解耦的方式，并使谐振子通过其节点与外界连接。

④ 优化谐振子的工作环境，使其尽可能地不受被测介质的影响。

一般来说，实际谐振子的机械品质因数较其材料的 Q 值下降 1～2 个数量级。这表明在谐振子的加工工艺和装配中仍有许多工作要做。

3.6.2　闭环自激系统的实现

谐振式传感器绝大多数是在闭环自激状态下实现的。下面对闭环自激系统的基本结构与实现条件进行讨论。

1. 基本结构

图 3.6.4 给出了利用谐振式测量原理构成的传感器的基本结构。

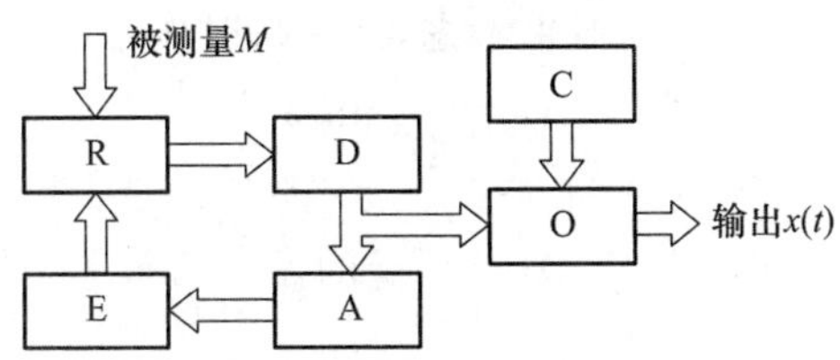

图 3.6.4　谐振式测量原理基本实现方式

R：谐振敏感元件，又称谐振子。它是谐振式传感器的核心部件，工作时以其自身固有的振动模态持续振动。谐振子的振动特性直接影响谐振式传感器的性能。谐振子有多种形式，如谐振梁、复合音叉、谐振筒、谐振膜、谐振半球壳和弹性弯管等。

D，E：分别为信号检测器（或拾振器）和激励器，是实现机－电、电－机转换的必要部件，为组成谐振式传感器的闭环自激系统提供条件。常用激励方式有：电磁效应、静电效应、逆压电效应、电热效应和光热效应等。常用的拾振手段有：磁电效应、电容效应、正压电效应和光电效应等。

A：放大器。它与激励、检测手段密不可分，用于调节信号的幅值和相位，使系统能可靠稳

定地工作于闭环自激状态。通常采用集成电路实现,或者设计专用的多功能化的集成放大器。

O:传感器检测输出装置,是实现对周期信号检测(有时也是解算被测量)的部件。它用于检测周期信号的频率(或周期)、幅值(比)或相位(差)。

C:补偿装置,主要对温度误差进行补偿,有时系统也对零位和测量环境的有关干扰进行补偿。

以上六个主要部件构成了谐振式传感器的三个重要环节。

由E,R,D组成的电-机-电谐振子环节,是谐振式传感器的核心。恰当地选择激励和拾振手段,构成一个理想的ERD,对设计谐振式传感器至关重要。

由E,R,D,A组成的闭环自激环节是构成谐振式传感器的条件。

由R,D,O(C)组成的信号检测、输出环节,是实现检测、解算被测量的手段。

2. 闭环系统的实现条件

(1) 复频域分析

复频域分析见图3.6.5,其中$R(s)$,$E(s)$,$A(s)$和$D(s)$分别为谐振子、激励器、放大器和拾振器的传递函数,s为拉氏变换变量。闭环系统的等效开环传递函数为

$$G(s)=R(s)E(s)A(s)D(s) \tag{3.6.11}$$

显然,满足以下条件时,系统将以频率ω_V产生闭环自激,即

$$|G(j\omega_V)|\geqslant 1 \tag{3.6.12}$$

$$\angle G(j\omega_V)=2n\pi, n=0,\pm l,\pm 2,\cdots \tag{3.6.13}$$

式(3.6.12)和式(3.6.13)称为系统可自激的复频域幅值和相位条件。

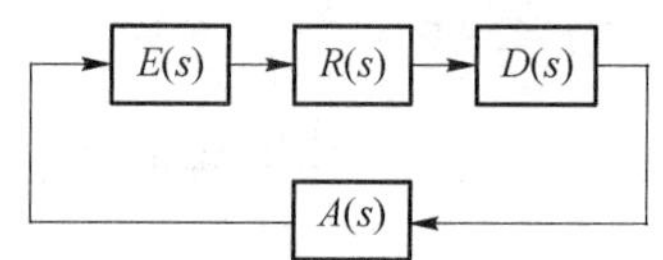

图3.6.5 闭环自激条件的复频域分析

(2) 时域分析

时域分析见图3.6.6,从信号激励器来考虑,某一瞬时作用于激励器的输入电信号为

$$u_1(t)=A_1\sin\omega_V \tag{3.6.14}$$

式中:$A_1>0$——激励电信号的幅值(V);

ω_V——激励电信号的角频率(rad/s)(谐振子的振动角频率,非常接近谐振子的固有角频率ω_n)。

$u_1(t)$经谐振子、检测器和放大器后,输出为

$$u_1^+(t)=A_2\sin(\omega_V t+\Phi_T) \tag{3.6.15}$$

式中:$A_2>0$——输出电信号$u_1^+(t)$的幅值(V)。

满足以下条件时,系统以角频率ω_V产生闭环自激,即

$$A_2\geqslant A_1 \tag{3.6.16}$$

$$\Phi_T=2n\pi,\qquad n=0,\pm l,\pm 2,\cdots \tag{3.6.17}$$

式(3.6.16)和式(3.6.17)称为系统可自激的时域幅值和相位条件。

以上考虑的是在某一频率点处的闭环自激条件。对于谐振式传感器,应在其整个工作频

率范围内均满足闭环自激条件。这就给设计闭环系统提出了特殊要求。

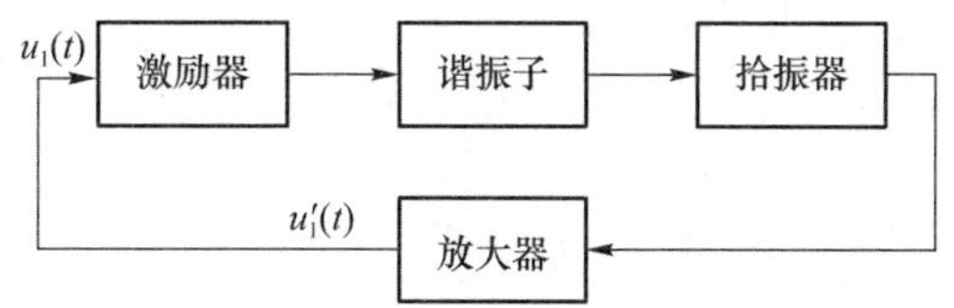

图 3.6.6　闭环自激条件的时域分析

3. 敏感机理及特点

(1) 敏感机理

基于上述分析：从检测信号的角度，谐振式传感器的输出可以写为

$$x(t)=Af(\omega t+\phi) \tag{3.6.18}$$

式中：A——检测信号的幅值(V)；

ω——检测信号的角频率(rad/s)；

ϕ——检测信号的相位(°)。

$f(\cdot)$为归一化周期函数。当$(n+1)T\geqslant t\geqslant nT$ 时，$|f(\cdot)|_{\max}=1$；$T=2\pi/\omega$，为周期；A，ω，ϕ 称为传感器检测信号 $x(t)$的特性参数；ϕ 具有 2π(360°)同余特性。

显然，只要被测量能较显著地改变检测信号 $x(t)$的某一特征参数，谐振式传感器就能通过检测上述特征参数来实现对被测量的检测。

在谐振式传感器中，目前应用最多的是检测角频率 ω，如谐振筒压力传感器、谐振膜压力传感器等。

对于敏感幅值 A 或相位 ϕ 的谐振式传感器，为提高测量精度，通常采用相对(参数)测量，即通过测量幅值比或相位差来实现，如谐振式质量流量传感器。

(2) 谐振式传感器的特点

综上所述，相对其他类型的传感器，谐振式传感器的本质特征与独特优势如下：

① 输出信号是周期性的，被测量能够通过检测周期信号而解算出来。这一特征决定了谐振式传感器便于与计算机连接，便于远距离传输。

② 谐振传感器是一个闭环自激系统。这一特征决定了该类传感器的输出自动跟踪输入。

③ 谐振式传感器的敏感元件处于谐振状态，即利用谐振子固有的谐振特性进行测量，决定其具有高的灵敏度和分辨率。

④ 相对于谐振子的振动能量，系统的功耗是极小量。这一特征决定了该类传感器的抗干扰性强，稳定性好。

3.7　光电式传感器

光电式传感器不仅完成光与电能量间的转换，而且更为重要的是完成光信息与电信息的变换。光电式传感器涉及的基础知识较宽，需要掌握光与电两方面的基本理论与基本参数。光电传感器技术的理论基础是光的波粒二象性。几何光学研究了光的折射与反射规律，得到了许多关于光学成像和像差的理论。物理光学依据光的波动性成功地解释了光的干涉、衍射等现象，为光谱分析仪器、全息摄影技术奠定了理论基础。它们从两个方面描述了光的本质，光是以一定频率振动的物质，它既具有波动性，又具有物质性，其本质是粒子，称为光量子或光子。光子具有动量与能量，并分别表示为

$$p=\frac{h\nu}{c} \quad 与 \quad E=h\nu \tag{3.7.1}$$

式中：h——普朗克常数，$h=6.626\times10^{-34}$ J·s；

ν——光的振动频率（s^{-1}）；

c——光在真空中的传播速度，$c=3\times10^{8}$ m/s。

光是以电磁波方式传播的物质。电磁波谱的频率范围很宽，涵盖了宇宙射线到无线电波（$10^{6}\sim10^{25}$ Hz）的宽阔频域。图 3.7.1 所示为电磁波谱的分布。由图可见，光辐射仅仅是电磁波谱中的一小部分，它的波长区域包括从纳米到毫米（$10^{-9}\sim10^{-3}$ m）的范围。在这个范围内，只有 0.38～0.78 μm 的光才能被人眼所见，而人们希望光电传感器所感知的范围要远远大于人眼能见的波长范围，要求从 X 射线到红外、远红外、THz（10^{12} Hz）波与毫米波的范围，而且要求能够观测到人所无法到达的场所（如特别危险和特别遥远的地方）。

波长/m	10^{-14}	10^{-13}	10^{-12}	10^{-11}	10^{-10}	10^{-9}	10^{-8}	10^{-7}	10^{-6}	10^{-5}	10^{-4}	10^{-3}	10^{-2}	10^{-1}	10^{0}	10^{1}	10^{2}
电磁名称	宇宙射线		γ射线		X射线		紫外辐射		可见光谱	红外辐射	THz波(10^{12}) 毫米波	厘米波	无线电波				

图 3.7.1　电磁波谱的分布

3.7.1　半导体对光的吸收

半导体对光的吸收可分为本征吸收、杂质吸收、激子吸收、自由载流子吸收和晶格吸收。

1. 本征吸收

在不考虑热激发和杂质的作用时，四价半导体元素中做共有化运动的电子被认为基本上处于价带中，导带中的电子很少。当光入射到半导体表面时，原子外层的价电子吸收足够的光子能量，使其摆脱原子核对它的束缚，跨越过禁带进入外层能带（导带）中，成为可以自由运动的自由电子。同时，在价带中留下一个能够自由运动的空穴，即产生电子-空穴对。如图 3.7.2 所示，半导体价带电子吸收光子能量跃迁入导带产生电子-空穴对的现象称为本征吸收。

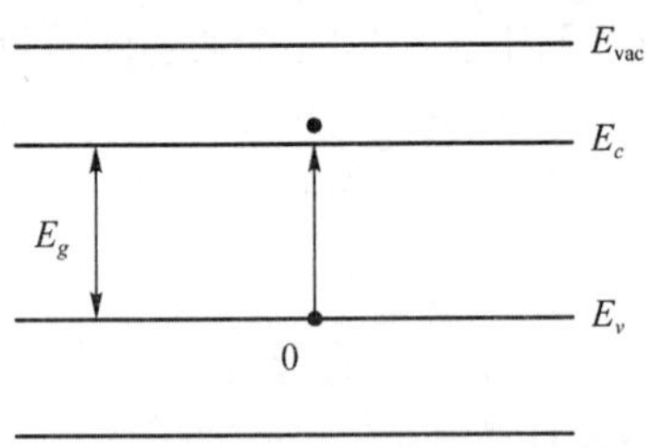

图 3.7.2　本征吸收

显然，发生本征吸收的条件是光子能量必须大于半导体的禁带宽度 E_g，才能使价带 E_v 上的电子吸收足够的能量跃入导带底能级 E_c 之上，即

$$h\nu=E_g \tag{3.7.2}$$

由此可以得到发生本征吸收的长波限

$$\lambda_L \leqslant \frac{hc}{E_g} = \frac{1.24}{E_g} \tag{3.7.3}$$

只有波长短于 $1.24/E_g$（μm）的入射辐射才能使半导体产生本征吸收，改变它的导电特性。

2. 杂质吸收

在低温环境下的 N 型半导体中，未电离的杂质原子（施主原子）吸收光子能量 hν。若 hν 大于等于施主电离能 ΔE_D，则杂质原子的外层电子将克服杂质能级（施主能级）的束缚而跃入导带成为自由电子。

同样，P 型半导体中，价带上的电子吸收了大于 ΔE_A（受主电离能）的光子能量 hν 后，价电子摆脱受主电离能的束缚跃入受主能级，结果价带上出现空穴，相当于受主能级上的空穴吸收光子能量跃入价带。

这两种杂质半导体吸收足够的光子能量产生电离的过程称为杂质吸收。

显然，杂质吸收的长波限

$$\lambda_L \leqslant = \frac{1.24}{\Delta E_D} \tag{3.7.4}$$

或

$$\lambda_L \leqslant = \frac{1.24}{\Delta E_A} \tag{3.7.5}$$

杂质吸收的长波长总要长于本征吸收的长波长。杂质吸收也会改变半导体的导电特性，引起光电效应。

3. 激子吸收

当入射到本征半导体上的光子能量 hν 小于 E_g，或入射到杂质半导体上的光子能量 hν 小于杂质电离能（ΔE_D 或 ΔE_A）时，电子不会产生能带间的跃迁成为自由载流子，仍受原来束缚电荷的约束处于受激状态，这种处于受激状态的电了称为激子。吸收光子能量后，产生激子的现象称为激子吸收。显然，激子吸收不会改变半导体的导电特性。

4. 自由载流子吸收

对于一般半导体材料而言，入射光子的频率不够高（或波长较长）时，不足以引起电子产生能带间的跃迁或形成激子时，仍然存在着吸收，而且其强度随入射波长的缩短而增加。这是自由载流子在同一能带内的能级间的跃迁所引起的，称为自由载流子吸收。自由载流子吸收不会改变半导体的导电特性。

5. 晶格吸收

晶格原子对远红外谱区的光子能量也具有吸收效应，它直接转变为晶格振动的加剧，振动动能的增加，在宏观上表现为物体温度升高，引起物质的热敏效应。

以上 5 种吸收中，只有本征吸收和杂质吸收能够直接产生非平衡载流子，引起光电效应。其他吸收都不同程度地把辐射能转换为热能，使器件温度升高，增加热激发载流子运动速度，而不会改变半导体的导电特性。

3.7.2　光电效应

光与物质作用产生的光电效应分为内光电效应与外光电效应两类。内光电效应是被光激发所产生的载流子(自由电子或空穴)仍在物质内部运动,使物质的电导率发生变化或产生光生伏特的现象。而被光激发产生的电子逸出物质表面形成真空中电子的现象称为外光电效应。本节主要讨论内光电效应与外光电效应的基本原理。内光电效应是半导体图像传感器的核心技术,外光电效应是真空摄像管、变相管和像增强器的核心技术,也可以说光电效应是图像传感器的基础。

1. 内光电效应

(1) 光电导效应

光电导效应常分为本征光电导效应与杂质光电导效应两种,本征半导体或杂质半导体价带中的电子吸收光子能量跃入导带产生本征吸收,导带中产生光生自由电子,价带中产生光生自由空穴。光生电子与空穴使半导体的电导率发生变化,这种在光作用下由本征吸收引起的半导体电导率变化的现象称为本征光电导效应。

如果辐通量为 $\Phi_{e,\lambda}$ 的单色辐射入射到图 3.7.3 所示的半导体上时,波长 λ 的单色辐射全部被吸收,则光敏层单位时间(s)所吸收的量子数密度 $N_{e,\lambda}$ 应为

$$N_{e,\lambda}=\frac{\Phi_{e,\lambda}}{\mathrm{h}\nu bdl} \tag{3.7.6}$$

光敏层每秒产生的电子数密度 G_e 为

$$G_e=\eta N_{e,\lambda} \tag{3.7.7}$$

式中:η——半导体材料的量子效率。

在热平衡状态下,半导体的热电子产生率 G_t 与热电子复合率 r_t 相平衡。因此,光敏层内电子总产生率应为热电子产生率 G_t 与光电子产生率 G_e 之和,即

$$G_e+G_t=\eta N_{e,\lambda}+r_t \tag{3.7.8}$$

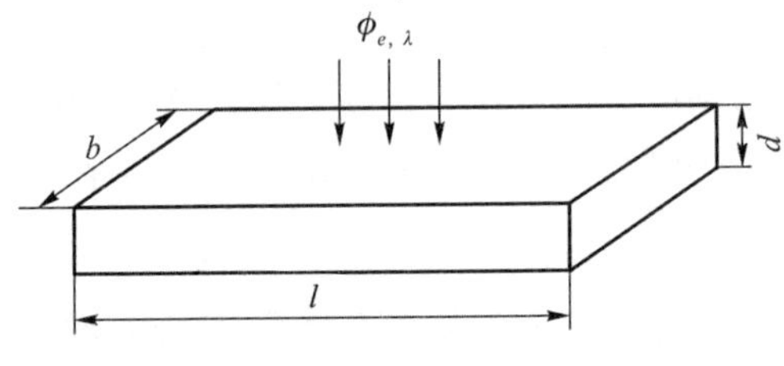

图 3.7.3 光电导体

在光敏层内除产生电子与空穴外,还有电子与空穴的复合。导带中的电子与价带中的空穴的总复合率 R 应为

$$R=K_f(\Delta n+n_i)(\Delta p+p_i) \tag{3.7.9}$$

式中:K_f——载流子的复合几率;

Δn——导带中的光生电子浓度;

Δp——导带中的光生空穴浓度;

n_i 与 p_i 分别为热激发电子与空穴的浓度。

同样,热电子复合率 r_t 与导带内热电子浓度 n_i 及价带内空穴浓度 p_i 的乘积成正比,即

$$r_t=K_f n_i p_i \tag{3.7.10}$$

热平衡状态载流子的产生率应与复合率相等,即

$$\eta N_{e,\lambda}+K_f n_i p_i=K_f(\Delta n+n_i)(\Delta p+p_i) \tag{3.7.11}$$

在非平衡状态下，载流子的时间变化率应等于载流子的总产生率与总复合率的差，即

$$\frac{\mathrm{d}\Delta n}{\mathrm{d}t}=\eta N_{e,\lambda}+K_f n_i p_i-K_f(\Delta n+n_i)(\Delta p+p_i)=$$

$$\eta N_{e,\lambda}-K_f(\Delta n\Delta p+\Delta p n_i+\Delta n p_i) \tag{3.7.12}$$

下面分为两种情况讨论：

① 在微弱辐射作用下，光生载流子浓度 Δn 远小于热激发电子浓度 n_i，光生空穴浓度 Δp 远小于热激发空穴的浓度 p_i，并考虑本征吸收的特点，$\Delta n=\Delta p$，式(3.7.12)可简化为

$$\frac{\mathrm{d}\Delta n}{\mathrm{d}t}=\eta N_{e,\lambda}-K_f\Delta n(n_i+p_i)$$

利用初始条件 $t=0$ 时，$\Delta n=0$，解微分方程得

$$\Delta n=\eta\tau N_{e,\lambda}(1-\mathrm{e}^{-t/\tau}) \tag{3.7.13}$$

式中：τ——载流子的平均寿命，$\tau=\dfrac{1}{K_f\ (n_i+p_i)}$。

由式(3.7.13)可见，光激发载流子浓度随时间按指数规律上升，当 $t\gg\tau$ 时，载流子浓度 Δn 达到稳态值 Δn_0，即达到动态平衡状态：

$$\Delta n_0=\eta\tau N_{e,\lambda} \tag{3.7.14}$$

光激发载流子引起半导体电导率的变化，即

$$\Delta\sigma=\Delta nq\mu=\eta\tau q\mu N_{e,\lambda} \tag{3.7.15}$$

式中：μ——电子迁移率μ_n 与空穴迁移率μ_p 之和。

半导体材料的光电导 g 为

$$g=\Delta\sigma\frac{bd}{l}=\frac{\eta\tau q\mu bd}{l}N_{e,\lambda} \tag{3.7.16}$$

将式(3.7.15)代入式(3.7.16)得到

$$g=\frac{\eta q\tau\mu}{\mathrm{h}\nu l^2}\Phi_{e,\lambda} \tag{3.7.17}$$

由式(3.7.17)可以看出，在弱辐射作用下半导体材料的电导与入辐通量$\Phi_{e,\lambda}$呈线性关系。

② 在强辐射的作用下，$\Delta n\gg n_i$，式(3.7.12)可简化为

$$\frac{\mathrm{d}\Delta n}{\mathrm{d}t}=\eta N_{e,\lambda}-K_f\Delta n^2$$

利用初始条件 $t=0$ 时，$\Delta n=0$，解微分方程得

$$\Delta n=\left(\frac{\eta N_{e,\lambda}}{K_f}\right)^2\mathrm{th}\,\frac{t}{\tau} \tag{3.7.18}$$

式中：τ——强辐射作用下载流子的平均寿命，$\tau=\dfrac{1}{\sqrt{\eta K_f N_{e,\lambda}}}$。

显然，可以找到强辐射情况下，半导体材料的光电导与入射辐通量间为抛物线关系，即

$$g=q\mu\left(\frac{\eta bd}{\mathrm{h}\nu K_f l^3}\right)^{\frac{1}{2}}\Phi_{e,\lambda}^{\frac{1}{2}} \tag{3.7.19}$$

综上所述，半导体的光电导效应与入射辐通量的关系为，在弱辐射作用下是线性的，随着辐射的增强，线性关系变坏，当辐射很强时变为抛物线关系。

(2) 光生伏特效应

光生伏特效应是基于半导体 PN 结基础上的一种将光能转换成电能的效应。当入射辐射作用在半导体 PN 结上产生本征吸收时，价带中的光生空穴与导带中的光生电子在 PN 结内建电场的作用下分开并分别向图 3.7.4 所示的方向运动，形成光生伏特电压或光生电流的现象。

半导体 PN 结的能带结构如图 3.7.5 所示，当 P 型半导体与 N 型半导体形成 PN 结时，P 区和 N 区的多数载流子要进行相对扩散运动，以便平衡它们的费米能级差。扩散运动平衡时，它们具有如图 3.7.5 所示的同一费米能级 E_f，并在结区形成由正、负离子组成的空间电荷区或耗尽区。空间电荷形成图 3.7.4 所示的内建电场，内建电场的方向由 N 区指向 P 区。当入射辐射作用于 PN 结区时，本征吸收产生的光生电子与空穴将在内建电场力的作用下做漂移运动，电子被内建电场拉到 N 区，而空穴被拉到 P 区。结果 P 区带正电，N 区带负电，形成伏特电压。

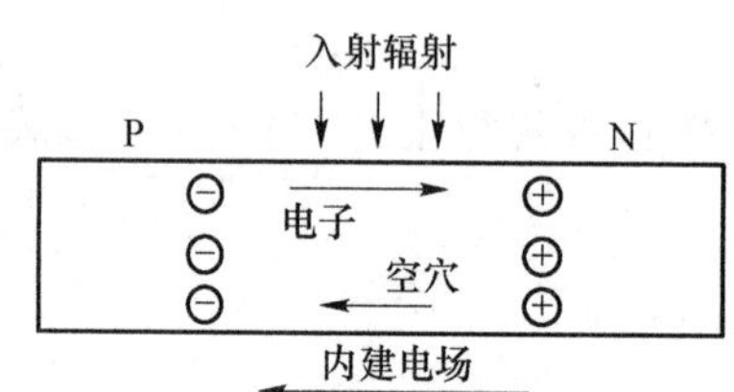

图 3.7.4 半导体 PN 结示意图

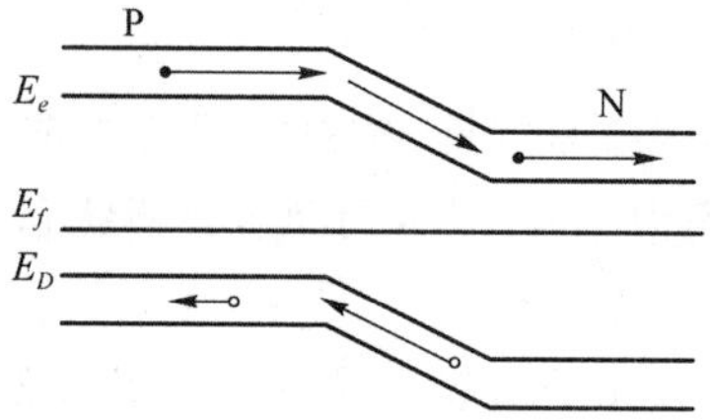

图 3.7.5 半导体 PN 结的能带结构

当设定内建电场的方向为电压与电流的正方向时，将 PN 结两端接入适当的负载电阻 R_L，若入射辐通量为 $\Phi_{e,\lambda}$ 的辐射作用于 PN 结器件上，则有电流 I 流过负载电阻，并在负载电阻 R_L 的两端产生压降 U，流过负载电阻的电流应为

$$I=I_\Phi-I_D(e^{\frac{qU}{kT}}-1) \tag{3.7.20}$$

式中：I_Φ——光生电流，$I_\Phi=\frac{\eta q}{h\nu}(1-e^{-\alpha d})\Phi_{e,\lambda}$；

I_D——暗电流。

当然，从式(3.7.20)也可以获得 I_Φ 的另一种定义，当 $U=0$(PN 结短路)时的输出电流 I_{SC} 即短路电流，并有

$$I_{SC}=I_\Phi=\frac{\eta q}{h\nu}(1-e^{-\alpha d})\Phi_{e,\lambda} \tag{3.7.21}$$

同样，当 $I=0$ 时(PN 结开路)，PN 结两端的开路电压 U_{oc} 为

$$U_{oc}=\frac{KT}{q}\ln\left(\frac{I_\Phi}{I_D}+1\right) \tag{3.7.22}$$

在光电传感器中常用具有光生伏特效应的光敏二极管作为像敏单元，此时的光敏二极管常采用反向偏置，即式(3.7.20)中的电压 U 为负值，且满足 $|U|\gg\frac{q}{kT}$，在反向偏置的情况下光敏二极管的电流为

$$I=I_\Phi+I_D \tag{3.7.23}$$

作为光敏二极管的暗电流 I_D 一般要远远小于光电流 I_Φ，因此，常将其忽略。光敏二极管

的电流与入射辐射呈线性关系：

$$I=\frac{\eta q}{h\nu}(1-e^{-\alpha d})\Phi_{e,\lambda} \tag{3.7.24}$$

(3) 丹培效应

如图 3.7.6 所示，当半导体材料的一部分被遮蔽，另一部分被光均匀照射时，在曝光区产生本征吸收的情况下，将产生高密度的电子与空穴载流子，而遮蔽区的载流子浓度很低，形成浓度差。这样，由于两部分载流子浓度差很大，必然要引起载流子由受照面向遮蔽区的扩散运动，由于电子的迁移率大于空穴的迁移率，因此，在向遮蔽区进行扩散运动的过程中，电子很快进入遮蔽区，而空穴落在后面。这样，受照面积累了空穴，遮蔽区积累了电子，产生光生伏特现象。称这种由于载流子迁移率的差别产生受照面与遮光面之间的伏特现象为丹培(Dember)效应。丹培效应产生的光生电压可由式(3.7.25)计算：

$$U_D=\frac{KT}{q}\left(\frac{\mu_n-\mu_p}{\mu_n+\mu_p}\right)\ln\left[1+\frac{(\mu_n+\mu_p)\Delta n_0}{n_0\mu_n+p_0\mu_p}\right] \tag{3.7.25}$$

式中：n_0、p_0——热平衡载流子的浓度；

Δn_0——半导体表面处的光生载流子浓度；

μ_n、μ_p——分别为电子与空穴的迁移率，$\mu_n=1\,400\ \text{cm}^2/(\text{V}\cdot\text{s})$，而$\mu_p=500\ \text{cm}^2/(\text{V}\cdot\text{s})$，显然$\mu_n\gg\mu_p$。

以适当频率的单色光照射厚度为 d 的半导体样品时，若材料的吸收系数 $\alpha\gg1/d$，则背光面相当于被遮面。迎光面产生的电子与空穴浓度远比背光面高，在扩散力的作用下，形成双极性扩散运动。结果，半导体的迎光面带正电，背光面带负电，产生光生伏特电压。

(4) 光磁电效应

将半导体的两个端面加上磁场，构成图 3.7.7 所示的光磁电效应，使磁场的方向与光照方向垂直(如图 3.7.7 所示的磁场 B 方向)，当半导体受光照射产生丹培效应时，由于电子和空穴在磁场中的运动必然受到洛伦兹力的作用，使它们的运动轨迹发生偏转，空穴向半导体上方偏转，电子向下方偏转，结果在垂直于光与磁平面上产生伏特电压，称为光磁电场。这种现象称为半导体的光磁电效应。

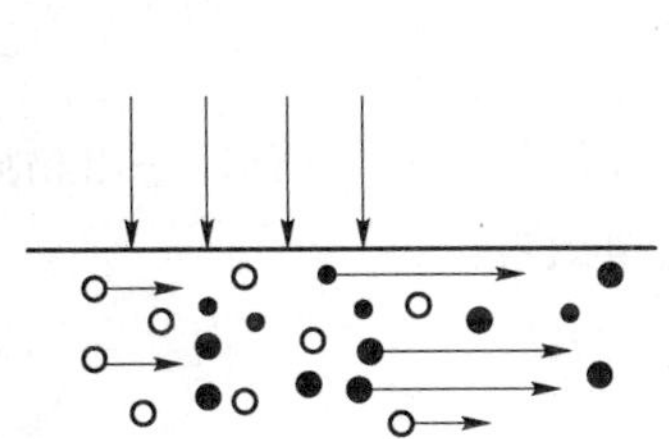
图 3.7.6　光生载流子的扩散运动

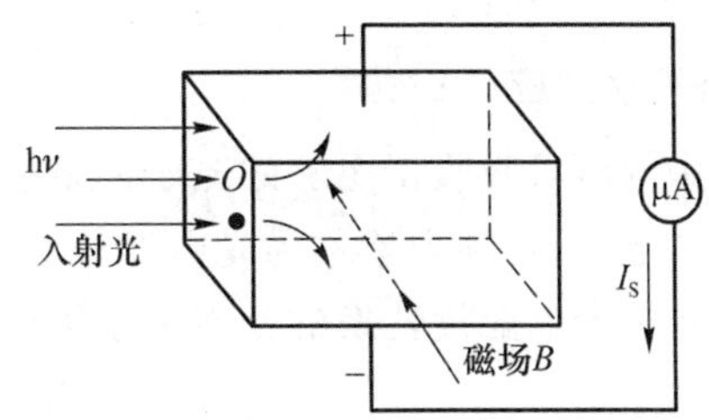

图 3.7.7　光电磁效应

光磁电场可由下式确定：

$$E_Z=\frac{-qBD(\mu_n+\mu_p)(\Delta p_0-\Delta p_d)}{n_0\mu_n+p_0\mu_p} \tag{3.7.26}$$

式中：Δp_0、Δp_d——分别为 $x=0$，$x=d$ 处 N 型半导体在光辐射作用下激发出的少数载流子(空穴)的浓度；

D——双极性载流子的扩散系数，D 在数值上等于

$$D=\frac{D_n D_p (n+p)}{nD_n+pD_p} \tag{3.7.27}$$

式中：D_n、D_p——分别为电子与空穴的扩散系数。

如图 3.7.7 所示，用低阻微安表测得短路电流为 I_s，在测量半导体样品光电导效应时，设外加电压为 U，流过样品的电流为 I，则少数载流子的平均寿命 τ 为

$$\tau=\frac{B^2 D\,(I/I_s)^2}{U^2} \tag{3.7.28}$$

(5) 光子牵引效应

当高速运动的光子与半导体中的自由载流子作用时，光子把动量传递给自由载流子，自由载流子将顺着光子运动的方向做相对于晶格的运动。结果，在开路的情况下，半导体样品将产生电场，它阻止载流子的运动，这个现象称为光子牵引效应。

利用光子牵引效应成功地检测了低频率、大功率的 CO_2 激光器的输出功率。CO_2 激光器的输出光的波长(10.6 μm)远远超过激光器锗窗材料的本征吸收波长限，不可能产生光电子发射，但是激光器锗窗的两端会产生伏特电压，迎光面带正电，出光面带负电。

在室温下，P 型锗光子牵引探测器的光电灵敏度为

$$S_v=\frac{\rho\mu_p(l-r)}{Ac}\left(\frac{l-\mathrm{e}^{-\alpha l}}{l+r\mathrm{e}^{-\alpha l}}\cdot\frac{\frac{p}{p_0}}{l+\frac{p}{p_0}}\right) \tag{3.7.29}$$

式中：ρ——锗窗的电阻率；

μ_p——空穴迁移率；

A——探测器的接受面积；

c——光速；

α——材料的吸收系数；

r——探测器表面的反射系数；

l——探测器沿光行进方向的长度；

p——空穴的浓度。

2. 光电发射效应

当物质中的电子吸收了足够的光子能量后，电子将克服原子核的束缚，逸出物质表面成为真空中的自由电子，这种现象称为光电发射效应或外光电效应。

外光电效应光电能量转换的基本关系为

$$\mathrm{h}\nu=\frac{1}{2}m\,v_0^2+E_{th} \tag{3.7.30}$$

式 3.7.30 表明具有 $\mathrm{h}\nu$ 能量的光子被电子吸收后，只要光子的能量大于光电发射材料的光电发射阈值 E_{th}，则质量为 m 的电子所具备的初始动能 $\frac{1}{2}m\,v_0^2$ 便大于零，即有电子将以初始速度 v_0 飞出光电发射材料进入真空。

光电发射阈值 E_{th} 的概念是建立在材料的能带结构基础上的。对于金属材料，由于它的能级结构如图 3.7.8 所示，导带与价带连在一起，因此，它的光电发射阈值 E_{th} 等于真空能级与费米能级 E_f 之差：

$$E_{th}=E_{vac}-E_f \tag{3.7.31}$$

式中：E_{vac}——真空能级，一般将其设为参考能级为零；

E_f——费米能级低于真空能级时为负值；

E_{th}——光电发射阈值，大于零。

半导体的情况较为复杂，它分为本征半导体与杂质半导体，杂质半导体又分为 P 型杂质半导体与 N 型杂质半导体，其能级结构不同，光电发射阈值的定义也不同。图 3.7.9 所示为三种半导体的综合能级结构图，由能级结构图可以得到处于导带中的电子，其光电发射阈值 E_{th} 为导带到真空能级间的能量差 E_A，称其为材料的电子亲和势：

$$E_{th}=E_A \tag{3.7.32}$$

即导带中的电子吸收大于电子亲和势 E_A 的光子能量后，就可以飞出半导体表面。而对于价带中的电子，其光电发射阈值 E_{th} 为

$$E_{th}=E_g+E_A \tag{3.7.33}$$

说明电子由价带顶逸出物质表面所需要的最低能量，即光电发射阈值为禁带能级 E_g 与电子亲和势 E_A 之和。由此可以获得光电发射长波限 λ_L（nm），即

$$\lambda_L=\frac{\mathrm{hc}}{E_{th}}=\frac{1\,239}{E_{th}} \tag{3.7.34}$$

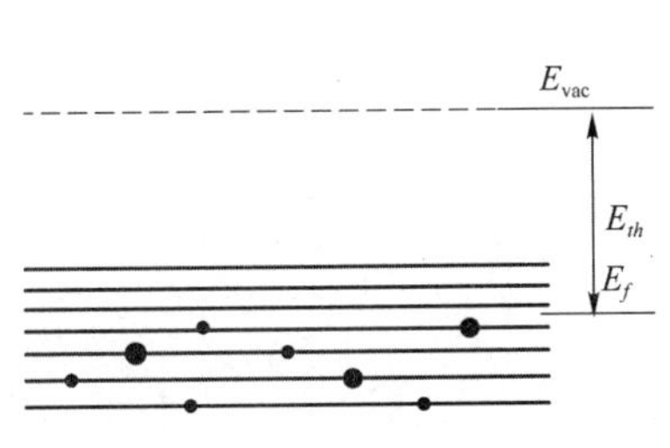

图 3.7.8　金属能级结构

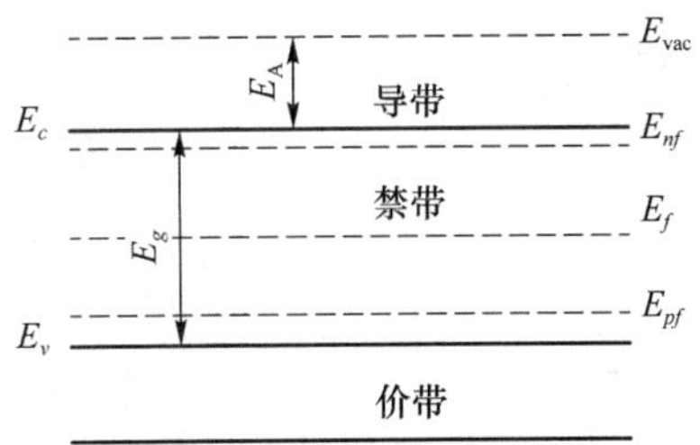

图 3.7.9　三种半导体的综合能级结构图

利用具有光电发射效应的材料也可以制成各种光电探测器件，这些器件统称为光电发射器件。

光电发射器件具有许多不同于内光电器件的特点：

① 光电发射器件中的导电电子可以在真空中运动，因此，可以通过电场加速电子运动的动能，或通过电子的内倍增系统提高光电探测灵敏度，使它能高速度地探测极其微弱的光信号，是像增强器与变相器的技术基础。

② 很容易制造出均匀的大面积光电发射器件，在光电成像器件方面非常有利。一般真空光电成像器件的空间分辨率要高于半导体光电图像传感器。

③ 光电发射器件需要高稳定的高压直流电源设备，使得整个探测器体积庞大，功率损耗大，不适用于野外操作，造价也昂贵。

④ 光电发射器件的光谱响应范围一般不如半导体光电器件宽。

3.7.3　典型的光电传感器

1. 光敏二极管

光敏二极管是半导体光学传感器，只考虑信息转换的部分，光敏二极管的工作原理可以简

单描述如下。如果PN结是正向偏置的(电源的正极连在P极),并用适当频率的光照射,相对于暗电流来说,电流的增加将会很小。换言之,由电源引起的偏置电流比用光照产生的电流要大得多,这里二极管仅仅是一个普通的二极管,不具备感光能力。如果反向偏置,见图3.7.10,当光照射到半导体时,电流将会明显增加。光子碰撞在PN结两侧产生电子-空穴对。当电子进入导带,它们将涌向电源的正极,同时产生的空穴将涌向负极,意味着光电流 i_p 在整个网路中流动。

光敏二极管可以直接把光能转化成电能,但是它的效率很低,通常只有5%~10%。

2. 光敏电阻

光敏电阻就像光敏二极管一样,是一种光电元件,其阻值 R_P 是入射光的函数。光敏电阻最常用的材料是硫化镉(C_dS)和硒化镉(C_dS_e),它们都是阻值随表面光照变化的半导体。与光敏二极管不同的是,光敏电阻并不产生光电流,其光电效应体现在材料阻值随光照的变化,因此光敏电阻工作时需要一个电源(激励信号)。图3.7.11所示为光敏电阻的原理图。正负电极分别安置在光导体的两端。在黑暗的环境下,材料的电阻很高。当光照射在表面时,材料的导电性增强,电流 i_p 便在电机和电池之间产生。

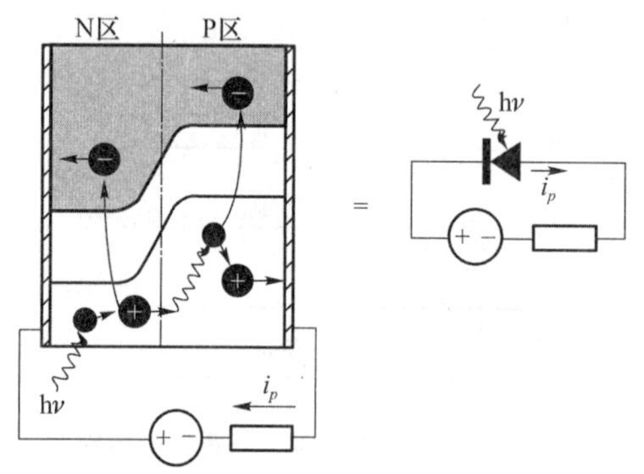

图3.7.10 作为能带的光敏二极管的结构(电源的正极连二极管的负极)

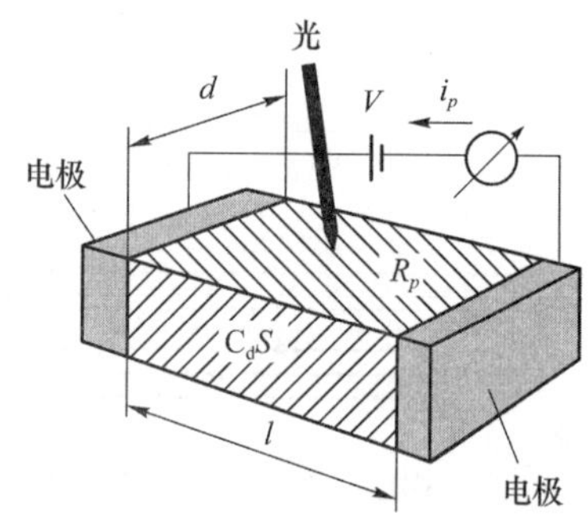

图3.7.11 光敏电阻的原理

3.8 光栅传感器

3.8.1 光栅的结构和分类

光栅系统由光栅、光源、光路和测量电路等组成。其中光栅是关键部件,它决定整个系统的测量精度。光栅有多种,按其用途和形式可分为测量线位移的长条形光栅和测量角位移的圆盘形光栅;按光路系统不同可分为透射式和反射式,如图3.8.1所示;按物理原理和刻线形状不同,又可分为黑白光栅(或称幅值光栅)和闪耀光栅(或称相位光栅)。

光栅有长短两块,其上刻有均匀平行分布的刻线。短的一块称为指示光栅,由高质量的光学玻璃组成。长的一块称为标尺光栅或主光栅,由透明材料(对于透射式光栅)或高反射率的金属或镀有金属层的玻璃(对于反射式光栅)制成。刻线密度由测量精度确定,闪耀式光栅为100~2 800条/mm,黑白光栅有25条/mm,50条/mm,100条/mm,250条/mm等。

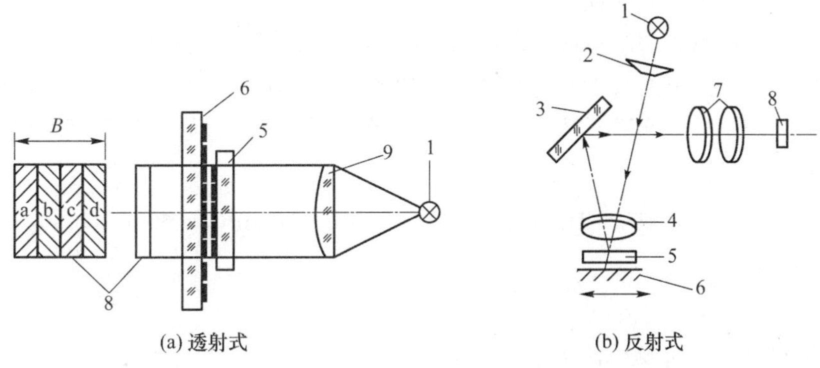

1—光源；2—聚光镜；3—反射镜；4—场镜；5—指示光栅；
6—标尺光栅；7—物镜；8—光敏元件；9—透镜

图 3.8.1　透射式光栅和反射式光栅

3.8.2　莫尔条纹

下面以透射式黑白光栅为例来分析光栅测量位移的工作原理。

把长短两块光栅重叠放置，但中间留有微小的间隙 δ（一般 $\delta=d^2/\lambda$，λ 为有效光波长；d 为相邻两条刻线间的距离，称为光栅栅距），并使两块光栅的刻线之间有一个很小的夹角 θ，如图 3.8.2 所示。当有光照时，光线就从两块光栅刻线重合处的缝隙透过，形成明亮的条纹，如图 3.8.2 中的 h－h 所示。在两块光栅刻线错开的地方，光线被遮住而不能透过，于是形成暗的条纹，如图 3.8.2 中的 g－g 所示。这些明暗相间的条纹称为莫尔条纹，其方向与光栅刻线近似垂直，相邻两明暗条纹之间的距离 B 称为莫尔条纹间距。

若标尺光栅和指示光栅的刻线密度相同，即光栅栅距 d 相等，则莫尔条纹间距为

$$B=\frac{d}{2\sin\dfrac{\theta}{2}}\approx\frac{d}{\theta} \tag{3.8.1}$$

由于 θ 角很小，故莫尔条纹间距 B 远大于光栅栅距 d，即莫尔条纹具有放大作用。

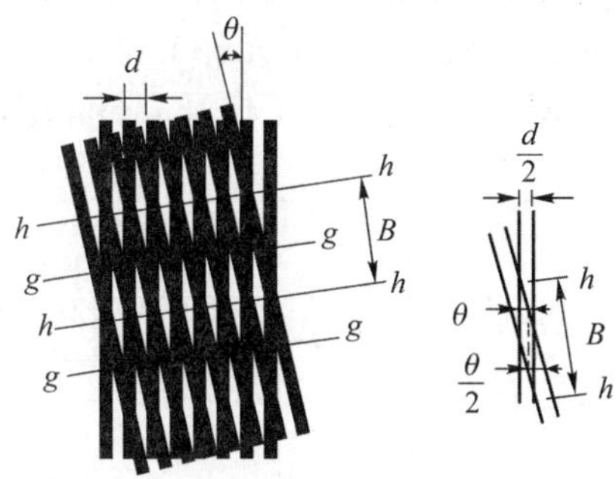

图 3.8.2　莫尔条纹

测量时，把标尺光栅与被测对象相联结，使之随其一起运动。当标尺光栅沿着垂直于刻线的方向相对于指示光栅移动时，莫尔条纹就沿着近似垂直于光栅移动的方向运动。当光栅移动一个栅距 d 时，莫尔条纹也相应地运动一个莫尔条纹间距 B。因此，可以通过莫尔条纹的移

动来测量光栅移动的大小和方向。

对于某一固定观测点,其光强随莫尔条纹的移动,亦即随光栅的移动按近似余弦的规律变化,光栅每移动一个栅距,光强变化一个周期,如图 3.8.3 所示。如果在该观测点放置一个光敏元件(一般用硅光电油、光敏二极管或三极管),就可把光强信号转变成按同规律变化的电信号,即

$$u_{out}=U_d+U_m\sin\left(\frac{\pi}{2}+\frac{2\pi}{d}x\right)=U_d+U_m\sin(\varphi+90°) \tag{3.8.2}$$

式中:U_d——信号的直流分量(V)

U_m——信号变化的幅值(V)

x——标尺光栅的位移(mm)

φ——角度(°),$\varphi=\frac{2\pi}{d}x=\frac{360°}{d}x$

可以看出,在莫尔条纹间距 B 的 1/4, 3/4 处信号变化斜率最大,灵敏度最高,故通常都将这些点作为观测点。

通过整形电路,把正弦信号转变为方波脉冲信号,每经过一个周期输出一个方波脉冲,这样脉冲数 N 就与光栅移动过的栅距数相对应,因此位移 $x=Nd$。

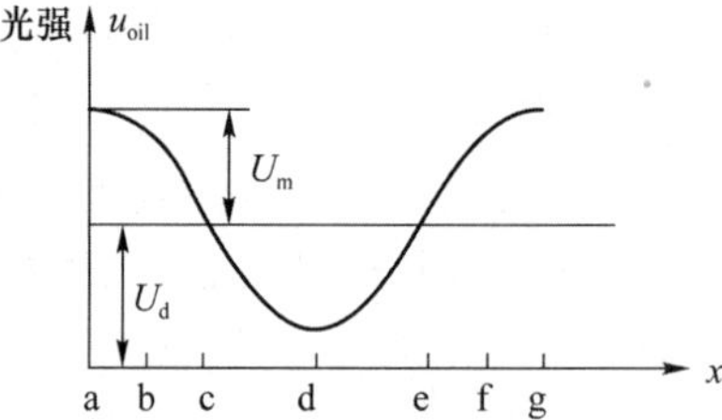

图 3.8.3 光强与位移的关系

3.8.3 辨向和细分电路

对于一个固定的观测点,不论光栅向哪个方向移动,光照强度都只是做明暗交替变化,光敏元件总是输出同一规律变化的电信号,因此仅由该信号是无法判别光栅移动方向的。为了辨别方向,通常在相距 $B/4$ 的位置安放两个光敏元件 1 和 2,由图 3.8.4 (a)所示,从而获得相位相差为 90°的两个正弦信号,然后把这两个电压信号 u_1 和 u_2 输入图 3.8.4(b)所示的辨向电路处理。

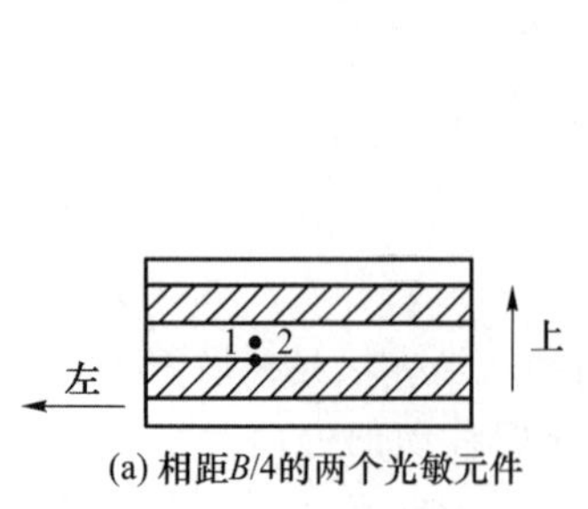

(a) 相距B/4的两个光敏元件

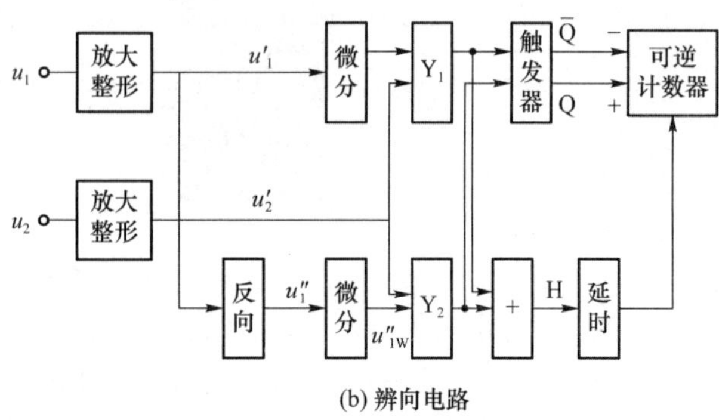

(b) 辨向电路

图 3.8.4 辨向电路

当标尺光栅向左移动，莫尔条纹向上运动时，光敏元件 1 和 2 分别输出图 3.8.5(a)所示的电压信号 u_1 和 u_2，经过放大整形后得到相位相差 90°的两个方波信号 u_1' 和 u_2'。u_1' 经反相后得到 u_1'' 方波。u_1' 和 u_1'' 经 RC 微分电路后得到两组光脉冲信号 u'_{1w} 和 u''_{1w}，分别输入到与门 Y_1 和 Y_2 的输入端。对与门 Y_1，由于 u'_{1w} 处于高电平时，u_2' 总是低电平，故脉冲被阻塞，Y_1 无输出；对与门 Y_2，u''_{1w} 处于高电平时，u_2' 也正处于高电平，故允许脉冲通过，并触发加减控制触发器使之置"1"，可逆计数器对与门 Y_2 输出的脉冲进行加法计数。同理，当标尺光栅反向移动时，输出信号波形如图 3.8.5(b)所示，与门 Y_2 阻塞，Y_1 输出脉冲信号使触发器置"0"，可逆计数器对与门 Y_1 输出的脉冲进行减法计数。这样每当光栅移动一个栅距时，辨向电路只输出一个脉冲。计数器所计的脉冲数即代表光栅位移 x。

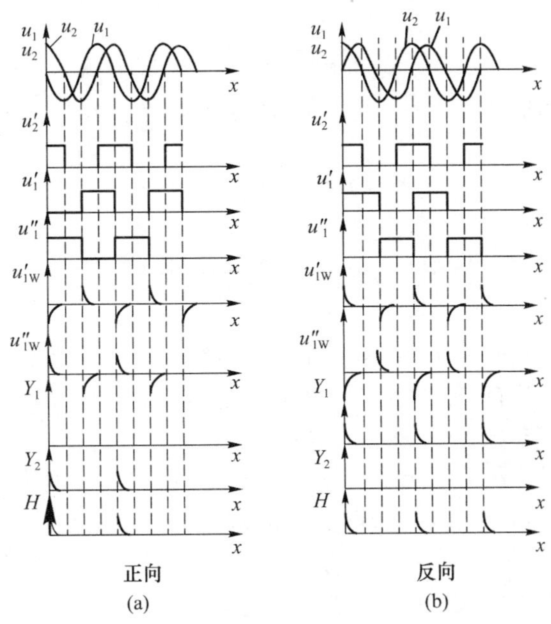

图 3.8.5　光栅移动时辨向电路各点波形

上述辨向逻辑电路的分辨力为一个光栅栅距 d，为了提高分辨力，可以增大刻线密度来减小栅距，但这种办法受到制造工艺的限制。另一种方法是采用细分技术，使光栅每移动一个栅距时输出均匀分布的 n 个脉冲，从而分辨力提高到 d/n。细分方法有多种，这里介绍直接细分方法。

直接细分也称为位置细分，常用细分数目为四，故又称为四倍频细分。实现方法有两种：一是在相距 $B/4$ 的位置依次安放四个光敏元件，如图 3.8.1 (a)中的 a，b，c，d 所示，从而获得相位依次相差 90°的四个正弦信号，再通过由负到正过零检测电路，分别输出四个脉冲；另一种方法是采用在相距 $B/4$ 的位置上，安放两个光敏元件，首先获得相位相差 90°的两个正弦信号，然后分别通过各自的反相电路后就又获得与 u_1 和 u_2 相位相反的两个正弦信号 u_3 和 u_4。最后，通过逻辑组合电路在一个栅距内获得均匀分布的四个脉冲信号，四个脉冲信号被送到可逆计数器。图 3.8.6 所示为一种四倍频细分电路。

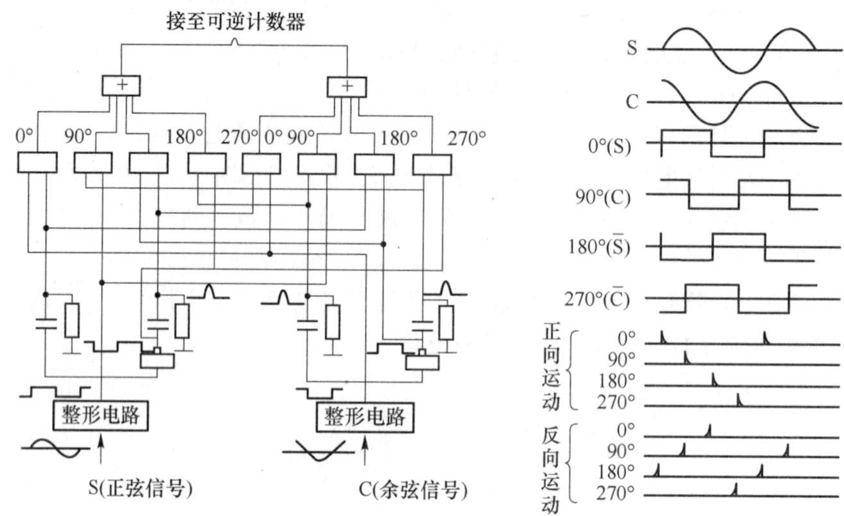

图 3.8.6 四倍频细分电路

3.9 光纤光栅传感器

光纤传感器FOS(Fiber Optic Sensor)是20世纪70年代末期发展起来的一种新型传感器。它具有灵敏度高,质量轻,可传输信号的频带宽、电绝缘性能好,耐火、耐水性好,抗电磁干扰强,挠性好,可实现不带电的全光型探头等独特的优点。在防爆要求较高的领域和某些将要在电磁场下应用的技术领域,可以实现点位式测量或分布式参数测量。

利用光纤的传光特性和感光特性,可实现位移、速度、加速度、转角、压力、温度、液位、流量、水声、浊度、电流、电压和磁场等多种物理量的测量;它还能应用于气体(尤其是可燃性气体)浓度等化学量的检测,也可以用于生物、医学等领域中。当然,对于光纤式传感器,在实现方案和具体的应用中一定要充分考虑测量过程中参数之间的干扰问题。总之,光纤传感器具有广阔的应用前景。

光纤传感器可分为非功能型和功能型两类。前者利用其他敏感元件感受被测量的变化,光纤仅作为光信号的传输介质,因此,这一类光纤传感器也称为传光型光纤传感器。后者利用光纤本身感受被测量变化而改变传输光的特性,如光强、相位、偏振态、波长;光纤既是传光元件,又是敏感元件,因此,这一类光纤传感器也可称为传感型光纤传感器。

光纤传感器种类和用途很多,本书仅介绍一种可实现应变和温度测量的光纤光栅传感器。

3.9.1 光纤光栅器件的基本概念

光纤光栅是利用光纤材料的光敏性(外界入射光子和纤芯内锗离子相互作用引起折射率的永久性变化),在纤芯内形成空间相位光栅,其作用实质上是在纤芯内形成一个窄带的(透射或反射)滤波或反射镜。

1978年,加拿大渥太华通信研究中心的K. O. Hill等人首次在掺锗石英光纤中发现光纤的光敏效应,并采用驻波写入法制成了世界上第一只光纤光栅。1989年,美国联合技术研究中心的G. Meltz等人利用掺锗光纤的紫外光敏特性,用244 mm波长的紫外激光干涉条纹侧面照射纤芯掺锗的光纤，将任意工作波长的相位光栅写进了纤芯，形成光纤芯内布拉格光栅，使光纤光栅的制作技术实现了突破性进展。之后，K. O. Hill 等人于 1993 年提出的相位掩膜制造法使光纤光栅的制造技术得到重大发展，使光纤光栅灵活、大批量制造成为可能，光纤光栅器件逐步走向实用化。光纤光栅是近几年发展最快的光纤无源器件之一，它的出现将可能在光纤技术以及众多相关领域中引起一场新的技术革命。由于它具有许多独特的优点，因而在光纤通信、光纤传感、光计算和光信息处理等领域均有广阔的应用背景。

利用这一特性可构成许多性能独特的光纤无源器件，例如利用光纤光栅的窄带高反射率特性构成光纤反馈腔，依靠掺铒光纤等为增益介质可制成光纤激光器；用光纤光栅作为激光二极管的外腔反射器，可以构成可调谐激光二极管；利用光纤光栅可构成 Michelson 干涉仪型 Mach-Zehnder 干涉仪和 Febry-Peort 干涉仪型的光纤滤波器；利用闪耀光纤光栅可以制成光纤平坦滤波器；利用非均匀光纤光栅可以制成光纤色散补偿器等。此外，利用光纤光栅还可以制成用于检测应力、应变、温度等诸多参量的光纤传感器和各种传感网。

1. 光纤光栅模式耦合理论

光纤光栅的形成基于光纤的光敏性，不同的曝光条件、不同类型的光纤可产生多种不同折射率分布的光纤光栅。光纤芯区折射率周期变化造成光纤波导条件的改变，导致一定波长的光波发生相应的模式耦合。对于整个光纤曝光区域，可以由式(3.9.1)给出折射率分布较为一般的描述：

$$n(r,\varphi,z)=\begin{cases} n_1[1+F(r,\varphi,z)], & |r|\leqslant a_1 \\ n_2, & a_1\leqslant |r|\leqslant a_2 \\ n_3, & |r|>a_2 \end{cases} \tag{3.9.1}$$

式中：a_1 为光纤纤芯半径；n_1 为纤芯初始折射率；$F(r,\varphi,z)$ 为光致折射率变化函数，在光纤曝光区，其最大值为 $|F(r,\varphi,z)|_{\max}=\dfrac{\Delta n_{\max}}{n_1}$；$\Delta n_{\max}$ 为折射率变化最大值；a_2 为光纤包层半径；n_2 为包层折射率。图 3.9.1 所示为光纤光栅区域的折射率分布情况，其中 Λ 为均匀光栅的周期。

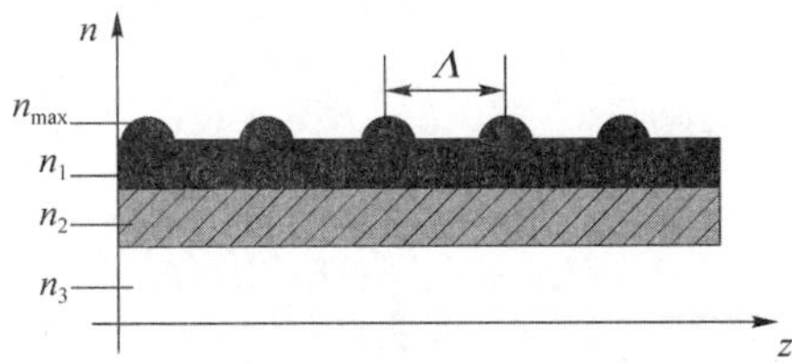

图 3.9.1　光纤光栅区域的折射率分布情况

光纤光栅区域的光场满足模式耦合方程：

$$\begin{cases} \dfrac{\mathrm{d}A(z)}{\mathrm{d}z}=k(z)B(z)\exp\left[-i\displaystyle\int_0^z q(z)\mathrm{d}z\right] \\ \dfrac{\mathrm{d}B(z)}{\mathrm{d}z}=k(z)A(z)\exp\left[i\displaystyle\int_0^z q(z)\mathrm{d}z\right] \end{cases} \tag{3.9.2}$$

式中：$A(z)$、$B(z)$分别为光纤光栅区域中的前向波、后向波；$k(z)$为耦合系数；$q(z)$与光栅周期 Λ 和传播常数 β 有关。利用此方程和光纤光栅的折射率分布、结构参量及边界条件，并借助四阶 Runge-Kutta 数值算法,可求出光纤光栅的光谱特性。光纤光栅的不同光谱特性呈现出不同的传输或调制特性,因而可构成不同功能的光纤器件。

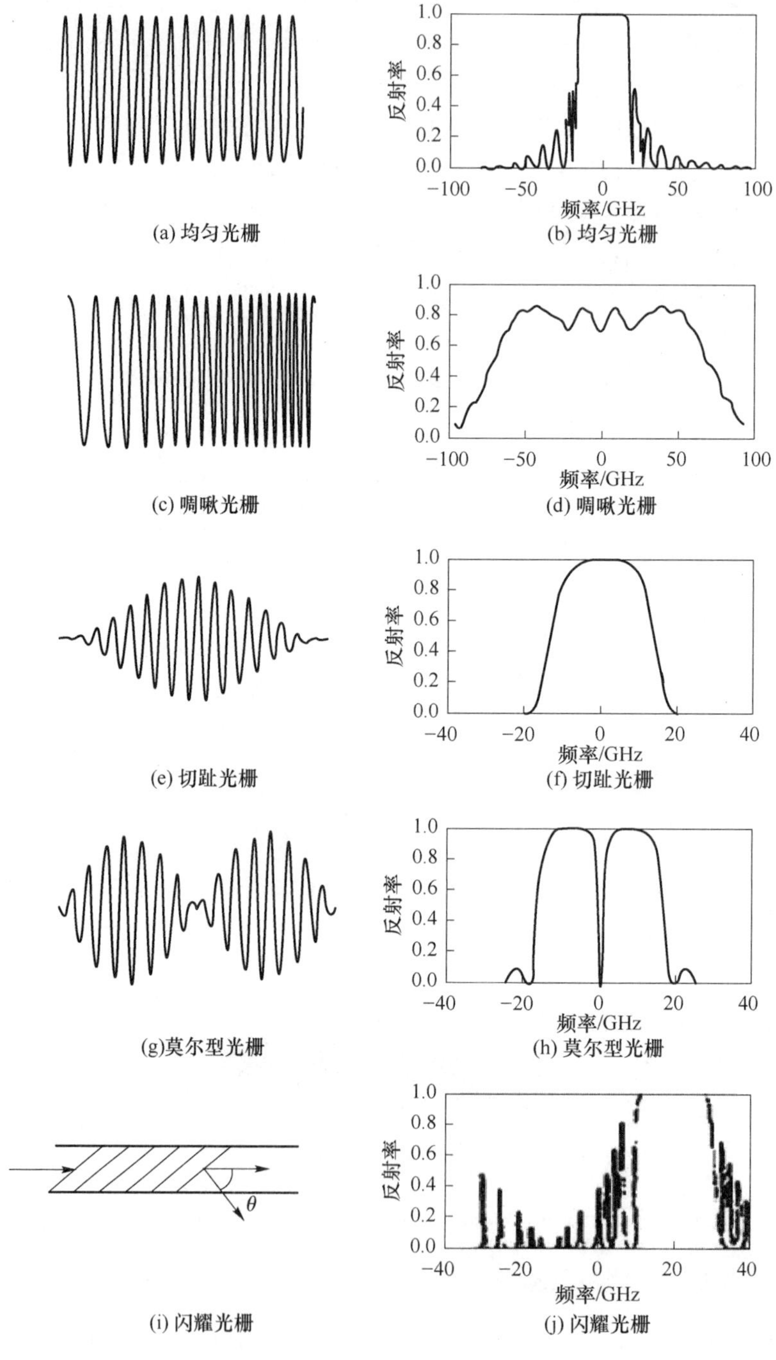

(a) 均匀光栅 (b) 均匀光栅

(c) 啁啾光栅 (d) 啁啾光栅

(e) 切趾光栅 (f) 切趾光栅

(g)莫尔型光栅 (h) 莫尔型光栅

(i) 闪耀光栅 (j) 闪耀光栅

图 3.9.2 各种光纤光栅折射率分布及相应的反射光谱

2. 光纤光栅的类型

光纤光栅按结构的空间周期分布是否均匀可分为周期性光栅和非周期性光栅。周期结构器件制造简单，其特性受到限制；非周期结构制造困难，其特性容易满足各种要求。光纤光栅从功能上可分为滤波型光栅和色散补偿型光栅，色散补偿型光栅是非周期光栅，又称啁啾光栅。光纤光栅从本质上讲是通过波导与光波的相互作用，将在光纤中传输的特定频率的光波，从原来前向传输的限定在纤芯中的模式耦合到前向或后向传输的限定在包层或纤芯中的模式，从而得到特定的透射和反射光谱特性。

均匀光纤光栅分为光纤布拉格光栅(Fiber Bragg Grating，FBG)、闪耀光纤布拉格光栅和长周期光栅；非均匀周期光纤光栅分为啁啾光纤光栅、莫尔光纤光栅、切趾光纤光栅等。光纤布拉格光栅是最常见、应用最普遍的一种光纤光栅，其折射率调制幅度和光栅周期都是常数；啁啾光纤光栅的特征是折射率调制幅度不变、光栅周期沿光栅轴向变化；切趾光纤光栅的特征是光栅周期为常数，光栅折射率随一定的函数关系呈一个钟形包络变化，典型的包络函数有高斯分布函数、升余弦函数等；图 3.9.2(g)所示的莫尔形光纤光栅折射率的变化还受一个正弦因子调制，从而导致其反射光谱具有带通性；闪耀光纤光栅是在光栅制作时，紫外侧写光束与光纤轴线不垂直，造成其折射率的空间分布与光纤轴有一个小角度；长周期光纤光栅是指光栅的周期远比普通布拉格光栅周期长的一种光纤器件，其周期可达几百微米。各种光纤光栅折射率分布及相应的反射光谱如图 3.9.2 所示，长周期光纤光栅的原理图和其透射谱如图 3.9.3 所示。

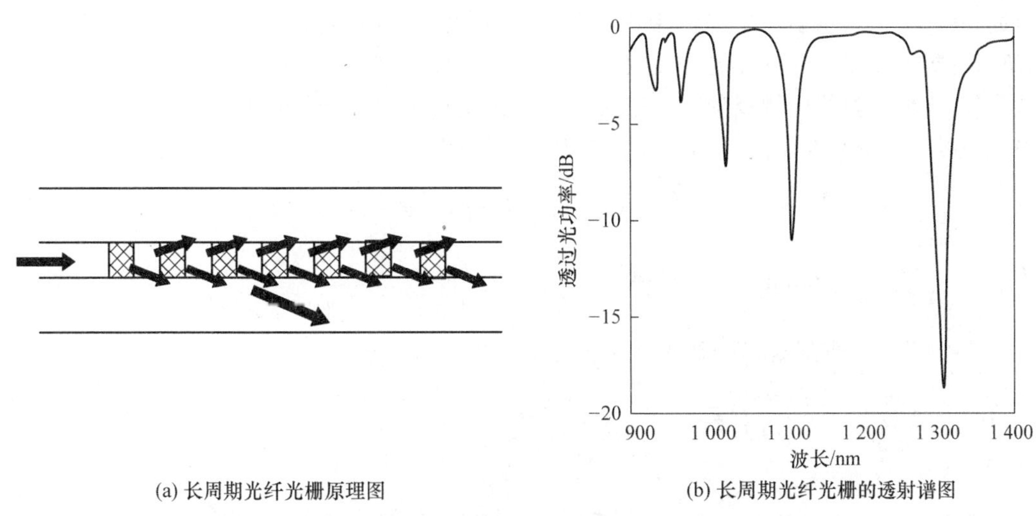

(a) 长周期光纤光栅原理图　　(b) 长周期光纤光栅的透射谱图

图 3.9.3　长周期光纤光栅及其透射谱

3.9.2　光纤布拉格光栅传感器基础

光纤布拉格光栅传感器是使用光纤布拉格光栅作为敏感元件的功能型光纤传感器，可以直接传感温度和应变以及实现与温度和应变有关的其他参数的间接测量。光纤布拉格光栅传感器除了具有普通光纤传感器重量轻、耐腐蚀、抗电磁干扰、使用安全可靠等优点外，还有一些明显优于光纤传感器的地方。其中最重要的就是它的传感信号为波长调制。这一传感机制的好处在于：① 测量信号不受光源起伏、光纤弯曲损耗、连接损耗和探测器老化等因素的影响；② 避免了一般干涉型传感器中相位测量的不清晰和对固有参考点的需要，能方便地使用波分复用技术在一根光纤中串接多个布拉格光栅进行分布式测量。另外，光纤布拉格光栅很容易埋入材料中对其内部的应变和温度进行高分辨力和大范围的测量，光纤布拉格光栅传感器被认为是实现光纤灵巧结构的理想器件。正是由于具有这些其他传统传感器无可比拟的优点，使得光纤布拉格光栅传感器成为近年来光纤传感器中最引人注目的研究和应用热点。

1. 光纤布拉格光栅传感器基本原理

由耦合波理论可得，当满足相位匹配条件时，光栅的布拉格波长为

$$\lambda_B = 2n_{eff}\Lambda \tag{3.9.3}$$

式中：λ_B——布拉格波长；

n_{eff}——光纤传播模式的有效折射率；

Λ——光栅周期。

布拉格波长的峰值反射率和透射率为

$$R = \tanh^2\left(\frac{\pi\Delta n_{max}}{\lambda_B}L\right), \qquad T = \cosh^{-2}\left(\frac{\pi\Delta n_{max}}{\lambda_B}L\right) \tag{3.9.4}$$

式中：Δn_{max}——折射率最大变化量；

L——光栅长度。

可以看出，Δn 越大，反射率越高，反射谱宽越宽；L 越大，反射率越高，反射谱宽越窄。

如图 3.9.4 所示，当一宽谱光源入射进入光纤后，经过光纤布拉格光栅会有波长为式(3.9.3)的光返回，其他的光将透射。反射的中心波长信号λ_B 跟光栅周期 Λ 及纤芯的有效折射率 n 有关，所以外界被测量引起的光纤布拉格光栅温度、应力的改变都会导致反射中心波长的变化。也就是说，光纤布拉格光栅反射光中心波长的变化反映了外界被测信号的变化情况。光纤布拉格光栅的中心波长与温度和应变的关系为

$$\frac{\Delta\lambda_B}{\lambda_B} = (\alpha_f + \xi)\Delta T + (1 - P_e)\Delta\varepsilon \tag{3.9.5}$$

式中：$\alpha_f = \dfrac{1}{\Lambda}\dfrac{d\Lambda}{dT}$——光纤的热膨胀系数；

$\xi = \dfrac{1}{n}\dfrac{dn}{dT}$——光纤材料的热光系数；

$P_e = -\dfrac{1}{n}\dfrac{dn}{d\varepsilon}$——光纤材料的弹光系数。

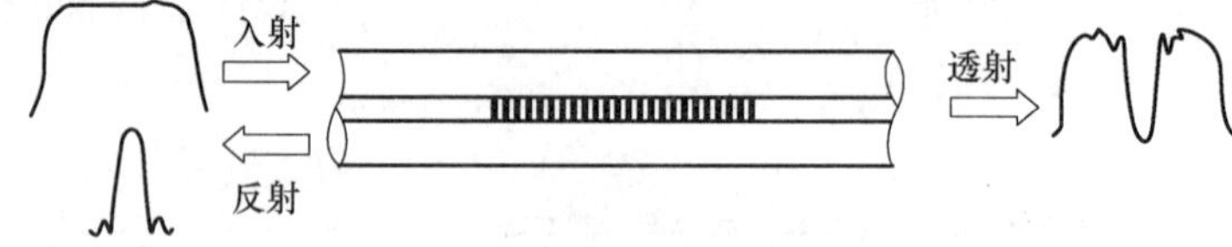

图 3.9.4 光纤布拉格光栅结构与传光原理

在 1 550 nm 窗口，中心波长的温度系数约为 10.3 pm/℃，应变系数为 1.209 pm/$\mu\varepsilon$。如果将 FBG 封装在温度增敏材料中，可以提高它的温度系数灵敏度，进而得到更大的测量精度。

2. 光纤布拉格光栅传感器术语及性能指标

当设计传感器测量方法时，应该仔细考虑 FBG 的特征。一些指标是通用的，几乎针对所有应用；另一些指标可能是为满足一些特殊应用而定制的。下面所指出的参数是主要针对应变和温度测量的。

(1) 传感器波长

传感器波长指的是 FBG 反射谱中的尖峰的中心波长。这些峰值波长随着应变和温度的改变而改变。当温度升高或应变增大时，FBG 传感器的峰值波长变长。如图 3.9.5 所示，如果一个峰值波长为 1 535.050 nm 的传感器从 25 ℃加热到 35 ℃，传感器的峰值波长将增加到 1 535.150 nm(每 1 ℃变化 10 pm)。大多数 FBG 查询系统工作在 50 nm 窗口范围内，即 1 520～1 570 nm。

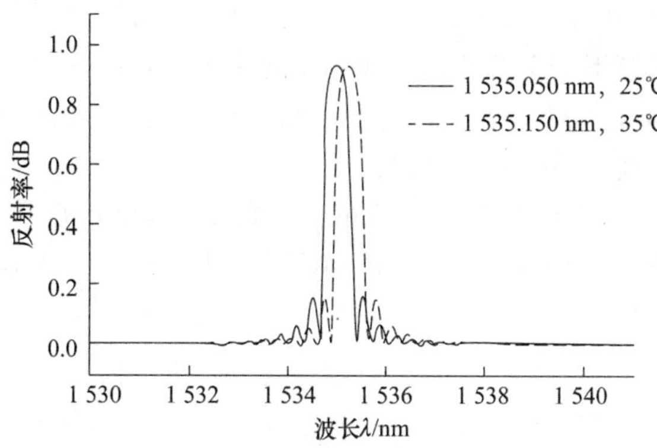

图 3.9.5　光纤布拉格光栅中心波长随温度变化情况

(2) 传感器带宽

传感器的带宽就是每个 FBG 反射峰所对应的带宽。理论上 FBG 的带宽越小测量精度越高，但从实际的制作工艺水平和可行的精度来看，最合理的值应该在 0.2～0.3 nm，通常取 0.25 nm，如图 3.9.6 所示。此外，一般解调设备的峰值探测算法是在假设带宽为 0.25 nm 和谱形为光滑的高斯型的基础上设计出来的，带宽过宽会降低波长测量的准确性。当然其他的带宽和峰型也是可行的，但对波长准确性可能会产生一定的影响。

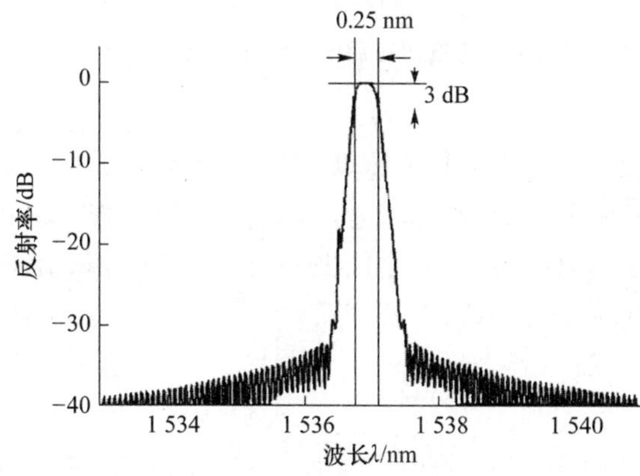

图 3.9.6　光纤布拉格光栅传感器带宽

(3) 反射率

光纤布拉格光栅的反射率越高，返回到测量系统的光功率就越大，相应的测量距离就越长。而且反射率越高，带宽越窄，光栅越稳定。如果反射率越小，噪声对其的影响就越大，对于波长查询仪的工作要求就越高，影响测量精度。为了获得更好的性能，推荐光栅反射率应该>90%。但是，单纯地强调高反射率的同时，也要考虑边模抑制。也可以说，反射率决定信号强度，边模抑制决定信噪比。

(4) 边模抑制

对一个两边有许多旁瓣的FBG传感器，FBG解调仪会错误地把某些旁瓣当作峰值。所以一个好的传感器谱图除了要具有一个光滑的峰顶外，光滑的两边也是非常重要的。控制边模，提高边模抑制比需要FBG的制造商有较高的工艺水平。但它同时也是决定FBG传感性能较重要的一个参数，直接决定了信噪比。在FBG反射率大于90%的情况下，边模抑制比应高于15 dB，高于20 dB更理想。选用高质量的全息相位掩膜板，切趾可以平滑传感器的光谱，消除两边的旁瓣，确保边模不会干扰峰值的探测。通常的切趾在短波长方向仍然会存在许多旁瓣，切趾补偿技术(使光栅的平均折射率波长一致)是一个已经被证明了的可行的方法，可以消除短波长方向的旁瓣，实现整个光谱平滑。

目前，由于光栅写入技术的进步和光学精细度的提高，已可以制造出边模抑制比超过20 dB的光纤布拉格光栅，完全满足了FBG传感器的要求。图3.9.7所示为一个经过高斯切趾后的光纤布拉格光栅的反射谱图。

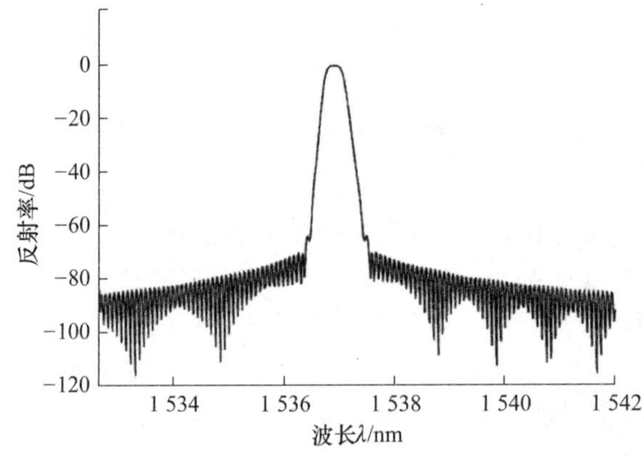

图3.9.7　经过高斯切趾后的光纤布拉格光栅的反射谱图

(5) 传感器的长度

传感光栅的长度决定了测量点的精确程度，理论上光栅的长度越小，测量点越精确。而实际制作光栅时要综合光栅的各种参数，光栅越短，反射率越低，带宽越宽。很短的光栅，其反射率和带宽都很难达到要求，因此要在三者之间做一个中和。所以，对于0.25 nm的带宽，推荐传感器光栅的物理长度应为10 mm，这个长度适合于大多数应用。当然通过改变带宽，不同的长度也可以满足一定的要求。

① 传感器波长间隔

传感器波长间隔就是两个FBG的中心波长的差。FBG传感器阵列包含了大量传感光栅，因此必须保证能寻址每一个光栅，即根据独立变化的中心波长确认每一个光栅。为此，要求每个通道内各个光栅的中心波长$\lambda_1, \lambda_2, \cdots, \lambda_n$及其工作范围$\Delta\lambda_1, \Delta\lambda_2, \cdots, \Delta\lambda_n$互不重叠，如图3.9.8所示。所以其中有两个方面需要考虑：传感光栅之间的缓冲区(Buffer)和每个传感光栅的探测范围$\Delta\lambda$。而探测范围$\Delta\lambda$是由测量范围决定的，测量范围越大，探测范围就越大。例如，若测量范围为±3 000 $\mu\varepsilon$，探测范围就为6 nm。每个传感器都需要具有足够的波长漂移的空间以捕捉所期望的应变和温度的变化范围。

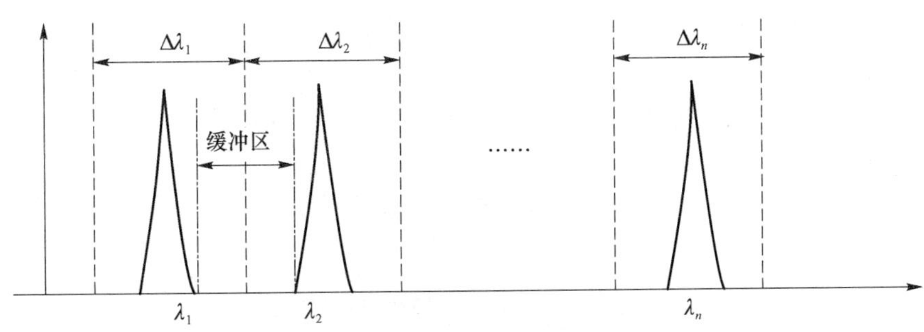

图 3.9.8　传感器的波长间隔

② 缓冲区(Buffer)

两相邻传感光栅之间必须留有一个缓冲区以保证第一个光栅的最大波长与第二个光栅的最小波长不相交。此外,FBG 制作过程中制造误差是必须被考虑的,一些厂商所标出的传感器中心波长可能存在超过±0.5 nm 的误差,最新的 FBG 自动化写入技术可以使该误差有一个数量级的优化,大约为±0.05 nm。现在合理需要是±0.1 nm,这个误差也必须被加到缓冲区中以确保设计出合适的间隔。

例如:某结构体需要 4 个传感器。传感器 1、2 和 3 牢固地粘在结构上测量应变(和温度)。传感器 4 只测量温度。这个构架上最大的期望应变是±1 000 με,最大的温度范围为−40～80 ℃,则一些设计参数如表 3.9.1 所列。

表 3.9.1　传感器设计参数

参数	测量范围	变换因子	波长范围
应变	2 000 με	1.2 pm/με	2.4 nm
温度	120 ℃	10 pm/℃	1.2 nm
传感器间缓冲区		0.5 nm	
传感器制作误差(±0.1 nm)		0.2 nm	
最小波长间隔		4.3 nm	

通常,对所有阵列传感器波长的间隔推荐为 5 nm,这可以满足大多数应用,每个阵列可以提供 8～10 个传感器。当需要更多传感器时,一个方法就是减小波长间隔(但要注意测量范围)。例如,如果一个阵列中的所有传感器对应变的敏感相似,相邻传感器间的相对波长变化就非常小,则波长间隔可以被大大减小。

所以,要综合传感器数、传感器波长间隔、缓冲区和测量范围几个方面,以达到所需的要求。

③ 退　火

实验发现,经过退火处理后的光纤布拉格光栅虽然中心波长有微小变化,但是其温度和应力的特性仍然保持良好的线性关系,并没有影响 FBG 的传感特性。同时退火处理可以保证光纤布拉格光栅正常工作 15 年以上。

④ 传感器的封装

一个标准的 FBG 封装结构如图 3.9.9 所示,FBG 沿着金属管轴线被包装在其中间,FBG

与金属管之间的空间破填入黏接材料。封装后的总膨胀系数为 $\alpha=\alpha_f+\alpha_c$，其中$\alpha_c=\dfrac{\mathrm{d}\varepsilon}{\mathrm{d}T}$。所以

$$\frac{\mathrm{d}\lambda}{\mathrm{d}T}=\frac{\partial\lambda}{\partial T}+\frac{\partial\lambda}{\partial\varepsilon}\alpha_c,\qquad \frac{1}{\lambda}\frac{\mathrm{d}\lambda}{\mathrm{d}T}=\xi+(1-P_e)\alpha+P_e\alpha_f$$

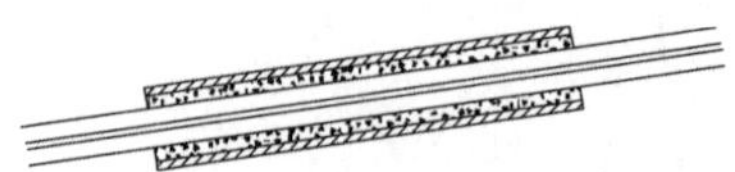

图 3.9.9　光纤布拉格光栅的标准封装结构

针对不同的工程应用，将图 3.9.9 所示的封装结构安装在一个复杂的外部结构上，以获得所需的物理量。例如，对埋入式的应力测量，可以在两边加上受力柄，以准确地反映所受应力的情况；对温度测量则应消除应力的影响，所以只能固定一端。图 3.9.10 所示几种不同工程应用的封装结构，其中，图 3.9.10(a)所示为针对埋入式应力测量，图 3.9.10(b)所示为贴片应力测量，图 3.9.10(c)所示为贴片温度测量。

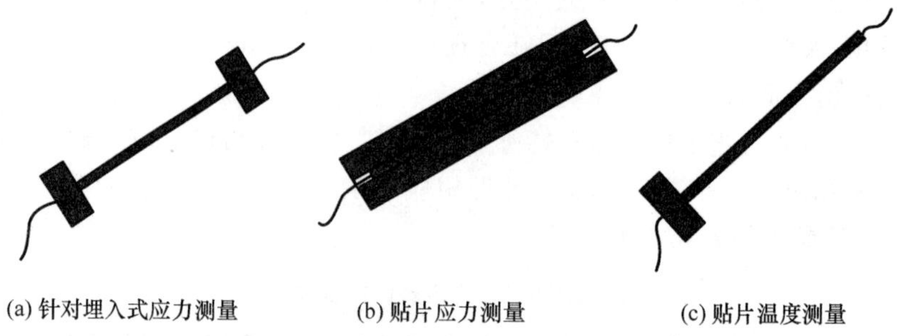

(a) 针对埋入式应力测量　　(b) 贴片应力测量　　(c) 贴片温度测量

图 3.9.10　标准封装结构的工程应用形式

3.9.3　实用光纤布拉格光栅传感器

1. 光纤布拉格光栅温度传感器

从前面的内容我们知道光纤布拉格光栅的中心反射波长可以表示为

$$\lambda_{\mathrm{B}}=2n_{\mathrm{eff}}\Lambda \tag{3.9.6}$$

式中：Λ——光栅周期；

n_{eff}——光栅区的有效折射率。

Λ 和 n_{eff} 均受外界环境影响（温度、压力等）而发生变化，因而导致光纤布拉格光栅的反射波长发生移动。温度变化引起的光纤布拉格光栅反射波长移动可表示为

$$\frac{\Delta\lambda_g}{\lambda_g}=(\alpha_s+\zeta_s)\Delta T \tag{3.9.7}$$

式中：$\zeta_s=\dfrac{1}{n_{\mathrm{eff}}}=\dfrac{\Delta n_{\mathrm{eff}}}{\Delta T}$——光纤的热光系数，描述光纤折射率随温度的变化关系；

$\alpha_s=\dfrac{1}{\Lambda}\dfrac{\Delta\Lambda}{\Delta T}$——光纤的热膨胀系数，描述光栅的栅距随温度的变化关系。

由式(3.9.7)可以看出，$\Delta\lambda_g$与 ΔT 之间为线性关系，通过测量光纤布拉格光栅反射波长的移动 $\Delta\lambda_g$，便可以确定环境温度 T。

由于光纤布拉格光栅的温度系数较小，单独用它做温度传感元件，其灵敏度不高，为了提高温度灵敏度，可将光纤布拉格光栅粘贴于热膨胀系数较大的基底材料上。若基底材料的热膨胀系数为α_{sub}，并满足$\alpha_{sub} \gg \alpha$，则粘贴后光纤布拉格光栅反射波长随温度的变化关系由下式给出：

$$\frac{\Delta \lambda_g}{\lambda_g}=[\zeta_s+(1-p_e)\alpha_{sub}]\Delta T \tag{3.9.8}$$

式中：p_e为光纤的弹光系数。为简化起见，令

$$k=\zeta_s+(1-p_e)\alpha_{sub}$$

则上式简化为

$$\frac{\Delta \lambda_g}{\lambda_g}=k\Delta T$$

图 3.9.11 所示为用一个裸光纤布拉格光栅(FBG)对温度进行测量的原理图。中心波长为 1.55 μm 的典型光纤布拉格光栅，在室温条件下，其灵敏度是 8.2 pm/℃。图 3.9.12 所示为用裸光纤布拉格光栅(FBG)测量温度所得的一组数据结果。

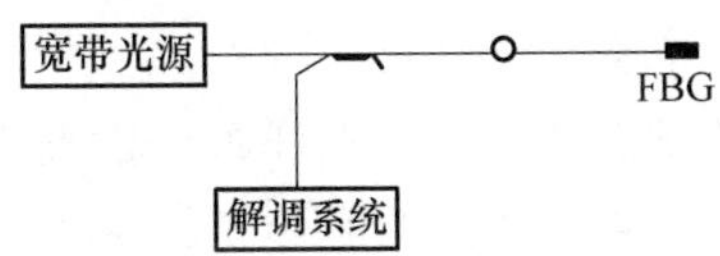

图 3.9.11　裸光纤布拉格光栅温度测量原理图

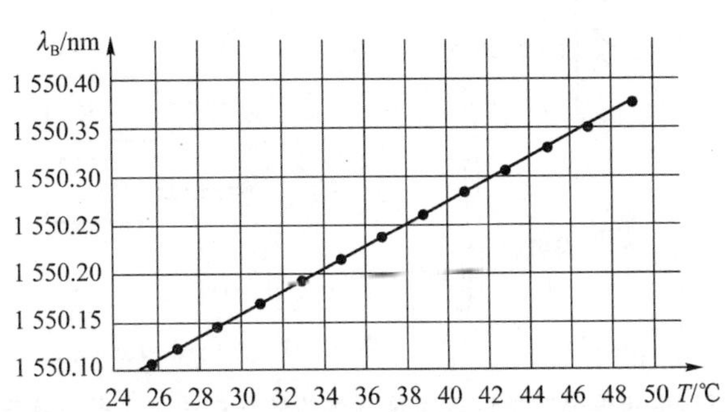

图 3.9.12　用裸光纤布拉格光栅测量温度所得的一组数据结果(λ_B=1 550.190 nm，T=25～49 ℃)

从图 3.9.12 可以看出，用裸光纤布拉格光栅来测量温度，其线性度比较好，但是灵敏度比较低。为了增强其灵敏度，可以通过将光纤布拉格光栅粘贴于不同的基底材料和结构上以构成各种新的温度传感器。

2. 光纤布拉格光栅应变传感器

根据式(3.9.6)可得，当光纤产生应变时，光纤布拉格光栅的栅距和折射率发生变化，引起后向反射波长移动，因此有

$$\frac{\Delta\lambda}{\lambda}=\frac{\Delta\Lambda}{\Lambda}+\frac{\Delta n}{n} \tag{3.9.9}$$

式中：Δn——折射率变化；

$\Delta\Lambda$——栅距变化。

Butter 等最先推导了光纤产生应变时的折射率变化：

$$\frac{\Delta n}{n}=-\frac{1}{2}n^2[(1-\mu)P_{12}-\mu P_{11}]\varepsilon=-P\varepsilon \tag{3.9.10}$$

其中

$$P=\frac{1}{2}n^2[(1-\mu)P_{12}-\mu P_{11}]$$

式中：ε 是轴向应变，μ 是泊松比。对于典型的石英光纤：$n=1.46$，$\mu=0.16$，$P_{11}=0.12$，$P_{12}=0.27$，则 $P=0.22$。假设

$$\frac{\Delta\Lambda}{\Lambda}=\frac{\Delta L}{L}=\varepsilon$$

则式(3.9.9)可以写为

$$\frac{\Delta\lambda}{\lambda}=(1-P)\varepsilon=0.78\varepsilon \tag{3.9.11}$$

式(3.9.11)就是光纤布拉格光栅应变测量的一般公式，也是裸光纤布拉格光栅的应变测量的计算公式。利用光纤布拉格光栅的应变测量可以制造光纤布拉格光栅位移传感器和光纤布拉格光栅振动传感器。

(1) 光纤布拉格光栅位移传感器

简单的光纤布拉格光栅位移传感器就是把光纤布拉格光栅粘贴到矩形悬臂梁结构上，通过测量悬臂梁不同点上的应变换算得到实际的应变和位移结果。其结构如图 3.9.13 所示。

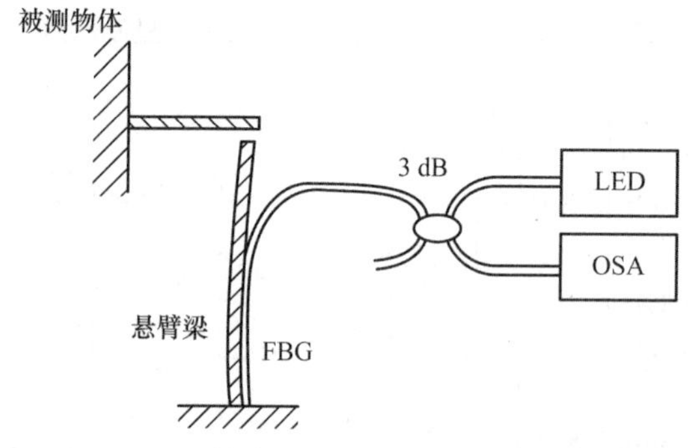

图 3.9.13　利用矩形悬臂梁进行简单测量的光纤布拉格光栅位移应变传感器

图 3.9.13 中左侧为被测量的物体，该物体通过一个突出物作用于竖直放置的悬臂梁上，而光纤布拉格光栅就是简单地直接粘贴在悬臂梁上，这样就可以通过悬臂梁把被测物体的位移转变为光纤布拉格光栅的应变。图中光源是发光二极管(LED)，接收装置是光谱分析仪(OSA)，光耦合器的分光比为 1∶1。

图 3.9.14 所示为该传感器的实验数据和理论数据。通过图 3.9.14，可以看出传感器的线性度较好，达到 $R^2=0.9991$。数据的斜率(即该测量系统的灵敏度)为 0.32 nm/mm，而理论值的斜率为 0.355 nm/mm。这里的误差主要产生于光纤布拉格光栅与悬臂梁的粘贴质量上。由于粘贴质量不能完全理想，导致悬臂梁自由端的应变在转变为光纤布拉格光栅的应变时有一定的损失，从而导致该误差。

(2) 光纤布拉格光栅振动传感器

上面介绍了光纤布拉格光栅应变与位移传感器的工作原理和结构形态，这里做一些拓展，在考虑应变的时候加入时间参考量，就可以得到光纤布拉格光栅振动传感器了。

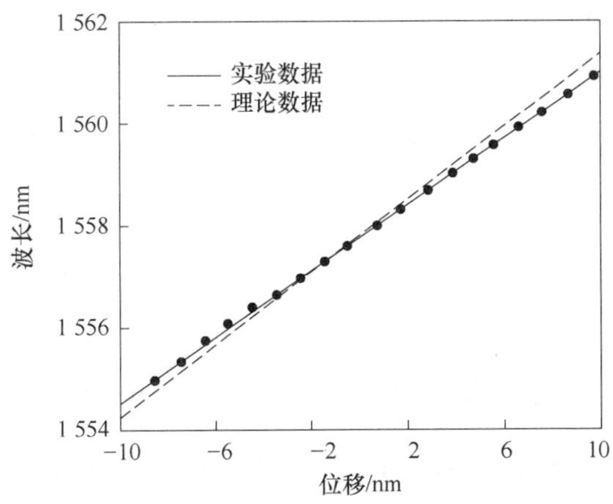

图 3.9.14　光纤布拉格光栅位移传感器实验数据和理论数据图

为了方便,对光纤布拉格光栅中心波长计算公式 $\lambda_B = 2n\Lambda$ 进行微分,得到

$$\Delta \lambda_B = 2 \cdot \Delta n \cdot \Lambda + 2 \cdot n \cdot \Delta \Lambda \tag{3.9.12}$$

在外力作用下,光弹效应导致折射率变化,形变则使光栅常数发生变化;温度变化时,热光效应导致折射率变化,而热膨胀系数则使光栅常数发生变化。假设温度与外力的影响是独立的,可将式(3.9.12)改写为

$$\Delta \lambda_B = k_\varepsilon \cdot \Delta\varepsilon + k_t \cdot \Delta T \tag{3.9.13}$$

式中:k_ε为应变系数;$\Delta\varepsilon$ 为应变量;k_t 为温变系数;ΔT 为温变量。

利用上面所介绍的悬臂梁结构和匹配光纤布拉格光栅法,可以进行振动传感实验的研究。如图 3.9.15(a)所示,匹配光纤布拉格光栅的原理是:选用一个与传感光纤布拉格光栅 FBG1 参数相近的光纤布拉格光栅(匹配光栅)FBG2 作为检测光栅,使两个光栅的反射谱部分重叠,即设置合适的偏置。传感光纤布拉格光栅的输出信号为检测光纤布拉格光栅的输入信号。输出信号、输入信号都隐含在光纤布拉格光栅的反射谱和透射谱中。

用该方法测试,当传感光纤布拉格光栅受到振动的微扰时,其输出的反射谱在一定范围内漂移,如图 3.9.14 虚线所示。而解调光栅的反射谱是相对固定的。传感光栅的输出反射谱输入给解调光栅时,只有与两光栅的反射谱重叠部分相对的范围内的光波才可能被反射,而重叠部分的面积与反射谱的光强度成正比。当两光栅反射谱重叠面积较大时,探测器探测到的光信号较大,反之则较小,即检测器检测到的光强是 FBG1 和 FBG2 两个光谱函数的卷积。随着 FBG1 上的微扰,在 FBG2 的反射谱中可检测到相对应的光信号。

其实验装置如图 3.9.16 所示,其中图 3.9.16(a)是实验装置框图,图 3.9.16(b)是传感头部分的示意图。

图 3.9.16(a)所示的光源为带有光隔离器的宽带光源,光隔离器的作用是避免反向光对光源的影响,两个耦合器的耦合比均为 1∶1,光纤布拉格光栅 FBG1 为传感光栅,光纤布拉格光栅 FBG2 为检测匹配光栅。传感信号由信号源产生并通过一定的方式施加给传感光栅上。而图 3.9.16(b)所示为传感光纤布拉格光栅 FBG1 的悬臂梁结构。该装置的主体由一个弹性薄钢振片、步进装置和绕有线圈的电磁铁组成。传感光栅粘贴在振片上。当信号源给线圈加上交变信号时,电磁铁在交变电流作用下产生交变磁场。弹性薄钢振片在周期性交变磁场作用下振动,弹片的振动引起光栅常数周期性变化,于是导致光栅峰值反射波长有规律地来回漂

移，将振动信号耦合到传感光栅上。

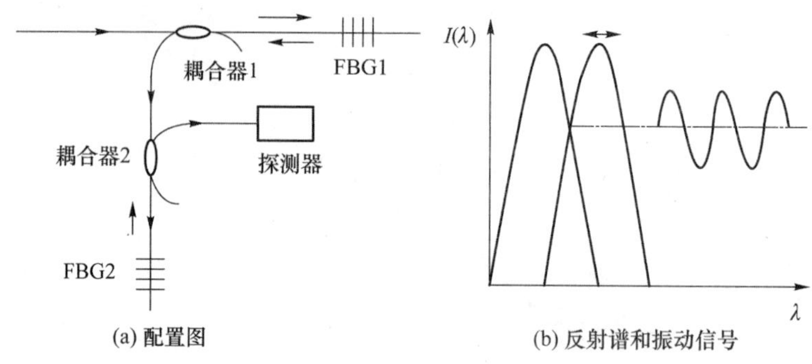

(a) 配置图　　(b) 反射谱和振动信号

图 3.9.15　匹配光纤布拉格光栅法及其输入输出信号

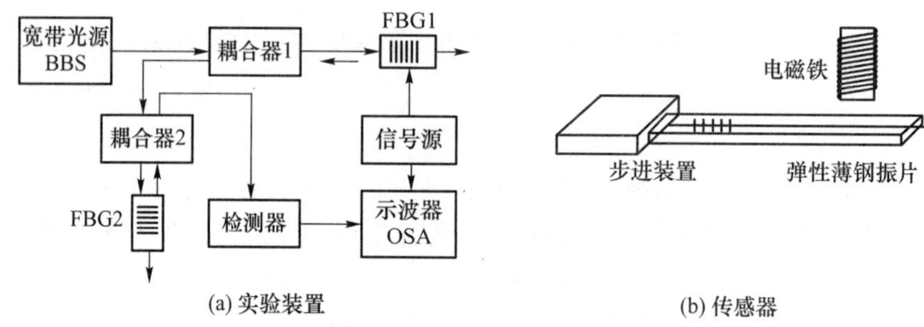

(a) 实验装置　　(b) 传感器

图 3.9.16　匹配光纤布拉格光栅法的振动传感器示意图

图 3.9.17 给出了该装置对振动信号的检测结果。每幅图的上方为检测到的光信号，下方为监视信号。从图中看出，在 1～200 Hz 范围内，探测信号与信号源输出信号的频率特性吻合得很好。

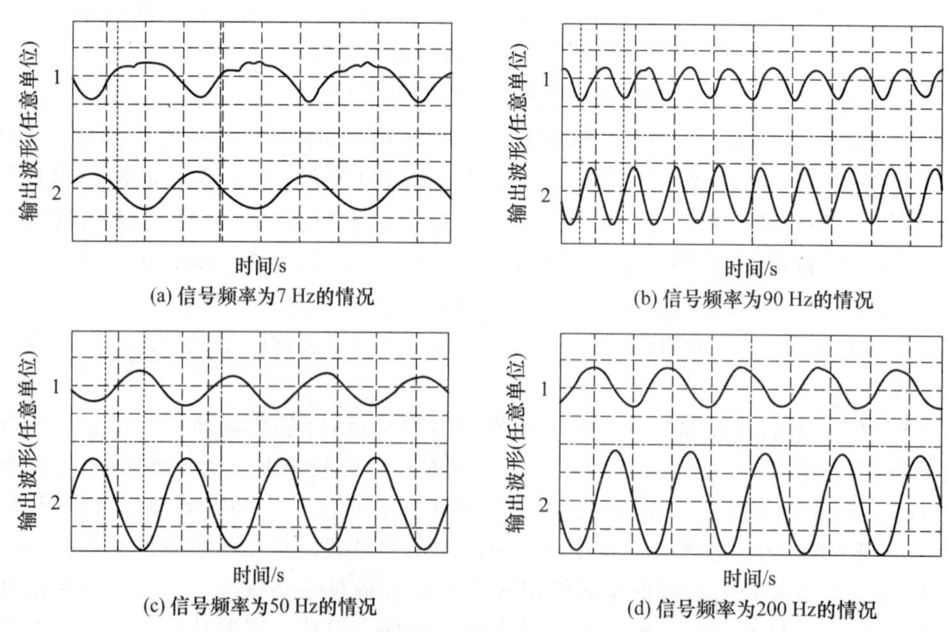

(a) 信号频率为7 Hz的情况　　(b) 信号频率为90 Hz的情况

(c) 信号频率为50 Hz的情况　　(d) 信号频率为200 Hz的情况

图 3.9.17　匹配光纤布拉格光栅法的振动传感测量结果

由图 3.9.17 可以看出，检测信号与振动信号之间存在一定的相位差，这是因为振动信号源施加信号给传感光栅的过程中产生了一定的时间延迟。而且还可以看到，探测信号不是严格的正弦波，原因是换能器工艺结构引起的。因为振动信号由弹性薄钢振片传给敷在它上面的传感光栅，而振片是靠磁场驱动的，使得振片上下振幅不对称而造成了波形的失真。

另外，如果想要用该装置在较大的频率范围内进行传感，还必须在两方面进行改进：首先要解决传感光栅的附着技术和工艺，上面的实验中电磁振动的频率响应不可能高，只是表明了检测方法是可行的；第二，为了提高信噪比，必须改进光探测系统的性能，使之能够起到放大信号和抑制噪声的作用。

3. 光纤布拉格光栅压力传感器

光纤布拉格光栅同样可以用于对压力的测量，用一般的光纤布拉格光栅进行压力传感器测量的理论公式为

$$\frac{\Delta\lambda_g}{\lambda_g}=\frac{\Delta(n\Lambda)}{n\Lambda}=\left(\frac{1}{\Lambda}\frac{\partial\Lambda}{\partial P}+\frac{1}{n}\frac{\partial n}{\partial P}\right)\Delta P \tag{3.9.14}$$

式中：Λ——光纤布拉格光栅长度周期；

n——光栅区纤芯部分的有效折射率。

上式所体现的就是光纤布拉格光栅的波长相对变化率 $\Delta\lambda_g/\lambda_g$ 与压力变化 ΔP 之间的关系。

光纤布拉格光栅物理长度的相对变化率及其折射率的相对变化率与压力的关系为

$$\frac{\Delta L}{L}=-\frac{(1-2\mu)P}{E} \tag{3.9.15}$$

$$\frac{\Delta n}{n}=\frac{n^2P}{2E}(1-2\mu)(2p_{12}+p_{11}) \tag{3.9.16}$$

式中：E——光纤的杨式模量；

μ——光纤的泊松比；

p_{11} 和 p_{12}——光纤的光压系数。

这里再假设光线光栅是绝对均匀的，也就是说，光栅周期的相对变化率和光栅段物理长度的相对变化率是一致的。因此，可以得到光纤布拉格光栅的压力灵敏度，即

$$\frac{\Delta\lambda_g}{\lambda_g\Delta P}=-\frac{1-2\mu}{E}+\frac{n^2}{2E}(1-2\mu)(2p_{12}+p_{11}) \tag{3.9.17}$$

假设所用的二氧化硅光纤布拉格光栅的杨式模量为 7×10^{10} N/m^2，泊松比为 0.17，光压系数 p_{11} 和 p_{12} 分别为 0.121 和 0.270，掺锗纤芯的折射率为 1.465，由式(3.9.17)可以得到其灵敏度为 -5.18×10^{-6} MPa^{-1}。对此，可以进行试验验证。试验装置如图 3.9.18 所示。

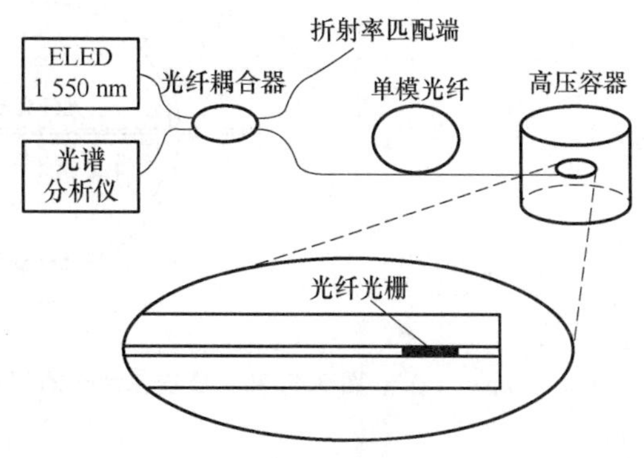

图 3.9.18　裸光纤布拉格光栅测量压力的试验装置

图 3.9.18 中的传感器就是一根刻有光栅的单模光纤，其参数如下：中心波长为 1 533.3 nm，峰值反射率为 80%，带宽为 0.7 nm。整个传感器置于一个高压容

器中。该试验装置所得的结果是$-1.98\times10^{-6}\ \mathrm{MPa}^{-1}$。造成试验结果和理论值相差这么大的原因是,试验用的光纤布拉格光栅的杨式模量、泊松比以及光压系数p_{11}和p_{12}的值未知,而且从结果来看应该和理论值相差比较大。图 3.9.19 所示即为该试验装置所测得的数据结果。

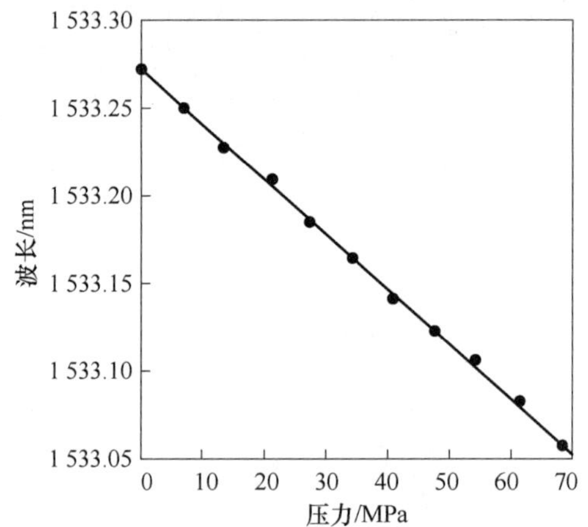

图 3.9.19 裸光纤布拉格光栅测量压力的数据结果

从图 3.9.19 可以看出,在 0 ～70 MPa 范围内,光纤布拉格光栅的中心波长只移动了 0.22 nm,这么低的灵敏度在实际应用中是不可能用于常规测量的。为了使光纤布拉格光栅的压力测量能够用于实际,可以对光纤布拉格光栅进行压力增敏,例如玻璃球结构的光纤布拉格光栅压力传感器和光纤布拉格光栅弹簧管压力传感器,传感器结构如图 3.9.20 与图 3.9.21 所示,其压力灵敏度分别为$-21.2\times10^{-6}\ \mathrm{MPa}^{-1}$和$-1.79\times10^{-4}\ \mathrm{MPa}^{-1}$,与裸光栅相比,大大提高了压力灵敏度。

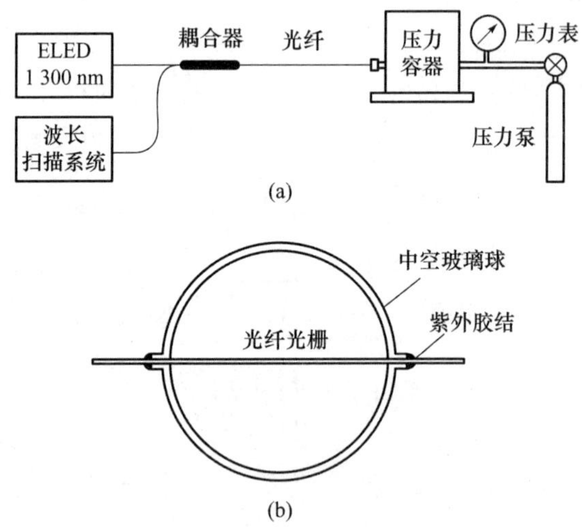

图 3.9.20 玻璃球结构的光纤布拉格光栅压力传感器

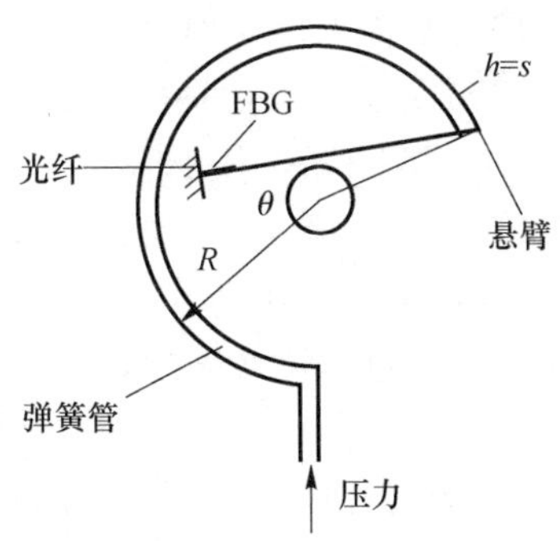

图 3.9.21　光纤布拉格光栅弹簧管压力传感器

思考题与习题

3.1 简述传感器技术在信息技术中的作用。

3.2 举例说明传感器的功能。

3.3 图 3.1.1 所示的传感器提供了哪些信息?

3.4 简要说明传感器技术发展过程中的主要特征。

3.5 如何理解定性测量? 举例说明。

3.6 查阅相关文献,给出一个多功能化传感器的示意图,并进行简要说明。

3.7 比较应变效应与压阻效应。

3.8 硅压阻效应的温度特性为什么较差?

3.9 电位器的主要用途是什么?

3.10 简要说明电位器的基本组成结构。

3.11 电位器的特点是什么?

3.12 简述线绕式电位器的主要特点。

3.13 什么是电位器的阶梯特性? 在实际使用时,它会给电位器带来什么问题?

3.14 电容式敏感元件有哪几种? 各自的主要用途是什么?

3.15 电容式敏感元件的特点是什么?

3.16 变间隙电容式敏感元件如何实现差动检测方案?

3.17 某些教材将图 3.3.5 所示的圆筒形变面积电容式敏感元件归属于变介电常数式电容敏感机理,这样划分的出发点是什么? 与本教材的划分相比,哪一种更合适? 说明理由。

3.18 利用电容式变换原理,可以构成几种类型的位移传感器,简述各自的工作机理,并说明它们的主要使用特点。

3.19 某变极距型电容式位移传感器的有关参数为:初始极距 $\delta=1$ mm,$\varepsilon_r=1$,$S=314$ mm^2,当极板极距减小 $\Delta\delta=10$ μm 时,试计算该电容式传感器的电容变化量以及电容的相对变化量。

3.20 简要说明电容式传感器需要解决的绝缘问题。

3.21 在电容式传感器中,简述解决寄生电容干扰问题的方案。

3.22 变磁路测量原理的特点是什么?

3.23 电感式敏感元件主要由哪几部分组成? 电感式敏感元件主要有几种形式?

3.24 说明简单电感式变换元件的基本工作原理及特点。

3.25 题图 3.1 所示为简单电感式传感器。有关参数示于图中，单位均为 mm。磁路取为中心磁路，不计漏磁。设铁芯及衔铁的相对导磁率为10^4，空气的相对导磁率为 1，真空的磁导率为 $4\pi\times10^{-7}$ H/m，线圈匝数为 200。试计算气隙长度为 0 mm、1 mm 和 2 mm 时的电感量。

3.26 简述电涡流效应，并说明其可能的应用。

3.27 电涡流效应与哪些参数有关？电涡流式变换元件的主要特点有哪些？

3.28 简述霍尔效应，并说明其可能的应用。

3.29 某一种电涡流式位移传感器，其输出为频率及特性方程为 $f=e^{(kx+a)}+f_\infty$。已知其 $f_\infty=2.333$ MHz 及题表 3.1 所列的一组标定数据，试求该传感器的工作特性方程及符合度（利用曲线化直线的拟合方法，并用最小二乘法作直线拟合）。

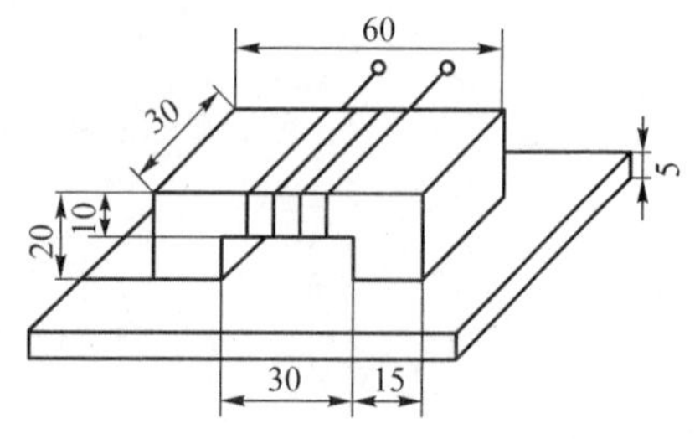

题图 3.1　一种简单电感式传感器结构参数示意图

题表 3.1　某一种电涡流式位移传感器的一组标定数据

位移 x/mm	0.3	0.5	1.0	1.5	2.0	3.0	4.0	5.0	6.0
输出 f/MHz	2.523	2.502	2.461	2.432	2.410	2.380	2.362	2.351	2.343

3.30 简述感应同步器测量位移的特点。

3.31 什么是压电效应？有哪几种常用的压电材料？

3.32 简述石英晶体压电特性产生的原理。

3.33 简述压电陶瓷材料压电特性产生的原理。

3.34 试比较石英晶体和压电陶瓷的压电效应。

3.35 简述 PVF2 压电薄膜的使用特点。

3.36 简述环境温度对压电式传感器的影响及应采取的措施。

3.37 建立以质量、弹簧和阻尼器组成的二阶系统的动力学方程，并以此说明谐振现象和基本特点。

3.38 如何从谐振式传感器的输出信号的特征理解谐振现象？

3.39 什么是谐振子的机械品质因数 Q？如何测定 Q？如何提高 Q？

3.40 某工程技术人员欲通过测试一谐振子的幅频特性曲线求得其 Q，记录了两个半功率点的频率值分别为 5.131 5 kHz 和 5.132 7 kHz，由于疏忽，没有记录谐振频率值。试帮助该技术人员解决这一问题，并讨论可能的评估误差。

3.41 从谐振式传感器的闭环自激条件来说明 Q 值越高越好。

3.42 简述光电传感器的分类。使用光电传感器可以实现哪些物理量的测量？

3.43 简述光栅传感器的分类。使用光栅传感器可以测量哪些物理量？

3.44 简述莫尔条纹的产生原理，为什么莫尔条纹具有放大作用？

3.45 简述辨向电路和细分电路的工作原理。

3.46 简述光纤光栅传感器原理与分类。

3.47 简述 FBG 传感器的工作原理及用途。

第4章 压力测量

4.1 概 述

4.1.1 压力的概念

工程上，把流体介质垂直作用于单位面积上的力称为压力。压力是流体介质分子的质量与分子热运动对容器壁碰撞的结果，也是反映流体介质状态的一个重要参数，通常以符号 p 表示，即

$$p=\frac{F}{S} \tag{4.1.1}$$

式中：F——流体介质垂直作用于物体表面的力(N)；

S——承受力的面积(m^2)。

由于参照点不同，在工程技术中流体的压力分为：

① 差压(压差)。两个压力之间的相对差值；

② 绝对压力。相对于零压力(绝对真空)的压力；

③ 表压力。绝对压力与当地大气压之差；

④ 负压(真空表压力)。当绝对压力小于大气压时，大气压与该绝对压力之差；

⑤ 大气压。它是最常见的压力，是地球表面上的空气质量所产生的压力，大气压随所在地的海拔高度、纬度和气象情况而变。

工程上，按压力随时间的变化关系可分为静态压力和动态压力。静态压力就是不随时间变化或随时间缓慢变化的压力；动态压力就是随时间做快速变化的压力。

4.1.2 压力的单位

压力是力和面积的导出量，由于单位制不同以及使用场合与历史发展状况的差异，压力单位也有很多种。下面介绍目前常用的几种压力单位。

(1) 帕斯卡(Pa)

单位为 N/m^2，表示每 1 m^2 的面积上均匀作用有 1 N 的力。它是国际单位制(SI)中规定的压力单位，也是我国国标中规定的压力单位。

(2) 标准大气压(atm)

表示温度为 0 ℃，重力加速度为 9.806 65 m/s^2，高度为 0.760 m，密度为 13.595 1 kg/m^3 的水银柱所产生的压力。

$$1\ \text{atm}=101\ 325\ \text{Pa} \tag{4.1.2}$$

(3) 工程大气压(at)

表示 1 cm^2 的面积上均匀作用有 9.806 65 N(1 kgf)时所产生的压力。

$$1\ \text{at}=1\ \text{kgf/cm}^2=98\ 066.5\ \text{Pa} \tag{4.1.3}$$

(4) 巴(bar)

表示 1 cm^2 的面积上均匀作用有10^6 dyn 力时所产生的压力。

$$1\ bar=10^6\ dyn/cm^2=10^5\ Pa \tag{4.1.4}$$

巴是厘米-克-秒制中的压力单位,曾用于气象学和航空测量技术中,它的 1/1 000 是毫巴,用 mbar 或 mb 表示。

(5) 毫米液柱

以液柱(水银或其他液体)高度来表示压力的大小。常用的有毫米汞柱(mmHg)和毫米水柱(mm H_2O)。1 mm 汞柱压力又称为 1 Torr(1 托),在温度为 0 ℃,重力加速度为 9.806 65 m/s^2,密度为 13.595 1×103 kg/m^3 时,有

$$1\ mmHg=1\ Torr=\frac{1}{760}atm=133.322\ Pa \tag{4.1.5}$$

对于水柱来说,当温度为 4 ℃,重力加速度为 9.806 65 m/s^2,密度为 1 000 kg/m^3 时,有

$$1\ mm\ H_2O=9.806\ 65Pa \tag{4.1.6}$$

(6) 磅/英寸^2(psi)

表示 1 in^2 的面积上均匀作用有 1 lbf 力时所产生的压力。

$$1\ psi=1\ lbf/in^2=6.894\ 76Pa \tag{4.1.7}$$

各种压力单位间的换算关系如表 4.1.1 所列。

表 4.1.1 压力单位换算表

项目	帕斯卡/(Pa,N·m^{-2})	标准大气压/atm	工程大气压/(at,kgf·cm^{-2})	巴/(bar,10^6dyn·cm^{-2})	托/(mmHg,Torr)	磅·英寸$^{-2}$/psi
帕斯卡/(Pa,N·m^{-2})	1	$9.869\ 23\times10^{-6}$	$1.019\ 72\times10^{-5}$	1×10^{-5}	$0.750\ 062\times10^{-2}$	$1.450\ 38\times10^{-4}$
标准大气压/atm	1013 25	1	1.033 23	1.013 25	760	14.695 9
工程大气压/at	$9.806\ 65\times10^4$	0.969 23	1	0.980 665	735.559	14.223 3
巴/bar	1×10^5	0.986 923	1.019 72	1	750.062	14.503 8
托/Torr	133.322	$1.315\ 79\times10^{-3}$	$1.359\ 51\times10^{-3}$	$1.333\ 22\times10^{-3}$	1	$1.933\ 68\times10^{-2}$
磅·英寸$^{-2}$/psi	$6.894\ 76\times10^3$	$6.804\ 62\times10^{-2}$	$7.030\ 7\times10^{-2}$	$6.894\ 76\times10^{-2}$	51.714 9	1

4.1.3 压力测量系统的分类

根据测量压力的原理,压力测量系统可分为:

① 基于与重力相比较的压力测量系统。以流体的静重与压力相平衡的原理来测量压力,如各种液柱压力计等。

② 利用弹性敏感元件的压力位移特性的压力测量系统,即将被测压力转换为弹性敏感元

件的位移实现压力测量，如机械式压力表、电位计式压力传感器和电容式压力传感器等。

③ 利用弹性敏感元件的压力与应变特性的压力测量系统，即基于弹性敏感元件在被测压力的作用下产生应变的特性实现压力测量，如应变式压力传感器。

④ 利用弹性敏感元件的压力与应力特性的压力测量系统，即基于弹性敏感元件在被测压力的作用下产生应力的特性实现压力测量，如硅压阻式压力传感器、压电式压力传感器等。

⑤ 利用弹性敏感元件的压力/集中力特性的压力测量系统，即基于弹性敏感元件将被测压力转换成集中力实现压力测量，如力平衡式压力传感器等。

⑥ 利用弹性敏感元件的压力/频率特性的压力测量系统，即基于弹性元件在被测压力作用下其谐振频率产生变化来实现压力测量，如振弦式、振动筒式压力传感器和谐振膜式压力传感器等。

⑦ 利用某些物理特性的压力测量系统。利用某些物质在被测压力作用下的特性来测量压力，如热导式、电离式真空计等。

按压力测量系统的组成原理，压力测量系统可分为：

① 开环压力测量系统；

② 伺服式压力测量系统；

③ 数字式压力测量系统。

4.1.4　常用的压力弹性敏感元件

在压力测量装置中，有许多是利用感压弹性敏感元件特性实现的。常用的感压弹性敏感元件有弹簧管、膜片、膜盒、波纹管、振动弦、振动梁和振动筒等，如图 4.1.1 所示。

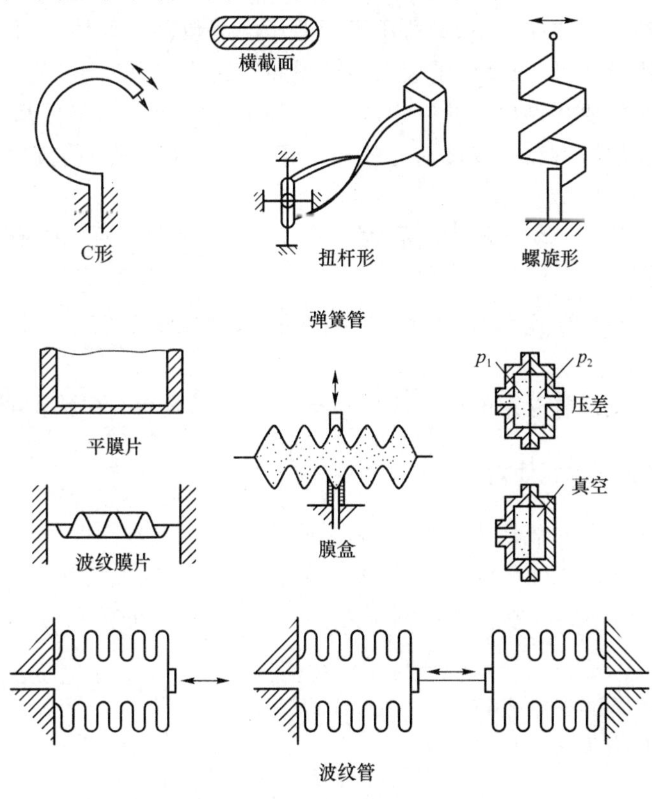

图 4.1.1　部分常用的压力弹性敏感元件

机械式压力表是一种最早的压力测量装置，通常利用弹性敏感元件机械位移与被测压力之间确定的函数关系实现测量。它是直读仪表，具有结构简单、使用可靠、维护方便、成本较低和精度偏低的特点，故广泛应用于工业领域的压力测量。

弹性敏感元件位移与被测压力之间的函数关系不仅可以用于机械式压力表，还可以用于具有很高精度的压力传感器，如电容式压力传感器等。此外可以利用弹性敏感元件应变、应力、集中力或固有振动频率特性与被测压力之间的函数关系实现压力测量。

制作压力弹性敏感元件通常选用强度高、弹性极限高的材料，应具有高的冲击韧性和疲劳极限，弹性模量温度系数小而稳定，具有良好的加工和热处理性能，热膨胀系数小，热处理后应具有均匀稳定的组织，抗氧化，抗腐蚀，弹性迟滞应尽量小。

常用来制作压力弹性敏感元件的材料有金属材料和非金属材料两大类。

金属材料有铜基高弹性合金，如黄铜、磷青铜、钛青铜，这类合金耐高温和耐腐蚀等性能差；铁基和镍基高弹性合金，如 17－4PH(CrI7Ni4AI)，蒙乃尔合金(Ni63～67，Al2～3，Ti0.05，其余 Cu)，这类合金弹性极限高，迟滞小，耐腐蚀，但弹性模量随温度变化较大；恒弹合金，如 3J53(Ni42CrTiA)，3J58，其国外代号为 Ni－Span－C，这种材料在－60～100 ℃的温度范围内的弹性模量温度系数为$\pm 10\times 10^{-6}$℃$^{-1}$；铌基合金，主要有 Nb－Ti 及 Nb－Zr 合金，如 Nb35Ti42Al5～5.5，这种合金在－40～＋220 ℃温度范围内弹性模量的温度系数为$(-32.2\sim -512.5)\times 10^{-6}$℃$^{-1}$，弹性极限高，迟滞小，无磁性，耐腐蚀。

非金属材料有石英材料、陶瓷和半导体硅等。其中石英材料内耗小，迟滞小(只有最好的弹性合金的 1/100)，线膨胀系数小，品质因数高，是一种理想的弹性元件材料。陶瓷材料在破碎前，其应力、应变特性为线性关系，最适用于高温压力测量。半导体硅由于具有压阻效应并适用于微电子和微机械加工，故得到了极大的重视和广泛的应用。

压力弹性敏感元件要获得预期的性能，在它们加工过程中和加工后都需要进行相应的热处理、时效处理、反复加压力和机械振动处理等，否则很难保证它们具有良好、稳定的性能。

4.2　液柱式压力计和活塞式压力计

液柱式压力计是最早使用的压力计，其结构简单，测压精度较高，目前常用作压力计量基准。

活塞式压力计也是目前常用的压力计量基准，其测压精度高，压力测量范围大。

4.2.1　液柱式压力计

图 4.2.1 所示是常用的液柱式压力计，利用液柱产生的压力与被测流体介质的压力相平衡的原理实现测量。在图 4.2.1(a)的 U 形管内装有液体，当 U 形管两端接入不同的压力 p_1，p_2 时，U 形管内液面间的高度差 h 与被测压力 p_1 和 p_2 差值间的关系为

$$\Delta p=p_1-p_2=\rho g h \tag{4.2.1}$$

式中：ρ——液体的密度(kg/m^3)；

g——当地的重力加速度(m/s^2)；

h——液面间的高度差(m)；

Δp——被测压力间的差压(Pa)。

由式(4.2.1)可知，只有当 ρ 和 g 为已知常数时，差压 Δp 才与液面间的高度差 h 成正比。而液体的密度 ρ 往往要随使用时的环境温度而变，重力加速度 g 也随使用地的纬度和海拔高度而异。因此在测量压力时都需要实测液体的密度 ρ 和重力加速度 g，或按一定的理论公式进行修正。

当 $p_2=0$ 时，被测压力的差值 $\Delta p=p_1$ 为绝对压力。

当 p_2 为当地大气压时，被测压力的差值 $\Delta p=p_1-p_2$ 为表压或负压。

当 p_2 为任意值(除 0 和当地大气压外)时，被测压力的差值 $\Delta p=p_1-p_2$ 为差压。

图 4.2.1(b)为一种绝压液柱压力计，玻璃管一端封闭，并保持真空。当液槽的截面积远远大于玻璃管的截面积时，就可以忽略液槽内液面高度的变化，直接读取玻璃管内液柱的高度即可。

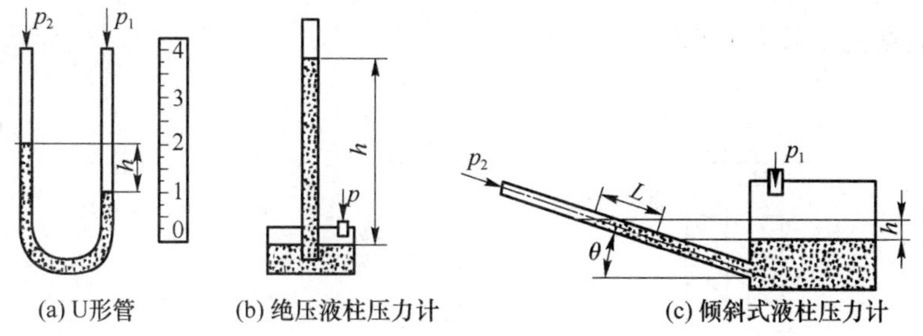

(a) U形管　(b) 绝压液柱压力计　(c) 倾斜式液柱压力计

图 4.2.1　液柱式压力计

当被测压力范围比较大时，可以选用水银；被测压力范围比较小时，可以选用水或其他密度比较小又不易挥发的液体。为了提高小压力的测量精度，常采用图 4.2.1(c)所示的倾斜式液柱压力计，管内液面间的高度差 h 与被测压力 p_1 和 p_2 差值间的关系为

$$\Delta p=p_1-p_2=\rho gL\sin\theta\left(1+\frac{S_2}{S_1\sin\theta}\right) \tag{4.2.2}$$

式中：ρ——液体的密度($\mathrm{kg/m^3}$)；

g——当地的重力加速度($\mathrm{m/s^2}$)；

h——液面间的高度差(m)；

Δp——被测压力间的差压(Pa)；

L——倾斜管内相对于起始零点的液柱长度(m)；

θ——倾斜管的倾斜角(°)；

S_1——倾斜管的截面积($\mathrm{m^2}$)；

S_2——液槽的截面积($\mathrm{m^2}$)。

当$S_1\gg S_2$ 时，式(4.2.2)可以写为

$$L=\frac{\Delta p}{\rho g\sin\theta} \tag{4.2.3}$$

由此可见，在同一压力差作用下，液柱长度 L 与$\frac{1}{\sin\theta}$成比例，因此倾斜管液柱压力计可以提高压力测量精度。但倾斜角 θ 不宜太小，因为当 θ 太小时，读数位置处液面拉得太长，反而不便于使用，一般 θ 不小于 15°。

4.2.2 活塞式压力计

活塞式压力计是利用标准砝码所产生的力与被测流体介质压力作用于自由活动的活塞上所产生的力相互平衡的原理实现测量的。

图 4.2.2 所示为活塞式压力计的原理示意图。它由配合良好的活塞和活塞筒、砝码和砝码盘以及加压装置等部分组成。加压装置通过管道分别向被校验压力表和活塞底面施加气压或油压。当活塞处于平衡状态时,活塞上的总质量(包括砝码、砝码盘和活塞的质量)引起的重力 W 和被测压力产生的力 F、活塞筒间的摩擦力 F_f(包括机械摩擦和黏性摩擦)相平衡,即有

$$W=F+F_f=pS+F_f=S_e p \tag{4.2.4}$$

式中:S——活塞的有效面积(m^2);

S_e——活塞的等效有效面积(m^2),$S_e=S+\frac{F_f}{p}$。

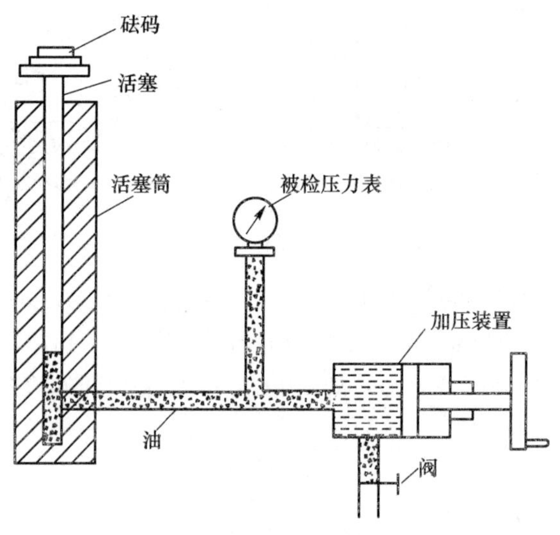

图 4.2.2 活塞压力计

对于确定的活塞式压力计,活塞的等效有效面积是一定的,因此通过在砝码盘加载不同质量的砝码就可以得到不同的压力。

精确计算活塞的等效有效面积是困难的。通常采用与高一级压力标准比较测试的方法来确定活塞的S_e。

活塞式压力计在精确计量时,必须考虑被测压力、温度、重力加速度和空气浮力对有效面积的影响。

4.3 位移式压力测量装置

4.3.1 电位计式压力传感器

图 4.3.1 所示是一种电位计式压力传感器原理结构图。被测压力作用在膜盒上,使膜盒

产生位移，经放大传动机构带动电刷在电位计上滑动。当电位计两端加有直流电源电压时，则可从电位计电刷与电源地端间得到相应的输出电压，该输出电压的大小即可反映出被测压力的大小。

这类传感器的优点是输出信号较大（可达 V 级），使用时不需专门的信号放大电路；缺点是精度不太高，寿命短，工作频带窄，功耗高。

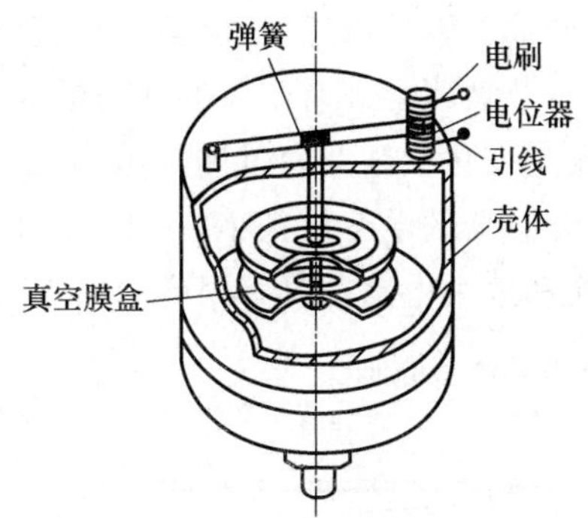

图 4.3.1　电位计式压力传感器

4.3.2　变磁阻式压力传感器

图 4.3.2 所示是测量差压用的变气隙差动电感式压力传感器的原理示意图，它由结构和电气参数完全对称的两部分所组成。平膜片感受压力差，并作为衔铁使用。由于差动接法比非差动接法具有非线性误差小、电磁吸力小、零位输出小以及温度和其他外干扰影响较小等优点，故差动电感式压差传感器一般均采用交流差动变换电路。当所测压力差 $\Delta p = p_1 - p_2 = 0$ 时，两边电感的起始气隙长度相等，即 $\delta_1 = \delta_2 = \delta_0$，因而两个电感的磁阻相等，即阻抗相等，则有 $Z_1 = Z_2 = Z_0$，此时电桥处于平衡状态，电桥输出电压为零；当压力差 $\Delta p \neq 0$ 时，$\delta_1 \neq \delta_2$，两个电感的磁阻不等，即阻抗不等，则 $Z_1 \neq Z_2$。电桥输出电压的大小将反映被测压力差的大小。若在设计时保证在所测压力差范围内电感气隙的变化量很小，那么电桥的输出电压将与被测压力差成正比，电压的正反相位将代表压力差的正、负。

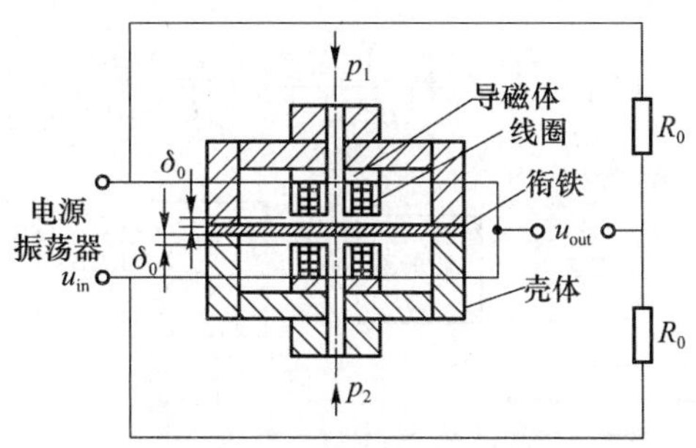

图 4.3.2　变磁阻式压力传感器

应该注意的是，这种测量电路的传感器其频率响应不仅取决于传感器本身的结构参数，还取决于电源振荡器的频率、滤波器及放大器的频带宽度。一般情况下电源振荡器的频率选择在 10～20 kHz。

4.3.3 电容式压力传感器

1. 原理结构图

图 4.3.3 所示是一种电容式压差传感器的原理结构示意图。图中上下两端的隔离膜片与弹性敏感元件(膜片)之间充满硅油。弹性敏感元件(膜片)是差动电容变换器的活动极板。差动电容变换器的固定极板是在石英玻璃上镀有金属的球面极板。膜片在差压的作用下产生位移,使差动电容变换器的电容发生变化。因此通过测量电容变换器的电容(变化量)就可以实现对压力的测量。由于电容式传感器的电容量很小,在压力作用下电容的变化量就更小,这就要求传感器所采用的测量、转换和放大电路应具有很高的输入阻抗。

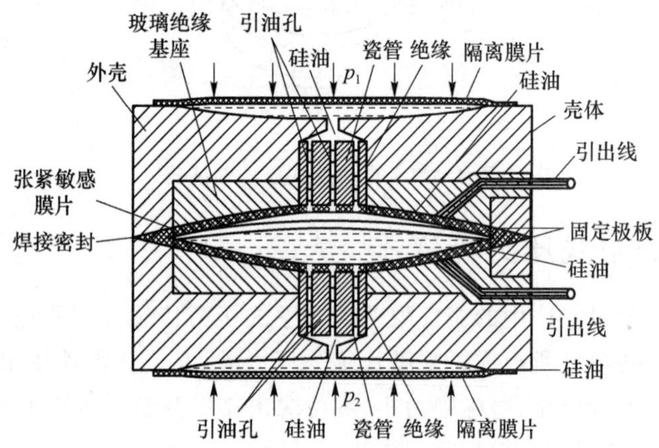

图 4.3.3 电容式压差传感器原理结构

2. 变压器式电桥线路

图 4.3.4 给出了变压器式电桥线路的原理图,图 4.3.5 则给出了相应的等效电路图。电容 C_1、C_2 可以是差动方式的电容组合,即当被测量变化时,C_1、C_2 中的一个增大,另一个减小;Z_f 为放大器的输入阻抗,Z_f 上的电压即为电桥输出电压。

$$\dot{U}_{\text{out}}=\dot{I}_f Z_f=\frac{(\dot{E}_1 C_1-\dot{E}_2 C_2)\text{j}w}{1+Z_f(C_1+C_2)\text{j}w}Z_f \tag{4.3.1}$$

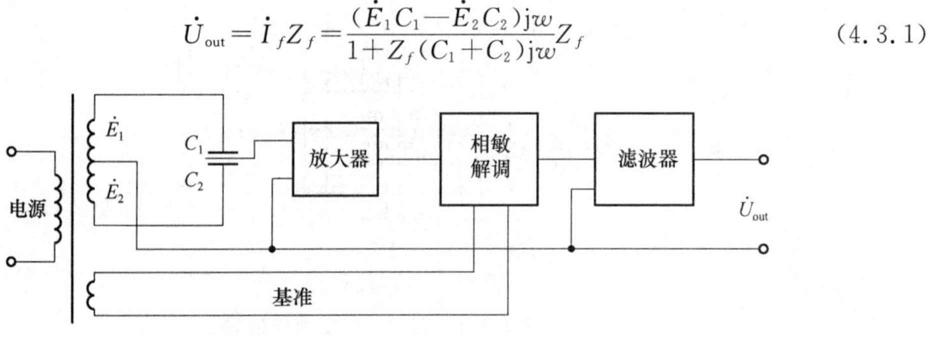

图 4.3.4 变压器式电桥线路

由式(4.3.1)可知,平衡条件为式(4.3.2)或式(4.3.3):

$$\dot{E}_1 C_1 = \dot{E}_2 C_2 \tag{4.3.2}$$

$$\frac{\dot{E}_1}{\dot{E}_2} = \frac{C_2}{C_1} \tag{4.3.3}$$

假设差动电容 C_1、C_2 初始平衡时：$\dot{E}_1 = \dot{E}_2 = \dot{E}$，$C_1 = C_2 = C$，$Z_f = R_f$；当极板偏离中间位置时，有 $C_1 = C + \Delta C_1$，$C_2 = C - \Delta C_2$，由式(4.3.1)可得

$$\dot{U}_{\text{out}} = \frac{\dot{E}(\Delta C_1 + \Delta C_2)\text{j}w}{1 + 2\text{j}R_f C w} R_f \tag{4.3.4}$$

当 $R_f \to \infty$ 时，式(4.3.4)可改写为

$$\dot{U}_{\text{out}} = \frac{\dot{E}(C_1 - C_2)}{C_1 + C_2} \tag{4.3.5}$$

假设 C_1、C_2 以常规的平行极板电容器为参考模型，则有

$$C_1 = \frac{\varepsilon s}{\delta_0 - \Delta\delta}, \qquad C_2 = \frac{\varepsilon s}{\delta_0 - \Delta\delta}$$

由式(4.3.5)可得

$$\dot{U}_{\text{out}} = \frac{\dot{E}\Delta\delta}{\delta_0} \tag{4.3.6}$$

输出电压与 $\Delta\delta/\delta_0$ 成正比。

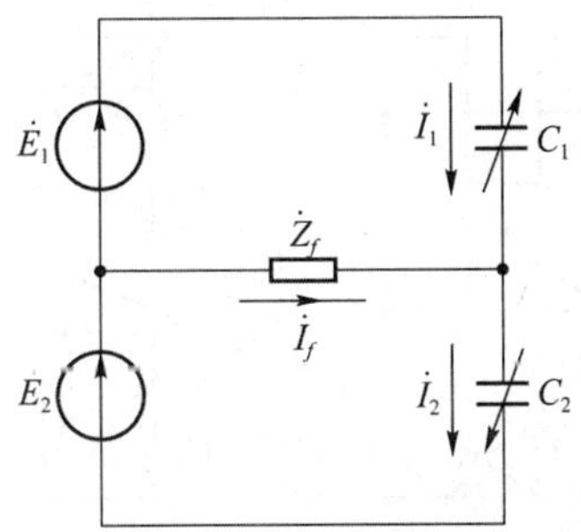

图 4.3.5　变压器式电桥等效电路

3. 差动脉冲调宽电路

图 4.3.6 给出了差动脉冲调宽电路的原理图，主要包括比较器 A_1、A_2，双稳态触发器及差动电容 C_1、C_2 组成的充放电回路等。双稳态触发器的两个输出端用作整个电路的输出，如果电源接通时，双稳态触发器的 A 端为高电位，B 端为低电位，则 A 点通过 R_1 对 C_1 充电，直至 M 点的电位等于直流参考电压 U_{ref} 时，比较器 A_1 产生一脉冲，触发双稳态触发器翻转，A 端为低电位，B 端为高电位。此时 M 点电位经二极管 D_1 从 U_{ref} 迅速放电至零；而同时 B 点的高电位经 R_2 对 C_2 充电，直至 N 点的电位充至参考电压 U_{ref} 时，比较器 A_2 产生一脉冲，触发双稳态触发器翻转，A 端为高电位，B 端为低电位，又重复上述过程，如此周而复始，最后在双稳态触发器的两端各自产生一宽度受电容 C_1、C_2 调制的脉冲方波。

当 $C_1 = C_2$ 时，电路上各点电压信号波形如图 4.3.7(a)所示，A，B 两点间的平均电压等于零。

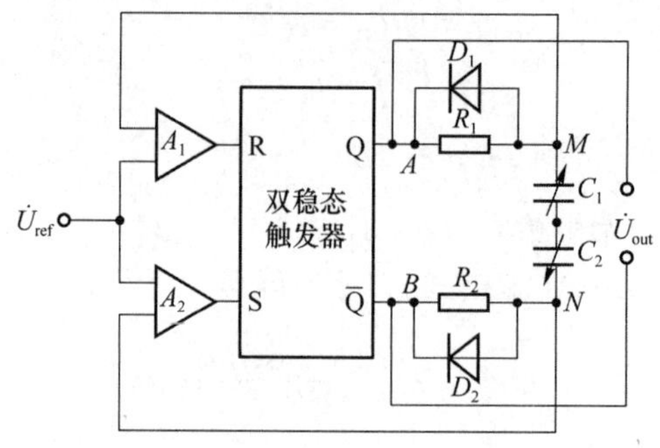

图 4.3.6　差动脉冲调宽电路

当 $C_1>C_2$ 时，电容 C_1、C_2 的充放电时间常数要发生变化，电路上各点电压信号波形如图 4.3.7(b)所示，A、B 两点间的平均电压不等于零。输出电压 U_{out} 经低通滤波后获得，等于 A、B 两点的电压平均值 U_{AP} 与 U_{BP} 之差。

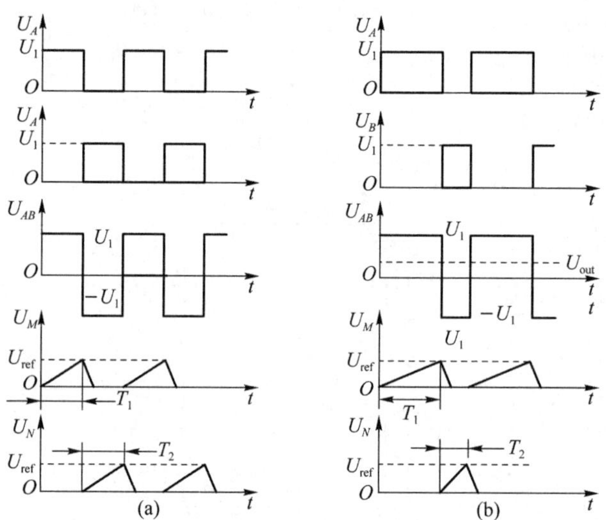

图 4.3.7　电压信号波形图

$$U_{AP}=\frac{T_1}{T_1+T_2}U_1 \tag{4.3.7}$$

$$U_{BP}=\frac{T_2}{T_1+T_2}U_1 \tag{4.3.8}$$

$$U_{out}=U_{AP}-U_{BP}=\frac{T_1-T_2}{T_1+T_2}U_1 \tag{4.3.9}$$

$$T_1=R_1C_1\ln\frac{U_1}{U_1-U_{ref}}$$

$$T_2=R_2C_2\ln\frac{U_1}{U_1-U_{ref}}$$

式中：U_1——触发器输出的高电平(V)。

当充电电阻 $R_1=R_2=R$ 时，式(4.3.9)可改写为

$$U_{out}=\frac{C_1-C_2}{C_1+C_2}U_1 \tag{4.3.10}$$

式(4.3.10)不仅具有与式(4.3.5)相同的形式，而且还能直接获得直流输出。

由式(4.3.10)可知：差动电容的变化使充电时间不同，导致双稳态触发器输出端的方波脉冲宽度不同从而产生输出。输出信号一般为 100 kHz～1 MHz 的矩形波，所以直流输出只需经低通滤波器即可。由于低通滤波器的作用，对输出矩形波的纯度要求不高，只需要一电压稳定度较高的直流参考电压 U_{ref} 即可。

4.3.4　位置反馈式压力测量系统

1. 结构及测量过程

图 4.3.8 所示是一个典型的位置反馈式绝对压力测量系统，它用真空膜盒来感受绝对压力的变化，膜盒硬中心的位移 x 经曲柄连杆机构转换为差动变压器衔铁的角位移 φ_1，产生的差动变压器的输出电压 u_D 被传送至放大器 A，放大后的电压 u_A 控制两相伺服电机 M 转动，经齿轮减速器后，一方面输出转角 β，另一方面带动差动变压器定子(包括铁芯和线圈)组件跟踪衔铁而转动，当差动变压器衔铁与定子组件间的相对位置使其输出电压 u_D 为零时，系统达到平衡，此时系统的输出转角 β 将反映被测压力的大小。在该测量系统中，为了改善系统的动态品质还采用了测速发电机 G 以引入速度反馈信号。

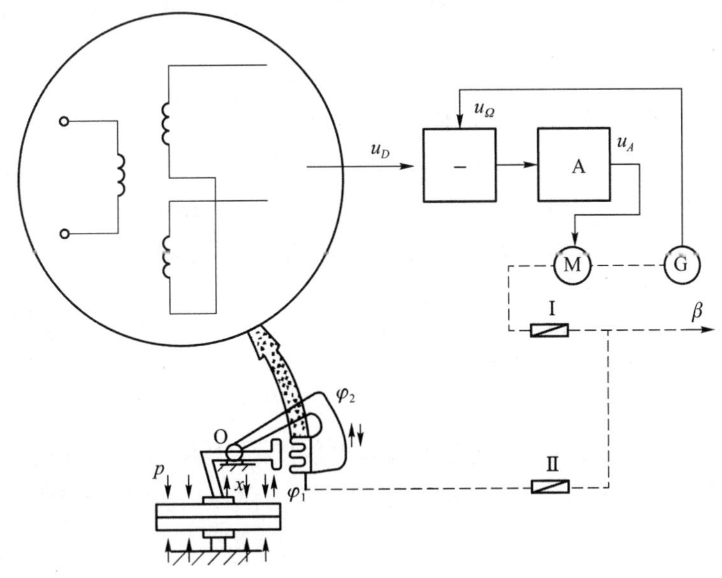

图 4.3.8　位置反馈式压力测量系统

由于该系统平衡时是差动变压器的衔铁和定子组件的相对位置达到平衡状态，故称这种系统为位置平衡(或位置反馈)系统。

2. 环节特性方程与分析

(1) 弹性敏感元件

弹性敏感元件的输入量为被测压力 p，输出量为弹性敏感元件的位移 x。弹性敏感元件

可以等效于一个二阶系统，其特性方程为

$$\frac{x(s)}{p(s)}=\frac{A_E}{m_D s^2+c_D s+k_D} \tag{4.3.11}$$

式中：m_D——真空膜盒以及折合到真空膜盒上的等效质量(kg)；

c_D——真空膜盒以及折合到真空膜盒上的等效阻尼系数(N·s/m)；

k_D——真空膜盒以及折合到真空膜盒上的等效刚度(N/m)；

A_E——弹性敏感元件的等效有效面积(m^2)。

式(4.3.11)可以写为

$$\frac{x(s)}{p(s)}=\frac{K_p w_p{}^2}{s^2+2\xi_p w_p s+w_p{}^2} \tag{4.3.12}$$

式中：K_p——弹性敏感元件(真空膜盒)的静态传递系数(m^2/N)，$K_p=\frac{A_E}{k_D}$；

w_p——弹性敏感元件(真空膜盒)的固有频率(rad/s)，$w_p=\sqrt{\frac{k_D}{m_D}}$；

ξ_p——弹性敏感元件(真空膜盒)的等效阻尼比系数，$\xi_p=\frac{c_D}{2\sqrt{m_D k_D}}$。

(2) 曲柄连杆传动放大机构

曲柄连杆传动放大机构的输入量为位移 x，输出量为曲柄连杆传动放大机构的转角 φ_1。忽略曲柄连杆传动放大结构的惯性及摩擦，且在测压范围内转角很小时，其特性方程为

$$\frac{\varphi_1(s)}{x(s)}=K_x \tag{4.3.13}$$

式中：K_x——曲柄连杆传动放大机构的传递系数(m^{-1})。

(3) 差动变压器

差动变压器的输入量为衔铁转角 φ_1 与定子转角 φ_2 之差 $\Delta\varphi$，输出量为电压 u_D。当忽略差动变压器的惯性及摩擦，且当输入为小转角时，差动变压器具有线性特性，其特性方程为

$$\frac{u_D(s)}{\Delta\varphi(s)}=K_D \tag{4.3.14}$$

式中：K_D——差动变压器的传递系数(V)。

(4) 伺服放大器 A

伺服放大器 A 的输入量为差动变压器的输出电压 u_D 与测速反馈电压 u_Ω 之差 Δu，输出量为伺服放大器的输出电压 u_A。当忽略伺服放大器的惯性，且伺服放大器工作于线性范围时，其特性方程为

$$\frac{u_A(s)}{\Delta u(s)}=K_A \tag{4.3.15}$$

式中：K_A——伺服放大器的传递系数。

(5) 两相伺服电机

两相伺服电机的输入量为伺服放大器的输出电压 u_A，输出量为两相伺服电机的转角 θ，其特性方程为

$$\frac{\theta(s)}{u_A(s)}=\frac{K_T}{s(Ts+1)} \tag{4.3.16}$$

式中：K_T——两相伺服电机电压转速特性曲线的斜率($V^{-1}\cdot s^{-1}$)；

T——两相伺服电机的时间常数(s)。

(6) 测速发动机

测速发动机的输入量为两相伺服电机的转速 w，输出量为测速发动机的电压 u_Ω。当忽略测速发动机的惯性、阻尼及摩擦时，其特性方程为

$$\frac{u_\Omega(s)}{w(s)}=K_\Omega \tag{4.3.17}$$

式中：K_Ω——测速发电机的传递系数(V·s)。

(7) 减速器

减速器共有两级，一级是由两相伺服电机的转轴到输出轴，另一级是由输出轴到差动变压器的定子轴，输入量分别为 θ 和 β，输出量分别为 β 和 φ_2。当忽略其惯性、阻尼及摩擦时，其特性方程为

$$\frac{\beta(s)}{\theta(s)}=K_G \tag{4.3.18}$$

$$\frac{\varphi_2(s)}{\beta(s)}=K_F \tag{4.3.19}$$

式中：K_G——第一级减速器的传递系数，$K_G=\frac{1}{i_1}$；

K_F——第二级减速器的传递系数，$K_F=\frac{1}{i_2}$；

i_1——第一级减速器的减速比；

i_2——第二级减速器的减速比。

3. 系统的结构框图与传递函数

图 4.3.9 给出了位置反馈式压力测量系统的结构方块图。由图 4.3.9 可以写出该系统的传递函数为

$$\begin{aligned}\frac{\beta(s)}{p(s)}&=\frac{A_E K_x K_D K_A K_T K_G}{(m_D s^2+c_D s+k_D)[Ts^2+(1+K_A K_T K_\Omega)s+K_D K_A K_T K_G K_F]}\\&=\frac{K_p w_p^2}{s^2+2\xi_p w_p s+w_p^2}\cdot\frac{K_x K_D K_A K_T K_G}{Ts^2+(1+K_A K_T K_\Omega)s+K_D K_A K_T K_G K_F}\end{aligned} \tag{4.3.20}$$

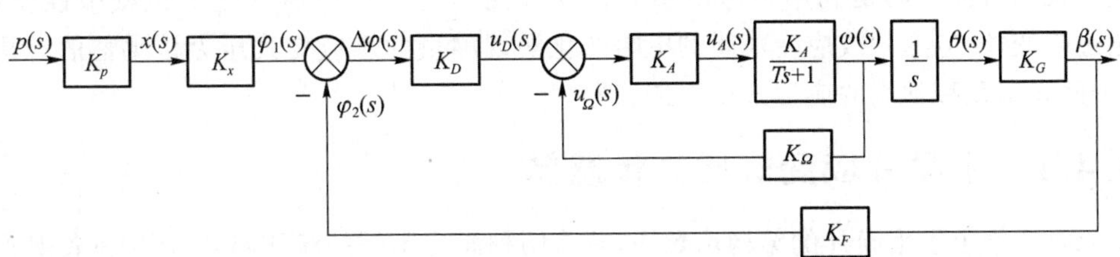

图 4.3.9　位置反馈式压力测量系统结构方块图

4. 系统特性分析

式(4.3.19)可以写为

$$\frac{\beta(s)}{p(s)}=\frac{K_p w_p{}^2}{s^2+2\xi_p w_p s+w_p{}^2}\cdot\frac{K_n w_n{}^2}{s^2+2\xi_n w_n s+w_n{}^2} \tag{4.3.21}$$

式中：K_n——从差动变压器衔铁角位移 φ_1 到输出转角 β 的闭环反馈系统的静态传递系数；

w_n——从差动变压器衔铁角位移 φ_1 到输出转角 β 的闭环反馈系统的固有频率(rad/s)，

$$w_n=\sqrt{\frac{K_D K_A K_T K_G K_F}{T}};$$

ξ_n——从差动变压器衔铁角位移 φ_1 到输出转角 β 的闭环反馈系统的等效阻尼比系数，

$$\xi_n=\frac{1+K_A K_T K_\Omega}{2\sqrt{T K_D K_A K_T K_G K_F}}。$$

通常，等效于二阶系统的弹性敏感元件固有频率 w_p 远高于 w_n，弹性敏感元件(真空膜盒)的等效阻尼比系数 ξ_p 又远远小于 1，因此系统的传递函数可写为

$$\begin{cases}\dfrac{\beta(s)}{p(s)}=\dfrac{K w_n{}^2}{s^2+2\xi_n w_n s+w_n{}^2}\\ K=K_p\cdot K_n\end{cases} \tag{4.3.22}$$

式中：K——测量系统的静态传递系数(Pa^{-1})。

系统的静态特性方程为

$$\beta=K\cdot p \tag{4.3.23}$$

通过上述分析，w_n，ξ_n 就是系统的等效固有频率和等效阻尼比系数。因此通过对 w_n，ξ_n 的分析就可以掌握系统的动态特性。

系统的静态特性主要取决于 K，即 A_E，K_x，k_D，K_F。因此，要保证系统具有较高的精度必须保证系数 A_E，K_x，k_D，K_F 所对应的元件具有较高的精度和稳定性。要提高系统的灵敏度就可以通过增大 A_E，K_x 或减小 k_D，K_F 来实现。

位置反馈式系统的主要优点是可以提高压力弹性敏感元件的负载能力(相当于进行了力或力矩放大)，使输出轴可以带动更多的负载；另一个优点是可以提高系统的灵敏度。但这个系统中的压力弹性敏感元件的位移随压力而增大，它的迟滞、非线性、温度等误差均直接反映在系统的输出中，未能减小弹性敏感元件的误差对系统输出的影响。

4.4 应变式压力传感器

应变式压力传感器是利用弹性敏感元件受被测压力作用后所产生的机械弹性变形(应变)，通过应变丝、应变片或应变薄膜的电阻变化实现测量的。应变式压力传感器的结构形式很多，下面介绍几种常用的应变式压力传感器。

4.4.1 平膜片应变式压力传感器

图 4.4.1 给出了平膜片的结构示意图，它将两种压力不等的流体隔开，压力差使其产生一定的变形。

对于周边固支的平膜片来说，沿半径 r 的上表层处的径向应变 ε_r、切向应变 ε_θ 与所承受的压力 p 间的关系为

$$\varepsilon_r=\frac{3p}{8EH^2}(1-\mu^2)(R^2-3r^2) \tag{4.4.1}$$

$$\varepsilon_\theta=\frac{3p}{8EH^2}(1-\mu^2)(R^2-r^2) \tag{4.4.2}$$

式中：R——平膜片的工作半径(m)；

H——平膜片的厚度(m)；

E——平膜片材料的弹性模量(Pa)；

μ——平膜片材料的泊松比。

图 4.4.2 给出了周边固支平膜片的应变随半径 r 改变的曲线关系。

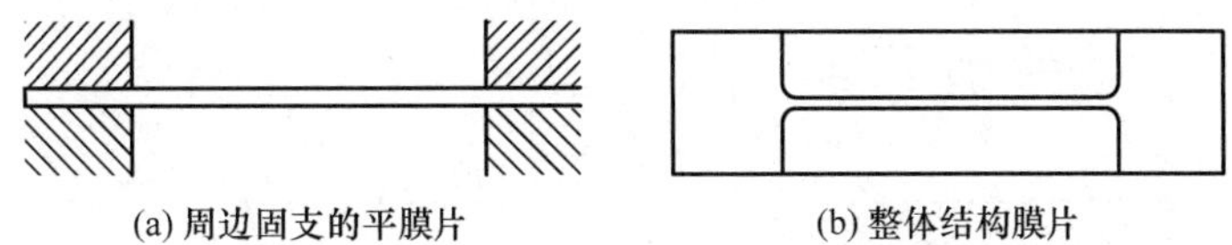

图 4.4.1　平膜片结构示意图

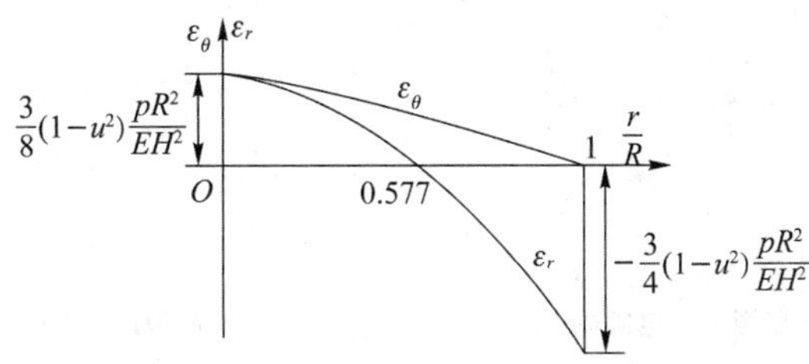

图 4.4.2　平膜片上表面的应变曲线

平膜片周边固支的结构形式有两种：一种是用夹紧环将平膜片周边夹紧；另一种是由整体加工成型。对于前者，在周边夹紧可能出现或松或紧，甚至扭斜现象，使膜片受到局部初始应力，致使膜片在工作过程中引起迟滞误差；后者虽然加工较困难，但无膜片装配问题，在微小应变的情况下，它的迟滞误差可以忽略不计，对提高测量精度是非常有益的。

应变电阻是用来检测膜片应变的有效方法。可以将应变电阻片粘贴在平膜片上来感受压力作用下平膜片的应变，也可以用溅射的方法，将具有应变效应的材料溅射到平膜片上，形成所期望的应变电阻。无论采取什么类型的应变电阻，在膜片上所设置的位置和方向都有共同之处，即尽可能将应变电阻安放在正、负应变最大处。正应变最大处在平膜片的圆心处($r=0$)，此处的径向应变 ε_r、切向应变 ε_θ 大小相等，故要感受正应变就应尽可能将应变电阻设置在靠近圆心处。负应变最大处在平膜片的固支处($r=R$)，切向应变 ε_θ 为零，径向应变 ε_r 为负最大。故要感受负应变就应尽可能将应变电阻设置在靠近平膜片的固支处($r=R$)。应当指出：感受正应变与负应变的应变电阻的敏感方向都应沿膜片径向设置，而不能沿膜片切线方向设置。

基于电阻应变片的工作原理，由式(4.4.1)可知，设置于膜片正中央的电阻(R_1, R_4)的相对变化可近似写为

$$\frac{\Delta R_{1,4}}{R_{1,4}}=K\varepsilon_r(r=0)=\frac{3K_pR^2}{8EH^2}(1-\mu^2) \tag{4.4.3}$$

而设置于膜片边缘的电阻(R_2, R_3)的相对变化可近似写为

$$\frac{\Delta R_{2,3}}{R_{2,3}}=K\varepsilon_r(r=R)=\frac{-3K_pR^2}{4EH^2}(1-\mu^2) \tag{4.4.4}$$

假设四个应变电阻的初始值相同，均为 R_0，则以图 4.4.3(a)所示的恒压源供电的四臂受感电桥进行转换时，输出电压为

$$U_{\text{out}}=\left(\frac{R_4}{R_2+R_4}-\frac{R_3}{R_1+R_3}\right)U_{\text{in}}=\frac{\dfrac{9K_pR^2}{8EH^2}(1-\mu^2)U_{\text{in}}}{2-\dfrac{3K_pR^2}{8EH^2}(1-\mu^2)}\approx\frac{9K_pR^2}{16EH^2}(1-\mu^2)U_{\text{in}} \tag{4.4.5}$$

当采用图 4.4.3(b)所示的恒流源供电电桥电路时，供电电流为 I_{in}，通过各桥臂的电流为 I_1 和 I_2 为

$$I_1=I_2=\frac{I_{\text{in}}}{2} \tag{4.4.6}$$

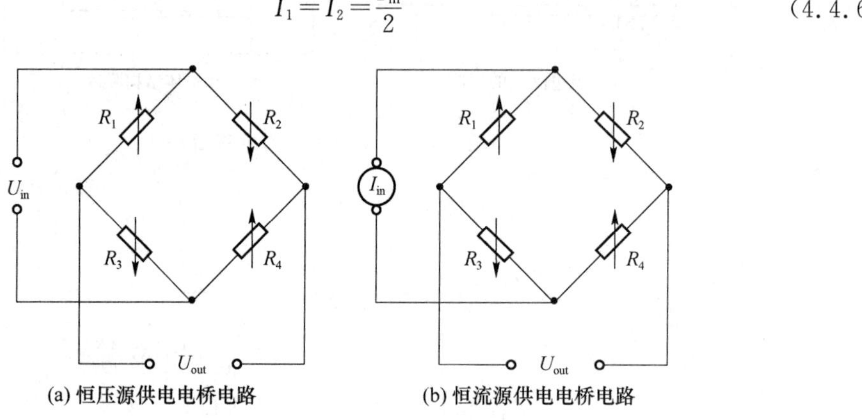

图 4.4.3　四臂受感电桥

则电桥的输出电压为

$$U_{\text{out}}=(R_4-R_3)\frac{I_{\text{in}}}{2}=\frac{9K_pR^2}{16EH^2}(1-\mu^2)I_{\text{in}}R_0 \tag{4.4.7}$$

采用四臂受感电桥不仅可以获得最大的输出灵敏度，还具有良好的线性度及温度补偿性能。采用恒流源供电电桥电路时可以减小输出特性的非线性。

图 4.4.4 给出了两种以圆平膜片为敏感元件实现的应变式压力传感器结构示意图。这类传感器的优点是：结构简单、体积小、质量小、性能/价格比高等。缺点是：输出信号小、抗干扰能力差、精度受工艺影响大等。

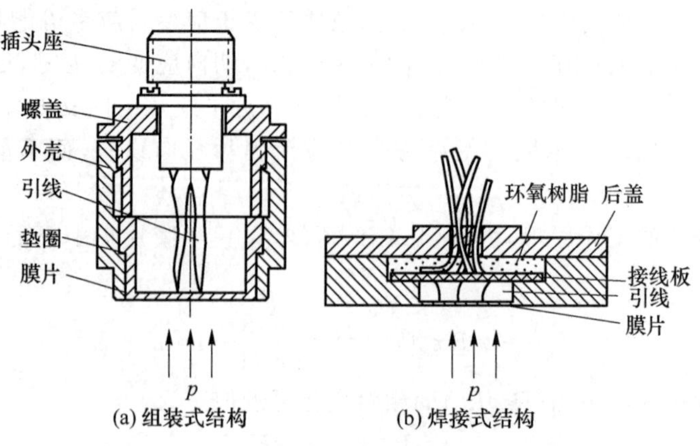

图 4.4.4　应变式压力传感器结构示意图

4.4.2　非粘贴式(张丝式)应变压力传感器

非粘贴式应变压力传感器又称张丝式压力传感器。图 4.4.5 给出了两种非粘贴式应变压力传感器的原理结构图。

图 4.4.5(a)给出的张丝式压力传感器由膜片、传力杆、弹簧片、宝石柱和应变电阻丝等部分组成。膜片受压后,将压力转换为集中力,集中力经传力杆传给十字形弹簧片。固定在十字形弹簧片上的宝石柱分上下两层,在宝石柱上绕有应变电阻丝。当弹簧片变形时,上部应变电阻丝的张力减小,下部应变电阻丝的张力增大,因此上部应变电阻丝的电阻减小,下部应变电阻丝的电阻增大。为了减少摩擦和温度对应变电阻丝的影响,采用宝石柱作绕制电阻丝的支柱。通常应变电阻丝的直径约为 0.08 mm。

图 4.4.5(b)给出了另一种结构形式的张丝式压力传感器。膜片在被测压力的作用下产生微小变形,并使与其刚性连接的小轴产生微小位移。在小轴上下两部位安装两根与小轴正交,且在空间上相互垂直的两根长宝石杆。在内壳体与长宝石杆相对应的位置上下部位分别装有四根短宝石杆。在长短宝石杆之间绕有四根应变电阻丝,当小轴产生微小位移时,其中两根应变电阻丝的张力增大(其电阻增大),另外两根应变电阻丝的张力减小(其电阻减小)。

非粘贴式(张丝式)应变压力传感器由于不采用黏合剂,故迟滞和蠕变较小,精度较高,适用于小压力测量。但加工较困难,其性能指标受加工质量(例如预张力、加工后电阻丝内应力状况)影响较大。

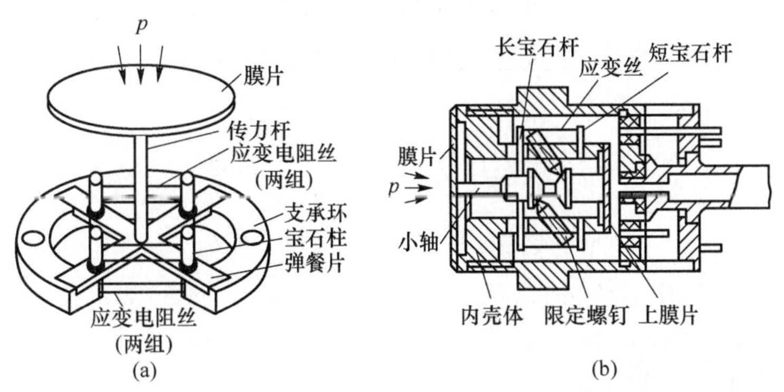

图 4.4.5　张丝式压力传感器

4.5　压阻式压力传感器

图 4.5.1 给出了一种常用的压阻式压力传感器的结构示意图。敏感元件圆形平膜片采用单晶硅来制作,基于单晶硅材料的压阻效应,利用微电子加工中的扩散工艺在硅膜片上制造出所期望的压敏电阻。

假设在单晶硅上形成的电阻条的初始电阻为 R,基于压阻效应,在应力场作用下单晶硅的压阻效应可描述为

$$\frac{\Delta R}{R}=\pi_a\sigma_a+\pi_n\sigma_n \tag{4.5.1}$$

式中：ΔR——电阻的变化量(Ω)；

σ_a, σ_n——以电阻条长度方向为参考方向的纵向应力和横向应力(Pa)；

π_a, π_n——纵向压阻系数和横向压阻系数(Pa^{-1})。

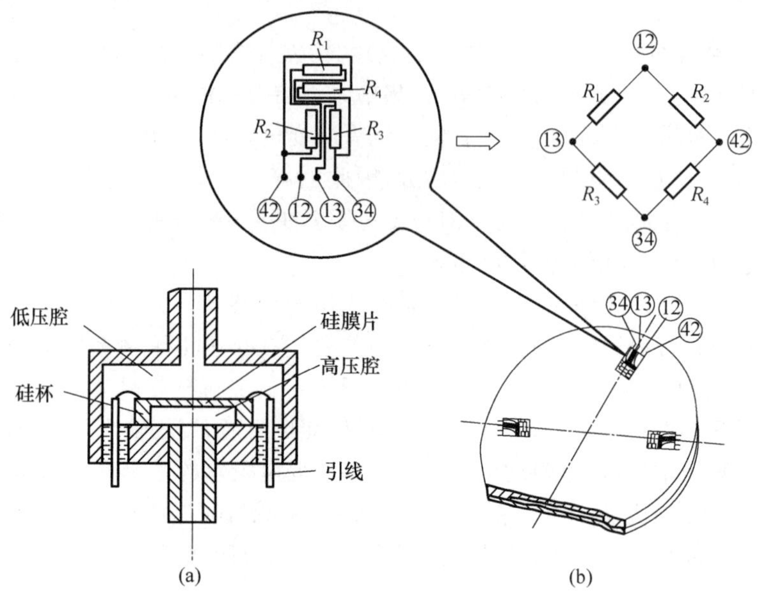

图 4.5.1　压阻式压力传感器结构示意图

对于周边固支的圆平膜片，在其上表面的半径 r 处，径向应力σ_r、切向应力σ_θ与所承受的压力 p 间的关系为

$$\sigma_r = \frac{3p}{8H^2}[(1+\mu)R^2 - (3+\mu)r^2 \tag{4.5.2}$$

$$\sigma_\theta = \frac{3p}{8H^2}[(1+\mu)R^2 - (1+3\mu)r^2 \tag{4.5.3}$$

式中：R——平膜片的工作半径(m)；

H——平膜片的厚度(m)；

μ——平膜片材料的泊松比。

图 4.5.2 给出了周边固支圆平膜片的上表面应力随半径 r 变化的曲线关系。如图 4.5.3 所示，分别沿 OC 方向(膜片的径向)和 OB 方向(膜片的切向)扩散两个电阻，则两个电阻的相对变化率如图 4.5.4 所示。

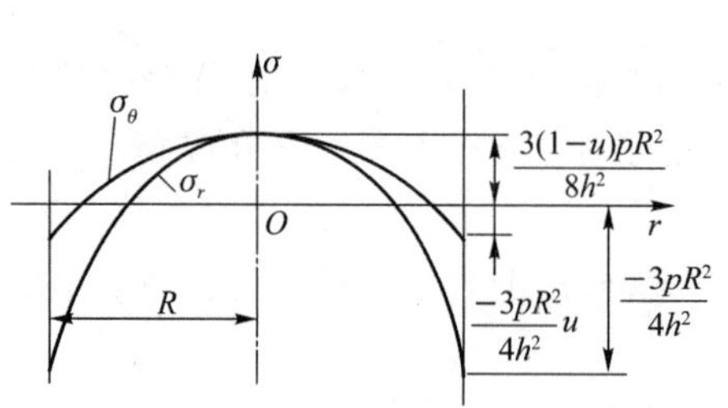

图 4.5.2　平膜片的应力曲线

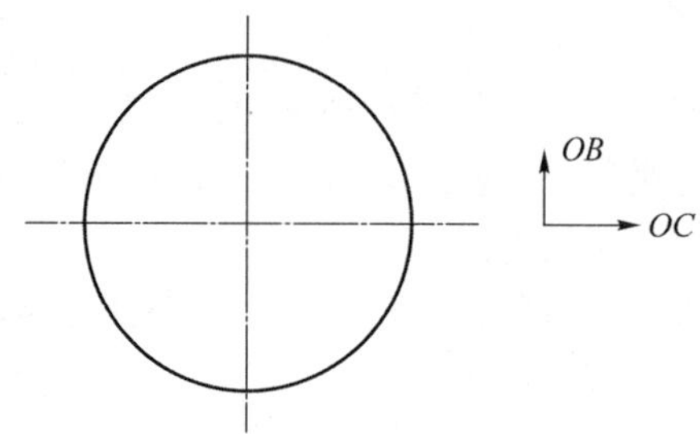

图 4.5.3　单晶硅圆平膜片

依此规律即可将电阻条设置于圆形膜片的边缘处，即靠近平膜片的固支($r=R$)处。这样，沿 OC 和 OB 向扩散的电阻随压力的变化规律是完全相反的，即由上述四个压敏电阻构成的四臂受感电桥就可以把压力的变化转换为电压的变化。当压力为零时，四个桥臂的电阻值相等，电桥输出电压为零；当压力不为零时，四个桥臂的电阻值发生变化，电桥输出电压与压力成线性关系。例如当采用图 4.4.3 (b)的恒流源供电电桥时，输出电压为

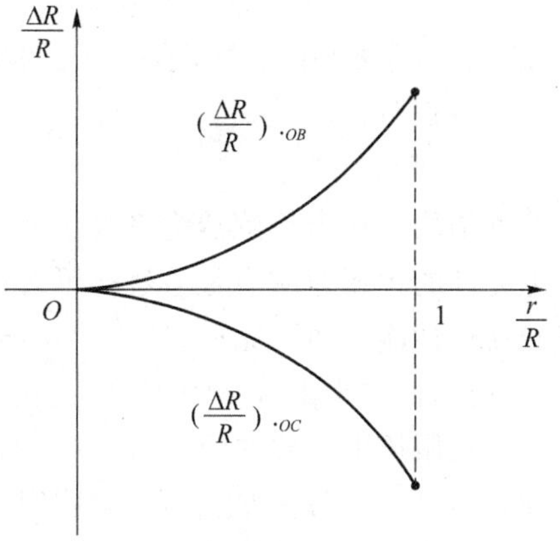

$$U_{\text{out}}=\Delta R\,I_{\text{in}}=\frac{3pR^2\ \pi_{44}}{8\ H^2}(1-\mu)I_{\text{in}}R_0 \tag{4.5.4}$$

图 4.5.4　压敏电阻相对变化的规律

因此通过检测电桥输出电压就能实现对压力的测量。

由于压阻效应主要是基于电阻率的变化，而对于半导体特殊的导电机制，其电阻率受温度的影响非常大，故单晶硅的压阻效应受温度的影响非常大。所以，在应用压阻式压力传感器时，必须考虑温度对其测量过程的影响。

4.6　压电式压力传感器

在某些电介质中，当沿一定方向对其施加外力时，在其某些表面产生电荷；当外力去掉后，又重新回到不带电状态。这种将机械能转变成电能的现象称为正压电效应。反过来，在电介质极化方向施加电场，它会产生机械变形；当去掉外加电场时，电介质的变形随之消失。这种将电能转变成机械能的现象称为逆压电效应，又称电致伸缩效应。具有压电特性的材料称为压电材料，主要包括天然的石英晶体材料、人工合成的压电陶瓷材料与压电薄膜材料三大类。

考虑到传感器的应用特点，通常利用正压电特性构成压电式传感器。

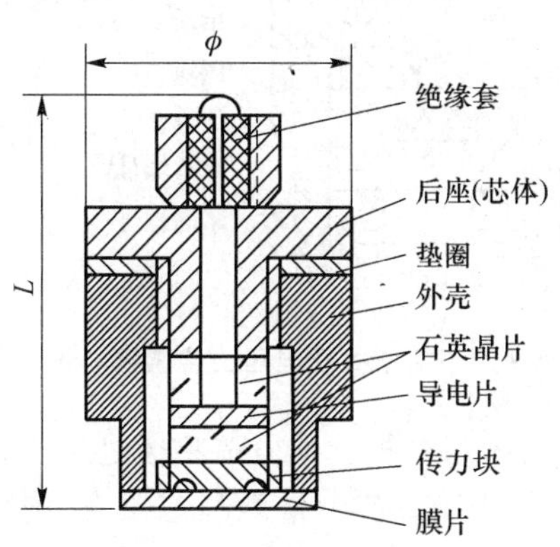

图 4.6.1　膜片式压电压力传感器

图 4.6.1 给出了一种膜片式压电压力传感器的结构。为了保证传感器具有长期良好的稳定性和线性度，而且能在较高的环境温度下正常工作，压电元件采用两片 X 切型的石英晶片，这两片晶片在电气上采取并联连接。作用在膜片上的压力通过传力块施加到石英晶片上，使晶片产生厚度变形，为了保证在压力(尤其是高压力)作用下，石英晶片的变形量(小于 10 μm)不受损失，传感器的壳体及后座(即芯体)的刚度要大。从弹性波的传递考虑，要求通过传力块及导电片的作用力快速而无损耗地传递到压电元件上，为此传力块及导电片应采用高声速材料，如不锈钢等。

基于石英晶体的压电特性，两片石英晶片输出的总电荷量 q 为

$$q=2d_{11}Sp \tag{4.6.1}$$

式中：d_{11}——石英晶体的压电常数(C/N)；

S——膜片的有效面积(m^2)；

p——压力(Pa)。

这种结构的压力传感器优点是不但有较高的灵敏度和分辨率，而且有利于小型化。缺点是压电元件的预压缩应力是通过拧紧芯体施加的，这将使膜片产生弯曲变形，造成传感器的线性度和动态性能变坏。此外，当膜片受环境温度影响而发生变形时，压电元件的预压缩应力将会发生变化，使输出出现不稳定现象。

为了克服压电元件在预载过程中引起的膜片变形，采取了预紧筒加载结构，如图 4.6.2 所示。预紧筒是一个薄壁厚底的金属圆筒。通过拉紧预紧筒对石英晶片组施加预压缩应力。在加载状态下用电子束焊将预紧筒与芯体焊成一体，感受压力的薄膜片是后来焊接到壳体上去的，它不会在压电元件的预加载过程中发生变形。

采用预紧筒加载结构还有一个优点，即在预紧筒外围的空腔内可以注入冷却水，降低晶片温度，以保证传感器在较高的环境温度下正常工作。

图 4.6.3 给出了活塞式压电压力传感器的结构图。它利用活塞将压力转换为集中力后直接施加到压电晶体上，使之产生相应的电荷输出。压电式压力传感器的等效电路图如图 4.6.4 所示。

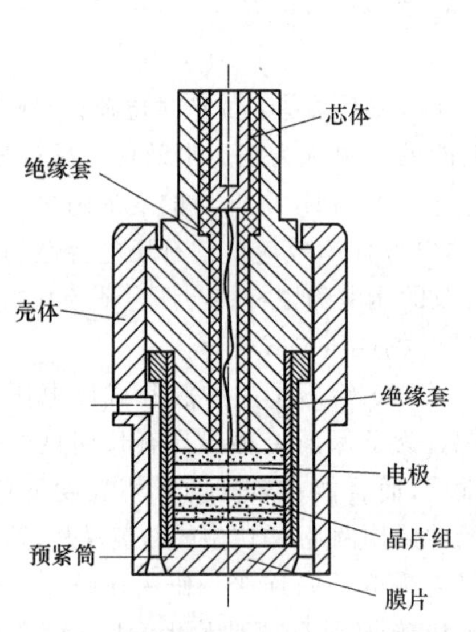

图 4.6.2 预紧筒加载的压电式压力传感器

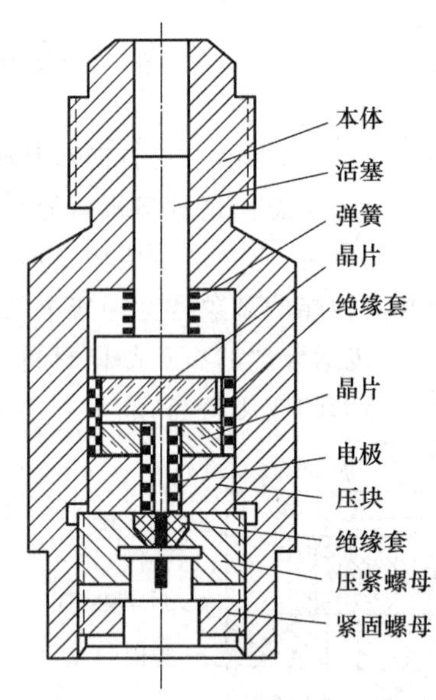

图 4.6.3 活塞式压电压力传感器

由等效电路图可以看出，若 Ra 不是足够大，则压电晶体两极板上的电荷将通过它迅速泄漏，这给测量带来较大误差。一般情况下要求 Ra 不低于10^{10} Ω；若测量准静态压力，则要求 Ra 高达10^{12} Ω 以上。

活塞式压电传感器每次使用后都需要将传感器拆开清洗、干燥并再次在净化条件下重新装配，十分不便，并且其频率特性也不理想。

压电式压力传感器主要用于测量动态压力，具有体积小、质量小、工作可靠和频带宽等优点，但不宜用于静态压力测量。

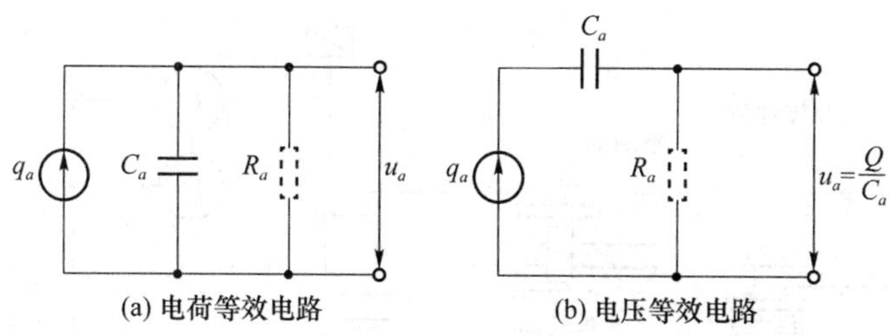

图 4.6.4　活塞式压电传感器的等效电路

图 4.6.4 中：q_a——压电晶体两极板间的电荷量；

C_a——压电晶体两极板间的电容量；

R_a——由压电晶体两极板间的漏电阻、引线间的绝缘电阻和传感器的负载电阻等形成的等效电阻。

4.7　力反馈式压力测量系统

4.3.4 节介绍的位置反馈式压力测量系统由于反馈点在差动变压器，弹性敏感元件在反馈点之前，利用反馈点压力、位移特性进行测量，因此弹性敏感元件的迟滞和温度误差都反映在系统的静态误差中。

若将反馈点移至弹性敏感元件，在压力作用下，弹性敏感元件产生的集中力与反馈力或力矩相综合，即弹性敏感元件将作为一个把压力变为集中力的变换元件，利用其压力、集中力特性，弹性敏感元件不产生或产生极小的位移，弹性敏感元件的迟滞和温度误差将不起作用。这种压力测量系统称为力反馈式压力测量系统。根据产生力反馈的方法和元件的不同，分别介绍弹簧力反馈式和磁电力反馈式压力测量系统。

4.7.1　弹簧力反馈式压力测量系统

1. 结构及测量原理

图 4.7.1 给出了弹簧力反馈式压力测量系统的原理示意图。弹簧力反馈式测量系统由弹性敏感元件——测压波纹管、杠杆、差动电容变换器、伺服放大器、两相伺服电机、减速器和反馈弹簧等元部件组成。

被测压力 p_1，p_2 分别导入波纹管和密封壳体内，测压波纹管将压力差转换为集中力 F_p，集中力 F_p 使杠杆转动，差动电容变换器的动极片偏离零位，电桥输出电压 u_c，其幅值与杠杆的转角成比例，而相位与杠杆偏转的方向（即压力差的方向）相对应。电压 u_c 经伺服放大器放大后，使两相伺服电机转动，经减速器后，一方面带动输出轴转动，另一方面使螺栓转动，从而压缩和拉长反馈弹簧（螺栓使弹簧产生的位移量为 x），改变反馈弹簧施加在杠杆上的力 F_{xs}。当集中力 F_p 产生的力矩与反馈力 F_{xs} 产生的力矩相平衡时，系统处于平衡状态。由于反馈力 F_{xs} 与压力差 $\Delta p=p_1-p_2$ 产生的集中力 F_p 成比例，则当反馈弹簧为线性弹簧时，弹簧的位移 x 与压力差 Δp 所产生的集中力 F_p 成比例，故输出轴转角 β 与压力差 Δp 成比例。

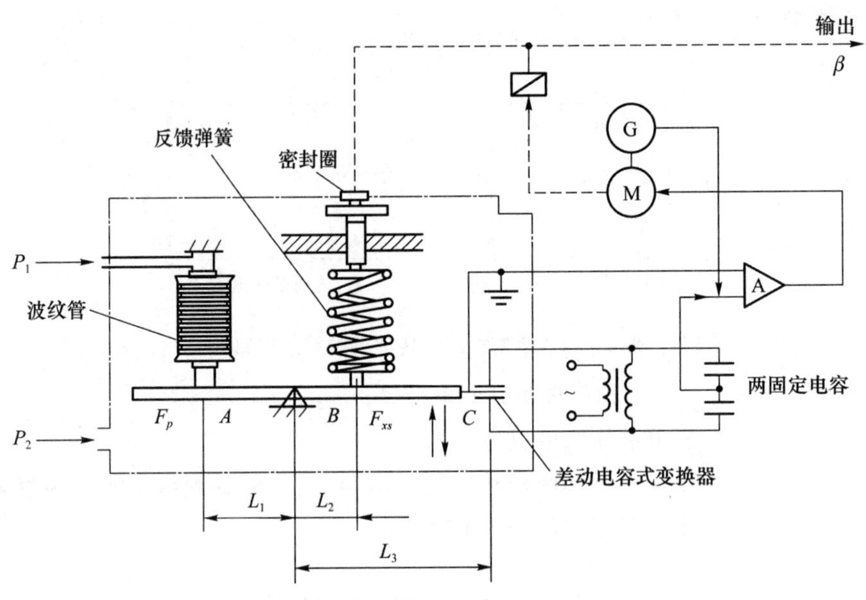

图 4.7.1 弹簧力反馈式压力测量系统

2. 环节特性方程与分析

重点讨论与位置反馈式压力测量系统不同的几个环节。

(1) 波纹管

波纹管将压力 Δp 转换为集中力 F_p,其特性方程为

$$\frac{F_p(s)}{\Delta p(s)}=A_E \tag{4.7.1}$$

式中:A_E——波纹管的有效面积 (m^2)。

(2) 杠杆

杠杆是一个单自由度系统,在力的作用下,杠杆产生绕 O 点的转动,角位移为 α,则 A 点的位移为 $L_1\alpha$,B 点的位移为 $L_2\alpha$,C 点的位移为 $L_3\alpha$。

作用于杠杆上的力和力矩有:

① 集中力 F_p 及其力矩 F_pL_1;

② 波纹管变形 $L_1\alpha$ 产生的恢复力 $K_EL_1\alpha$ 及其力矩 $K_EL_1\alpha L_1$;

③ 螺栓移动使反馈弹簧产生的力 F_{xs}(参见式(4.7.7))作用于杠杆上,所对应的力矩为 $F_{xs}L_2$;

④ 反馈弹簧变形 $L_2\alpha$ 产生的恢复力 $K_SL_2\alpha$ 及其力矩 $K_SL_2\alpha L_2$;

⑤ 杠杆转动时的惯性力矩可以描述为$J_L\dfrac{\mathrm{d}^2\alpha}{\mathrm{d}t^2}$($J_L$ 为杠杆的等效转动惯量,单位为 kg·m²);

⑥ 杠杆转动时的阻尼力矩可以描述为 $C_L\dfrac{\mathrm{d}\alpha}{\mathrm{d}t}$($C_L$ 为杠杆转动时的等效阻尼系数,单位为 N·m·s)。

图 4.7.2 给出了杠杆受力或力矩作用时的转动示意图。

于是可以写出杠杆转动时的动力学方程为

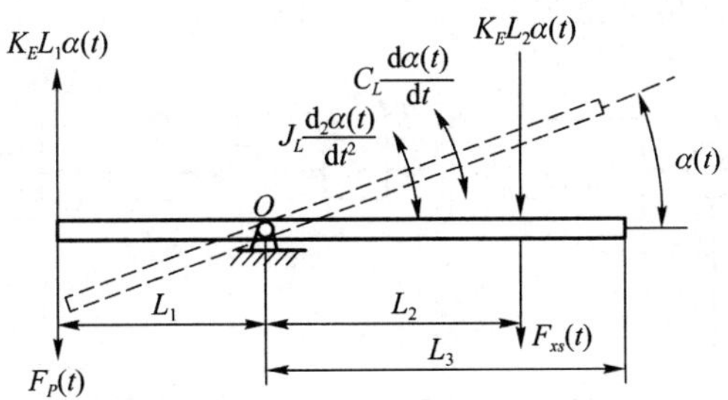

图 4.7.2　杠杆受力(力矩)分析示意图

$$J_L \frac{d^2\alpha}{dt^2}+C_L \frac{d\alpha}{dt}+K_L\alpha=\Delta M \tag{4.7.2}$$

式中：K_L——杠杆转动时的等效刚度(N · m)，$K_L=K_E L_1^2+K_S L_2^2$；

ΔM——作用于杠杆上的等效外力矩(N · m)，$\Delta M=F_P L_1-F_{xs}L_2$。

杠杆的输出量为差动电容变换器动极片的位移 δ，满足

$$\delta=L_3\alpha \tag{4.7.3}$$

则杠杆的传递函数为

$$\frac{\delta(s)}{\Delta M(s)}=\frac{L_3}{J_L s^2+C_L s+K_L} \tag{4.7.4}$$

(3) 差动电容变换器及其电桥电路

在小偏移的情况下，差动电容变换器及其电桥电路的特性可以近似描述为

$$\frac{u_c(s)}{\delta(s)}=K_c \tag{4.7.5}$$

式中：K_c——差动电容变换器和电桥电路的传递系数(V/m)。

(4) 螺栓

螺栓为比例环节，其位移与转角的特性关系为

$$\frac{x(s)}{\beta(s)}=K_x \tag{4.7.6}$$

式中：K_x——螺栓的传递系数(m)。

螺栓产生的位移 $x(s)$会使反馈弹簧产生作用于杠杆上的作用力 F_{xs}，满足

$$F_{xs}=K_s x(s) \tag{4.7.7}$$

3. 系统的结构框图与传递函数

当忽略摩擦力等因素时，系统的结构框图如图 4.7.3 所示。由图可以写出该系统的传递函数为

$$\frac{\beta(s)}{\Delta p(s)}=\frac{A_E L_1 L_3 K_c K_A K_T K_G}{s(J_L s^2+C_L s+K_L)+(Ts+1+K_A K_T K_\Omega)+L_2 L_3 K_c K_A K_T K_x K_S K_G} \tag{4.7.8}$$

式中：K_A——放大器的传递系数($V^{-1} \cdot s^{-1}$)；

K_T，T——伺服电机调速特性曲线的斜率($V^{-1} \cdot s^{-1}$)和伺服电机的时间常数(s)；

K_G——减速器的传递系数，$K_G=\frac{1}{i}$；

i——减速器的减速比；

K_Ω——测速发电机的传递系数(V·s)。

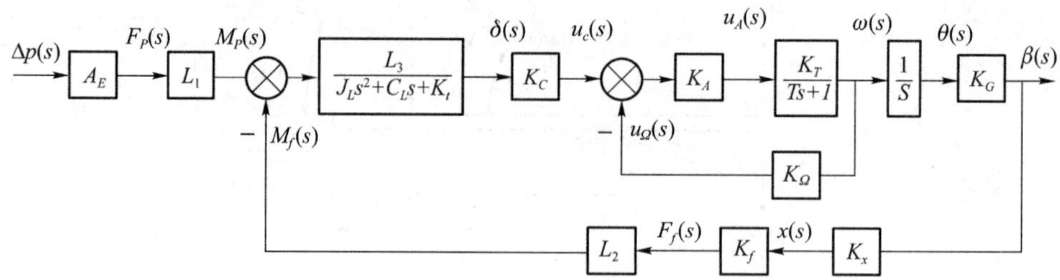

图 4.7.3 弹簧力反馈式压力测量系统结构方块图

4. 系统特性分析

系统的静特性方程为

$$\beta=\frac{A_EL_1}{L_2K_xK_s}\cdot\Delta p=K\cdot\Delta p \tag{4.7.9}$$

系统的静态灵敏度为

$$K=\frac{A_EL_1}{L_2K_xK_s} \tag{4.7.10}$$

系统处于稳态时,偏差 ΔM 为零,它是一阶无静差系统。

系统的静态输出 β 仅与闭环回路以外的串联环节的传递系数和闭环内反馈回路各环节的传递系数有关,即 A_E,K_x,K_s,L_1,L_2。只要保证这些参数所对应的元件具有较高的精度和稳定性,就可以保证系统具有较高的精度。要提高系统的灵敏度可以通过增大 A_E,L_1,或减小 K_x,K_s,L_2 来实现。

对于直接感受被测压力的弹性敏感元件(波纹管)而言,在弹簧力反馈式压力测量系统中,影响测量系统静态测量精度的只有波纹管的有效面积 A_E(在这种使用情况下,其有效面积变化较小),而与波纹管的等效刚度无关,这与位置反馈式系统不同。因此波纹管随温度变化的迟滞及弹性模量不会影响测量系统的静态特性,这是该测量系统的主要优点。

但是,反馈弹簧的刚度 K_s 的变化对测量系统的静态精度有直接的影响,所以对反馈弹簧的性能要求较高,即要求其刚度随温度的变化要小,迟滞要小。

总之,弹簧力反馈式压力测量系统实际上是通过提高对反馈弹簧的性能要求来降低对直接感受压力的弹性敏感元件(波纹管)的性能要求的。

4.7.2 磁电力反馈式压力传感器

1. 结构及测量原理

图 4.7.4 给出了一种磁电力反馈式压力测量系统原理示意图。磁电力反馈式压力测量系统由一对波纹管、差动变压器、伺服放大器和一对磁电式力发生器等元部件组成。

其中,一对波纹管的性能完全相同,而对杠杆支撑的力臂不同,分别为 L_1,L_2,因此在压力差作用下,两个波纹管产生的集中力所形成的力矩差使杠杆转动,这样可以灵活地调节测量灵敏度、保证测量精度而不增大传感器的体积。

为了提高磁电力发生器的线性度,采用一对性能相同并作推挽连接的磁电式力发生器提供反馈力。

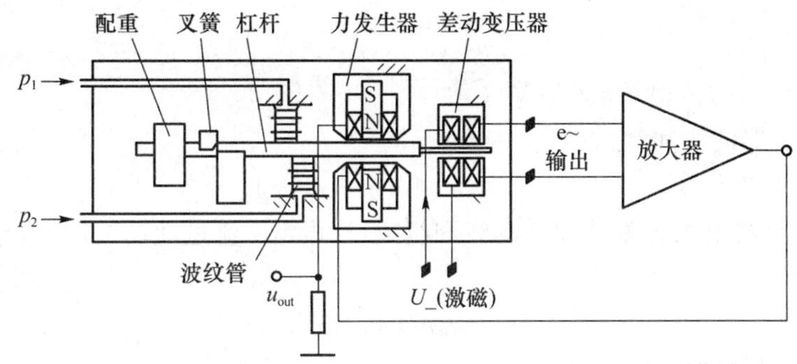

图 4.7.4　磁电力反馈式压力传感器

为了减小杠杆系统活动时的摩擦，将它支承于叉簧支承上。

差动变压器用来检测杠杆系统是否处于平衡状态，若不处于平衡状态，还应能检测出杠杆偏向何方。

当压力 p_1,p_2 相等时，其差压 $\Delta p = p_1 - p_2$ 为零，杠杆居于平衡状态，差动变压器的输出电压为零，放大器输出为零，无电流流过力发生器，故输出电压 u_{out} 为零；当压力 p_1,p_2 不等时，杠杆失去平衡，差动变压器检测出杠杆不平衡程度的大小及方向，输出相应相位的电压信号给放大器，经放大后的电压加在磁电力发生器和采样电阻 R 上形成电流，力发生器中流过电流时将产生力作用于杠杆上，力图使杠杆恢复平衡状态。由于力发生器所产生的力与流过其中的电流成正比，故由采样电阻上的电压 u_{out} 即能得知力发生器所产生力的大小。

2. 环节特性方程与分析

(1) 杠杆转动系统

压力 p_1,p_2 产生的压力差 $\Delta p = p_1 - p_2$ 形成的主动力矩为

$$\begin{aligned} M_p &= M_{L1} - M_{L2} = L_1(p_1 - p_2)A_E - L_2(p_1 - p_2)A_E \\ &= (L_1 - L_2)(p_1 - p_2)A_E = \Delta L \Delta p A_E \end{aligned} \tag{4.7.11}$$

式中：L_1,L_2——上下波纹管到叉簧支承的距离(m)，$\Delta L = L_1 - L_2$。

磁电式力发生器产生的反馈平衡力矩为

$$M_f = F_f L_3 \tag{4.7.12}$$

式中：L_3——磁电式力发生器到叉簧支承的距离(m)。

主动力矩与反馈力矩形成力矩差 $\Delta M = M_p - M_f$，在 ΔM 的作用下，杠杆系统将产生转动。若以差动变压器动极片的位移 δ 为杠杆的输出量，则其特性方程为

$$\frac{\delta(s)}{\Delta M(s)} = \frac{L_4}{J_L s^2 + C_L s + K_L} \tag{4.7.13}$$

式中：L_4——差动变压器动极片到叉簧支承的距离(m)；

J_L——杠杆的等效转动惯量(kg·m²)；

C_L——杠杆转动时的等效阻尼系数(N·m·s)；

K_L——杠杆转动时的等效刚度(N·m)。

(2) 伺服放大器

伺服放大器由交流放大器、解调器和直流放大器组成。考虑到电路的惯性，伺服放大器的特性方程为

$$\frac{i(s)}{u_{T(s)}}=\frac{K_A}{T_A s+1} \tag{4.7.14}$$

式中：K_A——放大器的传递系数(A/V)；

T_A——放大器的时间常数(s)。

(3) 磁电式力发生器

磁电式力发生器由永久磁铁和活动线圈组成，当电流 i 流过活动线圈时，单个磁电式力发生器产生的力为

$$F'_f=B\pi DWi=K'_f i \tag{4.7.15}$$

式中：B——放大器的传递系数($\mathrm{N\cdot m^{-1}\cdot A^{-1}}$)；

W——活动线圈的匝数；

D——活动线圈的平均直径(m)；

K'_f——磁电式力发生器的灵敏度(N/A)。

两个性能相同并接成推挽式的磁电式力发生器的合力为

$$F_f=2F'_f=2K'_f i=K_f i \tag{4.7.16}$$

$$K_f=2K'_f$$

故其传递函数为

$$\frac{F_f(s)}{i(s)}=K_f \tag{4.7.17}$$

3. 系统的结构框图与传递函数

系统的结构图如图 4.7.5 所示，其中系统的传递函数为

$$\frac{u_{\mathrm{out}}(s)}{\Delta p(s)}=\frac{A_E\Delta L L_4 K_T K_A R}{(J_L s^2+C_L s+K_L)(T_A s+1)+L_3 L_4 K_C K_A K_f} \tag{4.7.18}$$

式中：R——采样电阻(Ω)。

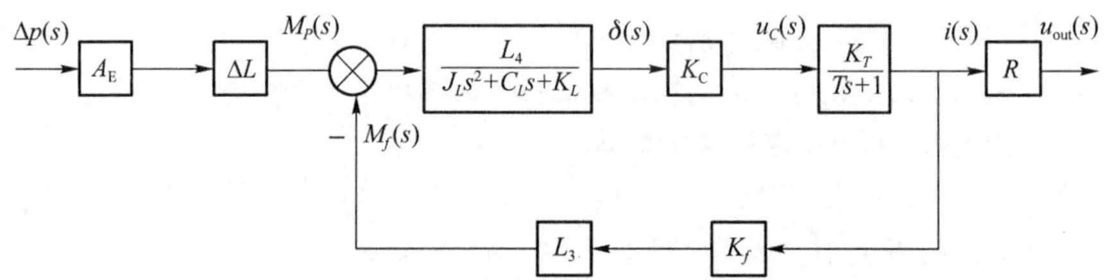

注：K_T为差动变压器输出电压对输入位移的传递系数

图 4.7.5　磁电力反馈式压力测量系统结构方块图

4. 系统特性分析

系统的静态特性方程为

$$u_{\mathrm{out}}=\frac{A_E\Delta L L_4 K_T K_A R}{K_L+L_3 L_4 K_T K_A K_f}\Delta p \tag{4.7.19}$$

由于系统反馈回路中无积分环节，致使系统达到稳态时 ΔM 也不会为零，该系统是有静差系统。系统的输出不仅取决于闭环回路外串联环节的参数 A_E，ΔL，R 和闭环回路中反馈回路中的参数 K_f，L_3，还取决于闭环回路中正馈回路各环节的参数 L_4，K_L，K_T，K_A，故正馈回路中各环节传递系数的改变也将产生测量误差。在设计时，应在保证系统动态性能指标的前提

下尽量设法增大系统的开环增益。当系统的开环增益满足

$$\frac{L_3 L_4 K_T K_A K_f}{K_L} >> 1$$

时，系统的静态特性方程可写为

$$u_{\text{out}} = \frac{A_E \Delta L R}{L_3 K_f} \Delta p \tag{4.7.20}$$

则系统的输出仅取决于闭环外串联环节和闭环内反馈环节的传递系数，而与闭环内正馈环节的传递系数无关。

4.8　谐振式压力传感器

谐振式压力传感器是一类利用机械谐振原理，基于被测压力改变(调制)谐振敏感元件的固有频率，通过检测机械谐振子的固有频率实现对压力进行测量的传感器。谐振式压力传感器的主要特点有：

① 传感器的输出无需 A/D 或 V/F 变换就可以与计算机接口，同时也有利于远距离传输。

② 传感器通常工作在一个处于谐振状态的闭环系统下，而且相对于谐振子的振动能量，系统的功耗是极小量。这一特征决定了谐振式压力传感器的抗干扰性强，稳定性好。

③ 传感器的敏感元件固有的谐振特性决定了其具有高的灵敏度和分辨率。

下面介绍几种典型的谐振式压力传感器。

4.8.1　谐振弦式压力传感器

1. 结构与原理

图 4.8.1 给出了谐振弦式压力传感器的原理示意图，它由谐振弦、磁铁线圈组件、振弦夹紧机构等元部件组成。

振弦是一根弦丝或弦带，两端用夹紧机构夹紧，上端与壳体固连，下端与膜片的硬中心固连。振弦夹紧时会施加一固定的预紧力。

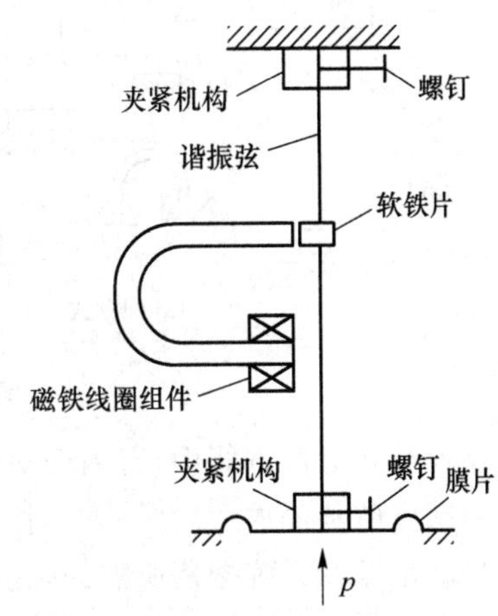

图 4.8.1　谐振弦式压力传感器原理示意图

磁铁线圈组件是用来产生激振力和检测振动频率的。磁铁可以是永久磁铁和直流电磁铁。根据激振方式的不同，磁铁线圈组件可以是一个或两个。当用一个磁铁线圈组件时，线圈既是激振线圈又是拾振线圈。当线圈中通脉冲电流时，固定在振弦上的软铁片被磁铁吸住，对振弦施加激励力。当不加脉冲电流时，软铁片被释放，振弦以某一固有频率自由振动，从而在磁铁线圈组件中感应出与振弦频率相同的感应电势。由于空气阻尼的影响，振弦的自由振动逐渐衰减，故在激振线圈中应当加上与振弦固有频率相同的交变电流，以使振弦维持振动。

被测压力不同，加在振弦上的张紧力不同，则振弦的等效刚度不同，因此振弦的固有频率不同。通过测量振弦的固有频率就可以测出被测压力的大小。

2. 特性方程

振弦的固有频率可以写为

$$f=\frac{1}{2\pi}\sqrt{\frac{k}{m}} \tag{4.8.1}$$

式中：k——振弦的等效刚度(N/m)；

m——振弦工作段的质量(kg)。

振弦的横向刚度与弦的张紧力的关系为

$$k=\frac{\pi^2(T_0+T_x)}{L} \tag{4.8.2}$$

式中：T_0——振弦的初始张紧力(N)；

T_x——作用于振弦上的，由被测压力引起的张紧力(N)；

L——振弦工作段长度(m)。

振弦的固有频率为

$$f=\frac{1}{2}\sqrt{\frac{T_0+T_x}{mL}} \tag{4.8.3}$$

由式(4.8.3)可见，振弦的固有频率与张紧力是非线性函数关系。被测压力不同，加在振弦上的张紧力不同，因此振弦的固有频率不同。测量此固有频率就可以测出被测压力的大小，同样的，拾振线圈中感应电势的频率也与被测压力有关。

3. 激励方式

图 4.8.2 给出了谐振弦式压力传感器的两种激励方式。图 4.8.2(a)为间歇式激励方式，图 4.8.2(b)为连续式激励方式。

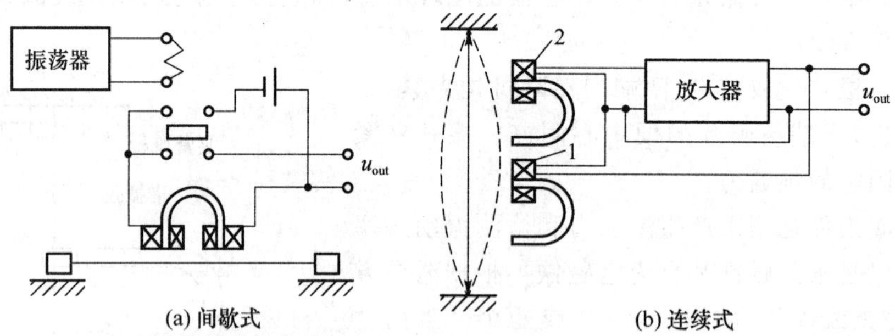

(a) 间歇式　　(b) 连续式

图 4.8.2　振弦的激励方式

在连续式激励方式中，有两个磁铁线圈组件，线圈 1 为激振线圈，线圈 2 为拾振线圈。线圈 2 的感应电势经放大后，一方面作为输出信号，另一方面又反馈到激振线圈 1，只要放大后的信号满足振弦系统振荡所需的幅值和相位，振弦就会维持振动。

4. 特　点

振弦式压力传感器具有灵敏度高、测量精确度高、结构简单、体积小、功耗低和惯性小等优点，故广泛用于压力测量中。

4.8.2　振动筒式压力传感器

1. 结构与原理

图 4.8.3 给出了振动筒式压力传感器的原理示意图，它由传感器本体和激励放大器两部分组成。

传感器本体由振动筒、拾振线圈、激振线圈组成。该传感器是绝压传感器，所以振动筒与壳体间为真空腔。振动筒由车削或旋压拉伸而成型，再经过严格的热处理工艺制成，其材料通常为 3J 53 或 3J 58 恒弹合金(国外称为 Ni－Span－C)。常规振动筒的典型结构参数为：直径 18 mm、壁厚 0.07～0.08 mm、有效长度 45～60 mm。一般要求其 Q 值大于 4 000。

根据谐振筒的结构特点及参数范围，图 4.8.4 给出了其可能具有的振动振型。图中，m 为沿振动筒母线方向振型的半波数，n 为沿振动筒圆周方向振型的整(周)波数。

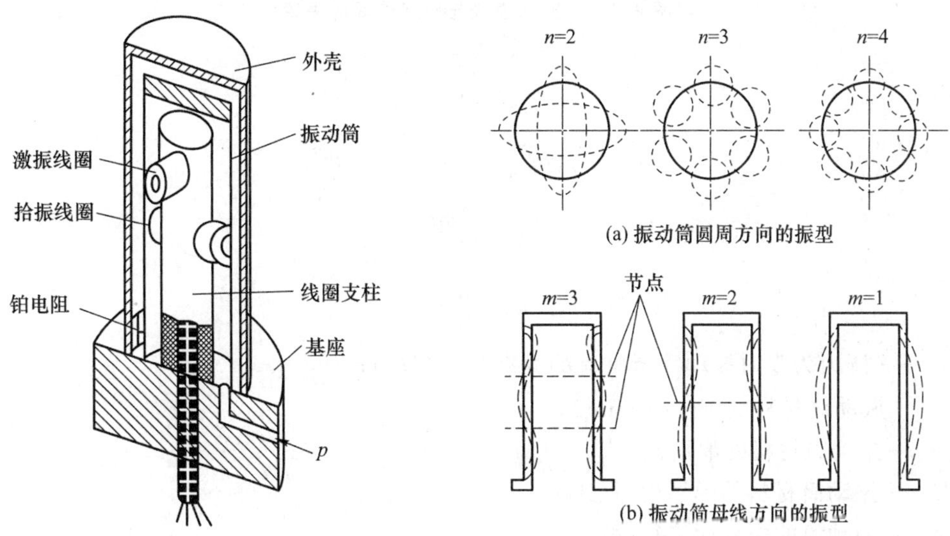

图 4.8.3　振动筒式压力传感器原理示意图　　**图 4.8.4　振动筒所可能具有的振动模型**

图 4.8.5 给出了振动振型与应变能关系的示意图。由图 4.8.5 可以看出：当 $m=1$ 时，$n=3\sim4$ 所需的应变能最小，故振动筒压力传感器设计时一般都选择 $m=1$，$n=4$。

通入振动筒的被测压力不同时，振动筒的等效刚度不同，因此振动筒的固有频率不同。通过测量振动筒的固有频率就可以测出被测压力的大小。

2. 特性方程

振动筒内的压力与所对应的固有频率 $f(p)$ 间的关系相当复杂，很难给出简单的解析模型。这里给出一个近似计算公式，即

$$f(p)=f_0\sqrt{1+Cp} \tag{4.8.4}$$

式中：f_0——压力为零时振动筒所具有的固有频率(Hz)；

p——被测压力(Pa)；

C——与振筒材料、物理参数有关的系数(Pa^{-1})。

振动筒在零压力下的频率为

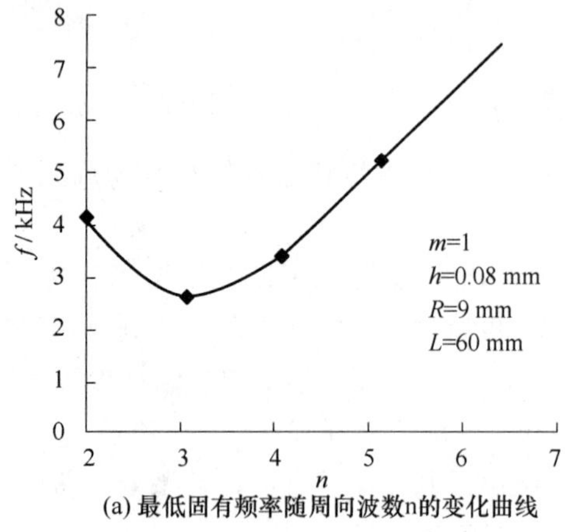

(a) 最低固有频率随周向波数n的变化曲线

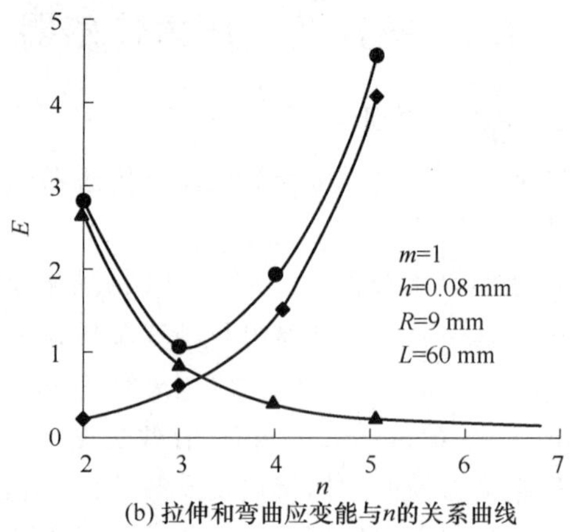

(b) 拉伸和弯曲应变能与n的关系曲线

图 4.8.5 振动模式与应变能间的关系

$$f_0=\frac{1}{2\pi}\sqrt{\frac{E}{\rho R^2(1-\mu^2)}}\sqrt{\Omega_{mn}} \tag{4.8.5}$$

$$\Omega_{mn}=\frac{(1-\mu)^2\lambda^4}{(\lambda^2+n^2)^2}+\alpha(\lambda^2+n^2)^2$$

$$\lambda=\frac{\pi Rm}{L}$$

$$\alpha=\frac{h^2}{12R^2}$$

式中：f_0——压力为零时振动筒所具有的固有频率(Hz)；

ρ——振动筒材料的密度(kg/m^3)；

μ——振动筒材料的泊松比；

E——振动筒材料的弹性模量(Pa)；

R——振动筒的中柱面半径(m)；

L——振动筒工作部分的长度(m)；

h——振动筒的筒壁厚度(m)；

m——振型沿振动筒母线方向的半波数；

n——振型沿振动筒圆周方向的整波数。

3. 激励方式

拾振和激振线圈都由铁芯和线圈组成，并由支撑骨架固定。为了尽可能减小它们间的电磁耦合，使它们相距一定的距离且相互垂直。拾振线圈的铁芯为磁钢，激振线圈的铁芯为软铁。拾振线圈的输出电压与振动筒的振动速度 $\mathrm{d}x/\mathrm{d}t$ 成正比，激振线圈的激振力 $f_B(t)$ 与线圈中流过的电流的平方成正比。因此，若线圈中通入的是交流电流 $i(t)$，有

$$i(t)=I_m\sin\omega t \tag{4.8.6}$$

则激振力为

$$f_B(t)=K_f i^2(t)=K_f I_m^2\sin^2\omega t=\frac{1}{2}K_f I_m^2(1-\cos 2\omega t) \tag{4.8.7}$$

可见激振线圈的激振力 $f_B(t)$ 中交变力的角频率是激振电流角频率的两倍，为了使它们

保持同频关系，应在线圈中通入一定的直流电流I_0，即激励电流为

$$i(t)=I_0+I_m\sin\omega t \tag{4.8.8}$$

这时

$$f_B(t)=K_f\,(I_0+I_m\sin\omega t)^2=K_f(I_0^2+\frac{1}{2}I_m^2+2\,I_0\,I_m\sin\omega t-\frac{1}{2}I_m^2\cos 2\omega t) \tag{4.8.9}$$

当满足$I_0>>I_m$时，由式(4.8.8)可知：此时激振线圈所产生的激振力$f_B(t)$中交变力的主要成分是与激振电流$i(t)$同频率的分量。因此要使电磁激振的振动筒传感器正常工作，激振线圈中必须通入一定的直流电流I_0，且应保证I_0大于所通交流分量幅值I_m。

对于电磁激励方式，要防止外磁场对传感器的干扰，应当把维持振荡的电磁装置屏蔽起来。通常可用高导磁率合金材料制成同轴外筒，即可达到屏蔽目的。

除了电磁激励方式外，也可以采用压电激励方式。利用压电换能元件的正压电特性检测振动筒的振动，逆压电特性产生激振力，以电荷放大器为第一级放大环节构成闭环自激电路。压电激励的振动筒压力传感器在结构、体积、功耗、抗干扰能力和生产成本等方面优于电磁激励方式，但传感器的迟滞可能稍高些。

4. 特性线性化与误差补偿

通过激励放大电路后，传感器的输出已是准数字频率信号，稳定性极高，不受传递信息的影响，可以用一般数字频率计读出，但是不能直接显示压力值，这是由于被测压力与输出频率不成线性关系(见式(4.8.4))，一般具有图 4.8.6 的特性，当压力为零时，有一较高的初始频率，随着被测压力增加，频率增大，被测压力与输出显示值之间的非线性误差太大，不便于判读，为此要对传感器的输出进行线性化处理。

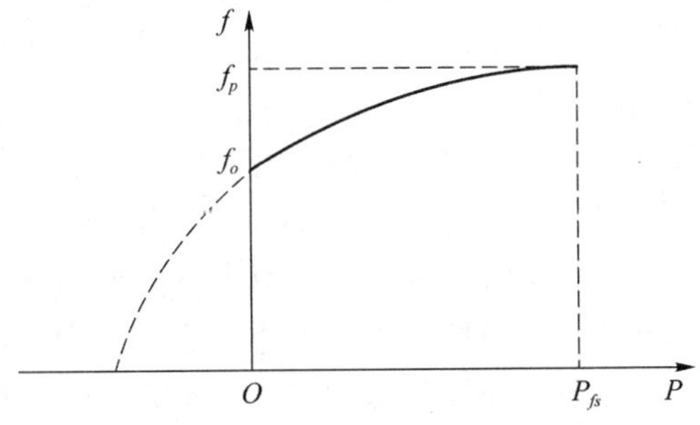

图 4.8.6　振动筒式压力传感器的频率压力特性

为使振动筒式压力传感器线性化，早期多采用 MOS 集成电路 TTL 逻辑元件等硬件构成补偿非线性误差或温度修正电路，但其结构比较复杂，价格昂贵，工艺性差，现在很少使用。

随着计算机和微处理机在传感器中的应用日益增多，软件补偿方案已逐步被采用，通常有两种方式：一是利用测控系统已有的计算机，通过解算直接把传感器的输出转换为经修正的所需要的工程单位，由外部设备直接显示出被测值或记录下来；二是利用专用微处理机，通过一只可编程的存储器，把测试数据存储在内存中，通过查表法和分段插值公式找出被测压力值。

振动筒压力传感器存在着温度误差，通常认为是由两种不同途径引起的：

① 振动筒合金材料的弹性模量随温度而变化，其他几何参数如长度、厚度和半径等也随温度略有变化，但因采用的是恒弹合金材料，这些影响相对比较小。

② 被测气体密度与湿度的影响。虽然是用恒弹材料制造谐振敏感元件,但筒内的气体质量是随气体压力、温度和湿度变化的,测量过程中,被测气体充满筒内空间,因此,当圆筒振动时,其内部的气体也随筒一起振动,气体质量必然附加在筒的质量上。气体密度与湿度的变化引起了测量误差,其中气体密度ρ_{gas}可用下式表示,即

$$\rho_{gas}=K_{gas}\frac{p}{T} \tag{4.8.10}$$

式中:p——待测压力(Pa);

T——绝对温度(K);

K_{gas}——取决于气体成分的系数。

可见,在振动筒压力传感器中,气体密度的影响表现为温度误差。实际测试表明,在−55～125 ℃范围,输出频率的变化约为2%(被测压力保持不变),即温度误差约为0.01%/℃。在要求不太高的场合,可以不加考虑,但在高精度测量的场合,必须进行温度补偿。

温度误差补偿方法主要是基于温度对谐振筒频率特性的影响规律进行的,即事先掌握不同压力、不同温度对应的振动筒的频率特性,通过检测传感器的实际输出频率和实测的温度值解算出被测压力。

温度的实时测量目前有三种实用的方式:一是采用石英晶体作为温度传感器,与振动筒压力传感器封装在一起,感受相同的环境温度。石英晶体是按具有最大温度效应的方向切割成的。石英晶体温度传感器的输出频率与温度成单值函数关系,输出频率量可以与线性电路一起处理,使压力传感器在−55～125 ℃温度范围内工作的总精度达到0.01%。二是用一只半导体二极管作为感温元件,利用其偏置电压随温度而变的原理进行传感器的温度补偿。二极管安装在传感器底座上,与压力传感器感受相同环境温度。二极管的偏置电压灵敏度可达2 mV/℃,二极管的感温灵敏度比热电偶高30～40倍,而且其电压变化与温度近似是直线关系。三是采用铂热电阻测温,进行温度补偿。

此外,也可以采用双模态技术来减小振动筒压力传感器的温度误差。由于振动筒的21次模($n=2$, $m=1$)的频率、压力特性变化非常小,41次模($n=4$, $m=1$)的频率、压力特性变化比较大,大约是21次模的20倍以上,同时温度对上述两个不同振动模态的频率特性影响规律比较接近。因此当选择上述两个模态作为振动筒的工作模态时,可以采用差动检测原理来改善振动筒压力传感器的温度误差。当振动筒采用双模态工作方式时,对其加工工艺、激振拾振方式、放大电路和信号处理等方面都提出了更高的要求。

5. 特　点

振动筒式传感器的精度比一般模拟量输出的压力传感器高1～2个数量级,工作可靠,长期稳定性好,重复性高,尤其适于环境比较恶劣条件下的测试。实测表明,该传感器在10g振动加速度作用下,满量程输出误差仅为0.0045%;电源电压波动20%时,满量程输出误差仅为0.0015%。由于这一系列独特的优点,近年来,高性能超声速飞机上已装备了振动筒压力传感器,获得飞行中的正确高度和速度,经计算机直接解算可给出大气数据参数。同时,它还可以作为压力测试的标准仪器,也可用来代替无汞压力计。

4.8.3 谐振膜式压力传感器

图4.8.7给出了谐振膜式压力传感器的原理图。圆膜片是弹性敏感元件,在膜片硬中心

处安装有激振线圈和磁铁，在传感器的基座上装有电感线圈。传感器的参考压力腔和被测压力腔被膜片所分隔。

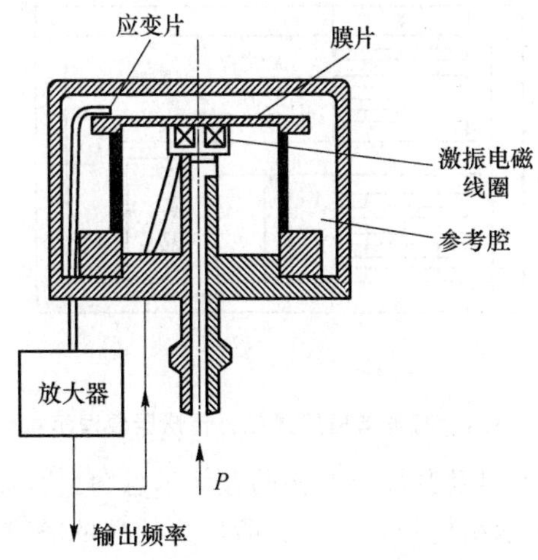

图 4.8.7　谐振膜式压力传感器原理示意图

谐振膜式压力传感器的工作原理与振动筒式压力传感器的工作原理一样，利用振膜的固有频率随被测压力而变化来测量压力。

当圆膜片受激振力后，以其固有频率振动，当被测压力变化时，圆膜片的刚度变化，导致固有频率发生相应的变化。同时圆膜片振动使磁路的磁阻和磁通发生变化，因而电感线圈的电感发生变化，电桥输出信号；经振荡器后，一方面反馈到激振线圈，以维持膜片振动，同时经整形后输出方波信号给测量电路。

谐振膜式压力传感器同样具有很高的精度，也作为关键传感器应用于高性能超声速飞机上。与振动筒式压力传感器相比，振动膜弹性敏感元件的频率、压力特性稳定性高，测量灵敏度高，体积小，质量小。尽管谐振式压力传感器结构简单，但加工难度较大。

4.8.4　石英谐振梁式压力传感器

上述三种谐振式压力传感器由于均用精密合金材料作振动敏感元件，因此材料性能的长期稳定性、老化和蠕变都可能造成频率漂移，而且易受电磁场的干扰和环境振动的影响。

石英晶体具有稳定的固有振动频率，用不同尺寸和不同振动模式可制成从几 kHz 到几百 MHz 的石英谐振器。

利用石英谐振器可以制成石英谐振式压力传感器。石英谐振器的机械品质因数非常高，固有频率高，频带很窄，对抑制干扰、减少相角差所引起的频率误差很有利，因而做成压力传感器时，其精度和稳定性均很高，而且动态响应也好。虽然石英加工比较困难，但石英谐振式压力传感器仍然是一种极具应用价值的高性能压力传感器。

1. 结构与原理

图 4.8.8 给出了由石英晶体谐振器构成的振梁式差压传感器，两个相对的波纹管用来接受输入压力 p_1，p_2，作用在波纹管有效面积上的压力差产生一个合力，形成了一个绕支点的力矩，该力矩由石英晶体谐振梁（见图 4.8.9）的拉伸力或压缩力来平衡，这样就改变了石英晶体

的谐振频率。频率的变化是被测压力的单值函数,从而达到了测量目的。

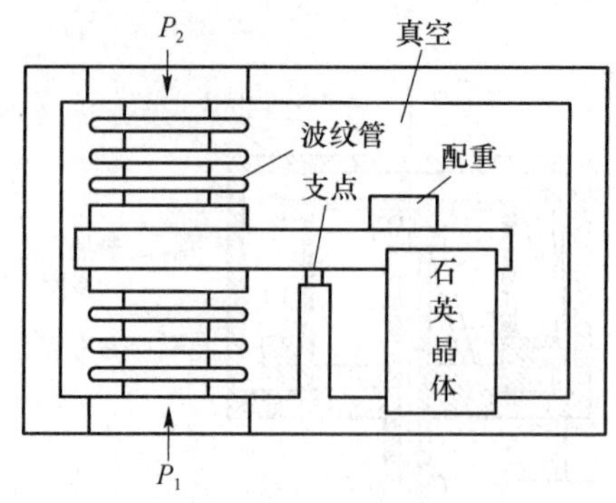

图 4.8.8　石英谐振梁式压力传感器原理示意图

图 4.8.9 给出了石英谐振梁及其隔离结构的整体示意图。石英谐振梁是该压力传感器的敏感元件,横跨在图 4.8.9 所示结构的正中央。谐振梁两端的隔离结构的作用是防止反作用力和力矩造成基座上的能量损失,从而使品质因数 Q 值降低;同时不让外界的有害干扰传递进来,降低稳定性,影响谐振器的性能。梁应选择一种以弯曲方式振动的两端固支梁,这种形状具有较高的灵敏度。

在振动梁的上下两面蒸发沉积四个电极,利用石英晶体自身的压电效应,当四个电极加上电场后,梁以一阶弯曲振动起振,未输入压力时,其自然谐振频率主要取决于梁的几何形状和结构参数。当电场加到梁晶体上时,矩形梁变成平行四边形梁,如图 4.8.10 所示。梁歪斜的形状取决于所加电场的极性。当斜对着的一组电极与另一组电极的极性相反时,梁呈一阶弯曲状态,一旦变换电场极性,梁就朝相反方向弯曲。这样,当用一个维持振荡电路代替所加电场时,梁就会发生谐振,并通过闭环电路维持振荡。

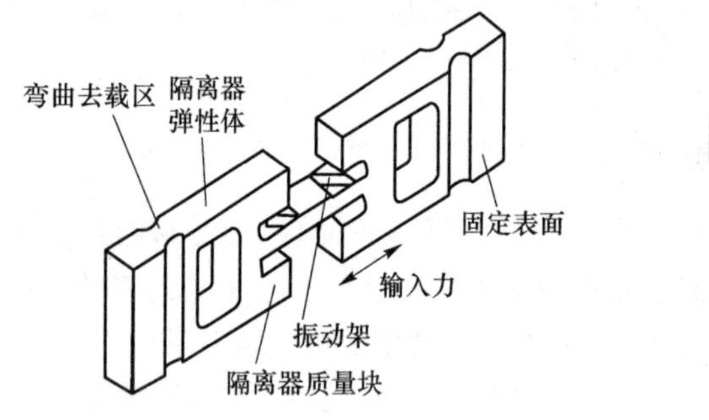

图 4.8.9　梁式石英晶体谐振器

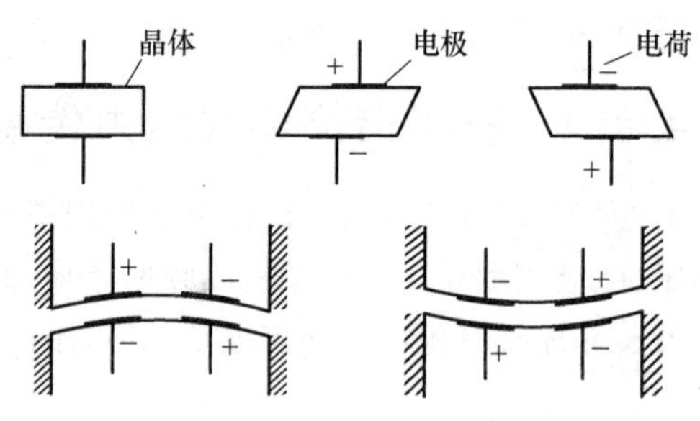

图 4.8.10　谐振梁振动模式

当输入压力 $p_1 < p_2$ 时,振动梁受拉伸力(见图 4.8.8 和图 4.8.9),梁的刚度增加,谐振频率上升;反之,当 $p_1 > p_2$ 时,振动梁受压缩,谐振频率下降。因此,输出频率的变化反映了输入压力的大小。

波纹管采用高纯度材料经特殊加工制成,其作用是把输入压力差转换为振动梁上的轴向力(沿梁的长度方向)。为了提高测量精度,波纹管的迟滞要小。

当石英晶体谐振器的形状、几何参数、位置决定后,配重可以调节运动组件的重心与支点重合。在受到外界加速度干扰时,配重还有补偿加速度的作用,因其力臂几乎是零,使得谐振器仅仅感受压力引起的力矩，而对其他外力不敏感。

2. 特性方程

根据图 4.8.8 的结构，输入压力 p_1，p_2 转换为梁所受到的轴向力的关系为

$$T_x = \frac{L_1}{L_2}(p_2 - p_1)A_E = \frac{L_1}{L_2}\Delta p A_E \tag{4.8.11}$$

式中：A_E——波纹管的有效面积(m^2)；

Δp——压力差(Pa)，$\Delta p = p_2 - p_1$；

L_1——波纹管到支撑点的距离(m)；

L_2——振动梁到支撑点的距离(m)。

根据梁的弯曲变形理论，当梁受有轴向作用力 T_x 时，其最低阶(一阶)固有频率 f_1 与力 T_x 的关系为

$$f_1 = f_{10}\sqrt{1 + 0.295\frac{T_x L^2}{Ebh^3}} = f_{10}\sqrt{1 + 0.295\frac{L_1}{L_2}\cdot\frac{\Delta p A_E}{Ebh}\cdot\frac{L^2}{h^2}} \tag{4.8.12}$$

$$f_{10} = \frac{4.73^2 h}{2\pi L^2}\sqrt{\frac{E}{12\rho}} \tag{4.8.13}$$

式中：f_{10}——零压力时振动梁的一阶弯曲固有频率(Hz)；

ρ——梁材料的密度(kg/m^3)；

μ——梁材料的泊松比；

E——梁材料的弹性模量(Pa)；

L——振动梁工作部分的长度(m)；

b——振动梁的宽度(m)；

h——振动梁的厚度(m)；

3. 特　点

这种传感器有许多优点：对温度、振动和加速度等外界干扰不敏感。有实测数据表明：其灵敏度温漂为 $4\times10^{-5}\%/℃$，加速度灵敏度为 $4\times10^{-5}\%/g$，稳定性好，体积小(25 mm×40 mm×40 mm)，质量小(约 0.7 kg)，Q 值高(达 40 000)，动态响应高(10^3 Hz)等。这种传感器目前已用于机载大气数据系统、喷气发动机试验、数字程序控制及压力二次标准仪表等。

4.8.5　硅谐振式压力微传感器

除了以石英晶体替代精密合金材料的高精度谐振式压力传感器外，还有以硅材料替代精密合金材料的高精度硅谐振式压力微传感器。硅谐振式压力微传感器很好地综合应用了硅材料优良的机械性能和电学性能，同时很好地综合应用了加工过程相容的硅的微机械加工工艺和微电子加工工艺。这使得硅谐振式压力微传感器具有更小的体积、更低的功耗、更高的集成度，也使硅谐振式压力微传感器非常易于实现智能化。因此，近年来硅谐振式压力微传感器得到了较快的发展，代表了压力传感器的重要发展方向。

下面以一种典型的热激励微结构谐振式压力传感器进行相关讨论。

1. 压力微传感器的敏感结构及数学模型

图 4.8.11 给出了一种典型的热激励微结构谐振式压力传感器的敏感结构，它由方形膜

片、梁谐振子和边界隔离部分构成。方形硅膜片作为一次敏感元件，直接感受被测压力，将被测压力转化为膜片的应变与应力；在膜片的上表面制作浅槽和硅梁，以硅梁作为二次敏感元件，感受膜片上的应力，即间接感受被测压力。外部压力 p 的作用使梁谐振子的等效刚度发生变化，从而梁的固有频率随被测压力的变化而变化。通过检测梁谐振子的固有频率的变化，即可间接测出外部压力的变化。为了实现微传感器的闭环自激系统，可以采用电阻热激励、压阻拾振方式。基于激励与拾振的作用与信号转换过程，热激励电阻设置在梁谐振子的正中间，拾振压敏电阻设置在梁谐振子一端的根部。

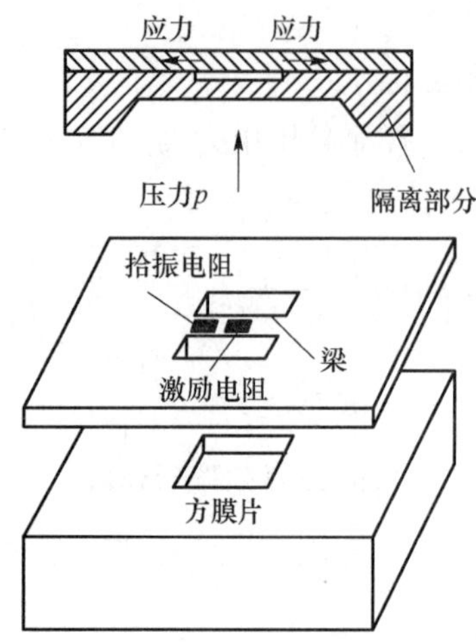

图 4.8.11　硅谐振式压力微传感器敏感结构

在膜片的中心建立直角坐标系，如图 4.8.12 所示，xOy 平面与膜片的中平面重合，z 轴向上。在压力 p 的作用下，方形膜片的法向位移为

$$W(x,y)=W_{\max}H\left(\frac{x^2}{A^2}-1\right)^2\left(\frac{y^2}{A^2}-1\right)^2 \tag{4.8.14}$$

$$W_{\max}=\frac{49p(1-\mu^2)}{192E}\left(\frac{A}{H}\right)^4 \tag{4.8.15}$$

式中：ρ——梁材料的密度(kg/m^3)；

μ——梁材料的泊松比；

E——梁材料的弹性模量(Pa)；

A，H——膜片的半边长(m)和厚度(m)；

$W_{\max}$——在压力 p 的作用下，膜片的最大法向位移与其厚度之比。

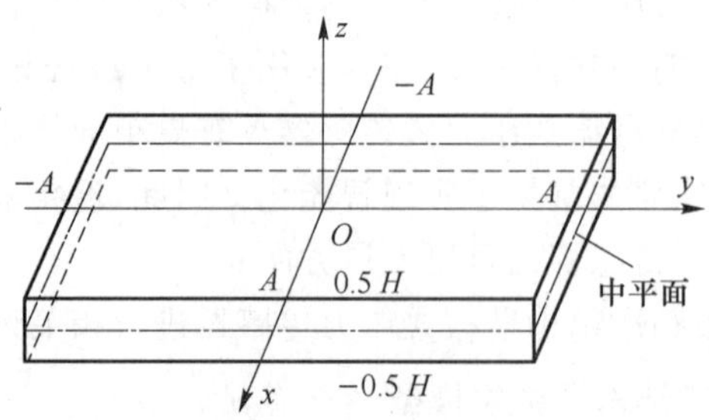

图 4.8.12　方膜片坐标系

根据敏感结构的实际情况及工作机理，当梁谐振子沿着 x 轴设置在 $x\in[X_1,X_2]$（$X_2>X_1$）时，由压力 p 引起梁的谐振子的初始应力为

$$\sigma_0=E\frac{u_2-u_1}{L} \tag{4.8.16}$$

$$u_1=-2H^2W_{\max}\left(\frac{X_1^{\ 2}}{A^2}-1\right)\frac{X_1}{A^2} \tag{4.8.17}$$

$$u_2=-2H^2W_{\max}\left(\frac{X_2^{\ 2}}{A^2}-1\right)\frac{X_2}{A^2} \tag{4.8.18}$$

式中：σ_0——梁所受到的轴向应力(Pa)；

u_1,u_2——梁在其两个端点X_1,X_2处的轴向位移(m)；

L,h——梁的长度(m)和厚度(m)，且有 $L=X_2-X_1$。

在初始应力σ_0（即压力 p）的作用下，两端固支梁的一阶固有频率（最低阶）为

$$f_1=\frac{4.73^2h}{2\pi L^2}\left[\frac{E}{12\rho}\left(1+0.295\frac{Kp\Delta L^2}{h^2}\right)\right]^{0.5} \tag{4.8.19}$$

式中，f_1 的单位为 Hz。

$$K=\frac{0.51(1-\mu^2)}{EH^2}(-L^2-3X_2^{\ 2}+3X_2L+A^2)$$

式(4.8.16)～式(4.8.19)给出了上述硅微结构谐振式压力传感器的压力、频率特性方程。利用该模型，这里提供一组压力测量范围在 0～0.1 MPa 的微传感器敏感结构参数的参考值：方形膜边长 4 mm，膜厚 0.1 mm，梁谐振子沿 x 轴设置于方形膜片的正中间，长 1.3 mm，宽 0.08 mm，厚 0.007 mm，此外浅槽的深度为 0.002 mm。基于对方形膜片的静力学分析结果，可以给出方形膜片结构参数优化设计的准则。结合对加工工艺实现的考虑，可以取方形膜片的边界隔离部分的内半径 1 mm，厚 1 mm。

当硅材料的弹性模量、密度和泊松比分别为：$E=1.3\times10^{11}$ Pa，$\rho=2.33\times10^3$ kg/m^3，$\mu=0.278$；被测压力范围为 0～0.1 MPa 时，利用上述模型计算出梁谐振子的频率范围为 31.81～44.04 kHz。

2. 微结构谐振式传感器的闭环系统

图 4.8.13 给出了微传感器敏感结构中梁谐振子部分的激励、拾振示意图。激励热电阻设置于梁的正中间，拾振电阻设置在梁端部。当敏感元件开始工作时，在激励电阻上加载交变的正弦电压 $U_{ac}\cos\omega t$ 和直流偏压 U_{dc}，激振电阻 R 上将产生热量

$$P(t)=[U_{dc}^2+0.5U_{ac}^2+2U_{dc}U_{ac}\cos\omega t+0.5U_{ac}^2\cos2\omega t]/R \tag{4.8.20}$$

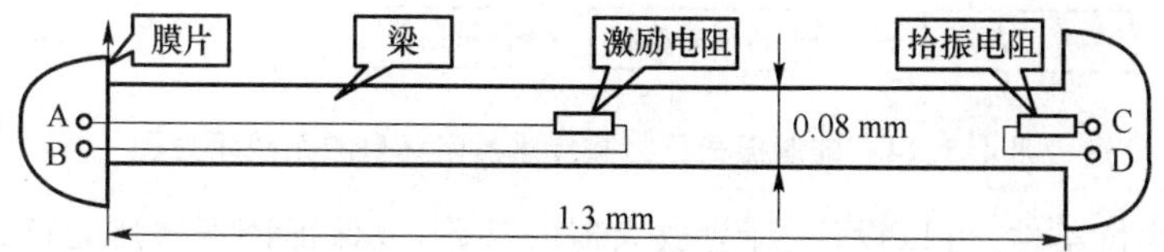

图 4.8.13　梁谐振子平面结构示意图

$P(t)$包含常值分量P_s，与激励频率相同的交变分量$P_{d1}(t)$和二倍频交变分量$P_{d2}(t)$，分别为

$$P_s=(U_{dc}^2+0.5U_{ac}^2)/R \tag{4.8.21}$$

$$P_{d1}(t)=\frac{2U_{dc}U_{ac}\cos\omega t}{R} \tag{4.8.22}$$

$$P_{d2}(t)=\frac{0.5U_{ac}^{2}\cos 2\omega t}{R} \tag{4.8.23}$$

二倍频交变分量$P_{d2}(t)$是热激方式带来的干扰信号。为消除其影响，可选择适当的交直流分量，使$U_{dc}\gg U_{ac}$，或在调理电路中进行滤波处理。

交变分量$P_{d1}(t)$将使梁谐振子产生交变的温度差分布场$\Delta T(x,t)\cos(\omega t+\varphi_1)$，从而在梁谐振子上产生交变热应力

$$\sigma_{\text{ther}}=-E\alpha\Delta T(x,t)\cos(\omega t+\varphi_1+\varphi_2) \tag{4.8.24}$$

式中：α——硅材料的热应变系数(℃$^{-1}$)；

x,t——梁谐振子的轴向位置(m)和时间(s)；

φ_1——由热功率到温度差分布场产生的相移；

φ_2——由温度差分布场到热应力产生的相移。

显然，φ_1和φ_2与激励电阻的位置、激励电阻的参数、梁的结构参数及材料参数等有关。

设置在梁根部的拾振压敏电阻感受此交变的热应力，由压阻效应可知其电阻变化为

$$\Delta R=\beta R\sigma_{\text{axial}}=\beta RE\alpha\Delta T(x_0,t)\cos(\omega t+\varphi_1+\varphi_2) \tag{4.8.25}$$

式中：σ_{axial}——电阻感受的梁端部的应力值(Pa)；

β——压敏电阻的灵敏系数(Pa^{-1})；

x_0——梁端部坐标(m)。

利用电桥可以将拾振电阻的变化转换为交变电压信号$\Delta u(t)$的变化，可描述为

$$\Delta u(t)=K_B\frac{\Delta R}{R}=K_B\beta E\alpha\Delta T(x_0,t)\cos(\omega t+\varphi_1+\varphi_2) \tag{4.8.26}$$

式中：K_B——电桥的灵敏度(V)。

当$\Delta u(t)$的频率ω与梁谐振子的固有频率一致时，梁谐振子发生谐振。故$P_{d1}(t)$是所需要的交变信号，由它实现了电—热—机转换。

图4.8.14给出了传感器闭环自激振荡系统电路的原理框图。由拾振桥路测得的交变信号$\Delta u(t)$经差分放大器进行前置放大，通过带通滤波器滤除掉通带范围以外的信号，移相器对闭环电路其他各环节的总相移进行调整。

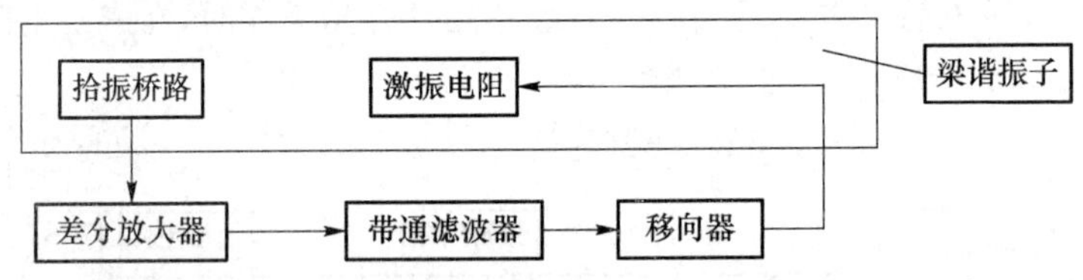

图4.8.14　硅谐振式压力微传感器闭环自激系统示意图

利用幅值、相位条件，可以设计、计算放大器的参数，以保证谐振式压力微传感器在整个工作频率范围内自激振荡，使传感器稳定可靠地工作。

3. 特　点

硅谐振式压力微传感器具有体积小、质量轻、功耗低、快响应、便于集成化和智能化等优点。特别是由于该类压力传感器采用了复合敏感结构，即一次敏感结构的膜片直接感受被测

压力，二次敏感结构梁作为谐振子。因此，一方面传感器敏感结构的参数设计更为灵活；另一方面，由于二次敏感结构梁谐振子处于真空中，因此谐振子具有非常高的机械品质因数，从而有效地保证了传感器的性能。实测数据表明：硅谐振式压力微传感器的综合精度优于0.01%，年稳定性优于 0.01%。这种传感器目前已用于分布式机载大气数据系统、压力校验系统、高精度压力控制系统等。

4.9　动态压力测量时的管道和容腔效应

理论研究与工程实践表明：压力测量系统的动态性能与以下两个因素密切相关：

① 压力传感器及其测量线路；

② 传送压力的连接管道和容腔。

在大多数实际应用中，后者往往是主要因素。下面从理论上估算压力传送管道和容腔对压力测量的动态性能指标的影响。

4.9.1　管道和容腔的无阻尼自振频率

假设传感器容腔体积 V 比压力传送管道的体积小，管道的一端接压力源，另一端经传感器中的弹性敏感元件而闭合，且管道的直径足够大。这时管道和传感器容腔可看作是一个由气体材料构成的圆柱体，如图 4.9.1 所示。这段气体柱可以看作是一个单自由度弹性振动系统，其固有振动频率为

$$f_n=\frac{2n-1}{4}\cdot\frac{a}{L_p} \tag{4.9.1}$$

式中：a——声音在气体中的传播速度(m/s)，$a=20.1\sqrt{T}$（T 为气体介质的绝对温度，单位为 K）；

L_p——传压管道的长度(m)；

n——泛音次数，$n=1,2,3,\cdots$

由式(4.9.1)可见，管道越长，其固有频率越低。

当传感器的容腔体积 V 和传压管道的体积相比不能忽略时，如图 4.9.2 所示，气体的最低固有频率为

$$f_n=\frac{1}{2\pi}\sqrt{\frac{3\pi r^2a^2}{4L_pV}} \tag{4.9.2}$$

式中：r——管道半径(m)；

L_p——管道长度(m)；

V——传感器容腔体积(m^3)。

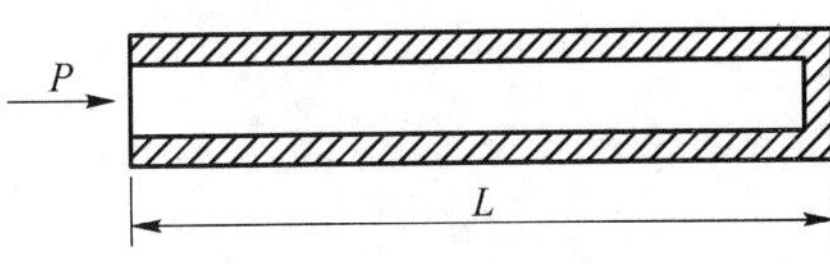

图 4.9.1　一端封闭的空气圆柱

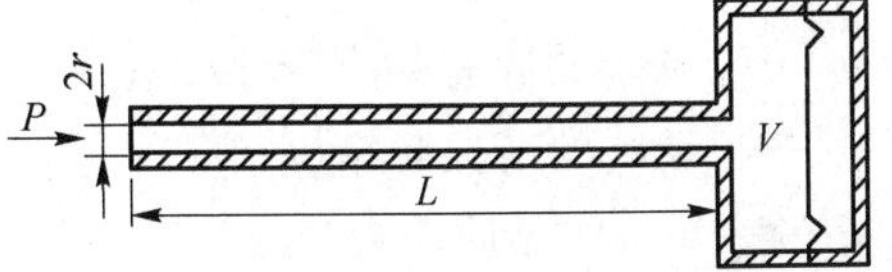

图 4.9.2　管道和容腔存在阻尼时的频率特性

4.9.2 管道和容腔存在阻尼时的频率特性

假设管道中气体振动时处于层流状态，各层流体间与流体和管壁间的摩擦为黏性摩擦，当把这个分布参数系统等效看作一个具有集中参数的单自由度二阶系统时，系统中的等效集中参数分别为

$$C=\frac{V}{\rho a^2} \tag{4.9.3}$$

$$L=\frac{4\rho L_p}{3r^2}\cdot\pi \tag{4.9.4}$$

$$R=\frac{8\eta L_p}{\pi r^4} \tag{4.9.5}$$

式中：C——容腔等效气容(m^5/N)；

L——管道等效气感($N\cdot s^2/m^5$)；

R——管道等效气阻($N\cdot s/m^5$)；

ρ——气体的密度(kg/m^3)；

η——气体的动态黏度($N\cdot s/m$)。

若以 $p_0(t)$表示管道开口处的压力，$p(t)$表示传感器容腔内的压力，则上述系统的幅频特性为

$$\left|\frac{p}{p_0}\right|=\frac{1}{\sqrt{(1-\omega^2LC)^2+\omega^2C^2R^2}}=\frac{1}{\sqrt{\left[1-\left(\frac{\omega}{\omega_n}\right)^2\right]^2+\frac{1}{Q^2}\left(\frac{\omega}{\omega_n}\right)^2}} \tag{4.9.6}$$

$$\omega_n=\sqrt{\frac{1}{LC}}=\sqrt{\frac{3\pi r^2a^2}{4L_pV}} \tag{4.9.7}$$

$$\omega_r=\omega_n\sqrt{1-\frac{1}{2Q^2}} \tag{4.9.8}$$

$$Q=\frac{1}{2\xi_n}=\frac{1}{RC\omega_n}=\frac{ar^3}{4\eta}\sqrt{\frac{\pi}{3VL_p}} \tag{4.9.9}$$

$$\varphi=\begin{cases}-\arctan\dfrac{\omega RC}{1-\omega^2LC}, & \omega^2LC\leqslant1\\ -\pi+\arctan\dfrac{\omega RC}{\omega^2LC-1}, & \omega^2LC>1\end{cases}=\begin{cases}-\arctan\dfrac{\left(\frac{\omega}{\omega_n}\right)}{Q\left[1-\left(\frac{\omega}{\omega_n}\right)^2\right]}, & \omega\leqslant\omega_n\\ -\pi+\arctan\dfrac{\left(\frac{\omega}{\omega_n}\right)}{Q\left[\left(\frac{\omega}{\omega_n}\right)^2-1\right]}, & \omega>\omega_n\end{cases} \tag{4.9.10}$$

式中：ω_n——系统的固有频率(rad/s)；

ω_r——系统的谐振频率(rad/s)；

Q——系统的品质因数；

ξ_n——系统的阻尼比系数；

φ——压力 p 和 p_0 的相角差。

当采用很细的管道（毛细管）作传压管道时，传压管道的阻抗可看作为纯气阻，这时系统的频率特性可表示为

$$\left|\frac{p}{p_0}\right|_{L_p \to 0} = \frac{1}{\sqrt{1+(RC\omega)^2}} = \frac{1}{\sqrt{1+(\omega T)^2}} \tag{4.9.11}$$

$$T = RC = \frac{8L_p\eta V}{\pi r^4 \rho a^2} \tag{4.9.12}$$

式中：T——时间常数（s）。

综上，无论是否考虑气体的阻尼，只要传压管道越长、管径越细、容积越大，该传压系统在动态压力测量时，造成的动态误差就越大。这一点在动态压力测量时必须认真考虑。

4.10　压力测量装置的静、动态标定

4.10.1　压力测量装置的静态标定

压力测量装置静态标定试验设备既是一台能产生高精度压力并能精确判读出所具有压力值的装置，也是一台能精确判读被标定的压力测量装置的输出量大小的装置。目前常用的静压标定设备有液体压力计和活塞压力计。

液体压力计的介质可以是水、油、酒精或水银。为了防止污染，目前水银已经较少使用。活塞压力计的工作介质有气体和液体两种，图 4.10.1 是一个液压活塞压力计的原理图。活塞压力计有不同的型号，可以测不同范围的压力，压力大小主要取决于活塞系统的有效面积和所负荷的砝码质量的大小。

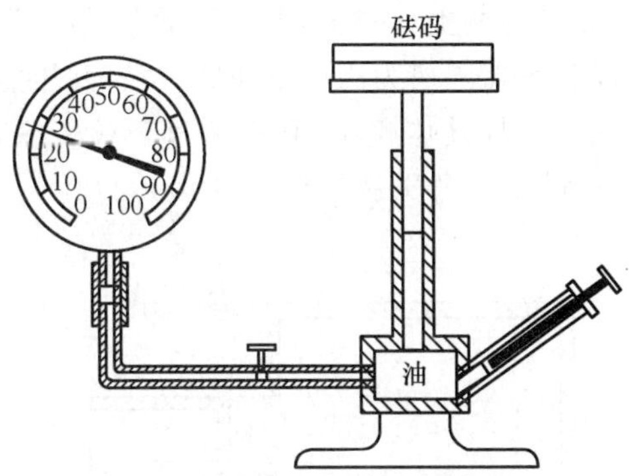

图 4.10.1　液压活塞压力计

由于传感技术的不断进步，传感器被大量应用于压力标定中。图 4.10.2 就是一个利用石英包端管来感受被测压力，并由力平衡原理构成的静态压力标定设备。石英包端管将其中的压力转换为集中力，并在定位悬丝上形成一个力矩。当压力给定器输出的电压（代表所要求包端管内应具有的压力大小）经放大后加于力发生器线圈上，在定位悬丝上也形成了一个力矩。当定位悬丝上的力矩不平衡时，定位悬丝上的反射镜使反射光线偏离光栏，于是差动光敏元件检测出偏离方向和大小的信号给放大器，经放大后操纵伺服阀使石英包端管和被校压力表接通真空源或压力源来改变石英包端管中的压力，直到定位悬丝恢复平衡状态。这时与力发生器线圈串联的采样电阻上的输出电压就代表了压力给定器所给定的压力值，也就是石英包端

管和被校准压力测量装置中的压力。

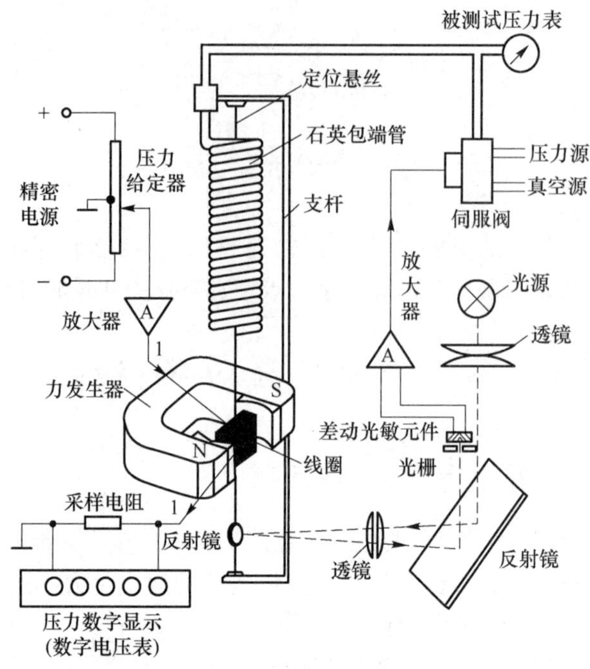

图 4.10.2　石英包端管力平衡式压力控制设备

4.10.2　压力测量装置的动态标定

用于动态压力标定的设备分为两类:一类产生阶跃压力,另一类产生正弦压力。

图 4.10.3 所示是用薄膜将容器隔离为高压室和低压室,高压室的压力为 p_1,且其体积远大于低压室;低压室的压力为 p_2,且其体积小,其中装有被校传感器。当隔离薄膜迅速破裂后,低压室中的压力迅速上升到接近高压室的压力并保持该压力。这是一种阶跃压力发生设备。

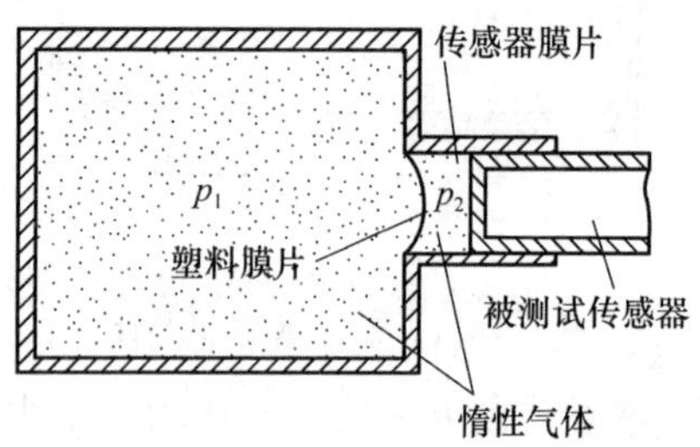

图 4.10.3　利用大小容积的阶跃压力发生器

图 4.10.4 所示是激波管,用薄膜作冲击膜片,它将激波管隔离为高压区和低压区,被标定的传感器装于低压区的一端。当薄膜被高压击破后形成激波,低压区的压力迅速上升,保持一定的时间然后下降。压力的上升时间约为 0.2 μs,压力保持时间为几个 ms 到几十个 ms,压力阶跃的幅值取决于激波管结构、薄膜厚度。激波管常用来标定谐振频率比较高的压力测量装置。

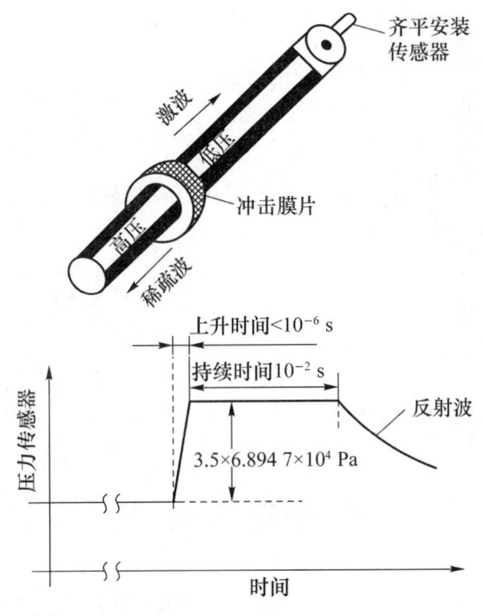

图 4.10.4　激波管

图 4.10.5 所示是用电磁力做成的正弦压力发生器。当流过磁电式力发生器中的电流成正弦规律变化时,正弦力便产生,使输给传感器的介质压力按正弦规律变化。

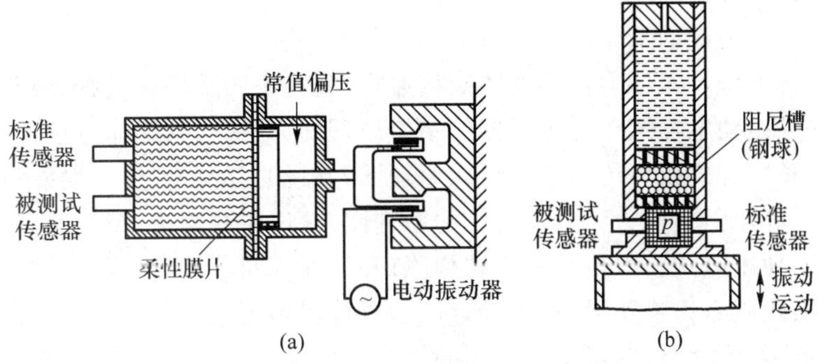

图 4.10.5　电磁力正弦压力发生器

图 4.10.6 所示是利用偏心轮使活塞产生位移,其位移与时间的关系按正弦规律变化,活塞中介质的压力按正弦规律变化。这种设备常用来标定谐振频率低的压力测量装置。

图 4.10.7 所示是喷嘴-孔板式正弦压力发生设备。当孔板的实心部分挡住喷嘴时,管道中压力最大;当喷嘴正好全部对准孔板的孔时,管道中压力最小。这种正弦压力发生器简单易做,可以产生较高频率的压力变化,但压力波形不好,精度差。

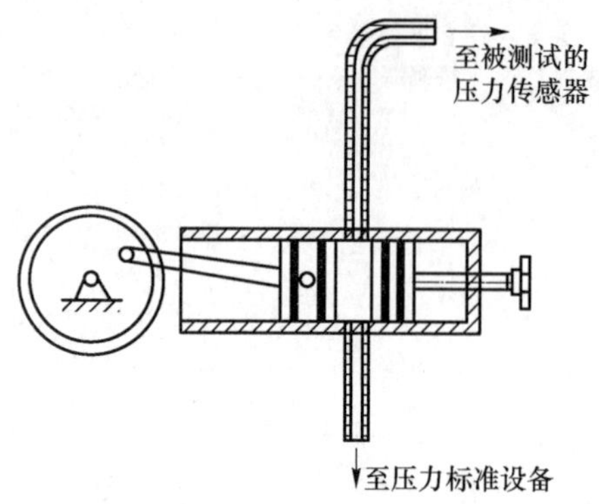

图 4.10.6 机械式正弦压力发生器

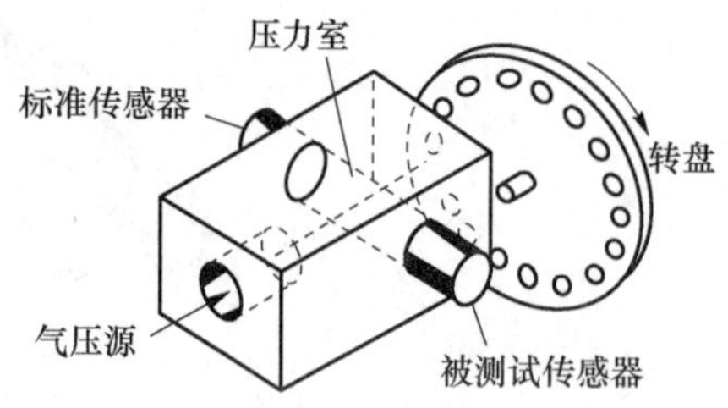

图 4.10.7 喷嘴-孔板正弦压力发生器

思考题与习题

4.1 流体压力的物理意义是什么？工程上常用的压力有哪几种？

4.2 常用的压力测量系统有哪几类？

4.3 利用弹性敏感元件实现压力测量时，可以利用其哪些特性？简述各自的特点。

4.4 选择压力弹性敏感元件材料时应注意哪些主要问题？

4.5 简述液柱压力计的工作原理，并说明其测量误差。

4.6 简述活塞压力计的工作原理，并说明其测量误差。

4.7 给出一种电位计式压力传感器的结构原理图，并说明其测量过程、误差与特点。

4.8 给出一种差动电容式压力传感器的结构原理图，并说明其工作过程与特点。

4.9 给出一种应变式压力传感器的结构原理图，并说明其测量过程、误差与特点。

4.10 给出一种压阻式压力传感器的结构原理图，并说明其测量过程、误差与特点。

4.11 给出一种压电式压力传感器的结构原理图，并说明其测量过程、误差与特点。

4.12 在谐振式压力传感器中，有哪些常用的谐振子？

4.13 简述谐振式压力传感器实现闭环的工作条件。

4.14 简述谐振弦式压力传感器的工作原理与特点。

4.15 谐振弦式压力传感器中的谐振弦为什么必须施加预紧力？

4.16 给出振动筒压力传感器原理示意图，简述其工作原理和特点。

4.17 简单说明振动筒压力传感器中谐振筒选择 $m=1,n=4$ 的原因。

4.18 振动筒压力传感器中如何进行温度补偿？

4.19 说明石英谐振梁式压力传感器的特点。

4.20 简述动态压力测量时的管道和容腔效应。

第5章 流量测量系统

5.1 概 述

在现代工业生产、管理过程及其他技术领域中，常常需要对流体（气体或液体）的输送进行计量和控制，需要测量其流动速度或流过的体积或质量，因此流量测量是测试技术中的一个重要问题。在飞机上，燃油系统供油与输油、液压系统的各种管路均需要进行流量测量。

流体的流量分为体积流量和质量流量，分别表示单位时间内流过管道某一截面处流体的体积数或质量数，量纲分别为 m^3/s 和 kg/s。

根据上述定义，流体的体积流量和质量流量分别为

$$Q_V=\frac{\mathrm{d}V}{\mathrm{d}t}=S\frac{\mathrm{d}x}{\mathrm{d}t}=Sv \tag{5.1.1}$$

$$Q_m=\frac{\mathrm{d}m}{\mathrm{d}t}=\rho\frac{\mathrm{d}V}{\mathrm{d}t}=\rho Sv=\rho Q_V \tag{5.1.2}$$

式中：Q_V——流体的体积流量（m^3/s）；

Q_m——流体的质量流量（kg/s）；

V——流体在管道内流过的体积（m^3）；

S——管道某截面的截面积（m^2），该截面对应的流体流速为 v；

x——流体在管道内的位移（m）；

t——时间（s）；

v——流体在管道内的流速（m/s），对应的截面积为 S；

ρ——流体的密度（kg/m^3）；

m——管道内流过流体的质量（kg）。

由于流体具有黏性，因此在某一截面上的流速分布并不均匀，流速的分布与流体流动形态——层流和湍流（又称紊流）有关，如图5.1.1所示。

对圆形截面的管道来说，截面上各点的速度随该点至圆心的距离而变化。无论是层流还是湍流，流体在管壁处的速度均为零。对层流来说，各点上速度沿管道直径按抛物线规律分布。对湍流来说，速度分布曲线不再是抛物线，曲线顶部比较平坦，而靠近管壁处变化较陡。因此式(5.1.1)、式(5.1.2)中流体的流速均指平均速度。

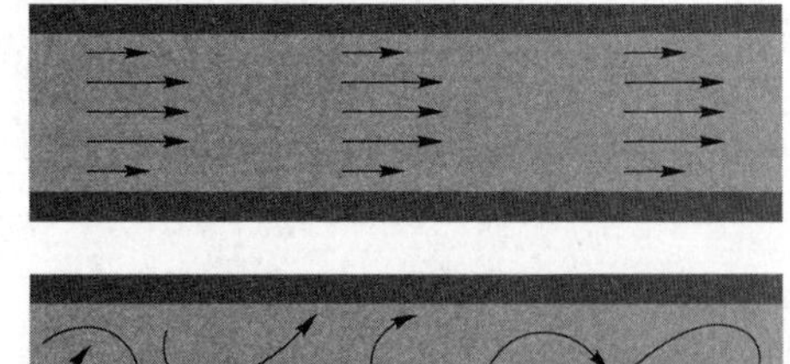

图5.1.1 流体流动形态

在一段时间内流过管道的流体量称为总量（即总消耗量），用以计算流体的消耗量与储存量。这对某些情况，如贸易结算、飞机的续航能力等是有用的。

由于被测流体介质的种类繁多，其黏度、密度、易燃和易爆性等物理性质差别大，工作状况(流体的压力、温度)不同，测量范围的差异大，使得测量精度要求不同，为了适应各种情况下流体流量的测量，出现了许多测量原理的流量计。这里只介绍一些常用的流量测量系统。

由式(5.1.1)可见，流体的体积流量Q_V是管道截面积S和速度v的函数。因此截面积S不变时，可通过测流速v来测量体积流量。

由式(5.1.2)可见，质量流量Q_m是流体密度ρ、管道截面积S、流体的流速v的函数，因此可以分别测量流体密度ρ,S,v得到质量流量；也可由测量体积流量Q_V和密度ρ得到质量流量；当管道截面S不变时，亦可借测量ρ和v来测量质量流量。

应当指出，流体的体积流量和质量流量的测量与解算要考虑同步性，例如当流体在管道内流动时，质量流量是时间和位置的函数。某时刻、某位置处的质量流量应当是同一时刻、同一位置处的体积流量与密度的乘积，这也给流量测量带来了较大困难。

5.2 节流式流量计

5.2.1 工作原理

节流式流量计主要由两部分组成：节流装置和测量静压差的差压传感器。

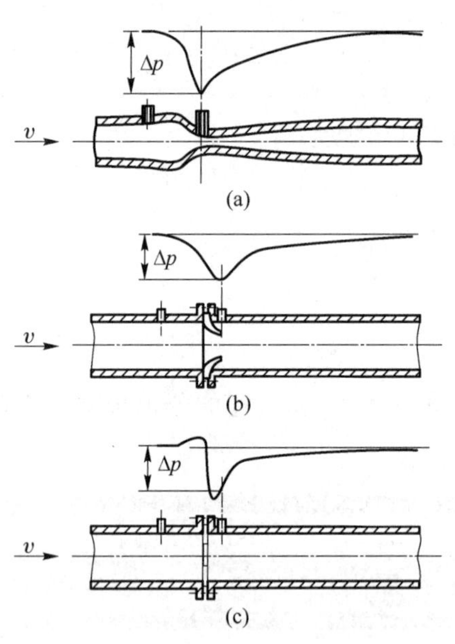

图 5.2.1 常用的节流装置

节流装置安装在流体管道中，工作时它使流体的流通截面发生变化，引起流体静压变化。常用的节流装置有文丘利管、喷嘴和孔板，如图 5.2.1所示。

流体流过节流装置时，由于流束收缩，流体的平均速度加大，动压力加大，而静压力下降，故在截面最小处，流速最大。图 5.2.1 同时给出了流体流过节流装置时流体静压力的变化曲线。测量节流装置前后的静压差就可以测量流量。由曲线可见，由于在节流装置前后形成涡流以及流体的摩擦变成了热能，散失在流体内，故最后流体的速度虽已恢复如初，但静压恢复不到收缩前的数值，这就是压力损失。其中以文丘利管压力损失最小，而孔板压力损失最大。

由于节流式流量计利用节流装置前后的静压差来测量流量，故又叫差压式流量计或变压降流量计。

5.2.2 流量方程式

首先假设流体是理想的(即流体无黏性)不可压缩的流体，管道水平放置。

选定两个截面，I—I 是节流装置前流体开始受节流装置影响的截面；II—II 是流束经过节流装置收缩最厉害的流束截面，由伯努利方程式得

$$\frac{p_1'}{\rho}+\frac{v_1'^2}{2}=\frac{p_2'}{\rho}+\frac{v_2'^2}{2} \tag{5.2.1}$$

式中：p_1'，p_2'——流体在截面 I—I 和 II—II 处的静压力(Pa)；

$v_1'^2$，$v_2'^2$——流体在截面 I—I 和 II—II 处的平均流速(m/s)；

ρ——流体的密度(kg/m^3)。

由于流体是不可压缩的，根据连续性定律有

$$S_1 v_1' = S_2 v_2' \tag{5.2.2}$$

由于流束在节流装置后的最小收缩面积为S_2，实际上很难确切地知道它的数值，因此用节流装置开孔的截面积S_0 来表示，并令

$$S_2 = \mu S_0 \tag{5.2.3}$$

式中：μ——流束的收缩系数，其大小与节流装置的类型有关。

将式(5.2.3)代入式(5.2.2)，得

$$v_1' = \mu v_2' \frac{S_0}{S_1} = \mu m v_2' \tag{5.2.4}$$

式中：m——节流装置开孔截面积与管道截面积之比，$m=\dfrac{S_0}{S_1}$。

由式(5.2.4)及式(5.2.1)得

$$v_2' = \frac{1}{\sqrt{1-\mu^2 m^2}}\sqrt{\frac{2}{\rho}(p_1'-p_2')} \tag{5.2.5}$$

上面得到的流速 v_2'是理论值，因为理想的不可压缩的流体是不存在的，流体有黏度，故有摩擦，因此实际的流速应修正；其次，截面 I—I，II—II 的压力 p_1'，p_2'随着流速的不同而改变。考虑到使用方便，实际上经常在节流装置前后两个固定位置上测取压力 p_1，p_2 代替 p_1'，p_2'，在计算 v_2'的公式中亦应修正。考虑到这两方面的因素，在 II—II 截面上的流速为

$$v_2 = \xi v_2' = \frac{\xi}{\sqrt{1-\mu^2 m^2}}\sqrt{\frac{2}{\rho}(p_1-p_2)} \tag{5.2.6}$$

式中：ξ——流速修正系数。

流过截面 II—II 的体积流量为

$$Q_V = v_2 S_2 = v_2 \mu S_0 = \frac{\xi \mu S_0}{\sqrt{1-\mu^2 m^2}}\sqrt{\frac{2}{\rho}(p_1-p_2)} = \alpha S_0 \sqrt{\frac{2}{\rho}(p_1-p_2)} \tag{5.2.7}$$

式中：α——流量系数，它与节流装置的面积比 m、流体的黏度、密度和取压方式等有关，通常由实验确定该系数，$\alpha=\dfrac{\mu\xi}{\sqrt{1-\mu^2 m^2}}$。

对于可压缩流体(气体)，必须考虑流体流过节流装置时，由于压力的变化而引起流体的密度变化，即压力减小时，气体的体积要膨胀、密度要减小。因此，在根据节流装置前后的压力 p_1，p_2 计算流过节流装置的流量时，要引入一个考虑被测流体膨胀的校正系数 ε，故可压缩流体的流量方程为

$$Q_V = \varepsilon \alpha S_0 \sqrt{\frac{2}{\rho}(p_1-p_2)} \tag{5.2.8}$$

$$\varepsilon=\frac{\alpha_k}{\alpha}\sqrt{\frac{1-\mu_k^2m^2}{1-\mu_k^2m^2\left(\frac{p_2}{p_1}\right)^{\frac{2}{k}}}\cdot\frac{p_1}{p_1-p_2}\cdot\frac{k}{k-1}\left[\left(\frac{p_2}{p_1}\right)^{\frac{2}{k}}\left(\frac{p_2}{p_1}\right)^{\frac{k+1}{k}}\right]} \tag{5.2.9}$$

式中：α_k——可压缩流体的流量系数，$\alpha_k=\frac{\mu_k\xi}{\sqrt{1-\mu_k{}^2m^2}}$；

μ_k——可压缩流体的收缩系数；

k——绝热指数。

上面给出了不可压缩和可压缩流体的流量方程。对于不同形式的节流装置，流量方程相同，只是有关系数不同。如果在测量过程中流量系数 α(或α_k)、流体膨胀系数 ε 不变，则体积流量与压力差 p_1-p_2 的平方根 $\sqrt{p_1-p_2}$成比例。

流量系数 α 与节流装置的结构形式、截面积比 m、取压方式、雷诺数、管道的粗糙度等因素有关。流体膨胀系数 ε 与$\frac{\Delta p}{p_1}$、气体绝热指数 k、截面积比 m 及节流装置的结构形式等因素有关。国家标准给定了不同取压方式标准喷嘴和孔板的流量系数 α 及膨胀修正系数 ε 的值，实际应用时可查用。

5.2.3 取压方式

对同一结构形式的节流装置，采用不同的取压方法，即取压孔在节流装置前后的位置不同，它们的流量系数不同。

我国规定了两种取压方式：角接取压和法兰取压。

1. 角接取压

上下游取压管位于喷嘴或孔板的前后端面处，如图 5.2.2 中的 I—I 所示，这种角接取压方式的优点是：

① 易于采用环室取压，使压力均衡，从而提高差压的测量精度；同时，可以缩短所需的直管段。

② 当实际雷诺数大于临界雷诺数时，流量系数只与截面积比 m 有关，因此对于 m 一定的节流装置，流量系数恒定。

③ 由于管壁粗糙度逐渐改变而产生的摩擦损失变化的影响最小。

角接测压法的主要缺点是：由于取压点位于压力分布曲线最陡峭的部分，因此取压点位置的选择和安装不精确时对流量测量精度的影响比较大，而且取压管的脏污和堵塞不易排除。

2. 法兰取压法

不论管道的直径大小如何，上下游取压管的中心都位于距孔板两侧端面 25.4 mm 处，如图 5.2.2 的 II—II 所示。

法兰取压法的优点是当实际雷诺数大于临界雷诺数时，流量系数 α 为恒值，且安装方便，不易泄漏。

法兰取压法的主要缺点是因取压孔之间距离较大，故管壁粗糙度改变而产生的摩擦损失变化对流量测量影响大。

为了提高流量测量的精度，国家标准还规定在节流装置的前后均应装有长度分别为 10D

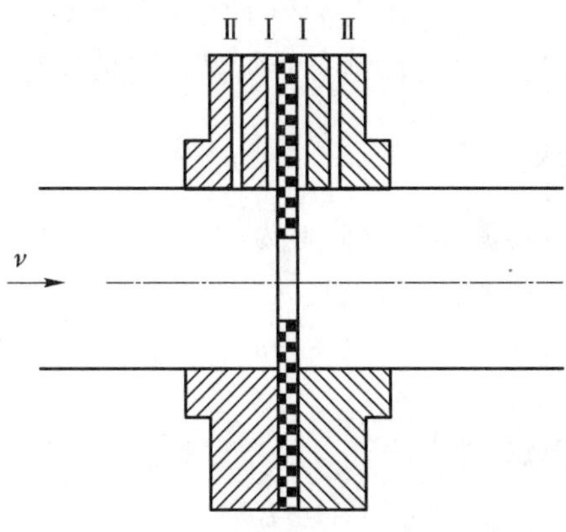

图 5.2.2　节流装置的取压方式

和 5D(D 为管道的内径)的直管段,以消除管道内安装的其他部件对流速造成的扰动,即起整流作用。

5.2.4　节流式流量计的特点

节流式流量计的特点如下:

① 结构简单,价格便宜,使用方便;

② 由于压力差与体积流量间是平方关系,刻度为非线性,故当流量小于仪表满量程的 20%时,流量已测不准,同时测量结果易受被测流体密度变化的影响;

③ 由于管道中安装了节流装置,故有压力损失;

④ 用于洁净流体的流量测量。

在航空流量测量中不用节流式流量计,但其在一般工业生产中却是应用最多的一种流量计,几乎占工业中所使用流量计的 70%。

5.3　涡轮流量计

5.3.1　工作原理

涡轮流量计主要由三个部分组成:导流器、涡轮和磁电转换器。其原理结构如图 5.3.1 所示。

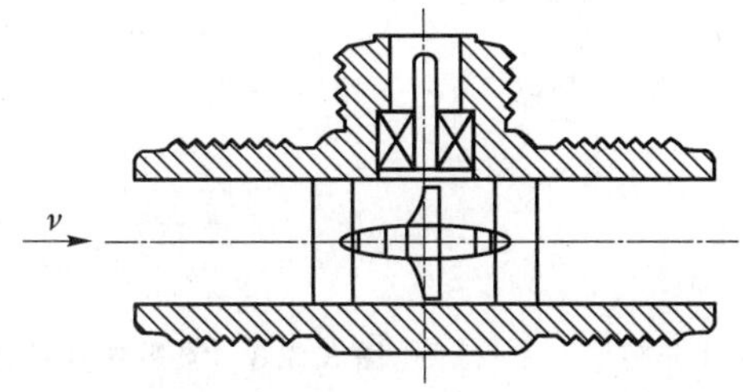

图 5.3.1　涡轮流量计的原理结构图

流体从流量计入口经过导流器，使流束平行于轴线方向流入涡轮，推动螺旋形叶片的涡轮转动，磁电式转换器的脉冲数与流量成比例。所以涡轮流量计是一种速度式流量计。

5.3.2 流量方程式

平行于涡轮轴线的流体平均流速 v 可分解为叶片的相对速度v_r 和叶片切向速度v_s，如图5.3.2所示。切向速度为

$$v_s = v\tan\theta \tag{5.3.1}$$

式中：θ——叶片的螺旋角。

若忽略涡轮轴上的负载力矩，那么当涡轮稳定旋转时，叶片的切向速度为

$$v_s = R\omega \tag{5.3.2}$$

则涡轮的转速为

$$n = \frac{\omega}{2\pi} = \frac{\tan\theta}{2\pi R}v \tag{5.3.3}$$

式中：R——叶片的平均半径(m)。

由此可见在理想状态下，涡轮的转速 n 与流速 v 成比例。

磁电式转换器所产生的脉冲频率为

$$f = nZ = \frac{Z\tan\theta}{2\pi R}v \tag{5.3.4}$$

式中：Z——涡轮的叶片数目。

流体的体积流量为

$$Q_V = \frac{2\pi RS}{Z\tan\theta}f = \frac{1}{\xi}f \tag{5.3.5}$$

式中：S——涡轮的通道截面积(m^2)；

ξ——流量转换系数，$\xi = \dfrac{Z\tan\theta}{2\pi RS}$。

由式(5.3.5)可见，对于一定结构的涡轮，流量转换系数是一个常数，因此流过涡轮的体积流量Q_V与磁电转换器的脉冲频率 f 成正比。但是由于涡轮轴承的摩擦力矩、磁电转换器的电磁力矩、流体和涡轮叶片间的摩擦阻力等因素的影响，在整个流量测量范围内流量转换系数不是常数。流量转换系数与体积流量间关系曲线如图5.3.3所示。

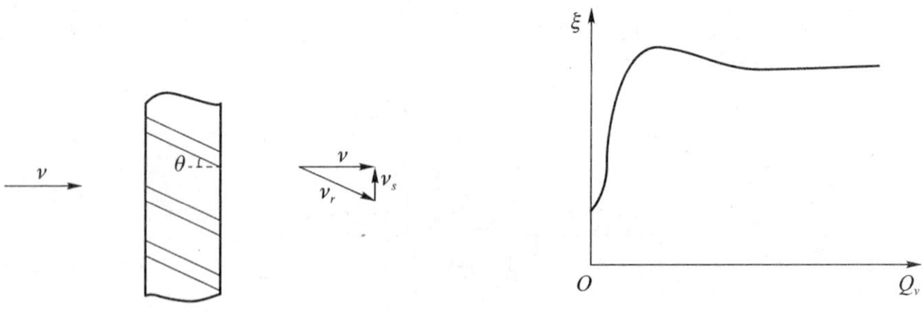

图5.3.2 涡轮叶片分解　　**图5.3.3 流量转换系数与体积流量的关系曲线**

由图5.3.3可见，在小流量时，由于各种阻力力矩之和与叶轮的转矩相比较大，因此流量转换系数下降；在大流量时，由于叶轮的转矩大大超过各种阻力力矩之和，因此流量转换系数

几乎保持常数。

5.3.3　涡轮流量计的特点

① 可以测量洁净液体或气体的流量；

② 测量精度高，可达到 0.2%以上；

③ 线性特性输出；

④ 测量范围宽，$Q_{V\max}/Q_{V\min}=10\sim30$；

⑤ 反应灵敏，适用于测量脉动流量；

⑥ 由于输出是脉冲信号，故抗干扰能力强，便于远距离传输和数字化；

⑦ 压力损失小；

⑧ 由于在流体内装有轴承，故怕脏污及腐蚀性流体；

⑨ 流体密度和黏度变化会引起误差。

由于涡轮流量计有上述特点，因此不仅在地面上得到了广泛的应用，而且也用于航空上测量燃油流量和油量耗量测量。

5.3.4　涡轮流量表

涡轮油量表是目前飞机上常用的油量表，它是基于涡轮流量计的工作原理，通过测量耗量实现油量（储量）的测量。根据所介绍的涡轮流量计的工作机理，涡轮流量计输出信号的频率与流量相对应，经转换处理可得流量（飞机上也称瞬时消耗量）的指示值，同时变送器的输出信号送入一积分装置，经积分得到液体在这段时间内的总消耗量，再由传动装置带动指示油量的指针转动，指针转动的角度与总消耗量相对应。只要在供油前将指示数调到当时油箱中的油量，随着油量的消耗，指示数不停地向零示数方向变动，这样，指示装置的示值就是油箱中现有的油量。

由于采用涡轮油量表测量油箱中的油量，不受飞机姿态等因素的影响，具有一定的精度。但它是通过测量流量来测量油量的，所以如果流体（燃油、滑油等）有不经过涡轮的消耗（如涡轮前管路的漏泄、燃体从涡轮外缘与管路内壁的间隙流过等），将会产生油量表的指示多于油箱中实际油量的误差（即实际耗量多于计算值）。因此飞机上还同时装有基于测量油箱中液体液面高度原理的油量表，此类油量表有电容式、浮子式、静压式、超声波式和核辐射式等。其中前两种都曾用于飞机上，目前主要是电容式的。

5.4　电磁流量计

5.4.1　工作原理

电磁流量计是根据法拉第电磁感应原理制成的一种流量计，用来测量导电液体的流量。其原理如图 5.4.1 所示，它由产生均匀磁场的系统、不导磁材料的管道及在管道横截面上的导电电极组成。磁场方向、电极连线及管道轴线三者在空间互相垂直。

当被测导电液体流过管道时，切割磁力线，于是在和磁场及流动方向垂直的方向上产生感应电势，其值和被测液体的流速成比例，即

$$E=BDv \tag{5.4.1}$$

式中：B——磁感应强度(T)；

D——切割磁力线的导体液体长度(为管道内径 D)(m)；

v——导电液体在管道内的平均流速(m/s)。

由式(5.4.1)得被测导电液体的体积流量为

$$Q_V=\frac{\pi D^2}{4}v=\frac{\pi DE}{4B} \tag{5.4.2}$$

因此测量感应电势就可以测出被测导电液体的流量。

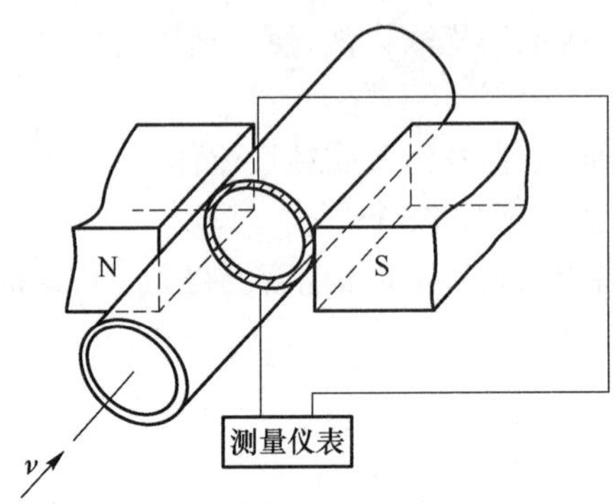

图 5.4.1 电磁流量计原理图

5.4.2 电磁流量计的结构

上面讨论中，认为磁感应强度 B 是常量，即直流磁场。但直流电势将使被测液体电解，使电极极化。正电极被一层负离子包围，负电极被一层正离子包围，加大了电极的电阻，破坏了原来的测量条件。同时内阻的增加随被测液体的成分和测量时间的长短而变化，因而使输出的电势不固定，影响测量精度。因此直流磁场的电磁流量计适用于非电解性液体，如液体金属纳、汞等的流量测量。

而对电解性液体的流量测量则采用市电(50 Hz)交流电励磁的交流磁场，即

$$B=B_{\max}\sin\omega t \tag{5.4.3}$$

感应电势为

$$E=B_{\max}\sin\omega tD\Delta v \tag{5.4.4}$$

所以体积流量为

$$Q_V=\frac{\pi D^2}{4}v=\frac{\pi D}{4B_{\max}\sin\omega t}E \tag{5.4.5}$$

或

$$Q_V=\frac{\pi D}{4}\cdot\frac{E}{B} \tag{5.4.6}$$

即测量比值 E/B 就可以测得体积流量Q_V，故交流励磁的电磁流量计要有 E/B 的运算电路。这样还可以消除由于电源电压及频率波动所引起的测量误差。

用交流励磁不但消除了极化，而且便于信号的放大，但也易受干扰。

目前工业上常用的电磁流量计的交流磁系统的结构有变压器铁芯型和绕组型两种，由于

变压器铁芯型的磁系统尺寸大、质量大，故适用于小管径的电磁流量计，而绕组型磁系统适用于中、大管径的电磁流量计。

为了避免测量管道引起磁分流，故测量管道通常由非导磁材料制成。由于测量管道处于较强的交流磁场中，管壁产生涡流，因而产生引起干扰的二次磁通。为了减少涡流，要求测量管道的材料应具有高电阻率。故一般中小口径电磁流量计用不锈钢或玻璃钢制成测量管道；而大口径电磁流量计的测量管道用离心浇铸，把衬里线圈和电极浇铸在一起，以减少涡流引起的误差。

当用金属测量管道时，为了防止两个电极被金属管道短路，在金属管道的内壁挂一层绝缘衬里，同时还可以防腐蚀。常用聚四氟乙烯(使用温度达 120 ℃)、天然橡胶(使用温度达 60 ℃)及氯丁橡胶(使用温度达 70 ℃)等材料作绝缘衬里。除使用氟酸和高温碱外的各种酸碱液体的流量测量还可以使用温度达 120 ℃的玻璃作衬里。

电极一般用非磁性材料，如不锈钢和耐酸钢等材料制成，有时也用铂和黄金或在不锈钢制成的电极外表面镀一层铂和黄金的电极。电极必须和测量管道很好地绝缘，如图 5.4.2 所示。为了隔离外界磁场的干扰，电磁流量计的外壳用铁磁材料制成。

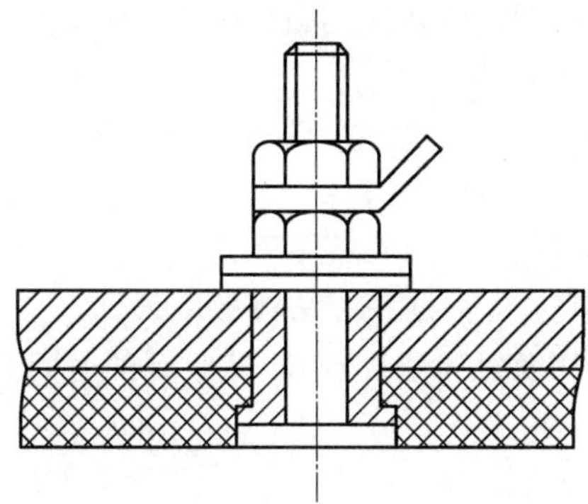

图 5.4.2　电极和测量管道的绝缘

5.4.3　电磁流量计的特点

① 测量管道内没有任何突出的和可动的部件，因此适用于有悬浮颗粒的浆液等的流量测量，而且压力损失极小；

② 感应电势与被测液体温度、压力、黏度等无关，因此电磁流量计使用范围广；

③ 测量范围宽，$Q_{V\max}/Q_{V\min}=100$；

④ 可以测量各种腐蚀性液体的流量；

⑤ 电磁流量计惯性小，可以用来测量脉动流量；

⑥ 对于测量介质，要求导电率大于 0.002～0.005 Ω/m，因此不能测量气体及石油制品流量。

电磁流量计是工业中测量导电液体常用的流量计。

5.5 超声波流量计

超声波(频率在 10 kHz 以上的声波)具有方向性,因此可用来测量流体的流速。

在管道上安装两套超声波发射器和接收器,如图 5.5.1 所示,发射器 T_1 和接收器 R_1、发射器 T_2 和接收器 R_2 的声路与流体流动方向的夹角为 θ,流体自左向右以平均速度 v 流动。

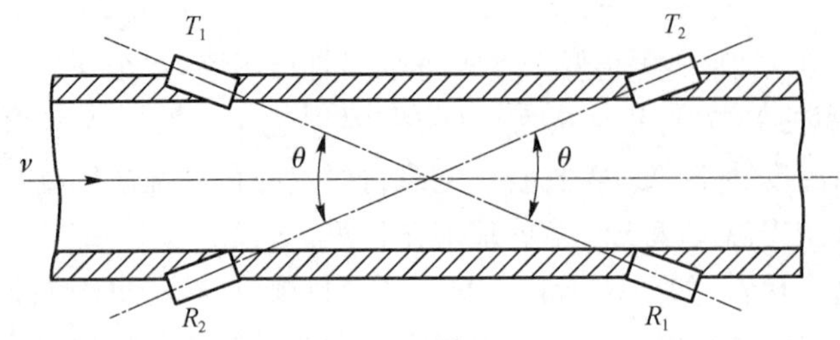

图 5.5.1 超声波流量计原理图

声波脉冲从发射器 T_1 发射到接收器 R_1 接收到所需时间为

$$t_1=\frac{L}{c+v\cos\theta}=\frac{D/\sin\theta}{c+v\cos\theta} \tag{5.5.1}$$

式中:c——声波的声速(m/s);

D——管道内径(m)。

因此测量 t_1 就可以知道流速 v,但这种方法灵敏度很低。

同样声波脉冲从发射器 T_2 发射到接收器 R_2 接收到的时间为

$$t_2=\frac{L}{c-v\cos\theta}=\frac{D/\sin\theta}{c-v\cos\theta} \tag{5.5.2}$$

则声波逆流和顺流的时间差为

$$\Delta t=t_2-t_1=\frac{2D\cot\theta}{c^2-v^2\cos^2\theta}v \tag{5.5.3}$$

因为 $c\gg v$,所以

$$\Delta t\approx\frac{2D\cot\theta}{c^2}v \tag{5.5.4}$$

因此测量时间差就可以测得平均流速 v。同样因为 Δt 很小,所以为了提高测量精度,采用相位法,即测量连续振荡的超声波在逆流和顺流传播时,接收器 R_2 与接收器 R_1 接收信号之间的相位差为

$$\Delta\varphi=\omega\Delta t=\omega\frac{2D\cot\theta}{c^2}v \tag{5.5.5}$$

式中:ω——超声波的角频率(rad/s)。

时差法和相差法测量流速 v 均与声速有关,而声速 c 随流体温度的变化而变化。因此,为了消除温度对声速的影响,需要有温度补偿。

此外发射器超声脉冲的重复频率为

$$f_1=\frac{1}{t_1}=\frac{c+v\cos\theta}{D/\sin\theta} \tag{5.5.6}$$

$$f_2=\frac{1}{t_2}=\frac{c-v\cos\theta}{D/\sin\theta} \tag{5.5.7}$$

则频差为

$$\Delta f=f_1-f_2=\frac{2\cos\theta}{D/\sin\theta}v=\frac{\sin 2\theta}{D}v \tag{5.5.8}$$

所以

$$v=\frac{D}{\sin 2\theta}\Delta f \tag{5.5.9}$$

则体积流量为

$$Q_V=\frac{\pi D^2}{4}v=\frac{\pi D^3}{4\sin 2\theta}\Delta f \tag{5.5.10}$$

由式(5.5.9)及式(5.5.10)可见，频差法测量流速 v 和体积流量 Q_V 均与声速 c 无关。因此提高了测量精度，故目前超声波流量计均采用频差法。

超声波流量计对流动流体无压力损失，且与流体黏度、温度等因素无关。流量与频差成线性关系，精度可达 0.25 %，特别适合大口径的液体流量测量。但是目前超声波流量计整个系统比较复杂，价格贵，故在工业上使用的还不多。

由于不同媒质对超声波的吸收衰减程度不同，所以利用超声波可以分辨出不同媒质的分界面，从而可以制成物位报警装置。超声振动在不同的媒质中传播的速度也不同，由此可以制成物位测量装置。在这种测量装置中没有机械活动部件，超声波不受光线、黏度的影响，超声振动的传播速度也不直接与介质的介电常数、电导率、热导率有关，因此这种测量装置得到了实际的应用和发展。目前应用比较广泛的超声波测量物位的装置有两种，它们分别是超声波脉冲回波法和定点测量。图 5.5.2 所示为超声波液位测量仪的原理图。

超声波发射换能器是利用晶体的逆压电效应，晶体在高频电压(如 1 MHz)的作用下产生超声振动，实现电能到超声振动能的转换；超声波接收换能器是利用晶体的正压电效应，晶体在超声振动作用下，产生一定频率的交流电压输出。

图 5.5.2(a)所示是采用定点测量法检测液位的原理图。将超声波发射换能器 T 和超声波接收换能器 R 分别安装在装有液体的容器的相对面上，发出的超声波经发射换能器 T 与接收换能器 R 间的介质传到接收换能器 R 上。当液面达到或低于发射换能器 T，R 的安装处时，T 与 R 间所充满的介质不同，这两种介质对超声波的吸收衰减不同。当介质为空气(液面低)时，超声波几乎全被衰减，接收器 R 就接收不到超声波，输出信号极小；而液面达到这个位置时，接收器 R 收到由 T 发出的超声信号，经晶体的压电转换及其后的放大调理，产生所要求的直流信号输出。因此，这种装置可作为液位报警装置。

图 5.5.2(b)所示是超声波脉冲回波法测量液面高度的原理图。从发射换能器 T 发出的超声脉冲一路直接到接收换能器 R；另一路经液体传到液面，再从液面反射到 R，根据 R 接收到这两个脉冲的时间差 Δt 以及液体中的声速 v，即可求得从换能器到液面之间的距离 L，从而确定出液位。当发射换能器 T 与接收换能器 R 的距离比液位高度小得多时，液位高度近似等于 $\frac{1}{2}v\cdot\Delta t$。由于液体中的声速 v 还与液体的成分、温度和压力等各种因素有关，不是常数，因此一般应采用校正装置来校正声速。

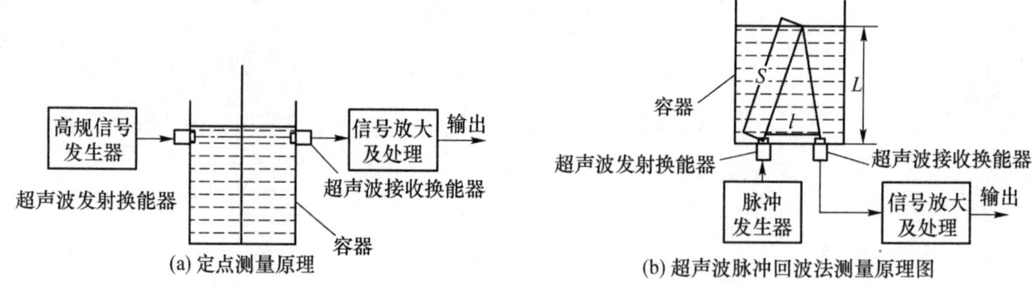

图 5.5.2　超声波液位测量仪原理图

5.6　质量流量测量

上面介绍的流量计都是用来测量体积流量的，但在许多应用场合，需要测量质量流量。例如飞机或液体燃料火箭的航程就直接与质量流量有关，一些工业生产过程控制中也需要测量质量流量。

目前有如下两种方法实现质量流量测量：

间接测量质量流量Q_m：通过测量体积流量，流体密度或流体的压力和温度计算出质量流量。

直接测量质量流量Q_m：敏感元件直接感受流体的质量流量，如角动量式质量流量计，热式质量流量计，谐振式科里奥利(Coriolis)质量流量计等。

5.6.1　间接测量质量流量

1. 体积流量计加密度计

利用体积流量计测出体积流量，利用密度计测量流体密度，经计算得到质量流量。

节流式流量计压力差与体积流量的关系式如式(5.2.7)，即压力差与$\rho Q^2{}_V$成比例。由于质量流量为

$$Q_m=\rho Q_V=\sqrt{\rho Q^2{}_V\rho} \tag{5.6.1}$$

因此用密度计测量流体的密度ρ，按式(5.6.1)计算出质量流量Q_m，其原理图如图 5.6.1 所示。

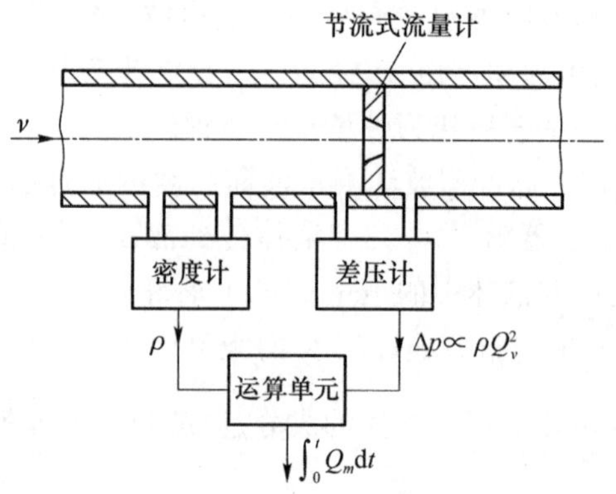

图 5.6.1　节流式流量计与密度计组合成质量流量计

用速度式流量计(如涡轮流量计、电磁流量计等)测出体积流量,再用密度计测量流体密度,按式(5.1.2)计算出质量流量,如图 5.6.2 所示。

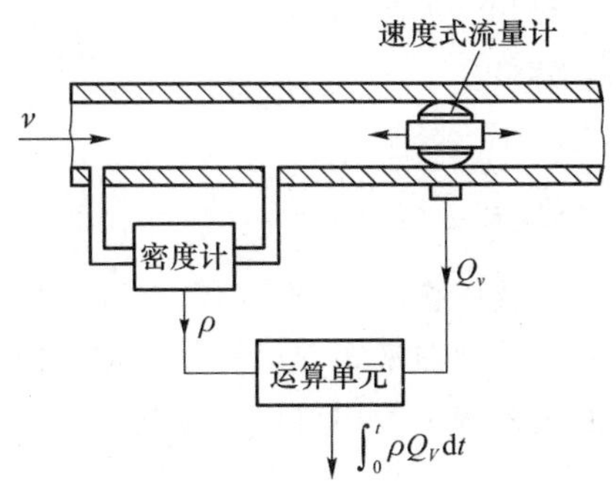

图 5.6.2　速度式流量计与密度计组合成质量流量计

利用节流式流量计测量 $\rho Q^2{}_V$,再用速度式流量计测量体积流量,然后做$\frac{\rho Q^2{}_V}{Q_V}$的除法运算,就可以得到质量流量,如图 5.6.3 所示。

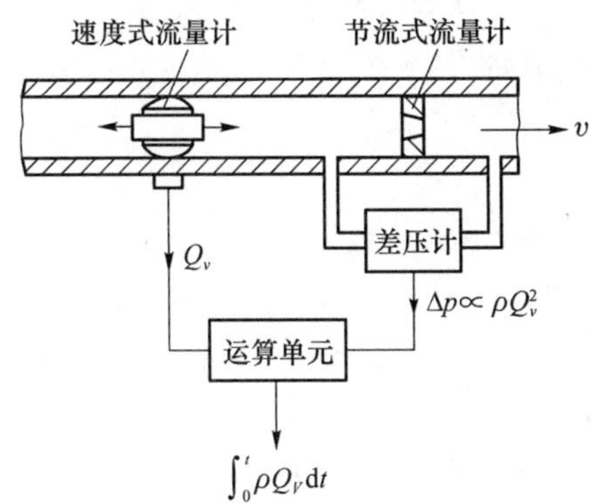

图 5.6.3　节流式流量计与速度式流量计组合成质量流量计

2. 体积流量加温度压力补偿

由式(5.1.2)可知,质量流量Q_m 为密度 ρ 和体积流量Q_V的乘积。

对不可压缩的液体来说,它的体积几乎不随压力的变化而变化,但却随温度的升高而膨胀。密度和温度间的关系为

$$\rho=\rho_0[1-\beta(T-T_0)] \tag{5.6.2}$$

式中:ρ——温度为 T 时液体的密度($\mathrm{kg/m^3}$);

ρ_0——温度为 T_0 时液体的密度($\mathrm{kg/m^3}$);

β——被测液体体积膨胀系数。

质量流量为

$$Q_m=Q_V\rho_0[1-\beta(T-T_0)] \tag{5.6.3}$$

因此测量出体积流量和温度差($T-T_0$),按式(5.6.3)计算就可以得到质量流量。

对于气体来说,它的体积随压力、温度变化而变化;气体密度的变化可按理想气体状态方程计算,即

$$\rho=\rho_0\frac{pT_0}{p_0T} \tag{5.6.4}$$

式中：ρ_0——p_0，T_0 时气体的密度（kg/m^3）；

ρ——p，T 时气体的密度（kg/m^3）。

质量流量为

$$Q_m=Q_V\rho_0\frac{pT_0}{p_0T}=\rho_0\frac{T_0}{p_0}\cdot\frac{p}{T}Q_V \tag{5.6.5}$$

因此测量出气体的压力、温度及体积流量，按式(5.6.5)计算就可以得到质量流量。

上述间接质量流量测量，用微处理器来实现运算是非常方便的，而且用了微处理器后还能方便地实现流量控制，目前在工业领域中使用得比较普遍。

5.6.2 热式质量流量计

在管道中放置一热电阻，如果管道中流体不流动，且热电阻的加热电流保持恒定，则热电阻的阻值亦为一定值。当流体流动时，引起对流热交换，热电阻的温度下降。若忽略热电阻通过固定件的热传导损失，则热电阻的热平衡为

$$I^2R=K\alpha S_K(t_K-t_f) \tag{5.6.6}$$

式中：I——热电阻的加热电流(A)；

R——热电阻阻值(Ω)；

K——热电转换系数；

α——对流热交换系数($W/m^2\cdot K$)；

S_K——热电阻换热表面积(m^2)；

t_K——热电阻温度(K)；

t_f——流体温度(K)。

对于对流热交换系数，当流体流速 $v<25$ m/s 时，有

$$\alpha=C_0+C_1\sqrt{\rho v} \tag{5.6.7}$$

式中：C_0，C_1——系数；

ρ——流体的密度(kg/m^3)。

将式(5.6.7)代入式(5.6.6)得

$$I^2R=(A+B\sqrt{\rho v})(t_K-t_f) \tag{5.6.8}$$

式中：A，B——系数，由实验确定。

由式(5.6.8)可见，ρv 是加热电流 I 和热电阻温度的函数。当管道截面一定时，由 ρv 就可得质量流量Q_m。因此可以使加热电流不变，而通过测量热电阻的阻值来测量质量流量，或保持热电阻的阻值不变，通过测量加热电流 I 来测量质量流量。

热电阻可用热电丝或金属膜电阻制成，热式质量流量计常用来测量气体的质量流量。

5.6.3 谐振式科里奥利直接质量流量计

1. 谐振式质量流量计工作原理

图 5.6.4 给出了以典型的 U 形管为敏感元件的谐振式直接质量流量计的结构及其工作示意图。激励单元 E 使一对平行的 U 形管做一阶弯曲主振动，建立传感器的工作点。当管内

流过质量流量时，由于哥氏效应(Coriolis Effect)的作用，使 U 形管产生关于中心对称轴的一阶扭转副振动。该一阶扭转副振动相当于 U 形管自身的二阶弯曲振动，如图 5.6.5 所示。同时，该副振动直接与所流过的质量流量(kg/s)成比例。因此，通过 B，B′测量元件检测 U 形管的合成振动，就可以直接得到流体的质量流量。

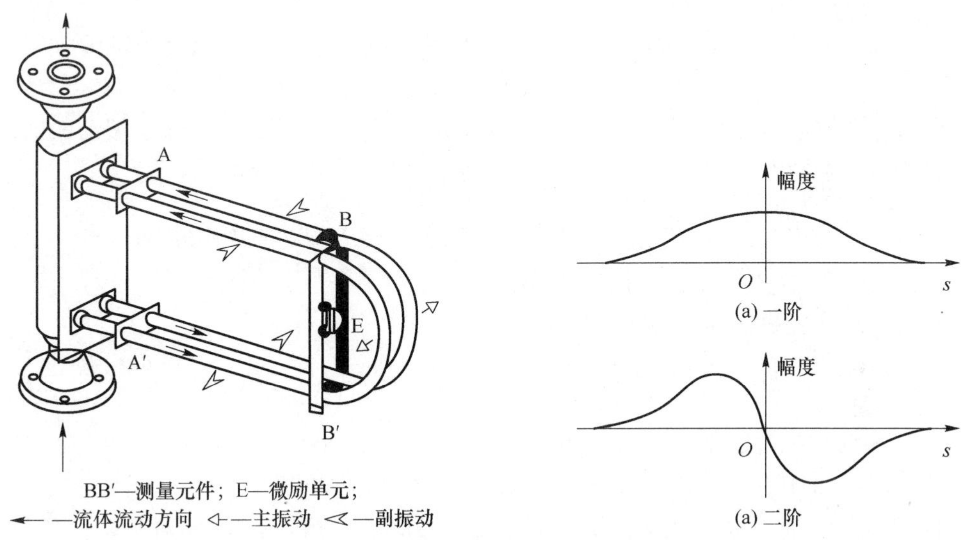

图 5.6.4　U 形管谐振式直接质量流量计结构示意图　　**图 5.6.5　U 形管一、二阶弯曲振动振型示意图**

图 5.6.6 给出了 U 形管质量流量计的数学模型。当管中无流体流动时，谐振子在激励器的激励下，产生绕 CC' 轴的弯曲主振动，可写为

$$x(s,t)=A(s)\sin\omega t \tag{5.6.9}$$

式中：ω——系统的主振动频率(rad/s)，它由包括弹性弯管、弹性支承在内的谐振子整体结构决定；

$A(s)$——对应于 ω 的主振型；

s——沿管子轴线方向的曲线坐标。

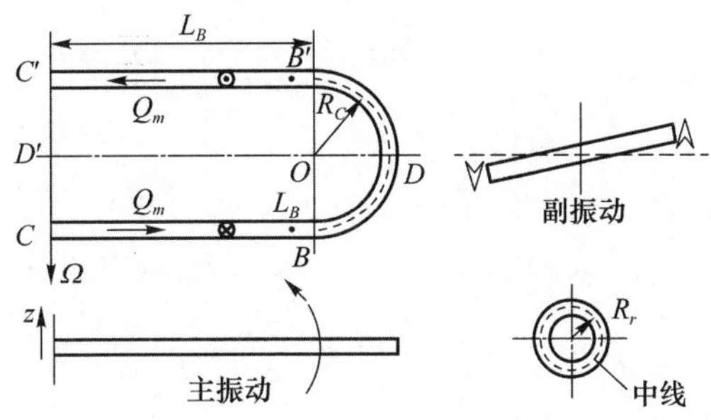

图 5.6.6　U 形管谐振式直接质量流量计数学模型

则弹性弯管绕 CC' 轴的角速度为

$$\Omega(s,t)=\frac{\mathrm{d}x(s,t)}{\mathrm{d}t}\cdot\frac{1}{x(s)}=\frac{A(s)}{x(s)}\omega\cos\omega t \tag{5.6.10}$$

式中：$x(s)$——管子上任一点到 CC' 轴的距离(m)。

当流体以速度 v 在管中流动时，在弹性弯管向正向振动时，在 CBD 段，$\mathrm{d}s$ 微段上所受的科氏力为

$$\mathrm{d}F_C=-a_C\mathrm{d}m=-2\Omega(s)\times v\mathrm{d}m=-2\,Q_m\omega\cos\alpha\cos\omega t\,\frac{A(s)}{x(s)}\mathrm{d}s\cdot\boldsymbol{k} \tag{5.6.11}$$

式中：$\boldsymbol{k}$——z 方向的单位矢量。

同样，在 $C'B'D$ 段，与 CBD 段关于 DD'轴对称点处的 $\mathrm{d}s$ 微段上所受的科氏力为

$$\mathrm{d}F_C'=-\mathrm{d}F_C \tag{5.6.12}$$

式(5.6.11)和式(5.6.12)相差一个负号，表示两者方向相反。当有流体流过振动的谐振子时，在 $\mathrm{d}F_C'$和 $\mathrm{d}F_C$ 的作用下，将产生对 DD'轴的力偶

$$M=\int 2\mathrm{d}F_C\times r(s) \tag{5.6.13}$$

式中，$r(s)$——微元体到轴 DD'的距离(m)。

由式(5.6.10)、式(5.6.11)和式(5.6.13)得

$$M=2\,Q_m\cos\alpha\cos\omega t\int\frac{A(s)r(s)}{x(s)}\mathrm{d}s \tag{5.6.14}$$

式中：Q_m——流体流过管子的质量流量(kg/s)；

α——流体的速度方向与 DD'轴的夹角(图 5.6.6 中未给出)。

科氏效应引起的力偶将使谐振子产生一个绕 DD'轴的扭转运动，相对于谐振子的主振动而言，称为副振动，其运动方程可写为

$$x_1(t)=B_1(s)Q_m\omega\cos(\omega t+\varphi) \tag{5.6.15}$$

式中：$B_1(s)$——副振动响应的灵敏系数($\mathrm{m\cdot s^2/kg}$)，与敏感结构及其参数、检测点所处的位置有关；

φ——副振动响应对扭转力偶的相位变化。

根据上述分析，当有流体流过管子时，谐振子的 B、B'两点处的振动方程可以分别写为

B 点处：

$$S_B=A(L_B)\sin\omega t-B_1(L_B)Q_m\omega\cos(\omega t+\varphi)=A_1\sin(\omega t+\varphi_1) \tag{5.6.16}$$

$$A_1=[A^2(L_B)+Q_m^2\omega^2\,B_1^2(L_B)+2A(L_B)Q_m\omega\,B_1(L_B)\sin\varphi]^{0.5}$$

$$\varphi_1=\arctan\frac{Q_m\omega\,B_1(L_B)\cos\varphi}{A(L_B)+Q_m\omega\,B_1(L_B)\sin\varphi}$$

B'点处：

$$S_{B'}=A(L_B)\sin\omega t-B_1(L_B)Q_m\omega\cos(\omega t+\varphi)=A_2\sin(\omega t+\varphi_2) \tag{5.6.17}$$

$$A_2=[A^2(L_B)+Q_m^2\omega^2\,B_1(L_B)-2A(L_B)Q_m\omega\,B_1(L_B)\sin\varphi]^{0.5}$$

$$\varphi_2=\arctan\frac{Q_m\omega\,B_0(L_B)\cos\varphi}{A(L_B)-Q_m\omega\,B_1(L_B)\sin\varphi}$$

式中：L_B——B 点在轴线方向的坐标值(m)。

在 B,B'两点信号S_B,$S_{B'}$之间产生了相位差 $\varphi_{BB'}=\varphi_2-\varphi_1$，如图 5.6.7 所示。由式(5.6.16)和式(5.6.17)得

$$\tan\varphi_{BB'}=\frac{2A(L_B)Q_m\,B_1(L_B)\omega\cos\varphi}{A^2(L_B)-Q_m^2\,B_1^2(L_B)\omega^2} \tag{5.6.18}$$

实用中总有 $A^2(L_B)\gg Q_m^2\,B_1^2(L_B)\omega^2$，于是式(5.6.18)可写为

$$Q_m = \frac{A(L_B)\tan\varphi_{BB'}}{2B_1(L_B)\omega\cos\varphi} \tag{5.6.19}$$

式(5.6.19)便是基于 S_B、$S_{B'}$ 相位差 $\varphi_{BB'}$ 直接解算质量流量 Q_m 的基本方程。由式(5.6.19)可知，若 $\varphi_{BB'} \leqslant 5°$，则有

$$\tan\varphi_{BB'} \approx \varphi_{BB'} = \omega\Delta t_{BB'} \tag{5.6.20}$$

于是

$$Q_m = \frac{A(L_B)\Delta t_{BB'}}{2B_1(L_B)\cos\varphi} \tag{5.6.21}$$

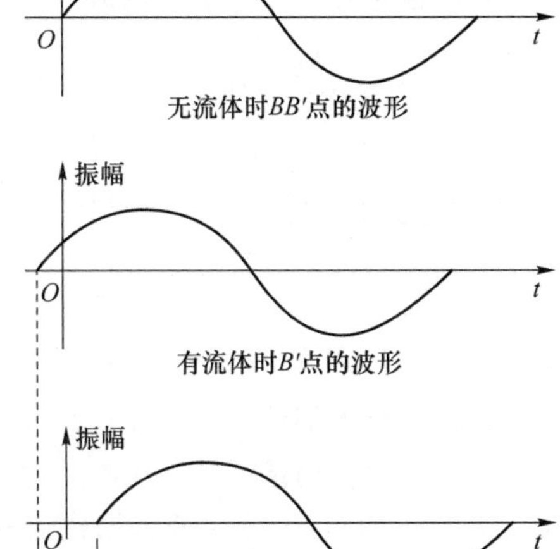

图 5.6.7　B、B′两点信号示意图

这时质量流量 Q_m 与弹性结构的振动频率无关，而只与 B、B' 两点信号的时间差 $\Delta t_{BB'}$ 成正比，这也是该类传感器非常好的一个优点。但由于它与 $\cos\varphi$ 有关，故实际测量时会带来一定误差，同时检测的实时性也不理想。因此目前主要采用幅值比检测的方法。

由式(5.6.16)和式(5.6.17)得

$$S_{B'} - S_B = 2B_1(L_B)Q_m\omega\cos(\omega t + \varphi) \tag{5.6.22}$$

$$S_{B'} + S_B = 2A(L_B)\sin\omega t \tag{5.6.23}$$

设 R_a 为 $S_{B'} - S_B$ 和 $S_{B'} + S_B$ 的幅值比，则

$$Q_m = \frac{R_a A(L_B)}{B_1(L_B)\omega} \tag{5.6.24}$$

式(5.6.24)就是基于 B、B' 两点信号"差"与"和"的幅值比 R_a 直接解算 Q_m 的基本方程。

2. 信号检测电路

基于以上理论分析，谐振式直接质量流量计输出信号检测的关键是对两路同频率周期信号的相位差(时间差)或幅值比的测量。图 5.6.8 给出了一种检测幅值比的原理电路。其中 u_{i1} 和 u_{i2} 是质量流量计输出的两路信号。单片机通过对两路信号的幅值检测计算出幅值比，进而求出流体的质量流量。

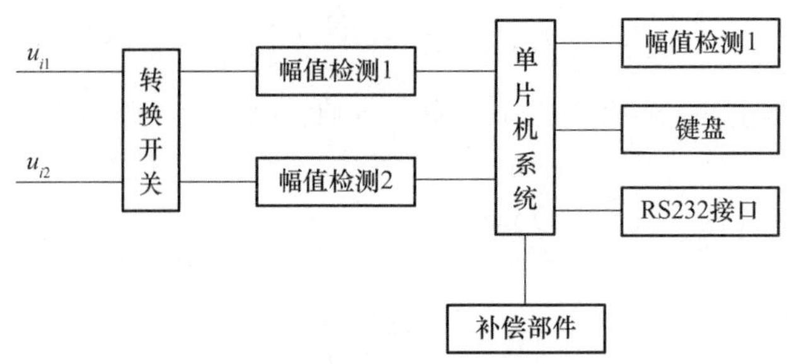

图 5.6.8　信号检测系统总体设计图

图 5.6.9 给出了周期信号幅值检测的原理电路。利用二极管的正向导通、反向截止的特性对交流信号进行整流，利用电容的保持特性获取信号幅值。

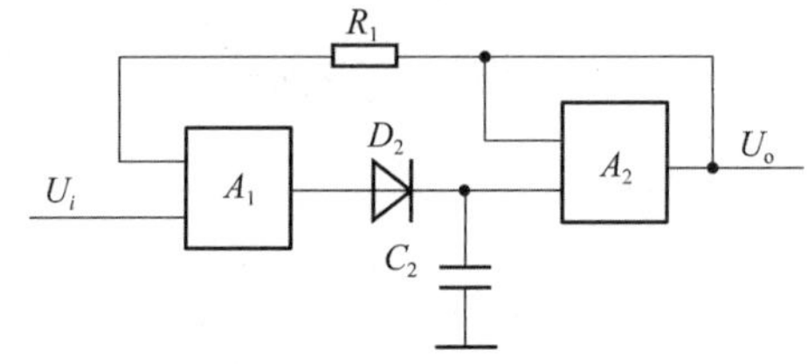

图 5.6.9　周期信号幅值检测电路

对图 5.6.8 给出的电路，两路幅值检测部件的对称性越好，系统的精度就越高。但是由于器件的原因可能会产生不对称，所以在幅值测量及幅值比测量过程中，按以下步骤进行：

① 用幅值检测 1 检测输入信号 u_{i1} 的幅值，计为 A_{11}，用幅值检测 2 检测输入信号 u_{i2} 的幅值，计为 A_{22}；

② 用幅值检测 2 检测输入信号 u_{i1} 的幅值，计为 A_{12}，用幅值检测 1 检测输入信号 u_{i2} 的幅值，计为 A_{21}；

③ $B_1=A_{11}+A_{12}$，$B_2=A_{21}+A_{22}$，用 $C=B_1/B_2$ 作为输入信号的幅值比。

这样就抵消了部分因器件的原因引起的误差，这是靠牺牲时间来换取精度的措施。

此外，根据前面的分析可知：传感器输出的两路正弦信号，其中一路是基准参考信号，在整个工作过程中会有微小的漂移，不会有大幅度的变化；另一路的输出和质量流量存在着函数关系，所以利用这两路信号的比值解算也可以消除某些环境因素引起的误差，如电源波动等。同时，对幅值比进行检测具有较好的实时性和连续性，这是用幅值比检测方案的优点。

3. 特　点

基于哥氏效应的谐振式直接质量流量传感器除了可直接测量质量流量，受流体的黏度、密度、压力等因素的影响很小外，它还具有如下特点：

① 可同时测出流体的密度，自然也可以解算出体积流量；并可解算出两相流液体（如油和水）各自所占的比例（包括体积流量和质量流量以及它们的累计量）；

② 信号处理，质量流量的解算是全数字式的，便于与计算机连接，构成分布式计算机测控系统；易于解算出被测流体的瞬时质量流量(kg/s)和累计质量(kg)；

③ 性能稳定，精度高，实时性好。

目前国外有多家大公司，如美国的 Rosemount、Fisher，德国的 Krohne、Reuther，日本的东机等研制出各种结构形式测量管的谐振式直接质量流量传感器,满量程输出精度已达到 0.2%,主要用于石油化工等领域。

20 世纪 80 年代末,国内有些单位开始研制谐振式直接质量流量传感器,近几年也推出了一些产品。

5.7　流量标准与标定

流量标准的基准是标准容积(长度)、质量和时间。

在一定时间间隔内用连续不断地测量流体流经流量计的容积或质量的方法可以标定流量计。当流体稳定流动时,流体的容积或质量除以时间,就是平均体积流量或质量流量。这种方法是流量计标定的一级标准,任何一个稳定、精确的流量温度计,经一级标准标定后,可作二级标准,用以标定其他精度较低的流量计。

图 5.7.1 所示为测量液体流量的标准容器。标准容器的总容积随流量范围不同而不同,它是经过精确标定的,其容积精度达万分之几。在标准容器的顶部装有一带有刻度标尺的液位计,以读出标准容器内的液位;而容器内液体的容积数可由装在侧面的两个搭接的液位计读出。

在标定流量计时,将流量计排出的液体从上部引入标准容器,当液面达到标准刻度线时,记下流入时间间隔,则流量计排出的标准容积除以时间即为平均流量,用它作为标准流量,以标定流量计的精度,这就是用标准容积标定流量的方法。

图 5.7.2 所示为质量称重的流量标定装置。用称量液体的质量及液体流满容器的时间间隔来计算液体的平均流量。

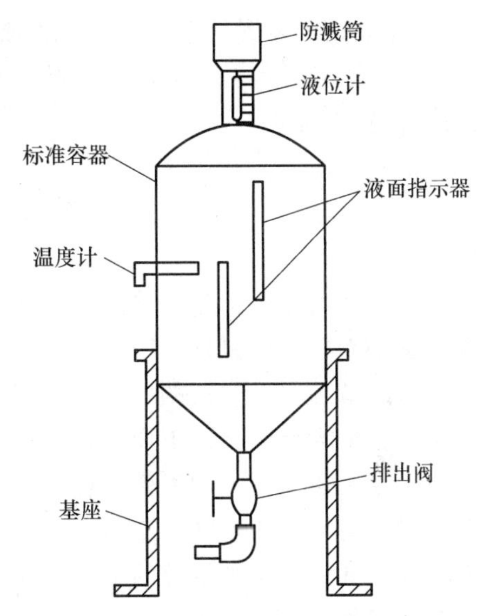

图 5.7.1　液体标准容器流量标定装置

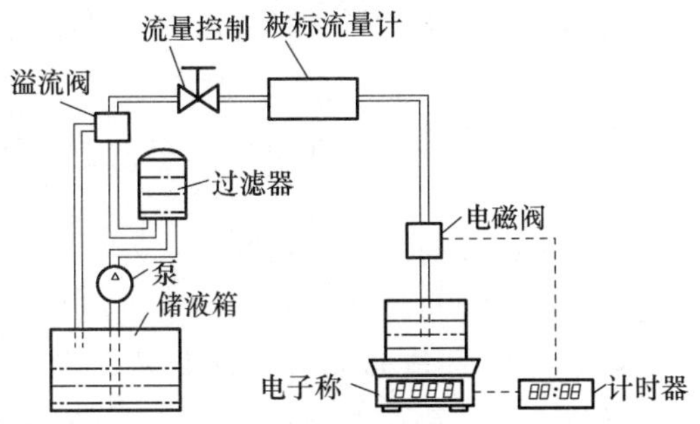

图 5.7.2　液体质量称重流量标定装置

图 5.7.3 所示为气体标准容器流量标定装置,用以标定气体流量计。

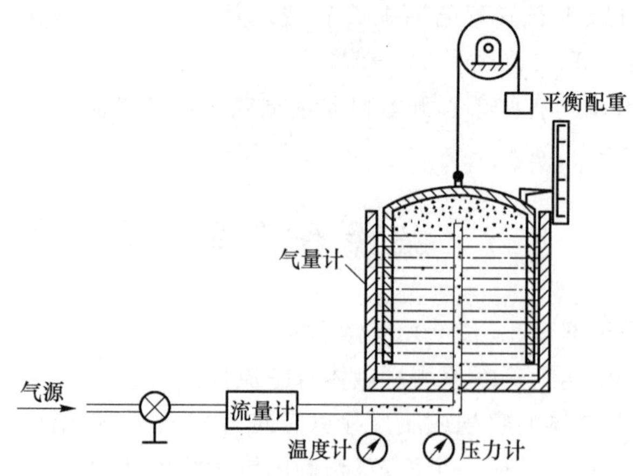

图 5.7.3 气体标准容器流量标定装置

一级流量标定装置的精度约为 0.05%～0.1%，二级流量标定装置的精度约为 0.2%～0.5 %，由于流量测量本身的复杂性，故目前尚不能对所有流量计提供高精度的标准装置，尤其是气体流量的标定。

思考题与习题

5.1 如何理解质量流量测量过程中的“同步性”？

5.2 简述节流式流量计的工作原理和特点。

5.3 节流式流量计常用的取压方式有几种？各有什么特点？

5.4 简述涡轮流量计的工作原理和特点。

5.5 简述电磁流量计的工作原理和特点。

5.6 简述超声波流量计的工作原理和特点

5.7 简述热式质量流量计的工作原理和特点。

5.8 在谐振式科里奥利直接质量流量计中，科里奥利效应是如何发挥作用的？

5.9 简述谐振式科里奥利直接质量流量计的工作原理及特点。

5.10 在谐振式科里奥利直接质量流量计中，有两种输出检测实现方式，它们各自的特点是什么？

5.11 为什么说谐振式科里奥利直接质量流量计是一种多功能化的测量装置？说明你的理由。

5.12 流量标定过程中容易带来误差的因素有哪些？

5.13 简要比较超声波流量测量原理与超声波液面测量原理。

5.14 在谐振式科里奥利直接质量流量计中，如果采用相位差检测，引用了近似式 $\tan\varphi_{BB'}\approx\varphi_{BB'}$，若控制其误差为 0.01%，那么在测量过程中最大的相位差角不能超过多少度？

第6章　温度测量

6.1　概　述

6.1.1　温度的概念

自然界中几乎所有的物理化学过程都与温度密切相关，在日常生活、工农业生产和科学研究的各个领域中，温度的测量与控制都占有重要的地位。

温度是表征物体冷、热程度的物理量，反映了物体内部分子运动平均动能的大小。温度高，表示分子动能大，运动剧烈；温度低，表示分子动能小，运动缓慢。

温度概念的建立是以热平衡为基础的。如果两个冷热程度不同的物体相互接触必然会发生热交换现象，热量将由热程度高的物体向热程度低的物体传递，直至达到两个物体的冷热程度一致，处于热平衡状态，即两个物体的温度相等。

直到目前，测量温度都采用间接测量的方法，即利用一些材料或元件的性能随温度而变化的特性，通过测量该性能参数，而得到检测温度的大小。用以测量温度的特性有：材料的热电动势、电阻、热膨胀、导磁率、介电系数、光学特性和弹性等。其中前三者尤为成熟，应用最广泛。

6.1.2　温　标

由于测温原理和感温元件的形式很多，即使感受相同的温度，它们所提供的物理量的形式和变化量的大小却不相同。因此，为了给温度以定量的描述，并保证测量结果的精确性和一致性，需要建立一个科学的、严格的和统一的标尺，简称温标。作为一个温标，应满足以下三条基本内容：

① 有可实现的固定点温度；

② 有在固定点温度上分度的内插仪器；

③ 确定相邻固定温度点间的内插公式。

目前使用的温标主要有摄氏温标（又叫百度温标）、华氏温标、热力学温标及国际实用温标。

摄氏温标所用标准仪器是水银玻璃温度计。分度方法是规定在标准大气压力下，水的冰点为0摄氏度，沸点为100摄氏度，单位为℃。

华氏温标所用标准仪器是水银温度计，选取氯化铵和冰水混合物的温度为0华氏度，人体正常温度为100华氏度，单位为℉。按照华氏温标，水的冰点为32℉，沸点是212℉。摄氏温度和华氏温度的关系为

$$\frac{F}{℉}=1.8\frac{t}{℃}+32 \tag{6.1.1}$$

热力学温标是以卡诺循环为基础的。卡诺定律指出，一个工作于恒温热源与恒温冷源之

间的可逆热机，其效率只与热源和冷源的温度有关，假设热机从温度为 T_2 的热源获得的热量为 Q_2，放给温度为 T_1 的冷源的热量为 Q_1，则有

$$\frac{Q_2}{Q_1}=\frac{T_2}{T_1} \tag{6.1.2}$$

当赋予其中一个温度一固定值时，温标就被完全确定了。为了在分度上和摄氏温标取得一致，选取水三相点温度(273.16 K)为唯一的参考温度。热力学温度的单位是K(开尔文)。

热力学温标与测温物质无关，故是一个理想温标。但能实现卡诺循环的可逆热机是没有的，故它又是一个不能实现的温标。

国际实用温标建立的指导思想是该温标要尽可能地接近热力学温标，而且温度复现性要好，以保证国际上温度量值传递的统一。1927 年制定了第一个国际实用温标，以后几经修改就形成了当前所使用的国际实用温标 ITS－90。其制定的原则是：在全量程中，任何温度的 T_{90} 值非常接近于温标采纳时 T 的最佳估计值。与直接测量热力学温度相比，T_{90} 的测量要方便得多，并且更为精密和具有很高的复现性。

ITS－90 的定义是：

在 0.65～5.0 K 的范围内，T_{90} 由 ^{3}He 和 ^{4}He 的蒸气压与温度的关系式来定义；

在 3.0 K 到氖三相点(24.556 1 K)之间，T_{90} 由氦气体温度计来定义，它使用三个定义固定点及利用规定的内插方法来分度，这三个定义固定点可以实验复现，并具有给定值；

平衡氢三相点(13.803 3 K)到银凝固点(961.78 ℃)之间，T_{90} 由铂电阻温度计来定义，它使用一组规定的定义固定点及利用所规定的内插方法来分度；

银凝固点(961.78 ℃)以上，T_{90} 借助于一个定义固定点和普朗克辐射定律来定义。

6.1.3 测温方法与测温仪器的分类

按照所用测温方法的不同，温度测量分为接触式和非接触式两大类。接触式的特点是感温元件直接与被测对象相接触，两者之间进行充分的热交换，最后达到热平衡，这时感温元件的某一物理参数的量值就代表了被测对象的温度值。接触测温的主要优点是直观可靠；缺点是被测温度场的分布易受感温元件的影响，接触不良时会带来测量误差，此外温度太高和腐蚀性介质对感温元件的性能和寿命会产生不利影响等。非接触测温的特点是感温元件不与被测对象相接触，而是通过辐射进行热交换，故可避免接触测温法的缺点，具有较高的测温上限；非接触测温法的热惯性小，可达 0.001 s，故便于测量运动物体的温度和快速变化的温度。

对应于两种测温方法，测温仪器亦分为接触式和非接触式两大类。接触式仪器又可分为膨胀式温度计(包括液体和固体膨胀式温度计)、压力式温度计、电阻式温度计(包括金属热电阻温度计和半导体热敏电阻温度计)、热电式温度计(包括热电偶和 P－N 结温度计)以及其他原理的温度计。非接触式温度计又可分为辐射温度计、亮度温度计和比色温度计，由于它们都是以光辐射为基础的，故也被统称为辐射温度计。

按照温度测量范围，可分为超低温、低温、中高温和超高温温度测量。超低温一般是指 0～10 K，低温指 10～800 K，中温指 500～ 1 600 ℃，高温指 1 600～2 500 ℃的温度，2 500 ℃以上被认为是超高温。

对于超低温的测量，现有的方法都只能用于该范围内的个别小段上。例如，低于 1 K 的温度用磁性温度计测量，微量铝掺杂磷青铜热电阻只适用于 1～4 K；高于 4 K 的可用热噪声温

度计测量。超低温测量的主要困难在于温度计与被测对象热接触的实现和测温仪器的刻度方法。低温测量的特殊问题是感温元件对被测温度场的影响，故不宜用热容量大的感温元件来测量低温。

在中高温测量中，要注意防止有害介质的化学作用和热辐射对感温元件的影响，为此要用耐火材料制成的外套对感温元件加以保护。对保护套的基本要求是结构上高度密封和温度稳定性。测量低于 1 300 ℃的温度一般可用陶瓷外套，测量更高温度时用难熔材料（如刚玉、铝、钍或铍氧化物）外套，并充以惰性气体。

在超高温下，物质处于等离子状态，不同粒子的能量对应的温度值不同，而且它们可能相差较大，变化规律也不一样。因此，对于超高温的测量，应根据不同情况利用特殊的亮度法和比色法来实现。

6.2　热电阻测温

热电阻分为金属热电阻和半导体热敏电阻两大类。热电阻测温通常采用电桥方式。

6.2.1　金属热电阻

1. 一般特性

物质的电阻率随温度变化的物理现象称为热阻效应。大多数金属电阻随温度的升高而增加，原因是温度增加时，自由电子的动能增加，若要改变自由电子的运动方式使之做定向运动，所需要的能量就要增加，反映在电阻上阻值就会增加。一般可以描述为

$$R_t = R_0[1+\alpha(t-t_0)] \tag{6.2.1}$$

式中：R_t——温度 t 时的电阻值（Ω）；

R_0——温度 t_0 时的电阻值（Ω）；

α——热电阻的电阻温度系数，表示单位温度引起的电阻相对变化（1/℃）。电阻灵敏度为

$$K = \frac{1}{R_0} \cdot \frac{\mathrm{d}R_t}{\mathrm{d}t} = \alpha \tag{6.2.2}$$

金属的电阻温度系数 α 一般在 0.3 %～0.6 % ℃$^{-1}$的范围内，绝大多数金属导体的电阻温度系数 α 并不是一个常数，它随温度的变化而变化，只能在一定的温度范围内将其看成是一个常数。不同的金属电阻，α 保持常数所对应的温度范围是不相同的，而且通常这个范围小于该导体能够工作的温度范围。

用于金属热电阻的材料应该满足以下条件；

① 电阻温度系数 α 要大且保持常数；

② 电阻率 ρ 要大，以减少热电阻的体积，减小热惯性；

③ 使用温度范围内，材料的物理、化学特性保持稳定；

④ 生产成本要低，工艺实现容易。

常用的金属材料有铂、铜、镍等。

2. 铂热电阻

铂热电阻是最佳的热电阻。其优点包括：物理、化学性能非常稳定，特别是耐氧化能力很

强，在很宽的温度范围内(1 200 ℃以下)都能保持上述特性；铂热电阻的电阻率较高，易于加工，可以制成非常薄的铂箔或极细的铂丝等。其缺点主要包括：电阻温度系数较小，成本较高，在还原性介质中易变脆等。

值得指出，铂热电阻在国际实用温标 IPTS－68 和 ITS－90 中都有着重要的作用。在 IPTS－68 中，规定在－259.34～630.74 ℃温度范围内，以铂热电阻作为标准仪器，传递从 13.81～903.89 K温度范围内国际温标；而在 ITS－90 中，规定平衡氢三相点(13.803 3 K)到银凝固点(961.78 ℃)之间，T_{90}由铂电阻温度计来定义，它使用一组规定的定义固定点及利用所规定的内插方法来分度。符合 ITS－90 要求的铂热电阻温度计必须由无应力的纯铂制成，并必须满足以下两个关系式之一

$$W(29.764\ 6\ ℃)\geqslant 1.118\ 07 \tag{6.2.3}$$

$$W(-38.834\ 4\ ℃)\leqslant 0.844\ 235 \tag{6.2.4}$$

式中：$W(t_{90})=R(t_{90})/R(0.01\ ℃)$。

在实际应用中，可以利用如下模型来描述铂热电阻与温度之间的关系，即

在－200～0 ℃：

$$R_t=R_0\left[1+At+Bt^2+C(t-100)t^3\right] \tag{6.2.5}$$

在 0～850 ℃：

$$R_t=R_0\left[1+At+Bt^2\right] \tag{6.2.6}$$

式中：R_t——温度为 t 时铂热电阻的电阻值(Ω)；

R_0——温度为 0 ℃时铂热电阻的电阻值(Ω)。

系数 A,B,C 分别为

$A=3.968\ 47\times 10^{-3}℃^{-1}$，　　$B=-5.847\times 10^{-7}℃^{-2}$，　　$C=-4.22\times 10^{-12}℃^{-4}$

目前，我国常用的标准化铂热电阻按分度号有 B_{A1}，B_{A2} 和 B_{A3}，它们相应地记为 Pt50，Pt100 和 Pt300，有关技术指标如表 6.2.1 所列。

表 6.2.1　常用的标准化铂热电阻技术特性表

<table>
<tr><th>分度号</th><th>R_0/Ω</th><th>R_{100}/R_0</th><th>精度等级</th><th>R_0 允许的误差/%</th><th>最大允许误差/℃</th></tr>
<tr><td rowspan="2">B_{A1}(Pt50)</td><td rowspan="2">46.0
(50.00)</td><td>1.391±0.000 7</td><td>Ⅰ</td><td>±0.05</td><td rowspan="5">对于Ⅰ级精度
－200～0 ℃
$\pm(0.15+4.5\times 10^{-3}t)$
0～500 ℃
$\pm(0.15+3\times 10^{-3}t)$
对于Ⅱ级精度
－200～0 ℃
$\pm(0.3+6\times 10^{-3}t)$
0～500 ℃
$\pm(0.3+4.5\times 10^{-3}t)$</td></tr>
<tr><td>1.391±0.001</td><td>Ⅱ</td><td>±0.01</td></tr>
<tr><td>B_{A2}(Pt100)</td><td>100.00</td><td>1.391±0.000 7</td><td>Ⅰ</td><td>±0.05</td></tr>
<tr><td rowspan="2">B_{A3}(Pt300)</td><td rowspan="2">300.00</td><td>1.391±0.001</td><td>Ⅱ</td><td>±0.01</td></tr>
<tr><td>1.391±0.001</td><td>Ⅱ</td><td>±0.01</td></tr>
</table>

3. 铜热电阻

铜热电阻也是一种常用的热电阻。由于铂热电阻价格高，在一些测量精度要求不高而且测量温度较低的场合(如－50～150 ℃)，普遍采用铜热电阻。其电阻温度系数较铂热电阻的高，容易提纯，价格低廉。其最主要的缺点是电阻率较小，约为铂热电阻的 1/5.8，因而铜电阻的电阻丝细而且长，其机械强度较低，体积较大。此外铜热电阻易被氧化，不宜在侵蚀性介质中使用。

在 −50～150 ℃温度范围内，铜热电阻与温度之间的关系如下：

$$R_t = R_0[1 + At + Bt^2 + Ct^3] \qquad (6.2.7)$$

式中：R_t——温度为 t 时铜热电阻的电阻值(Ω)；

R_0——温度为 0 ℃时铜热电阻的电阻值(Ω)。

系数 A，B，C 由实验确定，分别为

$$A = 4.288\,99 \times 10^{-3}\,℃^{-1}, \quad B = 2.133 \times 10^{-7}\,℃^{-2}, \quad C = 1.233 \times 10^{-9}\,℃^{-3}$$

我国生产的铜热电阻的代号为 WZC，按其初始电阻 R_0 的不同，有 50 Ω 和 100 Ω 两种，分度号为 Cu50 和 Cu100，其材料的百度电阻比 $W(100) = R_{100}/R_0$（R_{100}，R_0 分别为 100 ℃和 0 ℃时铜热电阻的电阻值）不得小于 1.425。在 −50～50 ℃温度范围内，其误差为 ±0.5 ℃；在 50～150 ℃温度范围内，其误差为 ±1%t。

4. 热电阻的结构

热电阻的结构主要由不同材料的电阻丝绕制而成，为了避免通过交流电时产生感抗，或有交变磁场时产生感应电动势，在绕制时要采用双线无感绕制法。由于通过这两股导线的电流方向相反，从而使其产生的磁通相互抵消。铜热电阻的结构如图 6.2.1 所示，它由铜引出线、补偿线阻、铜热电阻线、线圈骨架所构成。采用与铜热电阻线串联的补偿线阻是为了保证铜电阻的电阻温度系数与理论值相等。

图 6.2.2 所示为铂热电阻结构图，它由铜铆钉、铂热电阻线、云母支架、银导线等构成。为了改善热传导，将铜制薄片与两侧云母片和盖片铆在一起，并用银丝做成引出线。

图 6.2.1　铜热电阻结构示意图

图 6.2.2　铂热电阻结构示意图

6.2.2　半导体热敏电阻

半导体热敏电阻是利用半导体材料的电阻率随温度变化的性质而制成的温度敏感元件。半导体和金属具有完全不同的导电机理。由于半导体中参与导电的是载流子，载流子的密度（单位体积内的数目）要比金属中的自由电子的密度小得多，所以半导体的电阻率大。随着温度的升高，一方面，半导体中的价电子受热激发跃迁到较高能级，从而产生的新的电子——空穴对增加，使电阻率减小；另一方面，半导体材料的载流子的平均迁移率增大，导致电阻率增大。因此，半导体热敏电阻有多种类型。

1. 半导体热敏电阻的类型

半导体热敏电阻随温度变化的典型特性有三种类型，即负温度系数热敏电阻 NTC、正温度系数热敏电阻 PTC 和在某一特定温度下电阻值发生突然变化的临界温度电阻器 CTR。它们的特性曲线如图 6.2.3 所示。

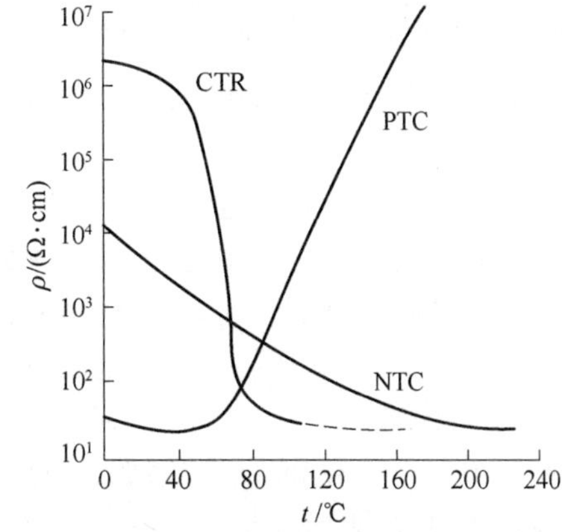

图 6.2.3　半导体热敏电阻的温度特性曲线

电阻率随着温度的增加比较均匀地减小的热敏电阻称为负温度系数热敏电阻，通常该类电阻有均匀的感温特性。它采用负温度系数很大的固体多晶半导体氧化物的混合物制成。例如用铜、铁、铝、锰、钴、镍、铼等氧化物，取其中 2～4 种，按一定比例混和，烧结而成。改变其氧化物的成分和比例，就可以得到不同测温范围、阻值和温度系数的 NTC 热敏电阻。

电阻率随温度升高而增加，当过某一温度后急剧增加的电阻，称为正温度系数(PTC)剧变型热敏电阻。这种电阻材料都是陶瓷材料，在室温下是半导体，亦称 PTC 铁电半导体陶瓷，由强电介质钛酸钡掺杂铝或银部分取代钡离子的方法制成，其居里点为 120 ℃。根据掺杂量的不同，可以适当调节 PTC 热敏电阻的居里点。

由钒、钡、磷和硫化银系混和氧化物而烧结成的热敏电阻，当温度升高接近某一温度(如 68 ℃)时，电阻率大大下降，产生突变的特性，此电阻称为临界(CTR)热敏电阻。

PTC 和 CTR 热敏电阻随温度变化的特性为剧变型。适合在某一较窄的温度范围内用作温度开关或监测元件。而 NTC 热敏电阻随温度变化的特性为缓变型，适合在稍宽的温度范围内用作温度测量元件，也是目前使用的主要热敏电阻。

2. 半导体热敏电阻的热电特性

这里主要讨论负温度系数的热敏电阻。NTC 热敏电阻的阻值与温度的关系近似符合指数规律，可以写为

$$R_t = R_0 e^{B\left(\frac{1}{T}-\frac{1}{T_0}\right)} = R_0 \exp\left[B\left(\frac{1}{T}-\frac{1}{T_0}\right)\right] \tag{6.2.8}$$

式中：T——被测温度(K)，$T=t+273.16$；

T_0——参考温度(K)，$T_0 = t_0 + 273.16$；

R_t——温度为 T(K)时热敏电阻的电阻值(Ω)；

R_0——温度为 T_0(K)时热敏电阻的电阻值(Ω)；

B——热敏电阻的材料常数，通常由实验获得，一般在 2 000～6 000 K。

热敏电阻的温度系数定义为其本身电阻变化 1 ℃时电阻值的相对变化量，即

$$\alpha_T = \frac{1}{R_T}\cdot\frac{dR_T}{dT} = \frac{-B}{T^2} \tag{6.2.9}$$

由式(6.2.8)可知：热敏电阻的温度系数随温度的降低而迅速增大，如当 $B=4\ 000$ K，$T=293.16$ K($t=20$ ℃)时，可得：$\alpha_T = -4.75\ \%℃^{-1}$，约为铂热电阻的 10 倍以上。

3. 半导体热敏电阻的伏安特性

伏安特性是指加在热敏电阻两端的电压 U 与流过热敏电阻的电流 I 之间的关系，即

$$U=f(I) \tag{6.2.10}$$

图 6.2.4 所示为热敏电阻的典型伏安特性。由图可知，当流过热敏电阻的电流很小时，热敏电阻的伏安特性符合欧姆定律，即图中曲线的线性上升段。而当电流增大到一定值时，将引起热敏电阻自身温度的升高，使热敏电阻出现负阻特性，虽然电流增大，但其电阻减小，端电压反而下降。因此，在具体使用热敏电阻时，应尽量减小通过热敏电阻的电流，以减小热敏电阻自热效应的影响。

热敏电阻由于有电阻温度系数大、体积小、易做成各种形状且结构简单等诸多优点，目前被广泛用于点温、表面温度、温差和温度场的测量中。其主要缺点是同一型号产品的特性和参数差别大，因而互换性差，其次，热敏电阻的灵敏度变化较大，给使用带来了一些不便。

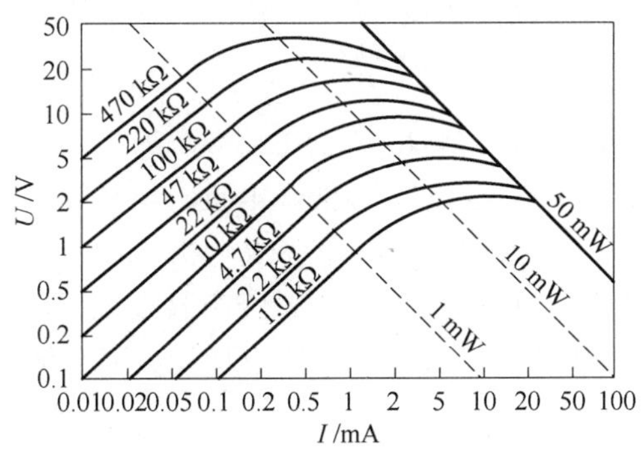

图 6.2.4　热敏电阻典型伏安特性

6.2.3　热电阻测温电桥

1. 平衡电桥电路

图 6.2.5 给出了平衡电桥电路原理示意图，常值电阻 $R_1=R_2=R_0$。当热电阻 R_t 的阻值随温度变化时，调节电位器 R_w 的电刷在位置 x 处，就可以使电桥处于平衡状态，如图 6.2.5(a) 所示的电路图，有

$$R_t=\frac{x}{L}R_0 \tag{6.2.11}$$

式中：L——电位器的有效长度(m)；

R_0——电位器的总电阻(Ω)。

这种方法的特点是：通过人工调节图 6.2.5(b)中的电位器 R_w，主要用于静态测量，抗干扰性强，不受电桥工作电压的影响。

2. 不平衡电桥电路

图 6.2.6 给出了不平衡电桥输出电路原理示意图，常值电阻 $R_1=R_2=R_3=R_0$，初始温度 t_0 时，热电阻 R_t 的阻值为 R_0，电桥处于平衡状态，输出电压为零。当温度变化时，热电阻 R_t 的阻值随之发生变化，$R_t \neq R_0$，电桥处于不平衡状态，其输出电压为

$$U_{\text{out}}=\frac{\Delta R_t}{2(2R_0+\Delta R_t)}U_{\text{in}} \tag{6.2.12}$$

式中：U_{in}——电桥的工作电压(V)；

U_{out}——电桥的输出电压(V)；

ΔR_t——热电阻的变化量(Ω)。

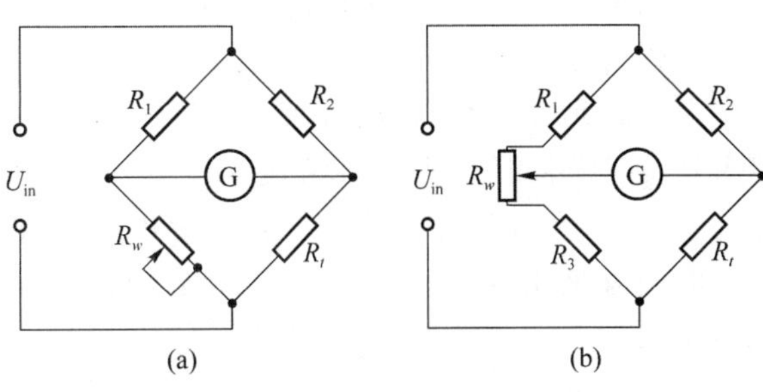

图 6.2.5　平衡电桥电路原理示意图

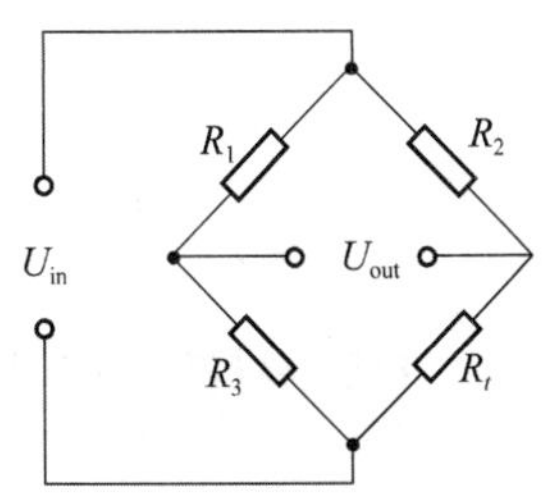

图 6.2.6　不平衡电桥电路原理示意图

这种方法的特点是:快速、小范围线性、易受电桥工作电压的干扰。

3. 自动平衡电桥电路

图 6.2.7 给出了自动平衡电桥电路,R_t 为热电阻,R_1、R_2、R_3、R_4为常值电阻,R_L 为连线调整电阻,R_w为电位器;A 为差分放大器,SM 为伺服电机。电桥始终处于自动平衡状态。当被测温度变化时,差分放大器 A 的输出不为零,使伺服电机 SM 带动电位器 R_w 的电刷移动,直到电桥重新自动处于平衡状态。这种方法的特点是:测温系统引入了负反馈,复杂且成本高。当然,该测温系统也具有测量快速、线性范围大、抗干扰能力强等优点。

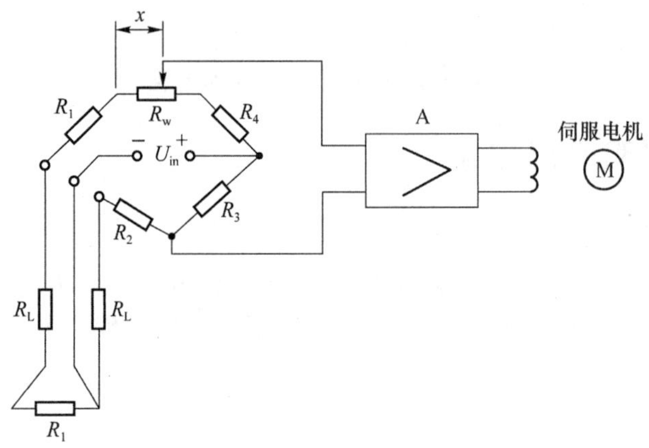

图 6.2.7 自动平衡电桥电路原理示意图

6.3 半导体 P-N 结测温

半导体 P-N 结测温系统以 P-N 结的温度特性为理论基础。当 P-N 结的正向压降或反向压降保持不变时,正向电流和反向电流都随着温度的改变而变化;而当正向电流保持不变时,P-N 结的正向压降随温度的变化近似于线性变化,大约以 -2 mV/ ℃的斜率随温度变化。因此,利用 P-N 结的这一特性,可以对温度进行测量。

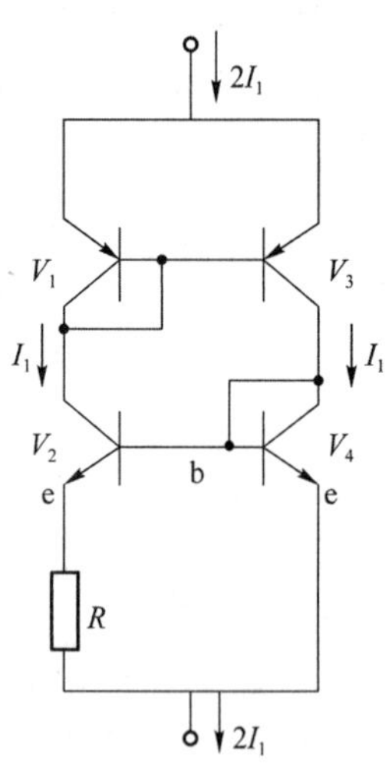

图 6.3.1 晶体三极管感温元件

半导体测温系统利用晶体二极管与晶体三极管作为感温元件。二极管感温元件利用P-N结在恒定电流下,其正向电压与温度之间的近似线性关系来实现。由于它忽略了高次非线性项的影响,其测量误差较大。若采用晶体三极管代替二极管作为感温元件,能较好地解决这一问题。图 6.3.1 给出了利用晶体三极管的 be 结电压降制作的感温元件,在忽略基极电流情况下,当认为各晶体三极管的温度均为 T 时,它们的集电极电流是相等的,U_{be4} 与 U_{be2} 的结压降差就是电阻 R 上的压降,即

$$\Delta U_{be}=U_{be4}-U_{be2}=I_1R=\frac{KT}{e}\ln\gamma \tag{6.3.1}$$

式中：γ——VT2 与 VT4 结面积相差的倍数；

k——玻耳兹曼常数(J/K)，$k=1.38\times 10^{-23}$ J/K；

e——电子电荷量(C)，$e=1.602\times 10^{-19}$ C；

T——被测物体的热力学温度(K)。

由于电流 I_1 又与温度 T 成正比，因此可以通过测量 I_1 的大小，实现对温度的测量。

采用半导体二极管作为温度敏感器，具有简单且价廉等优点，用它可制成半导体温度计，测温范围在 0～50 ℃。用晶体三极管制成的温度传感器测量温度精度高，测温范围较宽，在 －50～150 ℃，因而可用于工业、医疗等领域的测温仪器或系统。图 6.3.2 给出了几种不同结构的晶体管温度敏感器，它们具有很好的长期稳定性。

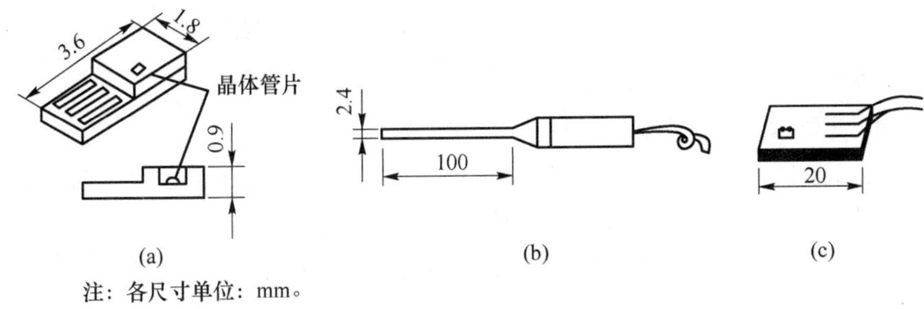

图 6.3.2　晶体管感温元件结构示意图

6.4　热电偶测温

热电偶在温度测量中应用极为广泛，因为它构造简单，使用方便，测量范围宽，具有较高的精度。常用的热电偶可测温度范围为 －50～1 600 ℃；若配用特殊材料，测温范围可扩大到 －180～2 800 ℃。

6.4.1　热电效应

热电偶的工作机理建立在导体的热电效应上，包括帕尔帖(Peltier)效应和汤姆逊(Thomason)效应。

1. 帕尔帖效应

当 A，B 两种不同材料的导体相互紧密地连接在一起时(见图 6.4.1)，由于导体中都有大量自由电子，而且不同的导体材料的自由电子的浓度不同(假设导体 A 的自由电子浓度大于导体 B 的自由电子浓度)。在单位时间内，由导体 A 扩散到 B 的电子数要比导体 B 扩散到导体 A 的电子数多，这时导体 A 因失去电子而带正电，导体 B 因得到电子而带负电，于是在接触处便形成了电位差，该电位差称为接触电势(即帕尔帖热电势)。这个电势将阻碍电子进一步扩散，当电子扩散能力与电场的阻力平衡时，接触处的电子扩散就达到了动平衡，接触电势达到一个稳态值。接触电势的大小与两导体材料性质和接触点的温度有关，其数量级约 0.001～0.01 V。由物理学知，两导体两端接触电势为

$$e_{AB}(T)=\frac{Tk}{e}\ln\frac{n_A(T)}{n_B(T)} \tag{6.4.1}$$

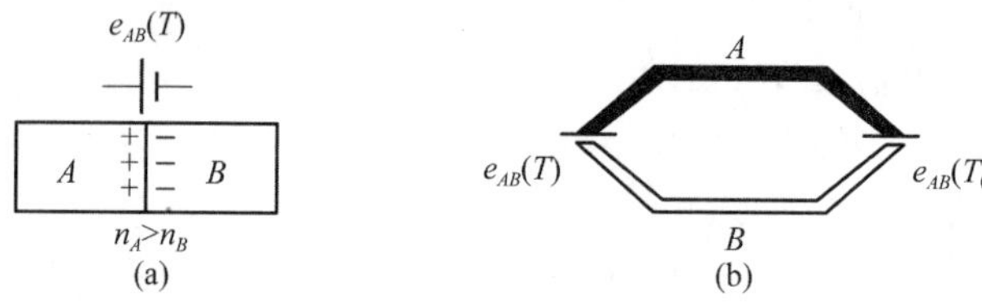

图 6.4.1 接触热电势

式中：k——玻耳兹曼常数(J/K)，$k=l.38\times 10^{-23}$ J/K；

e——电子电荷量(C)，$e=1.602\times 10^{-19}$ C；

T——被测物体的热力学温度(K)；

$n_A(T)$，$n_B(T)$——材料 A，B 在温度 T 时的自由电子浓度。

2. 汤姆逊效应

对于单一均质导体 A，如图 6.4.2 所示，当其两端的温度不同时，假设一端的温度为 T，另一端的温度为 T_0，而且 $T>T_0$。由于温度较高的一端（T 端）的电子能量高于温度较低的一端（T_0 端）的电子能量，因此产生了电子扩散，形成了温差电势，称作单一导体的温差热电势（即汤姆逊热电势）。该电势形成新的不平衡电场将阻碍电子进一步扩散，当电子扩散能力与电场的阻力平衡时，电子扩散就达到了动平衡，温差热电势达到一个稳态值。温差热电势的大小与导体材料性质和导体两端的温度有关，其数量级约 10^{-5} V。由物理学可知，导体 A 的温差热电势为

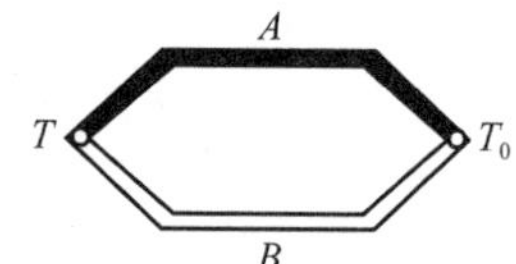

图 6.4.2 温差热电势

$$e_A(T,T_0)=\int_{T_0}^{T}\sigma_A\,\mathrm{d}T \tag{6.4.2}$$

式中：σ_A——材料 A 的汤姆逊系数(V/K)，表示单一导体 A 两端温度差为 1 ℃时所产生的温差热电势。

6.4.2 热电偶的工作机理

图 6.4.3 给出了热电偶的原理结构与热电势示意图，A，B 两种不同导体材料两端相互紧密地连接在一起，组成一个闭合回路，这样就构成了一个热电偶。当两接点温度不等（$T>T_0$）时，回路中就会产生电势，从而形成电流，这就是热电偶的工作机理。通常 T_0 端又称为参考端或冷端，T 端又称为测量端或工作端或热端。

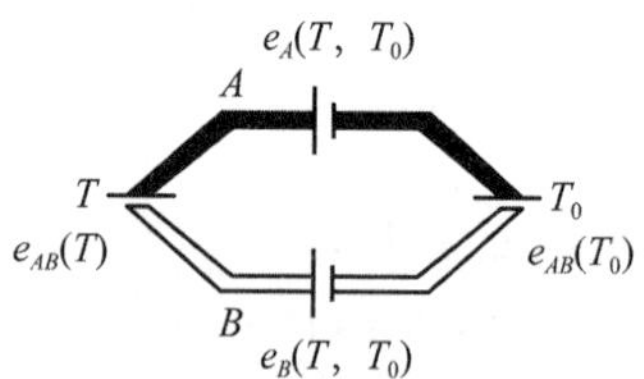

图 6.4.3 热电偶的原理结构及热电势示意图

根据以上分析，图 6.4.3 所示的热电偶的总的接触热电势（帕尔帖热电势）为

$$e_{AB}(T)-e_{AB}(T_0)=\frac{kT}{e}\ln\frac{n_A(T)}{n_B(T)}-\frac{kT_0}{e}\ln\frac{n_A(T_0)}{n_B(T_0)} \tag{6.4.3}$$

式中：$n_A(T_0)$，$n_B(T_0)$——材料 A，B 在温度 T_0 时的自由电子浓度。

总的温差热电势（汤姆逊热电势）为

$$e_A(T,T_0)-e_B(T,T_0)=\int_{T_0}^{T}(\sigma_A-\sigma_B)\mathrm{d}T \tag{6.4.4}$$

总的热电势为

$$E_{AB}(T,T_0)=\frac{kT}{e}\ln\frac{n_A(T)}{n_B(T)}-\frac{kT_0}{e}\ln\frac{n_A(T_0)}{n_B(T_0)}-\int_{T_0}^{T}(\sigma_A-\sigma_B)\mathrm{d}T \tag{6.4.5}$$

由上述分析可得：

① 如果构成热电偶的两个热电极材料相同，帕尔帖热电势为零，即使两结点温度不同，由于两支路的汤姆逊热电势相互抵消，热电偶回路内的总热电势为零。因此，热电偶必须采用两种不同材料作为热电极。

② 如果热电偶两结点温度相等（$T=T_0$），汤姆逊热电势为零，尽管导体 A，B 的材料不同，由于两端点的帕尔帖热电势相互抵消，热电偶回路内的总热电势也为零，因而热电偶的热端和冷端两个结点必须具有不同的温度。

既然热电偶回路的热电势 $E_{AB}(T,T_0)$只与两导体材料及两结点温度 T，T_0 有关，当材料确定后，回路的热电势是两个结点温度函数之差，即可写为

$$E_{AB}(T,T_0)=f(T)-f(T_0) \tag{6.4.6}$$

当参考端温度 T_0 固定不变时，则 $f(T_0)=C$（常数），此时 $E_{AB}(T,T_0)$就是工作端温度 T 的单值函数，即

$$E_{AB}(T,T_0)=f(T)-C=\Phi(T) \tag{6.4.7}$$

式(6.4.7)在实际测温中得到了广泛应用。

应该指出，在实际测量中不可能也没有必要单独测量接触电势和温度差电势，而只需用仪表测出总热电势，由于温差电势与接触电势相比较，其值甚小，故在工程技术中认为热电势近似等于接触电势。

在实用中，测出总热电势后，通常不是利用公式计算，而是查热电偶分度表来确定被测温度。分度表是将自由端温度保持为 0 ℃，通过实验建立起来的热电势与温度之间的数值对应关系。热电偶测温完全是建立在利用实验热特性和一些热电定律的基础上的。下面引述几个常用的热电定律。

6.4.3　热电偶的基本定律

1. 中间温度定律

热电偶 AB 的热电势仅取决于热电偶的材料和两个结点的温度，而与温度沿热电极的分布以及热电极的参数和形状无关。

如热电偶 AB 两结点的温度分别为 T，T_0，所产生的热电势等于热电偶 AB 两结点温度为 T，T_c 时与热电偶 AB 两结点温度为 T_c，T_0 时所产生的热电势的代数和，如图 6.4.4 所示。用公式表示为

$$E_{AB}(T,T_0)=E_{AB}(T,T_c)+E_{AB}(T_c,T_0) \tag{6.4.8}$$

式中：T_c——中间温度（℃）。

中间温度定律为制定热电偶分度表奠定了理论基础。根据中间温度定律，只需要列出自由端温度为 0 ℃时各工作端温度与热电势的关系表。若自由端温度不是 0 ℃，此时所产生的热电势就可按式(6.4.8)计算。

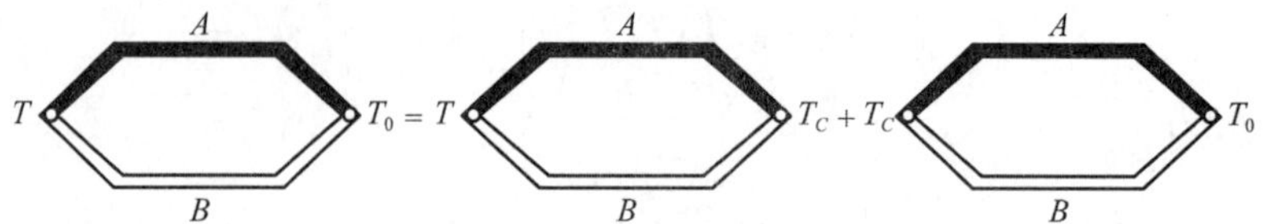

图 6.4.4　中间温度定律

2. 中间导体定律

在热电偶测温过程中,必须在回路中引入测量导线和仪表。当接入导线和仪表后会不会影响热电势的测量呢？中间导体定律说明,在热电偶 AB 回路中,只要接入的第三导体两端温度相同,则对回路的总热电势没有影响。下面考虑两种接法：

① 在热电偶 AB 回路中,断开参考结点,接入第三种导体 C,只要保持两个新结点 AC 和 BC 的温度仍为参考结温度 T_0(见图 6.4.5(a)),就不会影响回路的总热电势,即

$$E_{ABC}(T,T_0)=E_{AB}(T,T_0) \tag{6.4.9}$$

② 热电偶 AB 回路中,将其中一个导体 A 断开,接入导体 C,如图 6.4.5(b)所示,在导体 C 与导体 A 的两个结点处保持相同温度 T_c,则有

$$E_{ABC}(T,T_0,T_c)=E_{AB}(T,T_0) \tag{6.4.10}$$

上面两种接法表明:在热电偶回路中接入中间导体,只要中间导体两端的温度相同,就不会影响回路的总热电势。若在回路中接入多种导体,只要每种导体两端温度相同也可以得到同样的结论。

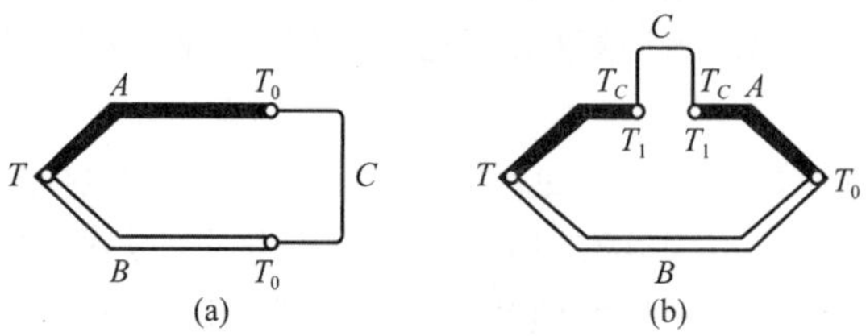

图 6.4.5　中间导体定律

3. 标准电极定律

当热电偶回路的两个结点温度为 T,T_0 时,用导体 AB 组成的热电偶的热电势等于热电偶 AC 和热电偶 CB 的热电势的代数和,即

$$E_{AB}(T,T_0)=E_{AC}(T,T_0)+E_{CB}(T,T_0)=E_{AC}(T,T_0)-E_{BC}(T,T_0) \tag{6.4.11}$$

亦可用图 6.4.6 表示。

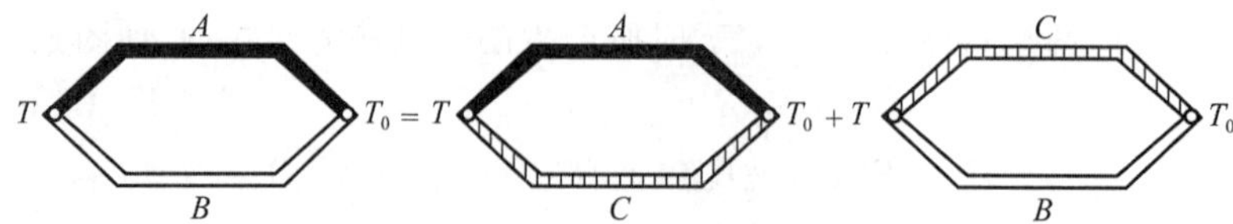

图 6.4.6　标准电极定律

导体 C 称为标准电极,这一规律称为标准电极定律。标准电极 C 通常采用纯铂丝制成,因为铂的物理、化学性能稳定,易提纯,熔点高。如果已求出各种热电极对铂极的热电势值,就

可以用标准电极定律求出其中任意两种材料配成热电偶后的热电势值，这就大大简化了热电偶的选配工作。

6.4.4　热电偶的误差及补偿

1. 热电偶冷端误差及其补偿

由式(6.4.6)可知，热电偶 AB 闭合回路的总热电势 $E_{AB}(T,T_0)$ 是两个接点温度的函数。但是，通常要求测量的是一个热源的温度或两个热源的温度差。为此，必须固定其中一端(冷端)的温度，其输出的热电势才是测量端(热端)温度的单值函数。工程上广泛使用的热电偶分度表和根据分度表刻划的测温显示仪表的刻度都是根据冷端温度 0 ℃而制作的。因此，当使用热电偶测量温度时，如果冷端温度保持 0 ℃，则根据测得的热电势值对照相应的分度表，即可测到准确的温度值。

但在实际测量中，热电偶的两端距离很近，冷端温度将受热源温度或周围环境温度的影响，并不为 0 ℃，而且也不是个恒值，因此将引入误差。为了消除或补偿这个误差，常采用以下几种补偿方法。

(1) 0 ℃恒温法

将热电偶的冷端保持在 0 ℃的器皿内。图 6.4.7 所示是一个简单的冰点槽。为了获得 0 ℃的温度条件，一般用纯净的水和冰混合，在一个标准大气压下冰水共存时，它的温度即为 0 ℃。

冰点法是一种准确度很高的冷端处理方法，但实际使用起来比较麻烦，需保持冰水两相共存，一般只适用于实验室使用，对于工业生产现场使用极不方便。

(2) 修正法

在实际使用中，热电偶冷端保持 0 ℃比较麻烦，但将其保持在某一恒定温度，如置热电偶冷端在一恒温箱内，还是可以做到的。此时，可以采用冷端温度修正方法。

根据中间温度定律：$E_{AB}(T,T_0) = E_{AB}(T,T_C) + E_{AB}(T_C,T_0)$，当冷端温度 $T_0 \neq 0$ ℃而为某一恒定温度时，由冷端温度而引入的误差值 $E_{AB}(T_C,T_0)$ 是一个常数，而且可以由分度表上查得其电势值。将测得的热电势值 $E_{AB}(T,T_C)$ 加上 $E_{AB}(T_C,T_0)$，就可以获得冷端为 $T_0=0$ ℃时的热电势值 $E_{AB}(T,T_0)$，经查热电偶分度表，即可得到被测热源的真实温度 T。

(3) 补偿电桥法

测温时若保持冷端温度为某一恒温也有困难，可采用电桥补偿法，即利用不平衡电桥产生的电势来补偿热电偶因冷端温度变化而引起的热电势变化值，如图 6.4.8 所示。E 是电桥的电源，R 为限流电阻。

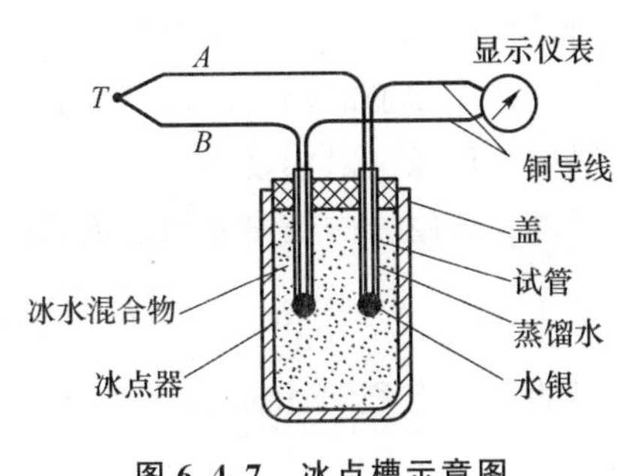

图 6.4.7　冰点槽示意图

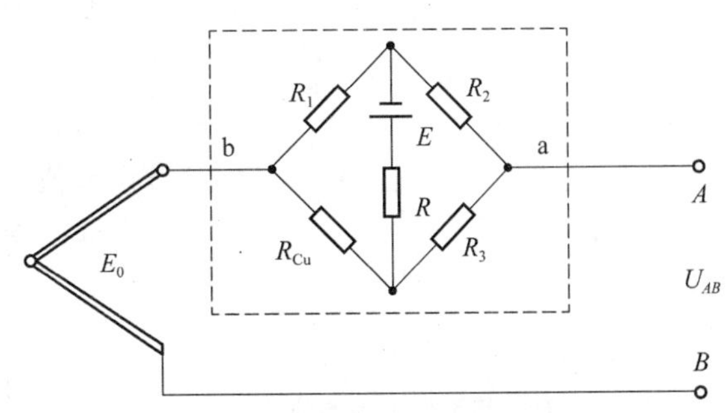

图 6.4.8　冷端温度补偿电桥

补偿电桥与热电偶冷端处于相同的环境温度下，其中三个桥臂电阻用温度系数近于零的锰铜绕制。使 $R_1=R_2=R_3$，另一桥臂为补偿桥臂，用铜导线绕制。使用时选取合适的 R_{cu} 阻值，使电桥处于平衡状态，电桥输出为 U_{ab}。当冷端温度升高时，补偿桥臂 R_{cu} 阻值增大，电桥失去平衡，输出 U_{ab} 随着增大。同时由于冷端温度升高，热电偶的热电势 E_0 减小。若电桥输出值的增加量 U_{ab} 等于热电偶电势 E_0 的减少量，则总输出值 $U_{AB}=U_{ab}+E_0$ 的大小就不随着冷端温度的变化而变化。

在有补偿电桥的热电偶电路中，冷端温度若在 20 ℃时补偿电桥处于平衡，只要在回路中加入相应的修正电压，或调整指示装置的起始位置，就可达到完全补偿的目的，准确测出冷端为 0 ℃时的输出。

(4) 延引热电极法

当热电偶冷端离热源较近，受其影响使冷端温度在很大范围内变化时，直接采用冷端温度补偿法将很困难，此时可以采用延引热电极的方法。将热电偶输出的电势传输到 10 m 以外的显示仪表处，也就是将冷端移至温度变化比较平缓的环境中，再采用上述的补偿方法进行补偿。补偿导线可选用直径粗、导电系数大的材料制作，以减小补偿导线的电阻和影响。对于廉价热电偶，可以采用延长热电极的方法。采用的补偿导线的热电特性和工作热电偶的热电特性相近。补偿导线产生的热电势应等于工作热电偶在此温度范围内产生的热电势，如图 6.4.9 所示，$E_{AB}(T_0', T_0)=E_{A'B}(T_0', T_0)$，这样测量将会很方便。

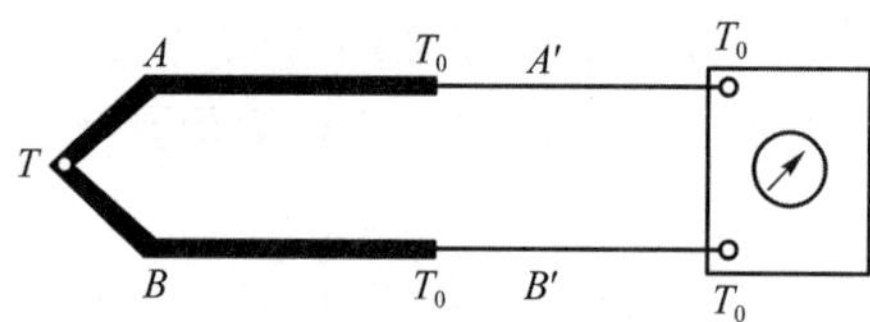

图 6.4.9 延引热电极补偿法

2. 热电偶的动态误差及时间常数

由于质量与热惯性，任何测温仪表的指示温度都不是被测介质温度变化的瞬时值，而是有一个时间滞后，热电偶测温也不例外。当用热电偶测某介质温度时，被测介质某瞬时的温度为 T_g，而热接点感受到的温度为 T，两者之差称为热电偶的动态误差 $\Delta T=T_g-T$。动态误差值取决于热电偶的时间常数 τ 和热接点温度随时间变化率 $\mathrm{d}T/\mathrm{d}t$ 的值。通常可用下列模型表示

$$\Delta T=T_g-T=\tau\frac{\mathrm{d}T}{\mathrm{d}t} \tag{6.4.12}$$

某热电偶测温示值随时间的变化曲线如图 6.4.10 所示。若想求得任一瞬时被测介质温度，只要求出曲线在该时刻的斜率，乘以该热电偶的时间常数即可得到动态误差值 $\Delta T=\tau(\mathrm{d}T/\mathrm{d}t)$。用该瞬时的动态误差来修正热电偶的指示值，即可得到该瞬时的被测介质温度，即

$$T_g=T+\Delta T=T+\tau\frac{\mathrm{d}T}{\mathrm{d}t} \tag{6.4.13}$$

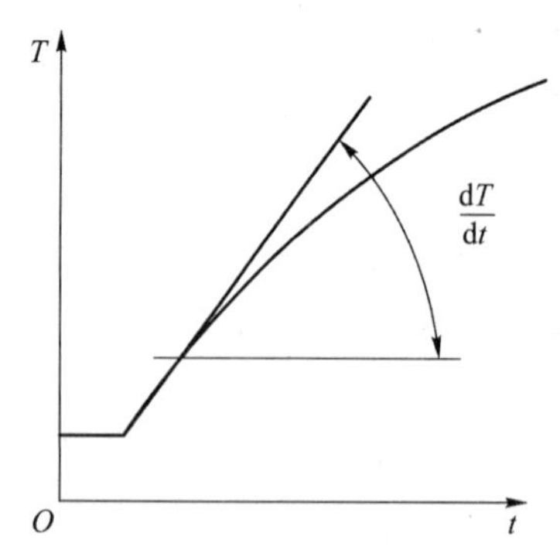

图 6.4.10 热电偶测温曲线

在实用中，热电偶的时间常数可由测温曲线求得。将式(6.4.12)变换为

$$\frac{1}{T_g - T}\mathrm{d}T = \frac{1}{\tau}\mathrm{d}t \tag{6.4.14}$$

在初始条件为 $t=0$ 时，热接点的温度等于热电偶的初始温度，即 $T=T_0$，对上式进行积分得

$$T_g - T = (T_g - T_0)\mathrm{e}^{\frac{-t}{\tau}} \tag{6.4.15}$$

或

$$T - T_0 = (T_g - T_0)(1 - \mathrm{e}^{\frac{-t}{\tau}}) \tag{6.4.16}$$

当 $t=\tau$ 时，有

$$T - T_0 = 0.632(T_g - T_0) \tag{6.4.17}$$

式(6.4.17)表明，不论热电偶的初始温度 T_0 和被测温度 T_g 为何值，也不论温度的阶跃($T_g - T_0$)有多大，只要经过 $t=\tau$，其温度指示值($T-T_0$)总是升高整个阶跃的 63.2%，因此称 τ 为热电偶的时间常数。

通常热电偶的时间常数可以写为

$$\tau = \frac{c\rho V}{\alpha A_0} \tag{6.4.18}$$

式中：τ——热电偶的时间常数(s)；

C——热接点的比热($\mathrm{J \cdot kg^{-1} \cdot K^{-1}}$)；

ρ——热接点的密度($\mathrm{kg/m^3}$)；

V——热接点容积($\mathrm{m^3}$)；

α——热接点与被测介质间的对流传热系数($\mathrm{W \cdot m^{-2} \cdot K^{-1}}$)；

A_0——热接点与被测介质间接触的表面积($\mathrm{m^2}$)。

由式(6.4.18)可知，时间常数 τ 不仅取决于热接点的材料性质和结构参数，而且还随被测介质的工作情况而变，所以，不同的热电偶其时间常数是不同的。

欲减小动态误差，必须减小时间常数。这可以通过减小热接点直径，使其容积减小，传热系数增大来实现，或通过增大热接点与被测介质接触的表面积，将球形热接点压成扁平状，体积不变而使表面积增大来实现。采用这些方法，可减小时间常数，减小动态误差，改善动态响应。当然这种减小时间常数的方法要有一定限制，否则会产生探头机械强度低、使用寿命短、制造困难等问题。实用中，在热电偶测温系统中可以引入与热电偶传递函数倒数近似的 RC 和 RL 网络，实现动态误差实时修正。

3. 热电偶的其他误差

(1) 分度误差

工业上常用的热电偶分度都是按标准分度表进行的。但实用的热电偶特性与标准的分度表并不完全一致，这就带来了分度误差，即使对其像非标准化的特殊热电偶一样单独分度，也会有分度误差，这种分度误差是不可避免的。它与热电极的材料与制造工艺水平有关。随着热电极材料的不断发展和制造工艺水平的提高与稳定，热电偶分度表标准也在不断完善。

(2) 仪表误差及接线误差

用热电偶测温时，必须有与之配套的仪表进行显示或记录。它们的误差自然会带入测量结果，这种误差与所选仪表的精度及仪表的上、下测量限有关。使用时应选取合适的量程与仪表精度。

热电偶与仪表之间的连线，应选取电阻值小，而且在测温过程中保持常值的导线，以减小其对热电偶测温的影响。

(3) 干扰和漏电误差

热电偶测温时,由于周围电场和磁场的干扰,往往会造成热电偶回路中的附加电势,引起测量误差,常采用冷端接地或加屏蔽等方法进行改善。

不少绝缘材料随着温度升高而绝缘电阻值下降,尤其在 1 500 ℃以上的高温时,其绝缘性能显著变坏,可能造成热电势分流输出;有时也会因被测对象所用电源电压漏泄到热电偶回路中。这些都能造成漏电误差,所以在测高温时,热电偶的辅助材料的绝缘性能一定要好。

另外,热电偶定期校验是个很重要的工作。热电偶在使用过程中,尤其在高温作用下会不断地氧化、腐蚀而引起热特性的变化,使测量误差增大,因此需要对热电偶按规范定期校验,经校验后不超差的热电偶才能再次投入使用。

6.4.5 热电偶的组成、分类及特点

理论上,任何两种金属材料都可配制成热电偶。但是选用不同的材料会影响到测温的范围、灵敏度、精度和稳定性等。一般镍铬-金铁热电偶在低温和超低温下仍具有较高的灵敏度。铁-铜镍热电偶在氧化介质中的测温范围为 40～75 ℃,在还原介质中可达 1 000 ℃。钨铼系列热电偶灵敏度高,稳定性好,热电特性接近于直线。工作范围为 0～2 800 ℃,但只适合于在真空和惰性气体中使用。

热电偶种类很多,其结构及外形也不尽相同,但基本组成大致相同。通常由热电极、绝缘材料、接线盒和保护套等组成。热电偶按照结构可以分为以下五种。

1. 普通热电偶

普通热电偶结构如图 6.4.11 所示。这种热电偶由内热电极、绝缘套管、保护套管、接线盒及接线盒盖组成。普通热电偶主要用于测量液体和气体的温度。绝缘体一般采用陶瓷套管,其保护套有金属和陶瓷两种。

2. 铠装热电偶

这种热电偶也称缆式热电偶,它由热电极、绝缘体和金属保护套组合成一体。其结构示意图如图 6.4.12 所示。根据测量端的不同形式,有碰底型(见图 6.4.12(a))、不碰底型(见图 6.4.12(b))、露头型(见图 6.4.12(c))、帽型(见图 6.4.12(d)等,铠装热电偶的特点是测量结热容量小,热惯性小,动态响应快,挠性好,强度高,抗震性好,适于用普通热电偶不能测量的空间温度。

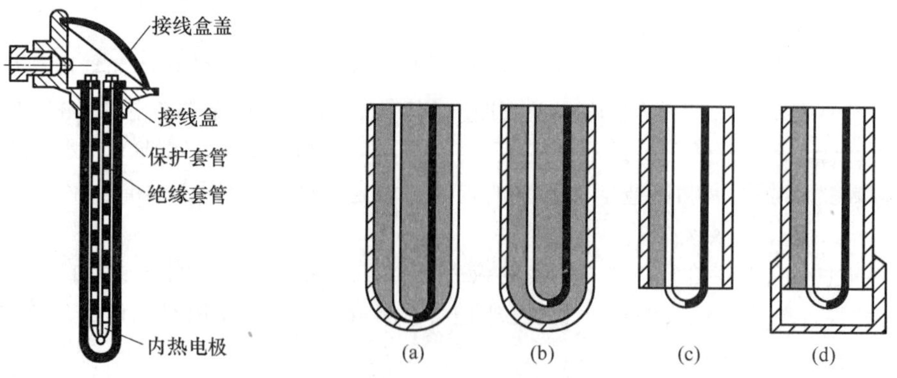

图 6.4.11 普通热电偶结构示意图

图 6.4.12 铠装热电偶测量端结构

3. 薄膜热电偶

这种热电偶的结构可分为片状、针状等，图 6.4.13 为片状薄膜热电偶结构示意图，它由测量结点、薄膜 A、衬底、薄膜 B、接头夹、引线所构成。薄膜热电偶主要用于测量固体表面小面积瞬时变化的温度。其特点是热容量小，时间常数小，反应速度快等。

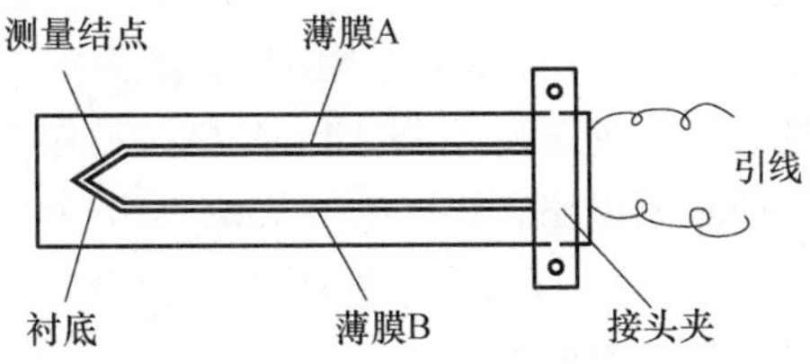

图 6.4.13　薄膜热电偶(片状)结构

4. 并联热电偶

如图 6.4.14 所示，并联热电偶是把几个相同型号的热电偶的同性电极参考端并联在一起，而各个热电偶的测量结处于不同温度下，其输出电动势为各热电偶热电动势的平均值。所以这种热电偶可用于测量平均温度。

5. 串联热电偶

这种热电偶又称热电堆，它是把若干个相同型号的热电偶串联在一起，所有测量端处于同一温度 T 之下，所有连接点处于另一温度 T_0 之下(见图 6.4.15)，则输出电动势是每个热电动势之和。

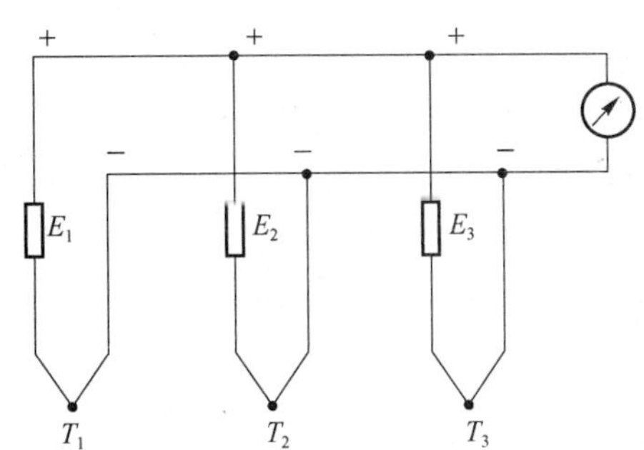

图 6.4.14　并联热电偶

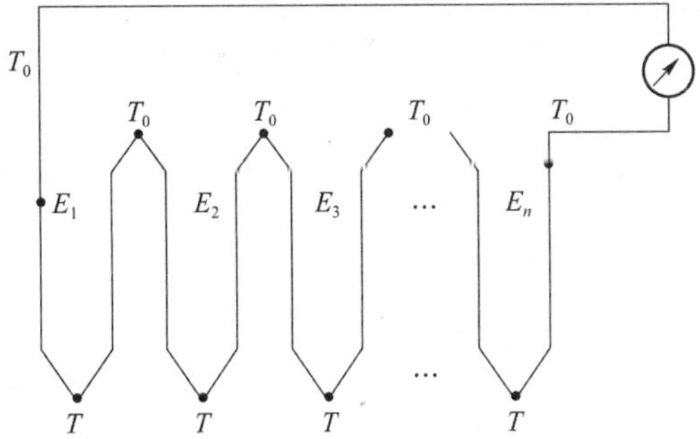

图 6.4.15　串联热电偶

思考题与习题

6.1 金属热电阻实现测温的机理是什么？

6.2 比较常用的金属热电阻的使用特点。

6.3 比较金属热电阻和半导体热敏电阻的测温特点。

6.4 半导体热敏电阻有哪几种？各有什么特点？

6.5 半导体热敏电阻的温度特性曲线的特点是什么？

6.6 构成热电偶式温度传感器的基本条件是什么？

6.7 热电阻电桥测温系统常用的有几种？各有什么特点？

6.8 选择金属热电阻测温时，应从哪几方面考虑？

6.9 题图 6.1 给出了一种测温范围为 0～200 ℃的测温电路，其中 $Rt=100\times(1+0.01t)$ kΩ，为感温热电阻；R_s 为常值电阻，$R_0=100$ kΩ，U_{in}为工作电压，M，N 两点的电位差为输出电压。问：

① 如果要求 0 ℃时电路为零位输出，常值电阻 R_s 取多少？

② 如果要求该测温电路的平均灵敏度达到 10 mV/℃，工作电压 U_{in}取多少？

6.10 题图 6.2 给出了一种测温电路，其中 $R_t=500(1+0.008t)$ kΩ，为感温热电阻；$R_0=500$ kΩ，工作电压 $U_{in}=10$ V，M，N 两点的电位差为输出电压。

① 该测温电路的主要特点是什么？

② 当测温范围在 0～100 ℃时，该测温电路的测温平均灵敏度是多少？

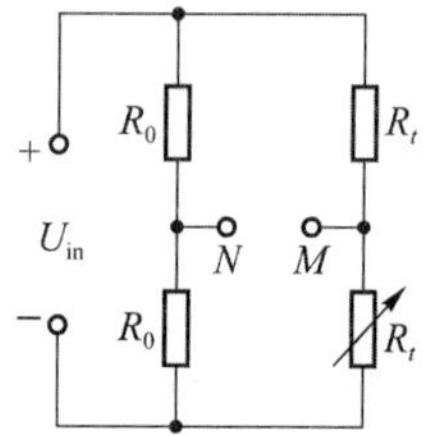

题图 6.1　热电阻电桥测温电路

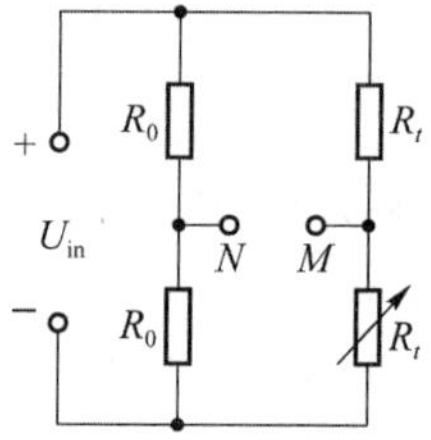

题图 6.2　热电阻电桥测温电路

6.11 题图 6.3 给出了一种测温电路，其中 $R_t=R_0(1+0.005t)$ kΩ.，为感温热电阻；R_B为可调电阻，U_{in}为工作电压。问

① 该测温电路属于什么测温电路？主要特点是什么？

② 电路中的 G 代表什么？若要提高测温灵敏度，G 的内阻取大些好，还是小些好？

③ 基于该测温电路的工作机理，给出调节电阻 R_B 随温度变化的关系。

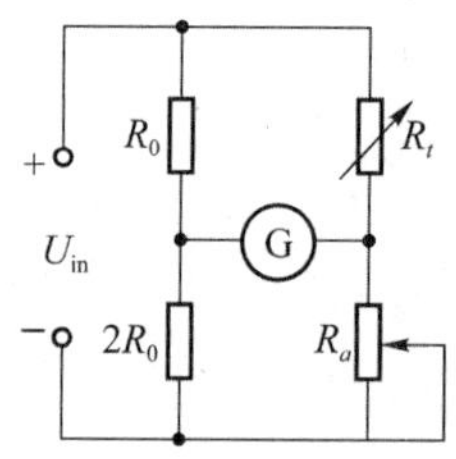

题图 6.3　热电阻测温电路

6.19 简述 P－N 结温度传感器的工作机理。

6.13 简述热电偶的工作机理。

6.14 简述热电偶式温度传感器的中间导体定律。

6.15 简述热电偶式温度传感器的中间温度定律。

6.16 说明使用并联热电偶时应注意的问题。

6.17 说明使用串联热电偶时应注意的问题。

6.18 使用热电偶测温时，为什么必须进行冷端补偿？如何进行冷端补偿？

第7章　飞行高度及升降速度测量

7.1　测量飞行高度的方法

飞行高度是指飞机的重心在空中距离某一基准平面的垂直距离。根据所选基准面不同，飞行高度可分为以下几种：

① 绝对高度(altitude)。所选基准平面为实际海平面或平均海平面(Mean Sea Level，MSL)，飞机的重心在空中相应的高度称为绝对高度。实际海平面的压力值不是固定不变的，需要通过对观测到的场面气压，按照标准大气条件，修正平均海平面的气压。修正后的实际海平面气压叫修正海压(Query Normal Height，QNH)，所以绝对高度也叫修正海压高度。

② 相对高度(height)。所选基准平面为某一指定参考平面(例如起飞或着陆机场的地平面)，飞机重心在空中相应的高度称为相对高度。该参考平面所具有的压力也叫场面气压或场压(Query Field Elevation，QFE)，即航空器着陆区最高点的气压。所以，相对高度也叫修正场压高度。

③ 真实高度(absolute altitude)。所选基准平面是包括飞机正下方的地面目标之最高点在内并与地平面平行的平面，飞机重心在空中相应的高度称为真实高度。

④ 标准气压高度(flight level)，也叫飞行高度层。所选基准平面是标准(气压)海平面。国际标准化组织(ISO)规定标准气压海平面处的大气(Query Normal Elevation，QNE)为101.325 kPa(29.92英寸汞柱)，飞机重心在空中的高度称为标准气压高度。

几种高度间的定义及相互关系如图7.1.1所示。

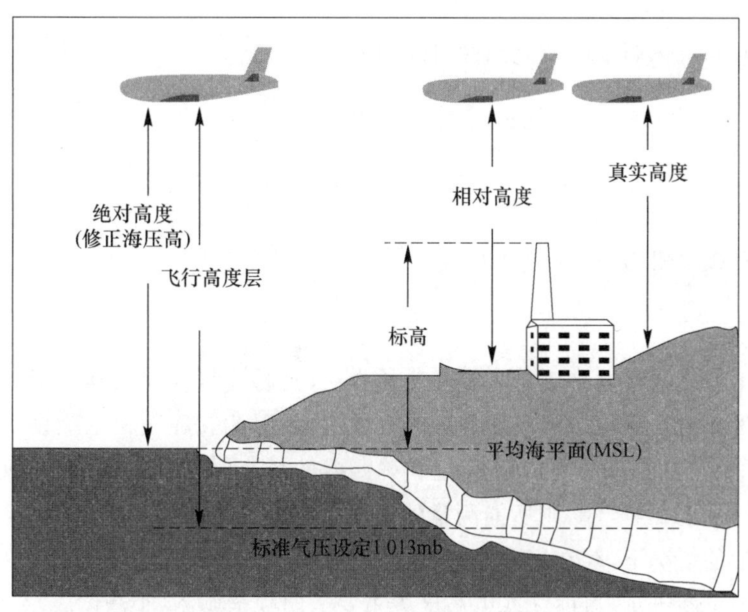

图7.1.1　几种飞行高度的定义

目前常用来测量飞行高度的方法有下列几种。

1. 利用无线电波的反射特性来测量飞行高度

无线电高度表是一种自主式航空导航设备，用于测量飞机距离当地地表面的垂直距离，也就是飞机的真实高度（在机场上方时是相对高度）。基于测高范围的不同，将只可测 2 000 m 以下高度的称为小高度表，可测 2 000 m 以上的称为大高度表。一般小高度表的测量精度优于大高度表的测量精度。

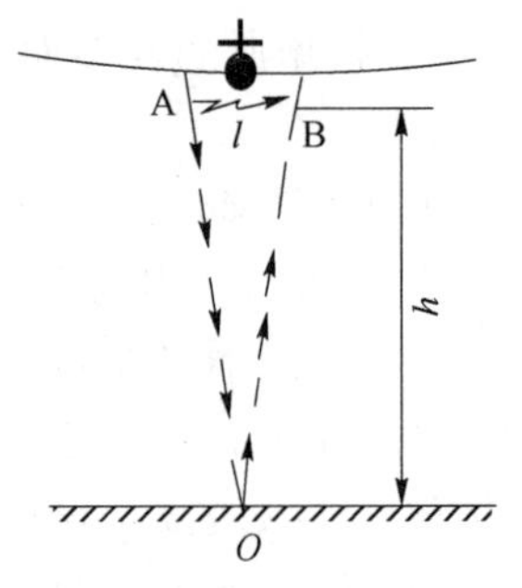

图 7.1.2　时差法无线电测高原理

与气压高度表不同，无线电高度表主要用于飞机在低空飞行中的高度测量和低高度报警，测量精度高且不受大气等因素的影响，对于保证飞机的飞行安全至关重要。它与仪表着陆系统相结合，对于飞机着陆阶段的高度控制非常重要，应用于飞机的精密进近和下滑过程。

早期的无线电高度表主要采用时间差法。图 7.1.2 表示在一架飞机上同时装有发射机和接收机，两者相距 l，并已知电波在空气中的传播速度 c 约为 3×10^5 km/s。电波由发射机（A）传到接收机（B）所需的时间 t_1 为

$$t_1=\frac{l}{c} \tag{7.1.1}$$

而电波由发射机（A）经地面（O）反射到接收机（B）所需的时间 t_2 满足

$$h^2=-\left(\frac{l}{2}\right)^2+\left(\frac{ct_2}{2}\right)^2 \tag{7.1.2}$$

故

$$t_2=\sqrt{\frac{4\,h^2+l^2}{c^2}} \tag{7.1.3}$$

接收机接收到上述两个电波之间的时间间隔为

$$\tau=t_2-t_1=\sqrt{\frac{4\,h^2+l^2}{c^2}}-\frac{l}{c}$$

$$h=\frac{1}{2}\sqrt{c\tau(c\tau+2l)} \tag{7.1.4}$$

当发射机和接收机为一体（$l=0$）时，有

$$h=\frac{1}{2}c\tau \tag{7.1.5}$$

利用无线电波反射特性来测量飞行高度的方法，是将高度测量转换为对时间的测量。由于其所要求的发射机功率与所测高度的四次方成正比，因此它在飞机上大多用于小高度的测量。该方法所能测的最小高度取决于所能精确测量的最小时间间隔。例如，所能精确测量的最小时间间隔为 $\tau=10^{-9}$ s 时，则所能测量的最小飞行高度为 0.15 m。无线电测高在海上尤其在具有大海浪的情况下，存在着一些问题。

随着技术的不断进步，目前无线电高度表主要采用频率调制（小高度表）或脉冲调制（大高度表）两种不同的工作原理，发射信号位于 400～5 000 MHz 的频率范围内。采用频率调制的

小高度表，最小测量高度可达 0.5 m，多用于飞机靠近地面（如 600 m 以下）的低空飞行引导，特别是在进场着陆阶段。而脉冲调制高度表的最小可测高度由脉冲宽度来确定，例如脉冲宽度为 50 ns 时，其最小可测高度会大于 15 m，因此多用于大高度测量。

（1）频率调制式无线电高度表

频率调制测高通常利用调频发射信号与反射信号之间的频率差进行高度测量。图 7.1.3 所示为频率调制测高设备的工作原理：由调制器产生频率调制信号，通过发射振荡器向外发射调频信号，并加到混频器与回波信号进行混频，得到两信号的频率差，然后通过该频率差计算发射器与反射体之间的距离（高度）。

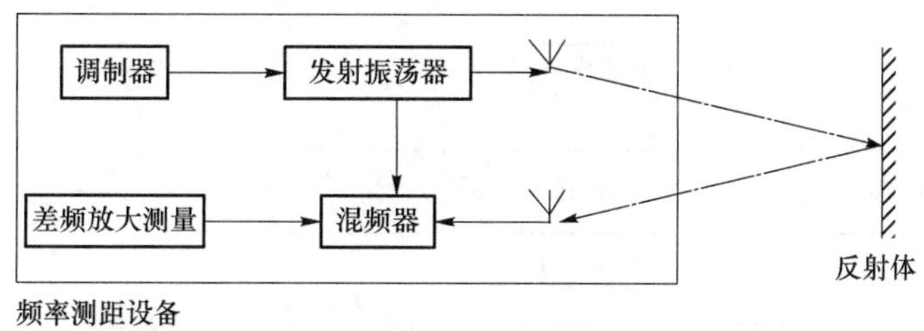

图 7.1.3　频率调制测高设备组成

图 7.1.4 为调频式测距（高）原理。设调频发射机发射信号的中心频率为 f_0，调频后的最低和最高频率分别 f_{01} 为和 f_{02}，锯齿波调频信号的周期为 T_1，其中有效调频占用时间为 T_0'，并且采用线性调频机制。

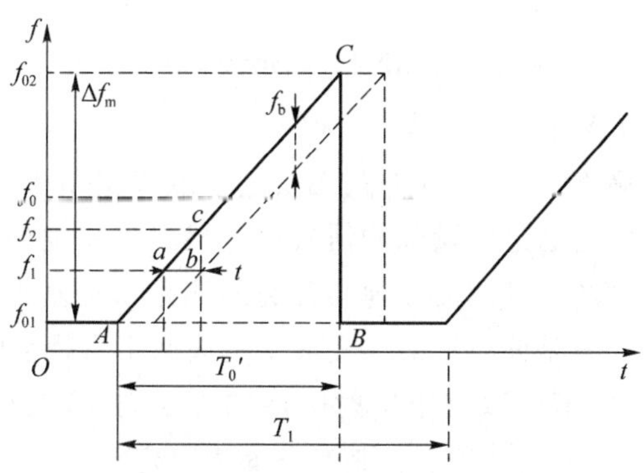

图 7.1.4　调频式测距（高）原理

设发射机在 a 时刻向地面发射信号的频率为 f_1，此信号在 b 时刻从地面反射回来。由于发射信号为线性变化的调频信号，b 时刻在调频发射机中发射的信号频率为 f_2，它与反射信号进行混频，因此在接收机的混频器中将出现差频 $f_b=f_2-f_1$。差频的大小与电磁波往返于载体和反射面之间的传播时间 $\tau=b-a$ 有关系。一般可以认为传播时间仅仅取决于载体和反射体之间的距离 h：

$$\tau=\frac{2h}{c} \tag{7.1.6}$$

式中 c 为光速。假设不考虑载体运动引起的多普勒效应，由三角形之间的相似关系得

$$\frac{f_{02}-f_{01}}{T_0'}=\frac{\Delta f_m}{T_0'}=\frac{f_b}{\tau} \tag{7.1.7}$$

式中 $\Delta f_m=f_{02}-f_{01}$ 为调频信号的频率范围。由式(7.1.6)与式(7.1.7)可以得到载体与反射体之间的距离为

$$h=\frac{cT_0'}{2\Delta f_m}f_b \tag{7.1.8}$$

采用频率差测高需要有反射体,该方法可以用来测量飞机相对地面的高度,并且此时不考虑与地面相对运动所产生的多普勒频移。实际的闭环跟踪式调频高度表的组成方案如图 7.1.5所示。

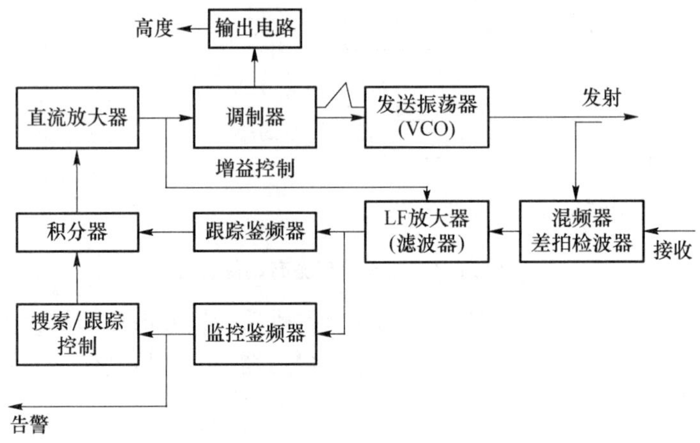

图 7.1.5 闭环跟踪式调频高度表

(2) 脉冲式无线电高度表

与频率调制式无线电高度表一样,脉冲式无线电高度表也用于测量飞机距地面(水面)的垂直距离(最近距离)。但它是通过测量脉冲信号由飞机发送到地面,再由地面反射回到飞机的传播时间进而来测定高度的。其测高原理与普通的测距雷达基本相同,因此脉冲式无线电高度表也成为雷达高度表。只是此时反射体变成了地面而不再是空中目标。

一般情况下,高度测量的范围取决于发射脉冲的重复周期,最小可测高度取决于脉冲宽度,而测高精度由对脉冲前沿的测量精度及其设备噪声决定。

在雷达测高领域,将毫米波、窄波束、前视、受控天线传感器与向下定位的宽波束高度表天线相结合,将使雷达高度表具有测定飞机前方高度的“前视”能力。

从前,脉冲宽度只能做到微秒量级,如脉宽为 0.5 μs 时,其最小起测高度为 75 m,75 m 以下高度无法测量,称为盲区。随着电子技术的发展,脉冲宽度已经可以达到毫微秒(纳秒)量级,降低了起测高度,缩小了盲区,因而这种高度表也称为毫微秒脉冲高度表,它的测量精度等性能已经接近调频式高度表,也有比较广泛的应用。

无线电脉冲高度表的组成原理如图 7.1.6 所示,由天馈线、收发机、距离计算器、指示器和电源等几部分组成。

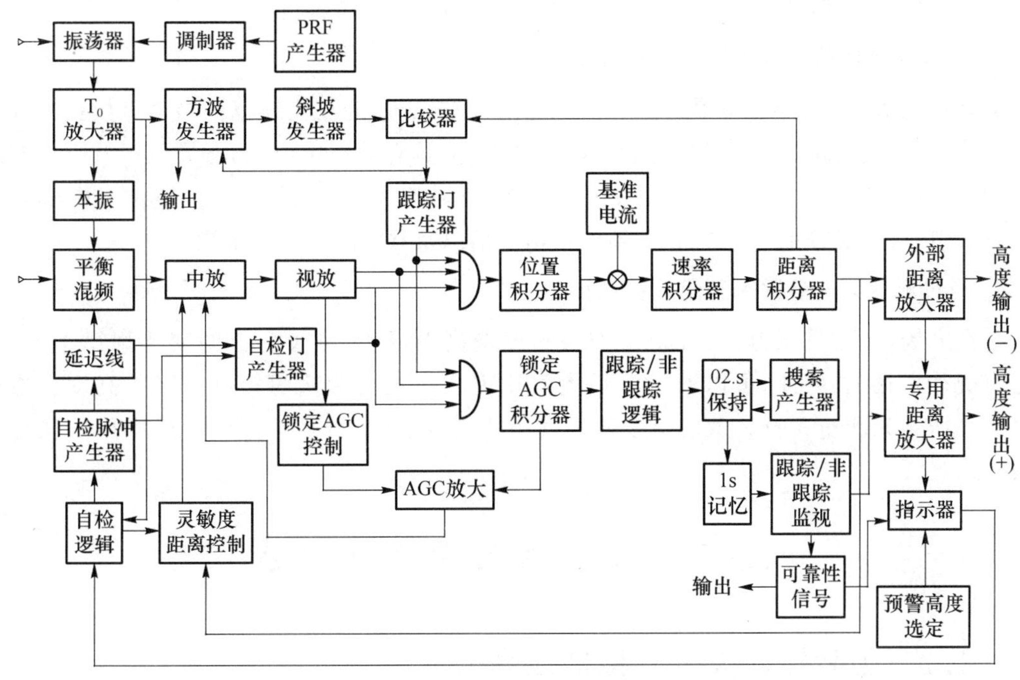

图 7.1.6 脉冲式高度表组成

2. 通过测量飞机垂直地面运动的线加速度来测量飞行高度

飞机相对于地面的垂直运动的距离(高度)h、速度 V_y 和加速度 a_y 间的关系为

$$h = \int_0^t V_y \mathrm{d}t = \int_0^t \int_0^t a_y (\mathrm{d}t)^2 \tag{7.1.9}$$

目前常见的有平台式与捷联式两种方案。

(1) 平台式

在飞机上装有一个惯性平台,当飞机以任何姿态飞行时,惯性平台能始终保持与当地地平面平行,且平台的三个轴线方向分别与当地球直径方向、经线方向和纬线方向重合。若用三个加速度传感器分别感受这三个方向的线加速度,经二次积分就可得到飞机在所选参考坐标系中的位置。其中沿地球直径方向的距离就是飞机的飞行高度。

这种方案是 20 世纪 70 年代前广泛采用的惯性导航方案。其缺点是需要一个高精度的惯导平台,造价高昂。

(2) 捷联式

将三个线加速度传感器分别沿飞机纵轴、横轴和垂直轴方向与飞机固联,感受飞机沿这三个方向的线加速度,并且由飞机的航向-姿态系统提供所需的航向、俯仰和倾斜等角度信号,经计算机解算出飞机所在空间的位置(包括高度)。这是目前高速微型计算机获得广泛应用后所采取的惯性导航方案。它不需要价格高昂的高精度惯性平台,但需要高速微型计算机。

无论是平台式还是捷联式惯性导航系统均需要高精度的线加速度传感器和高精度的积分运算器。当然,在平台式惯导系统中,惯性平台跟踪地平面的精度及捷联式惯导系统中飞机的航向-姿态角的测量精度同样会影响飞机所在空间位置的测量精度。

3. 通过卫星导航系统来测量飞行高度

卫星导航系统是以卫星为基础的无线电通信导航系统,能在全球范围内全天候提供高精度的三维位置(包括高度)、三维速度和时间基准信息,具有静态定位、动态导航以及精密授时的功能。目前,全世界的卫星导航系统主要有美国的全球定位系统(Global Positioning System,GPS)、中国的北斗系统、俄罗斯的格洛纳斯以及欧盟的伽利略系统。

4. 通过测量大气参数来测量飞行高度

在重力场内,大气压力、大气密度均随高度增高而减小,尽管各自的变化规律不同,但都是有规律可循的,因此,可以通过测量大气压力或大气密度来间接测量飞行高度。通过测量大气压力来测量飞行高度的仪表称为气压式高度表,是目前航空中广泛应用的飞行高度表。

7.2 气压测高的原理和方法

7.2.1 国际标准大气及标准压高公式

国际标准大气是国际上统一采用的一种假想的大气。国际标准大气提出了空气各参数的平均值,这些数据与夏季中纬度上的平均值非常接近。但是,由于各国所取有关参量在数值上和单位上的差异以及大气分层的不确切和不统一,过去各国实际应用的标准大气均有差别。1972年由航空与航天器技术委员会起草,国际民航组织(ICAO)和世界气象组织(WMO)等参加讨论并得到世界各主要国家认可的国际标准大气,已由国际标准化组织正式编入《国际标准ISO 2533—标准大气》。该标准规定了－2 000～80 000 m 高度范围内大气各参数与高度的关系。

国际标准大气规定如下:

① 空气为干燥清洁的理想气体,并遵循理想气体方程所确立的关系式:

$$p=\frac{\rho R^{*} T}{M}=\rho R T \tag{7.2.1}$$

式中:p——气体的压力(Pa);

ρ——气体的密度($\mathrm{kg/m^3}$);

T——气体的温度(K);

M——空气的摩尔质量,$M=28.964\ 420\ \mathrm{g/mol}$;

R^{*}——通用气体常数,$R^{*}=8\ 314.32\ (\mathrm{kg\cdot m^2})/(\mathrm{s^2\cdot K\cdot Kmol})$;

R——空气专用气体常数,$R=\dfrac{R^{*}}{M}=287.052\ 87\ \mathrm{m^2/(K\cdot s^2)}$。

② 国际标准大气以平均海平面作零高度。计算标准大气所用物理常数(不随高度变化)和平均海平面处大气的物理特性按表 7.2.1 和表 7.2.2 取值。

表 7.2.1　计算标准大气所用主要参数

名称	符号	数值	单位
阿伏伽德罗常数	N_A	602.257×10^{24}	$kmol^{-1}$
通用气体常数	R^*	8314.32	J/(K·kmol)或 kg·m²/(s²·K·kmol)
空气专用气体常数	R	287.052 87	J/(K·kg)或 m²/(K·s²)
绝热指数	k	1.4	量纲为 1
有效碰撞直径	σ	0.365×10^{-9}	m
索色兰经验系数	S	110.4	K

表 7.2.2　平均或标准海平面(零高度)大气的物理特性

名称	符号	数值	单位
自由落体加速度	g_n	9.806 65	m/s^2
标准空气压力	p_n	101.325×10^3	Pa
标准空气密度	ρ_n	1.225	kg/m^3
标准空气重度	γ_n	12.011	N/m^3
标准空气温度	T_n	288.16	K
	t_n	15.00	℃
标准冰点温度	T_0	273.16	K
	t_0	0.00	℃
标准声速	a_n	340.294	m/s
热传导率	λ_n	25.343×10^{-3}	W/(m·K)
动力粘度	μ_n	17.894×10^{-6}	Pa·s
运动粘度	ν_n	14.607×10^{-6}	m^2/s
空气平均微粒自由程	l_n	66.328×10^{-9}	m
空气平均微粒速度	$\overline{V_n}$	458.94	m/s
空气数量密度	n_n	25.471×10^{24}	m^{-3}
空气微粒碰撞频率	ω_n	$6.919\,3\times10^9$	s^{-1}
空气摩尔质量	M	28.964 420	g/mol

③ 为了便于探讨大气中的压力分布，国际标准大气引用了重力势高度 H 的概念。重力势 ϕ 表示地球大气层内某一给定点上空气微粒的势能。在地球重力场内，具有坐标为 x,y 和 z 的任意一点都可以用此点的重力势 $\phi(x,y,z)$ 来表示。当由 $\phi(x,y,z)$ 等于常数所确定的面上所有点的势能都相等时，这个面称为等位势面或等重力势面。当空气微粒沿地球外法线从位势为 ϕ_1 的面移动到位势为 $\phi_2(\phi_2=\phi_1+d\phi)$ 的面时，单位质量所做的功为

$$d\phi=g_h dz=g_h dh \tag{7.2.2}$$

或

$$\phi=\int_0^h g_h dh \tag{7.2.3}$$

式中：h——几何高度(m)；

g_h——随几何高度 h 而变化的自由落体加速度(m/s^2)。

重力势 ϕ 除以标准自由落体加速度 g_n，得到一长度量纲(m)的量，用符号 H 表示，则

$$H=\frac{\phi}{g_n}=\frac{1}{g_n}\int_0^h g_h \mathrm{d}h \tag{7.2.4}$$

或写成

$$\mathrm{d}H=\frac{g_h}{g_n}\mathrm{d}h \tag{7.2.5}$$

H 值叫作重力势高度，用平均海平面作为重力势高度 H 和几何高度 h 的共同基准。

众所周知，重力是万有引力和地球自转造成的离心力的矢量和，即重力是地理纬度和距地心径向距离的复杂函数。在标准大气情况下，只计及万有引力时，可用下式足够精确地求得不同高度的重力加速度：

$$g_h=g_n\left(\frac{r}{r+h}\right)^2 \tag{7.2.6}$$

式中：r 为地球的公称半径，$r=6\ 356\ 766$ m。

重力加速度随地理纬度 φ 的变化关系可用朗伯方程表示，即

$$g_\varphi=9.806\ 16(1-0.002\ 637\ 3\cos 2\varphi+0.000\ 0059\cos^2 2\varphi) \tag{7.2.7}$$

在平均海平面上，由式(7.2.6)的所计算的重力加速度及其垂直梯度非常接近按式(7.2.7)计算的接近纬度 45°32′33"的值。

式(7.2.7)代入式(7.2.5)，积分后可得重力势高度 H 与几何高度 h 的关系，即

$$H=\frac{rh}{r+h} \tag{7.2.8}$$

$$h=\frac{rH}{r-H} \tag{7.2.9}$$

④ 国际标准大气采用表 7.2.3 给出的高度分层和大气温度 T 及其垂直梯度 β 的值。

表 7.2.3 大气温度、温度梯度与高度的分层

重力势高度 H/km	温度 T/K	温度梯度 β/(K/km)	重力势高度 H/km	温度 T/K	温度梯度 β/(K/km)
−2.00	301.05	−6.50	47.00	270.65	0.00
0.00	288.15	−6.50	51.00	270.65	−2.80
11.00	216.65	0.00	71.00	214.65	−2.00
20.00	216.65	+1.00	80.00	196.65	
32.00	228,65	+2.80			

每一层温度均取为重力势高度的线性函数，即

$$T_H=T_b+\beta(H-H_b) \tag{7.2.10}$$

式中：H_b 和 T_b 分别是相位层的重力势高度和大气温度下限值；β 为温度的垂直变化率($\beta=\mathrm{d}T/\mathrm{d}H$)。

⑤ 国际标准大气采用按下述原则建立的大气压力与高度的关系式。

当假设大气相对于地球为静止大气时，即大气没有水平和垂直方向的运动时，由于重力的作用，在任意几何高度上，其截面积为 $\mathrm{d}F$ 高度为 $\mathrm{d}h$ 的微段气柱的上下表面间的大气压力差为 $\mathrm{d}P$，其静平衡条件可由静止大气方程确定，即

$$\mathrm{d}p \cdot \mathrm{d}F + \rho g_h \mathrm{d}F \mathrm{d}h = 0 \tag{7.2.11}$$

或

$$\frac{\mathrm{d}p}{\mathrm{d}h} = -\rho g_h = -\frac{p g_h}{RT} \tag{7.2.12}$$

可将式(7.2.12)改写为

$$\frac{\mathrm{d}p}{p} = -\frac{g_h}{RT}\mathrm{d}h$$

将式(7.2.5)代入上式,可得

$$\frac{\mathrm{d}p}{p} = -\frac{g_n}{RT}\mathrm{d}H \tag{7.2.13}$$

当 $\beta \neq 0$ 时,将 $T = T_H = T_b + \beta(H - H_b)$ 代入式(7.2.13),并在 H_b 至 H,P_b 至 P_H 的高度和气压范围内将上式两边积分,即

$$\int_{p_b}^{p_H} \frac{\mathrm{d}p}{p} = \int_{H_b}^{H} \frac{-g_n \mathrm{d}H}{R[T_b + \beta(H - H_b)]}$$

整理可得

$$p_H = p_b\left[1 + \frac{\beta}{T_b}(H - H_b)\right]^{-g_n/\beta R} \tag{7.2.14}$$

$$H = \frac{T_b}{\beta}\left[\left(\frac{p_H}{p_b}\right)^{-\beta R/g_n} - 1\right] + H_b \tag{7.2.15}$$

和

$$\ln p_H = \ln p_b - \frac{g_n}{\beta R}\ln\frac{T_b + \beta(H - H_b)}{T_b} \tag{7.2.16}$$

当 $\beta = 0$ 时,则

$$p_H = p_b \mathrm{e}^{\frac{-g_n(H - H_b)}{RT_b}} \tag{7.2.17}$$

$$H = H_b + \frac{RT_b}{g_n}\ln\frac{p_b}{p_H} \tag{7.2.18}$$

$$\ln p_H = \ln p_b - \frac{g_n}{RT_b}(H - H_b) \tag{7.2.19}$$

上述各式表达了符合国际标准大气规定条件下的重力势高度 H 与相应高度上的大气压 P_H 间的关系,故又常将相应的重力势高度称为标准气压高度,并将相应的公式称为标准压高公式。它们适用于 80 km 以下的各高度层。式中带有下标 b 的各参数均指相应层的下限值。为了使用方便,常将标准大气参数与高度的关系制成表格,并称作标准大气表。图 7.2.1 所示为 20 km 以下的国际标准大气关系曲线。

7.2.2　气压测高的原理

由上可知,当 H_b,R,g_n 为已知常数时,重力势高度 H 只是四个大气参数的函数,即

$$H = f(p_H, p_b, T_b, \beta) \tag{7.2.20}$$

在标准大气情况下,各相应层的 β,p_b,T_b 均为已知常数,则飞机所在处相对于标准海平面的重力势高 H 只是该处大气压力 p_H 的单值函数。测出飞机所在处的大气压力值 p_H(常称为大气静压),即可间接测出飞机相对于标准海平面的重力势高度或标准气压高度 H。

气压式高度表实质上是一种特殊的测量大气绝对压力的压力表。可用各种测绝对压力的

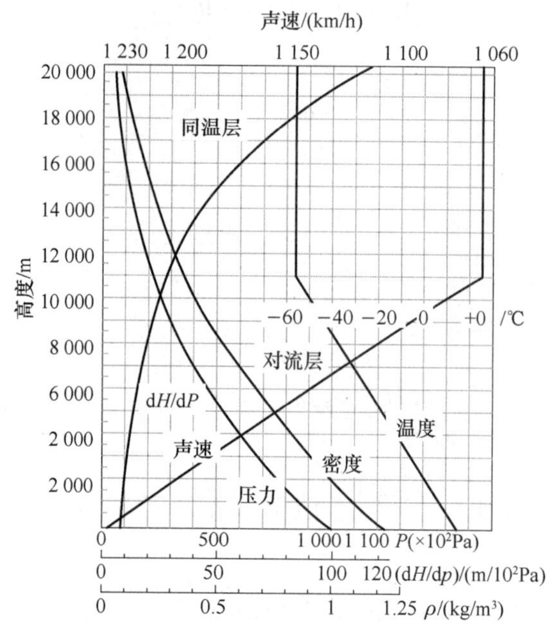

图 7.2.1 国际标准大气关系曲线

弹性敏感元件来测量大气静压，目前使用较多的是真空膜盒、膜盒串、波纹管和各种谐振式、硅压阻式压力传感器。

飞机所在处的大气静压一般是由总静压管(也称皮托管)的静压管引入的。在飞行过程中如何使总静压管所引入的大气压力是飞机所在处没受干扰的大气压力是一件很关键的事，这与总静压管本身的设计和它在飞机上的安装使用紧密相关。

由于高度 H 与大气静压 p_H 间是非线性关系，而大多数气压式测高系统都要求系统输出 Y 与高度 H 间是线性关系，这就要求该系统中必须有相应的环节来完成该解算工作。

完成此解算任务的方案很多，可以采用纯机械的方案来实现(机械式高度表)，也可以采用电气-机械的方案来实现(伺服式高度表)；也可以采用微处理机的方案来实现(数字式高度表)。而各个方案所采用的压力弹性敏感元件的静态特性可以是线性的，也可以是非线性的，各相应的解算装置的解算内容也就各不相同。无论采取何种测量方案，都可用图 7.2.2 来概括。

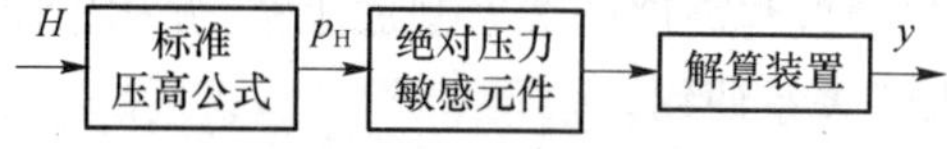

图 7.2.2 气压测高原理方框图

7.2.3 气压式测高的误差

1. 原理误差

通过测量飞机所在处大气静压 P_H 而间接测量飞机飞行高度 H 的气压式测高方案，只有在实际大气状况符合标准大气各项规定的前提下，才能根据所测压力 P_H，按照标准压高公式间接测量出飞机相对于标准海平面的重力势高度(或称标准气压高度)。若飞机所在处的实际大气状况不符合标准大气的各项规定，或用它来测绝对高度、相对高度而不是测量飞机所在处的重力势高度，则由它所测出的各种高度就必然会造成误差，这种误差是由于测量原理方法上不完善所造成的，称作原理误差。造成原理误差的主要原因如下：

① 在推导标准压高公式时，对标准大气作了一些假设（例如静止大气、空气是理想气体、大气分层及温度变化率等），而实际大气并不能完全符合这些假设，在这种情况下，即使用它来测重力势高度，也会造成原理误差。

在没有建立起比现有更符合实际的大气假设并推出更合理的大气压力和高度的关系式之前，这部分误差是难以克服的。

② 在推导标准压高公式时，假设了一个标准大气和标准海平面，并规定了标准海平面所具有的大气参数（p_0，T_0，β），在符合标准大气规定的前提下，根据大气静压 P_H，按照标准压高公式能准确地算出飞机相对于标准海平面的重力势高度。但若测量的不是飞机的重力势高度而是飞机相对于实际海平面（或其他参考平面）的绝对（或相对）高度 H'，则可能由于实际海平面（或其他参考平面）所具有的大气参数（p_0'，T_0'，β'）并不等于标准海平面所具有的大气参数（p_0，T_0，β）而会造成误差。它们所造成的误差可由标准压高公式的全微分方程求得，即

$$\Delta H=\frac{\partial H}{\partial p_0}\mathrm{d}p_0+\frac{\partial H}{\partial T_0}\mathrm{d}T_0+\frac{\partial H}{\partial \beta}\mathrm{d}\beta \tag{7.2.21}$$

或

$$\Delta H=\frac{\partial H}{\partial p_0}\Delta p_0+\frac{\partial H}{\partial T_0}\Delta T_0+\frac{\partial H}{\partial \beta}\Delta\beta \tag{7.2.22}$$

$$H=H'+\Delta H$$

$$p_0=p_0'+\Delta p_0$$

$$T_0=T_0'+\Delta T_0$$

$$\beta=\beta'+\Delta\beta_0$$

现仅以 0～11 000 m 高度范围分析该误差的性质及特点。由于高度在 0～11 000 m 范围内时，$H_b=0$，$T_b=T_0$，$\beta=-\beta_1=-0.006\,5$ ℃/m，标准压高公式为

$$H=\frac{T_0}{\beta_1}\left[1-\left(\frac{p_H}{p_0}\right)^{\beta_1 R/g_n}\right] \tag{7.2.23}$$

① 由于实际海平面（或其他参考平面）的压力 p_0'不等于标准海平面的标准大气值 p_0（101 125 Pa），将会造成误差，其误差表达式为

$$\Delta H_{p_0}=\frac{\partial H}{\partial p_0}\mathrm{d}p_0=\frac{-T_0R}{g_n}\left(\frac{p_H}{p_0}\right)^{\beta_1 R/g_n-1}\cdot\left(\frac{-p_H}{p_0^2}\right)\mathrm{d}p_0=$$

$$\frac{T_0R}{g_n}\left(\frac{p_H}{p_0}\right)^{\beta_1 R/g_n}\frac{\mathrm{d}p_0}{p_0}=\frac{R}{g_n}(T_0-H\beta_1)\frac{\mathrm{d}p_0}{p_0} \tag{7.2.24}$$

由式（7.2.10），当 $\beta=-\beta_1$，$H_b=0$，可得 $T_H=T_0-H\beta_1$，代入式（7.2.24）可得

$$\Delta H_{p_0}=\frac{RT_H}{g_n}\cdot\frac{dp_0}{p_0} \tag{7.2.25}$$

相对误差为

$$\frac{\Delta H_{p_0}}{H}=\frac{R}{g_nH}(T_0-H\beta_1)\frac{\mathrm{d}p_0}{p_0}=\frac{R}{g_n}\cdot\frac{T_H}{H}\cdot\frac{\mathrm{d}p_0}{p_0} \tag{7.2.26}$$

可以看出，当海平面（或其他参考平面）的实际（真实）大气压力 p_0'小于标准海平面的标准

大气压力 p_0，即 $\Delta p_0>0$ 时所造成的误差ΔH_{p_0}为正。这说明此时用气压式测高原理来测绝对(或相对)高度所测得的高度值将偏大，当 $p_0'>p_0$ 时，即 $\Delta p_0<0$ 时所测得的高度值偏小。此外，误差的绝对值随高度增加而按线性规律减小，如图 7.2.3 所示。

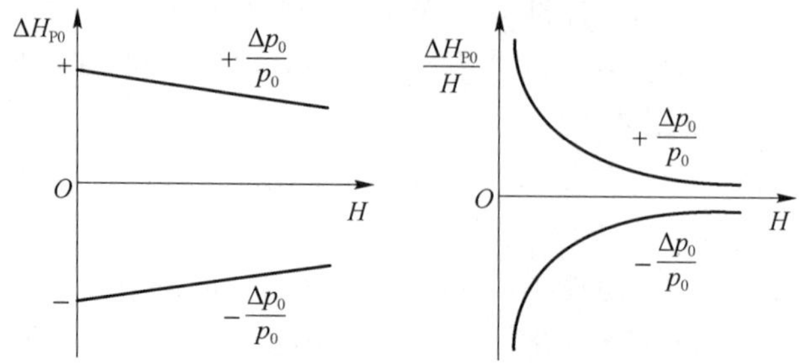

图 7.2.3　误差ΔH_{p_0}随高度的变化规律

若欲将气压式测高原理用来准确地测量飞机所在处的绝对高度(或相对高度)，就必须要设计一个装置，该装置应能根据已知 dp_0 来修正由它所造成的误差dH_{p_0}，该装置称为气压修正装置。由于该误差的大小不仅与 dp_0 有关，还与高度 H(或温度 T_H)有关，若欲精确修正就必须同时引入 dp_0 和 H(或 T_H)，并按式(7.2.24)或式(7.2.25)进行修正。但在目前广泛使用的气压式机械测高仪表中，为了简化起见，大多仅按实际海平面(或其他参考平面)的 p_0 来修正起始高度的气压改变带来的误差，即将式(7.2.25)简化为

$$dH_{p_0}\approx\frac{RT_0}{g_n}\cdot\frac{dp_0}{p_0} \tag{7.2.27}$$

由于 dp_0 与dH_{p_0}间为线性关系，故气压式机械高度表中的气压修正刻度盘的刻度值与气压式测高仪表的输出值间是线性关系，当调整气压修正装置的气压刻度值为 p_0'时，则气压式测高仪表所指示的高度将是飞机所在处相对于大气压力为 p_0'处的高度。应该指出的是这种修正原理对于不同的高度还有不同的剩余误差，其剩余误差值为

$$dH_{p_0}=\frac{-R\beta_1 H}{g_n}\frac{\Delta p_0}{p_0} \tag{7.2.28}$$

② 由于海平面(或其他参考平面)的实际温度 T_0'不等于标准海平面的标准温度值 T_0(288.16 K 或+15 ℃)，将会造成误差，其值为

$$dH_{T_0}=\frac{\partial H}{\partial T_0}dT_0=\frac{1}{\beta_1}\left[1-\left(\frac{p_H}{p_0}\right)^{\frac{\beta_1 R}{g_n}}\right]dT_0=H\,\frac{dT_0}{T_0} \tag{7.2.29}$$

相对误差为

$$\frac{dH_{T_0}}{H}=\frac{dT_0}{T_0} \tag{7.2.30}$$

可以看出：当海平面(或其他参考平面)的实际温度值 T_0'已小于标准温度值 T_0，即 $dT_0>0$ 时，所造成的误差ΔH_{T_0}为正。这说明用气压式测高原理来测量绝对(或相对)高度时，所测得的高度值 H 将大于真实的绝对(或相对)高度值 H'，并且当 $\Delta T_0/T_0$ 为常值时，由它所造成的误差将随高度增加，如图 7.2.4 所示。

由此可见，欲用气压测高原理来测量飞机所在处的绝对高度(或相对高度)，应该设置专门的修正机构来修正由于实际海平面(或其他参平面)的温度 T_0'不等于标准海平面标准温度 T_0

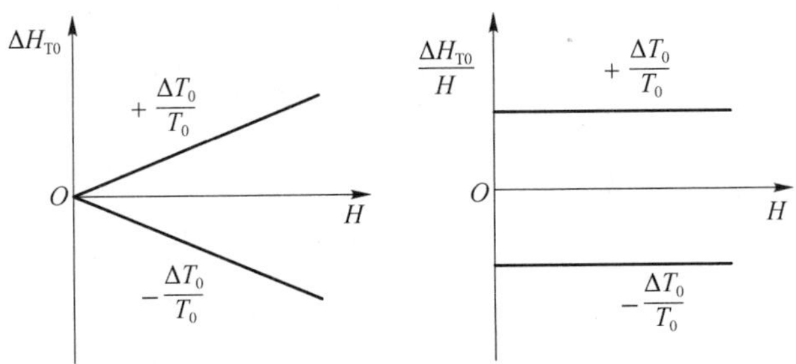

图 7.2.4　误差ΔH_{T_0}随高度的变化规律

所造成的误差，该修正机构必须引入高度 H 和温度差值 ΔT_0，并按式(1.2.29)进行修正。

③ 由于温度梯度β_1'不等于标准温度梯度 β_1(−0.006 5 ℃/m)，将会造成误差，其值为

$$dH_{\beta_1}=\frac{\partial H}{\partial \beta_1}d\beta_1=-\left[H+\frac{R(T_0-\beta_1 H)}{g_n}\ln\frac{p_H}{p_0}\right]\frac{d\beta_1}{\beta_1}=$$

$$-\left[H+\frac{(T_0-H\beta_1)}{\beta_1}\ln\left(\frac{T_0-H\beta_1}{T_0}\right)\right]\frac{d\beta_1}{\beta_1} \tag{7.2.31}$$

相对误差为

$$\frac{\Delta H_{\beta_1}}{H}=-\left[1+\frac{R(T_0-\beta_1 H)}{g_n H}\ln\frac{p_H}{p_0}\right]\frac{d\beta_1}{\beta_1}=$$

$$-\left[1+\frac{T_0-\beta_1 H}{\beta_1 H}\ln\left(\frac{T_0-\beta_1 H}{T_0}\right)\right]\frac{d\beta_1}{\beta_1}=$$

$$-\left(1+\frac{T_H}{\beta_1 H}\ln\frac{T_H}{T_0}\right)\frac{d\beta_1}{\beta_1} \tag{7.2.32}$$

可见，欲补偿β_1 改变所引起的误差，必须引入 H 和 T_H，并按式(7.2.32)进行补偿。

2. 构造误差

实现任何一种气压式测高方案，由于材料、工艺和使用环境条件影响等原因，它总会存在着构造误差，具体内容将随结构方案而异。这里仅讨论几种共有的构造误差。

(1) *压力敏感元件的温度误差*

各种气压式测高仪表都是在+15 ℃左右加工、装配、调整和校准的，但其工作环境温度变化范围却是−60～+60 ℃，仪表所用的压力敏感元件可以是各种测量绝对压力的不同类型的真空弹性敏感元件，由于使用环境温度条件改变将会引起零件尺寸变化，真空弹性元件内部剩余气体的压力变化；弹性敏感元件的弹性模量改变等，这些都会引起高度误差。

由于真空弹性敏感元件内部不可能完全抽成真空，再加上清洗、干燥真空弹性敏感元件时，其内部残存的油、酒精和水等蒸发所产生的蒸气压力也随温度改变。目前规定真空弹性元件内部的剩余压力应不得超过(0.1～0.3)×113.322 Pa。

当温度变化时，由于弹性元件弹性模量改变也会造成温度误差。该误差的大小不仅与温度变化有关，还和它所承受的大气静压值有关。

当用静压表示该误差时，有

$$(\Delta p_H)_t=p_H\beta_E\Delta t \tag{7.2.33}$$

式中：β_E 为弹性模量的温度系数，由于温度增高，相当于大气静压减小，所以β_E 为负值。

当用高度表示该误差时，有

$$(\Delta H)_t = \frac{\mathrm{d}H}{\mathrm{d}p_H} \cdot (\Delta p_H)_t \tag{7.2.34}$$

式中：$\frac{\mathrm{d}H}{\mathrm{d}p_H}$为标准压高曲线上 p_H处的斜率。

于是可得

$$\frac{\mathrm{d}H}{\mathrm{d}p_H} \cdot \Delta H_t = p_H \beta_E \Delta t \tag{7.2.35}$$

在 11 000 m 以下时

$$\frac{\mathrm{d}H}{\mathrm{d}p_H} = \frac{g_n p_0}{RT_0}\left(1 - \frac{\beta_1}{T_0}H\right)^{\frac{g_n}{\beta_1 R} - 1} \tag{7.2.36}$$

则

$$\Delta H_t \left[-\frac{g_n p_0}{RT_0}\left(1 - \frac{\beta_1}{T_0}H\right)^{\frac{g_n}{\beta_1 R} - 1}\right] = p_H \beta_E \Delta t \tag{7.2.37}$$

最后得

$$\Delta H_t = -\frac{RT_0}{g_n}\beta_E \Delta t + \frac{R}{g_n}\beta_E \beta_1 H \Delta t = \Delta H_{t_1} + \Delta H_{t_2} \tag{7.2.38}$$

$$\Delta H_{t_1} = -\frac{RT_0}{g_n}\beta_E \Delta t \tag{7.2.39}$$

$$\Delta H_{t_2} = \frac{R}{g_n}\beta_E \beta_1 H \Delta t \tag{7.2.40}$$

由此可见，在气压式测高方案中，若压力弹性敏感元件的工作环境温度变化值 Δt 与高度 H 无关（例如将气压式测高仪表装于密封座舱中）时，由于使用环境温度改变使弹性模量变化所产生的温度误差由两部分组成：一部分与高度无关，以ΔH_{t_1}表示；另一部分不仅与 Δt 有关，还与高度 H 成正比，以ΔH_{t_2}表示。但若压力弹性敏感元件的工作环境温度变化值 Δt 随高度而变，其值等于大气温度的变化值（$T_0 - T_H$）时（例如在未采取任何恒温措施的情况下将气压式测高装置装于飞机上并袒露于大气之中），有

$$\Delta t = T_b - T_H = \beta_1 H$$

于是

$$\Delta H'_{t_1} = -\frac{RT_0}{g_n}\beta_E \beta_1 H \tag{7.2.41}$$

$$\Delta H'_{t_2} = \frac{R}{g_n}\beta_E (\beta_1 H)^2 \tag{7.2.42}$$

此时误差$\Delta H'_{t_1}$将随高度（H）成比例增加；$\Delta H'_{t_2}$随高度的二次幂增加。例如，某气压式测高仪表的弹性敏感元件为铍青铜膜盒，$\beta_E = -3 \times 10^{-4}\ \mathrm{K}^{-1}$，该仪表调整校准时的温度为 15 ℃，飞机气密座舱内的温度为 20 ℃，在 H=11 000 m 时，将该仪表装于气密座舱内使用，由弹性模量改变所造成的误差为

$$\Delta H'_{t_1} = 12.65\ \mathrm{m}$$

$$\Delta H'_{t_2} = -3.14\ \mathrm{m}$$

若该仪表安装处的温度随飞行高度而变，并等于飞机所在处温度，当飞行高度 H=11 000 m

时，由弹性模量改变所造成的误差为

$$\Delta H'_{t_1}=180.86\ \mathrm{m}$$

$$\Delta H'_{t_2}=-44.88\ \mathrm{m}$$

由上可知，弹性模量因温度改变所造成的温度误差可能是很大的。为了减少该误差，首先应尽量选用弹性模量的温度系数β_E较小的材料来制造膜盒(如各种恒弹合金及熔凝石英等)，其次应采取相应的温度补偿措施。目前在机械式气压高度表中广泛采用的有双金属片进行补偿；在电气机械式高度表中广泛采用热电阻或热敏电阻组成补偿电路。

(2) 摩擦误差

摩擦误差是由于活动部件相互接触，在运动过程中由摩擦力(或力矩)所产生的。由弹性敏感元件变形所带动的各活动部件，为克服其摩擦力(或力矩)所需的功均需消耗弹性敏感元件所做的功。当仪表内的活动部件有的做直线运动、有的做旋转运动时，其能量平衡方程为

$$f'\mathrm{d}x=\sum_{i=1}^{m}f_i\mathrm{d}y_i+\sum_{j=1}^{m}M_j\mathrm{d}\alpha_j$$

$$f'=\sum_{i=1}^{m}f_i\frac{\mathrm{d}y_i}{\mathrm{d}x}+\sum_{j=1}^{m}M_j\frac{\mathrm{d}\alpha_j}{\mathrm{d}x}\tag{7.2.43}$$

式中：f_i——直线运动活动件(i)的摩擦力；

$\frac{\mathrm{d}y_i}{\mathrm{d}x}$——敏感元件到直线运动活动部件($i$)的传动比；

M_j——旋转运动活动件(j)的摩擦力矩；

f'——折算到仪表弹性元件上的归化摩擦力。

算出归化摩擦力f'后就可求出仪表的摩擦误差。

以静压表示的摩擦误差为

$$(\Delta p_H)_f=\frac{f'}{A_e}\tag{7.2.44}$$

式中：A_e为弹性元件的有效面积。

以高度表示的摩擦误差为

$$\Delta H_f=\frac{\mathrm{d}H}{\mathrm{d}p_H}(\Delta p_H)_f\tag{7.2.45}$$

对于11 000 m以下

$$\frac{\mathrm{d}p_H}{\mathrm{d}H}=-\frac{g_n p_0}{RT_0}\left(1-\frac{\beta_1 H}{T_0}\right)^{\frac{g_n}{\beta_1 R}-1}\tag{7.2.46}$$

对于11 000 m以上

$$\frac{\mathrm{d}H}{\mathrm{d}p_H}=-\frac{RT_b}{g_n p_H}\tag{7.2.47}$$

$$\frac{\mathrm{d}p_H}{\mathrm{d}H}=-\frac{g_n}{RT_{11}}p_H=-\frac{g_n p_{11}}{RT_{11}}\mathrm{e}^{\frac{-g_n(H-11000)}{RT_{11}}}\tag{7.2.48}$$

由上可见：摩擦误差是高度的函数，即使归化摩擦力f'在整个高度范围内为恒值，但由它所造成的摩擦误差ΔH_f将随高度增加而增大，摩擦误差与传动比成正比。在设计当高度改变由弹性敏感元件带动活动部件运动的气压式高度表时，应尽量提高弹性敏感元件的灵敏度、

减小其传动比，并应尽量采用摩擦系数小的支承，加宝石轴承、弹性支承等。

7.2.4 气压式测高系统

1. 设计气压式测高系统所应注意的问题

① 高度 H 与相应大气压力 p_H 间为非线性关系，而一般情况下却要求气压式测高系统的输出量(例如指针—刻度、电压、数码等)与所测高度 H 间是线性关系，这就要求系统中必须有相应的非线性环节来完成所要解算的函数关系，在设计时可以选用不同的方案来完成这一工作。

② 为了使所设计的测高系统能用来测量飞机所在处相对于某个参考基准面(已知其大气压力)的相对高度，该系统中必须设计有气压修正机构并应保证气压机构的修正量与测高系统输出量间呈线性关系。

③ 选用弹性敏感元件时，其材料应尽可能选用弹性模量温度系数小的恒弹合金或熔凝石英等。当材料的弹性模量变化会造成高度输出误差时应设置相应的补偿装置，并应尽量使弹性元件的迟滞和弹性后效小，还应减小弹性元件随高度改变而产生位移时所受到的摩擦力(或力矩)。

2. 气压式测高系统的方案

(1) 用压力敏感元件为非线性函数关系，其他环节为线性关系的元件来实现

目前，航空用机械式气压高度表中，一般用真空膜盒组为非线性函数关系，传动机构及刻度盘均为线性关系，通过解析法(如图 7.2.5 所示)可求出膜盒所应具有的特性方程。

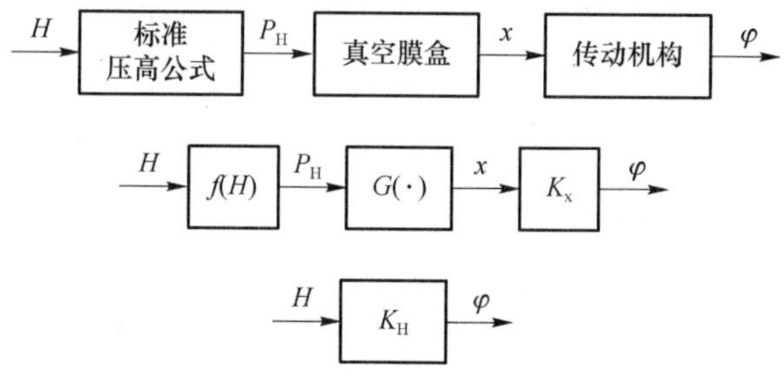

图 7.2.5 用解析法求气压测高系统中的环节特性

若要求输入/输出间具有线性特性，即要求 $\varphi=K_H H$，而 $\varphi=K_x x$，当 $H\leqslant 11\ 000$ m 时

$$H=\frac{T_0}{\beta_1}\left[1-\left(\frac{p_H}{p_0}\right)^{\beta_1 R/g_n}\right]$$

则

$$K_x\cdot x=K_H\frac{T_0}{\beta_1}\left[1-\left(\frac{p_H}{p_0}\right)^{\beta_1 R/g_n}\right] \tag{7.2.49}$$

对于 $H\leqslant 11\ 000$ m 时，膜盒所具有的特性方程为

$$x=\frac{K_H}{K_x}\frac{T_0}{\beta_1}\left[1-\left(\frac{p_H}{p_0}\right)^{\beta_1 R/g_n}\right] \tag{7.2.50}$$

真空膜盒所应具有的特性方程可用图解法求出，如图 7.2.6 所示。

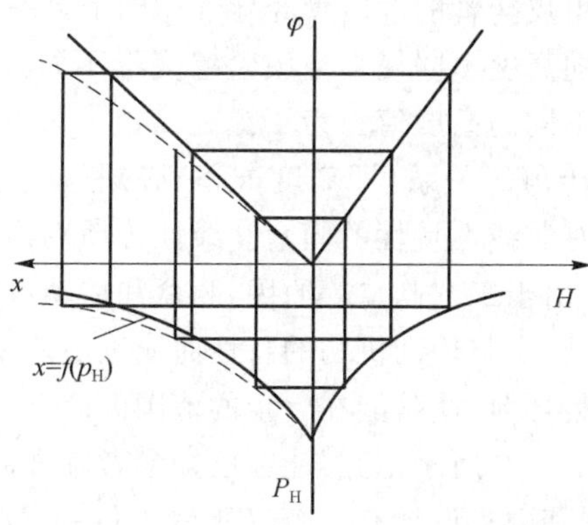

图 7.2.6　用图解法求气压测高系统中的环节特性

在实际高度表中，为弥补膜盒制造过程中不能完全满足设计所要求的 $x=f(p_H)$，故传动机构的传动比应可以在小范围内有调整余地，以便对仪表进行修正，如图 7.2.6 中虚线所示。

图 7.2.7 所示的机械式气压高度表实质上是一个测量大气压力的机械式绝对压力表，只不过是按标准压高公式在刻度盘上刻上高度而已。

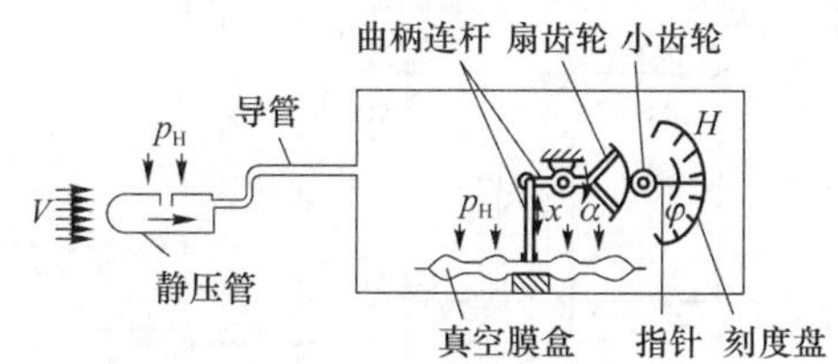

(a) 高度表与总静压管的连接

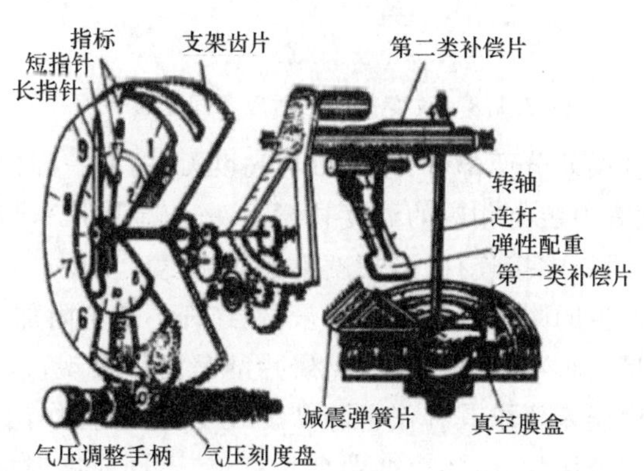

(b) 机械式气压高度表之一

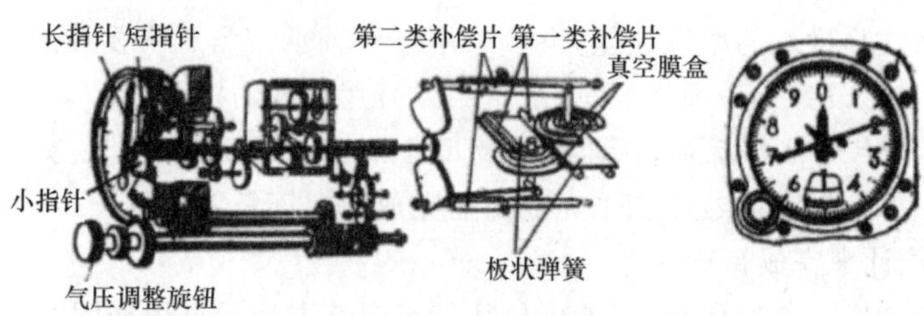

(c) 机械式气压高度表之二

图 7.2.7　机械式气压高度表

飞机所在处的大气压力由皮托管的静压管经导管输到密封的表壳内并作用在真空膜盒组上。飞机所在处的大气压力随高度不同使真空膜盒组变形不同。经曲柄、连杆和齿轮等所组成的传动机构带动指针指出不同的高度值。为了提高读数灵敏度，这类高度表大多采用多圈双针指示，因此，高度与指针转角的关系(即刻度方程)必须是线性方程，刻度必须是均匀的。在机械式高度表中多采用具有非线性特性的膜盒和线性传动机构来完成对标准压高公式的解算，以达到均匀刻度的目的。由于工艺制造等原因，膜盒和传动机构的特性很难做到与所要求的理论曲线一致，再加上各个膜盒与传动机构的特性曲线也不能做到彼此完全相同。因此，在传动机构设计时都考虑了调整环节，使其能在一定的范围内调整，以保证指针转角与高度的关系在允许误差范围内。如图 7.2.8 所示，为了能在已知参考基准面的大气压力时，用机械式气压高度表测量其相对高度，在其中都设计有一套气压修正机构，这一机构由调整手柄、气压刻度盘、齿轮等所组成。由于 dp_0 与 dH_0 间为线性关系，故气压刻度盘刻度与指针转角间为线性关系。使用时，通过调整手柄使气压修正机构所带动的气压刻度盘指示值为参考基准面的大气压力值时，则高度表指针所指示的高度就是飞机所在处与参考基准面间的相对高度，由于这修正结构是在零高度上进行修正的，所以在不同的相对高度上尚存在有不同的剩余误差，只不过其修正后的误差被减小了。

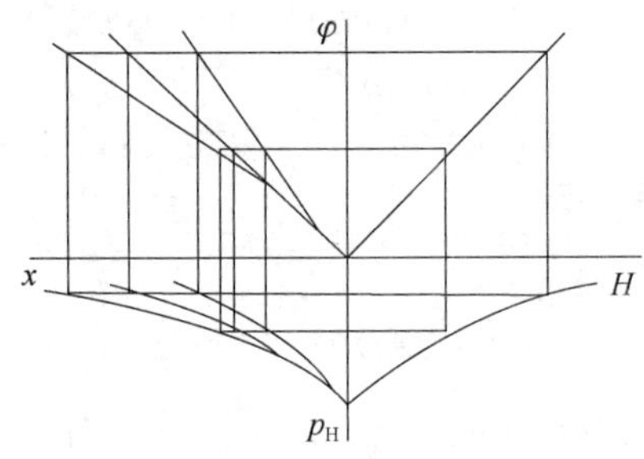

图 7.2.8　改变传动比适应不同盒膜特性

弹性敏感元件的温度误差分两部分：一部分与高度无关，另一部分与高度有关。为了补偿该误差，故在机械式高度表中装有相应的温度补偿元件(双金属片)，与高度无关的双金属片一端与膜盒的硬中心连接，另一端接连杆，当高度不变仅温度改变时，双金属片产生的位移抵消膜盒的弹性模量改变所产生的附加位移(误差)量，使连杆不产生附加位移。温度变化相同时，双金属片所产生的位移量大小可通过调整双金属片的角度来实现，这类补偿称为第一类温度补偿。随高度改变的温度误差要求其补偿量随高度改变，起补偿作用的双金属片固定在曲柄转轴上，当温度改变时，双金属片变形，改变曲柄长度，使不同高度时曲柄连杆间传动比不同。这类补偿称为第二类温度补偿。

为了减小机械式高度表的摩擦误差，大多采用宝石轴承。为了平衡膜盒及其硬中心的质量，在曲柄连杆机构上设计一个弹性配重，配重用弹簧片与表壳相连。

(2) 压力敏感元件为线性元件，在其他环节设置相应的非线性函数关系

目前常用函数电位计和函数凸轮来完成所需完成的解算任务。

① 用函数电位计来完成解算任务。

某高度传感器如图 7.2.9 所示，不考虑气压修正时其方块示意图如图 7.2.10 所示。图中真空膜盒组的位移 x 与压力 p_H 间为线性关系，即 $x=K_p p_H$。

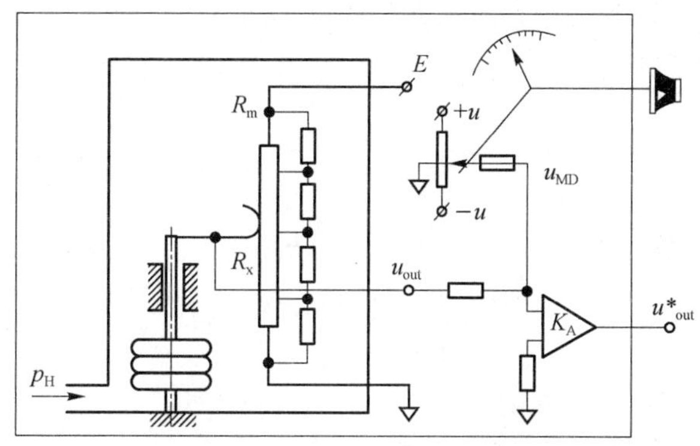

图 7.2.9　电位式高度传感器

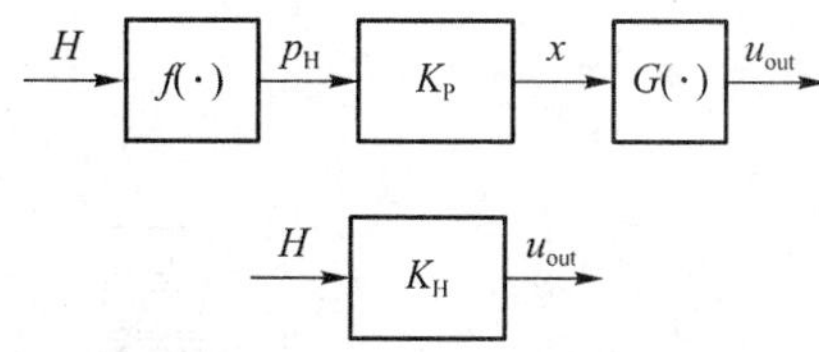

图 7.2.10　电位计式高度传感器方块示意图

若欲使该传感器输出电压 u_{out} 与高度 H 间为线性关系($u_{out}=K_H H$)，则电位计必须是非线性电位计，可用解析法求出不考虑气压修正时电位计所应具有的非线性函致关系。例如 $H\leqslant 11\ 000$ m时大气压力 p_H 与高度 H 的关系为

$$H=\frac{T_0}{\beta_1}\left[1-\left(\frac{p_H}{p_0}\right)^{\beta_1 R/g_n}\right]$$

而所希望的传感器输出电压 u。与高度 H 间的关系为

$$u_{out}=K_H H \tag{7.2.51}$$

传感器输出电压 u_{out} 与电位计阻值间的关系为

$$u_{out}=\frac{R_x}{R_m}E \tag{7.2.52}$$

真空膜盒组的位移 x 与压力 p_H 间的关系为

$$x=K_p p_H \tag{7.2.53}$$

由于式(7.2.51)与式(7.2.52)相等，并将相应 H 及 p_H 的表达式代入，于是可求出 $H\leqslant 11\ 000$ m时，非线性电位计的特性方程为

$$R_x=\frac{K_H R_m}{E}\cdot\frac{T_0}{\beta_1}\left[1-\left(\frac{x}{K_p p_0}\right)^{\beta_1 R/g_n}\right] \tag{7.2.54}$$

也可用作图法来求非线性电位计所应具有的特性曲线，如图 7.2.11 所示。

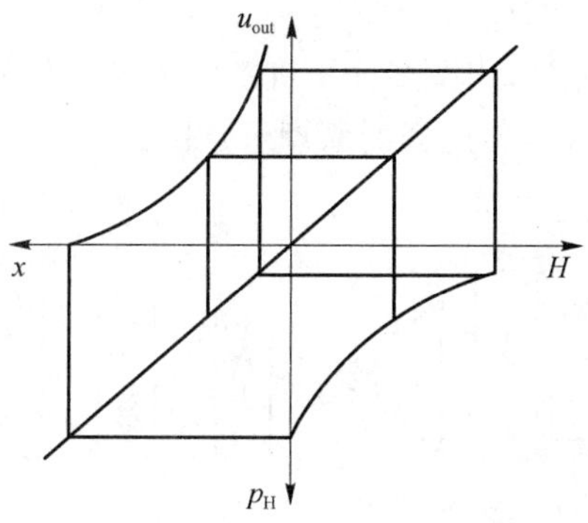

图 7.2.11　图解法求高度传感器中非线性电位器特性

通过图 7.2.9 中的手柄调整指针在气压刻度盘上的指示值同时改变气压修正电位计的输出电压 u_{MD}，该电压与 u_{out} 进行叠加，从而完成气压修正。

② 用函数凸轮完成解算。

某高度传感器如图 7.2.12 所示。

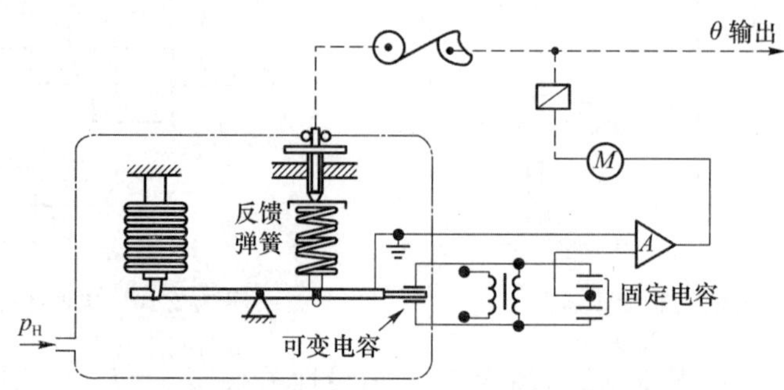

图 7.2.12 用凸轮完成高度解算的高度传感器

该传感器是一个力平衡式绝对压力传感器，其特点是在反馈回路中加了一个函数凸轮装置。函数凸轮的主动轴由伺服电机经减速器带动，而从动轴与反馈螺钉旋转轴相连，由凸轮型面决定的从动轴转角 φ 与主动轴转角 θ 间的函数关系 $\varphi=f(\theta)$ 的，保证该传感器输出角 θ 与高度 H 间是线性关系，即 $\theta=K_\theta H$。

当系统平衡时，反馈弹簧产生的力矩 M_φ 应等于大气静压 p_H 所产生的力矩 M_p，而反馈弹簧产生的力矩与反馈螺钉转角(φ)成正比，故可认为

$$\varphi=K_p p_H \tag{7.2.55}$$

式中 K_p 为比例系数，取决于结构参数，而

$$p_H=p_b\left[1+\frac{\beta}{T_b}(H-H_b)\right]^{-g_n/R\beta}$$

因而

$$\varphi=K_p\cdot p_b\left[1+\frac{\beta}{T_b}(H-H_b)\right]^{-g_n/R\beta} \tag{7.2.56}$$

设计函数凸轮型面时应保证

$$\varphi=K_p\cdot p_b\left[1+\frac{\beta}{T_b}\left(\frac{\theta}{K_\theta}-H_b\right)\right]^{-g_n/R\beta} \tag{7.2.57}$$

③ 压力敏感元件为线性元件，用微型计算机来完成解算任务。

图 7.2.13 是一个数字式高度传感器的原理示意图。

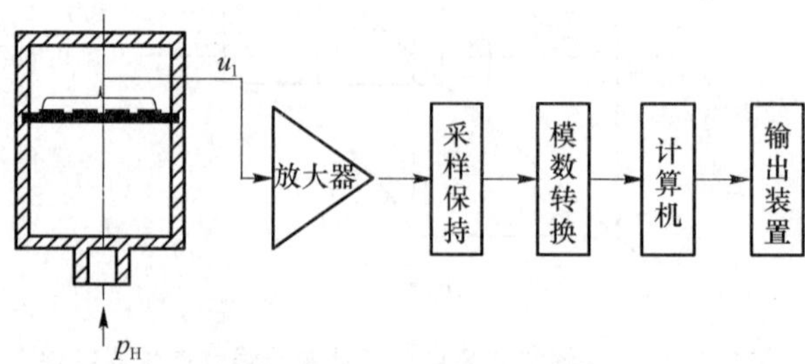

图 7.2.13 数字式高度传感器

图中绝对压力传感器输出的电压 u_1 与大气压力 p_H 成正比，经放大、采样/保持器和 A/D 转换后变为大气压力 P_H 成比例的二进制数。计算机按公式 $H=\frac{T_b}{\beta}\left[\left(\frac{p_H}{p_0}\right)^{\frac{\beta R}{g_n}}-1\right]+H_b$ 对二进制数进行计算，并由输出装置将所得结果输出。

7.3　高度偏差的测量

在飞行中，为了执行空中摄影、轰炸、攻击以及在空中交通管制中按指定空域作固定高度飞行时都要求飞机按预定高度保持水平飞行，相对于给定高度的高度偏差信号主要用作定高飞行时的自动控制系统的控制信号。对高度偏差测量系统的基本要求是该系统应具有较高的灵敏度，并要求在不同的高度上具有相同的灵敏度。

图 7.3.1 是高度偏差测量系统的一种原理方案示意图。图中用开口膜盒作压力敏感元件，其内腔通过电磁阀门与外界大气相连，而外壳内腔直接与外界大气相通。膜盒内外压力相等时，膜盒位移为零。回零弹簧使电位计输出电压为零。当需要测量高度偏差时，由电磁阀门切断膜盒内腔与外界大气的通路，使膜盒内腔保持此高度的大气压力，而膜盒外侧压力则随飞机高度而改变，开口膜盒内外压力差使膜盒产生位移，带动电位计电刷输出相应的高度偏差信号。

图 7.3.2 是高度偏差测量系统的另一个原理方案示意图。该方案中采用真空膜盒测量绝对压力。高度改变时，膜盒产生位移，使输出轴左半轴转动。输出轴左、右半轴间通过电磁离合器相连，当无定高指令时，输出轴的左半轴随高度而转动，而右半轴不动。由右半轴所带动的电位计电刷在回零弹簧作用下使其高度偏差输出信号为零。当有定高指令时，电磁离合器使左、右输出半轴连为一体，并随高度改变带动电位计电刷，输出相应的高度偏差信号。

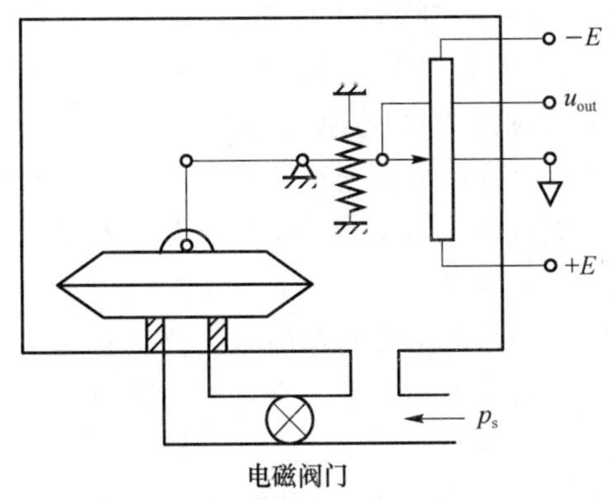

图 7.3.1　测量高度偏差的方案(1)

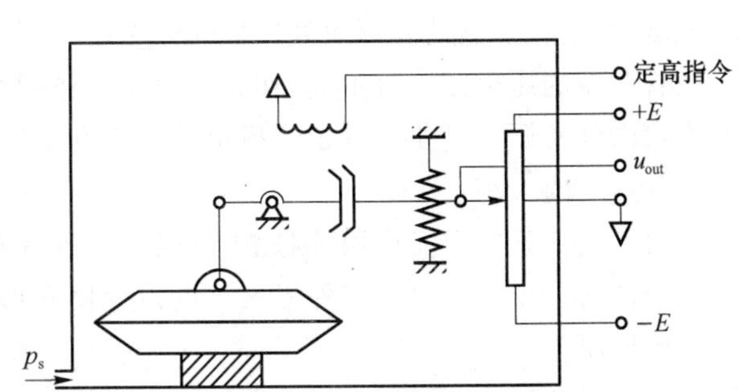

图 7.3.2　测量高度偏差的方案(2)

上述这两种方案中，前者灵敏度、精度都可做得较高，但其灵敏度随高度增高而降低；后者可使其膜盒位移与高度成正比(具有非线性特性)，实质上就是一个气压式高度传感器，仅在输出轴上附加了离合器及输出电位计，它可以在各高度上具有相同的灵敏度，但其灵敏度、精度都较低。

7.4 高度变化率(升降速度)的测量

高度变化率就是单位时间内飞行高度的变化量,即

$$\dot{H}=\frac{\mathrm{d}H}{\mathrm{d}t}$$

也可将它称为升降速度、垂直速度、升降率,并以 V_y 表示。

测量高度变化率的方法很多,例如可以先测出飞机垂直于地面的加速度,然后进行积分;也可以用多普勒效应来测;也可以通过压力测量:也可先测出飞机的飞行高度,然后进行微分。

图 7.4.1 是压力式升降速度表的原理示意图。它在密封表壳内装有一个开口膜盒,膜盒内部通过一根内径较大的导管与外界大气相通,而开口膜盒外部即表壳内部则通过一根内径很细的毛细管与外界大气相通。

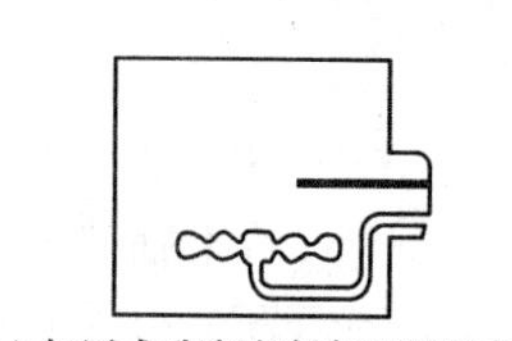

(a) 气压式升降速度表原理示意图

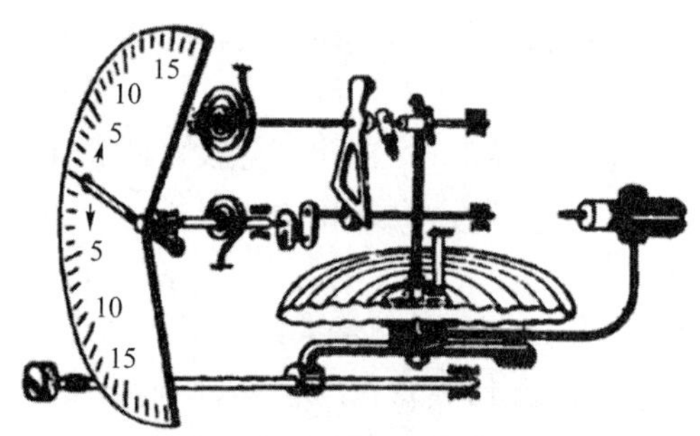

(b) 气压式升降速度表结构示意图

图 7.4.1 高度变化率的测量

当飞机平飞时,开口膜盒内、外压力相等,仪表指示为零;当飞行高度变化时,借毛细管的阻滞作用,使开口膜盒的内、外产生压力差,并以此来指示飞机上升或下降;当飞机具有不同升降速度时,它所在处的外部大气压力变化率也不同,由于毛细管直径、长度等结构参数不同使毛细管两端的压力差也就不同,在此压力差的作用下,膜盒内外压力的变化率也就不同。只有当膜盒内外的压力变化率等于飞机由升降速度所产生的大气压力变化率时,该压力差才能反映升降速度的大小。

由于毛细管的阻滞作用,因此当飞机突然具有升降速度时,毛细管两端的压力差从开始产生到膜盒内外压力变化率与外界大气压力变化率相等的动态平衡状态有一个过程。这中间存在着延迟误差。

另外,当表壳内部气体温度、毛细管内气体温度与周围大气温度不相等时,会给升降速度表带来温度误差。

思考题与习题

7.1 什么是相对高度、绝对高度、真实高度、标准气压高度(或重力势高度)?并请回答:

① 用压力弹性敏感元件作的带气压修正装置的高度表可以测出什么高度?为什么?

② 用无线电波反射原理可测出什么高度?为什么?

③ 用加速度双重积分的方法可测出什么高度？为什么？

$$H = \iint a_R d^2 t + R_0$$

式中：a_R——沿地球半径方向的线加速度（m/s^2）；

R_0——积分起始时，加速度计距地心的距离（m）。

7.2 利用时间差式无线电波的反射特性测量飞行高度时：

① 当发射机与接收机二者相距为 1 m 时，测得时间 τ 为 1.5×10^{-5} s，飞行高度为多少？

② 当发射机与接收机二者为一体时，测得时间 τ 为 1.5×10^{-5} s，飞行高度为多少？

7.3 说明重力势高度与大气温度的关系，并计算重力势高度分别为 4 km 和 15 km 时的大气温度 T_H。

7.4 若重力势高度在 71～80 km 范围内某一高度值，如何进行计算？（请写出计算步骤，列出计算式，不必进行计算结果的运算。）

7.5 "压-高公式可以适应任何重力势高度的气压测量计算公式"。这句话对吗？为什么？

7.6 在重力势高度为 20 km 以下，当空中测得 p_H 为 30 kPa 时，求对应重力势高度是多少？

7.7 利用气压测高的原理进行绝对高度（或相对高度）的测量时，为什么会出现误差？属于什么性质的误差？

7.8 气压式测高仪出厂校准时温度为 15 ℃，飞机座舱内恒定温度为 22 ℃，仪表中装有铍青铜膜盒。

① 在 H 为 11 km 时，产生的高度误差是多少？

② 为了减小该误差，应采取什么措施？

7.9 设计气压式测高系统时必须注意哪几个方面的问题？

7.10 确定气压式测高系统方案的基本设计思想是什么？几种方案各自的最大特点是什么？

7.11 飞行中测量高度偏差的定义是什么？对高度偏差测量系统的基本要求是什么？

7.12 从结构上分析本章所提出的两种测高度偏差方案的优缺点。

7.13 高度变化率物理意义是什么？采用气压式升降速度表测量，会产生什么测量误差？

第8章　飞行速度测量

8.1　简　述

当飞机在所选坐标系内运动时，沿其重心运动轨迹切线方向的速度称为飞行速度。根据用途的不同，常需采用不同的方法来测量相应的速度。例如，为了对飞机进行导航，常需知道飞机相对于地球坐标系的运动速度；为了对飞机进行操纵，或为了了解飞机所具有的空气动力性能，常需知道飞机相对于空气的运动速度。飞机相对于地球的运动速度包括升降速度和地速；升降速度是指飞机重心沿地垂线方向运动的速度分量，常以 V_y 表示；地速是指飞机重心沿地平面运动的速度分量，常以 W 表示。飞机相对于空气的运动速度包括侧滑速度和空速：侧滑速度是飞机在垂直截面（yz 平面）内横轴相对于气流的运动速度，常以 V_z 表示；空速是指飞机在纵轴对称平面（xy 平面）内相对于气流的运动速度，常以 V 表示，如图 8.1.1 所示。

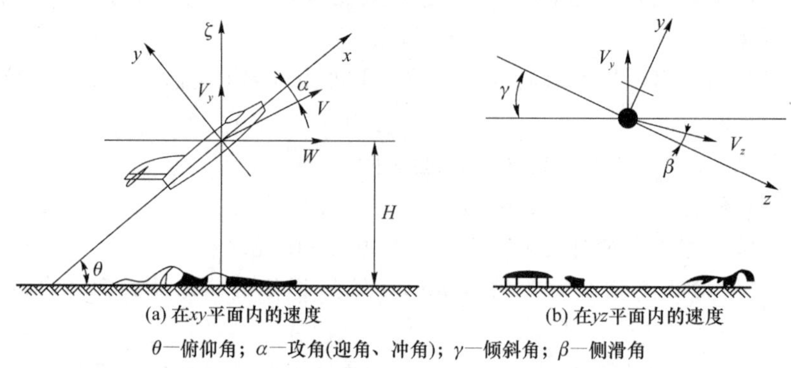

图 8.1.1　飞机在 xy，yz 平面内的速度

在风的水平分量 u 的作用下，会造成水平面内的空速分量 V' 与地速 W 方向不一致，为了导（领）航工作需要，经常还须解算地平面内空速-地速-风速间所造成的速度三角形，如图 8.1.2 所示。

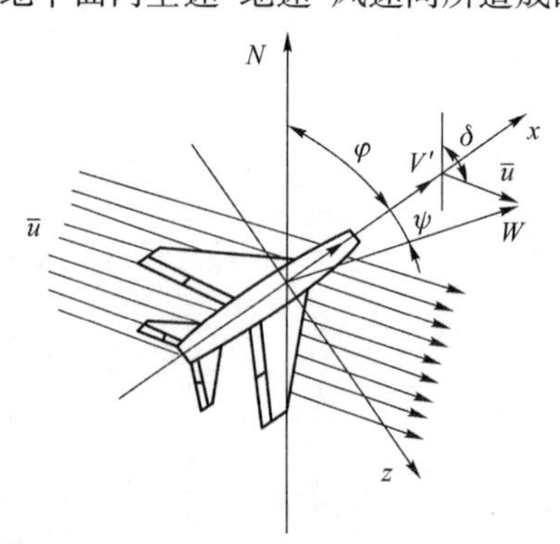

图 8.1.2　飞机在 xz 平面内的速度分量

本章研究地速 W 和空速 V 的测量。

8.2　地速的测量

8.2.1　线加速度积分法

由于地速是飞机相对于地平面运动的水平速度分量，因此，只要能测出飞机相对于地平面运动的水平加速度，再对其进行积分，即可求出地速。

目前有两种测得水平加速度的方法。

第一种方法是在能自动跟踪地垂线和子午线的陀螺平台上沿地球东西方向和南北方向分别安装加速度传感器，测量相应的加速度分量，然后进行积分，再求矢量和，如图 8.2.1 所示。

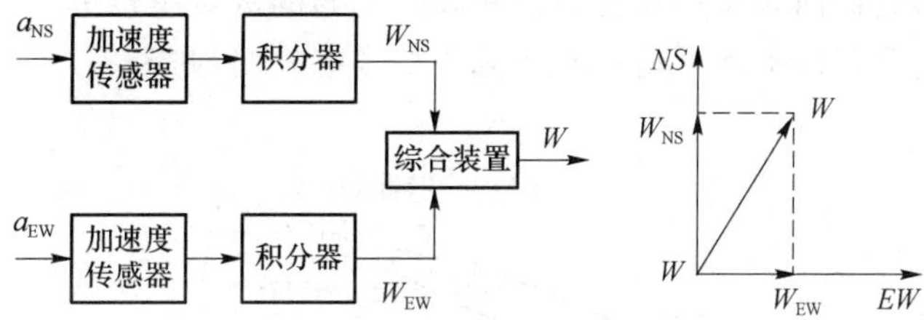

图 8.2.1　测地速的线加速度积分法

$$W_{NS} = \int_0^t a_{NS}\,\mathrm{d}t \tag{8.2.1}$$

$$W_{EW} = \int_0^t a_{EW}\,\mathrm{d}t \tag{8.2.2}$$

$$W = \sqrt{W_{NS}^2 + W_{EW}^2} \tag{8.2.3}$$

第二种方法是将三个加速度传感器直接沿飞机三个轴方向安装，分别测量沿飞机三个轴向所具有的加速度；根据航向——姿态系统所测得的航向角、俯仰角和倾斜角计算出飞机沿地球东西方向和南北方向的加速度分量，然后分别进行积分，再求矢量和。

8.2.2　多普勒效应法

当声、光和电波等振动源与观察者之间存在着相对运动速度时，观察者所接收到的频率将与振动源所发出的频率不同，频率的差值与相对运动速度成正比，与振动的波长成反比，这一现象称为多普勒效应，频率的差值称为多普勒频率（或频偏）。当发射机与接收机间没有相对运动时，接收机接收到的频率 f_r 等于发射机发射的频率 f_t，即

$$f_r = f_t = \frac{C}{\lambda} \tag{8.2.4}$$

式中：C——波的传播速度（m/s）；

　λ——波长（m）。

当发射机以相对运动速度 W 向接收机运动时，则波相对于接收机的运动速度为（$C+W$）。于是接收机收到的频率为

$$f_r=\frac{C+W}{\lambda}=\frac{C+W}{\frac{C}{f_t}}=(1+\frac{W}{C})f_t \tag{8.2.5}$$

其频率差(多普勒频率)为

$$f_D=f_r-f_t=\frac{W}{C}f_t=\frac{W}{\lambda}$$

当发射机和接收机装于同一运动体上并以速度 W 向反射体运动时,若发射机向反射体发射电磁波,则接收机所接收到电磁波的频率差为

$$f_D=\frac{2W}{\lambda} \tag{8.2.6}$$

目前飞机上都是利用无线电波的多普勒效应测量的速度,并且其发射机和接收机都同时装在飞机上。目前发射机和接收机在飞机上有两种安装方案。

第一种方案是将它们同时装在具有俯仰和倾斜托架的垂直陀螺平台上,以保证其波束在飞机纵轴对称平面内且与地平面夹角($\Delta\theta$)不随飞机姿态改变,如图 8.2.2 所示。

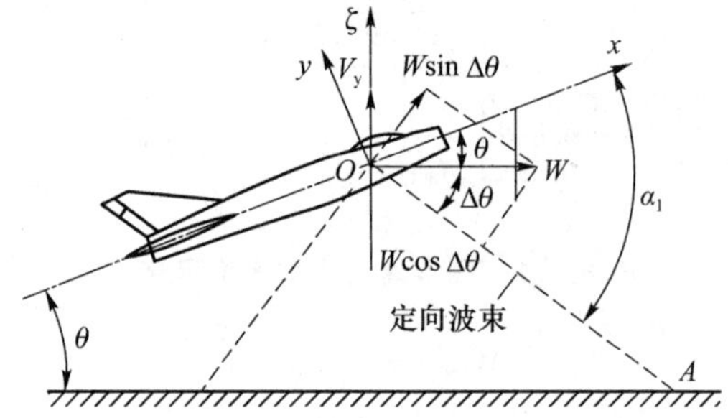

图 8.2.2　利用多普勒效应测地速

这时接收机收到的多普勒频率为

$$f_D=\frac{2W\cos\Delta\theta}{\lambda}=\frac{2W\cos\Delta\theta}{C}f_t \tag{8.2.7}$$

或

$$W=\frac{C}{2f_t\cos\Delta\theta}f_D \tag{8.2.8}$$

同时还可由多普勒频率算出飞机所具有的垂直速度,即

$$V_y=\frac{C}{2f_t\sin\Delta\theta}f_D \tag{8.2.9}$$

第二种方案是将发射机、接收机与飞机固定,并保证其波束在飞机纵轴对称面内,且与飞机纵轴夹角为α_1。当飞机具有俯仰角(θ)的时测得的多普勒频率为

$$f_D=\frac{2W\cos(\alpha_1-\theta)}{\lambda} \tag{8.2.10}$$

或

$$W=\frac{Cf_D}{2f_t\cos(\alpha_1-\theta)} \tag{8.2.11}$$

其垂直速度为

$$V_y=\frac{C}{2\sin(\alpha_1-\theta)}f_t \tag{8.2.12}$$

8.3　空速测量的理论基础

飞机相对于空气运动时，可根据运动的相对性将飞机看作不动，而空气是以大小相等、方向相反的流速流过飞机。由于空气流速等于或大于声速时会产生激波，激波前后空气所具有的状态参数（压力、密度、温度、速度等）将发生剧烈的变化，这与低速气流有很大差别，因此，将空气流速分为小于声速和大于声速两种情况来分析。

8.3.1　空气流速小于声速时

假设空气是在许多绝热流管中流动，即空气在流管中流动时与外界无热交换，并假设空气在流动时，在空间任何一点所具有的状态参数不随时间而改变即认为是定常流动。

在图 8.3.1 所示的流管上取垂直流管中心线的两个切面 1—1，2—2，设在切面 $i—i$ 上空气的压力为 p_i、流速为V_i、密度为ρ_i 和温度为 T_i，截面积空气重心离某一参考水平线的距离为 Z_i。

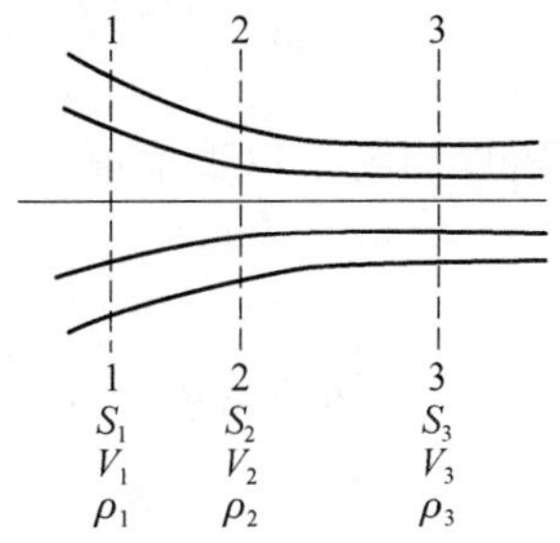

图 8.3.1　空气流

由于流管是绝热的，根据能量守恒定律，在相同的时间间隔 Δt 内，流入切面 1—1 所带进的能量(E_1)应等于流出切面 2—2 所带走的能量(E_2)。在时间间隔 Δt 内流入切面 1—1 的空气所带入的能量 E_1 包括以下几部分。

1. 动能

$$E_{V_1}=\frac{1}{2}Q_1 V_1^2\Delta t \quad (\text{单位为 N} \cdot \text{m}) \tag{8.3.1}$$

式中：Q_1——1—1 切面处每秒的空气质量流量(kg/s)。

2. 势能

势能由压力能、重力势能和内能三部分组成。

(1) 压力能

可以把它当作在压力作用下将空气质量推过 1—1 切面时所做的功计算。作用在 1—1 切面上的力为 p_1F_1，在时间间隔 Δt 内空气所走过的距离为 $V_1\Delta t$，所以压力能($N\cdot m$)为

$$E_{p_1}=p_1F_1\,V_1\Delta t=\frac{p_1}{\rho_1}\cdot\rho_1F_1\,V_1\Delta t=\frac{p_1}{\rho_1}Q_1\cdot\Delta t \tag{8.3.2}$$

式中：ρ_1——1—1 切面处空气的密度(kg/m³)；

F_1——1—1 切面处切面面积(m^2)。

1—1 切面处空气的质量流量(kg/s)为

$$Q_1=\rho_1F_1\,V_1 \tag{8.3.3}$$

(2) 重力势能

时间间隔 Δt 内流过 1—1 切面的空气重量为

$$Q_1g\Delta t$$

相对于参数平面的重力势能为

$$E_{g_1}=Q_1 g\Delta t Z_1 \tag{8.3.4}$$

(3) 内能

用热量单位表示时,1 kg 空气的热量(J/kg)可写为

$$U_1=C_v \cdot T_1 \tag{8.3.5}$$

式中:C_v——空气的等容比热;

T_1——1—1 切面处空气所具有的绝对温度值 K。

假设空气是理想气体,其温度与压力之间的关系为

$$\frac{p_1}{\rho_1}=RT_1 \tag{8.3.6}$$

于是 1 kg 空气的热量 J 为

$$U_1=\frac{C_v p_1}{\rho_1 R}\cdot Q_1\Delta t \tag{8.3.7}$$

若以功为单位表示,则

$$E_{T_1}=\frac{1}{A}\cdot U_1=\frac{1}{A}\cdot\frac{C_v p_1}{\rho_1 R}\cdot Q_1\Delta t \tag{8.3.8}$$

式中:A 为热功当量。

而

$$AR=C_p-C_V \tag{8.3.9}$$

式中:C_p 为空气的等压比热。于是

$$E_{T_1}=\frac{C_v}{C_p-C_v}\cdot\frac{p_1}{\rho_1}Q_1\Delta t=\frac{1}{k-1}\cdot\frac{p_1}{\rho_1}Q_1\Delta t \tag{8.3.10}$$

式中:$k=\dfrac{C_p}{C_v}$为绝热指数。对于空气,$k=1.4$。

于是可求出时间间隔 Δt 内,流入 1—1 切面的空气所带进的能量为

$$E_1=\frac{Q_1 V_1^2\Delta t}{2}+\frac{p_1}{\rho_1}Q_1\Delta t+Q_1 g Z_1\Delta t+\frac{1}{k-1}\cdot\frac{p_1}{\rho_1}Q_1\Delta t \tag{8.3.11}$$

同理可求出时间间隔 Δt 内,流出 2—2 切面的空气所带走的能量为

$$E_2=\frac{Q_2 V_2^2\Delta t}{2}+\frac{p_2}{\rho_2}Q_2\Delta t+Q_2 g Z_2\Delta t+\frac{1}{k-1}\cdot\frac{p_2}{\rho_2}Q_2\Delta t \tag{8.3.12}$$

根据物质不灭定律,流入 1—1 切面的空气流量$Q_1\Delta t$ 应等于流出 2—2 切面的空气流量 $Q_2\Delta t$,即

$$Q_1\Delta t=Q_2\Delta t \tag{8.3.13}$$

再根据能量守恒定律,可写出

$$E_1=E_2 \tag{8.3.14}$$

故

$$\frac{V_1^2}{2}+\frac{p_1}{\rho_1}+gZ_1+\frac{1}{k-1}\frac{p_1}{\rho_1}=\frac{V_2^2}{2}+\frac{p_2}{\rho_2}+gZ_2+\frac{1}{k-1}\frac{p_2}{\rho_2} \tag{8.3.15}$$

$$\frac{V_1^2}{2}+\frac{k}{k-1}\frac{p_1}{\rho_1}+gZ_1=\frac{V_2^2}{2}+\frac{k}{k-1}\frac{p_2}{\rho_2}+gZ_2 \tag{8.3.16}$$

这就是考虑空气压缩性的伯努利方程,如果流管是水平的,即 $Z_1=Z_2$,则

$$\frac{V_1^2}{2}+\frac{k}{k-1}\frac{p_1}{\rho_1}=\frac{V_2^2}{2}+\frac{k}{k-1}\frac{p_2}{\rho_2} \tag{8.3.17}$$

当空气流速小于 300 km/h 时，可以不考虑空气压缩性，认为空气的密度不变，$\rho_1=\rho_2=\rho$，再加之假设流管是绝热的，其内能不变，故温度不变，$T_2=T_1=T$，于是可得到

$$\frac{V_1^2}{2}+\frac{p_1}{\rho_1}+gZ_1=\frac{V_2^2}{2}+\frac{k}{k-1}\frac{p_2}{\rho_2}+gZ_2 \tag{8.3.18}$$

如果流管是水平的，则

$$Z_1=Z_2$$

$$\frac{1}{2}\rho V_1^2+p_1=\frac{1}{2}\rho V_2^2+p_2 \tag{8.3.19}$$

式(8.3.19)就是不考虑空气压缩性的伯努利方程。等式两端的第二项分别是截面 1—1，2—2 处的空气所具有的压力，常称它为静压；第一项与空气所具有的流速有关，常称它为动压。由伯努利方程式(8.3.19)可知，当空气稳定流动且绝热，又不考虑其压缩性时，则它在任何截面处所具有的静压与动压之和为一常数，即

$$p_1+\frac{1}{2}\rho V_1^2=p_2+\frac{1}{2}\rho V_2^2=\text{常数} \tag{8.3.20}$$

若所选 1—1 截面处空气未受扰动，它所具有的压力 p_1 和密度 ρ 就是该处大气静压 p_s 和大气密度ρ_s，它与物体间的相对运动速度 $V_1=V$；并设法使空气在 2—2 截面处受到全阻滞，即 $V_2=0$，则此处空气的动能将全部转为压力能，于是式(8.3.20)可写为

$$p_s+\frac{1}{2}\rho_s V^2=p_2=p_t=\text{常数} \tag{8.3.21}$$

称空气完全阻滞的截面处的压力 p_2 为受阻压力(或总压、全压)，常以 p_t 表示。

由式(8.3.21)可以看出，总压 p_t 包括两部分：一部分是大气静压(p_1)，常以 p_s 表示；另一部分是由空气相对物体运动速度 V 所具有的动能转换而来的压力($\rho_s V^2/2$)——动压，常以q_c表示。式(8.3.21)可写为

$$p_t=p_s+\frac{1}{2}\rho_s V^2=p_s+q_c \tag{8.3.22}$$

式中：ρ_s 为大气密度，有时也可简写为 ρ。

由式(8.3.22)可求得

$$V=\sqrt{\frac{2(p_t-p_s)}{\rho_s}}=\sqrt{\frac{2q_c}{\rho_s}} \tag{8.3.23}$$

在飞机上是用总静压管(也称作皮托管、空速管)来获得总压、静压的。

对于需要考虑空气压缩性的气流，若也用总静压管来实现，使 1—1 截面处的空气处于静止未被扰动状态，并使 2—2 截面处的流速(V_2)为零，则式(8.3.17)可写成

$$\frac{1}{2}V_1^2+\frac{k}{k-1}\frac{p_1}{\rho_1}=\frac{k}{k-1}\frac{p_2}{\rho_2} \tag{8.3.24}$$

式中：$\rho_1=\rho_s$，$p_1=p_s$——空气未被扰动处静止大气的密度和压力；

$V_1=V$——空气与物体间的相对运动速度；

$p_2=p_t$——空气压缩后的密度。

于是

$$\frac{1}{2}V_1^2+\frac{k}{k-1}\frac{p_s}{\rho_s}=\frac{k}{k-1}\frac{p_t}{\rho_t} \tag{8.3.25}$$

由于绝热压缩过程中ρ_s,ρ_t 与 p_s,p_t 间的关系为

$$\left(\frac{\rho_t}{\rho_s}\right)=\left(\frac{p_t}{p_s}\right)^{1/k} \tag{8.3.26}$$

将式(8.3.26)代入式(8.3.25),经整理后得

$$p_t=p_s\left(1+\frac{k-1}{k}\cdot\frac{\frac{1}{2}\rho_s V^2}{p_s}\right)^{\frac{k}{k-1}} \tag{8.3.27}$$

在可压缩流中的动压q_c 为

$$q_c=p_t-p_s=p_s\left[\left(1+\frac{k-1}{k}\cdot\frac{\frac{1}{2}\rho_s V^2}{p_s}\right)^{\frac{k}{k-1}}-1\right] \tag{8.3.28}$$

由此可得到空速的表达式为

$$V=\sqrt{\frac{2k}{k-1}\frac{p_s}{\rho_s}\left[\left(1+\frac{q_c}{p_s}\right)^{\frac{k-1}{k}}-1\right]} \tag{8.3.29}$$

由此可见,当 $M<1$ 需要考虑空气压缩性时,动压 q_c 与密度 ρ_s、空速 V 间的关系已不再是 $q_c=(\rho_s V^2)/2$,若仍用它来描述其间的关系就会造成较大的误差。为了研究两者间的差值,将 $c=\sqrt{kRT_s}=\sqrt{kp_s/\rho_s}$代入式(8.3.28)中,可得

$$q_c=p_s\left[\left(1+\frac{k-1}{2}\frac{V^2}{c^2}\right)^{\frac{k}{k-1}}-1\right]$$

用二项式展开定理将$\left(1+\frac{k-1}{2}\frac{v^2}{c^2}\right)^{\frac{k}{k-1}}$展开,将 $\rho_s=kp_s/c^2$ 代入后得

$$\begin{aligned}q_c=&p_s\left[1+\frac{k}{2}\left(\frac{V}{c}\right)^2+\frac{k}{8}\left(\frac{V}{c}\right)^4+\frac{k(2-k)}{48}\left(\frac{V}{c}\right)^6+\cdots-1\right]=\\&\frac{kp_s}{2c^2}V^2\left[1+\frac{1}{4}\left(\frac{V}{c}\right)^2+\frac{2-k}{24}\left(\frac{V}{c}\right)^4+\cdots\right]=\\&\frac{1}{2}\rho_s V^2\left[1+\frac{1}{4}\left(\frac{V}{c}\right)^2+\frac{2-k}{24}\left(\frac{V}{c}\right)^4+\cdots\right]=\\&\frac{1}{2}\rho_s V^2(1+\varepsilon)\end{aligned} \tag{8.3.30}$$

式中:ε——压缩性修正系数;

k——空气绝热指数,$k=1.4$。

将 $k=1.4$ 代入上式,得

$$\varepsilon=\frac{1}{4}\left(\frac{V}{c}\right)^2+\frac{1}{40}\left(\frac{V}{c}\right)^4+\cdots=\frac{1}{4}Ma^2+\frac{1}{40}Ma^4+\cdots \tag{8.3.31}$$

由式(8.3.20)可得

$$V=\sqrt{\frac{2q_c}{\rho_s(1+\varepsilon)}} \tag{8.3.32}$$

比较式(8.3.23)和式(8.3.30)可以看出,当飞机在同一高度、同一速度飞行时,考虑压缩性比不考虑压缩性所得动压(q_c)应该大。图 8.3.2 给出了考虑空气压缩性与不考虑空气压缩性时,动压q_c 与空速 V 的关系曲线。

由式(8.3.31)可知,压缩性修正系数 ε 是空速 V 与声速 c 的比值(马赫数)的函数,它随马赫数的增加而增加。由于声速 c 随高度增加而减小,所以在同一速度下,压缩性修正系数 ε 随高度增大而增大。图 8.3.3 给出了 ε 与马赫数间的关系曲线。

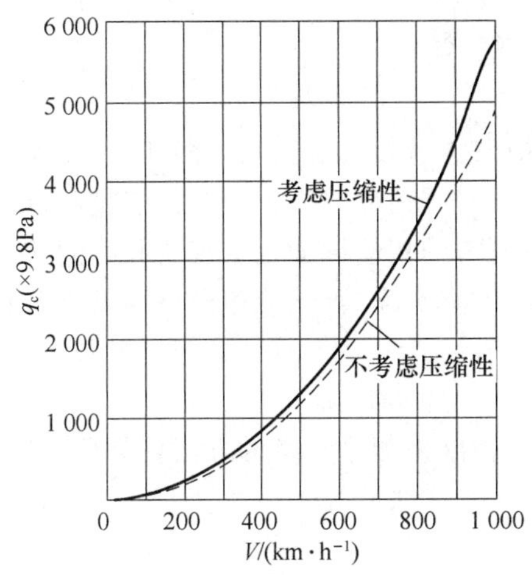

图 8.3.2　空速与动压的关系

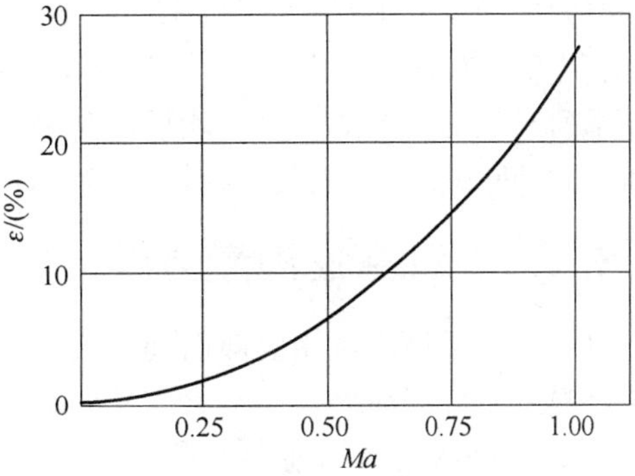

图 8.3.3　ε 与 Ma 的关系

表 8.3.1 列出了不同马赫数 Ma 时的压缩性修正量 ε 的值。

由表 8.3.1 可以看出,当 $Ma=0.6\sim0.7$ 时,如果不考虑空气压缩性,直接用 $V=\sqrt{\dfrac{2q_c}{\rho_s}}$ 计算空速将会造成 9%～13 %的误差。

表 8.3.1　不同马赫数(Ma<1)时的压缩性修正系数 ε 的值

项目	数值									
Ma	0.1	0.2	0.3	0.4	0.5	0.6	0.7	0.8	0.9	1.0
ε%	0.25	1.00	2.27	4.06	6.40	9.32	12.85	17.02	21.89	27.50

8.3.2　空气流速大于声速时

当空气与飞机间的相对运动速度大于声速时将产生激波时,空气在激波面前后所具有的状态参数差别非常明显,前述的伯努利方程已不适用,由于涉及较多的高速空气动力学知识,且推导过程比较复杂,故这里仅给出有关结论(欲详细了解,可参阅有关文献),即

$$\frac{p_t-p_s}{p_s}=\frac{\left(\dfrac{k+1}{2}\right)^{\frac{k+1}{k-1}}\left(\dfrac{2}{k-1}\right)^{\frac{1}{k-1}}V^{\frac{2k}{k-1}}}{c^2\left[\dfrac{2k}{k-1}V^2-c^2\right]^{\frac{1}{k-1}}} \tag{8.3.33}$$

式中:c——声速;

k——绝热指数,对于空气 $k=1.4$。

于是

$$\frac{p_t-p_s}{p_s}=\frac{166.922\,V^7}{c^2\,(7V^2-c^2)^{2.5}}-1 \tag{8.3.34}$$

由此可见：当 $Ma>1$ 时，动压 q_c 与密度 ρ_s、空速 V 间的关系更不符合 $q_c=\frac{1}{2}\rho_s V^2$，若此时仍用此式来描述其间的关系就会造成更大的误差。

8.4 真空速测量

前面分别讨论了 $Ma\leqslant1$ 和 $Ma>1$ 时空速 V 与总压 P_t（或动压 q_c）、大气静压 p_s 和大气密度 ρ_s，（或大气静温 T_s）间的关系。但这些关系式不是唯一的，还可以根据相应的假设和定理得到一系列其他的关系式。只要能设法测出这些公式中所需的相应截面处空气所具有的状态参数，就可以间接测量出空气与物体间相对运动时所具有的真实流速（该流速简称为真空速）。

8.4.1 真空速测量方法

习惯上将通过测量相应截面处空气所具有的压力、密度来测量空速的方法称为压力法；而将通过测量相应截面处空气所具有的温度值来测量空速的方法称为热力法。

1. 压力法测量真空速原理

① 当 $Ma\leqslant1$ 且不考虑空气压缩性时，式(8.3.22)给出了空速与压力、密度间的关系：

$$p_t=p_s+\frac{1}{2}\rho_s V^2 \tag{8.4.1}$$

$$V=\sqrt{\frac{2(p_t-p_s)}{\rho_s}} \tag{8.4.2}$$

或

$$V=\sqrt{\frac{2q_c}{\rho_s}} \tag{8.4.3}$$

或

$$V=\sqrt{\frac{2q_cRT_s}{p_s}} \tag{8.4.4}$$

由此可见，可以用不同的方案来完成相同的测量任务，只是它们各自所需要测量的被测参数和所要完成的解算任务各不相同。例如：式(8.4.2)需要测量 p_t，p_s，ρ_s；式(8.4.3)需要测量 q_c，ρ_s；而式(8.4.4)需要测量 q_c，p_s，T_s。

② $Ma\leqslant1$ 且需要考虑空气压缩性时，由式(8.3.25)知

$$\frac{1}{2}V^2+\frac{k}{k-1}\frac{p_s}{\rho_s}=\frac{k}{k-1}\frac{p_t}{\rho_t} \tag{8.4.5}$$

$$V=\sqrt{\frac{2k}{k-1}\left(\frac{p_t}{\rho_t}-\frac{p_s}{\rho_s}\right)} \tag{8.4.6}$$

由于假设空气是理想气体，它符合气态方程，即

$$\frac{p_s}{\rho_s}=RT_s \tag{8.4.7}$$

并假设此时空气压缩的过程是绝热过程，压缩前后所具有的压力、密度符合下列关系，即

$$\frac{\rho_t}{\rho_s}=\left(\frac{p_t}{p_s}\right)^{1/k} \tag{8.4.8}$$

又因为动压 q_c、静压 $_sp_s$ 与总压 p_t 间的关系式为

$$p_t = p_s + q_c \tag{8.4.9}$$

将上述不同的方程分别或同时代入式(8.4.6)中，于是可得到一系列不同的方程，例如：

$$V = \sqrt{\frac{2k}{k-1}\left(\frac{p_s}{\rho_s}\right)\left[\left(\frac{p_t}{p_s}\right)^{\frac{k-1}{k}} - 1\right]} \tag{8.4.10}$$

或

$$V = \sqrt{2RT_s\frac{k}{k-1}\left[\left(\frac{p_t}{p_s}\right)^{\frac{k-1}{k}} - 1\right]} \tag{8.4.11}$$

或

$$V = \sqrt{2RT_s\frac{k}{k-1}\left[\left(1+\frac{q_c}{p_s}\right)^{\frac{k-1}{k}} - 1\right]} \tag{8.4.12}$$

或

$$V = \sqrt{\frac{2q_c}{\rho_s(1+\varepsilon)}} \tag{8.4.13}$$

只要能测出相应公式中所需测量的被测参数就能利用相应的公式间接测量出空速。

③ 当 $Ma>1$ 时，

$$p_t - p_s = q_c = p_s\frac{\left(\frac{k+1}{2}\right)^{\frac{k+1}{k-1}}\left(\frac{2}{k-1}\right)^{\frac{1}{k-1}}V^{\frac{2k}{k-1}}}{c^2\left(\frac{2k}{k-1}V^2 - c^2\right)^{\frac{1}{k-1}}} \tag{8.4.14}$$

由于$\frac{p_s}{\rho_s}=RT_s$，$c=\sqrt{k\frac{p_s}{T_s}}=\sqrt{kRT_s}$且$Ma=\frac{V}{c}$，于是将式(8.3.14)表示为

$$\frac{p_t-p_s}{p_s}=\frac{q_c}{p_s}=\left(\frac{k+1}{2}\right)\left(\frac{V}{c}\right)^2\left[\frac{(k+1)^2\left(\frac{V}{c}\right)^2}{4k\left(\frac{V}{c}\right)^2-2(k-1)}\right]^{\frac{1}{k-1}}-1 \tag{8.4.15}$$

或

$$\frac{p_t-p_s}{p_s}=\frac{(k+1)V^2}{2kRT_s}\left[\frac{\frac{(k+1)^2}{k}V^2}{4V^2-2(k-1)RT_s}\right]^{\frac{1}{k-1}}-1 \tag{8.4.16}$$

或

$$\frac{p_t-p_s}{p_s}=\frac{(k+1)V^2\rho_s}{2kp_s}\left[\frac{\frac{(k+1)^2}{k}V^2}{4V^2-2(k-1)RT_s}\right]^{\frac{1}{k-1}}-1 \tag{8.4.17}$$

$$\frac{p_t-p_s}{p_s}=\frac{\rho_s V^2(1+\varepsilon')}{2p_s} \tag{8.4.18}$$

由此可见，对于 $Ma>1$ 的情况，仍可通过测量 p_t(或 q_c)、p_s 和 T_s(或ρ_s)来间接测量其真空速。

2. 热力法测量空速原理

可根据 $p/\rho=RT$，用 RT 来取代上述各式中的ρ/ρ，于是就可将测量压力 p、密度 ρ 转换为测量温度 T。当 $Ma\leqslant 1$ 且需考虑气体压缩性时，其空速与压力、密度间的关系式为

$$\frac{1}{2}V^2+\frac{k}{k-1}\frac{p_s}{\rho_s}=\frac{k}{k-1}\frac{p_t}{\rho_t} \tag{8.4.19}$$

若以 $p/\rho=RT$ 代入，则得

$$\frac{1}{2}V^2+\frac{k}{k-1}RT_s=\frac{k}{k-1}RT_t$$

$$T_t=\frac{k-1}{2kR}V^2+T_s=\Delta T_d+T_s \tag{8.4.20}$$

式中：T_t——阻滞温度(也称为总温、驻点温度)，即将速度阻滞为零所得到的温度(K)；

V——空速(m/s)；

T_s——大气静温(K)；

ΔT_d——动力附加温度(K)，$\Delta T_d=\frac{k-1}{2kR}V^2$。

可见空气被全阻滞时，阻滞点的温度(总温)等于大气静温与动力附加温度之和。式(8.4.20)还可写成

$$T_t=T_s\left[1+\frac{k-1}{2}\left(\frac{V^2}{c}\right)\right]=T_s\left[1+\frac{k-1}{2}Ma^2\right] \tag{8.4.21}$$

图 8.4.1 给出了动力附加温度面 ΔT_d 与空速 V 的关系曲线。图 8.4.2 给出了总温 T_t 与大气静温 T_s 之比与 Ma 的关系曲线。

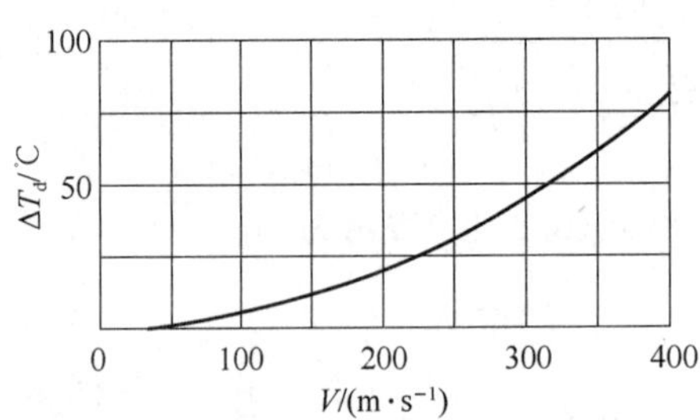

图 8.4.1　动力附加温度 T_d 与空速 V 的关系

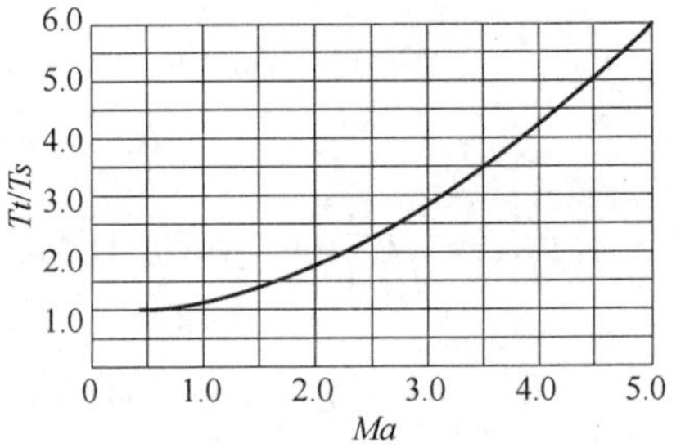

图 8.4.2　T_t/T_s 与 Ma 的关系

在测量动力附加温度或总温时，由于空气的动能不可能全部转换为热能，即使全部转换为热能，其热能也不能全部用来提高感温元件的温度，因此，在实际测量和计算总温时，应采用下式：

$$T_t=T_s\left(1+\gamma\frac{k-1}{2}Ma^2\right)=T_s\left(1+\gamma\frac{Ma^2}{5}\right) \tag{8.4.22}$$

式中：γ 为恢复系数(或阻滞系数)，γ 与测温部件的材料、形状、热交换条件有关，一般由实验确定，其数值小于 1。

8.4.2　典型的真空速测量系统

无论所测真空速 V 是大于或等于、小于声速，也无论是采用压力法或是热力法测量原理，只要能测量出总压 p_t(或动压 q_c)、大气静压 p_s，和大气密度ρ_s(或大气静温 T_s)；或测量出总温 T_t 和大气静温 T_s，然后按相应的公式解算，就可以间接测出真空速。但应指出的是，飞机在飞行过程中要准确地测得飞机所在处大气未受干扰时的密度ρ_s 或大气静温 T_s 是颇为困难的，故在目前所有测量真空速的方案中都是尽量避免直接测量它们，而是将它们转换为测量与它们有关的其他量，例如可通过测量总温 T_t 来间接测量大气静温 T_t，也可通过测量大气静压 p_s

来间接测量大气密度ρ_s。

图 8.4.3(a)是将大气静温 T_s(或大气密度ρ_s)的测量转换为大气压力 p_s 的测量,然后完成真空速解算的方案;图 8.4.3(b)是将大气静温 T_s 的测量转换为总温 T_t 的测量,然后完成真空速解算的方案。

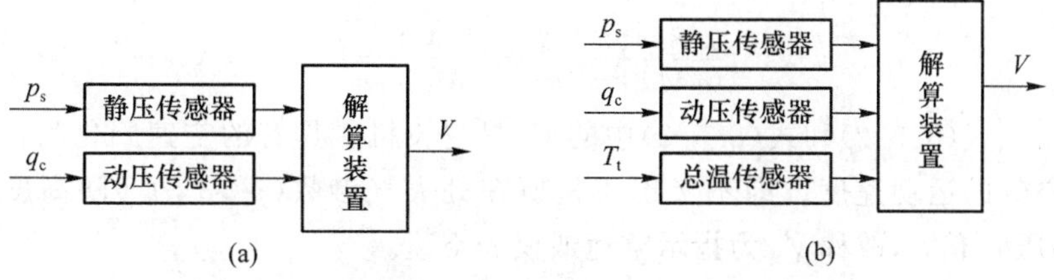

图 8.4.3　测真空速的方案

在现代飞机上马赫数是一个必不可少的飞行参数,都需要测量它,而

$$Ma=\frac{V}{c}=\frac{V}{\sqrt{kRT_s}} \tag{8.4.23}$$

$$V=Ma\ \sqrt{kRT_s} \tag{8.4.24}$$

故也可直接利用已经测得的马赫数信号和总温信号 T_t,利用总温 T_t 解算出大气静温 T_s。然后按式(8.4.24)来测量真空速 V,其方案如图 8.4.4 所示。

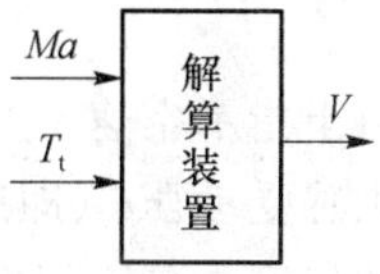

图 8.4.4　利用 Ma 和总温 T_t 解算真空速

8.5　指示空速测量

前面所讨论的由总压 p_t(或动压 q_c)、大气静压 p_s 和大气密度ρ_s(或大气静温 T_s)通过相应的计算公式求出的空速是空气与物体间相对运动时所具有的真空速。如果将前面所介绍过的求真空速的公式中飞机所在处的大气静压 p_s、大气密度ρ_s(或大气静温 T_s)看作常数,并分别等于国际标准大气中所规定的标准海平面上的大气静压 p_0 和密度ρ_0(或静温 T_0),那么当不考虑压缩性时,其空速为

$$V_i=\sqrt{\frac{2\,q_c}{\rho_0}} \tag{8.5.1}$$

考虑空气压缩性的空速为

$$V_i=\sqrt{2RT_0\left(\frac{k}{k-1}\right)\left[(1+\frac{q_c}{p_0})^{\frac{k}{k-1}}-1\right]}=\sqrt{\frac{2\,q_c}{\rho_0\,(1+\varepsilon_0)}} \tag{8.5.2}$$

$$\varepsilon_0=\frac{1}{4}\left(\frac{V_i}{c_0}\right)^2+\frac{1}{40}\left(\frac{V_i}{c_0}\right)^4+\cdots\approx\frac{1}{4}Ma_i^2 \tag{8.5.3}$$

$$Ma_i=\frac{V_i}{c_0} \tag{8.5.4}$$

大于声速时

$$q_c=p_0\left(\frac{(k+1)V_i^2}{2kRT_0}\left[\frac{\dfrac{(k+1)^2}{k}V_i^2}{4\,V_i^2-2(k-1)RT_0}\right]^{\frac{1}{k-1}}-1\right)=\frac{\rho_0\,V_i^2}{2}(1+\varepsilon_0') \tag{8.5.5}$$

式中：

$$\varepsilon_0' = \left(\frac{k+1}{2}\right)^{\frac{k+1}{k-1}} \left(\frac{2}{k-1}\right)^{\frac{1}{k-1}} \times \frac{2\left(\frac{V_i}{c_0}\right)^{\frac{2}{k-1}}}{k\left[\frac{2k}{k-1}\left(\frac{V_i}{c_0}\right)^2 - 1\right]^{\frac{1}{k-1}}} - \frac{2-k\left(\frac{V_i}{c_0}\right)^2}{k\left(\frac{V_i}{c_0}\right)^2} =$$

$$\frac{238.459\, Ma^5}{(7Ma_i^2-1)^{2.5}} - \frac{1.429}{Ma_i^2} - 1 \tag{8.5.6}$$

式(8.5.1)、式(8.5.2)和式(8.5.3)中的 V_i 是将飞机所具有的空速归化为标准海平面上飞机相对于空气的运动速度。即不考虑飞机所在处大气参数(p_s,ρ_s,T_s)随高度而改变的空速，它只与动压q_c 有关，故称 V_i 为指示空速或仪表空速。

指示空速 V_i 只在国际标准海平面上与真空速 V 相等，而在其他高度上都不相等。由于 $V=\sqrt{2\,q_c/[\rho_0(1+\varepsilon_0)]}$，于是可将它们相互间的关系表示为

$$\frac{V}{V_i} = \sqrt{\frac{\rho_0(1+\varepsilon_0)}{\rho_s(1+\varepsilon)}} \tag{8.5.7}$$

由于指示空速 V_i 只与动压q_c 有关，所以指示空速表的结构比较简单，它只需要一个开口膜盒来感受动压q_c(即感受总压 p_s 与静压 p_t 之差)；然后按相应的解算公式进行解算即可得到相应的指示空速。图 8.5.1 是指示空速表的原理示意图。

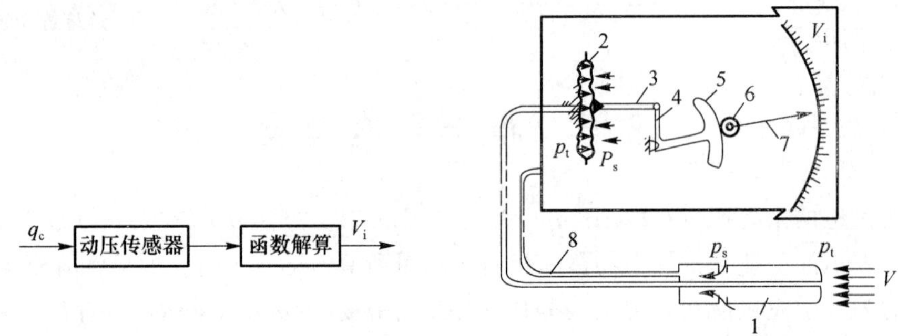

1—总静压管；2—开口膜盒；3—连杆；4—连杆；5—扇形齿轮；6—轴齿轮；7—指针；8—导管

图 8.5.1　指示真空速原理示意图

指示空速 V_i 对于保证飞机安全飞行是很重要的，因为飞机的升力 Y 为

$$Y = C_Y S\, q_c \tag{8.5.8}$$

式中：S——机翼面积；

C_Y——升力系数，取决于飞机结构参数及攻角。

当 S 和 C_Y 一定时，无论飞机在何高度上飞行，驾驶员只要保持一定的动压q_c，就可以保证飞机的升力大于重力而不失速，但若用真空速来驾驶就相当麻烦，例如不考虑空气压缩性时，有

$$q_c = \frac{1}{2}\rho_s V^2 \tag{8.5.9}$$

$$Y = C_Y S\, \frac{1}{2}\rho_s V^2 \tag{8.5.10}$$

因ρ_s 随飞行高度改变，当 S 和 C_Y 一定时，要保证飞机在不同的高度上具有相同的升力就

必须使飞机具有不同的真空速，这无疑会增加驾驶员的负担。

8.6　马赫数测量

8.6.1　马赫数测量原理

飞机在近声速飞行时，它的某些部分可能产生局部激波，阻力急剧增加，将会导致飞机的稳定性和操纵性变坏，甚至产生激波失速。为防止激波失速，必须知道飞机的飞行速度是否接近声速，而声速 c 与温度 T_s 间存在下列函数关系：

$$c=\sqrt{kRT_s} \tag{8.6.1}$$

温度是随高度而变的：

$$T_H=T_b+\beta H \tag{8.6.2}$$

可见声速 c 是高度的函数。要防止激波失速，就必须要求飞机在不同的高度上以不同的速度飞行，这是很不方便的，而用马赫数却可免除这个麻烦。

马赫数是真空速 V 与声速 c 的比值，即 $Ma=V/c$。在现代飞机上马赫数不仅是防止激波失速的重要依据，也是表征飞机性能的重要参数。

图 8.6.1 给出马赫数与高度 H、速度 V 之间的关系。

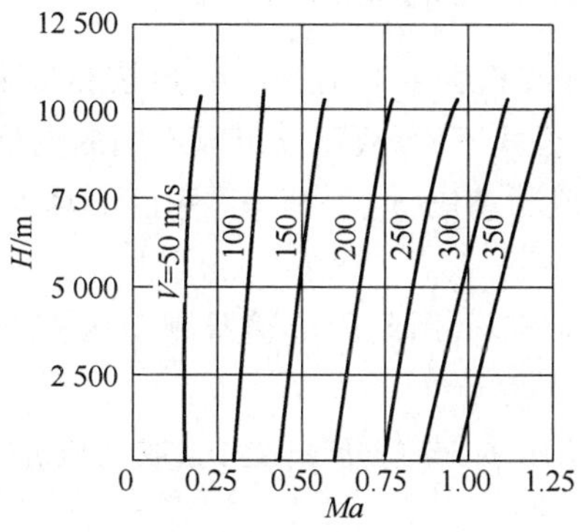

图 8.6.1　马赫数与高度 *H*、空速 V 之间的关系

式(8.5.12)已表示出 $Ma\leqslant1$ 时真空速与动、静压的关系，但只要以 $c=\sqrt{kRT_s}$ 代入即可求出，即

$$\frac{q_c}{p_s}=\left(1+\frac{k-1}{2}Ma^2\right)^{\frac{k}{k-1}}-1 \tag{8.6.3}$$

当以 $k=1.4$ 代入后，得

$$\frac{q_c}{p_s}=(1+0.2\,Ma^2)^{3.5}-1 \tag{8.6.4}$$

或

$$\frac{p_t}{p_s}=(1+0.2\,Ma^2)^{3.5} \tag{8.6.5}$$

而当 $Ma>1$ 时，式(8.5.16)给出了真空速与动、静压的关系，但只要以 $c=\sqrt{kRT_s}$ 代入即

可求出，即

$$\frac{q_c}{p_s}=\frac{k+1}{2}Ma^2\left[\frac{(k+1)^2\,Ma^2}{4k\,Ma^2-2(k-1)}\right]^{\frac{1}{k-1}}-1 \tag{8.6.6}$$

当以 $k=1.4$ 代入后，得

$$\frac{q_c}{p_s}=\frac{166.922\,Ma^7}{(7\,Ma^2-1)^{2.5}}-1 \tag{8.6.7}$$

或

$$\frac{p_t}{p_s}=\frac{166.922\,Ma^7}{(7\,Ma^2-1)^{2.5}} \tag{8.6.8}$$

可以看出，马赫数仅与动压q_c（或总压 p_t）和静压 p_s 有关，而与大气静温 T_s（或大气密度 ρ_s）无关。

由式(8.5.22)得出了马赫数与总温、静温间的关系式，即

$$T_t=T_s\left(1+\gamma\frac{k-1}{2}Ma^2\right) \tag{8.6.9}$$

该式说明若能测出总温 T_t、静温 T_s，也可间接测出马赫数。但由于飞行过程中要准确测量大气静温是颇困难的，故实际应用中很少根据此式来测量马赫数，而往往是由所测得的总温 T_t 和马赫数，根据此式来解算出大气静温 T_s。

8.6.2 马赫数测量系统的组成原理

马赫数可通过测量动压q_c（或总压 p_t）和静压 p_s 再按相应公式进行解算而获得。但由于所测量的参数及所采用的解算公式不同，故可以组成不同的测量方案，常见的有以下几种。

① 分别用绝对压力传感器测总压 p_t、静压 p_s，然后解算 $Ma=f(p_t,p_s)$，如图 8.6.2(a)所示。

② 用绝对压力传感器测静压 p_s，用差压传感器测动压q_c，然后解算 $Ma=f(q_c,p_s)$，如图 8.6.2(b)所示。

③ 用压力比传感器测出总压 p_t，与静压 p_s 之比，或动压q_c 与静压 p_s 之比，然后分别解算 Ma，如图 8.6.2(c)和(d)所示。

$$Ma=f\left(\frac{p_t}{p_s}\right) \tag{8.6.10}$$

$$Ma=f\left(\frac{q_c}{p_s}\right) \tag{8.6.11}$$

④ 用具有对数特性的动压传感器（或总压传感器）和具有对数特性的静压传感器，它们分别将动压q_c（或总压 p_t）和静压 p_s 变换成对数信号输出，然后解算 Ma，如图 8.6.2(e)和(f)所示。

$$Ma=f(\ln q_c-\ln p_s) \tag{8.6.12}$$

或

$$Ma=f(\ln p_t-\ln p_s) \tag{8.6.13}$$

目前在众多的马赫数测量系统中，实现其解算任务的方案也是不尽相同的，有的用模拟解算，有的用数字解算，也有的是模拟、数字兼用；在所采用的压力传感器上有的采用其静态输入/输出特性为线性关系的线性传感器，而用较复杂的解算装置来完成解算任务。也有的采用

具有相应函数关系的非线性传感器而其解算装置却较简单。

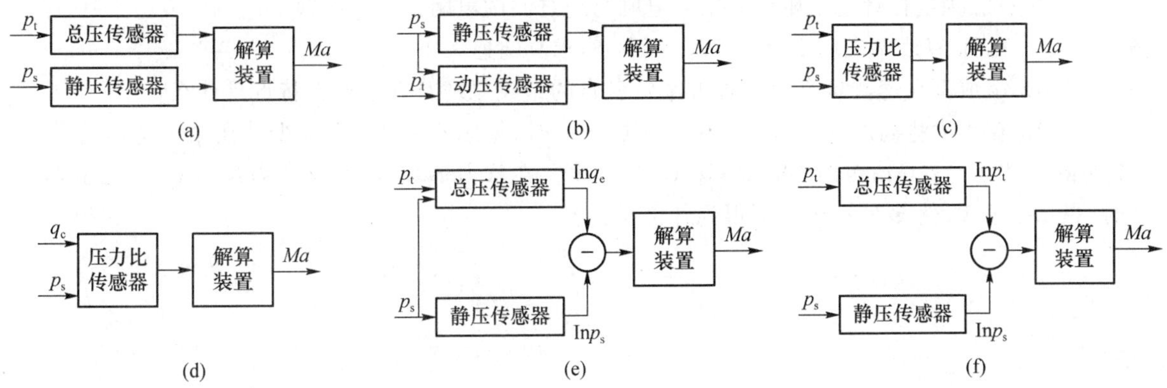

图 8.6.2　马赫数的解算方案

思考题与习题

8.1 飞行速度分哪几类？各类中不同的速度是如何定义的？地速、空速、风速三者之间的关系是什么？

8.2“飞机所接收到的频率称之为多普勒频率”，这句话对吗？为什么？

8.3 用多普勒效应法测量地速时，试分析采用两个及四个波速发射接收机时，在有偏流角与无偏流角二种情况下各自的 Δf_D 大小。

8.4“真空速的测量方法均是由伯努利方程推导出来”这句话是否对？为什么？

8.5 当马赫数大于 1 时，空气压缩性修正系数 ε' 与马赫数是什么关系？为什么？

8.6 在真空速已可测量时，为什么必须进行指示空速的测量？两个空速之间的关系与区别是什么？

8.7 对马赫数小于 1 时，空气流速小于 300 km/h 时，若 $p_t=50$ kPa，$p_s=20$ kPa，求真空速？若空气流速大于 300 km/h 时，真空速又是多少？

8.8 在飞行中进行马赫数测量的重要意义是什么？为什么它是必不可少的飞行参数？

8.9 结合马赫数的解析式，讨论马赫数的四种测量方案各自的特点。

8.10 有一空速传感器，其工作原理如题图 8.1 所示。

已知：(1) $p_s+\frac{1}{2}\rho V^2=p_t$，$\rho$ 为常数；

(2) 膜盒位移 x 与压力差 p_t-p_s 间的关系为 $x=K_x[p_t-p_s]$，

试求出电位计应具有什么传递函数关系，$R_x=f(x)$ 才能使输出电压 u_{out} 与速度 V 呈线性关

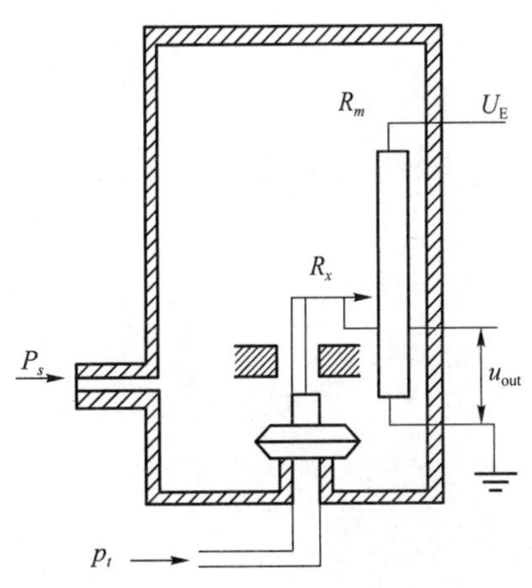

题图 8.1　空速传感器工作原理图

系，即 $u_{out}=K_V V$。

其中：R_m 为电位计总电阻值；R_x 为电刷与地之间的电阻。

8.11 已知 $Ma = 0.6$，$T_t=247$ K，$\gamma=0.8$，求真空速大小？

8.12 组成真空速测量有哪几种方案？各自的组成原理及方案最大特点是什么？

8.13 在重力势高度为 0 km，当 $V=150$ m/s 时，指示空速 V_i 为多少？在重力势高度为 7.5 km，当 $V=150$ m/s 时，指示空速 V_i 为多少？在重力势高度为 12.5 km，当 $V=150$ m/s 时，指示空速 V_i 为多少？从中可得到什么结论？

第9章　迎角、总压及总温测量

为了准确地测量飞机飞行时的气压高度、空速、马赫数和升降速度以及在发动机试验、风洞试验中测量气流的总压、静压，必须正确地引入总压和静压。在利用置于流场中的总、静压管引入总压、静压时，气流速度和马赫数的大小，管的形状和结构尺寸、气流方向的变化以及测压管在飞机上和流场中的安装位置，都会使实际引入的总压、静压与自由流中的真实值有一定差异。因此，研究测压管的特性和结构，对正确设计、使用和进行测压误差的修正是非常重要的。

气流方向，尤其是攻(迎)角不仅直接影响测压的精度，还直接与飞行驾驶紧密相关。飞机的升力由飞行时的动压、机翼面积和攻(迎)角决定。攻(迎)角超过临界攻(迎)角时，飞机可能产生失速现象；反之，当飞机产生失速现象时，改变攻(迎)角和增大空速也可以使飞机摆脱失速状态。所以，测量攻(迎)角是飞行控制系统和大气数据系统所必需的。

飞机在飞行时，测量飞机周围大气的温度即为大气静温。利用所测得的大气总温可以计算出大气静温，大气静温是大气数据计算机三个基本参数之一，由它可以计算出真空速等飞行参数。同时通过测量总温，也可以了解气流中飞机高速飞行时的受热情况，防止飞机因过热而损坏。

9.1　迎角测量

迎角(也称攻角)是飞机机翼弦线(或飞机纵轴，因二者间只差一个固定的安装角)与迎面气流间的夹角。

9.1.1　真实迎角与局部迎角

迎角是影响飞机升力和阻力的重要参数。飞机的升力系数和阻力系数都取决于迎角的大小，当迎角达到临界迎角时，飞机将发生失速。现代飞机事故大多发生在起飞着陆阶段，且大多是因为迎角失控引起失速所致。在现代飞机上，迎角还广泛用于火控系统、飞行控制系统、显示系统。特别是放宽静安定度的先进飞机，对迎角的依赖度更高。

在飞机上要准确地测量未受扰动的气流方向与飞机翼弦间的夹角(称真实迎角)是非常困难的。因为飞机和迎角传感器对气流存在干扰，使飞机上不同位置处的流场与理想流场间存在差别，用迎角传感器测量只能测出传感器所在处的气流方向与飞机翼弦间的夹角(称局部迎角)。真实迎角与局部迎角间的差值称为迎角位置误差。局部迎角α_L与真实迎角α_T之间的关系归纳为

$$\alpha_T = f_1(Ma)\alpha_L + f_2(Ma) \tag{9.1.1}$$

或

$$\alpha_L = K\alpha_T + \alpha_{L_0} \tag{9.1.2}$$

式中：$f_1(Ma)$和$f_2(Ma)$是马赫数的函数；$K=1/f_1(Ma)$；α_{L_0}为$\alpha_T=0$时的局部迎角，$\alpha_{L_0}=-f_2(Ma)/f_1(Ma)$。

图 9.1.1 是某型飞机的 K 值随马赫数的变化曲线。由图 9.1.1 的实验曲线可以看出：K 值随马赫数有一定的变化，但不是很大，在某些要求不高的场合，可略去马赫数的影响；在常用迎角范围内（大约$\alpha_T<12°$）K 值基本不随 α 变化，α_L 与α_T 间呈线性关系，但在大迎角范围内时 K 值将随 α 改变；在全速度全迎角范围内，真实迎角与局部迎角间的关系不再是线性关系，而是随 Ma 和 α 变化的一簇曲线，即 K 不再为常值，而是 Ma 和 α 的函数，$K=f(Ma,a)$。

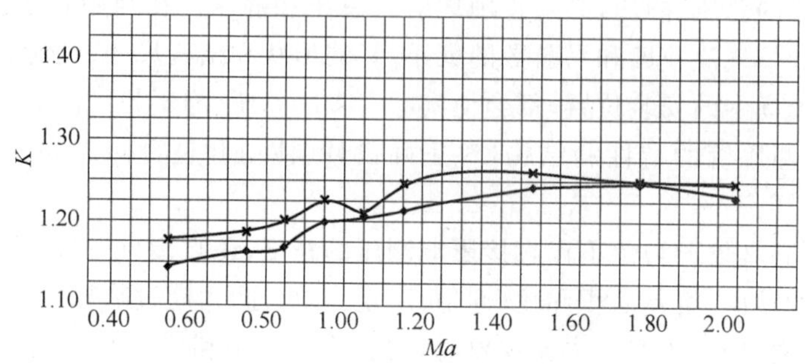

图 9.1.1　K 值随 Ma 的变化曲线

当然，对于不同类型的飞机，其 K 值是不同的。例如，“三叉戟”飞机的 $K\approx1.75$，“幻影”飞机的 $K\approx1.8$，$NASA$ 的一种试验飞机的 $K\approx1.6$。对于同一类型的飞机，在不同的位置安装不同（甚至相同）的迎角传感器，其 K 值也是不同的。对于不同类型的飞机在什么位置安装迎角传感器，其 K 值的变化规律将用空气动力学进行分析计算后，还须反复经风洞试验及飞行试验才能最后确定。

9.1.2　迎角传感器

根据工作原理的不同，大致有三种测量迎角的方法，也就有三种类型的迎角传感器。

1. 旋转风标式迎角传感器

旋转风标式迎角传感器是由一个具有对称剖面的翼形叶片和角度变换器构成。叶片固定在转轴上，可以绕轴转动，如图 9.1.2(a)所示。当时片中心线与气流方向平行时（即无迎角时），气动力对叶片上下面产生的压力相等，叶片将不会旋转。当飞机以某迎角飞行时由于作用于叶片上下面的气动力不相等而产生压差，此压差使叶片相对于飞机而旋转，直到其中心线与气流方向一致时为止，此时叶片旋转的角度与迎角相等。轴旋转的角度可以用任何角度变换器变换成电信号。

为了使风标在工作时比较稳定，这种风标式迎角传感器一般均加有阻尼器。为了防止叶片上结冰，叶片内部应有加温装置。

有时为了增加气动力矩而采用两个叶片。图 9.1.2(b)所示为可同时测量侧滑角的迎角侧滑角传感器。

风标式迎角传感器具有构造简单、体积小、没有原理误差等优点，在结构较完善以及安装正确的情况下，精度可以达到±0.1°～±0.2°。但是，安装位置的影响较大，在高速飞机上要找到气流比较平稳的部位也是非常困难的；同时，风标易受气流微小扰动的影响，而气流本身是不平稳的，因此就会造成风标的不稳定摆动，即使加有阻尼器，这一现象也很难完全消除。

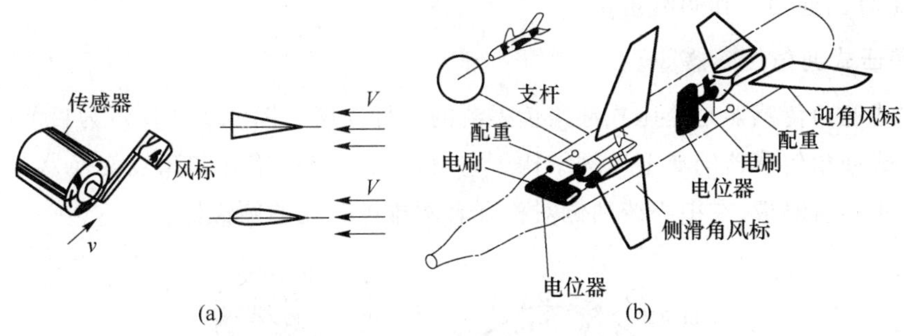

图 9.1.2　风标式迎角和侧滑角传感器

2. 差压管式迎角传感器

差压管式迎角传感器由差压管和压力传感器组成。差压管与皮托管相似，图 9.1.3 为可以测量阻滞压力、迎角、侧滑角的截锥形和球形五孔差压管。在与差压管轴线对称的上下和左右及轴线上各开一个孔。当差压管轴线与气流方向一致时，各孔引入的压力均相等；当有迎角时，压力 p_2 和 p_4 将不相等；当有侧滑角时，压力 p_1 和 p_3 不相等。式(9.1.3)和式(9.1.4)给出了攻角 α、侧滑角 β 与压差间的关系，即

$$\alpha=\frac{p_4-p_2}{K_1\left[(p_5-p_1)+\left(\frac{p_1-p_3}{2}\right)\right]} \tag{9.1.3}$$

$$\beta=\frac{p_1-p_3}{K_1\left[(p_5-p_1)+\left(\frac{p_1-p_3}{2}\right)\right]} \tag{9.1.4}$$

式中：K_1 为灵敏度系数(是马赫数的函数)。

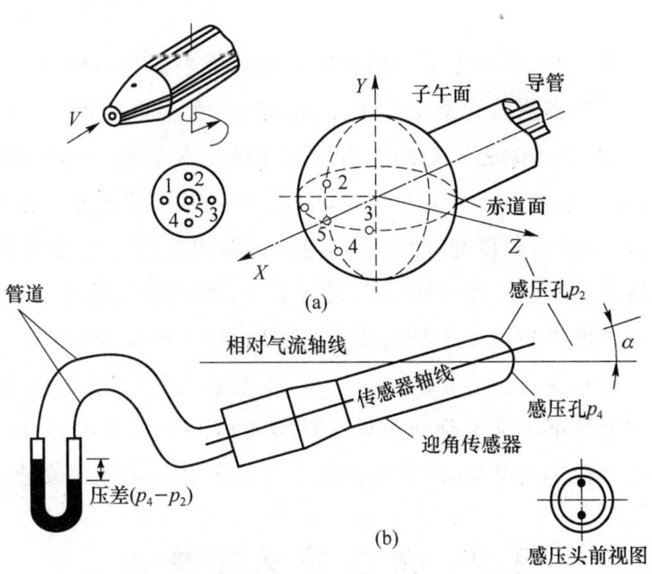

图 9.1.3　差压管式迎角侧滑角探头

采用任何形式的差压传感器，只要能测出 p_1-p_3，p_4-p_2，p_5-p_1 就可以分别按式(9.1.3)、

式(9.1.4)解算出迎角 α 和侧滑角 β。

3. 零差压式迎角传感器

零差压式迎角传感器是差压式迎角传感器的一种发展。图 9.1.4 所示为目前广泛应用的一种零差压式迎角传感器的典型原理结构。它由探头、气室、桨叶和角度变换器等部分组成。探头是一个中间有隔板、在中心线两侧对称开有两排进气孔的圆锥体。

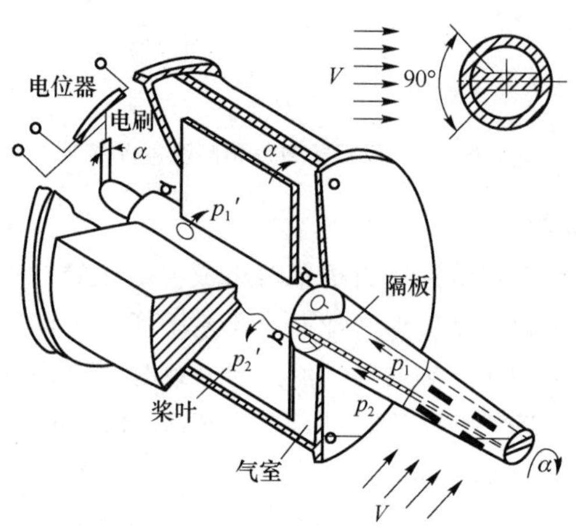

图 9.1.4 零差压式迎角传感器

圆锥形探头与中间有气道的空心轴固连,在空心轴上固定着桨叶和电位器电刷。飞行中,探头的轴线平行于飞机的横轴。当迎角为零时,上、下两排测压孔对称平面与气流方向间的夹角为零。此时,上下两排测压孔感受的压力相等,因而进入气室的两压力使桨叶所受之气动力矩相等,桨叶不动。

当飞机以某迎角飞行时,探头上下两排测压孔的对称平面与迎面气流的方向不同,相互间存在 α 角。这时,上、下两排测压孔感受的压力 p_1 和 p_2 将不再相等,两压力进入气室后将使桨叶带着电刷转动(桨叶转动的力矩与两压力差成比例),并由空心轴带动探头转动。当探头转至上、下两排测压孔位置与气流方向对称时,压差为零,桨叶以及整个活动部分都停止转动。可以看出:桨叶和电刷旋转的角度与迎角相等,电位器输出的信号与迎角成比例。

零差压式迎角传感器实际上是一个反馈测量系统,因而误差较小。零差压式迎角传感器的主要误差源是各种摩擦力矩以及不平衡质量。所以,加工质量(对称性、表面光洁度)对传感器的精度影响很大。和其他各种迎角测量法一样,安装位置误差也是它的主要误差。这个误差是造成所有迎角测量法都不能准确地测量出真实迎角的主要原因。因此,在安装迎角传感器时都应寻找气流扰动较小的部位,或者应用两个传感器并尽可能地安装在飞机的对称面内。

9.2 总压管及其特性

当一端开口、一端接测压元件形成的封闭长管(总压管)放在气流中,并使其孔口轴线正对迎面气流时,气流受到阻滞,此时将测出阻滞压力。为了得到全阻滞压力,测压管前的压力应是未被扰动的。测压管一般均安装在机身头部或翼尖前缘不受紊流扰动的部位，但是，即使安装正确，测压管的结构和尺寸、迎角的变化以及激波和局部激波的存在等均可能使总压测量产生误差。一般把总压管引入的总压 p_{ti} 称为指示总压，自由流的总压 p_t 称为真实总压，二者的差值称为总压误差 Δp_t 为

$$\Delta p_t = p_{ti} - p_t \tag{9.2.1}$$

总压相对误差为

$$\frac{\Delta p_t}{p_t} = \frac{p_{ti} - p_t}{p_t} \tag{9.2.2}$$

了解产生总压误差的主要因素及其对总压误差的影响规律是十分必要的。

9.2.1　飞行马赫数的影响——速度特性

在测压管结构和安装正确以及不考虑迎角、侧滑角影响的情况下，亚声速飞行时总压管感受的总压可认为是自由流的总压，马赫数的影响较小。超声速飞行时，由于在总压管前端将产生一脱体正激波，总压管感受的压力是激波后的气流压力 p_t'，它低于波前自由流压力 p_t。总压损失或总压误差可由下述两方程导出，即

$$p_t = p_s (1 + 0.2\,Ma^2)^{3.5} \qquad (Ma \leqslant 1) \tag{9.2.3}$$

$$p_t' = 1.2\,Ma^2 p_s \left(\frac{5.76\,Ma^2}{5.6\,Ma^2 - 0.8}\right)^{2.5} \qquad (Ma \geqslant 1)$$

则

$$\frac{\Delta p_t}{p_t} = \frac{1.2\,Ma^2 \left(\dfrac{5.76\,Ma^2}{5.6\,Ma^2 - 0.8}\right)^{2.5}}{(1 + 0.2\,Ma^2)^{3.5}} - 1 \qquad (Ma \geqslant 1) \tag{9.2.4}$$

式中：p_s 为测压管安装处未受扰动的大气静压(Pa)。

记 q_c 为总压与静压之差，称为动压。

通常总压相对误差也可以用 $\Delta p_t / q_c$ 表示。

图 9.2.1 为 $Ma = l \sim 4$ 时，总压相对误差 $\Delta p_t / p_t$ 与马赫数的关系曲线。$|\Delta p_t / p_t|$ 随着马赫数增大而增大。$\Delta p_t / p_t$ 与马赫数系称为总压管的速度特性。

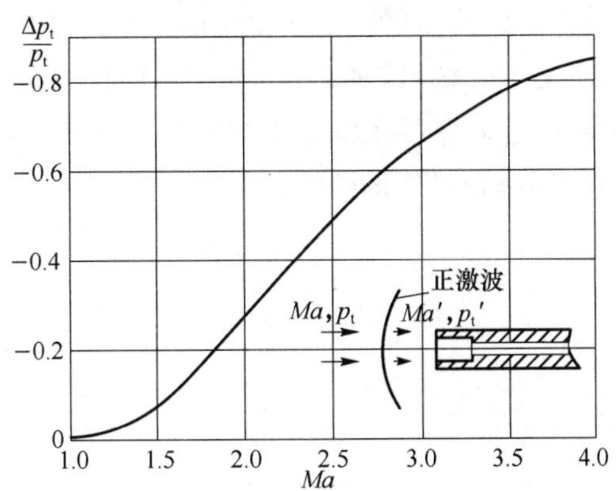

图 9.2.1　正激波后的总压误差

为了正确地引入总压，总压管的外径不能太大，总压孔的直径也应远小于管的外径，并使总压孔的轴线垂直于正激波。式(9.2.4)和图(9.2.1)可用于 $Ma \geq 1$ 时的总压误差计算和进行总压修正。

9.2.2 迎角的影响——角度特性

在实际使用中，总压管轴线相对于迎面气流方向是经常变化的，因此，为了正确地测量总压，希望总压管引入的总压对气流方向不敏感。总压误差 $\Delta p_t/p_t$ 与迎角 α 的关系称为总压管的角度特性。不同结构和尺寸的总压管，其角度特性差别较大，使用时应根据实际迎角范围和允许误差正确选用总压管。应该注意，即使在 $Ma \leq 1$ 的情况下，迎角增大时，测压管头部也将产生局部激波而使总压误差增大。

图 9.2.2 所示为半球形总压管孔径 d 与外径 D 比值不同时，总压管的角度特性(图(a))和不同迎角 α 时总压误差与马赫数的关系曲线(图(b))。由图 9.2.2(a)可以看出，d/D 比值越大，即管壁越薄，对迎角越不敏感，总压误差越小。由图 9.2.2(b)可以看出，当迎角不大时，马赫数的影响并不显著；当迎角增大时，随着马赫数的增大，总压误差也增大。

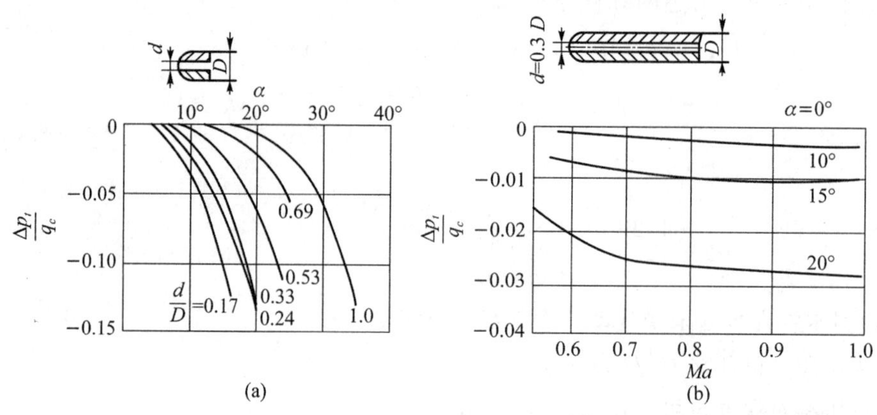

图 9.2.2 半球形总压管的角度误差

图 9.2.3 所示为几种典型的总压管的角度特性。上述各种角度特性均由风洞校准取得。可以看出，具有导流屏蔽套的总压管(图(c)和(d))对迎角的不灵敏范围较大。为了保证导流套内气流畅通和对迎角不灵敏，这种总压管的出口面积为入口面积的1～1.5 倍。

风洞测量中总压管的型式很多，除要求满足上述特性要求外，还要求在保证一定的结构刚度下具有较小的尺寸，以减少测压管对流场的扰动。

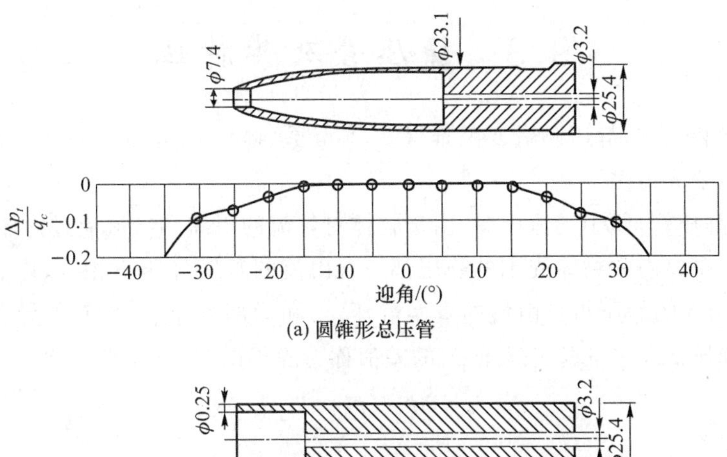

(a) 圆锥形总压管

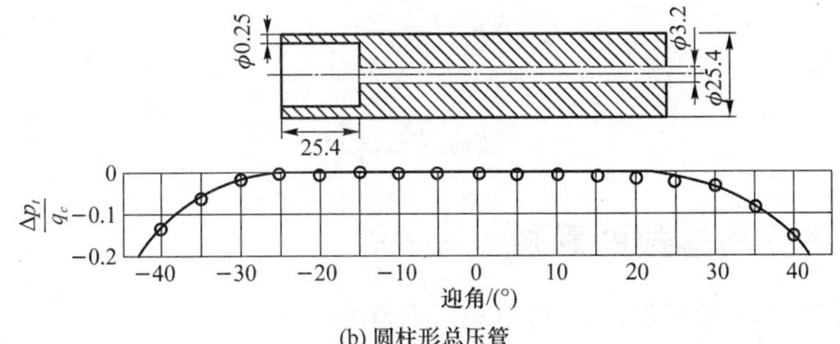

(b) 圆柱形总压管

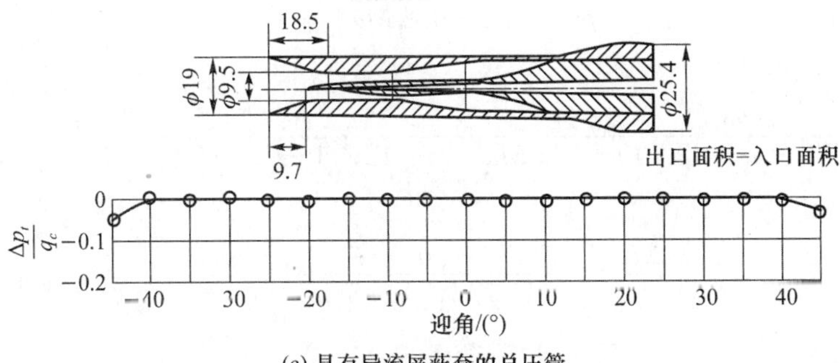

(c) 具有导流屏蔽套的总压管

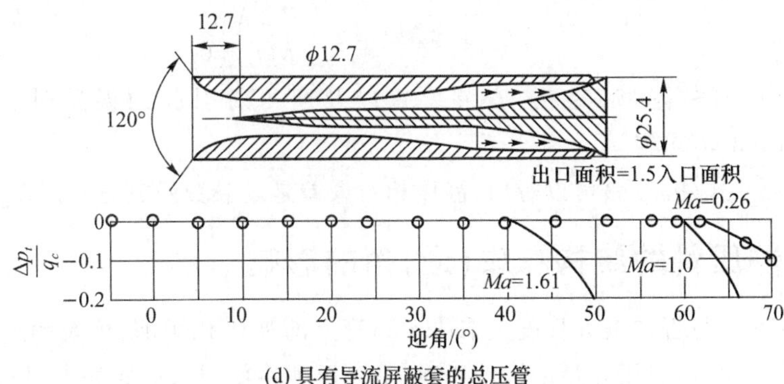

(d) 具有导流屏蔽套的总压管

图 9.2.3　不同结构总压管的角度特性

9.3 静压管及其特性

与总压测量相比较，静压测量要困难得多，马赫数、迎角 α、静压管的结构和安装位置对引入静压的影响也要大得多。

当物体(如静压管)置于气流中时，由于物体对气流的阻滞和气流流过物体表面时的加速，在物体前后一定距离内和物体周围的静压都与自由流的真实静压不相等，该静压称为局部静压 p_{se}。静压管引入的静压与自由流的真实静压 p_s 和局部静压 p_{se} 均有差异。静压管引入的静压称为指示静压 p_{si}，它与真实静压 p_s 的差值称为静压误差 Δp_s，即

$$\Delta p_s = p_{si} - p_s \tag{9.3.1}$$

静压相对误差为

$$\frac{\Delta p_s}{p_s} = \frac{p_{si} - p_s}{p_s} \tag{9.3.2}$$

9.3.1 飞行马赫数的影响

当 $Ma \leqslant 1$ 且认为无总压误差时，静压相对误差为

$$\frac{\Delta p_s}{p_s} = -\frac{1.4\,Ma^2}{1+0.2\,Ma^2} \cdot \frac{\Delta Ma}{Ma} \tag{9.3.3}$$

或

$$\frac{\Delta p_s}{q_c} = -\left[\frac{1}{(1+0.2\,Ma^2)^{3.5}-1}\right] \cdot \frac{1.4\,Ma^2}{1+0.2\,Ma^2} \cdot \frac{\Delta Ma}{Ma} \tag{9.3.4}$$

当 $Ma \geqslant 1$ 时

$$\frac{\Delta p_s}{q_c} = -\left(\frac{4.0}{5.6\,Ma^2-0.8} - 2\right) \cdot \frac{\Delta Ma}{Ma} \tag{9.3.5}$$

或

$$\frac{\Delta p_s}{q_c} = \left(\frac{4.0}{5.6\,Ma^2-0.8} - 2\right) \frac{1}{1.2\,Ma^2\left(\dfrac{5.76\,Ma^2}{5.6\,Ma^2-0.8}\right)^{2.5} - 1} \cdot \frac{\Delta Ma}{Ma} \tag{9.3.6}$$

在不考虑静压管的形状、结构、安装位置以及迎角所引起的误差时，静压误差可由式(9.3.3)和式(9.3.5)求得。

由式(9.3.3)～式(9.3.6)可以看出，静压相对误差是马赫数及其相对误差的函数。

9.3.2 静压管的结构和攻(迎)角的影响

引入静压的准确与否在很大程度上取决于圆管上的静压孔距前、后端的距离和迎角的大小。由图 9.3.1 可知：当静压孔距前端较近时，阻滞压力将使引入静压偏大，稍往后移，将由于气流的加速而使引入静压偏小；距后端支杆较近时，支杆产生的阻滞压力又将使引入的静压偏大。所以，静压孔的位置必须适当选择以使指示静压接近于真实静压。在超声速气流中引入静压时应采用小锥角的锥形头部和细长管身的静压管，以削弱激波的强度，使气流流过头部时只在锥体外产生弱激波，这时波后静压增加不大，同时也有助于减小气流流过圆管时因流速增

大而造成的静压偏小。图 9.3.1(a)所示为半球形亚声速静压管和锥形超声速静压管在静压孔距前端距离 x_1 与外径 d 比值不同时的静压误差曲线。

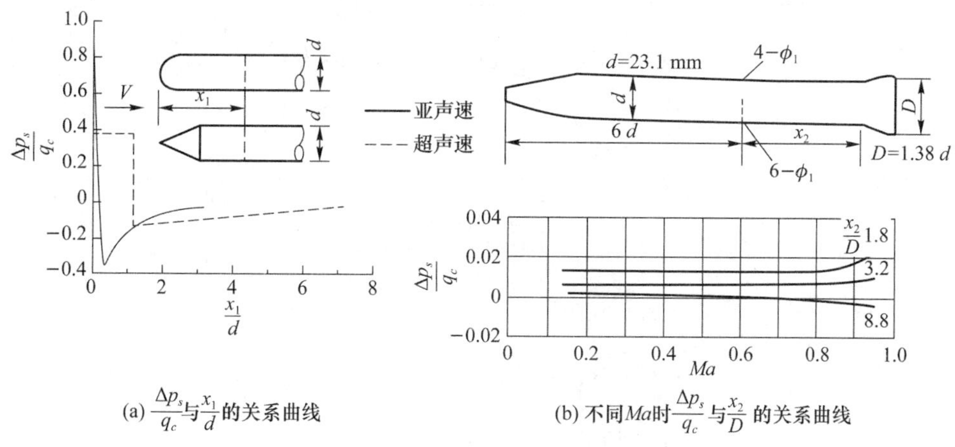

(a) $\frac{\Delta p_s}{q_c}$与$\frac{x_1}{d}$的关系曲线　　(b) 不同Ma时$\frac{\Delta p_s}{q_c}$与$\frac{x_2}{D}$的关系曲线

图 9.3.1　不同孔距时的静压误差

可以看出：为减小静压误差，静压孔距前端的距离 x_1 应足够大，一般不小于静压管外径的 8 倍。

静压孔距后部支杆的距离 x_2 取决于支杆的直径。图 9.3.1(b)所示为不同马赫数时静压误差 $\Delta p_s/q_c$ 与比值 x_2/D 的关系曲线。静压孔距支杆越近和支杆直径越大，静压误差也越大。所以，具有直角型支杆的静压管在近代飞机上很少采用。

为了减少激波对静压的影响，在超声速气流中还可采用半楔形和带内斜面的圆柱形静压管，如图 9.3.2 所示。半楔形静压管的静压孔开在与气流平行的平面上，另一侧有一斜角。此时，激波将产生在有斜角的一侧。带有内锥面的圆柱形静压管由于激波只产生在圆筒内部，其外壁前缘不产生激波，则静压孔开在圆筒外部时将产生较小的静压误差。

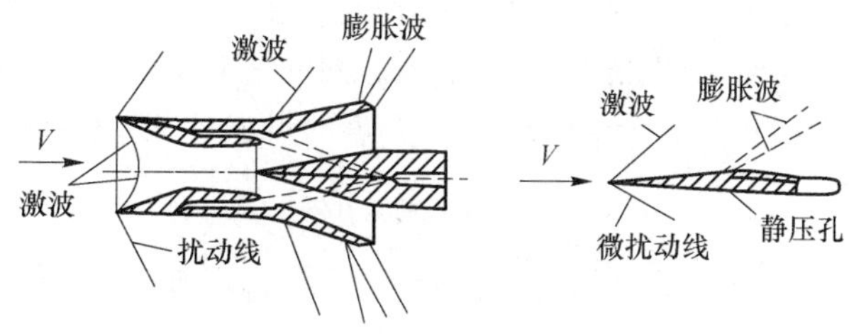

图 9.3.2　超声速流用静压管

和总压测量一样，当有迎角时，静压管将产生随迎角的增大而加大的静压误差。如前所述，该误差因静压管的形状、结构尺寸、静压孔径的大小和排列的不同而不同。图 9.3.3(a)所示为地面风洞试验中常用的三种静压管的角度特性(Ma＝0.2～0.3)。图 9.3.3(b)所示为一种常用机载测压管的静压误差与迎角的关系曲线。由于该静压管上部开 4 个孔，下部开 6～7 个孔，所以，当迎角增大时，静压误差增大，并具有正值。

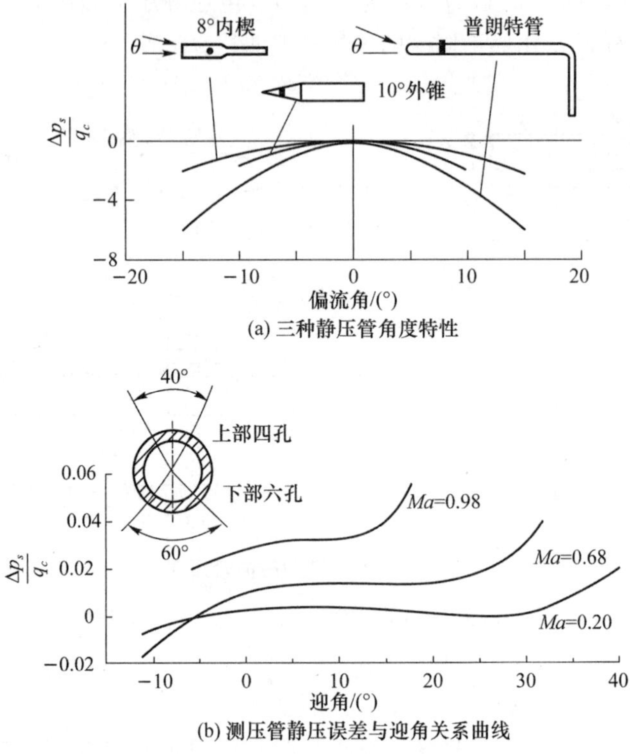

(a) 三种静压管角度特性

(b) 测压管静压误差与迎角关系曲线

图 9.3.3　静压管的角度特性

9.3.3　安装位置的影响

静压管在飞机上的安装位置对静压测量的影响要比总压测量大得多。正确地选择静压管在飞机上的安装位置,使静压管所感受的压力就是飞机所在处未被干扰的静压,并且不受飞行姿态、飞行速度的影响。静压管在飞机上的正确安装位置,往往须经空气动力学分析计算,再经过多次风洞试验和飞行试验才能最终确定下来。图 9.3.4 所示为典型的亚声速飞机沿其纵轴表面上的静压分布图。在其静压误差 $\Delta p_s/q_c$ 为零的点上,可以考虑安装静压管。

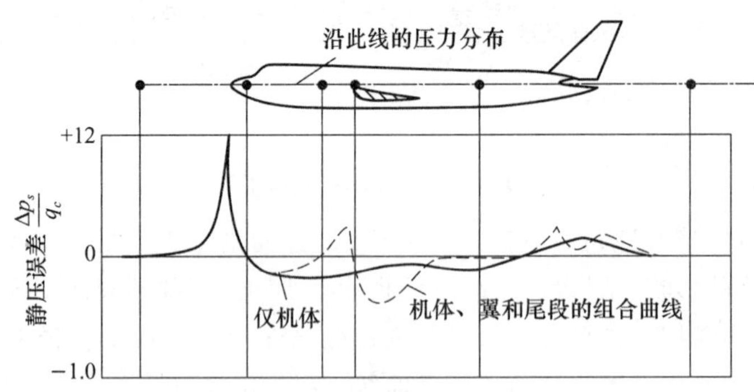

图 9.3.4　典型亚声速飞机的静压分布图

下面讨论静压管的安装位置对静压测量的影响。

对于安装在飞机头部的静压管,静压误差的值主要由机头受阻气流的正压力和机身最大截面处的负压力的综合影响来确定。通常当飞机马赫数在 0.8 以下时，机头受阻气流的正压力对静压孔处静压的影响比机身负压力的影响大，所引入的静压具有不大的正值静压误差。当马赫数在 0.9～1 范围内增大时，在机身最大截面处将出现局部激波，机头受阻气流的正压力迅速增大，机身负压区后移，因而静压误差也迅速增大。当马赫数为 1 或稍大于 1 时，静压管头部的局部激波、机身头部的脱体激波均向机身方向移动并越过静压孔，受阻气流的正压力对静压孔处的静压没有影响，静压误差迅速下降至零。马赫数继续增大时，由于激波后移，静压孔引入静压的误差是非常小的。由此可知，静压孔距飞机头部的距离 X 和机身最大截面的平均直径 D 对静压误差的影响相当大。图 9.3.5 所示为某种飞机在不同 X/D 比值时，静压相对误差与马赫数的关系曲线。对于不同飞机，静压管静压误差的大小是不同的，但是静压误差随马赫数的变化规律是相同的。

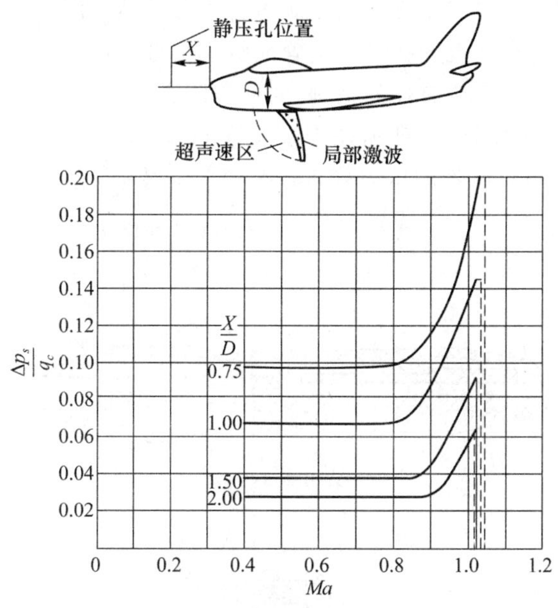

图 9.3.5　不同 X/D 值时的 $\Delta p_s/q_c$ 的马赫数的关系

对于安装在机翼前缘的静压管，静压误差的变化情况更为复杂。机翼、机身气流的扰动以及机头脱体激波的强度随马赫数的增大而增强并逐渐后移，这将使静压管在跨声速范围内产生较大的正负交替变化的静压误差，该变化规律随机种的不同差异很大。但大多数飞机在 $Ma>1.2$ 以后，由于机头脱体激波影响的增强而使静压测量产生正的静压误差。

对于开在机身上的静压孔（可以作为应急静压孔使用），由于主要受机身最大截面处负压力的影响，静压误差一般为负值。

应该指出，静压管在飞机上的安装位置不同所产生的静压误差相差很大，这是决定静压测量精度的最主要的因素；同时，对任何安装位置的静压管，在跨声速区都有增减急剧变化的静压误差，该区域通常认为是静压不准确区，不经过认真的气动力校准和修正，测得的静压是不能使用的。

由上可以看出：在飞机上准确地测量气流的静压或总压是很困难的，不同的管子结构和尺寸，不同的飞机和安装位置，静压和总压误差的大小和随马赫数、迎角的变化规律均不相同。

因此，测压管不仅要进行风洞校准，还要在某种飞机上进行飞行校准。校准所得的误差变化规律作为设计测量系统和操纵飞机的依据。因此，测压管不能在不同机种间或同一机种不同安装位置上任意互换。

为了减少测量误差，除在高度、空速和马赫数等测量系统中根据误差变化规律采取修正补偿措施外，还倾向于对测压管的结构和外形进行气动力修正，即根据使用条件，将测压管设计成特殊形状以改变气流流过测压管时的压力分布，达到正确引入总静压的目的。这是提高测压精度和简化测量系统误差修正装置的简单有效的方法，现已得到普遍的重视，并取得了良好的成果。

图 9.3.6 为超声速飞机用组合型总静压管(图(a))和作为非常情况下使用的应急总压管(图(b))的结构图。

为了防止气流中的水汽因气温降低而在测压管内部结冰，在测压管中均有加温电阻丝和排水孔。为了减弱测压管对气流的扰动和正确地引入压力，测压管均做成流线型，表面必须十分光滑，进气口应光滑准确，不应有任何毛刺、划痕和凹坑等工艺缺陷。

应急总压管一般使用两个，并对称地安装在飞机头部两侧，以尽量减小总压误差。图 9.3.6(b) 中给出这种应急总压管的压力分布状况和总压误差与飞机迎角的关系。

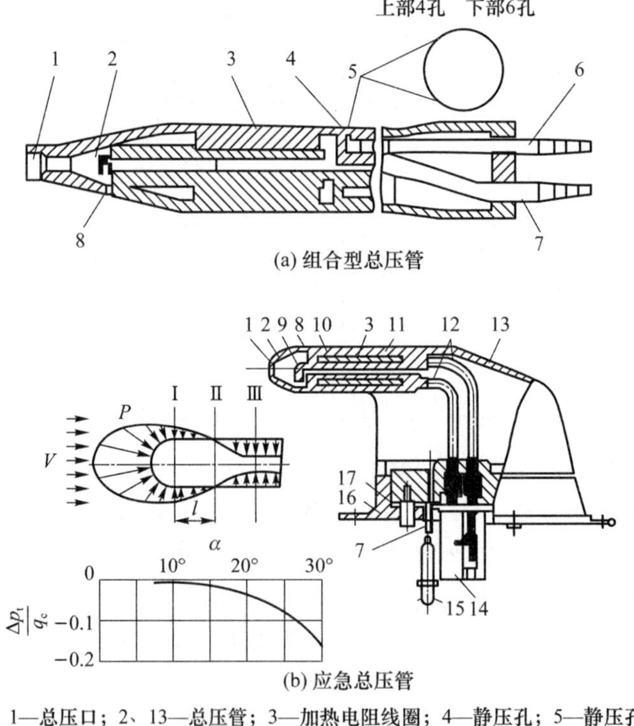

1—总压口；2、13—总压管；3—加热电阻线圈；4—静压孔；5—静压孔；6—静压总管；7—总压管；8—排水孔；9—挡板；10—外壳；11—总压通道；12—导线管；14—插座；15—总压接管嘴；16—基座；17—密封垫圈

图 9.3.6　总静压管和应急总压管

总静压系统与仪表关系如图 9.3.7 所示。

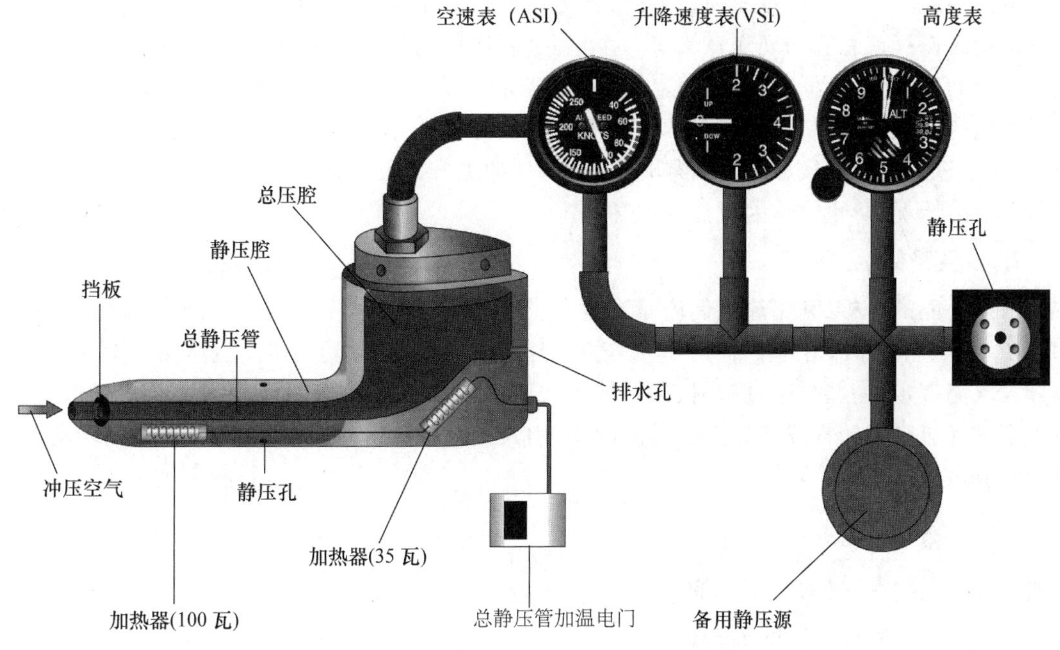

图 9.3.7　总静压系统和仪表关系图

9.4　总温测量

9.4.1　高速气流温度测量的特点

当飞行速度很高时，测量飞机周围大气的温度，涉及高速气流温度的测量；喷气式飞机的尾喷管中燃气流速近于声速的一倍半。因此测量喷气温度，也属于高速气流温度的测量。

当在两股流速不同、静态温度相同的气流中，插入同一个感温元件测量温度时，结果发现：在流速高的流体中所测得的温度比流速低的高；流速相差越大，两者相差也越大。显然，测量高速气流的温度时，必须考虑速度的影响。

1. 阻滞温度和动力温度的关系

上面所述的气流速度对温度测量结果的影响，实际上是由于感温元件对气流产生的阻滞作用引起能量间的转换。因此，在高速气流的温度测量中，必须引入阻滞温度和动力温度的概念。阻滞温度 T_t、静温 T_s 和动力温度 ΔT 之间的关系由空气动力关系得到

$$\begin{cases} T_t = T_s\left(1+\dfrac{k-1}{2}Ma^2\right) \\ T_t = T_s + \dfrac{k-1}{2}\cdot\dfrac{V^2}{kR} = T_s + \Delta T \end{cases} \tag{9.4.1}$$

式中：Ma——气流的马赫数；

V——气流的流速；

k——气流比热比，也称“绝热指数”；

R——气体常数。

由式(9.4.1)可见，气流流速提高时，动力温度将迅速增加，测得的总温也就越高。

测量高速气流总温的现实意义有两个：一是利用所测得的总温 T_t 与已知的流速(或马赫数)由式(9.4.1)计算得气流的静温，如大气温度等；二是由于安装在高速气流中的任一物体都会对气流产生阻滞作用，只是阻滞的程度不同而已，因此气流中物体所承受的温度均比气流的静温高，通过热量的交换，还同时影响到附近部件的温升，所以通过测量总温，可以了解气流中物体受热的情况，防止物体因过热而损坏。

2. 恢复系数 γ

根据上面的分析，利用热电偶测量高速气流温度时，理论上讲接点的温度 T_t'就是气流的总温 T_t，但实际上，T_t'始终小于 T_t 而大于 T_s(静温)。因为气流受热接点阻滞而产生的热量一部分被气流带走，一部分通过辐射、传导等形式而散失掉，所以实际的动力温度总小于理论值。为了表示气流动能转换成热接点热量的程度，引入一个参数——恢复系数 γ。γ 是实际动温与理论动温之比，即

$$\gamma=\frac{T_t'-T_s}{T_t-T_s} \tag{9.4.2}$$

显然，γ 始终小于1，最多等于1，即 $\gamma\leqslant1$。将式(9.4.2)代入式(9.4.1)，整理可得

$$T_t'=T_s+\gamma\frac{k-1}{2}\cdot\frac{V^2}{kR}$$

或

$$T_t'=T_s\left(1+\frac{k-1}{2}\gamma Ma^2\right) \tag{9.4.3}$$

由式(9.4.3)可见，由热电偶测得的实际总温 T_t'来计算气流静温，除必须知道流速 V(或 Ma)外，还得知道恢复系数 γ，静温计算的准确度与 γ 值的准确度关系很大。实验分析表明：γ 值的大小不仅与感温元件的结构、尺寸及在气流中的安装情况有关外，还受气流参数(速度、方向、黏性、导热性等)的影响。由式(9.4.1)与式(9.4.3)相减，可得

$$T_t-T_t'=(1-\gamma)\left(\frac{\frac{k-1}{2}Ma^2}{1+\frac{k-1}{2}Ma^2}\right)T_t$$

$$\frac{T_t'}{T_t}=1-(1-\gamma)\left(\frac{\frac{k-1}{2}Ma^2}{1+\frac{k-1}{2}Ma^2}\right) \tag{9.4.4}$$

定义 T_t-T_t'为速度误差，表示感温元件所测得的温度与理论总温之差。在一定的马赫数下，只有当 $\gamma=1$ 时，速度误差才能为零。在实际使用中，尽量提高 γ 值是一个措施。但是，由于存在热量的损失，γ 不会等于1，所以速度误差只能减小，不能消除。对于结构、安装已定的感温元件，如果能使 γ 值保持不变，则速度误差亦是一个定值，由测得的 T_t'值可准确地计算 T_t。因此，使 γ 稳定的方法在实际中也常被使用。

9.4.2 总温传感器

1. 二次阻滞式喷气温度传感器

图9.4.1所示为是几种测量总温的热电偶结构形式。实际测试表明，热电偶的结构和热

电偶与气流方向的相对位置不同，恢复系数 γ 也不同。图(a)中 $\gamma\approx0.7$，图(e)的 γ 值比较大而且稳定。γ 值还与结构尺寸有关。图 9.4.2 所示为图 9.4.1(e)型热电偶尺寸对 γ 与 Ma 的关系曲线的影响。图 9.4.1(e)的结构特点是在热电偶的外面加装了一个屏蔽罩，则在热接点的周围形成一个阻滞室。气流从进气口进入阻滞室，受到第一次阻滞，流速下降，气流的动能受到一次转换。在阻滞室内，低速流动的气流又受到热接点的第二次阻滞。二次阻滞的结果，使气流的大部分动能转换成了热能，从而提高了热接点的恢复系数 γ。实验表明，如果裸露式热电偶的热接点值 $\gamma=0.7\sim0.83$，加屏蔽罩实现二次阻滞后，热接点值 $\gamma=0.95\sim0.98$。为了增大气流对热接点的对流换热，减小导热和辐射热损失，在屏蔽罩上靠近接点的地方开了一个出气小孔(见图 9.4.2)，小孔的位置和大小对测量结果有很大影响。图中的四条曲线表示了小孔不同位置和大小对 γ 的影响。当然，屏蔽罩除提高 γ 外，还起保护热电偶、便于安装固定等作用。在某些飞机上测量喷气温度的热电偶就采取这种结构形式。

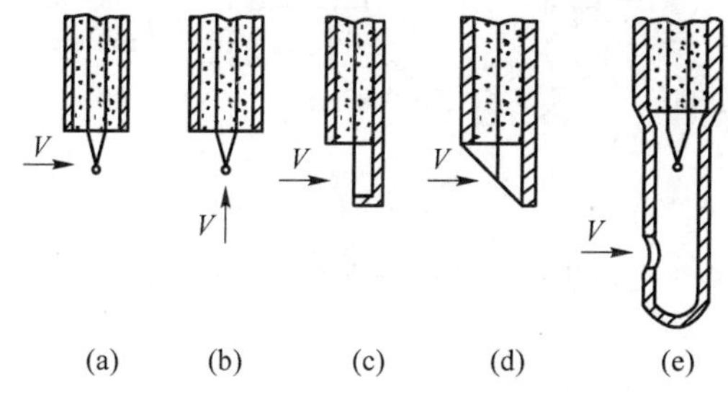

图 9.4.1　几种热电偶的结构形式

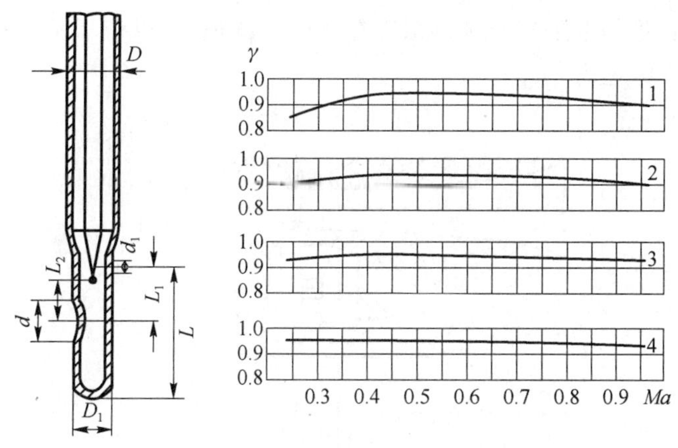

图 9.4.2　气流横向流过屏蔽套的热电偶 γ 与 Ma 关系曲线

由于在飞机尾喷管内喷气温度的分布不均匀，所以，在飞机上测量喷气温度时一般采用四个传感器均布在喷管某一截面的圆周上，感受所在处的喷气温度，通过传感器的适当连接，使温度表指示喷气温度的平均值。常用的热电偶连接方式有串联和串联-并联两种。图 9.4.3(a)是四个热电偶相互串联的形式，图 9.4.3(b)是四个热电偶两两串联后再相互并联。需要提高测量精度，可以增加传感器数量。采用串联联接时，总电势 $E_x=\sum_{i=1}^{4}E_{xi}$ 故对提高仪表指示灵敏度有利。但热电极的总电阻 $R_x=\sum_{i=1}^{4}R_{xi}$ 增加了回路总电阻，而且一旦有一个热电偶断路损坏时，将无法继续进行测量；串-并联接法时总电势虽比串联的小 $\left(E_x=0.5\left(\sum_{i=1}^{4}E_{xi}\right)\right)$，但热电极的等效电阻亦小(相当于一个热电偶的电阻)，而且当有一个热电偶断路时，喷气温度的测量仍能继续进行。图 9.4.3(c)所示为具有四个进气孔(有时也用两个进气孔)和一个出气孔的传感器，四个进气孔采集到喷管中不同位置上的喷气，同时进入阻滞室，所以热接点感受到的是喷气的平均温度。

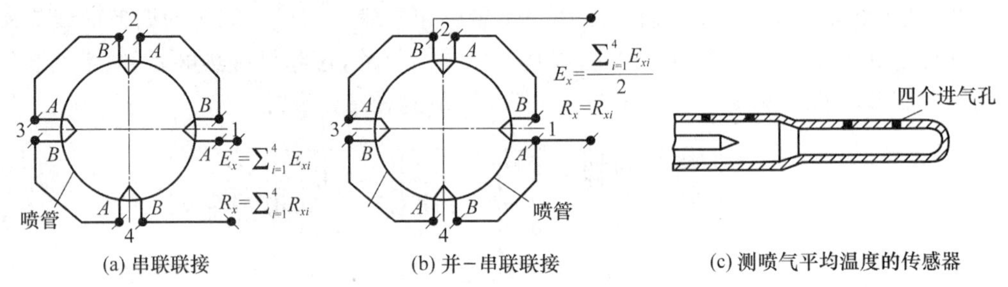

图 9.4.3　喷气温度传感器及联接

2. 大气总温传感器

图 9.4.4 是一种大气总温传感器结构图。测量大气总温是为了能够测量并解算大气静温。根据大气总温可能变化的范围和测量精度高等特点，大气总温传感器一般采用铂丝(也有采用镍丝)作热电阻，将热电阻丝绝缘地缠绕在薄壁紫铜环上，以获得良好的导热效果。而将紫铜环紧套在拉瓦管喉道内。

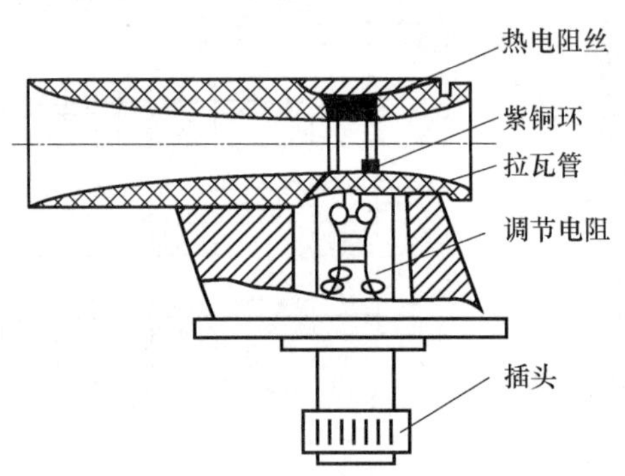

图 9.4.4　大气总温传感器结构图

拉瓦管的管截面沿轴线运动方向是先收缩、后扩张，中间的交接处截面积最小，此处称为拉瓦管喉道。根据空气动力学定律可以证明：当流入拉瓦管的气流流速达到或超过它的临界马赫数时，则不论来流流速多大，气流流经喉道时的流速均可达到 $Ma=1$。另外，由于气流具有黏性，当它流过拉瓦管壁面时，在壁面上形成附面层，附面层中贴近壁面的流体几乎受到全阻滞，流速降为零。紧套在喉管上的热电阻，将感受并测得气流的总温。

将喉道处 $Ma=1$ 及为 $k=1.4$ 代入式(9.4.4)，整理可得

$$T_t' = T_t \frac{1+\gamma/5}{1+1/5} = T_t N \tag{9.4.5}$$

式中：N 为热电阻品质系数，$N=(1+\gamma/5)/(1+1/5)$。

由此可见，当感温元件的 γ 一定时，N 就一定。因此，测得 T_t'，即可求得大气静温 T_s，即

$$\begin{cases} T_s = \dfrac{T_t'}{N(1+0.2\,Ma^2)} \\ t_s = \dfrac{T_t'}{N(1+0.2\,Ma^2)} - 273.16 \end{cases} \tag{9.4.6}$$

思考题与习题

9.1 说明迎(攻)角与侧滑角的物理意义，它们有什么不同？为什么必须对以上两个物理量进行测量？

9.2 从实际应用出发，请回答为什么要引用真实迎角与局部迎角这两个概念？

9.3 采用差压管式迎角传感器时，$p_4 - p_2 = 6$ kPa，$p_5 - p_2 = 2$ kPa，$p_1 - p_3 = 1.66$ kPa，试问：

① 此时的 α，β 各是多少？

② 若试验机 $K \approx 1.6$ 时，α，β 又各是多少？

9.4 根据“旋转风标式迎角传感器”与“零压差式迎角传感器”的工作原理，你觉得这两个传感器在飞机上应安装在什么位置？需要注意什么问题？

9.5 飞机飞行中引入了总压、静压的概念，它们各代表了什么物理意义？为什么必须进行以上两个物理参数的测量？

9.6 为什么说“了解产生总压误差的主要因素及其对总压误差的影响规律是十分必要的”？

9.7 产生总压误差的主要原因是什么？采用什么措施来减小总压的测量误差？

9.8 当 $Ma=1.5$ 时，求总压的相对误差？当 $Ma=3$ 时，求总压的相对误差？从中看出飞行马赫数的影响有什么规律？

9.9 为什么静压测量比总压测量困难得多？影响静压测量精度的主要因素是什么？

9.10 静压管在飞机上的正确安装位置是如何确定的？

9.11 无总压误差，马赫数相对误差为 0.15，当 $Ma=0.7$ 时，静压相对误差是多少？当 $Ma=3$ 时，静压相对误差又是多少？从中能得出什么结论？

9.12 分析应急总压管的结构，它在总压测量中起到什么特殊的作用？

9.13 高速气流的温度测量与一般温度测量有什么不同之处？

9.14 速度误差能够消除吗？为什么？如何减小它？

9.15 当 $\gamma=0.7$，$Ma=1$，$T_t=216$ K 时，速度误差是多少？当 $Ma=1.5$ 时，速度误差又是多少？

第 10 章　飞行姿态测量

10.1　概　述

飞机姿态的测量主要是指飞机姿态角和姿态角速度的测量，为飞行员提供俯仰角、倾斜角和转弯角速度等参数的模拟(或数字)显示，或为飞机上其他机载电子设备，如飞行指引系统、自动飞行控制系统和雷达等提供姿态角和姿态角速度信号。

飞机的俯仰角 θ 和倾斜角 γ 称为姿态角。取机体坐标系，使 Ox 轴(纵轴)沿翼弦指向前方(机头)，Oy 轴(竖轴)指向 Ox 轴的垂线并在飞机的对称平面内，而 Oz 轴(横轴)方向则沿右翼展开，则飞机的俯仰角 θ 为 Ox 轴与水平面之间的夹角，并以抬头时的 θ 为正；倾斜角 γ 是飞机的 Oy 轴与包括 Ox 轴的垂直平面之间的夹角，飞机右倾时为正，如图 10.1.1 所示。

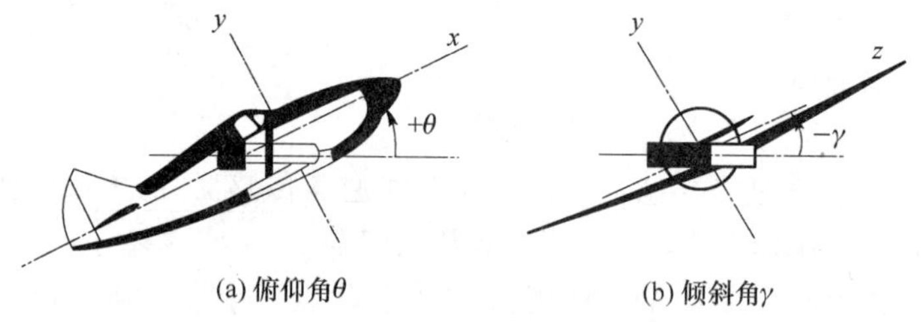

(a) 俯仰角θ　　(b) 倾斜角γ

图 10.1.1　飞机的姿态角

陀螺仪是测量运动物体角运动的一种装置，广泛应用于姿态角和姿态角速度的测量。本章以框架式陀螺仪为例阐述两自由度、单自由度陀螺仪的基本特性和应用，并简单介绍了挠性陀螺仪、静电陀螺仪、激光陀螺、光纤陀螺和谐振陀螺的结构和测量原理。

10.2　机电型框架陀螺仪

10.2.1　概　述

工程上实际应用的陀螺仪的核心是一个绕自转轴作高速旋转的转子。如图 10.2.1 和图 10.2.2 所示，为了测量飞机或其他航行体的姿态和航向及其变化，通常把转子安装在内框上，使转子高速旋转；结构上内框轴又安装在外框上。内框可以绕内框轴相对于外框自由转动，而外框又可以绕外框轴相对支架(表壳)自由转动，这种结构称为框架式陀螺。

陀螺仪自由度的数目在工程上有两种分法，按转子所具有的转动自由度的数目或按用于测量的测量轴的数目来分。按转子的转动自由度的数目，可分为三自由度陀螺仪和二自由度陀螺仪(参见图 10.2.1 和图 10.2.2)，俄罗斯多采用这种分法；按照可用于测量的测量轴的数目，则分为两自由度陀螺仪和单自由度陀螺仪，分别如图 10.2.1 和图 10.2.2 所示。这种分法多被美、英等国家采用，我国多数单位采用这种方法，本书也采用这种分类方法。

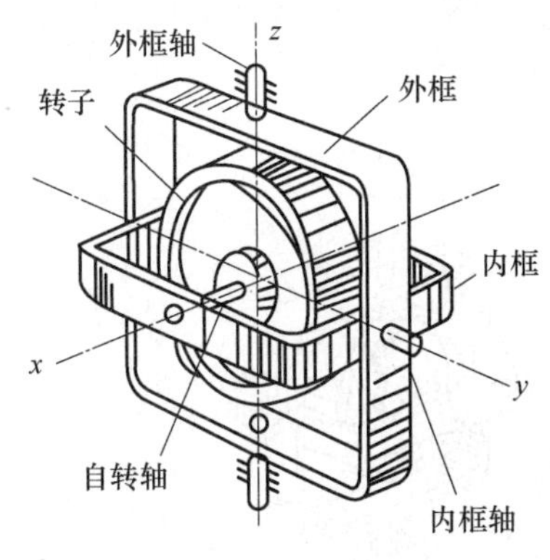

图 10.2.1　两自由度陀螺仪(三自由度陀螺仪)

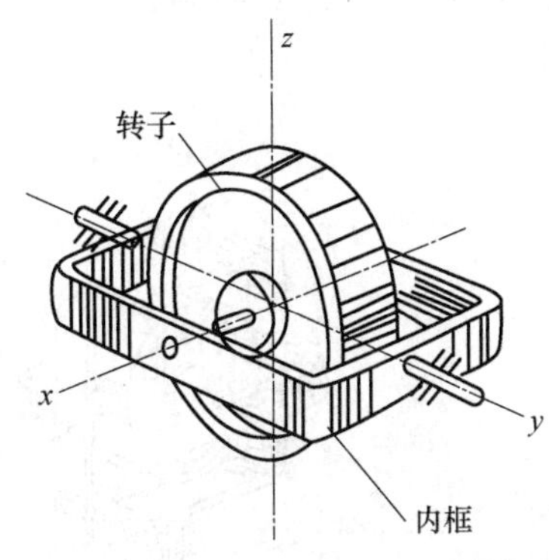

图 10.2.2　单自由度陀螺仪(二自由度陀螺仪)

陀螺仪框架轴上的支承一般采用滚珠轴承,但滚珠轴承的摩擦力矩限制了陀螺仪精度的进一步提高。在惯性导航系统中应用的高精度陀螺仪,为了进一步提高陀螺仪的工作精度,还采用了各种无环架的支承方法,主要有动压气浮支承、挠性支承和静电支承三种支承方法,消除环架轴上支承的摩擦。对于采用挠性支承和静电支承方式的陀螺,分别称为挠性陀螺和静电陀螺。

随着科学技术的发展,陀螺仪的概念已经从能够绕其对称轴作高速旋转的物体,发展为泛指测量运动物体相对惯性空间旋转的装置。由此,根据近代物理学原理做成的这类测量装置,无论它基于何种特性原理,也无论其是否具有角动量效应,均称为陀螺仪。例如,应用激光原理做成的测量转动角速度的装置,就叫作激光陀螺仪;应用各种基本粒子的陀螺磁效应做成的测量转角或角速度的装置,就叫作粒子陀螺仪。

10.2.2　两自由度陀螺仪特性

1. 两自由度陀螺仪的组成

两自由度陀螺仪是指自转轴具有两个转动自由度的陀螺仪,其基本组成如图 10.2.1 所示。陀螺转子借助自转轴上的一对轴承安装于内环中,内环借助内环轴上一对轴承安装于外环中,外环借助外环轴上的一对轴承安装于基座或仪表壳体中。自转轴线与内环轴线垂直且相交,内环轴线与外环轴线垂直且相交,这三根轴线相交于一点时,该交点称为环架支点。陀螺转子由电动或气动等驱动绕自转轴高速旋转,转子连同内环可绕内环轴转动,转子连同内环和外环又可绕外环轴转动。对转子而言,具有绕自转轴、内环轴和外环轴这三个轴转动的自由度。而对自转轴而言,具有绕内环轴和外环轴这两个轴转动的自由度。也就是说,由相互正交的内、外环轴给陀螺自转轴提供了两个转动自由度。

2. 两自由度陀螺仪的特性

(1) 进动性

如图 10.2.3(a)所示,两自由度陀螺仪受外力矩作用时,若外力矩 M 绕内环轴作用,则陀螺仪绕外环轴转动;若外力矩 M 绕外环轴作用,则陀螺仪绕内环轴转动,如图 10.2.3(b)所示。陀螺仪的转动方向与外力矩的作用方向不一致,而是与后者相垂直。为了同一般刚体的转动相区分,通常把陀螺仪这种绕着与外力矩方向相垂直方向的转动叫作进动,其转动角速度叫作进动角速度，有时还把陀螺仪进动所绕的轴叫作进动轴。进动性是两自由度陀螺仪的一个基本特性。

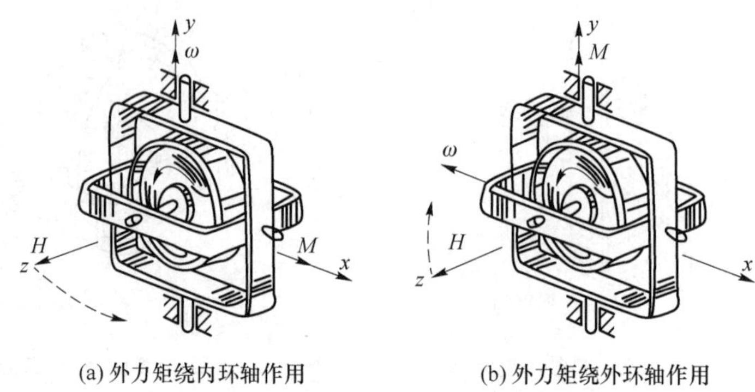

图 10.2.3　外力矩作用下陀螺仪的进动

陀螺进动角速度的方向，取决于角动量的方向和外力矩的方向。其规律如图 10.2.4 所示。

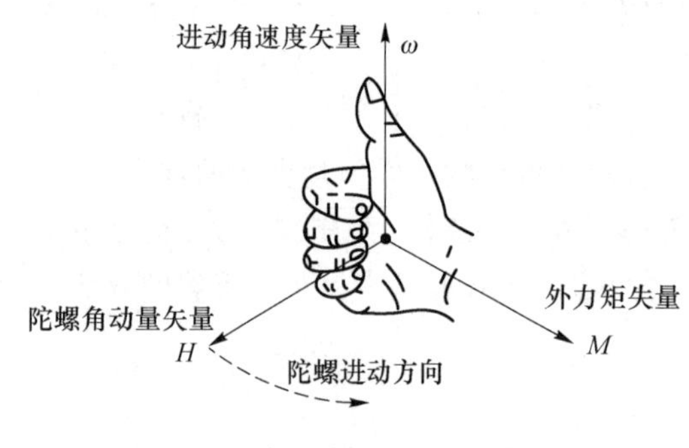

图 10.2.4　陀螺进动的方向

陀螺进动角速度 ω 的大小，取决于角动量 H 的大小和外力矩 M 的大小，计算式为

$$\omega=\frac{M}{H} \tag{10.2.1}$$

陀螺角动量 H 等于转子对自转轴的转动惯量 J_x 与转子自转角速度 Ω 的乘积，因此式(10.2.1)也可写成

$$\omega=\frac{M}{J_x\Omega} \tag{10.2.2}$$

式(10.2.1)和式(10.2.2)表明：进动角速度与外力矩成正比，与角动量成反比。若角动量和外力矩均为一定值时，进动角速度也保持为一定值。

(2) 陀螺力矩

陀螺力矩是陀螺仪进动的反作用力矩。

当外界对陀螺仪施加力矩使它进动时，陀螺仪也必然存在反作用力矩，其大小与外力矩的大小相等，而方向与外力矩的方向相反，并且是作用在给陀螺仪施加力矩的那个物体上。这就是陀螺反作用力矩，通常简称为陀螺力矩。可以描述为

$$T=H\times\omega \tag{10.2.3}$$

而陀螺力矩的方向如图 10.2.5 所示。

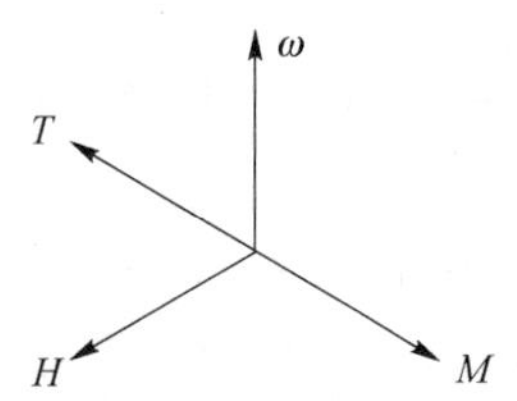

图 10.2.5　陀螺力矩的方向

陀螺反作用力矩或陀螺力矩就是转子内所有质点的哥氏惯性力所形成的哥氏惯性力矩。陀螺反作用力矩与一般刚体转动的反作用力矩不同之处在于，前者是陀螺进动时的惯性反抗而表现出的哥氏惯性力矩，后者则是刚体角加速转动时的惯性反抗而表现出的转动惯性力矩。这里陀螺力矩并不是作用在转子本身

上，而是作用在给陀螺仪施加力矩的那个物体上。

(3) 定轴性

① 陀螺仪的稳定性及其表现。

两自由度陀螺仪具有抵抗干扰力矩，力图保持其自转轴相对惯性空间方位稳定的特性，称为陀螺仪的稳定性，也常称为陀螺仪的定轴性。

在实际的陀螺仪结构中，总是不可避免地存在着干扰力矩，例如环架轴上支承的摩擦力矩、陀螺组合件的不平衡力矩以及其他因素引起的干扰力矩。在干扰力矩作用下，陀螺仪将产生进动，使自转轴偏离原来的惯性空间方位。由干扰力矩所引起的陀螺仪的进动，通常就称为漂移。设陀螺角动量为 H，作用在陀螺仪上的干扰力矩为 M_d，则陀螺漂移角速度 ω_d 可表示为

$$\omega_d=\frac{M_d}{H} \tag{10.2.4}$$

在干扰力矩作用下陀螺仪以进动的形式做缓慢漂移，这是陀螺仪稳定性的一种表现。陀螺角动量愈大，陀螺漂移也愈缓慢，陀螺仪的稳定性也就愈高。

当作用于陀螺仪的干扰力矩是冲击力矩时，自转轴将在原来的空间方位附近做锥形振荡运动。陀螺仪的这种振荡运动通常就称为章动。虽然陀螺仪在冲击力矩作用下会产生章动，但只要具有较大的角动量，陀螺章动的频率就很高，一般达每秒数百次以上，而其振幅一般小于角分的量级，即自转轴相对惯性空间的方位改变非常微小。

② 陀螺漂移率。

实际的陀螺仪总是存在着漂移或章动，使自转轴相对惯性空间改变方位。陀螺漂移率是衡量陀螺仪精度的主要指标。单位时间内的漂移角度称为漂移角速度。各类航空陀螺仪表对漂移率的要求如表 10.2.1所列。

表 10.2.1　各类航空陀螺仪的漂移率

陀螺仪表类型	对漂移要求/[(°)·h^{-1}]
速率陀螺仪	150～10
陀螺地平仪	30～10
航向陀螺仪	12～1
惯导系统中用的陀螺仪	0.01～0.001

③ 陀螺仪相对地球的表观运动。

如果陀螺仪的漂移率足够小，例如达到 0.1(°)/h 或更小的量级，则与地球自转引起的地球相对惯性空间的方位改变相比较，便可认为陀螺自转轴相对惯性空间的方位是不改变的。由于陀螺自转轴相对惯性空间的方位稳定，而地球以其自转角速度相对惯性空间转动，因此出现陀螺仪相对地球的转动。观察者以地球作为参考基准所看到的这种相对运动，称为陀螺仪的表观运动。

如图 10.2.6(a)所示，在地球任意纬度处放置一个陀螺仪，并使其自转轴处于当地垂线位置，陀螺自转轴逐渐偏离当地垂线，而相对地球作圆锥轨迹的转动，每 24 小时转动一周。

如图 10.2.6(b)所示，若使这个陀螺仪的自转轴处于当地子午线位置，陀螺自转轴逐渐偏离当地子午线，而相对地球作圆锥轨迹的转动，每 24 小时转动一周。

这种由表观运动所引起的陀螺自转轴偏离当地垂线或子午线的误差，称为陀螺仪的表观误差。因此，若要使陀螺自转轴始终保持在当地垂线或子午线方位，则必须对陀螺仪施加一定的修正力矩，使其自转轴以当地垂线或子午线的转动角速度相对惯性空间进动。

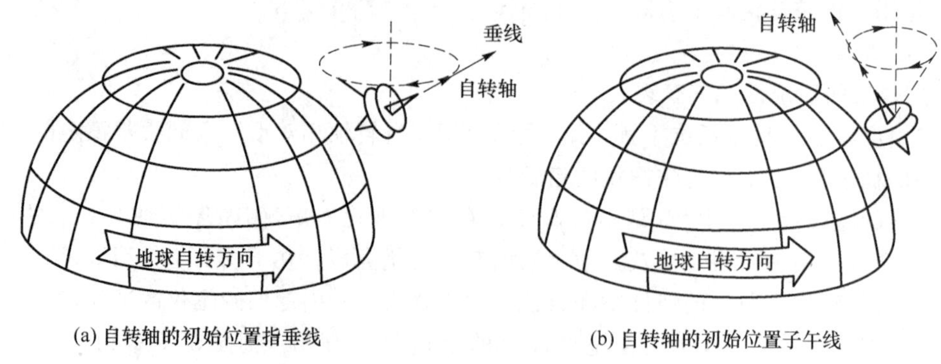

(a) 自转轴的初始位置指垂线　　(b) 自转轴的初始位置子午线

图 10.2.6　在任意纬度处陀螺仪的表观运动

3. 两自由度陀螺仪的应用

在航空上,两自由度陀螺仪广泛用来做成测量飞机姿态和航向的仪表,例如陀螺地平仪,垂直陀螺仪及其全姿态组合陀螺仪,航向陀螺仪等;高精度的两自由度及单自由度陀螺仪则用作惯导陀螺稳定平台和捷联式惯导系统的敏感元件。

(1) 陀螺地平仪

陀螺地平仪是应用两自由度陀螺仪做成的陀螺仪表,它利用陀螺仪的定轴性和修正摆对地垂线的选择性,通过陀螺修正器对陀螺地平仪进行修正,使陀螺地平仪在飞机上建立一个精确而稳定的垂线基准或水平面基准。

修正摆安装在陀螺仪的内环或转子上,在工程中常常使用重力摆或液体摆做成的电气开关。重力摆在使用中不仅敏感地产生垂线的偏离角度,同时还产生修正力矩将陀螺地平仪的自转轴修正到地垂线方向;液体摆敏感自转轴不同方向的偏角,并且输出一个正比于偏离角度大小的电信号,根据该信号的大小产生等比例的修正力矩,将陀螺地平仪的自转轴修正到地垂线方向。

陀螺地平仪的自转轴能够重现出垂线,当飞机俯仰或倾斜时,自转轴并不会跟随飞机一起俯仰或倾斜,仍然是稳定在垂线位置上,即陀螺仪绕内、外环轴都仍然保持稳定,因而测量飞机的俯仰角和倾斜角就有了比较的基准。为了直接测得这些角度,陀螺地平仪在飞机上有两种基本的安装方式:一是外环轴平行于飞机的纵轴安装,称为纵向安装;二是外环轴平行于飞机的横轴安装,称为横向安装。

如图 10.2.7 所示,陀螺地平仪沿飞机纵轴安装,它由两自由度陀螺仪、修正装置、指示机构和控制机构四部分组成。

① 两自由度陀螺仪是陀螺地平仪的基础部分,它由陀螺电动机、内环和外环构成。当仪表进入正常工作状态时,自转轴重现出垂线,环架轴则作为姿态角的测量轴。

② 修正装置由敏感元件和执行元件组成。敏感元件通常采用液体开关,安装在内环上,用来敏感自转轴相对垂线的偏差并送出信号。执行元件通常采用修正力矩电机,安装在内、外环轴方向,用来产生修正力矩以消除自转轴相对垂线的偏差。

③ 指示机构或信号传感器。指示机构用来给飞行员提供飞机姿态角的判读指示,信号传感器用来给地平指示器、自动驾驶仪或其他机载特种设备提供飞机姿态角的电气信号。

④ 控制机构是为了满足飞机战术技术性能对仪表的要求而设计的。例如:随动环装置,

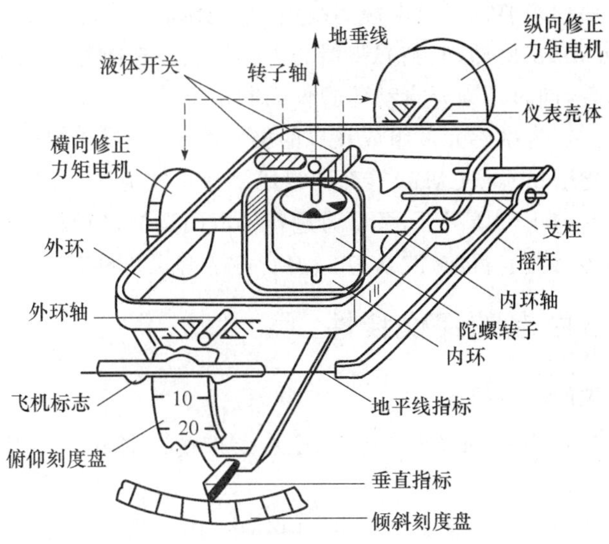

图 10.2.7　陀螺地平结构仪结构原理图

是歼击机地平仪在 360°范围内测量飞机姿态角的装置；锁定装置，是仪表起动时或机动飞行后使自转轴迅速恢复到垂线的装置。

(2) 垂直陀螺仪及姿态系统

垂直陀螺仪与航空地平仪测量原理基本相同，仅在用途上有区别。垂直陀螺仪是作为传感器使用的两自由度陀螺仪，它能输出与姿态角成比例的电信号，成为自动驾驶仪的姿态传感器，或送到其他需要姿态角信号的机载设备中去。

垂直陀螺仪主要由垂直陀螺仪组件和电子监控组件两部分组成。

垂直陀螺仪组件的结构原理如图 10.2.8 所示，它由一个纵向安装的两自由度陀螺，俯仰、倾斜修正力矩马达，俯仰、倾斜液体开关，俯仰、倾斜直立修正断开电门（液体电门），俯仰、倾斜同步传感器（即角同步发送器），轴端间隙限制器以及摆锤等部件组成。

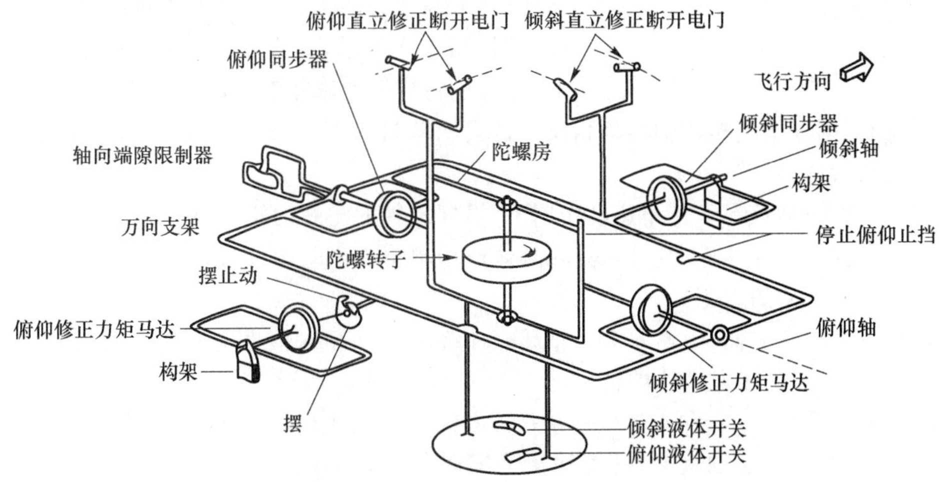

图 10.2.8　垂直陀螺仪结构原理

电子监控组件主要用来监控供电电源的线电压、陀螺转子转速、力矩马达的控制和激磁、快慢修正、直立和切断，以及俯仰、倾斜同步器的工作情况。在故障情况下发出警告信号，使指引指示器上警告旗出现，同时还断开自动驾驶仪的联锁电路。

近代飞机以垂直陀螺为敏感元件组成飞机的姿态系统，并形成中心姿态信号源，通常由两套垂直陀螺仪和姿态指引指示仪(ADI)等部件组成。在正常情况下，两套系统分别为正、副驾驶员提供姿态显示。在非正常情况下，可以通过转换电门选择，使两个指示器指示的姿态信息都来自一个垂直陀螺传感器。目前，波音707、波音737等飞机都有这种配置。

10.2.3 单自由度陀螺仪特性

1. 单自由度陀螺仪的基本组成

单自由度陀螺仪是指自转轴具有一个转动自由度的陀螺仪。其基本组成如图10.2.2所示。

陀螺转子借助自转轴上的一对轴承安装于内环中，内环借助内环轴上的一对轴承安装于基座或仪表壳体中。对转子而言，具有绕自转轴和内环轴这两个轴转动的自由度；对自转轴而言，具有绕内环轴转动的自由度。也就是说，由内环轴给陀螺自转轴提供了一个转动自由度。

2. 单自由度陀螺仪的特性

与两自由度陀螺仪相比，单自由度陀螺仪只有一个框。相对基座而言，它少了一个转动自由度，故其运动特性与两自由度陀螺仪不同。

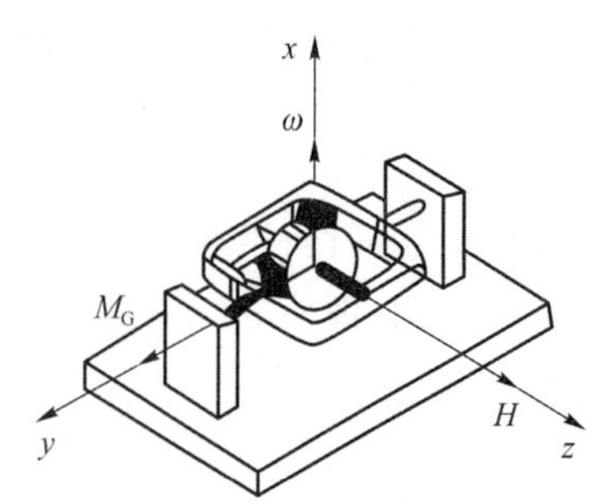

图 10.2.9 基座转动时的陀螺力矩

对图10.2.9所示的单自由度陀螺，当基座绕陀螺自转轴(z轴)或框架轴(y轴)转动时，仍然不能直接带动转子一起转动，框架仍然起到隔离基座角运动的作用。但是，当基座绕x轴以角速度ω转动时，情况就不同了。陀螺仪绕该轴没有转动自由度，所以基座转动时将通过框架轴上一对轴承带动框架连同转子一起绕x轴转动，可称之为强迫进动，从而出现陀螺力矩M_G，方向如图10.2.9所示，其大小为$H\omega$。在陀螺力矩作用下，陀螺仪将绕框架轴相对基座转动并出现转角。若基座角速度反向，则框架绕框架轴转角相反。这表明单自由度陀螺仪具有敏感绕其缺少自由度轴线的角运动特性。

若单自由度陀螺仪在牵连角速度作用下，沿框架轴的陀螺力矩没有其他力矩与它平衡，此时陀螺绕框架轴必然加速进动。但是，在具体应用单自由度陀螺仪时，总会在出现框架转角后形成与陀螺力矩平衡的力矩。

对单自由度陀螺仪而言，输入为基座即壳体绕输入轴相对惯性空间转动角速度和角加速度，输出则为绕框架轴相对壳体的转角。

取框架坐标系$Ox_by_bz_b$和壳体坐标系$Ox_cy_cz_c$，两个坐标系原点均与陀螺仪的支承中心重合，其中z_c轴与自转基准轴重合(陀螺输出为零时的自转轴位置)，x_c轴为输入轴，框架轴y_c(y_b)为输出轴。陀螺仪绕框架轴相对壳体转动的角加速度、角速度和转角分别为$\ddot{\beta}$，$\dot{\beta}$和β，壳体绕壳体坐标系相对惯性空间转动角加速度分别为$\dot{\omega}_x$，$\dot{\omega}_y$和$\dot{\omega}_z$，角速度分别为ω_x，ω_y和ω_z，如

图 10.2.10 所示。

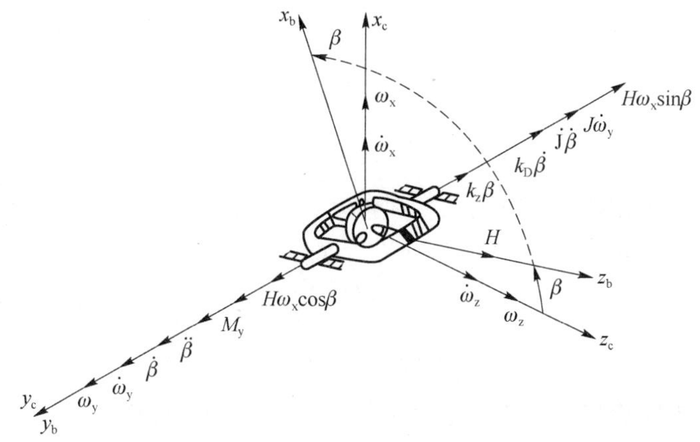

图 10.2.10　单自由度陀螺仪的坐标系及有关力矩

设陀螺仪装有弹性元件，弹性约束系数为 k_s，则当陀螺仪相对壳体转动 β 角时的弹性约束力矩为

$$M_s = k_s\beta \tag{10.2.5}$$

设陀螺受到黏性约束，阻尼系数为 k_D，则有阻尼力矩为

$$M_d = k_D\dot{\beta} \tag{10.2.6}$$

陀螺仪绕输出轴的转动惯量设为 J，当输出有 $\ddot{\beta}$ 以及壳体绕 y_c 轴相对惯性空间出现 $\dot{\omega}_y$ 时，就有沿输出轴的相对转动惯性力矩和牵连转动惯性力矩，即

$$M_y = -J\ddot{\beta} - J\dot{\omega}_y \tag{10.2.7}$$

陀螺角动量设为 H，因存在 ω_x 和 ω_y，沿输出轴的陀螺力矩为

$$M_G = H\omega_x\cos\beta - H\omega_z\sin\beta \tag{10.2.8}$$

根据动静法，可写出绕输出轴的力矩平衡方程，移项后得

$$J\ddot{\beta} + k_D\dot{\beta} + k_s\beta = H(\omega_x\cos\beta - \omega_z\sin\beta) - J_y\dot{\omega}_y + M_y \tag{10.2.9}$$

在进行基本特性分析时，可忽略干扰项的影响，并认为转角 β 为小角度，于是得

$$J\ddot{\beta} + k_D\dot{\beta} + k_s\beta = H\omega_x \tag{10.2.10}$$

根据约束情况的不同，一般将单自由度陀螺仪分为以下三种类型：

(1) 速率陀螺仪

绕输出轴的转动只受弹性约束，稳态时有

$$k_s\beta = H\omega_x \tag{10.2.11}$$

即

$$\beta = \frac{H\omega_x}{k_s} \tag{10.2.12}$$

这表明单自由度陀螺仪输出信号与输入角速度成比例。

(2) 速率积分陀螺仪

绕输出轴的转动只受黏性约束，稳态时有

$$k_D\,\dot{\beta}=H\omega_x \tag{10.2.13}$$

即

$$\beta=\frac{H}{k_D}\int\omega_x\,\mathrm{d}t \tag{10.2.14}$$

这表明单自由度陀螺仪输出信号与输入角速度的积分成比例。

(3) 重积分陀螺

绕输出轴的转动既无弹性约束也无黏性约束,仅由框架组件的惯性建立动态特性有

$$J\ddot{\beta}=H\omega_x \tag{10.2.15}$$

即

$$\beta=\frac{H}{J}\iint\omega_x\,\mathrm{d}t\,\mathrm{d}t \tag{10.2.16}$$

这表明单自由度陀螺仪输出信号与输入角速度的重积分成比例。

3. 单自由度陀螺仪的应用

单自由度陀螺仪广泛用来组成测量飞机角速度的仪表,例如显示飞机转弯速度的转弯仪;也可作角速度传感器,输出与角速度成比例的电信号,送入需要角速度信息的地方。

当测量飞机绕立轴的角速度时,航向角速度传感器的内框轴与飞机纵轴平行,自转轴与飞机横轴平行,测量轴(输入轴)与飞机立轴平行;当测量飞机绕纵轴的角速度时,倾斜角速度传感器的内框轴与飞机横轴平行,自转轴与飞机立轴平行,测量轴与飞机纵轴平行;当测量飞机绕横轴的角速度时,俯仰角速度传感器的内框轴与飞机立轴平行,自转轴与飞机纵轴平行,测量轴与飞机横轴平行。它们在飞机上的安装方法如图 10.2.11 所示。

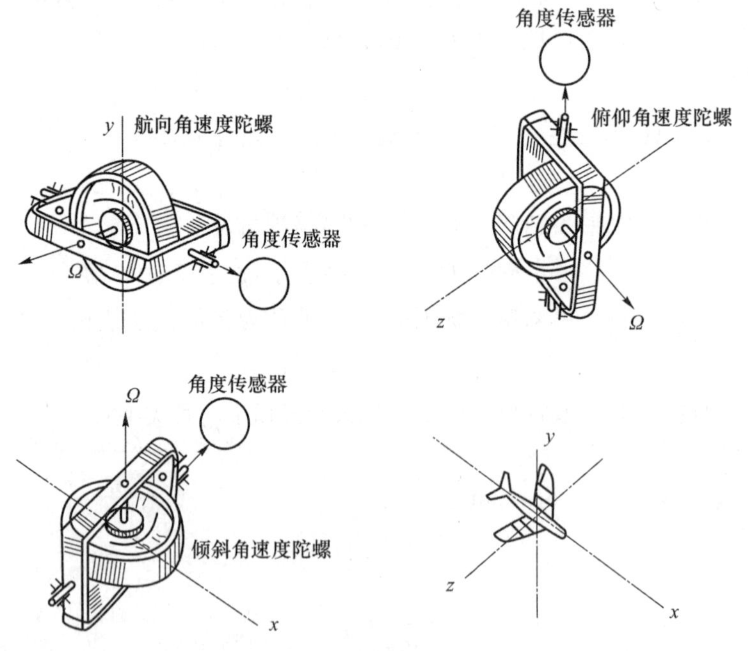

图 10.2.11 飞机角度速度的测量

(1) 速率陀螺仪及液浮式结构

速率陀螺仪在单自由度陀螺仪的基础上增设了弹性元件、阻尼器和角度输出装置,其构成

原理和方块图可用图 10.2.12 表示。

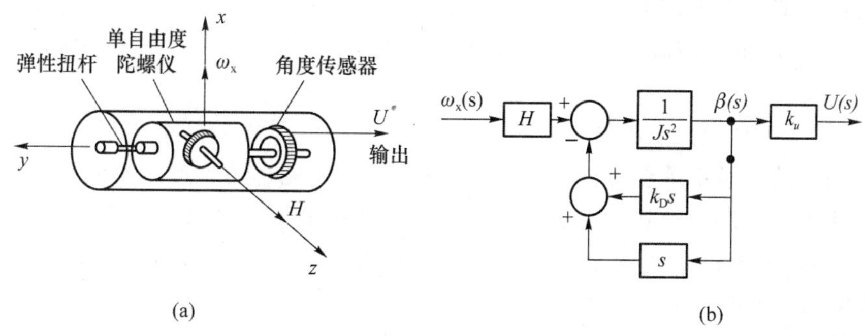

图 10.2.12　速率陀螺仪的构成原理和方块图

速率陀螺仪工作特性的微分方程为

$$\ddot{U}+2\xi_n\dot{U}+\omega_n^2U=\omega_n^2k_u\frac{H}{k_s}\omega_x \tag{10.2.17}$$

式中：k_u——角度传感器的刻度系数，$U=k_u\beta$；

ω_n——固有角频率，$\omega_n=\sqrt{\frac{k_s}{J}}$；

ξ_n——阻尼比系数，$\xi_n=\frac{k_D}{2\sqrt{Jk_s}}$。

稳态输出电压为

$$U=K_u\omega_x \tag{10.2.18}$$

这表明速率陀螺仪稳态输出电压 U 与输入角速度成正比。

速率陀螺仪的传递函数为

$$W(s)=\frac{U(s)}{\omega_x(s)}=\frac{K_u\omega_n^2}{s^2+2\xi_n\omega_n s+\omega_n^2} \tag{10.2.19}$$

速率陀螺仪在工程中有框架式结构和液浮式结构两种。框架式速率陀螺仪如图 10.2.13 所示，由单自由度陀螺仪、阻尼器和平衡弹簧组成，其输出装置可以是指示器或其他形式(图中未示)。液浮式速率陀螺仪如图 10.2.14 所示，由单自由度陀螺仪、弹性扭杆、浮液和信号传感器几个部分组成。液浮结构可以减小内框轴上的摩擦，并由浮液获得所需的阻尼，提高陀螺仪的精度。速率陀螺仪输出装置可有多种结构形式，其输出信号大小与转角 β 成比例。

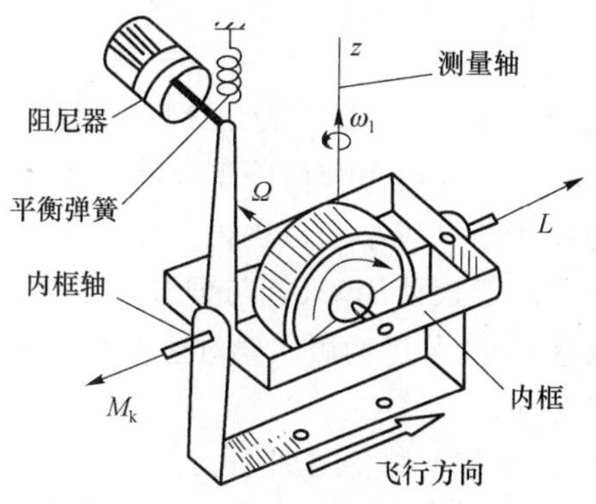

图 10.2.13　框架式速率陀螺仪原理图

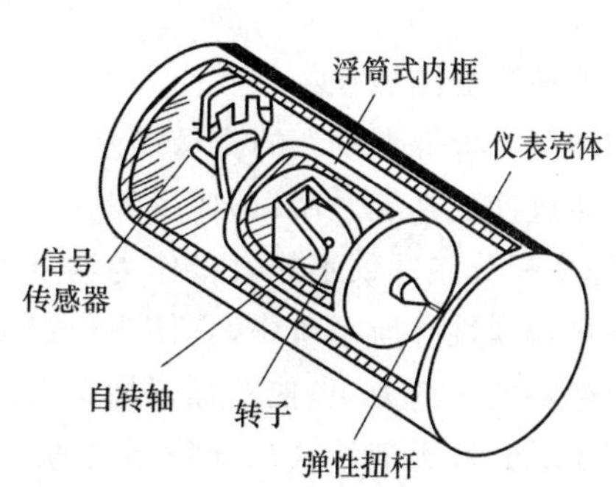

图 10.2.14　液浮式速率陀螺仪原理图

液浮式速率陀螺仪中单自由度陀螺仪一般是机械式框架陀螺，做成浮筒形式。浮子圆筒外表面与壳体中部内表面构成的间隙，一般为 0.2 mm 左右。其中充以大密度、高粘度的浮液，以产生浮力和阻尼，并提高陀螺仪抗振、抗冲击性能。信号传感器把输出转角变换成电压信号。

液浮式速率陀螺仪有“全液浮”与“半液浮”两种。全液浮式的是指实现了中性浮动条件，它可使内框轴上的支承不承受负荷，从而使摩擦力矩减到极小的程度。半液浮式指的是浮力小于重力而达不到中性浮动状态。虽然半液浮式工作精度不如全液浮的高，但它可使陀螺结构简单紧凑，装配平衡较为容易，而且也能部分减小支承摩擦，它的工作精度较非液浮式高。

(2) 速率积分陀螺仪及液浮式结构

速率积分陀螺仪的构成原理和方块图分别如图 10.2.15(a)和(b)所示。它在单自由度陀螺仪的基础上增设了阻尼器和角度传感器。同速率陀螺仪相比，它缺少了弹性元件，在动力学中阻尼力矩起主要作用。实际的速率积分陀螺仪均为液浮式结构。

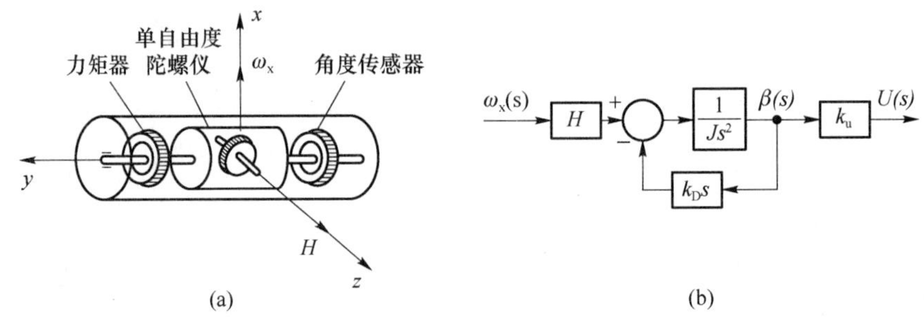

图 10.2.15 速率积分陀螺仪的构成原理和方块图

在仅有黏性约束的情况下，令 $k_s=0$，得单自由度速率积分陀螺仪的动力学方程

$$J\ddot{\beta}+k_D\dot{\beta}=H\omega_x \tag{10.2.20}$$

将 $U=K_u\beta$ 关系代入上式，得用电压信号作为输出量的微分方程为

$$T\ddot{U}+\dot{U}=k_u\frac{H}{k_D}\omega_x \tag{10.2.21}$$

式中：T 为速率积分陀螺仪的时间常数，$T=\frac{J}{k_D}$。

速率积分陀螺仪的传递函数为

$$W(s)=\frac{U(s)}{\omega_x(s)}=\frac{K_u}{s(Ts+1)} \tag{10.2.22}$$

由速率积分陀螺仪结构特点可知，一旦有牵连角速度 ω_x，则框架转角 β 将随时间而增大，较大的转角 β 将带来较大的测量误差；而当转角 β 接近或达到 90°时，陀螺仪将丧失敏感沿输入轴的角运动的功能。所以，速率积分陀螺仪只能在转角 β 较小的范围内工作。正因为这个原因，速率积分陀螺仪不能直接作为测量飞机角位移的仪表使用，只能与伺服回路协同工作。例如在平台惯性导航系统中，它作为稳定平台的敏感元件，通过伺服回路对速率积分陀螺仪形成内框架轴的平衡力矩，使陀螺仪始终工作在零位附近。

图 10.2.16 为液浮式积分陀螺仪的结构原理图。其基本结构与图 10.2.14 所示液浮式速率陀螺相似，由单自由度陀螺仪、信号传感器、力矩器和温控装置几个部分组成。液浮速率积

分陀螺仪是惯性导航使用的陀螺仪。

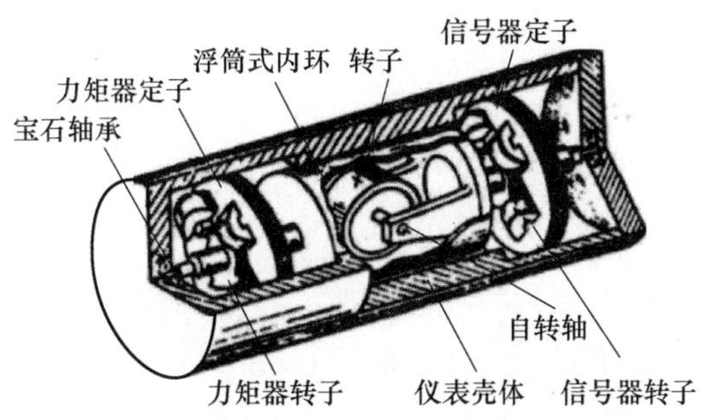

图 10.2.16　液浮式积分陀螺仪的结构原理图

(3) 力反馈式速率陀螺仪

前面介绍的速率陀螺仪使用的弹性元件是机械弹簧，框架转角大小除与输入角速度有关外，还与弹性约束系数 k_s 有关。一方面在工作时 k_s 不易保持性能稳定，另一方面 k_s 难以适应宽的测量角速度范围要求。因此设计了力反馈式速率陀螺，用力矩再平衡回路取代机械弹簧。图 10.2.17 为力反馈式速率陀螺仪的构成原理和方块图，单自由度陀螺仪输出轴上的角度传感器的输出电压，经放大器放大并转换成电流，送入同轴的力矩器，形成一个沿内框轴的再平衡力矩。这是一个闭环反馈回路，陀螺处于闭环状态下工作。

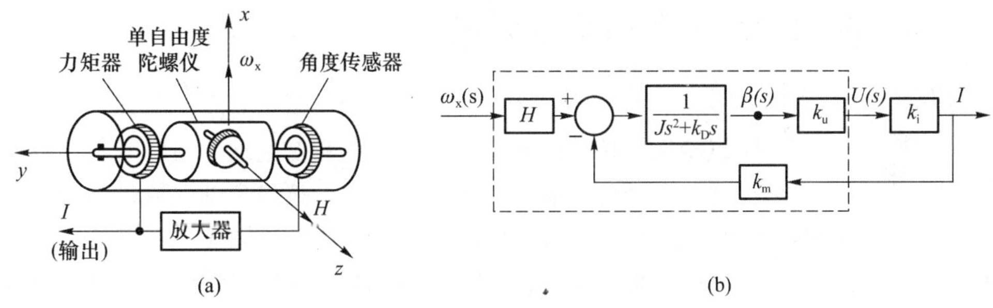

图 10.2.17　力反馈式速率陀螺仪的构成原理和方块图

角度传感器输出电压为

$$U = k_u \beta \tag{10.2.23}$$

设放大器的电压电流变换系数为 k_i，则输出电流为

$$I = k_i U = k_u k_i \beta \tag{10.2.24}$$

设力矩器的标度系数为 k_m，则反馈力矩为

$$M_s = k_m I = k_u k_i k_m \beta \tag{10.2.25}$$

可见此反馈力矩(再平衡力矩)与陀螺转角大小成比例，因按负反馈方式工作，其方向则与内框偏转角方向相反。

由角度传感器、放大器和力矩器组成的闭环反馈回路又称为力矩再平衡回路，其功能与机械弹簧相同，但它是用电气方法实现，故又称为“电弹簧”，而系数乘积 $k_u k_i k_m$ 即为其弹性约束系数。将式(10.2.11)中的 k_s 代以 $k_u k_i k_m$，则可得以电流 I 为变量的微分方程为

$$\ddot{I} + 2\xi_n \omega_n \dot{I} + \omega_n^2 I = \omega_n^2 \frac{H}{k_m} \omega_x \tag{10.2.26}$$

式中：ω_n——固有角频率，$\omega_n=\sqrt{\frac{k_u k_i k_m}{J}}$；

ξ_n——阻尼比，$\xi_n=\frac{k_D}{2J\omega_n}=\frac{k_D}{\sqrt{Jk_u k_i k_m}}$。

稳态输出电流为

$$I=\frac{H}{k_m}\omega_x \quad 或 \quad I=K_I\omega_x \tag{10.2.27}$$

式中：K_I为陀螺仪的刻度系数，$K_I=\frac{H}{k_m}$。

与一般速率陀螺仪相比，力反馈式速率陀螺仪具有测量精度高、性能稳定和动态性能好的优点。在力反馈式速率陀螺仪中，力矩器不仅是施矩元件，而且也是测量元件，整个陀螺仪的性能在很大程度上取决于力矩器的性能。因此，要求力矩器的刻度系数具有高的稳定性、线性度和对称性。在捷联式惯性导航系统中，要求刻度系数的稳定度达10^{-6}/月，线性度优于10^{-5}/月，不对称性小于千分之几。

(4) 转弯仪

转弯仪是一种单自由度速率陀螺仪。它用来指示飞机转弯(或盘旋)的方向，并粗略反映飞机转弯的快慢程度。有些转弯仪还用于指示某一飞行速度下飞机无侧滑转弯时的倾斜角。在飞机转弯过程中，转弯仪往往与侧滑仪配合使用。

10.2.4 陀螺稳定平台的基本原理

1. 陀螺稳定平台的概念

陀螺稳定平台是利用陀螺特性直接或间接地使某一物体相对地球或惯性空间保持给定位置或按给定规律改变起始位置的一种陀螺装置。陀螺稳定平台按稳定轴的数目不同可分为单轴陀螺稳定平台、双轴陀螺稳定平台和三轴陀螺稳定平台(又称空间陀螺稳定平台)。

如果陀螺稳定平台是做成相对地球稳定的，则在平台的测量轴上还能输出飞机的俯仰角、倾斜角和航向角，向自动驾驶仪、自动领航仪、飞行指引仪、高空照相和天文观测系统等同时输出信号，起到一物多用的作用，故又称中心陀螺仪。

陀螺稳定平台把陀螺仪仅仅作为一个敏感元件装在平台上，利用平台轴作测量轴，并用专门的自动调节系统来承受大的干扰力矩。当绕平台轴有较大的干扰力矩时，陀螺仪输出表明平台受到力矩干扰的信号，根据此信号由稳定系统给出平衡力矩来抵消这个干扰力矩，从而使平台绕平台轴保持角位置稳定，这样就能保证在大的干扰力矩下，具有较高的测量精度。陀螺稳定平台的工作特点是既可以在绕其测量轴方向承受较大的干扰负荷力矩，而又能比较精确地输出测量角度。

2. 单轴陀螺稳定平台的基本原理

图 10.2.18 为单轴陀螺稳定平台示意图。它由平台、速率积分陀螺仪、放大器、伺服电机、减速器等组成，要求平台绕平台轴相对空间保持方位稳定或跟踪空间变动的方位。

该稳定平台利用液浮式速率积分陀螺仪的高灵敏度，能感受绕输入轴非常小的角速度，与平台的电子线路、伺服电机等组成闭合回路，使平台稳定在空间方位，且有高的方位稳定精度。

速率积分陀螺仪的输入轴与平台轴(或称稳定轴)重合或平行，伺服电机经减速器传递到平台上，可带动平台绕平台轴转动。若伺服电机采用永磁式直流力矩电机，则无须减速器。

当平台受到某种干扰力矩而绕平台轴转动，平台偏离原来的空间方位时，速率积分陀螺将敏感这个转动，于是陀螺仪将绕内框轴转动，出现转角 β，信号传感器输出电压信号，信号经放大器放大、变换后控制伺服电机，伺服电机产生转矩经减速器传递到平台上，转矩将克服平台上的干扰力矩，从而使平台绕平台轴相对惯性空间保持方位稳定，也即平台恢复到初始方位。

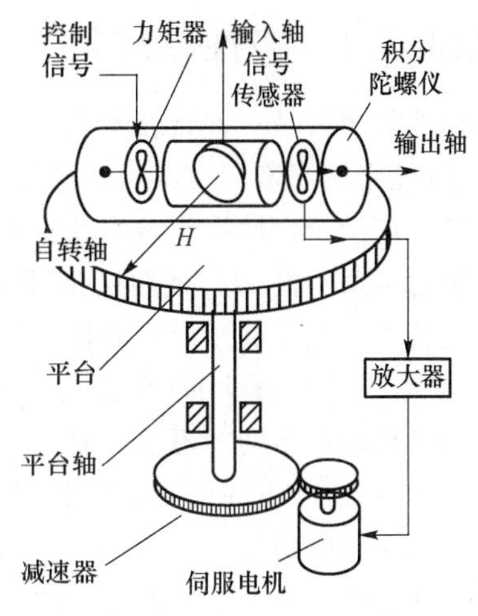

图 10.2.18　单轴陀螺稳定平台示意图

当基座绕平台轴方向转动而带动平台转动，使平台偏离初始方位时，速率积分陀螺仪同样敏感到这个转动而输出电压信号，伺服电机同样产生转矩，经减速器转动平台朝相反方向转动。在稳态情况下，基座绕平台轴相对惯性空间转动角速度等于伺服电机反向转动平台的角速度时，平台绕平台轴保持在初始的空间方位。以上所述的平台工作状态称为平台的空间稳定状态。

如果需要平台相对一新的方位保持稳定，那么得要求平台以一定的角速度转动，跟踪要求的方位。这时可将控制信号(或称控制指令)输入到速率积分陀螺仪的力矩器，使力矩器产生一个绕内框轴的控制力矩。在控制力矩作用下，陀螺仪将产生绕输入轴方向的进动趋势。由于内框轴上支承的约束，陀螺仪绕内框轴出现转角，信号传感器同样会输出电压信号，信号经放大、变换后输入伺服电机，伺服电机的转矩通过减速器带动平台绕平台轴转动。在稳态情况下，平台的转动角速度恰好等于控制信号要求的进动角速度。

单轴陀螺稳定平台可以绕一个轴相对惯性空间保持方位稳定。在惯性导航系统中使用的是三轴陀螺稳定平台，它可以绕三根轴相对惯性空间保持方位稳定。在三轴陀螺稳定平台中，需要三套由速率积分陀螺仪、电子线路及伺服电机等组成的闭合回路。

虽然双轴和三轴陀螺稳定平台在结构上与单轴陀螺稳定平台有区别，而且两个轴或三个轴间有相互交连的影响，但双轴和三轴陀螺稳定平台与单轴陀螺稳定平台的基本原理相同，此处不赘述。

10.3　其他类型的陀螺仪

框架式陀螺仪采用框架装置并用滚珠轴承支承，尽管在工艺上可以把滚珠轴承做得很精密，然而要使陀螺漂移率达到惯导级的 0.001～0.01 (°)/h 精度要求，相当困难。

为了减小框架上支承的摩擦力矩，相继出现了液浮陀螺、挠性支承的挠性陀螺仪和静电支承的静电陀螺仪，它们仍然为转子型的机电陀螺仪。此外，近 20 年发展起来的无转子的陀螺仪(如激光陀螺仪、光纤陀螺仪、半球谐振陀螺仪等)漂移率都可做到 0.01(°)/h 或优于0.01 (°)/h。

10.3.1 挠性陀螺仪

挠性陀螺仪是一种具有弹性支承的陀螺仪,其结构示意图如图 10.3.1 所示。它主要由陀螺转子(纯金属高密度飞轮)、挠性接头、驱动轴、磁滞马达、信号传感器和力矩器等组成。

转子借助于挠性接头与驱动轴相连,驱动电机带动驱动轴经挠性接头使转子高速旋转,从而产生陀螺角动量 H。挠性接头沿轴向不能拉伸或压缩,却可以绕垂直于自转轴的两个正交轴方向转动。因而高速旋转的转子具有定轴性,即不管基座如何转动,包括壳体左右、前后倾斜,陀螺转子的角动量 H(自转轴)保持原来的方位不变。

当自转轴与驱动轴不重合时,即基座左右、前后转动时,为了获得相对转角,挠性陀螺仪在径向周围相距 90°方向的轴上安装了两对差动式电感传感器,如图 10.3.2 所示,它可输出与相对转角成比例的信号。

挠性陀螺仪没有框架陀螺的内、外框,只用了一个挠性接头,取消支承框架的轴承装置,因而挠性陀螺仪可实现低漂移,其精度与液浮陀螺相当,但在结构、工艺和成本等方面均优于液浮陀螺仪。挠性陀螺在工程上常常作为惯性导航系统的敏感元件。

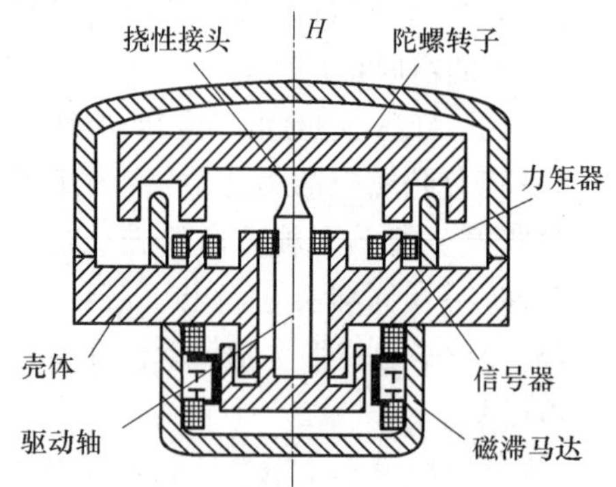

图 10.3.1 挠性陀螺结构示意图

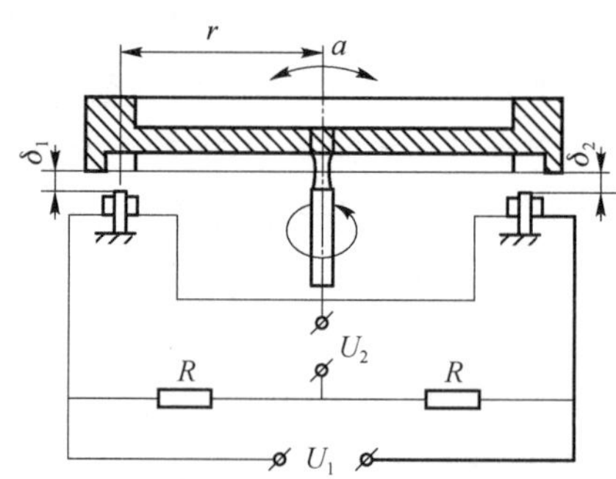

图 10.3.2 挠性陀螺仪中的差动式电感传感器

10.3.2 静电陀螺仪

静电陀螺仪的转子是由静电吸力支承的。在静电陀螺中,转子做成球形,放置在超高真空的强电场内,由强电场所产生的静电吸力将转子支承(悬浮)起来。

设一个球形金属转子,在对称方向配置一对内球面形电极,如图 10.3.3 所示。球形转子与球面电极之间的间隙很小,球面电极上接通高电压,在电极与转子之间形成场强很高而且是均匀的静电场。若球面电极为正时,则静电感应使转子对应表面带负电,由于正电与负电相互吸引作用,产生了静电吸力。若球面电极为负电时,则静电感应使转子对应表面带正电,由于正电与负电的相吸引作用,也会产生静电吸力。若球面电极为正电与负电交替变化时,则转子对应表面就形成负静电与正静电交替变化,其结果仍然是产生静电吸力。在图 10.3.3 中,右边电极对转子的静电吸力是 F_1,它的效果是使转子趋向右边移动;左边电极对转子的静电吸力是 F_2,它的效果是使转子向左边移动。

电极上所加电压是可调的,当转子出现位移时,间隙变小一侧电极上加的电压减小,从而静电吸力减小;使间隙变大一侧电极上所加的电压增大,从而静电吸力增大,这样就保证转子始终位于中间位置,而起到支承的作用。如果沿三个正交轴方向在球形转子外面配置三对球面电极,并且每对电极上所加的电压都是可自动调节的,那么球形转子就被支承在三对球面电极的中心位置上了。

实际的静电陀螺仪如图 10.3.4 所示,由球形转子、带有球面电极的陶瓷组件、光电传感器(用于角度读取)、钦离子泵(图中未示)、起动线圈与定中线圈(图中未示)组成。转子用铝或被等密度较小的金属做成空心或实心球体,放置在陶瓷壳体的球腔内,球腔壁上用陶瓷金属化的办法制成三对球面电极。

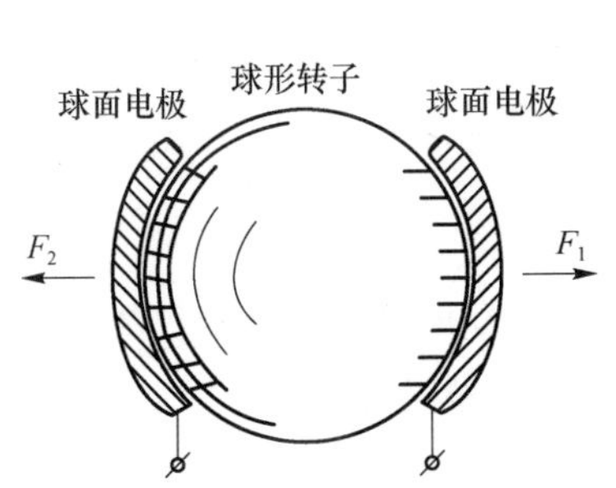

图 10.3.3　球面电极对球形转子的静电吸力

自转轴
光电传感器
球形转子
陶瓷壳体
球面电极
起动线圈
球面电极分布情况
读取刻线

图 10.3.4　静电陀螺仪的原理示意图

显然,这种静电支承的球形转子绕三个正交轴线都可以自由地转动。对自转轴而言,则具有两个转动自由度,而且转角的范围不受任何限制,故可用来全姿态测角,即能在任意大角度范围内测量载体的姿态角。这也是液浮陀螺和挠性陀螺所难以办到的,因为它们只能在很小的角度范围内与伺服系统协同工作。此外,它还能承受较大的加速度、振动和冲击,并且易于实现多功能,即一个静电陀螺还可兼起三个加速度的功用。静电陀螺是一种精度很高而结构比较简单的惯性级陀螺仪,尤其适合作为高精度惯导系统的敏感元件。

10.3.3　激光陀螺

激光陀螺可分为两类:第一类是干涉仪式激光陀螺,它根据 Sagnac 干涉仪的理论,通过测量正、反两束光的光程差得到基座相对惯性坐标系的角速度;第二类是谐振腔式激光陀螺,即把光路设计成闭合的谐振腔,做成激光振荡器,使正、反光束在谐振状态下工作,通过测其频差(或拍频)来求得基座角速度。

当前有源谐振腔激光陀螺已进入实际应用,例如波音 747－400、波音 757、波音 767、波音 777、波音 737－300、空中客车 A310,均装备了激光陀螺惯性基准系统。

1. 无源的 Sagnac 干涉仪

图 10.3.5 是理想的 Sagnac 干涉仪示意图。外部光源在 A 点入射,并被半透半反射镜 SP 分成两束,反射光沿半径为 R 的圆形路径向逆时针方向传播;透射光沿着相同的圆形路径向顺时针方向传播。经过一周后,这两束相反方向传播的光又在 SP 处会合。当干涉仪不转动时,这两束光传播一周的时间是相等的;当干涉仪以角速度 Ω 相对惯性坐标系顺时针方向转动时,两光束传播一周的时间不相等,存在时间差 Δt。由此可以推导出两束光再次在半透半反射镜 SP 处会同时的光程差为

$$\Delta L=\frac{4S}{c}\Omega \tag{10.3.1}$$

式中：c——光的传播速度；

Ω——相对惯性坐标系转动角速度；

S——环形所围的面积 πR^2。

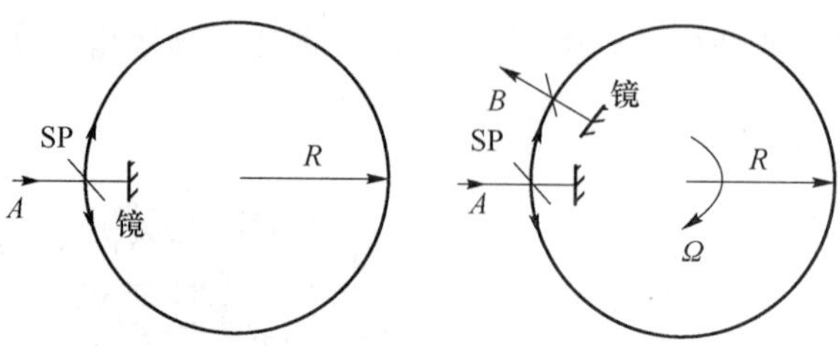

图 10.3.5　Sagnac 干涉仪示意图

式(10.3.1)对任意形状的平面环形腔均适用，表明两束光的光程差与干涉仪相对惯性坐标系的转动角速度成正比，只要测出光程差，就能测得 Ω。

2. 有源谐振腔激光陀螺(简称激光陀螺)的组成

图 10.3.6 所示为三角形谐振腔激光陀螺的基本结构。它主要由激光管及其供电电源、两个具有高反射率的多层介质反射镜、一个半透半反镜及合光棱镜、光电检测器、频率计、可逆计数器和显示装置等组成。

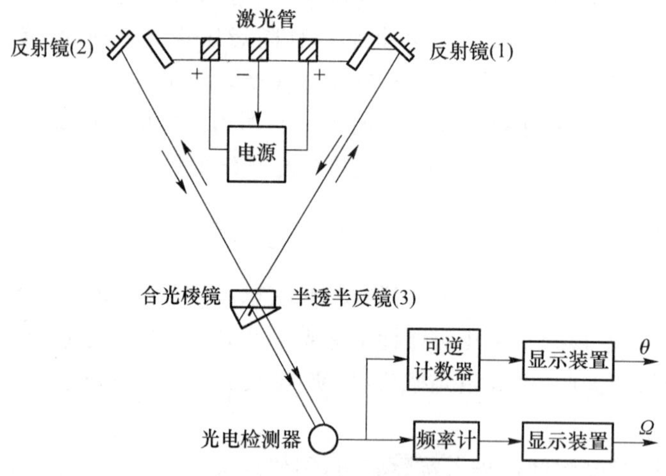

图 10.3.6　激光陀螺的基本组成

3. 激光陀螺的基本工作原理

在环形谐振腔中，光路是由三个反射镜组成的闭合环路。激光管中沿光轴传播的光子，不是从一端反射镜直接反射回来，而是通过闭合环路从另一端反射回来。这样，在腔内就会形成沿环路传播但转向相反的两束光(顺时针方向和逆时针方向)。对于每一束光来说，只有那些绕一圈回到原处时其相位差恰为 2π 整数倍的光子，由它诱发的次代光子才与第一代同位相，因而逐代叠加后光强的增益最大；反之，对那些各圈位相不同的光子叠加中难免相互抵消，损失很大，增益超不过损耗而被淘汰掉。故在谐振腔中形成激光的谐振条件是满足上述相位关

系，谐振腔周长应为波长的整数倍，即

$$\frac{2\pi}{\lambda}L=2\pi q \quad 或 \quad L=q\lambda$$

式中：λ 为激光振荡波长；L 为谐振腔周长；q 为正整数，q 每取一值，便决定一个谐振腔内可能存在的振荡波长或频率，称为谐振腔的一个振模。

当谐振腔在环路平面内以角速度 Ω 转动时，可以推导出两相反方向传播的激光光程差 ΔL、频差 Δf 和谐振频率 f 满足如下关系，即

$$\frac{\Delta f}{f}=\frac{\Delta L}{L} \tag{10.3.2}$$

将式(10.3.2)代入式(10.3.1)，得到

$$\Delta f=\frac{4S}{L\lambda}\Omega=K\Omega \tag{10.3.3}$$

其中，K 称为激光陀螺刻度系数。

将式(10.3.3)两边对时间积分一次，可得频差(拍频)振荡周期数 N，它与转角成正比：

$$N=\int_0^b \Delta f \mathrm{d}t=K\theta \tag{10.3.4}$$

式(10.3.3)、式(10.3.4)为激光陀螺工作原理的基本公式。由式(10.3.3)可以看出，激光陀螺把测量飞机(物体)的转动角速率归结为测量谐振频率的频差，极大地提高了测量的灵敏度。

10.3.4　光纤陀螺

光纤陀螺仪是以光导纤维线圈为基础的敏感元件，由激光二极管发射出的光线朝两个方向沿光导纤维传播。光传播路径的变化，决定了敏感元件的角位移。

光纤陀螺仪与传统的机械陀螺仪相比，优点是全固态，没有旋转部件和摩擦部件，寿命长，动态范围大，瞬时启动，结构简单，尺寸小，质量轻。与激光陀螺仪相比，光纤陀螺仪没有闭锁问题，也不用在石英块精密加工出光路，成本低。

光纤陀螺仪按原理上分类，可以分为干涉仪式、谐振腔式和光纤型环型激光陀螺仪。

干涉仪式光纤陀螺仪按照光路的组成又可以分为消偏型、全光纤型和集成光学型。

谐振腔式光纤陀螺仪按照光路的组成又可以分为全光纤型和集成光学型。

光纤型环形激光陀螺是利用 Sagnac 效应在 Sagnac 干涉仪中实现高精度旋转测量的装置。光纤陀螺光传播的介质为光纤，光源波长为λ_a，以长度为 L 的光纤绕成半径为 R 的光纤圈，可以绕成 N 圈，$N=\frac{L}{2\pi R}$。圆圈的面积 $S=\pi R^2$，代入式(10.3.1)，则由此引起的两相反光的相位差为

$$\Delta\phi=\frac{4SN}{\lambda_a C}\Omega=\frac{8\pi SN}{\lambda_a C}\Omega \tag{10.3.5}$$

从式(10.3.5)可以看出，为了增加 $\Delta\phi$，一种方法是增加直径，另外一种方法是增加匝数。前者导致体积增大，不可取；后者恰好体现了光纤的优点，光纤具有较低的损耗(典型值为 1 dB/km)，光纤陀螺中光纤长度一般有几千米，使得在较小的转动角速度时测量到较大的 $\Delta\phi$，具有较高的灵敏度和稳定性。

10.3.5 半球谐振陀螺

半球谐振陀螺(Hemispherical Resonator Gyroscope ,HRG)的结构示意图如图 10.3.7 所示,其主要部件包括吸气器(图中未画出)、真空密封底座、信号器、半球谐振子、发力器及真空密封罩。其中吸气器的作用是把真空壳体内的残余气体分子吸收掉。密封底座上装有连接内外导线的密封绝缘子;采用真空密封的目的是减小空气阻尼,提高机械品质因数 Q 值。信号器有 8 个电容信号拾取元件,用来拾取并确定谐振子振荡图案的位置,给出壳体绕中心轴转过的角度半球谐振陀螺;进而利用半球壳振型的进动特性确定壳体转过的角信息。半球壳谐振子是陀螺仪的核心部件,它支悬于中心杆上,而中心杆两端由发力器和信号器牢固夹紧,以减小支承结构的有害耦合。此外要精修半球壳周边上的槽口,以使谐振子达到动平衡,使谐振子在各个方向具有等幅振荡,且对外界干扰不敏感。发力器包括环形发力器,它产生方波电压以维持谐振子的振幅为常值,补充阻尼消耗的能量;还有 16 个离散电极,它们等距分布,控制着振荡图案;抑制住四波腹中不符合要求的振型(主要是正交振动)。谐振子、发力器、信号器均由熔凝石英制成,并用铟连在一起;采用熔凝石英的目的是提高谐振子的品质因数 Q 值,并使之对温度变化不敏感;谐振子上镀有薄薄的铬,发力器、信号器表面镀金。

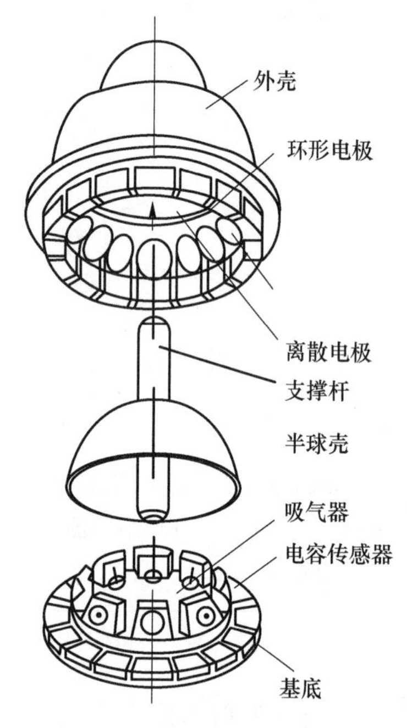

图 10.3.7　半球谐振陀螺的结构示意图

半球谐振陀螺实现测量的机理基于壳体振型的进动特性,如图 10.3.8 所示。当半球壳体绕中心轴旋转时,其振型在环向与壳体发生相对移动(称为进动特性)。如壳体转过 ψ_1 角时,振型在环向相对壳体移动了 ψ 角。$\frac{\psi}{\psi_1}$ 比值是一个只与半球壳结构有关的常数(约为 0.3),受外界干扰的影响非常小。因此,通过精确测量 ψ 角就可以得到壳体转过的 ψ_1 角;对其微分就能得到角速率。

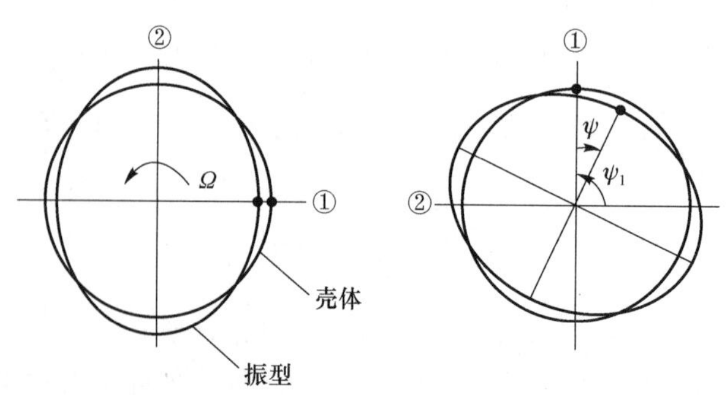

图 10.3.8　半球谐振陀螺的工作机理示意图

与其他无转子的陀螺仪相比，半球谐振陀螺具有体积小、质量轻、功耗低、启动时间短、抗干扰能力强、工作时间常数很高(已做到长达 27 min)等优点。

10.3.6　微机电陀螺

随着技术的不断进步，新型陀螺也不断涌现。微机电陀螺是集微精密机械、微电子、半导体集成电路等技术的新型惯性器件。微机械陀螺通过半导体加工工艺制作，器件微型化、集成化，体积小、质量轻、成本低。其基本工作原理是利用振动机械元件作为质量块，采用柔性支撑与底座连接，利用哥氏加速度引起的结构微振模态和检测模态之间的能量转移来检测角速度。振动式微机电陀螺仪具有音叉式和框架式两种典型的结构形式，如图 10.3.9 所示。

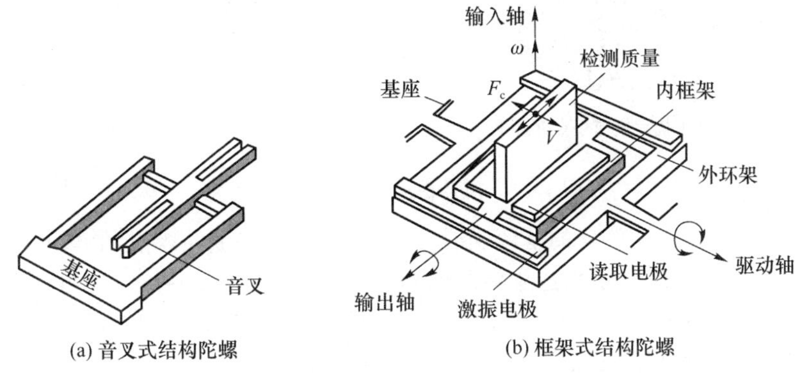

图 10.3.9　微型振动陀螺仪的结构形式

音叉式结构陀螺如图 10.3.9(a)所示，其音叉呈 H 型，采用压电石英晶体并由光刻和化学蚀刻而成。由激振电极驱动 H 型音叉的双臂做线性振动。当基座绕音叉中心轴相对惯性空间转动时，音叉的双臂将产生垂直于音叉平面的线振动，有读取电极(图中未标出)检测该振动，输出正比于输入角速度的电压信号。

框架式结构陀螺如图 10.3.9(b)所示。它由内框架与外框架构成，框架是在单晶硅上进行化学蚀刻而制成的，通过可选择的硼掺杂和非均匀质腐蚀以获得所需的几何形状。相互正交的内外框轴均为挠性轴，检测质量块固定在内框架上，在内框架两侧设置一对读取电极，外框架两侧设置一对激振电极，由激振电极驱动检测质量块绕驱动轴做简谐振动。当基座(壳体)绕输入轴以角速度 ω 相对惯性空间转动时，各质点受到交变的哥氏惯性力 F_c 作用，使内框架绕输出轴做角振动。此时，读取电极与内框架间的间隙发生交变，亦即电容发生交变。通过敏感电容差值并经处理电路，即可获得正比于输入角速度的输出电压信号。

微机电陀螺仪利用微电子的加工技术科大批量生产，是未来低、中精度惯性仪表的理想换代产品。目前应用的精度等级一般在每小时几度至几十度范围内。微机电陀螺仪由于尺寸微小，各种有害物理效应的影响作用随之放大，因此提高精度是其面临的主要问题。

思考题与习题

10.1 飞机的姿态测量包括哪些航空参数的测量？

10.2 简述机电型框架式两自由度陀螺的特性，利用这些特性可以实现哪些航空仪表？

10.3 简述机电型框架式单自由度陀螺的特性，利用这些特性可以实现哪些航空仪表？

10.4 当题图 10.1 所示的陀螺内、外环受到图示干扰力矩的作用时，给出陀螺的进动方向。

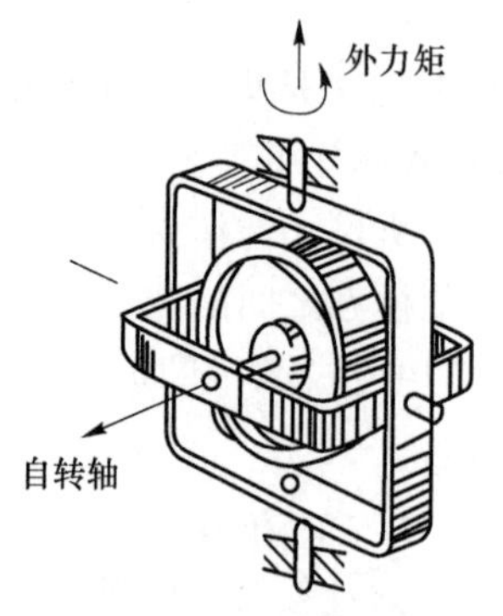

(a) 干扰力矩作用在外环上

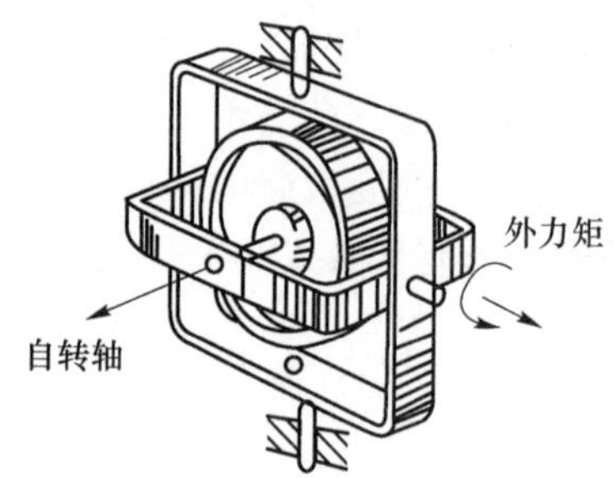

(b) 干扰力矩作用在内环上

题图 10.1 两自由度陀螺受到干扰力矩

10.5 当题图 10.2 所示陀螺的基座逆时针方向转动时，判断陀螺进动方向。

10.6 某两自由度陀螺转子高速旋转时的角动量 $H=0.04\ \mathrm{kg\cdot m^2/s}$，当作用在内环轴上的外力矩 $\boldsymbol{M}=10^{-4}\ \mathrm{N\cdot m}$ 时，计算陀螺仪绕外环轴的进动角速度。

10.7 简述陀螺地平仪的工作原理。

10.8 单自由度陀螺用作机载的航向角速度传感器时，应如何安装？

10.9 速率陀螺仪有框架式和液浮式两种基本结构，讨论它们的优缺点。

10.10 说明单轴陀螺稳定平台的基本工作原理。

10.11 说明静电陀螺仪实现静电吸力支承的原理。

10.12 简述 Sagnac 干涉仪的工作原理，基于该原理可以研制什么类型的陀螺？

10.13 如果在地球北极处放置一个精密的陀螺仪，并使其外环轴处于垂直位置，自转轴处于水平位置(如题图 10.3 所示)，那么俯视陀螺仪时，其自转轴在水平面内相对地球如何转动？

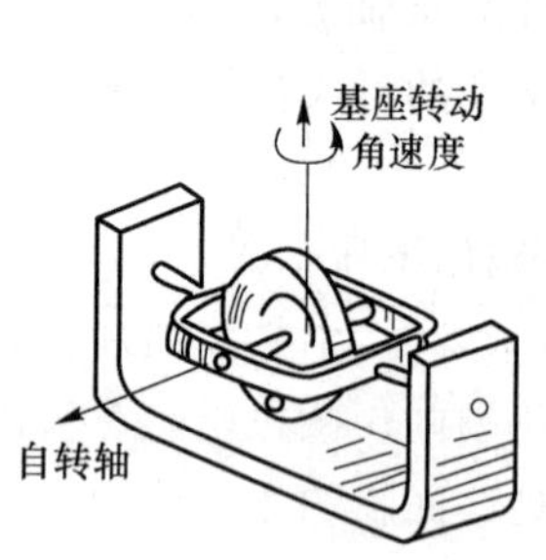

题图 10.2 单自由度陀螺基座转动

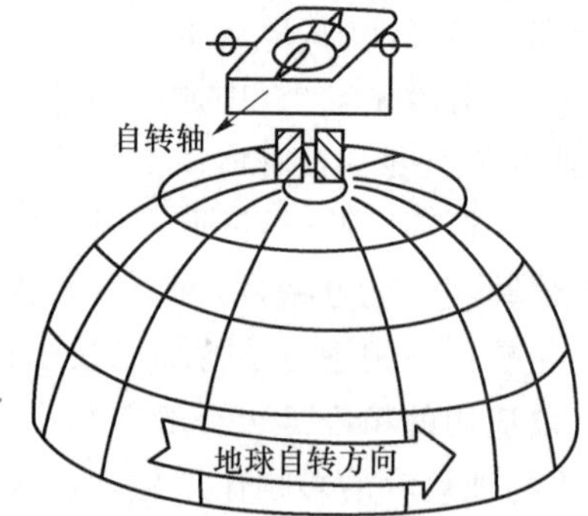

题图 10.3 陀螺自转轴相对地球的转动

10.14 画出速率陀螺仪的原理方块图，并建立该速率陀螺仪的传递函数。

10.15 简述半球谐振陀螺的工作原理及其应用特点。

10.16 简述微机电陀螺的工作原理及其应用特点。

第 11 章　航向测量

航向测量就是飞行体飞行时航向角的测量，可以通过各种仪表罗盘、无线电罗盘和航向系统实现测量。航向系统仪表，除为飞行员提供各种航向的指示外，有些还要为其他机载电子设备提供各种航向基准和航向误差信号。例如，自动领航仪、飞行指引仪和自动驾驶仪等。根据测量航向的原理，仪表罗盘可分为磁罗盘、陀螺罗盘、陀螺磁罗盘和天文罗盘。

本章介绍航向系统中各种仪表罗盘测定航向的工作原理，以及由陀螺罗盘、陀螺磁罗盘和无线电罗盘指示器组成的罗盘系统工作原理。

11.1　航向及航线

11.1.1　航　向

飞机的航向是指飞机的机头方向，航向角的大小是用飞机纵轴的水平投影线(称航向角的定位线)与水平面上某一基准线之间的夹角来度量，并规定正航向角的计算方法是从基准线的正方向按顺时针量至定位线的正方向。图 11.1.1 所示飞机航向指示的正航向角为 40°，负航向角为 320°。

不同的罗盘用不同的基准线，目前仪表罗盘所用的基准线有地球磁子午线、真子午线、飞行航线起点子午线和飞机转弯起点航线。通常，这些基准线的正方向是指磁北线、真北线和飞行方向线。根据所取基准线的不同，将航向分为真航向、磁航向、罗航向、大圆航向和陀螺航向。

1. 真航向

真子午线(即地理经线)与飞机纵轴在水平面上的夹角为真航向角。按真航向角计算的飞行航向叫作真航向。真航向的 0°、90°、180°、270°方向就是正北、正东、正南和正西 4 个角度，在罗盘刻度盘上常用英文字母 N、E、S、W，其余刻度读数仍用阿拉伯数字表示。

2. 磁航向

磁子午线(即地球磁经线)与飞机纵轴在水平面上的夹角为磁航向角。按磁航向角计算的飞行航向叫作磁航向，磁航向的 N(0°)、E(90°)、S (180°)、W (270°)分别代表磁北、磁东、磁南和磁西。

因为磁子午线与真子午线方向不一致而形成的磁偏角称为磁差，在航向换算中，磁航向与真航向的关系为

$$\psi_T = \psi_C + \Delta\psi_C \tag{11.1.1}$$

式中：ψ_T——真航向角(°)；

ψ_C——磁航向角(°)；

$\Delta\psi_C$——磁差(°)。

规定磁子午线北端在真子午线东侧磁差为正，反之在西侧为负。地球磁差随时间、地点不

同而不同。各地的磁差可从磁差图上查出，磁差图每隔一定时间要修正，通常各地的磁差值在一年之内变化不超过 10 角分。

当磁差为负值时，磁航向与真航向的关系如图 11.1.2 所示。

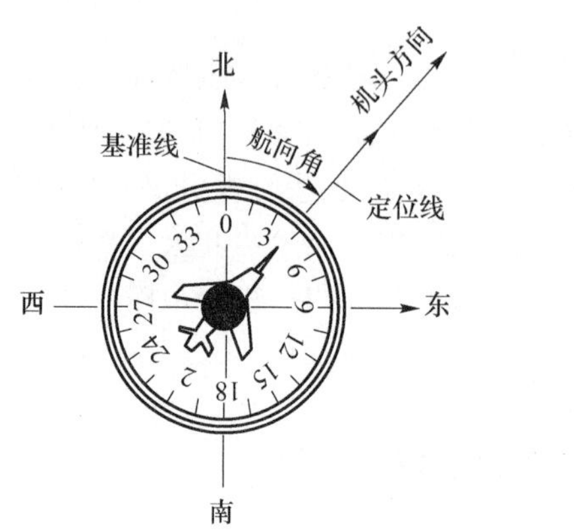

图 11.1.1　飞机航向指示

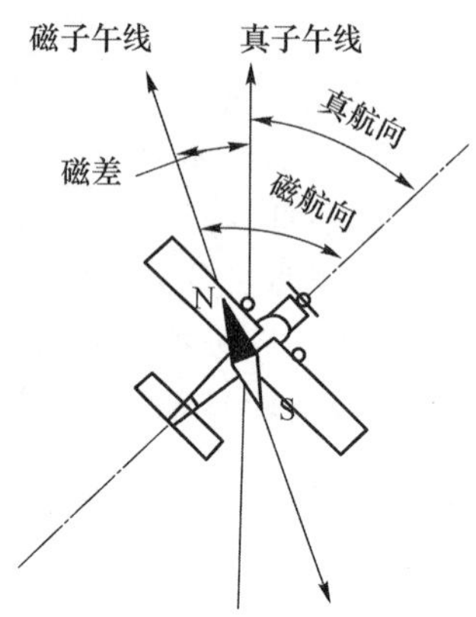

图 11.1.2　磁航向与真航向

3. 罗航向

罗子午线(即罗经线)与飞机纵轴在水平面上的夹角为罗航向角。

飞机上存在铁磁场和电磁场，它们形成飞机磁场。将磁罗盘装上飞机后，用磁罗盘传感器测得的航向基准线实际上是地球磁场与飞机磁场形成的合成磁场水平分量方向，如图 11.1.3 所示。磁罗盘测得的这一合成磁场水平分量方向，称为罗子午线，或称罗经线。该线与飞机纵轴在水平面上的夹角为罗航向角，按罗航向角计算的飞行航向叫作罗航向，如图 11.1.4 所示。

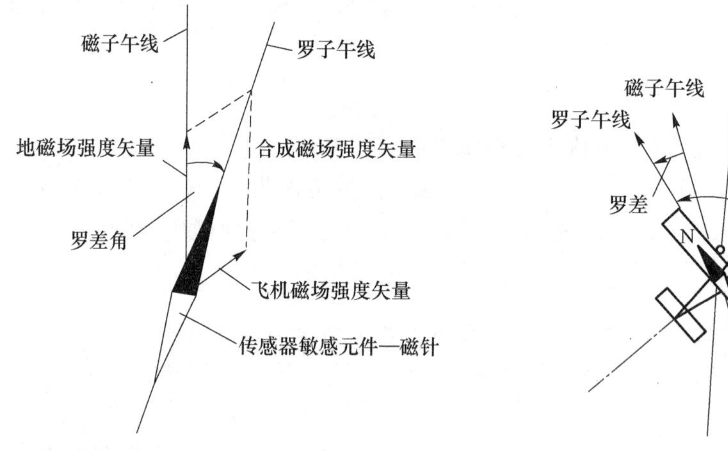

图 11.1.3　飞机磁场对罗航向的影响

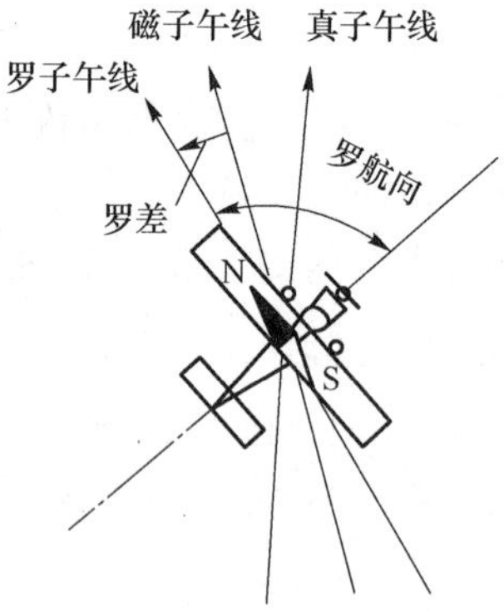

图 11.1.4　罗航向

罗子午线与磁子午线之间形成的夹角称为罗差，并规定罗子午线北端在磁子午线东侧时的罗差为正，在西侧为负。罗航向与磁航向的换算关系为

$$\psi_C = \psi_L + \Delta\psi_L \tag{11.1.2}$$

式中：ψ_L——罗航向角(°)；

$\Delta\psi_L$——罗差(°)。

由于飞机磁场的大小和方向是随飞机转动而变化的，因此飞机在不同的航向上，其罗差值是不相同的。

每架飞机在各个方位上的罗差值，是通过"校罗盘"方法求得的。罗盘在校验过程中，能通过罗盘上的罗差修正器、罗差修正机构和罗盘传感器安装角度的调整，将罗差减小到最小限度。此后，罗盘所指示的航向可以认为是磁航向。

对于罗差，每架飞机上应有事先准备好的罗差修正量卡片，将已测定的罗差以修正值形式填写在上面，供飞行员在必要时使用。

在飞机上更换对罗差有影响的钢铁机件时，需要重新测定罗差值(校罗盘)。对罗盘精度较差的机型，有些国家还规定校罗盘每年要进行一次。

4. 陀螺航向

姿态测量中已经论述过两自由度陀螺在惯性空间具有定轴性，罗盘利用这一特性制成陀螺罗盘，将陀螺自转轴置于水平方向，作为航向基准线。它所指示的航向称为陀螺航向。把它的刻度盘 0°线置于磁子午线上，所指航向称为陀螺磁航向；若把 0°线置于真子午线上，指示航向为陀螺真航向。

陀螺航向通常用来确定飞机的转弯角度。飞机在转弯之前记住陀螺航向指示值，或调整刻度盘使它指示 0°航向，然后飞机转弯便能准确指出飞机转弯时的瞬间角度。

由于陀螺航向的基准线可以任意选择位置，故不考虑它与磁航向和真航向的关系。只有在它用于指示磁航向或真航向时，才需要确定陀螺基准线与磁子午线(或真子午线)之间的偏差。

5. 大圆航向

地球是一个球体，它的任何截面与球面的交线都是一个圆圈，其中以通过地心的截面与地球表面相交的圆圈为最大，叫作大圆圈。飞机沿大圆圈线飞行的航向称为大圆航向，如图 11.1.5 所示。

确定大圆航向用的罗盘是陀螺罗盘。飞机用大圆航向飞行时，陀螺罗盘选择的航向基准线是直飞航线起点子午面上的大圆圈线。因为地球子午线在惯性空间是转动的，而陀螺自转轴在惯性空间是不动的，所以在飞行过程中，大圆航向基准线要与航线起点子午线(磁子午线或真子午线)作同步运动。这个问题在 11.2.2 节中详细介绍。

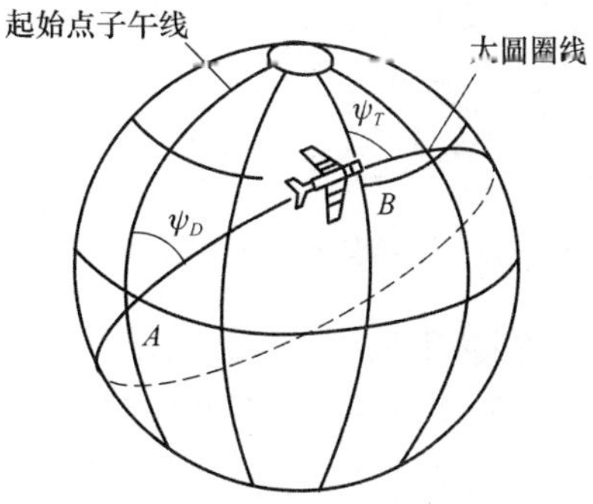

图 11.1.5　大圆航向和大圆航线

如图 11.1.6 所示，假定飞机从 A 点沿大圆圈线飞向 B 点，则大圆圈线与 A 点真子午线的夹角是该航路的大圆航向角，故飞机在 A 处，大圆航向与真航向是相等的；飞机离开 A 点之后，大圆航向与真航向不相等，它们相差一个经线收敛角：

$$\psi_D = \psi_T + \delta \tag{11.1.3}$$

式中：δ——经线收敛角(°)；

ψ_T——真航向角(°)；

ψ_D——大圆航向角(°)。

经线收敛角 δ 与飞机所在处子午线经度(λ)和航路起点子午线经度(λ_a)之差($\lambda-\lambda_a$)成正比,还与飞机所在纬度(φ)的正弦成正比,即

$$\delta=(\lambda-\lambda_a)\sin\varphi \tag{11.1.4}$$

图 11.1.6 大圆航向角和大圆航线角的关系

11.1.2 航 线

飞机在空中飞行时的路线称为航线。飞机从一个地方飞往另一个地方常选择大圆航线和等角航线两种航线。

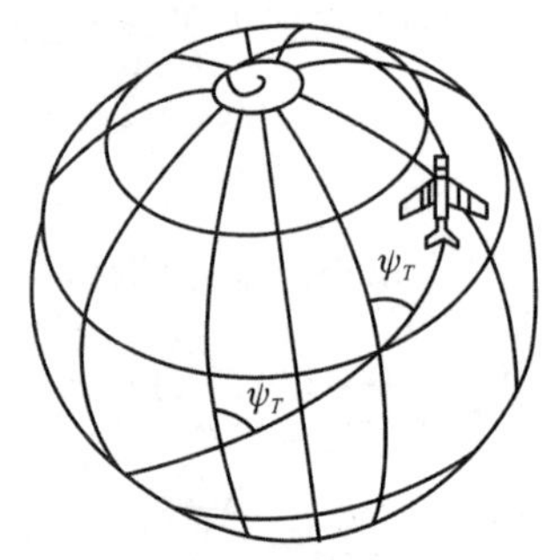

图 11.1.7 等角航线示意图

1. 大圆航线

球体上的大圆圈与其他圆圈相比,大圆圈半径最大,曲率最小。所以,地球表面上任意两点之间的距离,以大圆圈线为最短,即航程最近。飞机沿大圆圈线飞行的航线称为大圆航线。

2. 等角航线

在地球表面上,与各子午线相交的角度都相等的曲线叫作等角线。飞机沿等角线飞行的航线称为等角航线,如图 11.1.7 所示。飞机在无风条件下飞行,如保持真航向始终不变,则该飞机的飞行路线是一条等角线。

飞机沿赤道或子午线飞行时,大圆航线与等角航线重合,两者航路相等,沿其他方向线飞行时,大圆航线均短于等角航线,纬度愈高,飞行距离愈长,两者相差愈大。因此,在高纬度地区,或长距离飞行时,最好沿大圆航线飞行。

11.2 磁罗盘及航向传感器

11.2.1 磁罗盘

1. 磁罗盘的指示原理

磁罗盘用来测量飞机的罗航向,飞行员根据罗航向和罗差算出飞机的磁航向或真航向。这样飞行员可以根据磁罗盘的指示,按照预定的磁航向或真航向飞行。

磁罗盘由航海罗盘发展而来，工作原理与指南针一样，利用磁棒总是在地理磁场内指示地磁北极的特性来指出飞机的飞行方向(又称航向)。磁罗盘内部装有可以自由转动的磁条，在磁条上固联有 0°～360°的刻度环，磁罗盘安装时满足：0°(N)－180°(S)线与磁条重合(或平行)，磁条的北极(N 极)指向 180°方向(即刻度盘的 S)，南极(S 极)指向 0°方向(即刻度盘的 N)。这样，磁条在地磁水平分量和飞机磁场的水平分量作用下，始终停在罗子午线的方位上，如图 11.2.1 所示。在磁罗盘的表壳上还固定有航向标线，它代表飞机的纵轴线位置。当飞机航向改变后，磁条和刻度环不动，表壳随飞机一起转动，因而表壳上的航向标线就相对于刻度盘转动一定角度。这样，航向标线在刻度盘上所对的刻度读数就是罗子午线与飞机纵轴在水平面上的夹角，即飞机的罗航向。

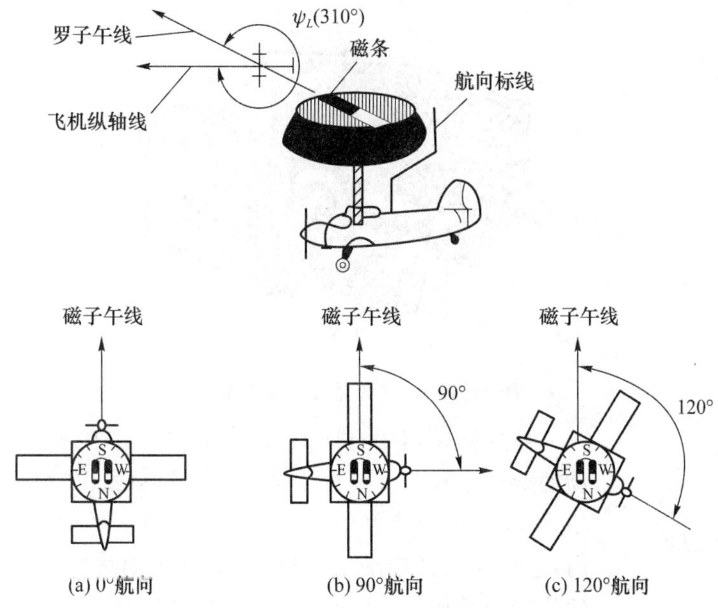

图 11.2.1　磁罗盘的指示原理

2. 磁罗盘的结构

磁罗盘的基本结构包括罗牌和罗盘油、表壳和航向标线、罗差修正器和照明灯等部分，如图 11.2.2 所示。

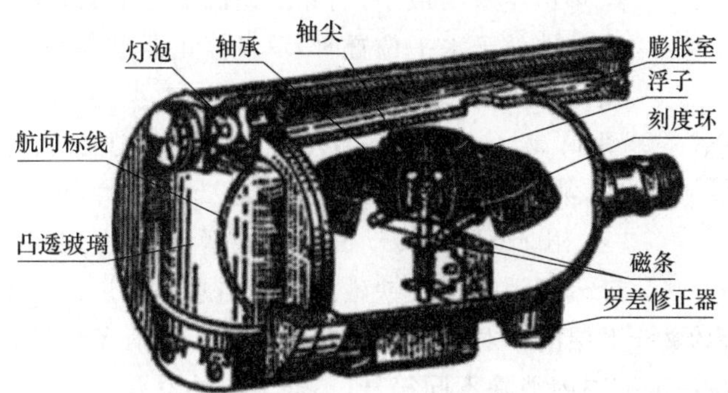

图 11.2.2　KH－11 型磁罗盘的结构

(1) 罗牌和罗盘油

罗牌是磁罗盘的敏感部分,由磁条、轴尖、浮子和刻度环等组成。罗盘油是一种纯净透明的液体,充满表壳内腔,增加罗牌的运动阻尼和减小轴尖的摩擦力。

(2) 表壳和航向标线

磁罗盘的外壳用非磁性的材料制成,外壳前面窗口的正中央,固定一根航向标线,用来代表飞机纵轴。窗口玻璃为凸透镜,用来放大刻度。

(3) 罗差修正器和照明灯

在磁罗盘的正下方的表壳上安装有罗差修正器(如图 11.2.3 所示),是用来产生硬铁磁场以抵消飞机硬铁磁场对罗盘的影响,达到消除(或减小)半圆罗差的目的。

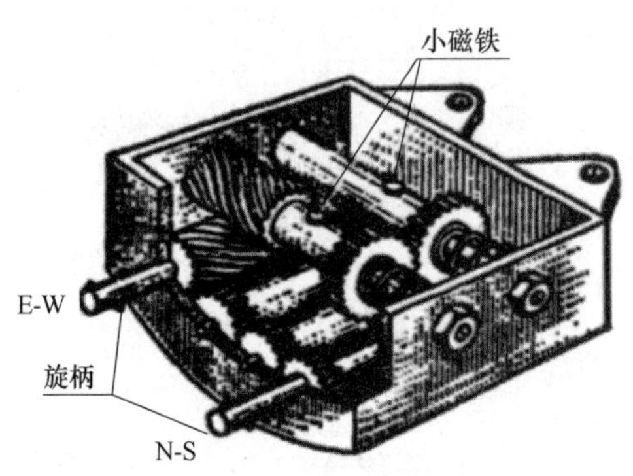

图 11.2.3　罗差修正器的结构

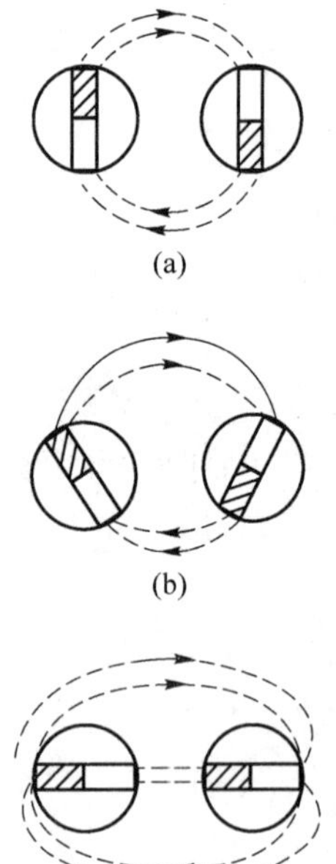

图 11.2.4　罗差修正器的磁场

罗差修正器中有两对永久小磁棒(简称小磁铁),插在可以转动的蜗杆小孔中。蜗杆由非磁性材料制成(如图 11.2.3 所示),其中,上层的两个蜗杆中的两个小磁铁为一对,处在飞机的纵向平面内,它们在蜗杆带动下,可以在纵向平面内转动,两个小磁铁之间的位置关系如图 11.2.4 所示;下层的两个小磁铁结构与上层相同,但方向不同(下层两个蜗杆与上层两个蜗杆是在互相垂直的位置),小磁铁处于飞机的横向平面内。上层蜗杆转动受 E－W 旋柄控制;下层蜗杆转动受 N－S 旋柄控制。

如图 11.2.3 和图 11.2.4(a)所示,小磁铁处于垂直位置时,罗盘修正器磁场最小,消除罗差的能力最弱;如图 11.2.4(c)所示,当小磁铁处于水平位置时,罗盘修正器磁场最大,消除罗差的能力最强,这时若要改变修正器磁场方向,只要将小磁铁转 180°即可;如图 11.2.4(b)所示,当小磁铁处于上述二者之间的任何角度位置时,消除罗差的能力介于上述二者之间。

由此可知,转动 E－W 旋柄,调整上层的一对小磁铁方向产生 H_{cx},抵消飞机硬铁磁场的纵向水平分量 H_x;转动 N－S 旋柄,调整下层的一对小磁铁方向产生 H_{cz},抵消飞机硬铁磁场的横向水平分量 H_z。这样就可以在一定范围内消除不同符号,不同大小的罗差。

磁罗盘除了飞机磁场的水平分量影响产生的罗差外,在飞行中转弯或做机动飞行时还产生各种飞行误差，有停滞误差、惯性误差、涡动误差、转弯误差和俯仰倾斜误差等。只有飞机在水平直线飞行时，磁罗盘的指示才正确。所以，飞行员利用磁罗盘判读航向时，必须等飞机改平后，罗牌稳定了，才能判读。磁罗盘的最大优点是简单可靠，不易损坏。故在所有新老飞机要都安装有磁罗盘。

11.2.2　陀螺罗盘

陀螺罗盘利用两自由度陀螺的定轴性测量飞机转弯的角度，经过校正，可以指示飞机的大圆航向或真航向。由于这种罗盘不能独立地测量航向，必须与其他罗盘配合，由人工进行调定，故称作半罗盘，又称为陀螺方向仪。

1. 陀螺罗盘的基本结构

如果将两自由度陀螺仪的自转轴当作航向基准线，陀螺仪就成为测量航向的罗盘，结构原理如图 11.2.5 所示。

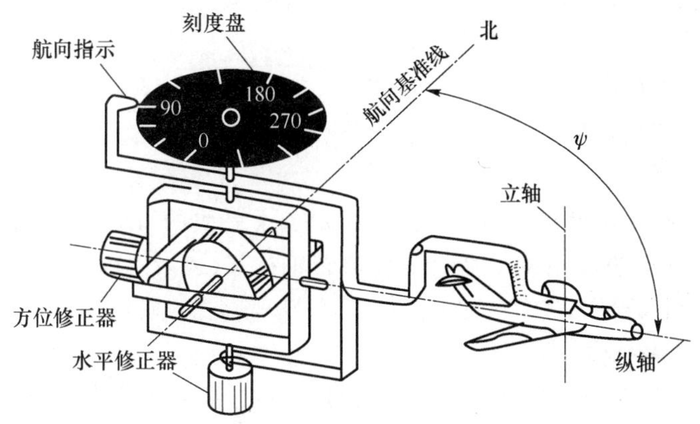

图 11.2.5　陀螺罗盘结构原理图

陀螺罗盘主要由两自由度陀螺、刻度盘、航向指标、水平修正器和方位修正器等部分组成。陀螺仪的外框轴与飞机的立轴平行，轴上固定有 0°～360°的航向刻度盘；水平修正器产生的修正力矩作用于外框轴，使自转轴在水平修正器的作用下始终保持在水平状态；方位修正器产生的修正力矩作用于内框轴，使自转轴在方位修正器的作用下，能在一段时间内（30 min 左右）保证自转轴稳定于航向基准线位置（即使自转轴相对于地球的方位不变），同时又能在人工控制下，给陀螺施加控制力矩，使自转轴进动到新的航向基准方位；航向指标代表飞机的纵轴，固定在表壳上，刻度盘上的 0°～180°线代表航向基准线，航向指标所对应的刻度盘读数即为飞机的航向角。

2. 陀螺罗盘航向测量原理

（1）测量飞机的转弯角度

通过陀螺罗盘的航向给定旋钮将罗盘的航向基准调定在飞机转弯前的航向上，刻度盘上的 0°与航向指标对准。这就说明飞机在转弯前，作为航向基准的 0°～180°线已与飞机的纵轴线重叠。罗盘指示的航向角为 0°，当飞机航向改变时，自转轴方位不变，刻度盘不随飞机转动，而航向指标则随着飞机转动，因此，航向指标相对于刻度盘的转角就是飞机的转弯角度。

(2) 测量飞机的大圆圈航向

大圆圈航向是飞机纵轴所在的大圆圈平面与起始点子午面的夹角。要想测量大圆圈航向,必须使自转轴稳定在起始点子午线上,也就是保持自转轴与大圆圈线在水平面内的夹角不变。因此,陀螺罗盘应该具备以下两个条件:

① 使用前,自转轴必须与起始点子午线方向一致;

② 飞行过程中,自转轴必须随起始点子午线在惯性空间内一起转动。

要想使自转轴经常随起始点子午线一起转动。一方面,必须使自转轴经常处于水平;另一方面,必须使自转轴在方位中不断地进动,前者称为水平修正,后者称为方位修正。

进行水平修正的方法,是在自转轴偏离水平面时,沿外框轴方向加修正力矩,使自转轴进动,从而恢复水平。

进行方位修正的方法,是沿内框轴方向加修正力矩(称方位修正力矩),使自转轴不断地绕外框轴进动(也可以采用转动刻度盘的方法进行方位修正),进动的角速度(方位修正角速度)与地球自转角速度的垂直分量大小相等,方向相同,即

$$\omega_c = \omega_d \sin\varphi \tag{11.2.1}$$

式中:ω_c——方位修正角速度(°/s);

ω_d——地球自转角速度(°/s);

φ——飞机所在纬度(°)。

综上所述,如果在使用前将自转轴调整到起始点子午线的方向,在使用过程中,水平修正器经常使自转轴保持水平,方位修正器经常使自转轴按式(11.2.1)在方位中进动,则陀螺罗盘指示的航向便是大圆圈航向。

(3) 测量飞机的真航向

真航向是飞机纵轴与飞机所在真子午线之间的夹角,要想指示真航向,除了按照大圆航向调整陀螺罗盘外,还需要保证陀螺自转轴随飞机所在的子午线一起转动。

飞机所在子午线与起始点子午线的相对运动,是由于飞机与地球相对运动引起的。

要想使陀螺罗盘的自转轴随飞机所在子午线转动,也要采用水平修正和方位修正的方法,在方位修正中,必须有两项,一项是修正地球自转角速度的垂直分量所引起的自转轴的方位偏离,这一点与指示大圆圈航向时相同;另一项是修正飞机绕地轴旋转角速度的垂直分量所引起的自转轴的方位偏离,总合起来,自转轴的方位修正角速度 ω_c 应为

$$\omega_c = \omega_d \sin\varphi + \frac{v\sin\psi_T}{R_d}\tan\varphi \tag{11.2.2}$$

式中:v——飞行速度,严格地说,是地速(m/s);

ψ_T——真航向(°);

R_d——地球半径,严格地说,地球半径加飞机的飞行高度。

综上所述可知,如果使用前将自转轴调整到起始点子午线方向,在使用过程中,水平修正器经常使自转轴保持水平,方位修正器经常使自转轴按式(11.2.2)在方位中进动,则陀螺罗盘指示的航向便是真航向。

11.2.3 陀螺磁罗盘

磁罗盘有自动定向的特性,但稳定性差;陀螺罗盘有很好的稳定特性,但不能自动定向。

于是把这两种罗盘的优点结合起来，研制成第三种形式的航向仪表——陀螺磁罗盘。

陀螺磁罗盘测定航向的原理如图 11.2.6 所示，图中陀螺机构就是陀螺罗盘传感器，磁传感器就是磁罗盘，两者结合之后形成陀螺磁罗盘工作系统。

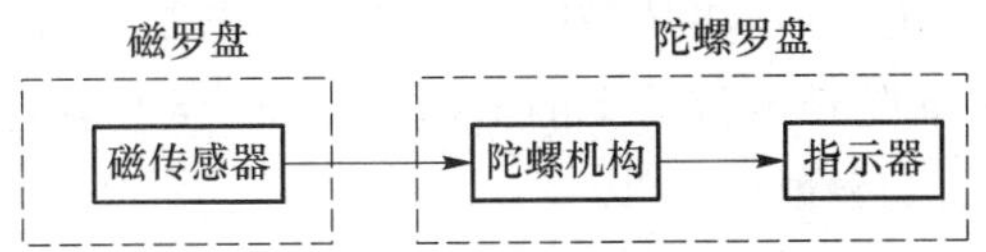

图 11.2.6　陀螺磁罗盘结构原理方块图

陀螺机构所确定的航向基准受磁传感器控制，它们形成一个角随动同步工作系统，使指示器始终指示磁航向，也称为陀螺磁航向。

陀螺磁罗盘的指示器，通常都有磁差修正装置，用人工方法可以进行磁差修正，使指示器直接指示真航向。

如图 11.2.7 所示，陀螺磁罗盘主要由磁传感器、陀螺机构、指示器及具有航向跟踪能力的伺服系统等部分组成；航向跟踪伺服系统由磁电位器、放大器、协调电动机、减速器和陀螺电位器等部分组成。磁电位器是指电刷转动位置由地磁敏感元件控制的电位器，陀螺电位器则是指电刷位置控制陀螺罗盘的航向基准的电位器。

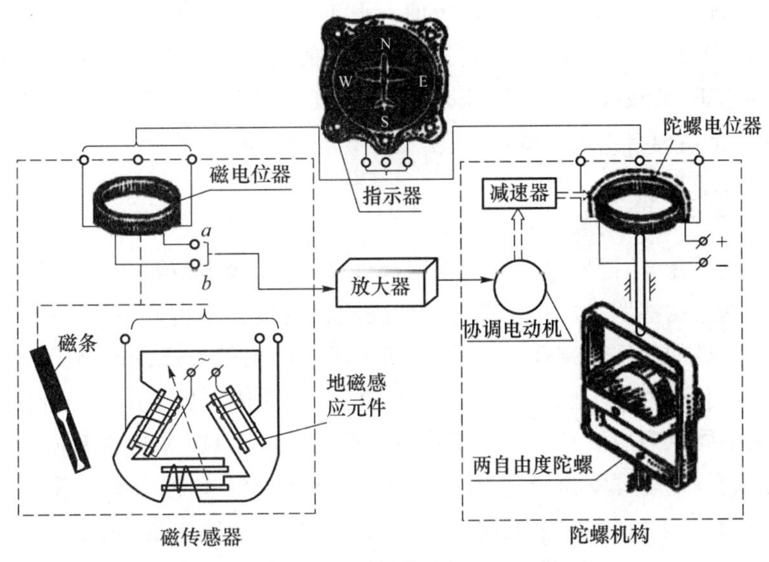

图 11.2.7　陀螺磁罗盘的基本工作原理

首先，磁传感器作为发送器组成磁航向同步传送装置(图 11.2.7 中未显示)测量飞机的磁航向，将磁航向信号反映到图中的磁电位器上，并输出航向信号控制陀螺机构中的航向基准位置，使指示器指示出飞机的磁航向。

磁传感器中的磁电位器由环形电阻和一对电刷组成。环形电阻上有三个互隔 120°的固定抽头，分别与指示器和陀螺电位器的三个电刷连接，磁电位器所确定的磁航向由电阻与电刷之间的相对位置确定。

陀螺机构也有电位器，陀螺电位器由环形电阻和三个电刷组成。环形电阻固定在两自由度陀螺仪的外框架上，为陀螺仪所稳定，在环形电阻直径两端处接有电源。

陀螺电位器的三个电刷抽头与磁传感器中环形电阻相隔 120°的三个固定抽头相连接，组成一个伺服同步装置。一旦磁电位器所反映的磁航向角与陀螺电位器反映的航向基准不一致，出现失调角，即产生失调电压后，将从磁电位器的一对电刷 a 与 b 端获得失调电压，经放大器放大后，由协调电动机带动陀螺电位器上的电刷转动，直至失调电压为零。这意味着陀螺电位器的航向基准与磁电位器的磁航向同步。

其次，由图 11.2.7 中可以看出，陀螺电位器还与指示器组成一个伺服同步装置。陀螺电位器在建立磁航向的过程中，也通过伺服同步装置的工作，将磁航向信号传递给指示器。罗盘指示器所指示的航向取决于陀螺机构的陀螺电位器所确定的航向。指示器中也有伺服电动机、减速器、伺服电位器(图 11.2.7 中未显示)；在传递陀螺磁航向的过程中，指示器中的伺服电动机工作，通过减速器转动航向刻度盘，从而将磁航向基准在刻度盘上反映出来。此时刻度盘上的航向基准线(即 0°- 180°线)与指示器上代表飞机纵轴的指标(即 V 指标)的夹角，就是该罗盘所测飞机的磁航向。通常指示器上还有磁差修正的机械调节装置，如果把磁差修正值加到磁航向中，则指示器将指示真航向。

由陀螺磁罗盘的组成和工作过程可以看出，陀螺磁罗盘是一种利用地磁敏感元件和两自由度航向陀螺测量飞机航向的罗盘。它综合了磁罗盘和陀螺罗盘二者的优点，既能测量飞机航向，又能比较准确地指示出飞机的转弯角度。平飞时，利用磁传感器测量飞机的磁航向，然后通过陀螺机构控制指示器的指针，使它指示出飞机的磁航向。飞机转弯时，为防止磁传感器对磁航向的错误修正，监视飞机的偏航速率，经角速度传感器切除修正信号，使飞机在改变航向时，航向基准完全由两自由度陀螺来稳定，指示出飞机的转弯角度。

11.2.4 罗盘系统

飞机上除了磁罗盘、陀螺罗盘和陀螺磁罗盘外，还有无线电罗盘和其他导航设备，有的飞机还安装天文罗盘。这些罗盘的指示部分在驾驶舱仪表板上都占有一个重要位置，若分散布局则不便于飞行人员的使用和判读。另外，飞机在不同的飞行方式、不同地区又需要使用不同的罗盘。为此，人们把一些罗盘的指示综合组装在一起，形成一表多用的综合罗盘。

由两个以上不同原理的罗盘组成的工作系统称为罗盘系统，或称为航向系统。通常将用仪表罗盘(陀螺磁罗盘、陀螺罗盘)和无线电罗盘综合而成的系统称为罗盘系统，如再综合其他的导航设备(如天文罗盘)便称它为航向系统。从仪表罗盘角度来说，由陀螺磁罗盘和陀螺罗盘组成罗盘系统如图 11.2.8(a)所示；由陀螺磁罗盘、陀螺罗盘和天文罗盘组成的罗盘系统如图 11.2.8(b)所示。这两种罗盘的工作方式取决于开关 K 所在的位置。当开关 K 处于“陀螺”位时，系统为陀螺罗盘工作方式，航向指示器指示出陀螺航向；当 K 处于“罗盘”位时，系统则为陀螺磁罗盘工作方式，航向指示器指示的是真航向或大圆圈航向。我国从苏联引进的伊尔－62、图－154 的航向系统配备了天文罗盘，而目前中国民航飞机都没有安装天文罗盘。

在实际应用中，罗盘系统不仅为指示仪表提供航向信号，而且还向机上其他需要航向信息的设备，例如自动飞行控制系统的自动驾驶仪、飞行指引系统、多普勒系统、VOR 导航系统、飞行仪表警告系统和飞行记录器等提供航向信号。为保证飞行安全，飞行航向信息是非常重要的，每架飞机的罗盘都用双套配置。

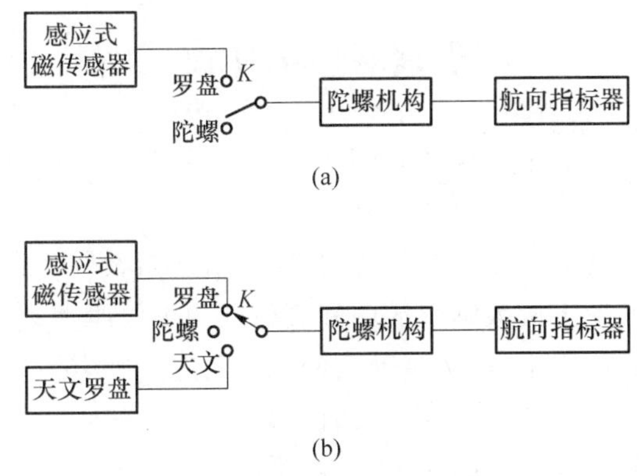

图 11.2.8　罗盘系统原理方块图

波音 737 飞机上的罗盘系统主要用来向正、副驾驶员提供飞机的磁航向基准。它以感应式陀螺磁罗盘在罗盘指示器(RMI)和水平状态指示器(HSI)上提供磁航向,并向自动驾驶仪、甚高频导航系统、奥米加导航系统和飞行记录器提供航向基准信号。上述任务由两套罗盘系统共同承担,如图 11.2.9 所示。在正常情况下,1 号罗盘系统向正驾驶的 RMI、副驾驶的 HSI、2 号甚高频导航和自动驾驶仪提供航向信号;2 号罗盘系统向副驾驶的 RMI、正驾驶的 HIS、1 号甚高频导航、飞行记录器和奥米加导航系统提供航向基准信号。如果其中一套罗盘系统出现故障,则全部信息由另一套罗盘系统承担。

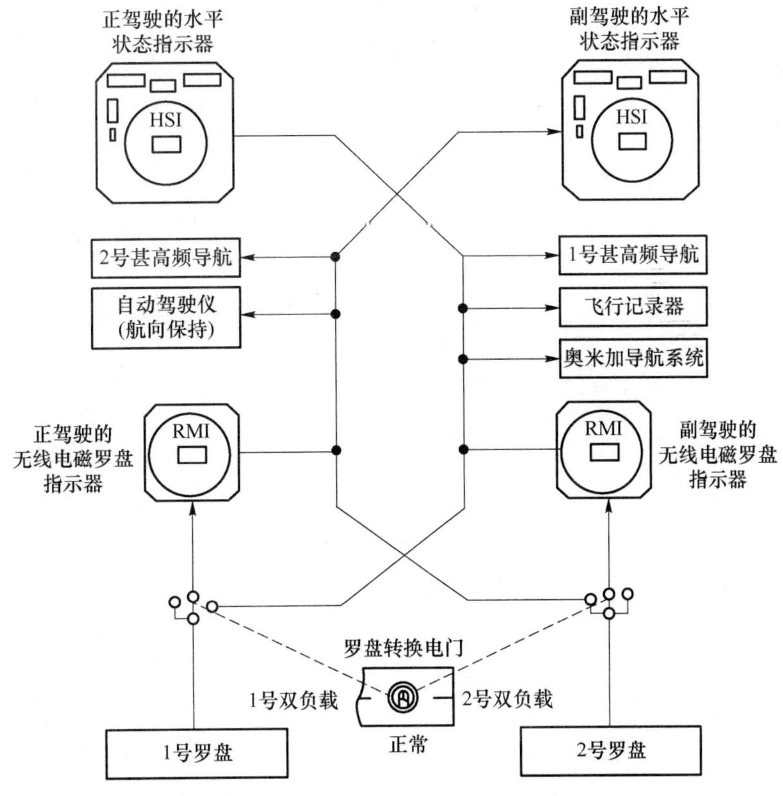

图 11.2.9　波音 737 飞机罗盘系统航向信号分配图

思考题与习题

11.1 用于飞机航向测量的主要仪表有哪些？简要说明它们各自的工作特点。

11.2 叙述飞机的各种航向和航线的含义。

11.3 说明陀螺罗盘的结构组成，它能够测量哪些航向参数？各自的测量原理是什么？

11.4 简述陀螺罗盘测量飞机大圆圈航向和真航向的工作原理。

11.5 简述陀螺磁罗盘结构组成、测量航向的原理与应用特点。

11.6 与其他罗盘相比、陀螺磁罗盘有什么优缺点？

11.7 什么是罗差？分析其产生的原因，并说明消除罗差的方法。

11.8 举例说明飞机上罗盘系统的结构组成与工作原理。当其中一套罗盘系统出现故障时，罗盘系统如何工作？

第 12 章　其他参数测量

12.1　转速测量

回转体旋转的速度称为转速，它以旋转体每分钟内的转数来表示，单位为 r/min，测量转速的仪表即为转速表。在热力机械(如各类发动机)的运行中，转速是一个重要的特性参数。通过测量发动机主轴的转速，如喷气发动机的涡轮轴转速、活塞式发动机的曲轴转速、直升机的旋翼转速等，可以确定发动机各部件所承受的动载荷，以保证结构上的可靠；同时，发动机的功率或推力又是主轴转速的函数，在没有合适的测量功率或推力的仪表时，可以根据主轴转速和其他有关参数的测量值，通过计算确定其功率或推力。

测量转速的原理很多，实现转速表的方式也很多，但大体上可以分为机械式和电气式两类。属于机械式的有离心式、钟表式等，适于转速的近距离测量；属于电气式的有模拟式、数字式等，适于转速的远距离测量。

12.1.1　接触式转速表

1. 离心式

离心式转速表是一种既古老又在目前仍然广泛用于发动机、透平机等转速控制系统中的转速测量装置，典型的结构如图 12.1.1 所示。当旋转轴随被测旋转体一起转动时，沿径向固定在其上的两个重球感受旋转速度 ω 而产生离心力 F_c，使重球向外张开并带动指针杆向上移动而迫使弹簧变形。当弹簧反作用力 F_s 与离心力 F_c 平衡时，指针杆即停留在一定位置，这样就把转速转换成相应的线位移，从而测量出转速。

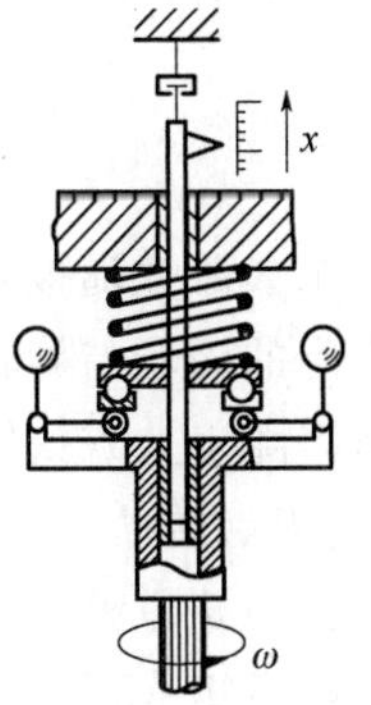

图 12.1.1　离心式转速测量装置

离心力 F_c 与弹簧力 F_s 分别可描述为

$$F_c = K_c\omega^2 \tag{12.1.1}$$

$$F_s = K_s x \tag{12.1.2}$$

式中：K_c——敏感小球及相关系统的离心力系数($\mathrm{N/s^2}$)；

K_s——弹簧的弹性系数(N/m)；

x——指针杆的位移(m)。

由式(12.1.1)和式(12.1.2)可得

$$x = \frac{K_c}{K_s}\omega^2 \tag{12.1.3}$$

可见，指针杆的位移与转速的特性是非线性的。

如果采用弹性力与位移的平方成正比的非线性弹簧，即

$$F_s = K_s x^2 \tag{12.1.4}$$

则可测得指针杆的位移与转速的特性是线性关系的离心式转速测量装置，即

$$x=\sqrt{\frac{K_c}{K_s}}\omega \tag{12.1.5}$$

离心式转速测量装置的特点是结构简单、可靠、测量范围比较宽，可达 20 000 r/min 以上。但测量精度不高，一般为 1 %～2 %；且由于重球质量大、惯性大且动态特性不好，故不适合测量变化较快的转速。

2. 磁性式

磁性转速表是利用电磁感应原理把转速转变成转角的一种测量装置。它主要由与旋转轴相固联的永久磁铁组件、与指针轴相固联的感受旋转磁场而产生电涡流的金属导体（一般为铝）、反作用弹簧（游丝）、指针和刻度盘组成。金属导体有帽形和圆盘形两种，如图 12.1.2 所示。

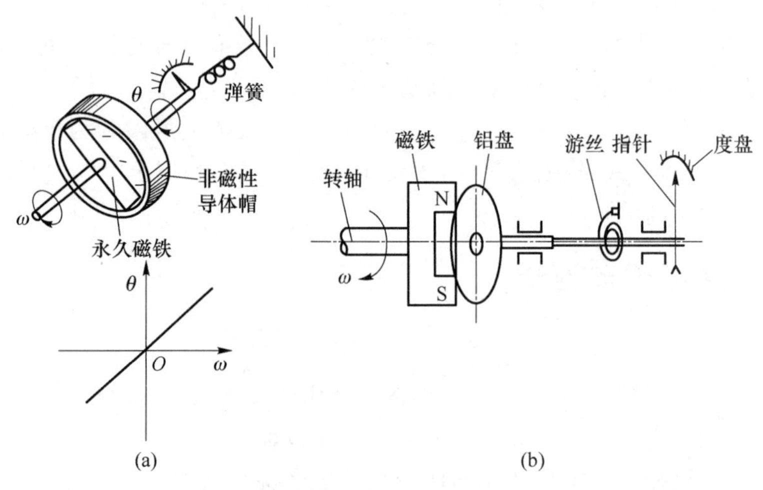

图 12.1.2 磁性转速表原理结构

当永久磁铁随被测轴一起旋转时，就产生旋转磁场并在铝制圆盘（或帽）中产生电涡流，电涡流产生的磁场与旋转磁场相互作用而产生与转轴转速 ω 成正比的电磁力矩 M_e。力矩 M_e 驱动铝盘跟随永久磁铁转动，并使游丝产生扭转变形，与铝盘转角 θ 成比例的游丝反作用力矩 M_s 抵抗铝盘转动。当两个力矩相等时，铝盘以及与其固联的指针轴停留在一定的位置，此时指针的转角 θ 即对应于被测轴的转速。

电磁力矩 M_e 与游丝的反作用力矩 M_s，分别可描述为

$$M_e=K_e\omega \tag{12.1.6}$$

$$M_s=K_s\theta \tag{12.1.7}$$

式中：K_e——电磁力矩系数（N・m・s）；

K_s——游丝力矩系数（N・m）。

利用式(12.1.6)和(12.1.7)可得

$$\theta=\frac{K_e}{K_s}\omega \tag{12.1.8}$$

指针的转角 θ 与转速呈线性关系。这类转速表结构简单、维修方便，但精度不高。

12.1.2　测速发电机

测速发电机是利用电磁感应原理制成的一种把转动的机械能转换成电信号输出的装置，与普通发电机不同之处是它有较好的测速特性，例如输出电压与转速之间有较好的线性关系、较高的灵敏度、较小的惯性和较大的输出信号等。测速发电机也分为直流和交流两类，如图 12.1.3 所示。

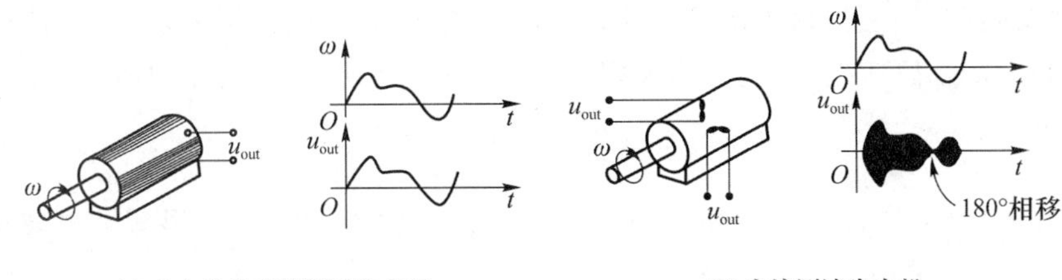

(a) 永久磁铁直流测速发电机　　(b) 交流测速发电机

图 12.1.3　测速发动机

1. 直流测速发电机

直流测速发电机的平均直流输出电压$\overline{U}_{out}$与转速 N 大体上呈线性关系，一般可描述为

$$\overline{U}_{out}=\frac{n_p n_c \Phi N}{60 n_{pp}} \tag{12.1.9}$$

式中：n_p——磁极数；

n_c——电极导线数；

Φ——磁极的磁通（Wb）；

n_{pp}——正负电刷之间的并联路数；

N——转速，$N=\frac{60\omega}{2\pi}$。

输出电压$\overline{U}_{out}$的极性随旋转方向的不同而改变。由于电枢导线的数目有限，所以输出电压有小波纹。对于高速旋转的情况，纹波可利用低通滤波器来减小。

2. 交流测速发电机

交流测速发电机是一种两相感应发电机，一般多采用鼠笼式转子，为了提高精度有时也采用拖杯式转子。其中一相加交流激励电压以形成交流磁场，当转子随被测轴旋转时，就在另一相线圈上感应出频率和相位都与激励电压相同，但幅值与瞬时转速 N（$N=\frac{60\omega}{2\pi}$）成正比的交流输出电压 u_{out}。当旋转方向改变时，u_{out} 亦随之发生 180°的相移。当转子静止不动时，输出电压 u_{out} 基本上为零。

大多数工业交流测速发电机在设计时，都是用于交流伺服机械系统，激励频率通常为 50 Hz 或 400 Hz。典型的高精度交流测速发电机以 400 Hz、115 V 电压激励，当转速在 0～3 600 r/min 范围时，其非线性约为 0.05%。动态响应频率受载波频率限制，一般为载波频率的1/15～1/10。

12.1.3　数字式转速表

数字式转速表也是一种应用广泛的转速测量装置。结构上包括转速传感器和转速指示器两个主要部分,前者将被测转速转换成相应的脉冲信号频率(f_x);后者则是频率或周期的测量装置,并最终以要求的形式直接显示被测转速。

目前广泛使用的数字式转速传感器有磁电式、电涡流式、霍尔式和光电式。

1. 磁电式转速传感器

这类传感器有电磁感应式和磁敏元件式等。图 12.1.4(a)为电磁感应式转速传感器的原理图。它由导磁齿盘、永久磁铁和感应线圈组成。导磁齿盘直接或经过减速器与转轴连接。因此,当转轴旋转时,导磁齿盘依次间断地改变磁路的磁阻,磁路磁阻随之发生周期性的变化,则在感应线圈上产生感应电势,电势的频率 f_x 与转轴的转速 n_x 和齿盘的齿数 z 成正比,即

$$f_x=\frac{n_x z}{60} \tag{12.1.10}$$

由式(12.1.10)可见,在一定的齿数 z 时,由测量电势的频率 f_x 可得知被测转速 n_x、频率 f_x 与转速 n_x 成正比关系。但应注意:

① 由于感应电势的幅值也与转速成正比,转速太低时,电势也小,难以准确测量。因此,感应式转速传感器适于测量比较高的转速。

② 永久磁铁与齿盘间的间隙 h 对感应电势影响十分显著。因此,在可能的情况下,应使 h 尽可能小。

③ 为了使磁阻变化明显,要求导磁齿应有一定的高度,如果采用齿轮式的,最好用大模数齿轮。

为了提高低转速的测量效果,可采用磁敏式、电涡流式和霍尔式转速传感器,它们的共同特点是输出电压幅值受转速影响很小。图 12.1.4(b)是磁敏式转速传感器的原理图。这里没有感应线圈,而是在永久磁铁的端头装有磁敏元件,如磁敏二极管、三极管等。

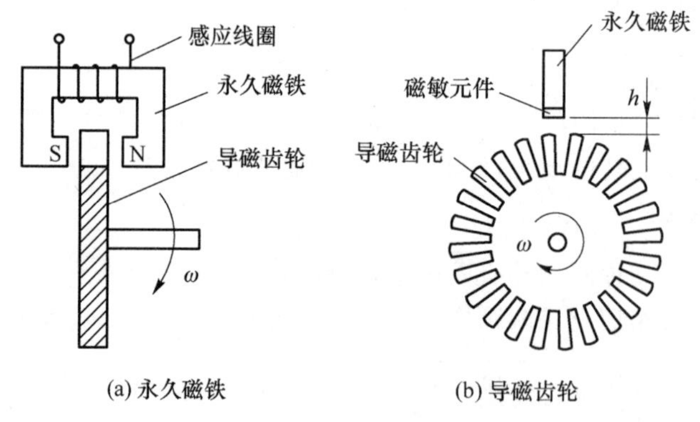

图 12.1.4 磁电式转速传感器

2. 电涡流式转速传感器

电涡流传感器工作原理如 3.4.3 节所述。通有交变电流 i_1 的线圈周围产生交变磁场 φ_1;交变磁场 φ_1 在附近的金属导体上产生电涡流 i_2,同时产生交变磁场 φ_2,且 φ_2 与 φ_1 方向相反。φ_2 对 φ_1 有反作用,从而使线圈中的电流 i_1 的大小和相位均发生变化,即线圈中的等效阻抗发生了变化。如图 12.1.5(a)所示,线圈阻抗的变化与电涡流效应密切相关,即与线圈的半径 r、激磁电流 i_1 的幅值、频率 ω、金属导体的电阻率 ρ、导磁率 μ 以及线圈到导体的距离 x 有关,即可以写为 $Z=f(r,i_1,\omega,\rho,\mu,x)$。

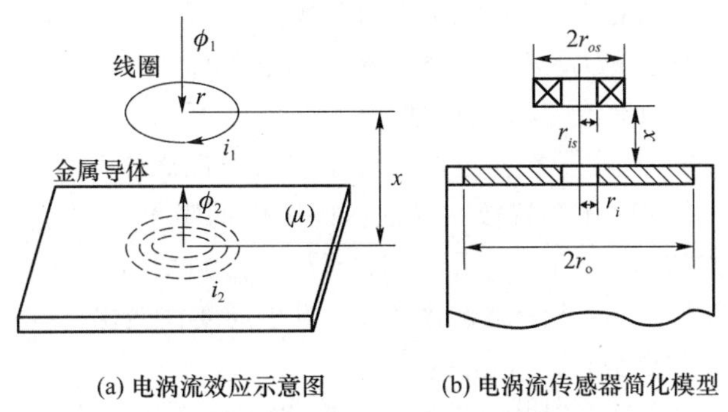

(a) 电涡流效应示意图　　(b) 电涡流传感器简化模型

图 12.1.5　电涡流传感器示意图

为了便于分析，把电涡流传感器简化为图 12.1.5(b)所示模型，并设线圈内外半径分别为 r_{is} 和 r_{os}，导体上电涡流短路匝内外半径分别为 r_i 和 r_o。

在不考虑涡流沿径向分布不均匀的情况下，涡流强度 I_2 随线圈到被测导体表面的距离 x 之间的关系为

$$I_2 = I_1\left[1 - \frac{1}{\sqrt{1+(r_{os}/x)^2}}\right] \tag{12.1.11}$$

其关系曲线如图 12.1.6 所示。可以看出，随距离 x 的增大，涡流强度迅速减小，当 $x \geqslant r_{os}$ 时，涡流强度已很微弱。为了获得较强的涡流效应，一般取 $\frac{x}{r_{os}}=0.05\sim0.15$。增大线圈外径，可增加测量范围和线速度，但却会降低灵敏度。

利用电涡流式传感器测量转速的原理如图 12.1.7 所示。在旋转体上开一条或数条槽(如图 12.1.7(a)所示)，或者把旋转体做成齿状(如图 12.1.7(b)所示)，旁边安放一个电涡流式传感器，当旋转体转动时，电涡流传感器就输出周期性变化的电压信号。

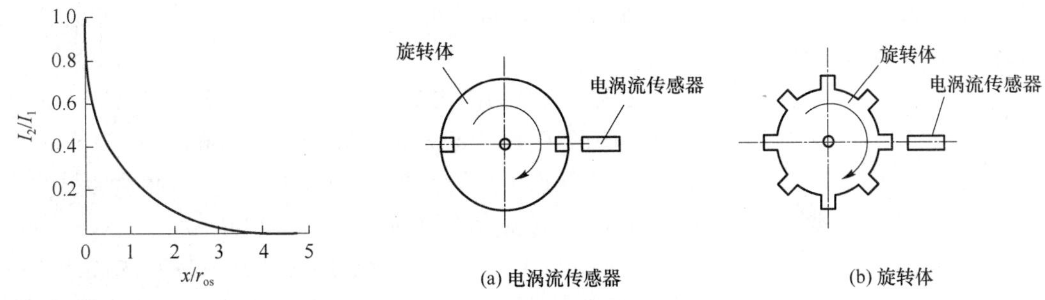

(a) 电涡流传感器　　(b) 旋转体

图 12.1.6　电涡流强度与距离的关系曲线　　**图 12.1.7　电涡流式转速传感器**

利用电涡流效应实现的传感器敏感元件的优点有：灵敏度高，结构简单，抗干扰能力强，不受油污等介质的影响，可进行非接触测量等；除了用于转速测量外，还可用于测量位移、振幅、厚度、工件表面粗糙度、导体的温度、金属表面裂纹和材质的鉴别等，在工业生产和科学研究各个领域有广泛的应用。

3. 霍尔式转速传感器

霍尔式传感器工作原理见 3.4.4 节。金属或半导体薄片，若在它的两端通以控制电流 I

并在薄片的垂直方向上施加磁感应强度为 B 的磁场，则在垂直于电流和磁场的方向上(即霍尔输出端之间)将产生电动势 U_H(霍尔电势或称霍尔电压)。

利用霍尔效应测量转速的传感器的原理如图 12.1.8 所示。在旋转轴上安装一非磁性圆盘，在圆盘周边附近的同一圆上等距离地嵌装着一些永磁铁氧体，相邻两铁氧体的极性相反，如图 12.1.8(a)所示。由导磁体和置放在导磁体间隙中的霍尔元件组成测量探头，探头两端的距离与圆盘上铁氧体的间距相等，如图 12.1.8 (a)右上角所示。测量时，探头对准铁氧体，当圆盘随被测轴一起旋转时，探头中的磁感应强度发生周期性变化，因而通有恒值电流的霍尔元件就输出周期性的霍尔电势。

图 12.1.8(b)是在被测轴上安装一导磁性齿轮，对着齿轮固定安放一马蹄形永久磁铁，在磁铁磁极的端面上粘贴一霍尔元件。当齿轮随被测轴一起旋转时，磁路的磁阻发生周期性变化，霍尔元件感受的磁感应强度也发生周期性变化，因而输出周期性的霍尔电势。

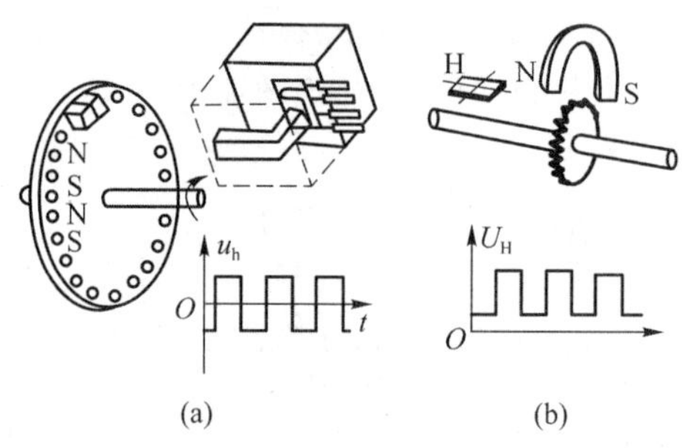

图 12.1.8　霍尔式转速传感器

4. 磁敏式转速传感器

磁敏二极管和磁敏三极管是继霍尔元件和磁敏电阻之后发展起来的一种磁电转换元件，具有磁灵敏度高(比霍尔元件高数百甚至数千倍)、能识别磁场极性、体积小、电路简单等优点，因此引起人们的重视，在测试及控制方面也日益获得广泛应用。下面以磁敏二极管为例介绍构成转速传感器的原理。

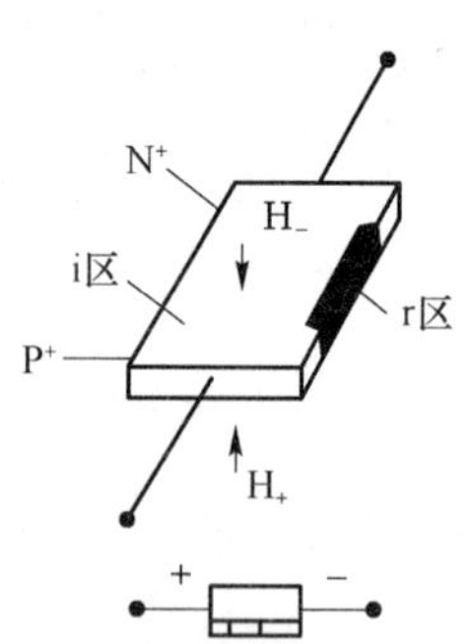

图 12.1.9　磁敏二极管

磁敏二极管的结构是 P^+-i-N^+ 型，其管芯是在本征导电高纯度锗的两端，用合金法制成高浓度 P 区和 N 区，在本征区(即 i 区)的一个侧面上设置高复合区(r 区)，与 r 区相对的另一个侧面保持光滑，为无复合表面，如图 12.1.9 所示。

当磁敏二极管外加正向偏压(电源正极接 P 区，负极接 N 区)时，随着它所感受的磁场的变化，流经其上的电流亦发生变化，即磁敏二极管的等效电阻随磁场不同而变化。这种现象可由如下过程说明。

当外加电压后，如果没有磁场作用，P 区中的大部分空穴通过 i 区进入 N 区，N 区中的大部分电子通过 i 区进入 P 区，从而产生电流，如图 12.1.10(a)所示。只有很少一部分电子与空穴在 i 区被复合掉。当有正向磁场 H_+ 作用时，运动中的空穴和电子受到洛伦兹力的作用而向 r 区偏转，如图 12.1.10(b)所示，并在 r 区很快地被复合掉。因而 i 区载流子密度减小，电流减小，即电阻增大。i 区电阻增大使外加电压分配在其上的电压降增大，Pi 结和 Ni 结上的电压降相应减小。结压降减小又进而使载流子的注入量减小，以致 i 区电阻进一步增大，直到某一稳定的平衡状态。当有反向磁场 H_- 作用时，电子和空穴则向光表面一侧偏移，如图 12.1.10(c)所示。在这里电子与空穴很少复合，而其行程变长，即在 i 区停留的时间变长，同时载流子又继续注入 i 区，因而载流子密度增大，电流增大，i 区电阻减小。结果外加电压分配在 i 区上的电压降减小，相应地 Pi 结和 Ni 结电压降增大，进而促使更多载流子注入 i 区，使 i 区电阻进一步减小，直到某一稳定平衡状态。

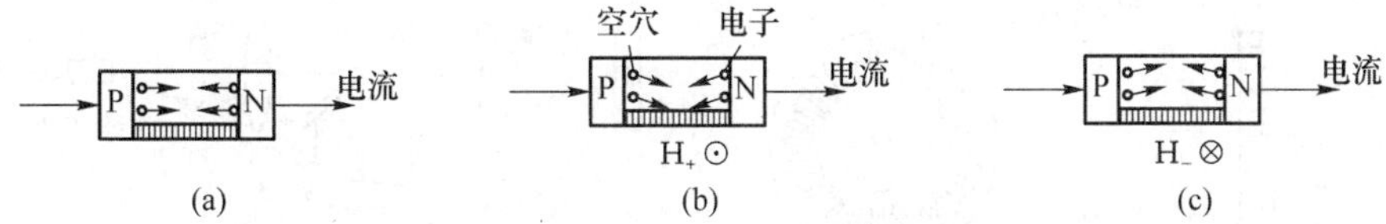

图 12.1.10　磁敏二极管工作原理

在磁敏二极管中，载流子偏转的程度取决于洛伦兹力的大小，而洛伦兹力又与电压和磁场的乘积成正比。如果以恒压源供电，则随正向磁场 H_+ 的增强，流经磁敏二极管的电流减小。如以恒流源供电，则其上的电压降随磁场的场强而增大。图 12.1.11 (b)所示为磁敏二极管单个使用按图 12.1.11 (a)接线时的电压降 ΔU 与磁感应强度 B 的关系曲线。图 12.1.12(a)是两只磁敏二极管互补使用的接线图，图 12.1.12 (b)是互补使用时的特性曲线。所谓互补使用，是把两只性能相同的磁敏二极管按磁敏感面相对或相背重叠放置(即按相反磁极性组合)，然后串联在电路中。互补使用不但可以提高磁灵敏度，而且还可以进行温度补偿。

如同霍尔式转速传感器样，把磁敏二极管或磁敏三极管紧贴在永久磁铁磁极端面上，就组成测量探头。探头正对固定在被测转轴上的齿轮(见图 12.1.4 (b))或非导磁体圆盘上交替安装的铁氧体，就可得到频率与被测轴转速成比例的交变电压信号。

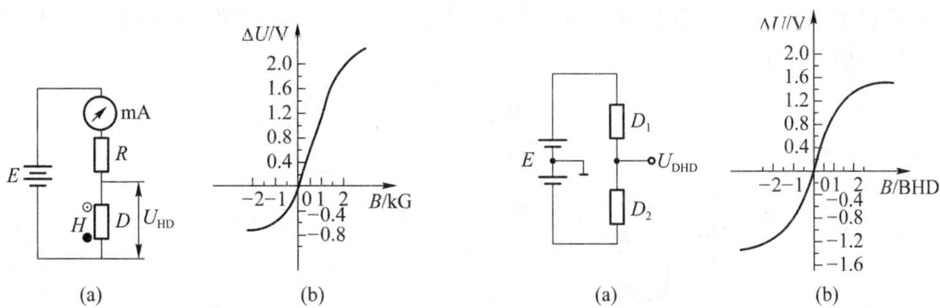

图 12.1.11　磁敏二极管单个使用方式　　**图 12.1.12　磁敏二极管互补使用方式**

5. 光电式转速传感器

这类传感器是利用光源和调制装置等将被测转速变换为相应的光脉冲，再通过光敏元件进一步转换为电脉冲信号，脉冲信号的频率与被测转速的关系同式。图 12.1.13 为光电式转速传感器的原理图。其中图 12.1.13(a)是在被测转轴上装一调制圆盘，其上均匀分布有 z 个缝(或圆孔)，光源和光敏元件分处在圆盘的两边。从光源到光敏元件之间的光路是通还是断，取决于圆盘的位置：当缝处在光源和光敏元件中间时，光源发出的光将通过缝照到光敏元件上；否则，光线将被圆盘阻断，光敏元件照不到光。因此，照到光敏元件上的光是间断的脉冲光。如缝数为 z 个，则调制圆盘转一圈，光敏元件就得到 z 个光脉冲。图 12.1.13(b)所示是在被测转轴上涂以黑白相间的条纹，光源发出的光经透镜 1、半透膜和透镜 3 照射到轴上条纹区。如果光照到黑条纹上，则光被吸收，不反光；如果光照到白条纹上，入射光线被反射，经透镜 3、半透膜和透镜 2 照射到光敏元件上。因此，经黑、白条纹的调制，照到光敏元件上的光也是间断的脉冲光。

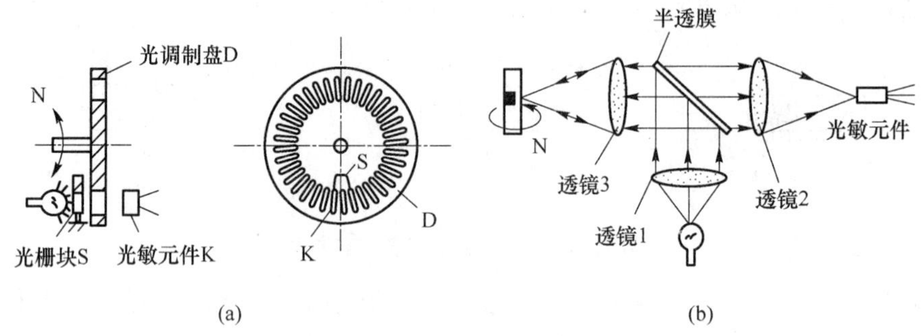

图 12.1.13　光电式转速传感器

由上可见，光电式转速传感器的基本组成部分是调制件、光源、光学聚焦系统及光敏元件。常用的光敏元件有光敏电阻、光电二极管和光电池等。

光敏电阻属于光电导元件，它是利用半导体光敏材料本身的电阻受入射光照射影响的特性工作的。在无光照射时，光敏电阻的阻值很大，此电阻称为暗电阻（又叫暗阻）；当有光照射时，光敏材料受光子激发，产生出可导电的电子-空穴对，使其导电性能提高，这时的电阻称为亮电阻（也叫亮阻）。显然，亮阻低于暗阻，光照强度愈大，其差值也越大，一般可达 $10^4 \sim 10^7\ \Omega$。因此，在恒定供电情况下，光敏电阻两端将产生与光照强度对应的输出电压。检测此电压，可确定光照条件的变化情况。图 12.1.14 展示出了光敏电阻的光电特性和转换电路图。因此，在转速传感器中当光敏电阻受到光脉冲作用时，在其两端将产生同频率的电脉冲信号，实现光脉冲到电脉冲信号的转换。

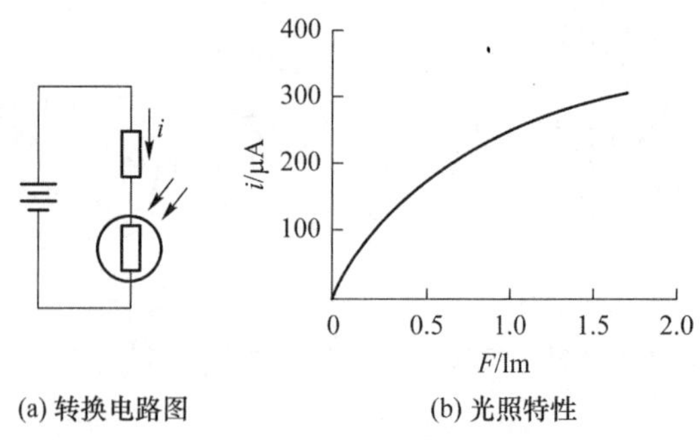

图 12.1.14　光敏电阻的光照特性

光敏三极管由于具有比较高的光电灵敏度，因此获得了广泛的应用。三极管受到光线照射所产生的光电流相当于普通三极管的基极电流，经三极管的电流放大作用，光敏三极管的集电极电流将是光电流的 β 倍。因此，在光脉冲的作用下，可以获得具有一定幅值且与光脉冲同频率的电脉冲信号输出。图 12.1.15(b)为采用光敏三极管的信号调理简图。需要指出的是：所有光敏元件都存在对照射光波长、环境温度及环境光敏感的问题，使用中应当注意并采取相应措施。图 12.1.15(a)所示的传感器中采用光导纤维来传光，以隔离环境光的影响，使光敏元件能够正确地反映被测的光脉冲。

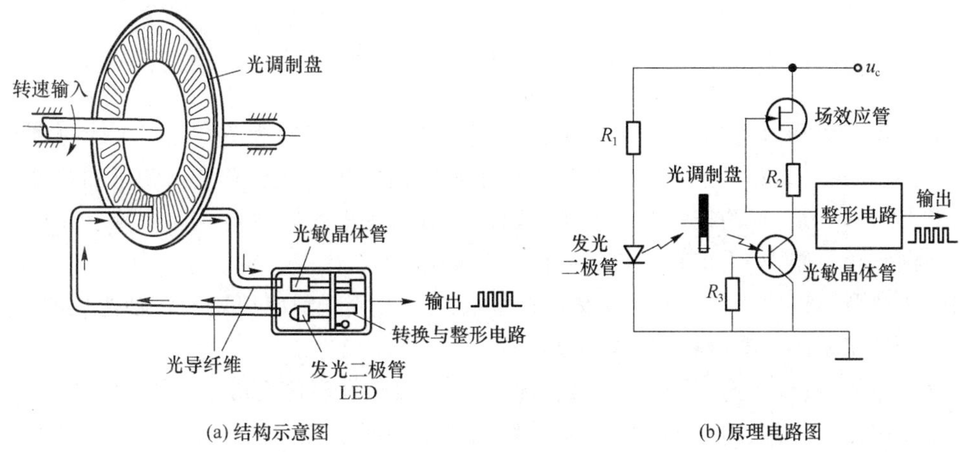

图 12.1.15 光电式转速传感器结构示意图

当被测转速比较低或圆盘尺寸很小时，由于缝隙(或小孔)过密，可能产生光电元件的感光截面积占据了数个缝隙的现象，以致调制盘旋转时光电元件占据的缝隙数始终不变，分辨不出缝隙的变动，因此无法实现式(12.1.10)的转换关系。为此，在调制盘与光源中间固定地安装了一个光栅块，如图 12.1.13(a)所示。只要光栅块上的缝隙数与调制盘上总缝隙数之比等于光栅块的弧长与调制盘的圆周长之比，就能保证光栅块上的缝隙与调制盘上的缝隙大小相等、间距相等。因此，调制盘每转过一个缝隙，光敏元件就能接受到一个光脉冲。

12.1.4 转速表的标定

利用转速表测量转速，要求测量结果是一致的、有效的。因此，所使用的转速表亦应经过标定，其精度必须得到认可和确定，标定转速表通常采用比较法。比较法标定转速表所需的设备是具有稳速装置的转速源和比被标定转速表至少高一个精度等级的标准转速表。将被标定转速表和标准转速表同时与转速源相连，调节转速源的转速在每一稳定转速时，比较两个转速表的示数，对被标定转速表进行连续的标定。可见标定的精度主要取决于转速源和标准转速表的精度。通常转速源的不稳定度和标准转速表的精度可根据表 12.1.1 确定。

可采用的标准转速表有以下两种：

① 高于被校转速表一个等级的转速表；

② 数字式转速表：如 JSS－2 型光电式转速表，当转速源稳定且动态特性较好时，可以用来建立 0.1 级转速标准，用以标定 0.5 级以下的转速表。

表 12.1.1 比较法标定转速的精度等级表

被标定转速表的精度等级/%	允许的转速源之不稳定度/%	允许的标准转速表之不准确度/%
0.25	≤0.05	≤±0.05
0.5	≤0.1	≤±0.1
1.0	≤0.2	≤±0.25
1.5	≤0.2	≤±0.25(不修正时)
		≤±0.5(修正时)
2.0	≤0.2	≤±0.5

12.2 扭矩测量

力矩是作用力和力臂的乘积。当力矩分别作用在一个直径为 D，长度为 L 的弹性轴两端，同时方向相反时，将产生一个扭转角 φ（两个横断面的相对扭转角度），测量加在轴上的力矩与扭转变形的关系，称为扭矩测量。所以，力、力矩和扭矩之间在检测和换算上存在着密切关系。在国际单位制中，力矩和扭矩的单位为 N·m。

扭矩传感器可以感受扭矩并转换为电信号输出。为了区别静扭矩和转轴扭矩的测量，有时把测量转轴扭矩的传感器称为转矩传感器。

在结构分析、机械制造、装配安装、试验研究等方面经常要检测扭矩参数。静扭矩参量，可以用扭矩传感器，也可以用力传感器转换检测，条件许可时甚至可直接将应变片粘贴在试件上进行测试。也有些情况要测量被测体在旋转时的扭矩，例如直升机的旋叶轴扭矩、发动机转轴扭矩、旋钻扭矩等，此时转矩测量是非常重要和必需的。没有转矩传感器就无法达到检测目的。所以无论是航空领域还是其他行业，扭矩和转矩的检测都是普遍需要的。

12.2.1 扭矩传感器的变换原理

1. 应变式

通过在被测扭矩的轴或专门设计的弹性轴件上贴应变片，利用扭矩作用产生应变的机理实现扭矩参数的测量。

由材料力学可知，受到纯扭的轴在横截面上最大剪应力 $\tau_{\max}$ 与轴截面的抗扭模数 W_P 和扭矩 M 之间的关系为

$$\tau_{\max}=\frac{M}{W_p} \tag{12.2.1}$$

$$W_P=\frac{\pi D^3}{16}\left(1-\frac{d^4}{D^4}\right) \tag{12.2.2}$$

式中：D——轴的外径(m)；

d——空心轴的内径(m)。

最大剪应力 $\tau_{\max}$ 是不能用应变片来测量的。但是，与转轴中心线成 45°夹角方向上的正、负应力 σ_1 和 σ_3 的数值等于 $\tau_{\max}$ 之值，即

$$\sigma_1=-\sigma_3=\tau_{\max}=\frac{16DM}{\pi(D^4-d^4)} \tag{12.2.3}$$

根据胡克定律，应变为

$$\varepsilon_1=\frac{\sigma_1}{E}-\mu\frac{\sigma_3}{E}=(1+\mu)\frac{\sigma_1}{E}=\frac{16(1+\mu)DM}{\pi E(D^4-d^4)} \tag{12.2.4}$$

$$\varepsilon_3=\frac{\sigma_3}{E}-\mu\frac{\sigma_1}{E}=(1+\mu)\frac{\sigma_3}{E}=\frac{-16(1+\mu)DM}{\pi E(D^4-d^4)} \tag{12.2.5}$$

式中：E，μ——材料的弹性模量(Pa)和泊松比。

在转矩 M 作用下，转轴上相距 L 的两横截面之间的相对转角为

$$\phi=\frac{32ML}{\pi(D^4-d^4)G} \tag{12.2.6}$$

式中：G——材料的剪切弹性模量(Pa)。

根据式(12.2.4)和式(12.2.5)，沿轴向±45°方向分别粘贴四个应变片组成全桥电路，感受轴的最大正、负应变，从而输出与转矩成正比的电压信号 U_{out} 如图 12.2.1 所示。

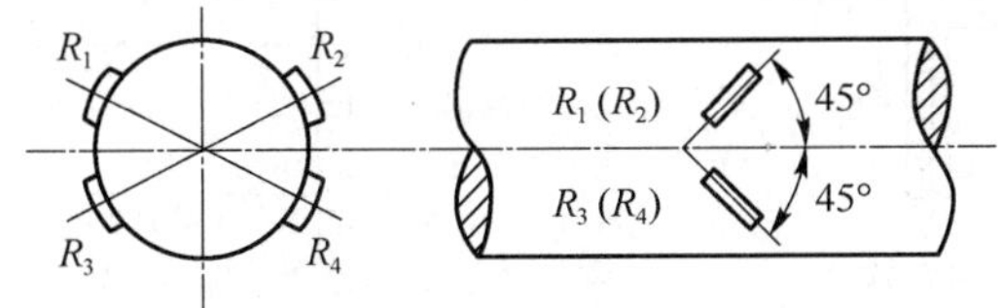

图 12.2.1　应变片式转矩传感器

电阻应变式转矩测量仪结构简单，制造比较容易，精度较高。其缺点是粘贴在旋转轴上的应变片要使用导电滑环引出，当触点接触力小时工作不可靠，而触点接触力大时则触点磨损严重，且增加了测量轴的摩擦力矩。一般转速不超过 4 000 r/min。为了解决应变信号从旋转轴上外传的问题，可以对各种旋转零部件的应变信号通过轴上的微型信号发射器，非接触地传递到轴外信号接收器上，进行无线传输测量。

2. 角位移式

当弹性轴有扭矩作用时，由式(12.2.6)可知，就会产生扭角，其大小与扭矩有关。利用磁电式光电转换机理可以测得扭转角，因此可以通过扭转角来测量扭矩。根据这一原理，可以制成光电式、相位差式等扭矩传感器。

(1) 光电式

光电式转矩传感器测量方法是在转轴上固定安装两片圆盘光栅，如图 12.2.2 所示。在无转矩作用时，两片光栅的明暗条纹相互错开，完全遮挡住光路，因此放置于光栅另一侧的光敏元件无光线照射，无电信号输出。当有转矩作用于转轴上时，安装光栅处的两截面产生相对转角，两片光栅的暗条纹逐渐重合，部分光线透过两光栅而照射到光敏元件上，从而输出电信号。转矩越大，扭转角越大，照射到光敏元件上的光越多，因而输出电信号也越大。

(2) 相位差式

相位差式转矩传感器测量方法是基于磁感应原理。它是在被测转轴相距 L 的两端处各安装一个齿形转轮，靠近转轮沿径向各放置一个感应式脉冲发生器(在永久磁铁上绕一固定线圈而成)，如图 12.2.3 所示。当转轮的齿顶对准永久磁铁的磁极时，磁路气隙减小，磁阻减小，磁通增大；当转轮转过半个齿距时，齿谷对准磁极，气隙增大，磁通减小，变化的磁通在感应线圈中产生感应电势。无转矩作用时，转轴上安装转轮的两处无相对角位移，两个脉冲发生器的输出信号相位相同。当有转矩作用时，两转轮之间就产生相对角位移，两个脉冲发生器的输出。

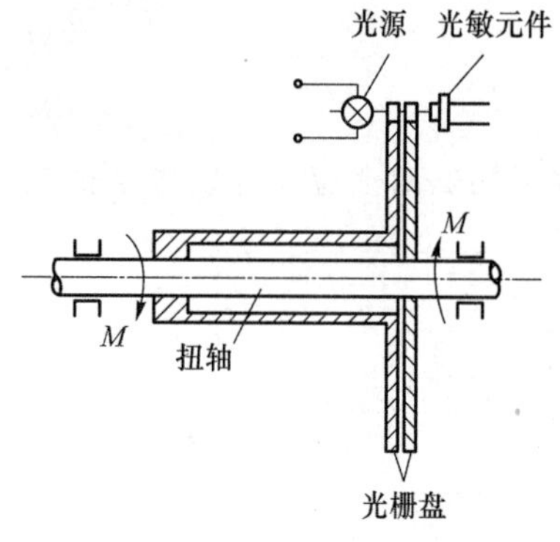

图 12.2.2 光电式转矩传感器

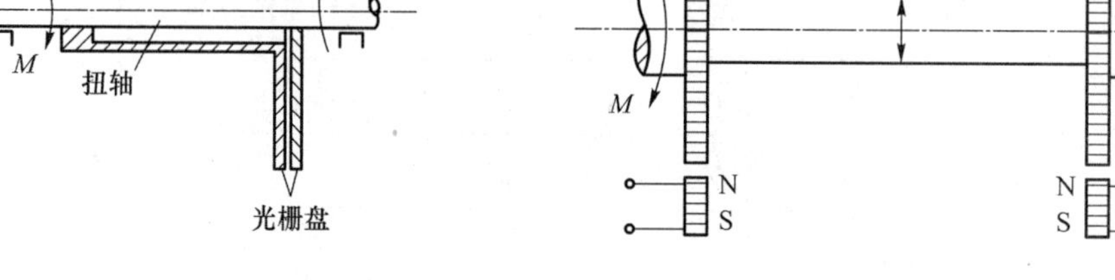

图 12.2.3 相位差式转矩传感器

感应电势不再同步，而出现与转矩成比例的相位差，因而可通过测量相位差来测量转矩。与光电式转矩传感器一样，相位差式转矩传感器也是非接触测量，结构简单，工作可靠，对环境条件要求不高，精度一般可达 0.2 %。

3. 磁弹式

利用磁致伸缩原理测量扭矩。由铁磁材料制成的扭轴，在受转矩后，将会出现磁的各向异性，即在拉应力作用下磁阻减小，而在压应力作用下磁阻增大。如果利用两个 π 形铁心 A、B 相互垂直的放置，如图 12.2.4(a)所示，$A—A$ 沿轴向，$B—B$ 垂直轴向，在铁心 A 上设有励磁线圈，在铁心 B 上设有感应线圈，Π 形磁路开路端靠近被测旋转轴表面约 1～2 mm 的间距。当励磁线圈中外加 50 Hz 正弦交流电压，如图 12.2.4(b)所示，在转轴上没有受到扭力作用时 $M=0$，$B—B$ 方向正好处于磁力线等位中心线上，感应线圈不会产生感应电动势。而当转轴受到扭力时($M\neq 0$)，轴表面出现各向异性的磁阻特性，磁力线将重新分布，不再是对称的，$B—B$ 方向已处于不等位磁位面上，所以感应线圈中将会有感应电动势出现。根据感应电动势的大小，可以确定被测转矩大小。

该转矩传感器由于是非接触测量，传感器部分不必随转轴旋转，所以使用方便，结构简单可靠，对温度影响不敏感，对转速几乎不受限制；可以在转轴处于静止受力状态下进行标定，从而大大简化标定工作；输出电压较高(可达 10 V，在一定转矩的作用范围内呈线性输出)。

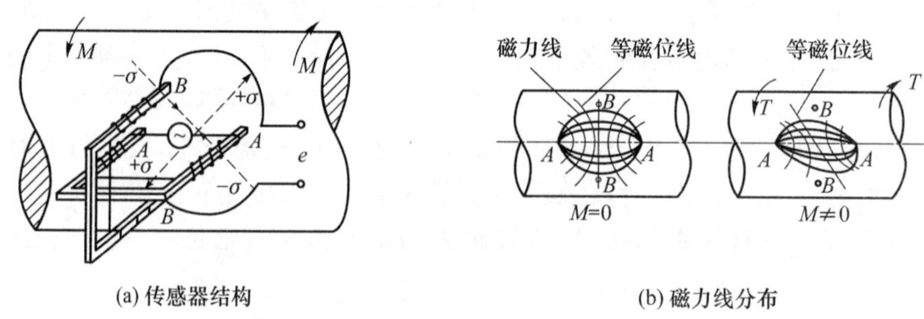

(a) 传感器结构　　(b) 磁力线分布

图 12.2.4 磁弹式转矩传感器原理图

4. 差动变压器式

测转矩的差动变压器和测直线位移或转角的差动变压器大不一样，关键是它的铁心不但在转动之中，而且应随转矩 M 的大小改变其气隙。铁心的结构如图 12.2.5(a)所示。在轴上相距一定的距离固定三个支持隔板，其上用特殊形状的高磁导率金属片围成空心筒，金属片分三个独立部分，用 A、B、C 表示。如果把这三个片展开成平面，则成为图 12.2.5(b)的形状。片 B 固定在中间隔板上，假定它的位置为参比位置，可视为固定不动（实际上是转动的，但为了分析方便，假定它不动），在转矩 M 作用下，轴的扭转变形使得 A 片向下移，C 片向上移。于是气隙δ_{AB}变大，δ_{BC}变小。转矩越大，两者的差别越多。若 $M=0$，则$\delta_{AB}=\delta_{BC}$。

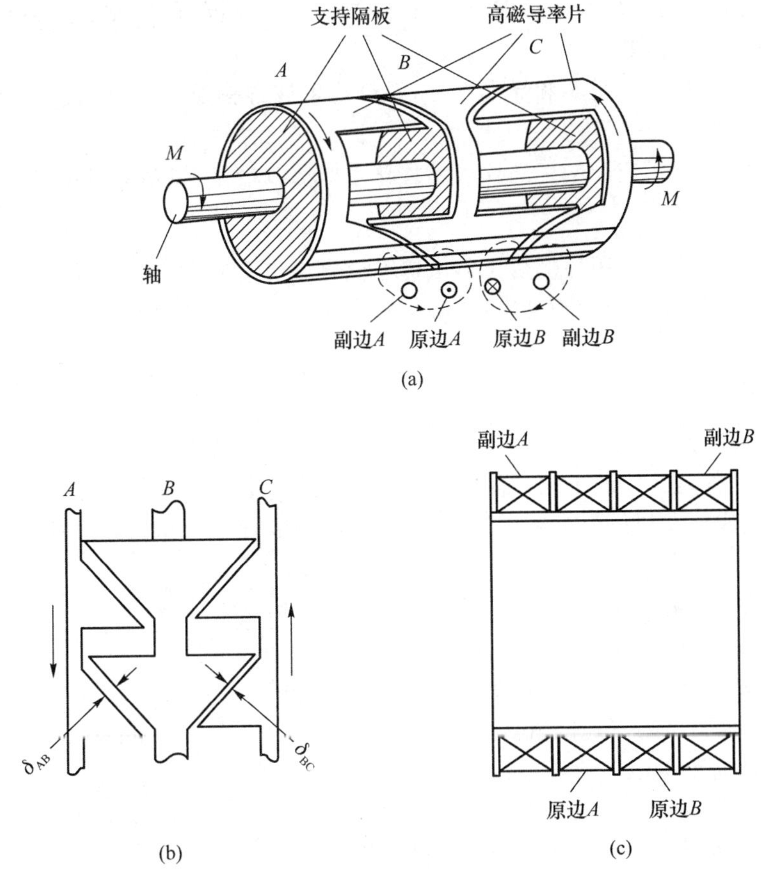

图 12.2.5　测转矩用的差动变压器

在上述铁心之外套有分四段构成的线圈，其纵断面如图 12.2.5(c)所示，中间两段为原边，两端分别为副边 A 和副边 B。在两段原边线圈中通以大小相等方向相反（相位相差 180°）的交流电源，它所产生的交变磁通将经过上述空心铁心的壁构成磁路，如图(a)中的虚线所示。这样，就会在副边 A 和副边 B 上形成感应电动势。由于气隙大小不等，两个副边的感应电动势不等，就构成了差动输出信号。显然，信号的大小和转矩 M 成正比。

铁心和线圈内壁之间留有微小空隙，使铁心可以转动而线圈则固定在基座上。这种方法不存在从转动体上引出导线问题，因为铁心上根本没有电路。

另外还有压电式：该传感器是利用压电材料的切向压电效应将扭矩变换为电信号。测力式：该传感器是在静扭矩测量中用测力方式来反映扭矩的变化，它利用扭力点固定，力臂距为一常数而反映扭矩变化。

12.2.2 扭矩传感器的电源、信号传输方式

1. 滑环传输

在进行转矩测量中，因为试件是旋转的，因此电源(指供电桥的电源)供给、信号传输等，是不能直接用插头连线的。

最简单的传输办法就是利用电刷、滑环。在转速不高，环境空气清洁的条件下可采用电刷、滑环，在转速高而使用环境条件差，以及精度要求高的情况下，电刷、滑环传输因接触电阻的影响，使用起来就要困难一些。

电刷、滑环所用材料要耐磨和导电性好，一般选用被青铜及铜合金，碳刷及弹簧片等的选材和设计都要合理。

电刷、滑环传输方式选配的二次仪表要注意采取滤波措施，以消除触点干扰影响。

2. 电磁耦合传输

电磁耦合传输，就是利用环形变压器来传输供电电源和信号。当然环形变压器及其线圈布排都要进行专门的设计制造和试验，铁心间隙应尽可能小。国外已有应用这种传输方式的产品。

3. 遥信传输

为了解决转矩检测要求，可采用遥信传输方式。采用遥信传输方式时，二次仪表的一部分就装在扭矩轴上，其电源一般采用高能电池。敏感元件的电源供给和信号处理发送，由旋转扭矩轴上的装置完成。发送信号为电磁波，另外配接解调装置接收和处理信号。

遥信传输的优点如下：

① 对测试件的要求低和附加改造少；

② 场地位置可以灵活；

③ 可以无线远距离进行信号接收处理。

遥信传输也有明显的不利因素：

① 连续工作时受电池能量所限；

② 造价相对高一些；

③ 供源装置体积重量要小，以便安装在扭矩轴件上。

遥信传输已在航空直升机旋翼转矩检测中实际应用。

12.3 油量测量

在生产中，有些液体原料装在罐或塔中，为了保证生产的连续进行，必须知道这些原料的储量；飞机发动机的燃料(通常为航空煤油)装在机载油箱内，为了保证飞行安全驾驶人员须要及时掌握油箱中燃料的储量。用来测量容器中液体储量的仪表，称为油量表。常用的油量表有两种类型：一是通过测量消耗量间接得到储量，二是测量容器中液体的液面位置而间接得到。

12.3.1 涡轮油量表

涡轮油量表是目前飞机上常用的油量表，它是基于涡轮流量计的工作原理，通过测量耗量

实现油量(储量)的测量。由涡轮流量计的工作机理,涡轮流量计输出信号的频率与流量相对应,经转换处理可得流量(飞机上也称瞬时消耗量)的指示值。同时,变送器的输出信号送入一积分装置,经积分得到液体在这段时间内的总消耗量,再由传动装置带动指示油量的指针转动,指针转动的角度与总消耗量相对应。只要在供油前将指示数调到当时油箱中的油量,并随着油量的消耗,指示数不停地向零示数方向变动,这样,指示装置的示值就是油箱中现有的油量。

由于采用涡轮油量表测量油箱中的油量,不受飞机姿态等因素的影响,因此具有一定的精度。但它是通过测量流量来测量油量的,所以如果流体(燃油、滑油等)有不经过涡轮的消耗(如涡轮前管路的漏泄、燃体从涡轮外缘与管路内壁的间隙流过等),将会产生油量表的指示多于油箱中实际油量的误差(即实际耗量多于计算值)。因此飞机上还同时装有基于测量油箱中液体液面高度原理的油量表,此类油量表有电容式、浮子式、静压式、超声波式和核辐射式等。其中前两种都曾用于飞机上,目前主要是电容式的。

12.3.2　电容式油量表

图 12.3.1 是一种电容式油量表的原理图。电容器有一部分浸入油中,浸入高度随油量的多少而变。电容器的上半部伸出油面,因此电容器中浸入油中和伸出液面部分极板间的介质不同:其一是油体;另一是空气和油气的混合气体(近似于空气)。当不考虑边缘效应时,电容式传感器的总电容量为

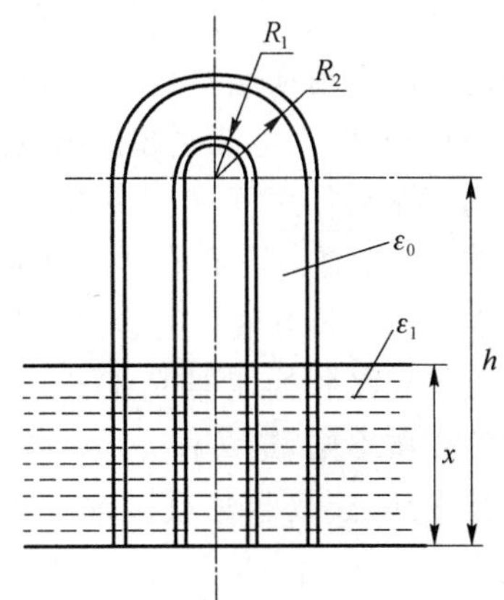

图 12.3.1　电容式油量表测量原理图

$$C=\frac{2\pi\varepsilon_0(h-x)}{\ln\left(\frac{R_2}{R_1}\right)}+\frac{2\pi\varepsilon_1 x}{\ln\left(\frac{R_2}{R_1}\right)}=\frac{2\pi\varepsilon_0 h}{\ln\left(\frac{R_2}{R_1}\right)}+\frac{2\pi(\varepsilon_1-\varepsilon_0)x}{\ln\left(\frac{R_2}{R_1}\right)}=C_0+\Delta C \tag{12.3.1}$$

$$C_0=\frac{2\pi\varepsilon_0 h}{\ln\left(\frac{R_2}{R_1}\right)} \tag{12.3.2}$$

$$\Delta C=\frac{2\pi(\varepsilon_1-\varepsilon_0)x}{\ln\left(\frac{R_2}{R_1}\right)} \tag{12.3.3}$$

式中:ε_1——油体介质的介电常数(F/m);

ε_0——混合气体的介电常数(F/m),近似于空气中的介电常数;

h——极板的总高度(m);

R_1——内电极的外半径(m);

R_2——外电极的内半径(m);

x——油体介质的物位高度(m)。

由上述模型可知:圆筒形电容式敏感元件介电常数为ε_1部分的高度为被测量 x,介电常数为ε_0的空气部分的高度为 $h-x$。电容变化量 ΔC 与 x 成正比,通过对 ΔC 的测量就可以实现对介质为ε_1的物位高度 x 进行测量。

电容式油量传感器无机械接触部分、工作可靠,但它感受的是油面的高度,当飞机姿态变化时,会引起油面倾斜、波动等的变化,存在姿态误差。对此,有些飞机上在油箱中安装了多支传感器,只要这些传感器在油箱中配置、安装和连接合适,通过一定的补偿修正,可以使姿态误差减至最小。另外电容式油量传感器还存在有温度和换油误差,在实际的测量仪表中均应采取相应的补偿措施。

12.3.3 超声波式油量传感器

由于不同媒质对超声波的吸收衰减程度不同,所以利用超声波可以分辨出不同媒质的分界面,从而可以制成物位报警装置;超声振动在不同的媒质中传播的速度也不同,由此可以制成物位测量装置。在这种测量装置中没有机械活动部件,超声波不受光线、黏度的影响,超声振动的传播速度也不直接与介质的介电常数、电导率、热导率有关,因此这种测量装置得到了实际的应用和发展。目前应用比较广泛的超声波测量物位的装置有两种,它们分别是利用超声波脉冲回波法和定点测量。图 12.3.2 为超声波液位测量仪原理图。

超声波发射换能器是利用晶体的逆压电效应,晶体在高频电压(如 1 MHz)的作用下,产生超声振动,实现电能到超声振动能的转换;超声波接收换能器是利用晶体的正压电效应,晶体在超声振动作用下,产生一定频率的交流电压输出。

图 12.3.2(a)是采用定点测量法检测液位。将超声波发射换能器 T 和超声波接收换能器 R 分别安装在装有液体的容器的相对面上,发出的超声波经发射换能器 T 与接收换能器 R 间的介质传到接收换能器 R 上。当液面达到或低于发射换能器 T、R 的安装处时,T 与 R 间所充满的介质不同,这两种介质对超声波的吸收衰减不同。当介质为空气(液面低)时,超声波几乎全被衰减,接收器 R 就接收不到超声波,输出信号极小;而液面达到这位置时,接收器 R 收到由 T 发出的超声信号,经晶体的压电转换及其后的放大调理,产生所要求的直流信号输出。因此,这种装置可作为液位报警装置。

图 12.3.2(b)是超声波脉冲回波法测量液面高度的原理图。从发射换能器 T 发出的超声脉冲,一路直接到接收换能器 R;另一路经液体传到液面,再从液面反射到 R,根据 R 接收到这两个脉冲的时间差 Δt 以及液体中的声速 v 即可求得从换能器到液面之间的距离 L,从而确定出液位。当发射换能器 T 与接收换能器 R 的距离比液位高度小得多时,液位高度上近似等于 $\frac{1}{2}v \cdot \Delta t$,由于液体中的声速 v 还与液体的成分、温度和压力等各种因素有关,不是常数,因此一般应采用校正装置来校正声速。

12.3.4 压力式油量测量

图 12.3.3 是一种压力式油量表的原理图。压力表安装在油箱的底部,通过测量油箱底部和油箱顶部(燃油上方)的压力差来实现差压测量。此时油箱底部的压力 p 可以表示为

$$p = p_0 + g\rho_L L \tag{12.3.4}$$

式中:p_0——燃油上方的气体压力;

g——当地的重力加速度;

ρ_L——燃油的密度;

L——此时的油面高度。

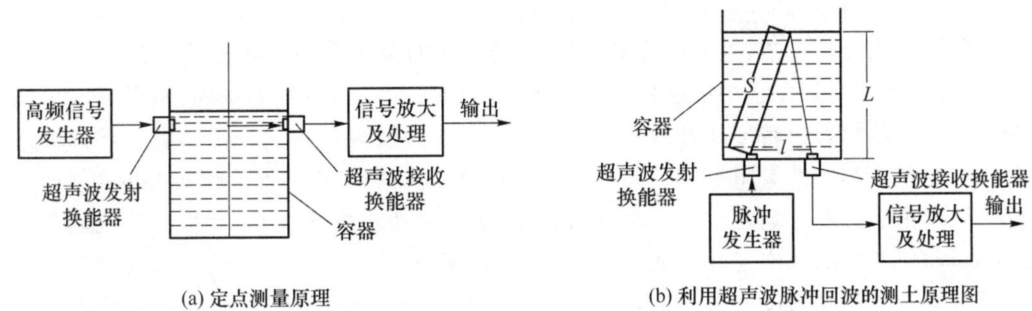

(a) 定点测量原理　　(b) 利用超声波脉冲回波的测土原理图

图 12.3.2　超声波液位测量仪原理图

此时的油面高度 L 可以表示为

$$L=\frac{p-p_0}{g\rho_L} \tag{12.3.5}$$

由于液体的密度在不同的环境下会发生改变，而当燃油密度发生改变时，式(12.3.5)表示的油位高度测量就会产生误差。图 12.3.3(b)展示了一种使用三个垂直布置的传感器测油位的方法，通过测量高度差为 l 处的液压 p_1 和 p_2，就可以补偿测量燃油密度 ρ_L 并由此来测液位：

$$\rho_L=\frac{p_2-p_1}{gl} \quad \Rightarrow \quad L=\frac{p_2-p_0}{p_2-p_1}l \tag{12.3.6}$$

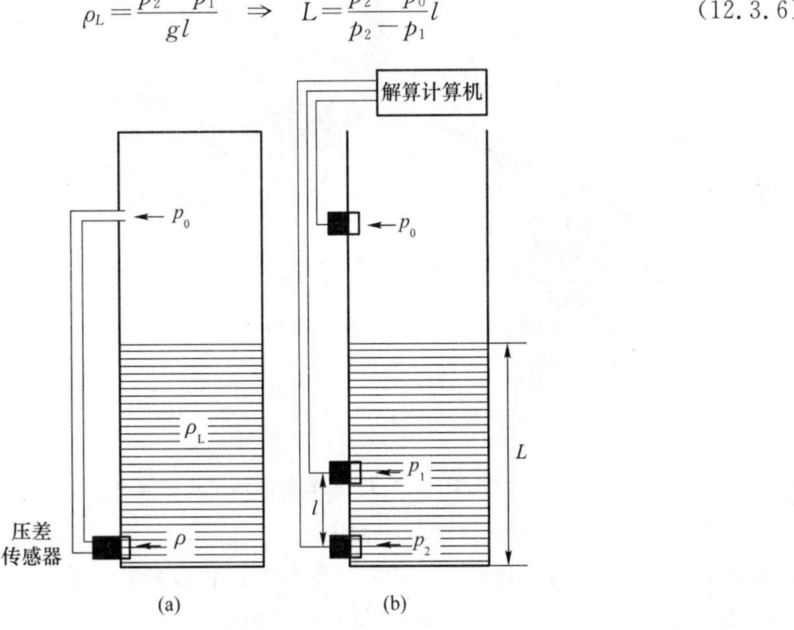

图 12.3.3　压力式油量测量原理图

12.3.5　磁致伸缩式油位测量

磁致伸缩油位传感器主要是利用磁致伸缩效应中的维德曼效应，使两个不同磁场相交，产生扭转效应并激发出扭转波，在利用磁致伸缩逆效应接收该信号，计算这个信号被探测的时间，便能间接准确地测量出油面的位置。

如图 12.3.4 所示，波导丝和接收带均为磁致伸缩材料所制成，在波导丝一端加一电流激励脉冲，脉冲沿波导丝传播，根据电磁场理论，电脉冲同时伴随着一个环形磁场 H 以光速进行传播。当环形磁场遇到浮子中的永磁铁在波导丝中产生的纵向恒定磁场时，将形成一个螺旋形磁场，从而引起材料扭转形变并激发出扭转波。该扭转波以恒定速率沿着波导丝向两端传播，传到波导丝末端的波被阻尼元件吸收，而传回传感器回波接收部件的扭转波传到接收带上转化为纵波，由于磁致伸缩逆效应，使得接收线圈中的磁通量发生变化，产生感生电动势。通过电路处理，将产生的感生电动势转化为电脉冲，送到主要由计数器组成的时间差测量电路中，通过计算发射脉冲与接收脉冲之间的时间 t 来确定浮子的位置，从而达到油位测量的目的。由于弹性波在磁致伸缩材料中的传播速度为

$$v=\sqrt{\frac{G}{\rho}} \tag{12.3.7}$$

式中，G 为剪切弹性模量，ρ 为质量密度。

浮子与回波拾取装置间的距离为

$$l=v\cdot t \tag{12.3.8}$$

由式(12.3.8)即可计算出准确的油面高度。

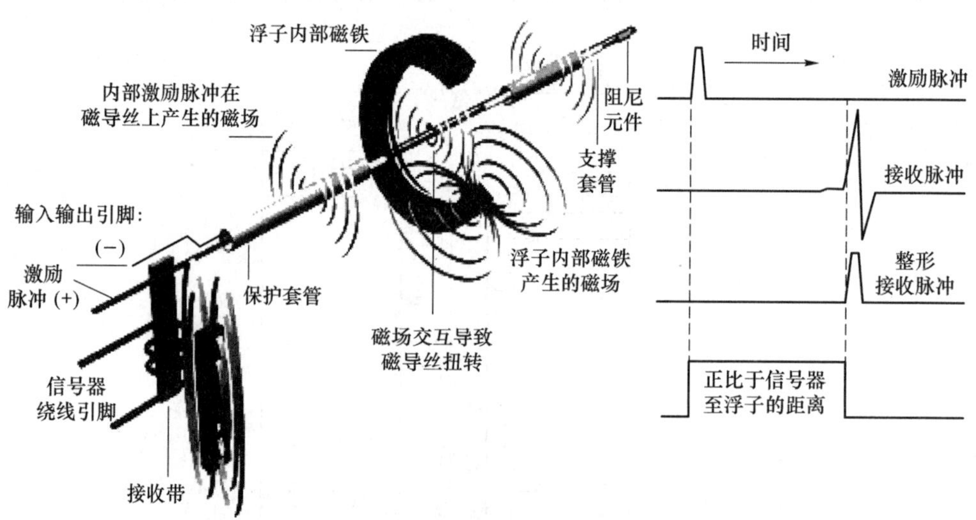

图 12.3.4　磁致伸缩油位传感器原理图

磁致伸缩油位测量系统原理框图如图 12.3.5 所示。由脉冲发生电路发射电脉冲来激发磁致伸缩效应，产生超声扭转波，同时打开高频计数器开始计数。当超声波传播到接收装置时，接收装置将感应出感生电动势，也就是机械波信号转化为电信号。经过信号调理电路将该电信号进行处理，提取出较好的位置信号，将此位置信号作为高频计数器的计数停止信号来终止计数器的计数，并将计数值保存下来。单片机读取该计数值，最后通过换算处理，计算出被测油位的精确高度。最后通过串行口数据发送到上位机。

传感器的结构示意图如图 12.3.6 所示，主要包括测量头，测杆和浮子三部分。测量头里面封装了测量电子部件和回波信号接收部件(控制着测量的启停、信号接收与处理等功能，是整个测量系统的控制与信息处理单元)。测杆是实现测量目的的关键部件，它包含了敏感材料——磁致伸缩丝及必要的保护管及位于测杆末端的阻尼部件。磁致伸缩丝是实现测量功能

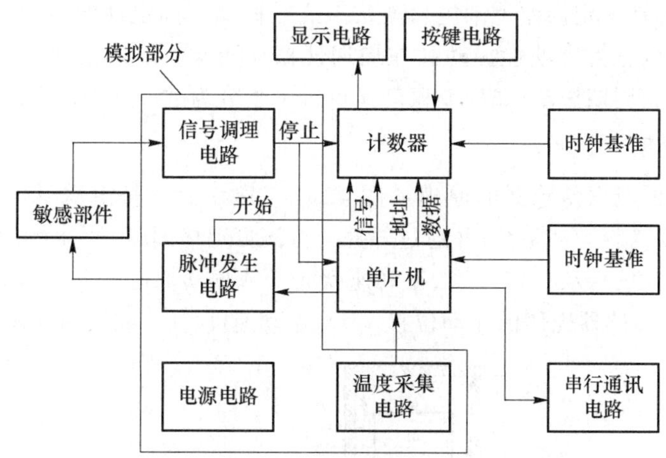

图 12.3.5　磁致伸缩油位测量系统原理框图

的关键部件，它性能的好坏直接决定了测量系统能否工作。在丝外面包有两层保护管，内管为电绝缘的，作用是将磁伸丝和外面的电路回线隔离开；外管为硬质金属材料，它将内管和丝封装起来。由于要长期浸泡在油中，所以要求外管的耐腐蚀性能好。阻尼部件安装在测杆的末端，作用是将传过来的扭转波吸收到，而不让扭转波发生末端发射，对测量形成干扰。

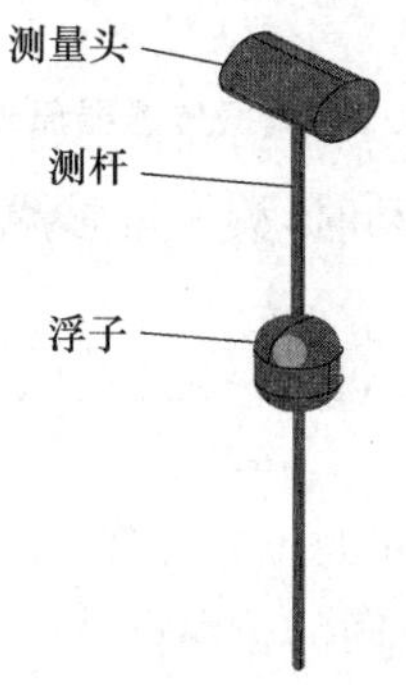

图 12.3.6　磁致伸缩油位传感器结构示意图

12.4　振动、加速度与冲击测量

12.4.1　振动测量原理、方案及运动特性分析

1. 概　述

广义的振动是指任何一种物理量的量值大小和方向相对于参考基准作往复变化的现象，本章着重研究机械振动的测量。机械振动是指物体对于空间某一参考位置作往复运动的现象。振动测量包括振动位移（振幅）、振动速度、振动加速度和振动频率的测量。

根据是否可以用确定的函数表达式来精确地描述振动体在任何时间的振动量值大小和方向而将振动分为确定性振动和随机振动两大类。在工程实践中判断振动是确定性的还是随机的，还可用实验能否重复产生这些振动为依据。若在相同的条件下，重复实验多次都能得到相同的振动记录（允许在一定误差范围内），就认为这些振动是确定性的；否则就认为是随机的。而确定性振动又可以分为周期性振动和非周期性振动两类。周期振动又可进一步分为简谐（正弦）振动和非正弦周期振动，非周期振动又可进一步分为准周期振动和瞬变振动（冲击）。

2. 振动测量原理

目前应用广泛的测振传感器的原理如图 12.4.1 所示。它是由质量（m）-刚度（k）-阻尼（c）构成的单自由度二阶运动系统，并通过外壳与待测振动体固联。它的输入量可以是待测振动体相对于惯性空间的振动位移 $x(t)$、振动速度 $\dot{x}(t)$或振动加速度 $\ddot{x}(t)$，而它的输出量可以是质量块 m 相对于传感器壳体的振动位移 $y(t)$，振动速度 $\dot{y}(t)$或振动加速度 $\ddot{y}(t)$。

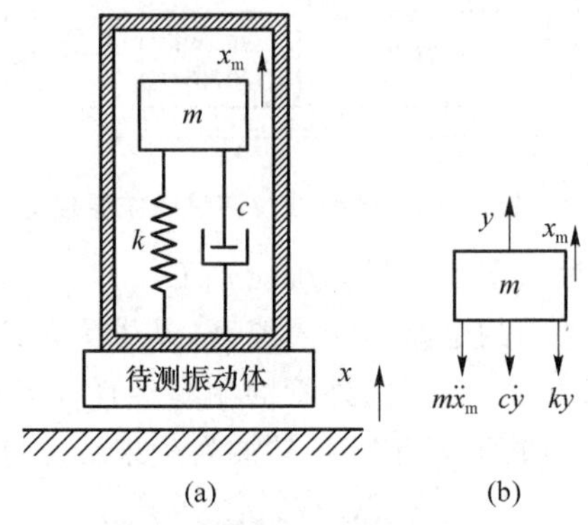

图 12.4.1　测振传感器原理示意图

当待测振动体相对于惯性空间振动时，测振传感器的壳体随之而振动。质量块 m 上的力平衡方程为

$$m\ddot{x}_m+c(\dot{x}_m-\dot{x})+k(x_m-x)=0 \tag{12.4.1}$$

$$y=x_m-x$$

式中：x_m——质量块 m 相当于惯性空间的位移(m)；

x——待测振动体相当于惯性空间的位移(m)；

y——质量块相当于待测振动体的位移(m)。

即有

$$\ddot{y}+2\zeta_n\omega_n\dot{y}+\omega_n^2y=-\ddot{x} \tag{12.4.2}$$

$$\omega_n=\sqrt{\frac{k}{m}} \tag{12.4.3}$$

$$\zeta_n=\frac{c}{2\sqrt{mk}} \tag{12.4.4}$$

式中：ω_n——测振传感器二阶系统的固有角频率(rad/s)；

ζ_n——测振传感器二阶系统的阻尼比系数；

在起始条件为零时，可将式(12.4.2)表示为传递函数的形式，如图 12.4.2 所示。

$$\frac{Y(s)}{\ddot{X}(s)}=\frac{-1}{s^2+2\zeta_n\omega_n s+\omega_n^2} \tag{12.4.5}$$

3. 振动测量方案

对于不同的研究目的，所需要测量振动体的振动参数不同。可以是振动位移、速度或加速

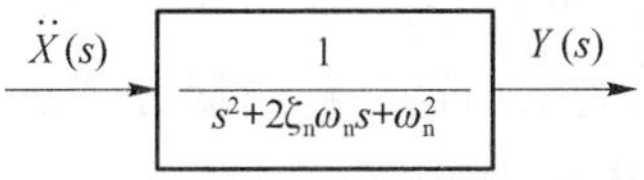

图 12.4.2　位移输出型振动加速度传感器的传递函数

度。而对于测振传感器的输出可以选择质量块 m 相对于传感器壳体的振动位移 $y(t)$、振动速度 $\dot{y}(t)$，也可以选振动加速度 $\ddot{y}(t)$。这主要取决于测量目的及所要求的工作频带和精度等性能指标。不同的输入、输出关系使测振传感器存在着九种不同的输入、输出方案。利用位移、速度、加速度间的微分关系，可将测振传感器的原理方块图表示为图 12.4.3 所示的形式。

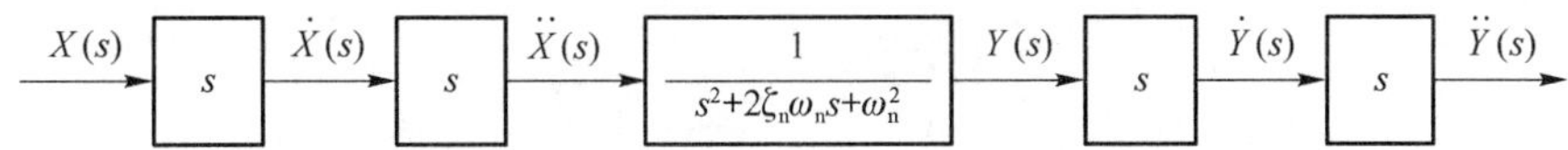

图 12.4.3　测振传感器不同输入/输出时的传递函数

(1) 测量振动体的振动加速度 $\ddot{x}(t)$

振动传感器的输入是振动加速度 $\ddot{x}(t)$，若分别选用质量块 m 相对于传感器壳体的振动位移 $y(t)$、振动速度 $\dot{y}(t)$、振动加速度 $\ddot{y}(t)$所构成的传感器来测量，则其传递函数分别为

$$\frac{Y(s)}{\ddot{X}(s)}=\frac{-1}{s^2+2\zeta_n\omega_n s+\omega_n^2}$$

$$\frac{\dot{Y}(s)}{\ddot{X}(s)}=\frac{-s}{s^2+2\zeta_n\omega_n s+\omega_n^2} \tag{12.4.6}$$

$$\frac{\ddot{Y}(s)}{\ddot{X}(s)}=\frac{-s^2}{s^2+2\zeta_n\omega_n s+\omega_n^2} \tag{12.4.7}$$

(2) 测量振动体的振动速度 $\dot{x}(t)$

振动传感器的输入振动速度 $\dot{x}(t)$，若分别选用质量块 m 相对于传感器壳体的振动位移 $y(t)$、振动速度 $\dot{y}(t)$、振动加速度 $\ddot{y}(t)$所构成的传感器来测量，则其传递函数分别为

$$\frac{Y(s)}{\dot{X}(s)}=\frac{-s}{s^2+2\zeta_n\omega_n s+\omega_n^2} \tag{12.4.8}$$

$$\frac{\dot{Y}(s)}{\dot{X}(s)}=\frac{-s^2}{s^2+2\zeta_n\omega_n s+\omega_n^2} \tag{12.4.9}$$

$$\frac{\ddot{Y}(s)}{\dot{X}(s)}=\frac{-s^3}{s^2+2\zeta_n\omega_n s+\omega_n^2} \tag{12.4.10}$$

(3) 测量振动体的振动位移 $x(t)$

振动传感器的输入振动位移 $x(t)$，若分别选用质量块 m 相对于传感器壳体的振动位移 $y(t)$、振动速度 $\dot{y}(t)$、振动加速度 $\ddot{y}(t)$所构成的传感器来测量，则其传递函数分别为

$$\frac{Y(s)}{X(s)}=\frac{-s^2}{s^2+2\zeta_n\omega_n s+\omega_n^2} \tag{12.4.11}$$

$$\frac{\dot{Y}(s)}{X(s)}=\frac{-s^3}{s^2+2\zeta_n\omega_n s+\omega_n^2} \tag{12.4.12}$$

$$\frac{\ddot{Y}(s)}{X(s)}=\frac{-s^4}{s^2+2\zeta_n\omega_n s+\omega_n^2} \tag{12.4.13}$$

① 在上述九种测振传感器方案中，式(12.4.10)、式(12.4.12)与式(12.4.13)描述的传递函数分子的阶次高于分母的阶次，若采用这几种测振方案来设计、制作测振传感器，相当于传感器中分别包含一阶和二阶微分环节，则其抗干扰能力很差、动态误差大，故一般不采用。

② 剩下的六种测振方案中，从传递函数看可以归纳为三种，即

$$\frac{Y(s)}{\ddot{X}(s)}=\frac{-1}{s^2+2\zeta_n\omega_n s+\omega_n^2}$$

$$\frac{\dot{Y}(s)}{\ddot{X}(s)}=\frac{-s}{s^2+2\zeta_n\omega_n s+\omega_n^2}$$

$$\frac{\ddot{Y}(s)}{\ddot{X}(s)}=\frac{-s^2}{s^2+2\zeta_n\omega_n s+\omega_n^2}$$

因此，各种测振传感器尽管其输入/输出不同，工作原理不同，但它们都是这三种传递函数中的一种。

4. 振动传感器的运动特征分析

(1) 当测振传感器的输入量是振动加速度 $\ddot{x}(t)$，输出量是 m，相对于传感器壳体的振动位移为 $y(t)$时

$$W_y(s)=\frac{Y(s)}{\ddot{X}(s)}=\frac{-1}{s^2+2\zeta_n\omega_n s+\omega_n^2}=\frac{1}{\omega_n^2}\cdot\frac{-1}{\left(\frac{s}{\omega_n}\right)^2+2\zeta_n\left(\frac{s}{\omega_n}\right)+1} \tag{12.4.14}$$

于是传感器的幅值增益和相位偏移分别为

$$G_y(\omega)=K_y\cdot A_y(\omega) \tag{12.4.15}$$

$$K_y=\frac{1}{\omega_n^2} \tag{12.4.16}$$

$$A_y(\omega)=\frac{1}{\sqrt{\left[1-\left(\frac{\omega}{\omega_n}\right)^2\right]^2+\left[2\zeta_n\left(\frac{\omega}{\omega_n}\right)\right]^2}} \tag{12.4.17}$$

$$\varphi_y(\omega)=\begin{cases}-\pi-\arctan\dfrac{2\zeta_n\dfrac{\omega}{\omega_n}}{1-\left(\dfrac{\omega}{\omega_n}\right)^2}, & \omega\leqslant\omega_n\\[2ex] -2\pi+\arctan\dfrac{2\zeta_n\dfrac{\omega}{\omega_n}}{\left(\dfrac{\omega}{\omega_n}\right)^2-1}=\arctan\dfrac{2\zeta_n\dfrac{\omega}{\omega_n}}{\left(\dfrac{\omega}{\omega_n}\right)^2-1}, & \omega>\omega_n\end{cases} \tag{12.4.18}$$

由式(12.4.17)描述的归一化幅值增益特性曲线与式(12.4.18)描述的相位偏移特性曲线如图12.4.4所示，且有如下规律。

① 当 $\zeta_n\geqslant 0.707$ 时，幅值增益曲线(幅频特性)无峰值；

② 当 $\zeta_n<0.707$ 时，幅值增益曲线有峰值，且峰值处的频率为

$$\omega_r=\sqrt{1-2\zeta_n^2}\cdot\omega_n \tag{12.4.19}$$

工程上，称 ω_r 为系统的谐振频率，由式(12.4.19)知：$\omega_r\leqslant\omega_n$。

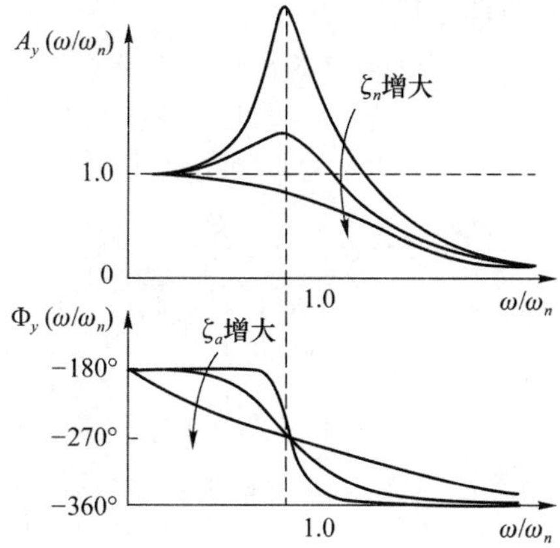

图 12.4.4　传递函数 $\dfrac{-1}{\left(\frac{s}{\omega_n}\right)^2+2\zeta_n\left(\frac{s}{\omega_n}\right)+1}$ 的幅值增益与相位偏移曲线

峰值频率 ω_r 处的幅值为

$$A_{y\max}=\frac{1}{2\zeta_n\sqrt{1-\zeta_n^2}} \tag{12.4.20}$$

由式(12.4.20)知：ζ_n 越小，$A_{y\max}$越大。

峰值频率 ω_r 处对应的相角偏移为

$$\varphi_y(\omega_r)=-\pi-\arctan\frac{\sqrt{1-2\zeta_n^2}}{\zeta_n} \tag{12.4.21}$$

$\varphi_y(\omega_r)$的取值范围在$\left(-\pi,-\dfrac{3\pi}{2}\right)$，$\zeta_n$ 越小，越接近于$-\dfrac{3\pi}{2}$；只有当 $\zeta_n=0$ 时，$\varphi_y(\omega_r)=-\dfrac{3\pi}{2}$。

③ 当 $\omega_r=\omega_n$ 时，不论 ζ_n 为何值，均有

$$A_y(\omega_n)=\frac{1}{2\zeta_n} \tag{12.4.22}$$

$$\varphi_y(\omega_n)=-\frac{3\pi}{2} \tag{12.4.23}$$

因此，工程上利用 $\varphi_y(\omega_n)=-\dfrac{3\pi}{2}$这一特性来确定测振传感器的固有频率 ω_n 和阻尼系数 ζ_n。

④ 由幅频特性曲线可知：这类测振传感器具有低通滤波器的特征。欲使其具有较宽的工作频带，就必须尽可能地提高这类测振传感器的固有频率 ω_n，并使其具有最佳阻尼比系数 ζ_n（如 0.707 左右），以保证 $A_y(\omega)\approx1$ 的平直段更宽些。但 ω_n 也不能太高，因其灵敏度 $K_y=\dfrac{1}{\omega_n^2}$ 随 ω_n 的增加而急剧减小。此外，ω_n 太高也会使测试系统易受干扰。

(2) 当测振传感器的输入量是振动加速度 $\ddot{x}(t)$（或振动速度 $\dot{x}(t)$），输出量是 m 相对于传感器壳体的振动速度 $\dot{y}(t)$（或振动位移 $y(t)$）时

$$W_{\dot{y}}(s)=\frac{\dot{Y}(s)}{\ddot{X}(s)}=\frac{Y(s)}{\dot{X}(s)}=sW_y(s)=\frac{-s}{s^2+2\zeta_n\omega_n s+\omega_n^2}=\frac{1}{\omega_n}\cdot\frac{-\frac{s}{\omega_n}}{\left(\frac{s}{\omega_n}\right)^2+2\zeta_n\left(\frac{s}{\omega_n}\right)+1} \tag{12.4.24}$$

于是传感器的幅值增益和相位偏移分别为

$$G_{\ddot{y}}(\omega)=K_{\ddot{y}}\cdot A_{\ddot{y}}(\omega) \tag{12.4.25}$$

$$K_{\ddot{y}}=\frac{1}{\omega_n} \tag{12.4.26}$$

$$A_{\ddot{y}}(\omega)=\frac{\dfrac{\omega}{\omega_n}}{\sqrt{\left[1-\left(\dfrac{\omega}{\omega_n}\right)^2\right]^2+\left[2\zeta_n\left(\dfrac{\omega}{\omega_n}\right)\right]^2}} \tag{12.4.27}$$

$$\varphi_{\ddot{y}}(\omega)=\varphi_y(\omega)+\frac{\pi}{2} \tag{12.4.28}$$

由式(12.4.27)描述的归一化幅值增益特性曲线与式(12.4.28)描述的相位偏移特性曲线如 图 12.4.5 所示,且有如下规律:

① 无论 ζ_n 为何值,其幅值增益曲线均有峰值,且有峰值处的频率为

$$\omega_r=\omega_n \tag{12.4.29}$$

峰值的大小为

$$A_{\ddot{y}\max}=\frac{1}{2\zeta_n} \tag{12.4.30}$$

峰值处对应的相角偏移为

$$\varphi_{\ddot{y}}(\omega_r)=-\pi \tag{12.4.31}$$

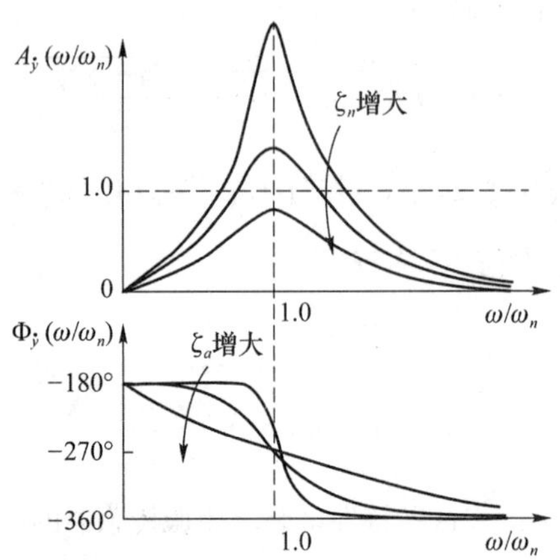

图 12.4.5 传递函数 $\dfrac{-\dfrac{s}{\omega_n}}{\left(\dfrac{s}{\omega_n}\right)^2+2\zeta_n\left(\dfrac{s}{\omega_n}\right)+1}$ **的幅值增益与相位偏移曲线**

② 由幅频特性曲线可知:这类测振传感器具有带通滤波器的特征。当其阻尼比系数较小时,幅频特性曲线的幅值随频率变化剧烈,表明具有窄带滤波的特征,这样的振动测试系统仅能测量固有频率 ω_n 附近的振动,而且增益变化较大。对其阻尼比系数较大时,幅频特性曲线的幅值随频率变化缓慢,但其灵敏度较低。

(3) 当测振传感器的输入量是振动加速度 $\ddot{x}(t)$(或振动速度 $\dot{x}(t)$、振动位移 $x(t)$),输出量是 m 相对于传感器壳体的振动加速度 $\ddot{y}(t)$(或振动速度 $\dot{y}(t)$、振动位移 $y(t)$)时

$$W_{\ddot{y}}(s)=\frac{\ddot{Y}(s)}{\ddot{X}(s)}=\frac{\dot{Y}(s)}{\dot{X}(s)}=\frac{Y(s)}{X(s)}=s^2W_y(s)=$$

$$\frac{-s^2}{s^2+2\zeta_n\omega_n s+\omega_n^2}=\frac{-\left(\frac{s}{\omega_n}\right)^2}{\left(\frac{s}{\omega_n}\right)^2+2\zeta_n\left(\frac{s}{\omega_n}\right)+1} \tag{12.4.32}$$

于是传感器的幅值增益和相位偏移分别为

$$G_{\ddot{y}}(\omega)=K_{\ddot{y}}\cdot A_{\ddot{y}}(\omega) \tag{12.4.33}$$

$$K_{\ddot{y}}=1 \tag{12.4.34}$$

$$A_{\ddot{y}}(\omega)=\frac{\left(\frac{\omega}{\omega_n}\right)^2}{\sqrt{\left[1-\left(\frac{\omega}{\omega_n}\right)^2\right]^2+\left[2\zeta_n\left(\frac{\omega}{\omega_n}\right)\right]^2}} \tag{12.4.35}$$

$$\varphi_{\ddot{y}}(\omega)=\varphi_{\dot{y}}(\omega)+\frac{\pi}{2}=\varphi_y(\omega)+\pi \tag{12.4.36}$$

由式(12.4.35)描述的归一化幅值增益特性曲线与式(12.4.36)描述的相位偏移特性曲线如图 12.4.6 所示，且有如下规律：

① 当 $\zeta_n\geqslant 0.707$ 时，幅值增益曲线(幅频特性)无峰值；

② 当 $0\leqslant\zeta_n<0.707$ 时，幅值增益曲线有峰值，且峰值处的频率为

$$\omega_r=\frac{\omega_n}{\sqrt{1-2\zeta_n^2}} \tag{12.4.37}$$

当 $0<\zeta_n<0.707$ 时，$\omega_r>\omega_n$；只有当 $\zeta_n=0$ 时，才有 $\omega_r=\omega_n$。

峰值频率 ω_r 处的幅值为

$$A_{\ddot{y}\max}=\frac{1}{2\zeta_n\sqrt{1-\zeta_n^2}} \tag{12.4.38}$$

由式(12.4.38)可知：ζ_n 越小，$A_{\ddot{y}\max}$ 越大。

峰值频率处对应的相角偏移为

$$\varphi_{\ddot{y}}(\omega_r)=-\arctan\frac{\sqrt{1-2\zeta_n^2}}{\zeta_n} \tag{12.4.39}$$

$\varphi_{\ddot{y}}(\omega_r)$ 的取值范围在 $\left(0,-\frac{\pi}{2}\right)$，$\zeta_n$ 越小，越接近于 $-\frac{\pi}{2}$；只有当 $\zeta_n=0$ 时，$\varphi_{\ddot{y}}(\omega_r)=-\frac{\pi}{2}$。

③ 当 $\omega_r=\omega_n$ 时，不论 ζ_n 为何值，均有

$$A_{\ddot{y}}(\omega_n)=\frac{1}{2\zeta_n} \tag{12.4.40}$$

$$\varphi_{\ddot{y}}(\omega_r)=-\frac{\pi}{2} \tag{12.4.41}$$

因此，工程上利用 $\varphi_{\ddot{y}}(\omega_r)=-\frac{\pi}{2}$ 这一特性来确定测振传感器的固有频率 ω_n 和阻尼比系数 ζ_n。

④ 由幅频特性曲线可知：这类测振传感器具有高通滤波器的特征。欲使其具有较宽的工作频带，就必须尽可能地降低这类测振传感器的固有频率 ω_n，并使其具有最佳阻尼比系数 ζ_n(如 0.707 左右)，以保证 $A_y(\omega)\approx 1$ 的平直段更宽些。一般选测振传感器的固有频率 ω_n 是被

测振动最低频率的 1/3～1/5，有时甚至为 1/10。

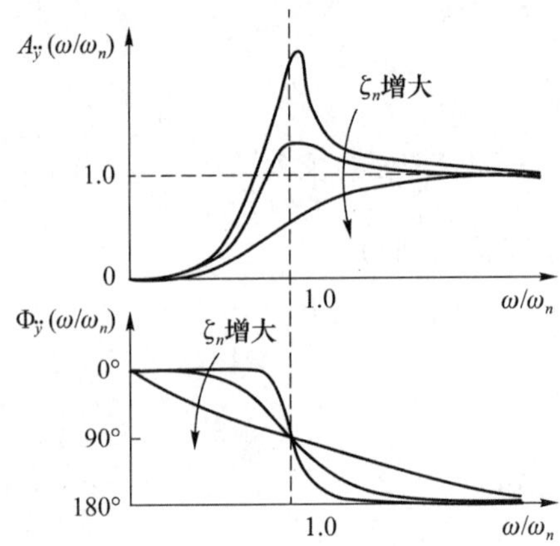

图 12.4.6 传递函数 $\dfrac{-\left(\dfrac{s}{\omega_n}\right)^2}{\left(\dfrac{s}{\omega_n}\right)^2+2\zeta_n\left(\dfrac{s}{\omega_n}\right)+1}$ **的幅值增益与相位偏移曲线**

12.4.2 位移式测振传感器

1. 电位器式测振传感器

图 12.4.7 是电位器式测振传感器的结构示意图。传感器的外壳与待测振动体固联，它的敏感轴方向必须与待测振动加速度方向一致。电位器正、负电源的加法将影响到输出电压与待测振动参数间的相位关系。当所测振动为零时，传感器的输出电压为零。

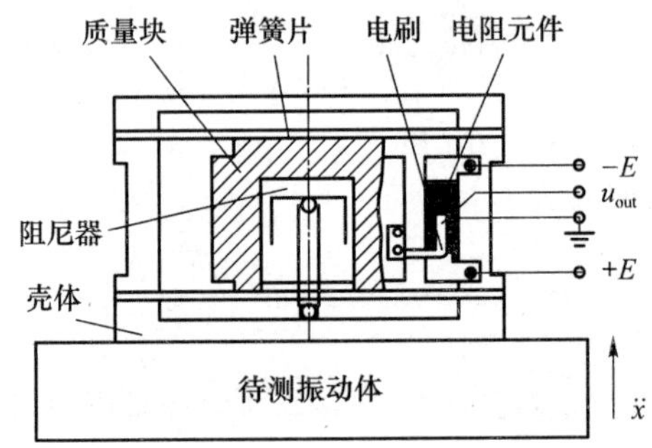

图 12.4.7 电位器式测振传感器原理结构示意图

这类传感器的输出是质量块相对于壳体的位移 $y(t)$，但可按不同的原则来选择传感器参数(ζ_n，ω_n)，从而使它们分别实现测量振动位移、振动速度或振动加速度的测振传感器。其结构方块图如图 12.4.8 所示。

(1) 测量振动加速度 $\ddot{x}(t)$ 的传感器

由于电位器的输出为电刷的位移，因此传感器的传递函数可由式(12.4.14)描述。基于前面的有关分析，这类测振传感器具有低频滤波器的特征，宜于测量低频振动。

① 如果已知所测振动的最高频率为 $\omega_{g,\max}$，则应尽可能使 $\omega_{g,\max}\ll 1$。而欲使 ω_n 高，可根据所需要的测量灵敏度适当选择较大些的弹簧刚度 k，或较小的质量 m。

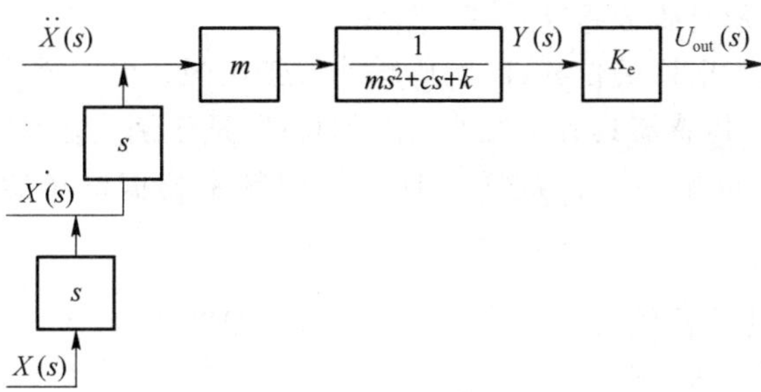

图 12.4.8　电位器式振动传感器的结构方块图

② 若测量过程中允许的幅值误差为 σ，则应当选择阻尼比系数 ζ_n，使式(12.4.17)描述的幅值增益满足 $1-\sigma \leqslant A_y(\omega) \leqslant 1+\sigma$ 所对应的工作频带最宽。基于幅值增益曲线的变化规律，显然当幅值曲线峰值处的频率 ω_r 处的幅值 $A_{y,\max}$ 正好满足 $A_{y,\max}=1+\sigma$ 时，可得到振动传感器的最宽工作频带，从而求得最佳阻尼比系数为(参见式 $\zeta_{\text{best},\sigma}=\sqrt{\frac{1}{2}-\frac{\sqrt{\sigma(2+\sigma)}}{4\,(1+\sigma)^2}}\approx\sqrt{\frac{1}{2}-\sqrt{\frac{\sigma}{2}}}$)

$$\zeta_{\text{best},\sigma}=\sqrt{\frac{1}{2}-\frac{\sqrt{\sigma(2+\sigma)}}{2(1+\sigma)}} \tag{12.4.42}$$

再根据最大工作频率点 $\omega_{g,\max}$ 应满足

$$A(\omega_{g,\max})=\frac{1}{\sqrt{\left[1-\left(\frac{\omega_{g,\max}}{\omega_n}\right)^2\right]^2+\left(2\zeta_{\text{best},\sigma}\frac{\omega_{g,\max}}{\omega_n}\right)^2}}=1-\sigma$$

可得

$$\frac{\omega_{g,\max}}{\omega_n}=\sqrt{\frac{(1-\sigma)\sqrt{\sigma(2+\sigma)}+2\sqrt{\sigma}}{1-\sigma^2}} \tag{12.4.43}$$

考虑到 $\sigma \ll 1$，则有

$$\zeta_{\text{best},\sigma}\approx\sqrt{\frac{1}{2}-\sqrt{\frac{\sigma}{2}}} \tag{12.4.44}$$

$$\frac{\omega_{g,\max}}{\omega_n}\approx\sqrt{\sqrt{2\sigma}+2\sqrt{\sigma}}\approx 1.848\sqrt[4]{\sigma} \tag{12.4.45}$$

即该振动传感器的工作频带为 $[0,\omega_{g,\max}]$(近似为 $[0,1.848\sqrt[4]{\sigma}]$)。

表 12.4.1 给出了允许误差 σ 与相应的 $\zeta_{\text{best},\sigma}$、工作频带上限 $\omega_{g,\max}/\omega_n$ 和峰值频率 ω_r/ω_n 之间的关系。

表 12.4.1　幅值增益允许误差 σ 与 $\zeta_{\text{best},\sigma}$、$\omega_{g,\max}/\omega_n$ 和 ω_r/ω_n 之间的关系

(输出为位移 $y(t)$，测量振动加速度 $\ddot{x}(t)$ 的传感器)

项目	数值										
σ	0.000 1	0.000 5	0.001 0	0.005 0	0.010 0	0.020 0	0.030 0	0.040 0	0.050 0	0.100 0	0.200 0
$\zeta_{\text{best},\sigma}$	0.702 1	0.695 8	0.691 1	0.671 0	0.655 6	0.633 6	0.616 6	0.602 2	0.589 5	0.540 1	0.472 9
$\omega_{g,\max}/\omega_n$	0.184 8	0.276 3	0.328 5	0.491 0	0.583 4	0.692 8	0.765 7	0.821 8	0.867 9	1.027 4	1.218 4
ω_r/ω_n	0.118 9	0.177 8	0.211 4	0.315 6	0.374 7	0.443 9	0.489 5	0.524 1	0.552 2	0.645 5	0.743 5

(2) 测量振动速度$\dot{x}(t)$的传感器

由于电位器的输出为电刷的位移,因此传感器的传递函数可由式(12.4.24)描述。基于前面的有关分析,这类测振传感器具有带通滤波器的特征,适于测量振动中所包含的某一频率范围内的振动分量。例如可用一系列这样的具有不同频率的振动传感器组成机械式频谱分析仪。

当式(12.4.27)描述的幅值为其最大值的$\frac{1}{N}$倍时(如图 12.4.9 所示),结合式(12.4.30)可得

$$\frac{\frac{\omega}{\omega_n}}{\sqrt{\left[1-\left(\frac{\omega}{\omega_n}\right)^2\right]^2+\left(2\zeta_n\frac{\omega}{\omega_n}\right)^2}}=\frac{1}{N}\cdot\frac{1}{2\zeta_n} \tag{12.4.46}$$

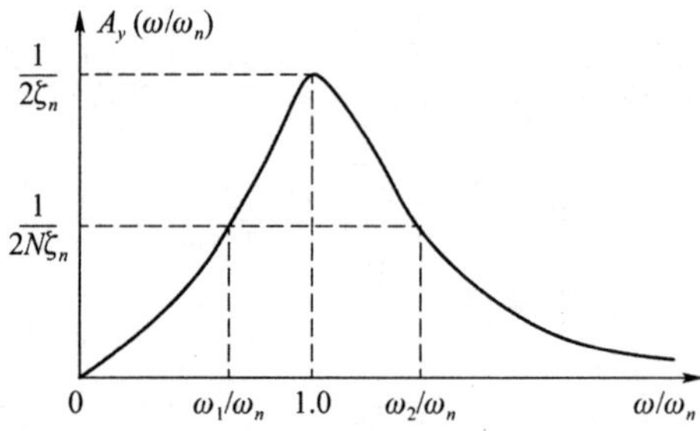

图 12.4.9　传递函数$\frac{-\frac{s}{\omega_n}}{\left(\frac{s}{\omega_n}\right)^2+2\zeta_n\left(\frac{s}{\omega_n}\right)+1}$的幅频特性曲线

显然,在ω_n的两侧,有两个频率点$\omega_1(\leqslant\omega_n)$、$\omega_2(\geqslant\omega_n)$满足式(12.4.45),即有

$$\frac{\frac{\omega_1}{\omega_n}}{\sqrt{\left[1-\left(\frac{\omega_1}{\omega_n}\right)^2\right]^2+\left(2\zeta_n\frac{\omega_1}{\omega_n}\right)^2}}=\frac{1}{N}\cdot\frac{1}{2\zeta_n} \tag{12.4.47}$$

$$\frac{\frac{\omega_2}{\omega_n}}{\sqrt{\left[1-\left(\frac{\omega_2}{\omega_n}\right)^2\right]^2+\left(2\zeta_n\frac{\omega_2}{\omega_n}\right)^2}}=\frac{1}{N}\cdot\frac{1}{2\zeta_n} \tag{12.4.48}$$

由式(12.4.47)可得

$$\zeta_n=\frac{1-\left(\frac{\omega_1}{\omega_n}\right)^2}{2\left(\frac{\omega_1}{\omega_n}\right)\sqrt{N^2-1}} \tag{12.4.49}$$

由式(12.4.48)可得

$$\zeta_n=\frac{\left(\frac{\omega_2}{\omega_n}\right)^2-1}{2\left(\frac{\omega_2}{\omega_n}\right)\sqrt{N^2-1}} \tag{12.4.50}$$

由于式(12.4.49)与式(12.4.50)描述的是同一个阻尼比系数 ζ_n，故有

$$\frac{1-\left(\frac{\omega_1}{\omega_n}\right)^2}{2\left(\frac{\omega_1}{\omega_n}\right)\sqrt{N^2-1}}=\frac{\left(\frac{\omega_2}{\omega_n}\right)^2-1}{2\left(\frac{\omega_2}{\omega_n}\right)\sqrt{N^2-1}}$$

于是可得到 ω_1、ω_2、ω_n 之间的关系

$$\omega_1\omega_2=\omega_n^2 \tag{12.4.51}$$

在设计这类振动传感器时，可以根据所需要的传感器的工作频带($\omega_{g,\min}$，$\omega_{g,\max}$)确定传感器的固有频率，即

$$\omega_n=\sqrt{\omega_{g,\min}\cdot\omega_{g,\max}} \tag{12.4.52}$$

然后，基于式(12.4.27)描述的所要求的工作频带两端处的幅值是其峰值的 $\frac{1}{N}$ 倍的关系来确定它所应具有的阻尼比系数 ζ_n，将其记为最佳阻尼比系数 $\zeta_{\text{best},\sigma}$，满足

$$\zeta_{\text{best},\sigma}=\frac{1-\left(\frac{\omega_{g,\min}}{\omega_n}\right)^2}{2\left(\frac{\omega_{g,\min}}{\omega_n}\right)\sqrt{N^2-1}} \tag{12.4.53}$$

或

$$\zeta_{\text{best},\sigma}=\frac{1-\left(\frac{\omega_{g,\max}}{\omega_n}\right)^2}{2\left(\frac{\omega_{g,\max}}{\omega_n}\right)\sqrt{N^2-1}} \tag{12.4.54}$$

式中 N 的取值应大于 1。

对于这类振动传感器而言，当传感器的相对幅值比(1/N)相同时，所要求的工作频带越宽，则要求的阻尼比系数 $\zeta_{\text{best},\sigma}$ 就越大；但传感器的最大输出值与 $\zeta_{\text{best},\sigma}$ 成反比，因此这时传感器的灵敏度将降低。表 12.4.2 列出了相对幅值比、工作频带与阻尼比系数之间的关系。

表 12.4.2　不同相对幅值比、工作频带下的最佳阻尼比系数 $\zeta_{\text{best},\sigma}$

(输出为位移 $y(t)$，测量振动速度 $\dot{x}(t)$ 的传感器)

幅值比 $\frac{1}{N}$	工作频带($\omega_{g,\min}/\omega_n$、$\omega_{g,\max}/\omega_n$)					
	(0.2,5)	(0.4,2.5)	(0.6,1.67)	(0.8,1.25)	(0.9,1.11)	(0.95,1.05)
0.95	7.302	3.195	1.623	0.684 5	0.321	0.156 1
0.9	4.955	2.168	1.105	0.464 6	0.218	0.106 0
0.8	3.200	1.400	0.711 1	0.300 0	0.141	0.068 4
0.6	1.800	0.787 5	0.400 0	0.168 8	0.079 2	0.038 5
0.4	1.047	0.458 3	0.232 8	0.098 2	0.046 0	0.022 4
0.2	0.489 9	0.214 3	0.108 9	0.0459	0.021 5	0.010 5
0.1	0.241 2	0.105 5	0.053 6	0.026 6	0.010 6	0.0051 6

(3) 测量振动位移 $x(t)$ 的传感器

由于电位器的输出为电刷的位移，因此传感器的传递函数可由式(12.4.32)描述。基于前面的有关分析，这类测振传感器具有高通滤波器的特征，如图 12.4.10 所示，适于测量高频振动。

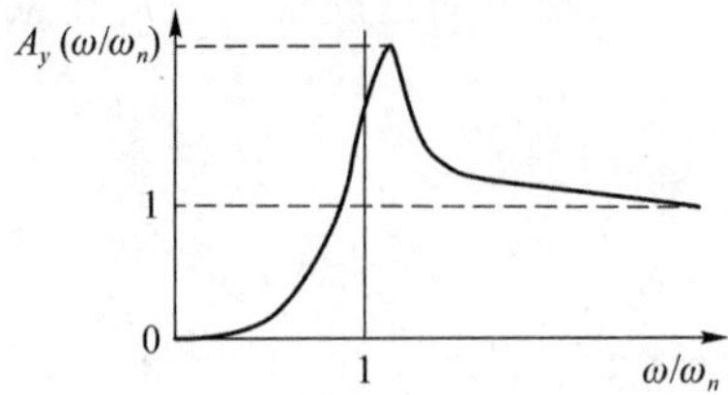

图 12.4.10 传递函数$\dfrac{-\left(\dfrac{s}{\omega_n}\right)^2}{\left(\dfrac{s}{\omega_n}\right)^2+2\zeta_n\left(\dfrac{s}{\omega_n}\right)+1}$的幅频特性曲线

① 若所测振动位移的最低频率为 $\omega_{\min}$，则应尽可能使 $\omega_{\min}\gg\omega_n$。欲使 ω_n 小，可适当选择较小些的弹簧刚度 k，或较大的质量 m。

② 若测量过程中允许的幅值误差为 σ，则应当选择阻尼比系数 ζ_n，使式(12.4.35)描述的幅值增益满足 $1-\sigma\leqslant A_{y}(\omega)\leqslant1+\sigma$ 所对应的工作频带最宽。基于如图 12.4.10 所示幅值增益曲线的变化规律，显然当幅值曲线峰值处的频率 ω_r 处的幅值 $A_{y\cdot\max}$ 正好满足 $A_{y\cdot\max}=1+\sigma$ 时，可得到振动传感器的最宽工作频带，从而求得最佳阻尼比系数为

$$\zeta_{\text{best},\sigma}=\sqrt{\frac{1}{2}-\frac{\sqrt{\sigma(2+\sigma)}}{2(1+\sigma)}}\tag{12.4.55}$$

再根据最低工作频率点 $\omega_{g,\min}$ 应满足

$$A(\omega_{g,\min})=\frac{\left(\dfrac{\omega_{g,\min}}{\omega_n}\right)^2}{\sqrt{\left[1-\left(\dfrac{\omega_{g,\min}}{\omega_n}\right)^2\right]^2+\left(2\zeta_{\text{best},\sigma}\dfrac{\omega_{g,\min}}{\omega_n}\right)^2}}=1-\sigma$$

可得

$$\frac{\omega_{g,\min}}{\omega_n}=\sqrt{\frac{(1-\sigma)\left[2\sqrt{\sigma}-(1-\sigma)^2\sqrt{\sigma(2+\sigma)}\right]}{\sigma(2-\sigma)(1+\sigma)}}\tag{12.4.56}$$

考虑到 $\sigma\ll1$，则有

$$\zeta_{\text{best},\sigma}\approx\sqrt{\frac{1}{2}-\sqrt{\frac{\sigma}{2}}}\tag{12.4.57}$$

$$\frac{\omega_{g,\min}}{\omega_n}\approx\sqrt{\frac{2\sqrt{\sigma}-\sqrt{2\sigma}}{2\sigma}}\approx\frac{0.541\,2}{\sqrt[4]{\sigma}}\tag{12.4.58}$$

即该振动传感器的工作频带的下限为 $\omega_{g,\min}$，近似为$\dfrac{0.5412}{\sqrt[4]{\sigma}}$。

表 12.4.3 给出了允许误差 σ 与相应的 $\zeta_{\text{best},\sigma}$、工作频带下限 $\omega_{g,\min}/\omega_n$ 和峰值频率 ω_r/ω_n 之间的关系。

表 12.4.3　幅值增益允许误差 σ 与 $\zeta_{best,\sigma}$、$\omega_{g,min}/\omega_n$ 和 ω_r/ω_n 之间的关系
（输出为位移 $y(t)$，测量振动位移 $x(t)$ 的传感器）

项目	数值										
σ	0.000 1	0.000 5	0.001 0	0.005 0	0.010 0	0.050 0	0.100 0	0.200 0	0.300 0	0.400 0	0.500 0
$\zeta_{best,\sigma}$	0.702 1	0.695 8	0.691 1	0.671 0	0.655 6	0.589 5	0.540 1	0.472 9	0.244 9	0.387 4	0.356 8
$\omega_{g,min}/\omega_n$	5.412 7	3.621 7	3.047 5	2.048 9	1.734 1	1.211 9	1.060 7	0.932 8	0.852 5	0.781 6	0.710 2
ω_r/ω_n	8.049 3	5.624 5	4.730 5	3.168 2	2.669 1	1.811 0	1.549 3	1.345 0	1.251 0	1.195 4	1.158 3

由上面分析可知，具有相同结构形式的电位器式振动传感器可以通过不同的参数选择设计原则来实现测量振动加速度、振动速度或振动位移。基于电位器式传感器的结构与应用特点，电位器式振动传感器在实现时应当特别注意电位器电阻体与电刷之间接触的可靠性、摩擦力及寿命。实际上通常不用它来测量高频振动，目前主要用它来实现对低频振动加速度或低频范围内某一频率段内的振动速度分量。

应当指出：尽管上述分析是针对关于电位器式振动传感器展开的，但分析思路与方法对于其他类型的振动传感器有参考价值。

2. 其他常用的位移式测振传感器

利用质量块相对于壳体位移来测量振动参数（包括振动加速度、振动速度、振动位移）的方案有许多，图 12.4.11 给出了几种位移式加速度传感器原理机构示意图。

图 12.4.11(a)所示为一种变磁阻式加速度传感器，它是以通过弹簧片与壳体相连的质量块 m 作为差动变压器的衔铁。当质量块感受振动加速度而产生相对位移时，差动变压器就输出与位移（也即与加速度）成近似线性关系的电压，加速度方向改变时，输出电压的相位相应地改变 180°。

图 12.4.11(b)所示为电容式振动加速度传感器的原理结构，它以弹簧片所支承的敏感质量块作为差动电容器的活动极板，并以空气作为阻尼。电容式振动加速度传感器的特点是频率响应范围宽，测量范围大。

图 12.4.11(c)是霍尔式振动加速度传感器的结构示意图。固定在传感器壳体上的弹性悬臂梁的中部装有一感受振动加速度的质量块 m，梁的自由端固定安装着测量位移的霍尔元件 H。在霍尔元件的上下两侧，同极性相对安装着一对永久磁铁，以形成线性磁场，永久磁铁磁极间的间隙可通过螺丝进行调整。当质量块感受上下方向的加速度而产生与之成比例的惯性力使梁发生弯曲变形时，自由端就产生与振动加速度成比例的位移，霍尔元件就输出与振动加速度成比例的霍尔电势 U_H。

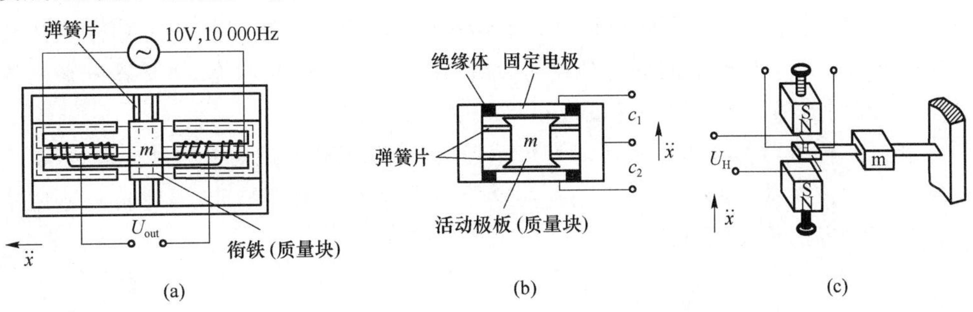

图 12.4.11　几种位移式加速度传感器原理结构

12.4.3 磁电式测振(速度)传感器

磁电感应式振动速度传感器(有时称之为电动式传感器)分为动圈式和动铁式两种类型,但其作用原理完全相同,都是基于线圈在恒定磁场中运动,切割磁力线产生出与线圈和磁场之间的相对运动速度成正比的感应电势来测量运动速度。

图 12.4.12(a)所示为飞机上用于监测发动机振动的一种动铁式振动速度传感器的实际结构。它的线圈组件由不锈钢骨架和两个由高强度漆包线绕制成的螺管线圈组成,两个线圈按感应电势的极性反相串联,线圈骨架与传感器壳体固定在一起。磁钢用上、下两个软弹簧支承,装在不锈钢制成的套筒内,套筒装于线圈骨架内腔中并与壳体相固定。线圈骨架和磁钢套筒又都起电磁阻尼作用。传感器壳体用磁性材料铬钢制成,它既是磁路的一部分,又起磁屏蔽作用。永久磁铁的磁力线从一端出来,穿过工作气隙、磁钢套筒、线圈骨架和螺管线圈,再经由传感器壳体回到磁铁的另一端,构成一个完整的闭合回路,这样就组成一个质量—弹簧—阻尼系统。线圈和传感器壳体随被测振动体一起振动时,如果振动频率 ω 远高于传感器的固有频率 ω_n,永久磁铁相对于惯性空间接近于静止不动,因此它与壳体之间的相对运动速度就近似等于振动体的振动速度。在振动过程中,线圈在恒定磁场中往返运动,就在其上产生与振动速度成正比的感应电势。

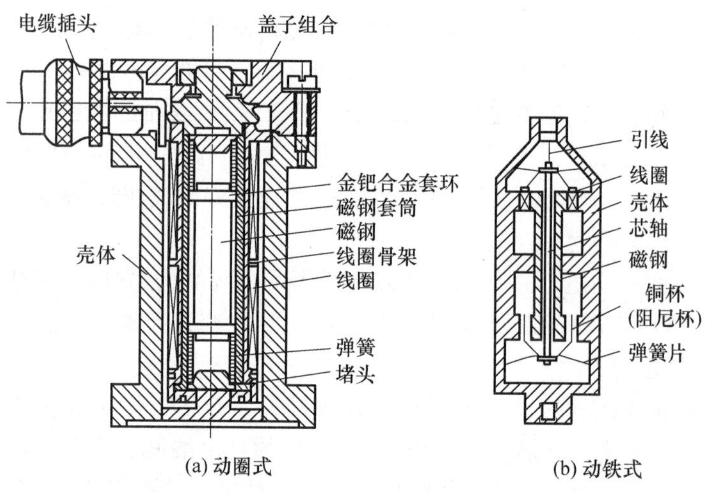

图 12.4.12 动铁式振动速度传感器和动圈式振动速度传感器

图 12.4.12(b)是一种地面上用的动圈式振动速度传感器。磁铁与传感器壳体固定在一起。芯轴穿过磁铁中心孔,并由上下两片柔软的圆形弹簧片支承在壳体上。芯轴一端固定着一个线圈,另一端固定着一个圆筒形铜杯(阻尼杯)。线圈组件、阻尼杯和芯轴构成活动质量 m。当振动频率远高于传感器的固有频率时,线圈组件接近于静止状态,而磁铁随振动体一起振动,从而在线圈上感应出与振动速度成正比的电势。

磁电感应式传感器的基本形式是速度传感器,但配以积分电路就可测量振动位移,而配以微分电路又可测量振动加速度。由于这种传感器不需要另设参考基准,因此特别适用于运动体,如飞机、车辆等的振动测量。

12.4.4　应变式振动传感器

应变式振动传感器通常用来直接测量振动加速度，通过积分可以得到振动速度和振动位移。

图 12.4.13 所示为利用悬臂梁测量振动加速度的原理示意图。梁可以是等截面的（如图 12.4.13(b)所示），也可以是等强度楔形的（如图 12.4.13(c)所示）。梁的自由端（悬臂端）固定一质量块 m，根部固定安装在传感器的基座上。在梁的根部附近粘贴四个性能相同的应变片，上下表面各两个，同时应变片接成对称差动电桥（如图 12.4.13(d)所示）。

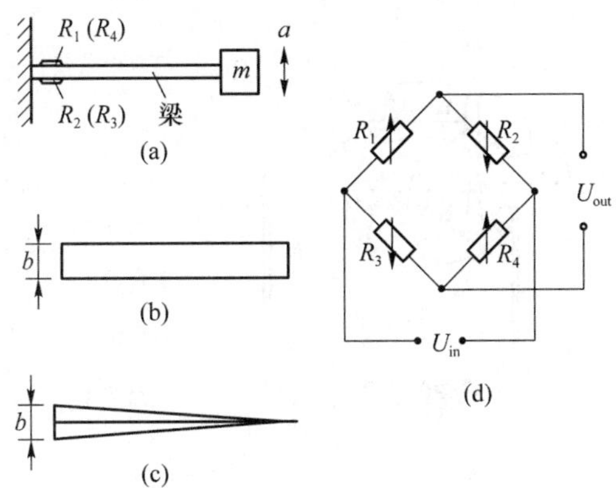

图 12.4.13　应变式振动加速度传感器原理

下面考虑被测加速度的频率远小于悬臂梁固有频率的情况。

当被测加速度 a_x（$\ddot{x}$）为零时，四个桥臂的电阻值相等，电桥输出电压为零。当被测加速度不为零时，悬臂端的敏感质量块将产生惯性力 F_a，导致悬臂梁产生弯曲变形，四个桥臂的电阻值发生变化，其中两个应变片因感受拉伸应变，电阻增大，另外两个应变片因感受压缩应变，电阻减小。通过四臂受感电桥将电阻变化转换为电压的变化。这样将获得最大的灵敏度，同时具有良好的线性度及温度补偿性能。只要悬臂梁结构参数选择合适，被测振动加速度在一定范围内时，电桥输出电压与加速度呈线性关系。从而通过检测电桥输出电压，实现对惯性力的测量，即实现对加速度的测量。

当质量块感受加速度 a 而产生惯性力 F_a 时，在力 F_a 的作用下，悬臂梁发生弯曲变形，其应变 ε 为

$$\varepsilon=\frac{6L}{Ebh^2}F_a=\frac{-6L}{Ebh^2}ma \tag{12.4.59}$$

式中：L,b,h——梁的长度(m)、根部宽度(m)和厚度(m)；

E——材料的弹性模量(Pa)；

m——质量块的质量(kg)；

a——被测加速度($\mathrm{m/s^2}$)。

粘贴在梁两面上的应变片分别感受正（拉）应变和负（压）应变而使电阻增加和减小，电桥失去平衡而输出与加速度成正比的电压 U_{out}，即

$$U_{out}=U_{in}\frac{\Delta R}{R}=U_{in}K\varepsilon=-\frac{6U_{in}KL}{Ebh^2}ma=K_a a \tag{12.4.60}$$

$$K_a = -\frac{6U_{in}KLm}{Ebh^2} \tag{12.4.61}$$

式中：U_{in}——电桥工作电压(V)；

R——应变片的初始电阻(Ω)；

ΔR——应变片产生的附加电阻(Ω)；

K——应变片的灵敏系数；

K_a——传感器的灵敏度($V \cdot s^2/m$)。

通过上述分析，这种应变式振动加速度传感器的结构简单、设计灵活、具有良好的低频响应，可测量常值加速度。

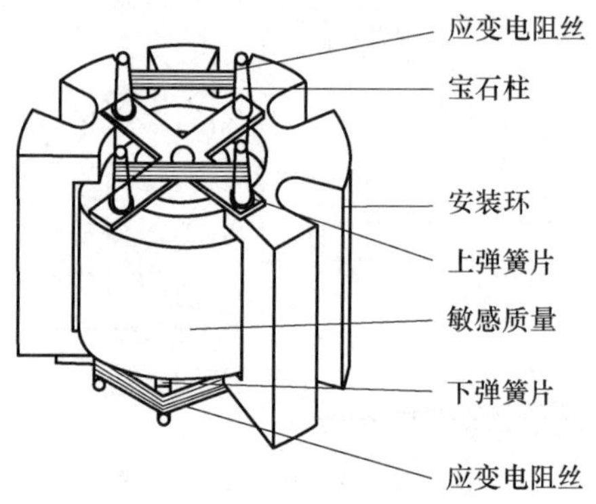

图 12.4.14 非粘贴式振动加速度传感器

应变式振动加速度传感器除了可以采用在悬臂梁上粘贴应变片的方式(如图 12.4.13 所示)，也可以采用非粘贴方式，直接由金属应变丝作为敏感电阻，图 12.4.14 给出了这类加速度传感器的两种实现方案示意图。金属应变丝分别与活动质量块和壳体相连，并加有一定的预紧力。在加速度作用下，质量块将产生相当于壳体运动，这时两组应变丝受拉伸而电阻增大，另两组应变丝受压缩而电阻减小。利用这些金属应变丝构成差动对称电桥，电桥将输出与加速度成比例的电压信号 U_{out}。

非粘贴式加速度传感器主要用于测量频率相对较高的振动。

12.4.5 压阻式振动传感器

压阻式振动加速度传感器与图 12.4.13 所示的应变式振动加速度传感器原理类似，如图 12.4.15 所示。悬臂梁厚度取为<001>方向，在其根部的<110>方向和<1$\bar{1}$0>方向各设置两个压敏电阻。

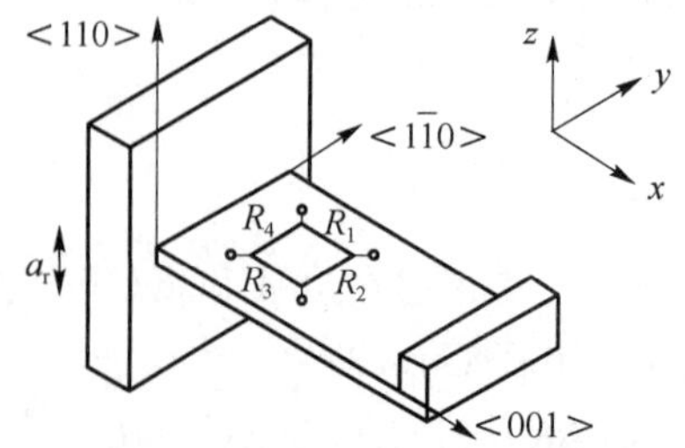

图 12.4.15 压阻式振动加速度传感器

参考第三章有关压阻式压力传感器的讨论，当沿＜001＞晶向（悬臂梁的宽度方向）扩散两个 P 型电阻，其纵向压阻系数与横向压阻系数分别为

$$\pi_a \approx \frac{1}{2}\pi_{44}$$

$$\pi_n \approx -\frac{1}{2}\pi_{44}$$

由于＜110＞为悬臂梁的宽度方向，有

$$\sigma_a = 0, \sigma_n = \sigma_x \approx \frac{6Lma_z}{bh^2}$$

则在＜110＞面上，＜110＞方向扩散 P 型电阻的压阻效应表示为

$$\left(\frac{\Delta R}{R}\right)_{<110>} = \pi_a\sigma_a + \pi_n\sigma_n = -\frac{\pi_{44}}{2}\sigma_x \approx \frac{-3\pi_{44}Lma_z}{bh^2} \tag{12.4.62}$$

如果沿＜1$\bar{1}$0＞晶向（悬臂梁的轴向）扩散两个 P 型电阻，其纵向压阻系数与横向压阻系数分别为

$$\pi_a \approx \frac{1}{2}\pi_{44}$$

$$\pi_n \approx -\frac{1}{2}\pi_{44}$$

由于＜1$\bar{1}$0＞为悬臂梁的轴向，有

$$\sigma_a = \sigma_x \approx \frac{6Lma_z}{bh^2}, \sigma_n = 0$$

则在＜001＞面上，＜1$\bar{1}$0＞方向扩散 P 型电阻的压阻效应表示为

$$\left(\frac{\Delta R}{R}\right)_{<1\bar{1}0>} = \pi_a\sigma_a + \pi_n\sigma_n = \frac{\pi_{44}}{2}\sigma_x \approx \frac{3\pi_{44}Lma_z}{bh^2} \tag{12.4.63}$$

对比式(12.4.62)与式(12.4.63)可知：＜110＞方向设置的 P 型电阻与＜1$\bar{1}$0＞方向设置的 P 型电阻在振动加速度的作用下，变化量大小几乎相等，但方向相反。即由上述四个压敏电阻构成的四臂受感电桥就可以把 z 方向的振动加速度 a_z 的变化转换为电压的变化。例如当采用图 12.4.16 的恒流源供电电桥时，输出电压为

$$U_{\text{out}} = \Delta R I_{\text{in}} = \frac{3\pi_{44}Lma_z}{bh^2} I_{\text{in}} R_0 \tag{12.4.64}$$

式中：R_0——所设置的压敏电阻的初始值(Ω)；

I_{in}——恒流源供电电桥的电流(A)。

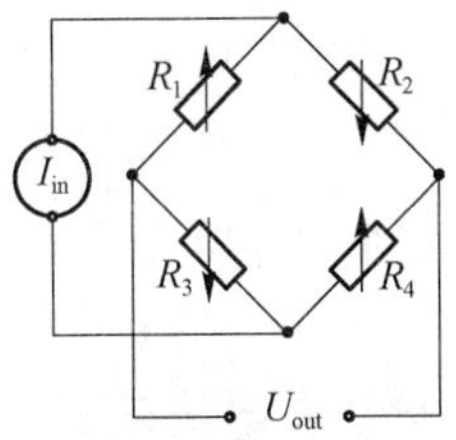

图 12.4.16　恒流源供电电桥

因此通过检测电桥输出电压就可以实现对振动加速度z_z的测量。

12.4.6 压电式振动加速度传感器

压电式振动加速度传感器的突出特点是体积小，质量小，频带宽（由零点几 Hz 到数十 kHz），测量范围宽（约 $10^{-6}\sim10^{3}$ g），使用温度可达 400 ℃以上，因此广泛用于振动、加速度和冲击测量。

1. 压电式振动加速度传感器的结构

图 12.4.17 是压电式振动加速度传感器的结构原理图，它由质量块 m、硬弹簧 k、压电晶片和基座组成。质量块一般由密度较大的材料（如钨或重合金）制成。硬弹簧的作用是对质量块加载，产生预压力，以保证在作用力变化时，晶片始终受到压缩。整个组件都装在基座上，为了防止被测件的任何应变传到晶片上而产生假信号，基座一般要求做得较厚。

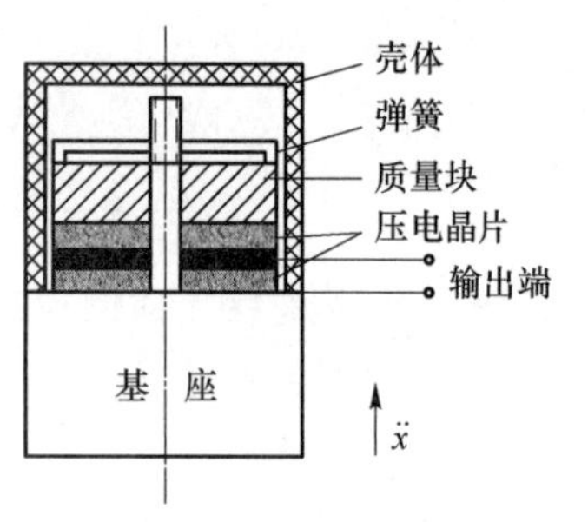

图 12.4.17 压电式振动加速度传感器的结构原理图

为了提高灵敏度，可以把两片压电元件重叠放置并按并联（对应于电荷放大器）或串联（对应于电压放大器）方式连接。

压电式振动加速度传感器的具体结构形式有多种，图 12.4.18 所示为常见的几种。

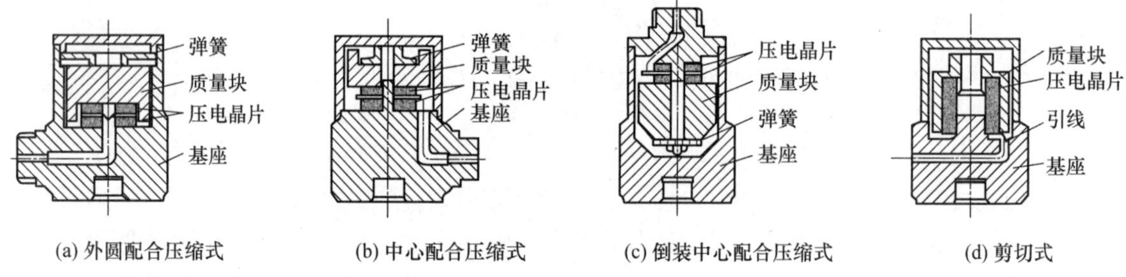

图 12.4.18 压电式振动加速度传感器的结构

2. 工作原理

当传感器基座随被测物体一起运动时，由于弹簧刚度很大，相对而言质量块的质量 m 很小，即惯性很小，因而可认为质量块感受与被测物体相同的加速度，并产生与加速度成正比的惯性力 F_a。惯性力作用在压电晶片上，就产生与加速度成正比的电荷 q_a 或电压 u_a，这样通过电荷量或电压来测量振动加速度 a。

3. 传递函数

压电式振动加速度传感器主要有三个测量环节，即质量块-弹簧-阻尼器二阶系统，压电变换元件和测量放大电路。

质量块-弹簧-阻尼器二阶系统将敏感质量块感受到的加速度转换为质量块的机械变形 $y=x_m-x$，该变形也是压电晶片在惯性力 $m\ddot{x}$ 作用后所产生的变形量，可以由式(12.4.5)来描述，其传递函数为

$$\frac{Y(s)}{A(s)}=\frac{-1}{s^2+2\zeta_n\omega_n s+\omega_n^2} \tag{12.4.65}$$

式中:$A(s)$——待测振动体振动加速度 $\ddot{x}(t)$的拉氏变换。

所产生的压电晶片的微小变形量 $Y(s)$将引起其应力变化,基于压电效应,在压电晶片上就会产生电荷 $q(s)$,它们之间的关系可以描述为

$$q(s)=k_{yq}Y(s) \tag{12.4.66}$$

式中:k_{yq}——转换系数(C/m),表示单位微小变形量引起的电荷量,它与传感器结构参数、物理参数、压电晶片的结构参数、物理参数和压电常数等密切相关。

当振动加速度传感器配置如图 12.4.19 所示的电荷放大器时,其特性为

$$\frac{u_{\text{out}}(s)}{q(s)}=\frac{-R_f s}{1+R_f C_f s} \tag{12.4.67}$$

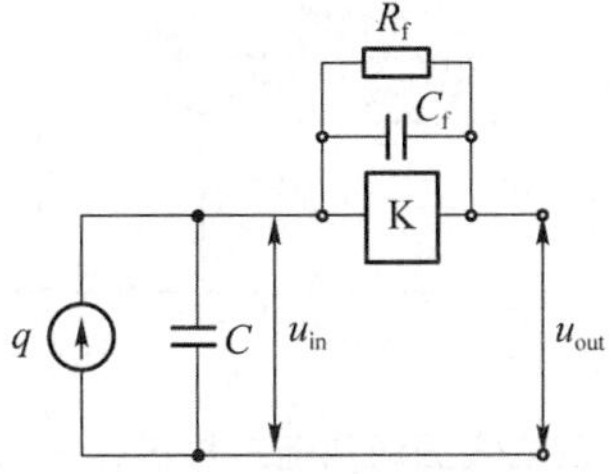

图 12.4.19　电荷放大器

结合式(12.4.65)～式(12.4.67)可得电荷放大器输出 $u_{\text{out}}(s)$与被测振动加速度 $A(s)$之间的传递函数,即

$$\frac{u_{\text{out}}(s)}{A(s)}=\frac{R_f k_{yq} s}{1+R_f C_f s}\cdot\frac{1}{s^2+2\zeta_n\omega_n s+\omega_n^2} \tag{12.4.68}$$

它相当于一个高通滤波器和一个低通建波器串联构成的带通滤波器。

4. 频率响应特性

由式(12.4.68)可知:压电式振动加速度传感器的幅频特性和相频特性分别为

$$H(s)=\frac{R_f k_{yq} s}{\sqrt{1+(R_f C_f\omega)^2}}\cdot\frac{\frac{1}{\omega_n^2}}{\sqrt{\left[1-\left(\frac{\omega}{\omega_n}\right)^2\right]^2+\left(2\zeta_n\frac{\omega}{\omega_n}\right)^2}} \tag{12.4.69}$$

$$\varphi(\omega)=\varphi_1(\omega)+\varphi_2(\omega)+\frac{\pi}{2} \tag{12.4.70}$$

$$\varphi_1(\omega)=-\arctan R_f C_f\omega \tag{12.4.71}$$

$$\varphi_2(\omega)=\begin{cases}-\arctan\dfrac{2\zeta_n\dfrac{\omega}{\omega_n}}{1-\left(\dfrac{\omega}{\omega_n}\right)^2}, & \omega\leqslant\omega_n\\[2ex] -\pi+\arctan\dfrac{2\zeta_n\dfrac{\omega}{\omega_n}}{\left(\dfrac{\omega}{\omega_n}\right)^2-1}, & \omega>\omega_n\end{cases} \tag{12.4.72}$$

压电式振动加速度传感器的频率特性曲线如图 12.4.20 所示。在设计压电式振动加速度传感器时，电荷放大器的截止频率远远低于由质量块-弹簧-阻尼器构成的等效二阶系统的固有频率。压电式振动加速度传感器的上限响应频率主要取决于机械部分的固有频率 ω_n 和阻尼比系数 ζ_n，下限响应频率主要取决于压电晶片及放大器。当采用电荷放大器时，传感器的频响下限由电荷放大器的反馈电容 C_f 和反馈电阻 R_f 决定，下限截止频率为

$$\omega_L = \frac{1}{R_f C_f} \tag{12.4.73}$$

由式(12.4.69)可得，当允许高频段和低频段的幅值误差为 5%时，被测振动加速度的频率范围大致在 $3\omega_L < \omega < \omega_n$（要求满足 $3\omega_L \ll 0.2\omega_n$），一般为从几赫兹到数千赫兹。

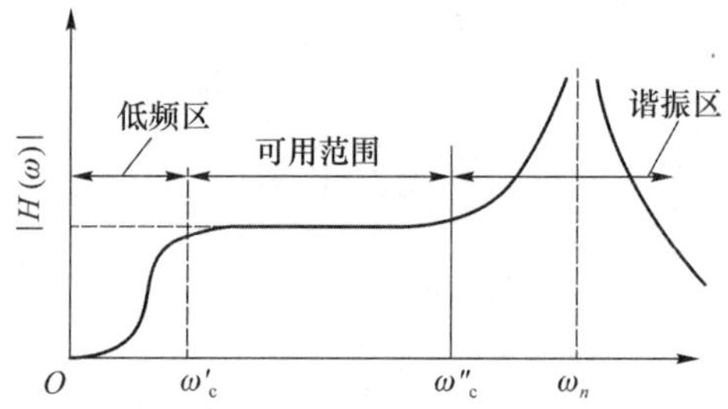

图 12.4.20 压电式振动加速度传感器的频率特性曲线

12.4.7 冲击测量

冲击是一种瞬变现象，它的作用持续时间有限，具有的能量也有限。有的冲击信号可以用确定的函数来描述（例如：矩形脉冲、半正弦脉冲等）；有的虽不能用确定的函数描述，但若能知道它随时间的变化曲线，就可以将这类冲击分解为一系列不同加权的矩形脉冲，或分解为一系列不同加权的阶跃信号。一般的冲击信号大多能够满足荻里赫利条件，都能进行傅里叶变换。由能量有限的时限信号的傅里叶变换可知：这种信号包括有(0,∞)的频率分量。要想无失真地测量冲击，就要求传感器具有无穷宽的工作频带，这在实际工作中是无法实现的。因此往往根据测量的精度要求，确定所欲测量的冲击中的最高频率上限 ω_{max}，然后要求传感器的工作频带上限 $\omega_{g,max}$ 比它高 3～5 倍，甚至 10 倍，如图 12.4.21 所示。

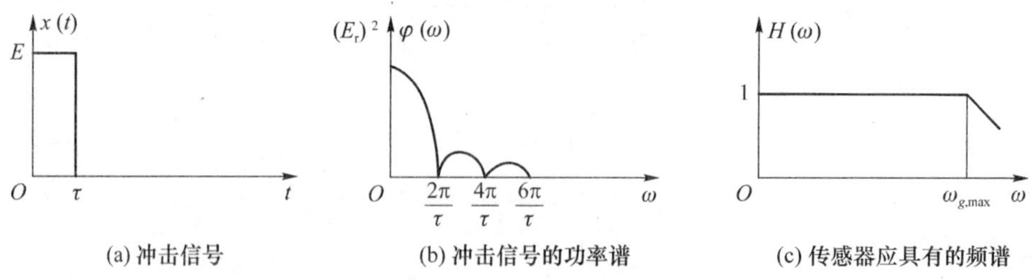

(a) 冲击信号　(b) 冲击信号的功率谱　(c) 传感器应具有的频谱

图 12.4.21 冲击信号及其功率谱

由于信号功率谱曲线与横坐标间所包围的面积就代表了信号所包含的总能量的大小。若只截取 $(0,\omega_{max})$ 间的信号功率谱曲线，则它与横坐标间所包围的面积仅为信号所包含的总能量的一部分，即

$$E_P = \eta E_T \tag{12.4.74}$$

式中：E_T——总能量(J)；

E_P——所截取的能量(J)；

η——所截取的能量占总能量的比例，$0\leqslant\eta\leqslant1$。

在实际工作中可根据要求所测信号的能量占信号总能量的百分比(η值)来确定所测信号的最高频率ω_{max}；然后再要求传感器工作频带的频率上限$\omega_{g,max}$比ω_{max}大3～5倍，甚至10倍。

可见，测量冲击传感器实际上就是一种具有低通滤波器性能、工作频带更宽的振动传感器。

12.4.8　线加速度的测量原理与力学基础

飞行器在惯性空间运动时，其质心沿航迹方向运动的加速度称为飞行器的线加速度。线加速度的单位是m/s^2，习惯上也常用地球重力加速度g为加速度单位。

在最初的飞机上安装线加速度传感器是为了判断飞机、发动机和其他附件在各种加速飞行时的受力状态；当飞机上装有各种飞行控制系统时，为了提高其控制质量，也需要从加速度传感器获得信号，但他们对加速度测量装置的精度要求都不太高，在一般情况下，其精度优于$0.1g$就足够了。而在现代飞行器中都装有高精度的线加速度传感器(用于惯性制导)，其目的在于测量飞行器在所选的坐标系里运动时所具有的线加速度，将其与所测得的航向姿态信号一起经过一次和二次积分得到飞行器的运动速度和距离，并产生控制飞行器运动的信号使飞行器按所要求的轨迹飞行。在中等精度和高等精度的惯性导航系统中，要求加速度的测量精度应分别优于$1\times10^{-5}g$和$1\times10^{-6}g$。

1. 线加速度传感器工作原理

目前测量线加速度的传感器的种类很多，但由于加速度本身是个不能直接测量的量，它们的共同特点都是基于测量由加速度引起的惯性力来间接测量的。质量块m在惯性空间中感受到加速度a时，相当于在其上作用有力F，可以描述为

$$F=-ma \tag{12.4.75}$$

因此，加速度a的测量可以转换为惯性力的测量。于是所有的线加速度传感器中都应具有两个必不可少的元件：用来将线加速度转换为惯性力的敏感质量块m和测量质量块所具有惯性力F的测力元件。质量块m在惯性力F作用下的运动形式可以是移动或转动，测量惯性力F的方法有开环和闭环两种。故目前线加速度传感器有线位移式开环或闭环和摆式开环或闭环等四种组合方式。

飞行器在飞行过程中所具有线加速度的数值大小为零到几十个g，而其频率变化范围不大，从零到几十赫兹，所以所设计的线加速度传感器的幅频特性应是低通滤波器的幅频特性曲线，如图12.4.22所示。

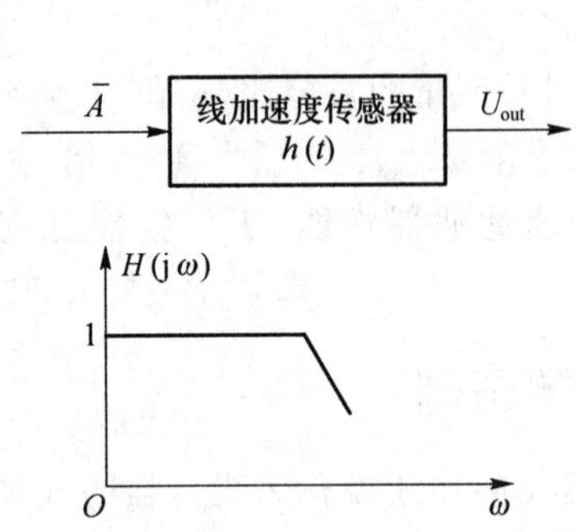

图 12.4.22 飞行器线加速度传感器应具有的幅频特性

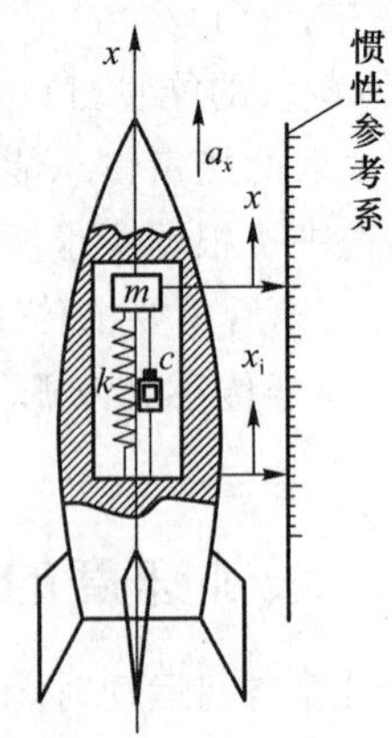

图 12.4.23 测量飞行器纵向线加速度的加速度传感器安装方式

基于前面的振动测量方案的分析,感受加速度的力学模型应当是质量块-弹簧-阻尼器所组成的单自由度二阶运动系统,如图 12.4.23 所示。对于这样的系统,当输入为加速度时,只有以质量块相对于传感器壳体位移为输出的传感器才具有这样的幅频特性。故现有的线加速度计均由质量块-弹簧-阻尼器构成,并以质量块相对壳体的位移为输出。

2. 线加速度测量的力学基础

图 12.4.24 所示为飞行器在以太阳中心为坐标原点的惯性空间里运动的位置示意图。P 点为飞行器相对于地球运动时的位置,于是有

$$R=R_0+r \tag{12.4.76}$$

式中:R_0——地球中心相对太阳中心的位置;

R——飞行器在以太阳为坐标原点的惯性坐标系中的位置;

r——飞行器相对于地球中心的位置。

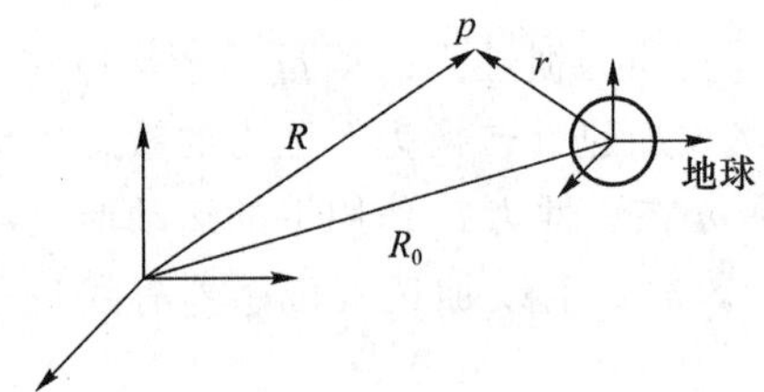

图 12.4.24 飞行器在惯性空间的位置示意图

飞行器在惯性空间里的运动速度为

$$\frac{\mathrm{d}R}{\mathrm{d}t}=\left(\frac{\mathrm{d}R}{\mathrm{d}t}\right)_I=\left(\frac{\mathrm{d}R_0}{\mathrm{d}t}\right)_I+\left(\frac{\mathrm{d}r}{\mathrm{d}t}\right)_I=\left(\frac{\mathrm{d}R_0}{\mathrm{d}t}\right)_I+\left(\frac{\mathrm{d}r}{\mathrm{d}t}\right)_E+\Omega\times r \tag{12.4.77}$$

式中:$\left(\frac{\mathrm{d}}{\mathrm{d}t}\right)_I$——相对惯性坐标系进行微分;

$\left(\frac{\mathrm{d}}{\mathrm{d}t}\right)_E$——相对地球坐标系进行微分;

$\left(\frac{\mathrm{d}R_0}{\mathrm{d}t}\right)_I$——地球中心相对惯性空间运动的速度(m/s);

$\left(\frac{\mathrm{d}r}{\mathrm{d}t}\right)_E$——飞行器相对地球运动的速度(m/s)；

Ω——地球相对惯性空间的自转角速度(rad/s)，(1 rad/s=15.041 07(°/h))。

再对式(12.4.77)进行微分，便可得到飞行器相对惯性空间运动的加速度(又称为飞行器的绝对加速度)为

$$\frac{\mathrm{d}^2R}{\mathrm{d}t^2}=\left(\frac{\mathrm{d}^2R}{\mathrm{d}t^2}\right)_I=\left(\frac{\mathrm{d}^2R_0}{\mathrm{d}t^2}\right)_I+\left(\frac{\mathrm{d}^2r}{\mathrm{d}t^2}\right)_E+\Omega\times\left(\frac{\mathrm{d}r}{\mathrm{d}t}\right)_I+\Omega\times\left(\frac{\mathrm{d}r}{\mathrm{d}t}\right)_E+\left(\frac{\mathrm{d}\Omega}{\mathrm{d}t}\right)_I\times r=$$
$$\left(\frac{\mathrm{d}^2R_0}{\mathrm{d}t^2}\right)_I+\left(\frac{\mathrm{d}^2r}{\mathrm{d}t^2}\right)_E+2\Omega\times\left(\frac{\mathrm{d}r}{\mathrm{d}t}\right)_E+\Omega\times\Omega\times r \tag{12.4.78}$$

式中：$\left(\frac{\mathrm{d}^2R_0}{\mathrm{d}t^2}\right)_I$——地球中心相对惯性空间运动的加速度($\mathrm{m/s^2}$)；

$\left(\frac{\mathrm{d}^2r}{\mathrm{d}t^2}\right)_E$——飞行器相对地球运动的加速度($\mathrm{m/s^2}$)；

$2\Omega\times\left(\frac{\mathrm{d}r}{\mathrm{d}t}\right)_E$——飞行器相对地球运动速度$\left(\frac{\mathrm{d}r}{\mathrm{d}t}\right)_E$而引起的科氏加速度($\mathrm{m/s^2}$)；

$\Omega\times\Omega\times r$——因地球旋转而引起的向心加速度($\mathrm{m/s^2}$)。

飞行器在惯性空间里运动时所具有的加速度$\frac{\mathrm{d}^2R}{\mathrm{d}t^2}$与施加给它的外力 F 的关系由牛顿第二定律描述

$$F=m\,\frac{\mathrm{d}^2R}{\mathrm{d}t^2} \tag{12.4.79}$$

式中：m——飞行器所具有的质量(kg)。

施加给飞行器的外力可以分为两个部分，一部分是宇宙空间中的天体和粒子作用在飞行器上的引力 F_M，另一部分是除引力外作用于飞行器上的全部外力 F_{ex}，即

$$F=F_M+F_{ex} \tag{12.4.80}$$

$$F_M=Km\sum_{i=1}^{n}\frac{M_iD_i}{D_i^3}=mG \tag{12.4.81}$$

$$G=K\sum_{i=1}^{n}\frac{M_iD_i}{D_i^3} \tag{12.4.82}$$

式中：K——万有引力常数，$K=6.67\times10^{-11}\ \mathrm{N\cdot m^2/kg^2}$；

M_i——宇宙空间中天体或粒子的质量(kg)；

D_i——飞行器质心与 M_i 质心间的距离(m)；

n——宇宙空间中天体与粒子的总数；

G——飞行器位于 P 点处空间总的引力加速度($\mathrm{m/s^2}$)。

由式(12.4.77)～式(12.4.82)可以得到

$$F=F_M+F_{ex}=mG+F_{ex}=ma \tag{12.4.83}$$

基于线加速度传感器的工作原理，所能得到的是敏感质量块相对壳体的位移，这个相对位移产生的弹性力是作用于质量块上的外力。因此利用图 12.4.23 所示的加速度传感器实际上测得的加速度是由 F_{ex} 引起的，即$\frac{F_{ex}}{m}$。

引入 $A=\frac{F_{ex}}{m}$，则由式(12.4.83)可得

$$A=a-G \tag{12.4.84}$$

通常定义向量 A 为比力，即非引力加速度，表示质量块单位质量受到的非引力外力。A 是飞行器相对惯性空间运动的加速度与引力加速度之差。所以线加速度传感器更准确的称呼是比力传感器或非引力加速度传感器。

当飞行器在地球表面上飞行时，其非引力加速度 A 可表示为

$$A=a-G=\left(\frac{\mathrm{d}^2R_0}{\mathrm{d}t^2}\right)_I+\left(\frac{\mathrm{d}^2r}{\mathrm{d}t^2}\right)_E+2\Omega\times\left(\frac{\mathrm{d}r}{\mathrm{d}t}\right)_E+\Omega\times\Omega\times r-G \tag{12.4.85}$$

假设地球绕太阳做圆周运动，这时地球相对于太阳的运动加速度$\frac{\mathrm{d}^2R_0}{\mathrm{d}t^2}$就是太阳的引力场 $G_S(R)$。此外，当飞行器在地球表面上空飞行时，飞行器受到的式(12.4.82)描述的总引力 G 可以认为是离地球较近的几个天体：太阳、月球、金星、木星以及地球等引起的。

太阳引力场对它的影响在数值上不大于 $1.4\times10^{-7}\ g$；月球引力场对它的影响在数值上不大于 $4\times10^{-8}\ g$；金星引力场对它的影响在数值上不大于 $1.9\times10^{-9}\ g$；木星引力场对它的影响在数值上不大于 $3.7\times10^{-7}\ g$。而在中等精度的惯性导航系统（导航精度为 1.852～5.556 km/h）和高精度惯性导航系统（导航精度为 0.185 2～0.555 6 km/h）中所要采用的线加速度传感精度分别为 $1\times10^{-5}\ g$ 和 $1\times10^{-6}\ g$。故这时可只考虑地球引力场的影响，而不考虑其他星体的引力场。

于是可将式(12.4.85)写成

$$A=\left(\frac{\mathrm{d}^2r}{\mathrm{d}t^2}\right)_E+2\Omega\times\left(\frac{\mathrm{d}r}{\mathrm{d}t}\right)_E+\Omega\times\Omega\times r-G_E(r) \tag{12.4.86}$$

令飞行器相对于地球的运动速度为

$$V=\left(\frac{\mathrm{d}r}{\mathrm{d}t}\right)_E \tag{12.4.87}$$

同时注意到由于地球引力场和因地球自转而产生的离心力两者共同形成了地球重力场 $g_E(r)$，即

$$g_E(r)=G_E(r)-\Omega\times\Omega\times r \tag{12.4.88}$$

进一步将式(12.4.86)写成

$$A=\left(\frac{\mathrm{d}V}{\mathrm{d}t}\right)_E+2\Omega\times V-g_E(r) \tag{12.4.89}$$

式中：$\left(\frac{\mathrm{d}V}{\mathrm{d}t}\right)_E$——飞行器相对地球运动的速度变化率（$\mathrm{m/s^2}$）；

$2\Omega\times\left(\frac{\mathrm{d}r}{\mathrm{d}t}\right)_E$——地球相对于惯性空间旋转而产生的科氏加速度（$\mathrm{m/s^2}$）；

$g_E(r)$——地球重力加速度，其标准值定义为纬度 $\varphi=45°$ 的海平面上的值，在数值上为 $9.806\ 65\ \mathrm{m/s^2}$。

在任一纬度 φ、高度 h 下，地球重力的加速度可以描述为

$$g_E=g=9.780\ 49(1+0.005\ 288\ 4\sin^2\varphi-0.000\ 005\ 9\sin^2 2\varphi)+\Delta g(h) \tag{12.4.90}$$

$$\Delta g(h)=(0.000\ 308\ 55+0.000\ 000\ 22\cos 2\varphi)h+0.000\ 072\left(\frac{h}{1\ 000}\right)^2 \tag{12.4.91}$$

式中：h——海拔高度（m）；

$\Delta g(h)$——海拔高度 h 对应的修正量（$\mathrm{m/s^2}$）。

为了测量飞行器运动时的线加速度，必须将加速度传感器安装在飞行器内的某一个预先选定的坐标系（该坐标系可以是直接与飞行器固联的，也可以是与飞行器内的某个稳定平台固联的），若该坐标系 P 相对地球的运动角速度为 ω_{PI}，则式(12.4.89)可写为

$$A=\left(\frac{\mathrm{d}V}{\mathrm{d}t}\right)_P+\omega_{PI}\times V+2\Omega\times V-g(r) \tag{12.4.92}$$

式中：$\left(\frac{\mathrm{d}V}{\mathrm{d}t}\right)_P$——飞行器相对于地球运动的速度在测量坐标系中的变化率（$\mathrm{m/s^2}$）；

$\omega_{PI}\times V$——测量坐标系相对于地球运动所引起的向心加速度（$\mathrm{m/s^2}$）；

$2\Omega\times V$——地球相对惯性空间运动所产生的科氏加速度（$\mathrm{m/s^2}$）；

$g(r)$——地球重力加速度（$\mathrm{m/s^2}$）。

在一般情况下，加速度 A 是一个空间向量，测量它的最简单方法是在飞行器中所选的坐标系上，沿其坐标轴方向分别安装相应的线加速度传感器来感受该加速度 A 沿各坐标轴的分量。假设所采用的坐标系为直角坐标系 $Oxyz$，则其分量是

$$A_X=\ddot{x} \tag{12.4.93}$$

$$A_Y=\ddot{y} \tag{12.4.94}$$

$$A_Z=\ddot{z} \tag{12.4.95}$$

加速度 A 的模为

$$A=\sqrt{A_x^2+A_y^2+A_z^2}=\sqrt{\ddot{x}^2+\ddot{y}^2+\ddot{z}^2} \tag{12.4.96}$$

加速度 A 的方向由以下三个方向余弦决定

$$\cos(A,x)=\frac{\ddot{x}}{\sqrt{\ddot{x}^2+\ddot{y}^2+\ddot{z}^2}} \tag{12.4.97}$$

$$\cos(A,y)=\frac{\ddot{y}}{\sqrt{\ddot{x}^2+\ddot{y}^2+\ddot{z}^2}} \tag{12.4.98}$$

$$\cos(A,z)=\frac{\ddot{z}}{\sqrt{\ddot{x}^2+\ddot{y}^2+\ddot{z}^2}} \tag{12.4.99}$$

3. 线加速度传感器的设计原则

由质量块-弹簧-阻尼器构成的加速度传感器，使用时传感器外壳与飞行器固连，其敏感轴方向与飞行器纵轴 x 方向一致，如图 12.4.23 所示。

假设飞行器所具有的非引力加速度 A 的方向与其纵轴方向一致。当 A 为零时，加速度传感器中的敏感质量将保持初始平衡状态，即质量块相对于壳体的位移 y、速度 $\dot{y}$、加速度 $\ddot{y}$ 均为零；当 A 不为零时，质量块 m 将相对于壳体产生运动。

该加速度传感器的输入是线加速度 A，以质量块 m 相对壳体的位移为输出。当忽略质量块运动时的摩擦力，其运动方程可表示为

$$m\ddot{y}+c\dot{y}+ky=-mA \tag{12.4.100}$$

其传递函数为

$$\frac{Y(s)}{A(s)}=\frac{-1}{s^2+2\zeta_n\omega_n s+\omega_n^2} \tag{12.4.101}$$

$$\omega_n=\sqrt{\frac{k}{m}}$$

$$\zeta_n=\frac{c}{2\sqrt{mk}}$$

式中：ω_n——加速度传感器的固有角频率(rad/s)；

ζ_n——加速度传感器的阻尼比系数。

其方块图如图 12.4.25 所示。

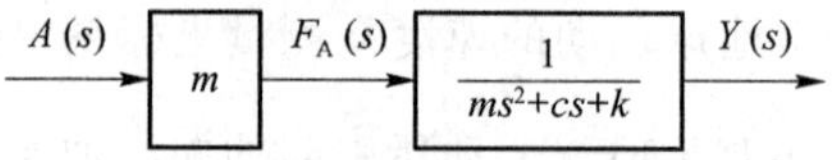

$$A(s)\rightarrow\boxed{m}\xrightarrow{F_A(s)}\boxed{\frac{1}{ms^2+cs+k}}\rightarrow Y(s)$$

图 12.4.25 线位移式加速度传感器的方块图

下面讨论几个问题：

(1) 只能选择质量块 m 相对于壳体的位移 y 来作为加速度传感器的输出量

若选择质量块相对于壳体的运动速度 $\dot{y}$ 或加速度 $\ddot{y}$ 来作为加速度传感器的输出，其幅值曲线都难以满足要求。于是传感器的幅值增益和相位偏移分别为

$$G_y(\omega)=\frac{\left(\frac{1}{\omega_n}\right)^2}{\sqrt{\left[1-\left(\frac{\omega}{\omega_n}\right)^2\right]^2+\left(2\zeta_n\frac{\omega}{\omega_n}\right)^2}} \tag{12.4.102}$$

$$\varphi_y(\omega)=\begin{cases}-\pi-\arctan\dfrac{2\zeta_n\dfrac{\omega}{\omega_n}}{1-\left(\dfrac{\omega}{\omega_n}\right)^2}, & \omega\leqslant\omega_n\\ -2\pi+\arctan\dfrac{2\zeta_n\dfrac{\omega}{\omega_n}}{\left(\dfrac{\omega}{\omega_n}\right)^2-1}=\arctan\dfrac{2\zeta_n\dfrac{\omega}{\omega_n}}{\left(\dfrac{\omega}{\omega_n}\right)^2-1}, & \omega>\omega_n\end{cases} \tag{12.4.103}$$

至于将质量块相对于壳体位移 y 转换为所需信号的元件可以是各种各样的，这就构成了一系列线位移式线加速度传感器。

(2) 当线加速度传感器的输入为阶跃恒值加速度时

$$A(t)=A\varepsilon(t) \tag{12.4.104}$$

当传感器输出达到稳态时，其输入、输出关系为

$$y_c=\lim_{t\to\infty}y(t)=\lim_{s\to\infty}sG_y(\omega)\frac{A}{s}=\frac{-A}{\omega_n^2}=\frac{-Am}{k}=S_cA \tag{12.4.105}$$

式中：S_c——线加速度传感器的稳态灵敏度，$S_c=\frac{-m}{k}$。

式(12.4.105)是简单线加速度传感器的稳态特性方程。它说明：要保证线加速度传感器的测量精度必须保证传感器中的敏感质量 m 和弹簧刚度 k 在整个加速度测量范围内和在各种使用环境条件下保持恒定，传感器的灵敏度与传感器固有频率的平方成反比。

(3) 参数选择原则

① 固有频率 ω_n 的选择

为了使传感器有良好的动态性能指标(例如，具有较宽的工作频带 ω_g)，总是希望传感器具有较高的固有频率 ω_n，但不宜过大，过大会使线加速度传感器的输出量中可能包含有较多

的外界机械振动干扰分量；过大还会使传感器的静态灵敏度降低。故一般选 ω_n 为所测线加速度 A 最高频率的 3～5 倍，最大不超过 10 倍。

② 质量 m 和弹簧刚度 k 的选择

虽然总希望传感器有尽可能高的灵敏度，但应注意到传感器的测量范围（$A_{\min}$，$A_{\max}$）在选择传感器质量 m 和弹簧刚度 k 时，应保证传感器的最小输出 $y_{\min}=mA_{\min}/k$ 易于测量；而最大输出 $y_{\max}=mA_{\max}/k$ 能为传感器的体积所允许并应保证在整个测量范围内弹簧刚度 k 为常数（即为线性弹簧），其迟滞、后效所造成的误差小于允许值。

③ 阻尼比系数 ζ_n 的选择

阻尼比系数 ζ_n 主要影响传感器的动态性能指标。无论从时域还是频域动态性能指标考虑，选择 $\zeta_n=0.6$～0.8 是最合适的。

12.4.9　典型的线位移式加速度传感器

1. 简单摆式加速度传感器

由单摆（其质量为 m，绕旋转轴的转动惯量为 J）、阻尼器 c 和弹簧 k 组成的传感器如图 12.4.26 所示，它通过外壳基座与飞行器相固连，当飞行器所具有的线加速度 A 为零时，传感器中的单摆活动系统居于初始平衡状态（$\varphi=0$，$\dot{\varphi}=0$），此时传感器壳体坐标系与摆组件坐标系重合。若加速度 A 在传感器壳体坐标系中的分量为 A_x，A_y，A_z，当摆组件相对壳体转动 φ 角时，加速度 A 在摆组件坐标系中的分量为 A'_x，A'_y，A'_z，且有

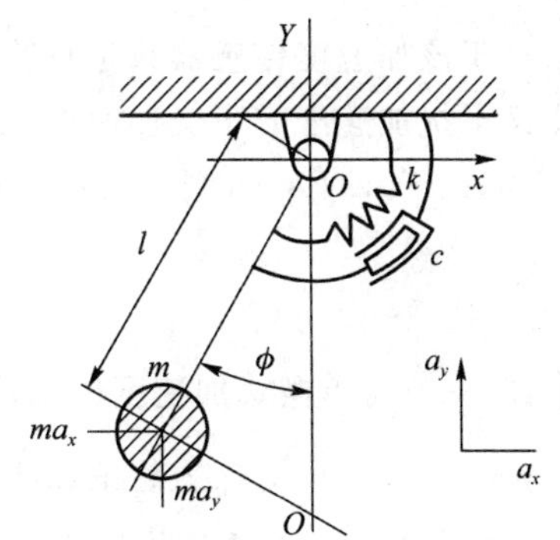

图 12.4.26　简单摆式加速度传感器

$$\begin{bmatrix} A'_x \\ A'_y \\ A'_z \end{bmatrix} = \begin{bmatrix} \cos\varphi & -\sin\varphi & 0 \\ \sin\varphi & \cos\varphi & 0 \\ 0 & 0 & 1 \end{bmatrix} \begin{bmatrix} A_x \\ A_y \\ A_z \end{bmatrix} \tag{12.4.106}$$

沿单摆输入轴作用的加速度为

$$A'_x=A_x\cos\varphi-A_y\sin\varphi \tag{12.4.107}$$

在加速度 A'_x 的作用下，单摆组件的运动微分方程为

$$J\ddot{\varphi}+c\dot{\varphi}+k\varphi\pm M_f=-(A_x\cos\varphi-A_y\sin\varphi)ml \tag{12.4.108}$$

式中：J——单摆输出轴 Oz 的转动惯量（kg·m²）；

c，k——单摆活动系统的阻尼系数（N·m·s）和弹簧刚度（N·m）；

m——单摆活动系统的质量（kg）；

l——单摆质量 m 的质心距单摆旋转轴心 O 的距离（m）；

φ——单摆相对于起始平衡位置的转角；

M_f——轴承的摩擦力矩（N·m）；

A_x，A_y——加速度 A 在 $Oxyz$ 平面内，沿 Ox，Oy 轴方向的分量（即图中的 a_1，a_2）。

当 φ 很小时，$\sin\varphi\approx\varphi$，$\cos\varphi\approx1$，于是式（12.4.108）可写为

$$\ddot{\varphi}+2\zeta_n\omega_n\dot{\varphi}+\omega_n^2\varphi=-\frac{mlA_x}{J}\mp\frac{M_f}{J} \tag{12.4.109}$$

$$\omega_n=\sqrt{\frac{k-mlA_y}{J}}$$

$$\zeta_n=\frac{c}{2\sqrt{J(k-mlA_y)}}$$

式中：ω_n——单摆传感器的固有频率(rad/s)；

ζ_n——单摆传感器的阻尼比系数。

(1) 摆性

是摆式加速度传感器中的一个重要的概念，指沿摆输入轴作用单位重力加速度时所产生的摆力矩，单位为 N·m/g 或 kg·m，在简单摆式加速度传感器中就是摆动质量 m 与质量质心到旋转轴心距离 l 的乘积 ml。

(2) 简单摆式加速度传感器的稳态输入输出关系

若输入的加速度 A_x 为常值，当式(12.4.109)中的 $\ddot{\varphi}$，$\dot{\varphi}$ 均为零时，就可得到简单摆式加速度传感器的稳态输入/输出关系，即

$$\varphi_c=\frac{1}{\omega_n^2}\left(\frac{-mlA_x}{J}\mp\frac{M_f}{J}\right)=\frac{-mlA_x\mp M_f}{k-mlA_y} \tag{12.4.110}$$

由于该加速度传感器只是打算测量 A_x，而不打算测量 A_y，故常称 A_y 为有害加速度，或称为交叉干扰加速度或正交加速度。

若 $A_y=0$，$M_f=0$，则式(12.4.110)可写为

$$\varphi_{c0}=\frac{-mlA_x}{k}=S_cA_x \tag{12.4.111}$$

式中：S_c——简单摆式加速度传感器的稳态灵敏度(s^2/m)，$S_c=\frac{-ml}{k}$。

式(12.4.111)又称为简单摆式加速度传感器的理论稳态方程，是一种理想状态。

(3) 简单摆式加速度传感器的原理误差

① 由于近似计算所造成的误差

当 $\ddot{\varphi}=0$，$\dot{\varphi}=0$ 时，$M_f=0$ 时由式(12.4.108)能导出

$$k\varphi_c-mlA_y\sin\varphi_c=-mlA_x\cos\varphi_c \tag{12.4.112}$$

只有假设 φ_c 很小且满足 $\cos\varphi_c\approx1$，$\sin\varphi_c\approx\varphi_c$ 时才能推导出

$$\varphi_{c1}=\frac{-mlA_x}{k-mlA_y} \tag{12.4.113}$$

这中间存在着近似计算的误差。

② 由于交叉干扰加速度的存在所造成的误差

当 $M_f=0$ 时，在加速度 A_x，A_y 共同作用下，加速度传感器的稳态输出 φ_{c1} 如式(12.4.113)，它与 $M_f=0$，$A_y=0$ 时传感器稳态输出 φ_{c0} 之差为

$$\Delta\varphi_{c1}=\varphi_{c1}-\varphi_{c0} \tag{12.4.114}$$

其相对误差为

$$\xi_1=\frac{\Delta\varphi_{c1}}{\varphi_{c0}}=\frac{-1}{\frac{1}{S_cA_y}+1} \tag{12.4.115}$$

可见要减小正交加速度 A_y 的影响，只有减小加速度传感器的稳态灵敏度 S_c，即应减小传

感器的摆性 ml，增大弹簧刚度 k，使在单位加速度作用下，传感器的转角越小越好。

(4) 简单摆式加速度传感器的构造误差

① 由于制造工艺或使用环境条件（例如温度等）改变造成摆性 ml、弹簧刚度 k 与理论值不符所造成的误差。

由式(12.4.111)可得

$$\varphi_{c0}=\frac{-mlA_x}{k}=S_cA_x$$

$$\mathrm{d}\varphi_{c0}=\frac{\partial\varphi_{c0}}{\partial m}\mathrm{d}m+\frac{\partial\varphi_{c0}}{\partial l}\mathrm{d}l+\frac{\partial\varphi_{c0}}{\partial k}\mathrm{d}k \tag{12.4.116}$$

相对误差为

$$\xi_2=\frac{\mathrm{d}\varphi_{c0}}{\varphi_{c0}}=\frac{\mathrm{d}m}{m}+\frac{\mathrm{d}l}{l}-\frac{\mathrm{d}k}{k}=\delta m+\delta l-\delta k \tag{12.4.117}$$

② 由摩擦力矩 M_f 所造成的误差

$A_y=0$ 时且仅存在 M_f 时，由 A_x 作用传感器所产生的稳态输出为

$$\varphi_{c3}=\frac{-mlA_x\mp M_f}{k} \tag{12.4.118}$$

当 $|mlA_x|<M_f$ 时，单摆活动系统是不会运动的，即 $\varphi_{c3}=0$；只有当 $|mlA_x|>M_f$ 时，单摆活动系统才会运动。其误差值为

$$\Delta\varphi_{c3}=\varphi_{c3}-\varphi_{c0}=\frac{\mp M_f}{k} \tag{12.4.119}$$

其相对误差为

$$\xi_3=\frac{\Delta\varphi_{c3}}{\varphi_{c0}}=\frac{\mp M_f}{mlA_x} \tag{12.4.120}$$

简单摆式加速度传感器中摩擦力矩的大小限制了它所能达到的测量精度。例如，一个摆性为 1×10^{-5} kg·m 的加速度传感器，为了使其测量精度达到 $1\times10^{-5}\ g$，则要求摆支承受的摩擦力距低于 0.981×10^{-9} N·m。

简单线加速度传感器的最大优点是简单易行，常用于精度要求不高的场合。若要提高它们的测量精度，则必须解决如下问题：

① 减小以致消除由于活动系统的摩擦力（矩）所造成的误差。解决途径为采用各种悬浮（例如气浮、液浮、磁悬浮、静电悬浮等）支承或弹性支承代替普通支承。

② 对于摆式加速度传感器来说应减小以致消除正交加速度所造成的交叉干扰误差，即尽量减小以致消除单摆活动系统在测量线加速度时所产生的偏转角。其解决途径是组成闭环测量系统。

③ 在设计、选择传感器参数时，应处理好高灵敏度、高精度、大量程和小体积间的矛盾，并尽量降低由于使用环境条件改变及外界振动干扰所带来的测量误差。

2. 力平衡式加速度传感器

前面介绍的都是开环加速度传感器。为了提高测量精度，通常可以采用伺服式测量系统。

(1) 有静差伺服式加速度测量系统

图 12.4.27 所示为一种有静差力平衡伺服式加速度测量系统。它由片状弹簧支承的质量块 m 位移传感器、放大器和产生反馈力的一对磁电力发生器组成。活动质量实际上由力发生

器的两个活动线圈构成。磁电力发生器由高稳定性永久磁铁和活动线圈组成，为了提高线性度，两个力发生器按推挽方式连接。活动线圈的非导磁性金属骨架在磁场中运动时，产生电涡流，从而产生阻尼力，因此它也是一个阻尼器。

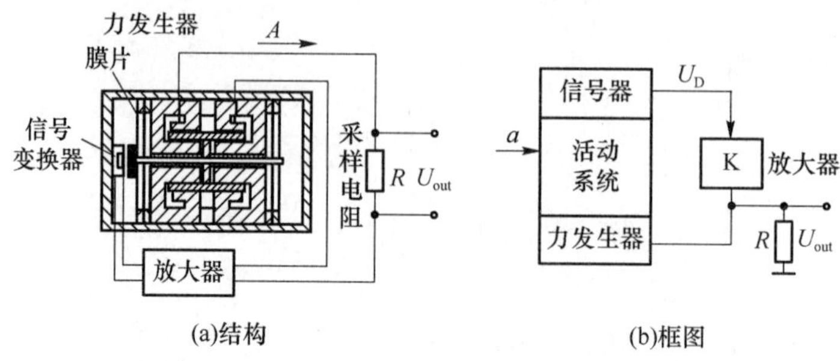

图 12.4.27　有静差力平衡伺服式加速度测量系统

当加速度沿敏感轴方向作用时，活动质量偏离初始位置而产生相对位移。位移传感器检测位移并将其转换成交流电信号，电信号经放大并被解调成直流电压后提供一定功率的电流传输至力发生器的活动线圈。位于磁路气隙中的载流线圈受磁场作用而产生电磁力，电磁力去平衡被测加速度所产生的惯性力而阻止活动质量继续偏离。当电磁力与惯性力相平衡时，活动质量即停止运动，处于与加速度相应的某一新的平衡位置。这时位移传感器的输出电信号在采样电阻 R 上建立的电压降（输出电压 U_{out}）就反映出被测加速度的大小。显然，只有活动质量新的静止位置与初始位置之间具有相对位移时，位移传感器才有信号输出，磁电力发生器才会产生反馈力，因此这个系统是有静差力平衡系统。

活动质量与弹簧片组成二阶振动系统，其传递函数为

$$W_y(s)=\frac{Y(s)}{F_A(s)}=\frac{1}{ms^2+cs+k_s} \tag{12.4.121}$$

式中：$F_A(s)$——加速度 A 作用于敏感质量块 m 上的惯性力（N）的拉氏变换，$f_A=-mA$。

位移传感器在小位移范围内是一个线性环节，设其传递系数为 K_d，输出电压为

$$U_d=K_dY \tag{12.4.122}$$

放大解调电路由于解调功能以及活动线圈具有一定电感，因而具有一定的惯性，所以这部分可作为一惯性环节，其传递函数为

$$W_A(s)=\frac{I(s)}{U_d(s)}=\frac{K_A}{T_As+1} \tag{12.4.123}$$

磁电力发生器是一个线性环节，所产生的反馈力 F_f 与输入电流成正比，其灵敏度系数 K_f 取决于气隙的磁感应强度 B、活动线圈的平均直径 D 和匝数 W，即

$$F_f=2\pi BDWI=K_fI \tag{12.4.124}$$

根据系统的工作原理和各环节的传递函数，可绘出系统的结构方块图如图 12.4.28 所示，并导出表征系统特性的几个传递函数。

① 输出电压与加速度的关系

传递函数为

$$W_u(s)=\frac{U_{out}(s)}{A(s)}=\frac{-mK_dK_AR}{(ms^2+cs+k_s)(T_As+1)+K_dK_AK_f} \tag{12.4.125}$$

静态特性方程为

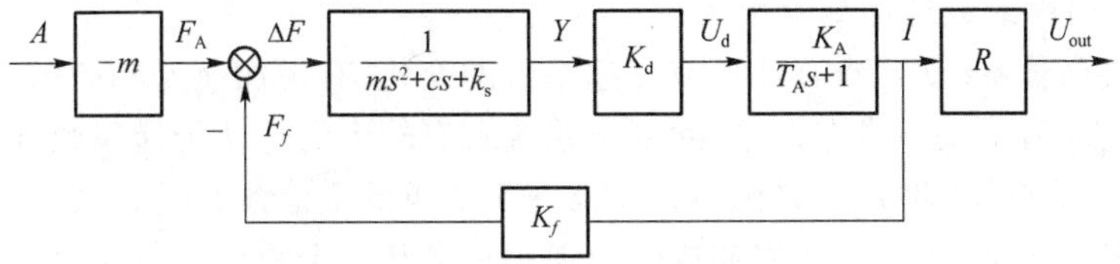

图 12.4.28　有静差伺服式加速度测量系统的结构方块图

$$U_{out}=-\frac{mK_dK_AR}{k_s+K_dK_AK_f}A=-\frac{\frac{mK_dK_AR}{k_s}}{1+\frac{K_dK_AK_f}{k_s}}A \tag{12.4.126}$$

当传递函数$(K_dK_AK_f/k_s)\gg 1$时，有

$$U_{out}=-\frac{mR}{K_f}A \tag{12.4.127}$$

② 活动质量相对位移 y 与加速度的关系

$$W_y(s)=\frac{Y(s)}{A(s)}=-\frac{m(T_As+1)}{(ms^2+cs+k_s)(T_As+1)+K_dK_AK_f} \tag{12.4.128}$$

静态特性方程为

$$y=-\frac{m}{k_s+K_dK_AK_f}A=-\frac{\frac{m}{k_s}}{1+\frac{K_dK_AK_f}{k_s}}A \tag{12.4.129}$$

当 $K_dK_AK_f\gg k_s$ 时，有

$$y=-\frac{m}{K_dK_AK_f}A \tag{12.4.130}$$

③ 系统偏差 ΔF 与加速度的关系

$$W_F(s)=\frac{\Delta F(s)}{A(s)}=-\frac{m(ms^2+cs+k_s)(T_As+1)}{(ms^2+cs+k_s)(T_As+1)+K_dK_AK_f} \tag{12.4.131}$$

静态特性方程为

$$\Delta F=-\frac{mk_s}{k_s+K_dK_AK_f}A=-\frac{m}{1+\frac{K_dK_AK_f}{k_s}}A \tag{12.4.132}$$

当 $K_dK_AK_f\gg k_s$ 时，有

$$\Delta F=-\frac{mk_s}{K_dK_AK_f}A \tag{12.4.133}$$

由上述各式可知，静差式测量系统当闭环内静态传递系数很大时，在静态测量或系统处于相对平衡状态时，其静态灵敏度只与闭环以外各串联环节的传递系数以及反馈支路的传递系数有关，与环内前馈支路各环节的传递系数无关，因而要求它们具有较高的精度和稳定性，除要求它们具有较大的数值外，对其他性能的要求则可降低。活动质量的相对位移 y 和系统的偏差 ΔF 均与被测加速度 A 成正比，且静态传递系数越大，位移和力的偏差越小，只有当静态传递系数为无穷大时，位移 y 和力的偏差 ΔF 才为零。但位移为零时，将不会产生反馈力，因此，静态传递系数不能、也不会是无穷大的，在这种情况下，静态各环节传递系数的变化将会引起位移和力的偏差的误差。需要指出的是，有静差式系统只是自动控制理论中的一个概念，绝不能以其静态偏差来衡量测量系统的静态测量精度。

(2) 无静差伺服式加速度测量系统

在有静差式测量系统中,静态各环节传递系数的变化、有害加速度和摩擦力等外界干扰都会引起测量误差。为了减小静态误差,除要求系统具有较大的开环传递系数外,要求支承弹簧刚度尽可能小。当弹簧刚度 $k_s=0$(例如采用无弹簧支承的全液浮式活动系统)时,测量系统的基本特性将有很大变化,活动部分将变成一个惯性环节和一个积分环节相串联,其传递函数为

$$W_y(s)=\frac{Y(s)}{F_A(s)}=\frac{1}{(ms+c)s} \tag{12.4.134}$$

如果其他各环节仍保持与上述有静差式系统相同,则该系统的结构框图如图 12.4.29 所示。

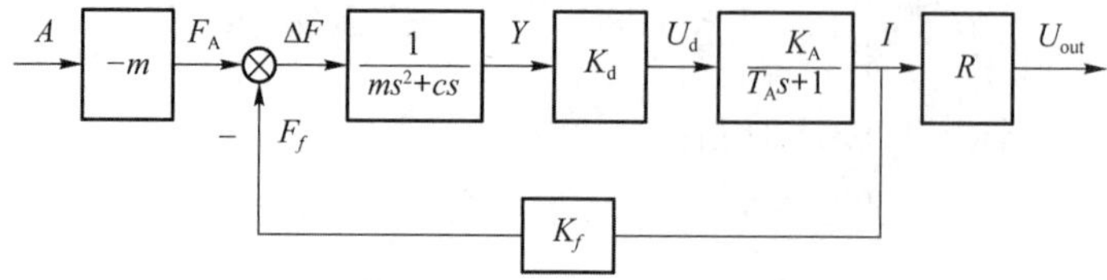

图 12.4.29　无静差伺服式加速度测量系统结构框图

系统输出电压与加速度的传递函数为

$$W_u(s)=\frac{U_{\text{out}}(s)}{A(s)}=-\frac{mK_dK_AR}{s(ms+c)(T_As+1)+K_dK_AK_f} \tag{12.4.135}$$

静态特性方程为

$$U_{\text{out}}=-\frac{mR}{K_f}A \tag{12.4.136}$$

活动质量的相对位移 y 与加速度 A 的传递函数和静态特性方程为

$$W_y(s)=\frac{Y(s)}{A(s)}=-\frac{m(T_As+1)}{s(ms+c)(T_As+1)+K_dK_AK_f} \tag{12.4.137}$$

$$y=-\frac{m}{K_dK_AK_f}A \tag{12.4.138}$$

力的偏差 ΔF 与加速度 A 的传递函数和静态特性方程为

$$W_F(s)=\frac{\Delta F(s)}{A(s)}=-\frac{ms(ms+c)(T_As+1)}{s(ms+c)(T_As+1)+K_dK_AK_f} \tag{12.4.139}$$

$$\Delta F=0 \tag{12.4.140}$$

可以看出,无静差测量系统的静态偏差 ΔF 为零,与被测加速度无关。系统具有无静差特性的根本原因在于闭环前馈支路中包括有积分环节。因此,如果在有静差系统的闭环前馈支路内增设积分环节,就可构成无静差系统。

12.4.10　振动传感器和加速度传感器的静态标定

1. 振动传感器的标定

振动传感器的标定就是用实验方法确定振动传感器输入量与输出量间的函数关系。要进行标定,必须有可控振动台,并且该振动台所具有的振动参数必须是已知的,并能保证这些参数在一定精度范围内。另外,还必须具有一定精度的测量传感器输出量的设备。

确定振动台所具有的振动参数的方法一般有两种:一种是由振动台自身的结构或控制系统保证振动台按所要求的振动参数振动,例如,现在广泛使用标准正弦振动台或随机振动台进行标定;另一种是实测振动台振动时所具有的振动参数,如图 12.4.30 所示。测量振动台所具

有的振动参数的方法又分为绝对法和相对法两种。所谓绝对法就是振动台为标准正弦振动时，实测振动台所具有的振动频率 ω、振动幅值 x_m 以及传感器的输出 u_{out}，计算出振动台所具有的振动速度 $\dot{x}=\omega x_m$ 和振动加速度 $\ddot{x}=\omega^2 x_m$，从而确定待标定传感器的输入、输出关系。所谓相对法就是在振动台上除了安装待标传感器外，再装一个具有更宽频带、更高精度的标准传感器(已知标准传感器的输入、输出关系)，然后将待标传感器的输出与标准传感器的输出进行比较，从而确定待标传感器的输入/输出关系。

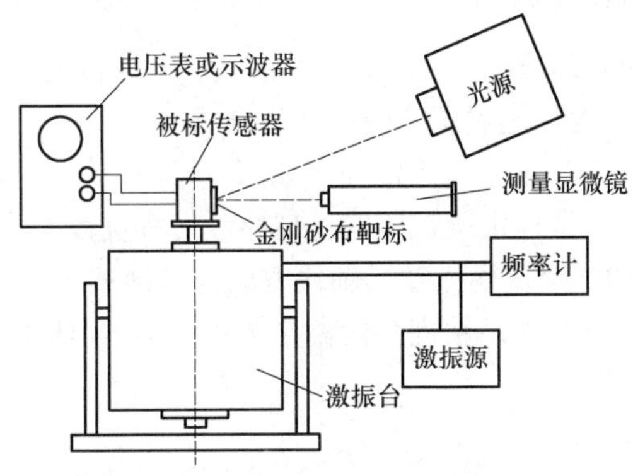

图 12.4.30　绝对法标定振动传感器示意图

图 12.4.30 是一个用绝对法标定振动传感器的示意图。它由激振源提供能源使激振台按正弦规律振动，振动台的振动频率由频率计测得，激振台的振动幅值由测量显微镜观察固定在激振台(或振动传感器壳体上)的靶标来确定，被标传感器的输出由电压表或示波器测量。图 12.4.31 也是一个用绝对法标定振动传感器的方案。由于它选用了激光器、干涉仪等光电测量设备，因此使测量振动台的振幅更准确；它在测量被标振动传感器输出电压方面，也选用精度更高的仪器设备。

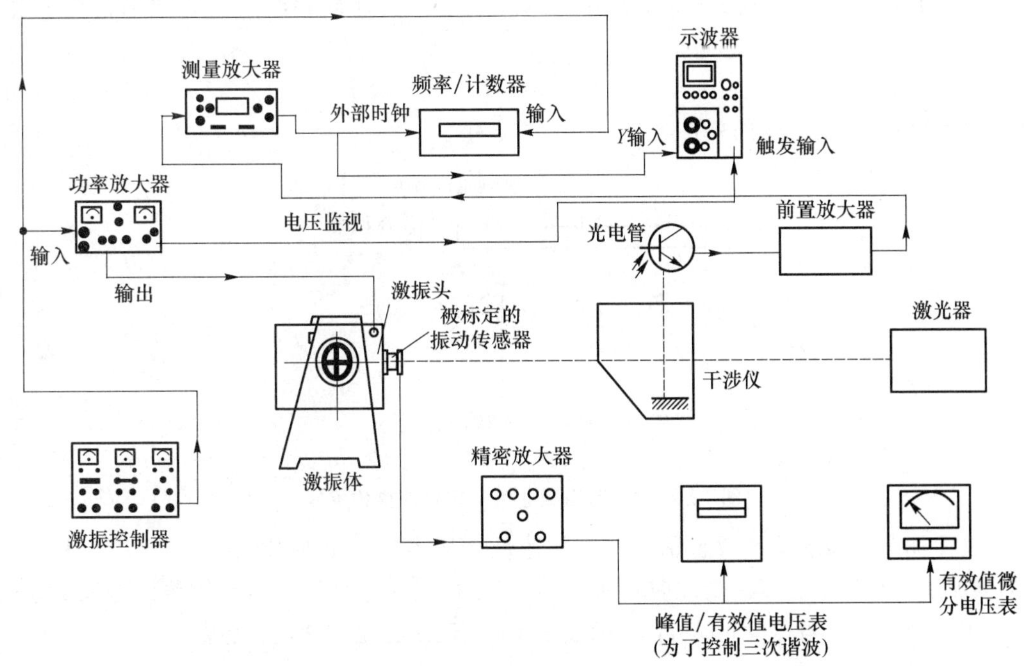

图 12.4.31　用绝对法标定振动传感器的原理方案

2. 加速度传感器的静态标定

① 利用重力加速度传感器进行稳态标定

由式(12.4.92)可知

$$A=\left(\frac{\mathrm{d}V}{\mathrm{d}t}\right)_P+\omega_{PI}\times V+2\Omega\times V-g(r)$$

当加速度传感器相对地球的运动速度$\left(\frac{\mathrm{d}V}{\mathrm{d}t}\right)_P$为零时，可将地球的重力加速度作为加速度传感器的标准输入量，从而对加速度传感器进行($+1\ g\sim-1\ g$)范围内的标定。

图 12.4.32 所示的加速度传感器所感受的加速度为

$$A=g\cdot\sin\alpha \tag{12.4.141}$$

式中：g——当地重力加速度，是标定所在地的地理纬度 φ 和高度 h 的函数；

α——加速度传感器的加速度输入敏感轴线方向与当地重力加速度方向间的夹角(rad)。

α 角可由光学分度头(或其他高精度角度给定或测量装置)给出其精确的角度数值。

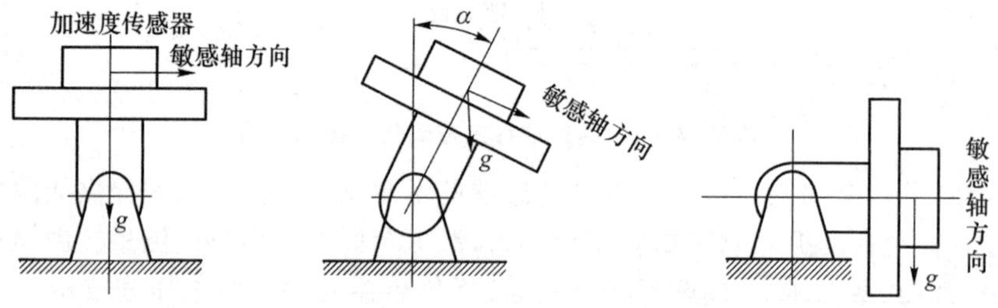

图 12.4.32 利用地球重力加速度标定加速度传感器

② 利用离心转台进行稳态标定

当平台以转速 ω 绕转轴旋转时，如图 12.4.33 所示，在距转轴线 R 处所具有的向心加速度为

$$A=\omega^2 R \tag{12.4.142}$$

式中：ω 的单位为 rad/s，R 的单位为 m。

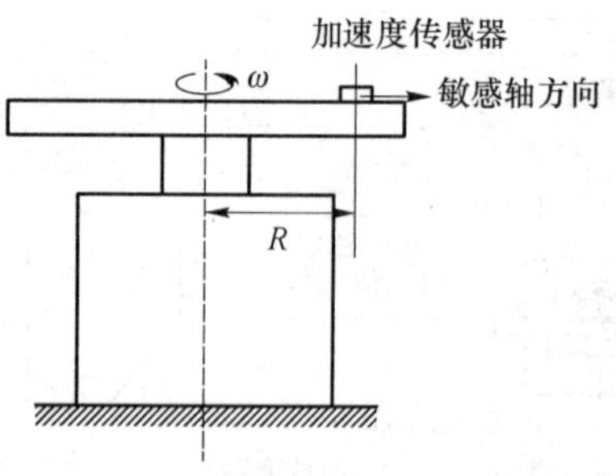

图 12.4.33 利用离心力标定加速度传感器

只要使加速度传感器的敏感轴方向与加速度传感器安装处和转轴的连线方向(径向)重合，则该加速度传感器即可感受此向心加速度，若能精确测量敏感质量距轴线的距离 R，又能精确控制和测量旋转角速度 ω，就可利用此向心加速度来标定加速度传感器。

思考题与习题

转速测量部分：

12.1.1 接触式转速表的特点是什么？

12.1.2 简述离心式与磁性式转速表的工作原理。

12.1.3 叙述电涡流效应及分析其等效电路。利用电涡流效应制成的变换元件的优点是什么？可以应用于哪些领域？

12.1.4 给出一种电涡流式转速传感器的原理结构图，并说明其工作过程。

12.1.5 叙述霍尔效应及霍尔元件的示意图。

12.1.6 给出一种霍尔式转速传感器的原理结构图，并说明其工作过程。

12.1.7 给出反射式与透射式各一种光电式转速传感器的原理结构图，并说明其工作过程。

12.1.8 某涡流式转速传感器用于测量在圆周方向有 10 个均布小槽转轴的转速。当电涡流式传感器的输出为 $U_{\text{out}}=U_m\cos\left(2\pi\times900t+\dfrac{\pi}{3}\right)$，试求该轴的转速为每分钟多少转？若考虑测量过程中有 ±1 个计数误差，那么实际测量可能产生的转速为每分钟多少转？为了减少转速的测量误差可采用什么措施？试举 2 个例子说明。

12.1.9 简述测速发电机测量转速的原理、测速发电机的分类及各种方法的优缺点。

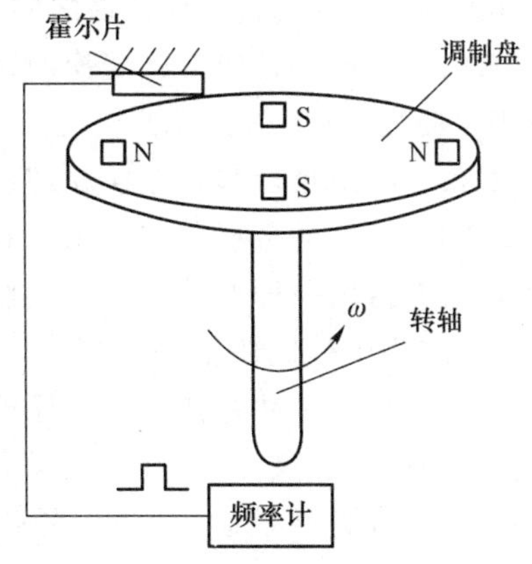

题图 12.1.1　霍尔转速表结构图

12.1.10 题图 12.1.1 为一个霍尔式转速测量仪的结构原理图。调制盘上固定有 200 对永久磁极，N、S 极交替放置，调制盘与被测转轴刚性连接。在非常接近调制盘面的某位置固定一个霍尔元件，霍尔元件产生的脉冲发送到频率计。假定在 5 min 的采样时间内，频率计共接收到 20 万个脉冲，试求被测转轴的转速？

12.1.11 题图 12.1.2 为一种光电数字转速表的工作原理图，调制盘一边由白炽灯产生恒定光，透过盘上的小孔到达光敏二极管组成的光电转换电路，产生相应的脉冲信号，脉冲频率与转速有关。假定脉冲频率为 f，调制盘上的孔数为 N，则转速 ω 与频率 f 间的关系如何？若孔数为 700，输出的脉冲频率为 42 kHz，则转速为多少？

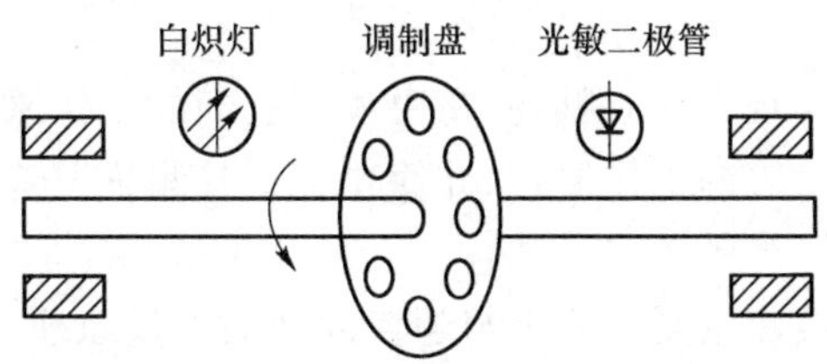

题图 12.1.2　光电数字转速表工作原理图

12.1.12 采用图 12.1.7(b)所示的电涡流式传感器进行转速测量，传感器的输出信号调理后送入频率计内进行计数，若脉冲频率为 f，旋转体上齿轮个数为 n，则转速 ω 与频率 f 间的关系如何？对比 12.1.3 节中的几种数字式转速测量方法，共性在什么地方？如果想提高这种计数方法的测量精度，应当采取什么措施？

12.1.13 配有电子计数式转速表的标准转速装置通常应按 JJG 105—2000 所规定的"转速表检定规程"进行检定。假定某电子计数式转速表，在标准转速 3 000 r/min 时检测十次：3 000.4，3 000.5，2 999.7，2 999.3，2 999.9，3 000.4，3 000.3，2 999.6，2 999.8，2 999.7。试计算其示值变动性与示值误差，并确定其精度等级。

扭矩部分：

12.2.1 力矩、扭矩、转矩相同与不同之处是什么？转矩 M 与相对转角 ϕ 之间的关系是什么？

12.2.2 一个钢的空心轴，内径为 30 mm，外径为 40 mm，在 5 N·m 力矩作用下，求在转轴上相距 300 mm 的二个横截面之间的相对转角？

12.2.3 给出一种应变式变换原理的扭矩传感器的原理示意图，说明其工作原理，分析其在应用中的优缺点。

12.2.4 给出角位移式变换原理（光电式、相位差式各一种）的扭矩传感器的原理示意图，说明其工作原理，并分析其在应用中的优缺点。

12.2.5 给出一种差动变压器变换原理的扭矩传感器的原理示意图，说明其工作原理，并分析其在应用中的优缺点。

12.2.6 给出一种磁弹式变换原理的扭矩传感器的原理示意图，说明其工作原理，并分析其在应用中的优缺点。

12.2.7 扭矩传感器信号、信号传输有哪几种方式？各自的优点是什么？应用在哪些场合？

12.2.8 试推导应变式扭矩测量方法中全桥输出电压 U_{out} 与扭矩 M 间的函数关系？

12.2.9 对于同样材料构成的三个空心转轴，几何尺寸分别为 D_1、d_1，D_2、d_2，D_3、d_3。其中，D_1、D_2、D_3 对应着轴的外径，d_1、d_2、d_3 对应轴的内径，且满足 $d_1=0.75d_2=0.6d_3$，试问：

① 如果三个转轴上相距 L 的两个截面之间的转角相同，则分别加在三个转轴上的转矩应当满足什么样的比例关系？

② 如果加在三个转轴上的转矩相同，且三个转轴上分别有两个截面之间的相对转角为 φ，那么这三个截面间距之间存在什么样的比例关系？

油量测量部分：

12.3.1 油量计常用的实现方式有哪些，简要说明它们的工作原理。

12.3.2 简述电容式油量表的工作原理，并简要分析其测量误差，说明哪些是原理性的，哪些是使用中带来的。

12.3.3 简要比较超声波流量测量原理与超声波液面测量原理。

12.3.4 在谐振式科里奥利直接质量流量计中，如果采用相位差检测，引用了近似式 $\tan\varphi_{BB'}\approx\varphi_{BB'}$，若控制其误差为 0.01%，那么在测量过程中最大的相位差角不能超过多少度？

振动测量部分：

12.4.1 由质量块 m、弹簧 k、阻尼器 c 组成的单自由度二阶测量系统，在测量振动时可以采取哪些方案？

12.4.2 对于质量块 m、弹簧 k、阻尼器 c 组成的单自由度二阶振动测量系统，如果以振动位移为输入，质量块 m 相对于传感器壳体的振动位移为输出量，如何选择测量系统的参数？并简述其依据。

12.4.3 给出一种位移式振动传感器的原理结构图，说明其工作过程及其特点。

12.4.4 试建立悬臂梁应变式振动加速度传感器的传递函数。

12.4.5 给出一种压电式振动加速度传感器的原理结构图，说明其工作过程及其特点。

12.4.6 压电式振动加速度传感器的动态特性主要取决于哪些参数？并分析其相位特性。

12.4.7 简述冲击测量的特点。

12.4.8 以质量块 m、弹簧 k、阻尼器 c 组成的惯性型二阶测量系统，说明加速度传感器的基本工作原理。

12.4.9 简要讨论线加速度传感器的参数选择原则。

12.4.10 给出一种伺服式加速度测量系统原理结构图，说明其工作过程及其特点。

12.4.11 简述利用地球重力加速度标定加速度传感器的特点。

12.4.12 某压电式加速度传感器的电荷灵敏度为 $k_g = 150\ \mathrm{pC}/g$，若电荷放大器的反馈部分只是一个电容 $C_f = 1\,500\ \mathrm{pF}$。当被测加速度为 $5\sin(10\,000t)\ \mathrm{m/s^2}$ 时，试求电荷放大器的稳态输出电压。

12.4.13 题 12.4.12 中，若电荷放大器的反馈部分除了上述反馈电容外，还有一个并联反馈电阻 $R_f = 2\ \mathrm{M\Omega}$，当被测加速度为 $5\sin(10\,000t)\ \mathrm{m/s^2}$ 时，试求电荷放大器的稳态输出电压。

12.4.14 题 12.4.12 中，若电荷放大器的反馈部分除了上述反馈电容外，还有一个串联反馈电阻 $R_f = 2\ \mathrm{M\Omega}$，当被测加速度为 $5\sin(10\,000t)\ \mathrm{m/s^2}$ 时，试求电荷放大器的稳态输出电压。

12.4.15 对于压电式振动加速度传感器，假设满足 $\omega_L \ll \omega_n$，当允许高频段和低频段的幅值误差为 10%时，近似讨论由式(4.6.4)描述的压电式振动加速度传感器的大致频率范围。

12.4.16 在 12.4.15 题中，如果压电式振动加速度传感器机械部分的阻尼比系数设计为频域最佳阻尼比系数 $\zeta_{\mathrm{best},\sigma}$，试给出该压电式振动加速度传感器的上限截止频率与机械部分固有频率 ω_n 的关系。

第13章 航空机载总线

13.1 引 言

对于复杂航空电子系统而言，为了确保各个子系统之间协调高效地工作，需要及时处理瞬息万变的数据信息，最大限度地利用各种航空电子设备的功能，实现资源共享。要达到这些要求，必然需要利用高速可靠的航空机载总线。

航空机载总线是飞机航空电子系统的数据通信和信息交换的基础通信网络，是将飞机平台的各种设备、模块和部件连接起来的技术手段，是实现航电信息综合的支撑技术，是飞机的“中枢神经”。航空机载总线的作用是实现航空电子各子系统之间、通用处理模块之间的资源共享、减轻互联介质的质量、降低复杂性，支持系统过程控制和状态管理。航空机载总线实质上是一种在有限空间、苛刻环境中运行的实时网络互联技术，特别强调信息传输的实时性和可靠性，这是与常规计算机网络的主要差异。

在过去的100多年中，随着航空电子技术的不断发展，人们对新型飞机的功能和性能的要求不断提高，航空电子设备与航空测试系统经历了从机械电气式仪表到综合电子显示设备、从独立电缆连接到总线多路传输、从空分制显示到时分制显示、从专用到通用、从分立到系统的发展过程。在航空电子的发展初期，机载电子设备以分立的状态存在，子系统内部和子系统之间交互的信息多数是控制和状态信息，传统的信息交换由点到点电缆完成。在设备不断增多的情况下，电缆在飞行器上布线复杂、占用空间大、质量大，这些问题是飞行器设计的制约因素。此外，分立的系统显示和控制给飞行员操作带来了巨大负担，直接影响着任务成功率和飞行安全。解决这些瓶颈问题的有效手段是采用共享式多路传输数据总线实现设备之间的信息传递，数据总线因此成为综合显示和控制的技术基础。

随着现代化航电设备与航空测试系统功能需求的不断升级，航电系统的综合化、模块化、智能化程度不断提高，数据与信息交换更加快速复杂，对机载数据总线的带宽和可靠性提出了更高要求。作为航空电子系统的“神经”，机载总线以飞机电传操纵系统和航空电子系统的发展需求为指引，以微电子技术的发展为动力，以实现航空电子各子系统之间、通用处理模块之间的资源共享、减轻互连介质的质量和降低复杂性为目的，向着传输速率更快、可靠性更强、安全性更高的方向发展。总线技术的进步，与航空电子系统的发展是相辅相成的。目前，航电系统的复杂度和综合化程度越来越高，信息综合已经从显示级演进到数据处理，进一步推及到传感器系统。航电系统的架构也从早期的分立式结构(第1代)，历经数据总线驱动的联合式结构(第2代)，发展成为综合式结构(第3代)和先进综合式结构(第4代)，以美国为代表的西方国家在此技术领域一直走在前列。例如，以基于“宝石柱”计划的F-22飞机为代表，其机载总线互联系统向高速网络化方向发展。F-22飞机采用星型拓扑结构的高速光纤、点对点光纤链路和MIL 1553B等多种传输手段。基于“宝石台”技术的F-35飞机，则采用了结构更加紧凑的光互联网络，将数据传输延迟控制在纳秒量级。我国对于机载总线技术的研究起步较晚，技术基础也较为薄弱。经过近几十年坚持不懈地研究与探索，ARINC429 总线和 1553B 总线已经普遍应用于我国第二代、第三代战机的航电系统中。近几年，我国已逐步在第四代战机的研发中引入光纤通道(Fibre Channel，FC)总线，对 FC 总线数据检测设备的研究工作也随之展开。航空机载数据总线的技术进步和升级，是我国航空电子系统发展的标志，中国商飞公司已经确定 AFDX(航空电子全双工交换式以太网，Avionics Full Duplex Switched Ethernet)为下一代大飞机航空总线的首选。

现有的航空机载总线种类繁多，无论在拓扑结构、电气特征、数据传输格式等各个方面都存在很大的差异性。航空总线按信息传送的方向划分，可以将航空总线分为单工通信、半双工通信、全双工通信三种。按照使用场合不同，航空总线又可以分为民机航空总线标准和军机航空总线标准。在民机总线标准中，目前广泛使用的是 ARINC429 和 ARINC629，而 MIL-STD-1553B、1773、LTPB(Linear Token Passing Bus，线性令牌传递网络)等则是目前在军机上广泛使用的总线标准。考虑成本与带宽要求，一些经典的民用总线也逐步改进加入到航空机载总线家族中来。比如，无人机系统中常用的 RS422 总线，空客 A380 的 AFDX 总线，在汽车领域广泛应用的 CAN 总线也正在引入航空领域。本章着重介绍 1553B、ARINC429 等经典的航空机载总线，简略介绍相应的对等标准(如欧洲标准 SATNAG 3838/3910、俄罗斯标准 ГОСТ18977、国内标准 GJB289A 和 HB6096 等)，在当前新兴的航空机载总线技术基础上，归纳梳理航空机载总线技术脉络并分析其未来发展趋势。

13.2　MIL-STD-1553/1773 总线

20 世纪 70 年代，机载电子系统已相当复杂，包含雷达、通信、敌我识别、无线电导航、外挂物控制、显示和飞机操纵控制等电子设备。机舱中除了这些电子设备外，还塞满了传输信号的电缆，对飞行器载荷、内部空间、电源消耗等都造成了极大的负担。面对各自独立的设备显示控制终端，飞行员操作强度大，态势感知度较小，不利于有效决策。为了应对这种日益严峻的挑战，美国空军莱特实验室开始实施“数字航空电子信息系统(Digital Avionics Information System，DAIS)”计划，首次将串行数据总线引入军用飞机航空电子系统中，颁布美国军用标准 MIL-STD-1553，即“飞机内部时分式指令/响应多路传输数据总线”。该总线很快应用于 F-15战斗机。经过美国三军、美国汽车工程师协会(Society of Automotive Engineers，SAE)及英国国防部的联合修订，于 1978 年形成了一直沿用至今的 MIL-STD-1553B。1553B 总线在飞行器、舰船、坦克、导弹以及卫星等运动平台上都得到了广泛的应用，我国现役战斗机的数据总线通信系统大多采用 1553B 标准进行数据传输，相应的国军标编号为 GJB289A—1997。

SATNAG 3838/3910 混合传输介质双速总线是欧洲一些国家为欧洲战斗机(Euro Fighter Airplane，EFA)研制和装备的数据总线系统。STANAG 3838/3910 是 1553B 的欧洲版本。3838 总线以 1 Mbps 速率在电缆介质总线上传送指令和控制信息，而由 3838 总线控制的数据消息则在 3910 光纤总线上以 20 Mbps 高速率进行传输。由于两条总线采用了不同的传输介质，故称之为混合传输介质双速总线。

13.2.1 组成结构

1553B 总线是一种广播式分布处理的总线，总线上可挂接 32 个终端，除总线控制器外任何一个终端的故障都不会造成整个网络的故障，总线控制器则可以通过备份来提高可靠性。但是网络对总线本身的故障比较敏感，通常采用双余度总线。1553B 是一个命令－响应系统，其总线拓扑结构如图 13.2.1 所示，1553B 总线终端按功能需要可分为总线控制器（Bus Controller，BC）、远程终端（Remote Terminal，RT）和总线监控器（Bus Monitor，BM 或 MT）。总线控制器是总线上唯一指定的可以控制总线传输过程的终端；远程终端是在 BC 的控制下参与传输过程的终端，子系统通过此终端与总线相连；总线监控器负责监控并保存总线上的信息，它本身只能够听取消息，并不参与总线的信息传输。终端传输方式有数据传输、广播传输和控制指令传输三种方式，传输方向有 BC 到 RT、RT 到 BC、RT 到 RT 三种方向，传输速率为 1 Mb/s。因此，在 1553B 系统中，BC 的数量只能有 1 个，RT 的数量最多有 31 个。在特定的系统中会有两个具有主从关系的 BC，以提高整个总线的可靠性。

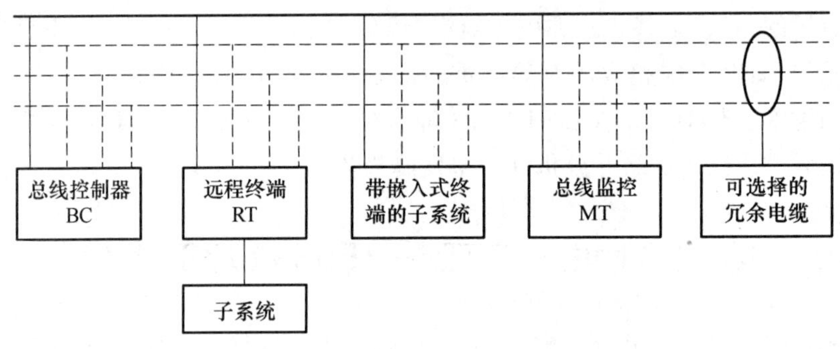

图 13.2.1 MIL－STD－1553B 总线拓扑结构

考虑到复杂的电磁环境和传输带宽的需求，20 世纪 80 年代中期，美国在 1553B 总线技术的基础上研发了 MIL－STD－1773 光纤总线，它与 1553B 总线的主要区别在于采用光纤作为传输介质，因而质量轻、功耗小，而且电磁兼容性好。除了光电转换部分，它的总线设备与 1553B 兼容，已经在美国 SMEX 卫星和自由号空间站等项目中得到应用，美国空军也在 F－18 和 F－111 等飞机上进行了 1773 光纤总线的改装。

1773 总线仍维持 1 Mbps 的码速率，没有充分发挥光纤介质带宽的潜力。为此 SAE 协会又对其进行了功能扩充，提出了双速增强型版本 MIL－STD－1773A。在 1773A 总线中，命令和控制类的消息仍在 1 Mbps 码速率的通道上传输，数据类信息在另一条 8 Mbps 码速率的通道上传输。

13.2.2 信号传输

1553B 标准规定，传输介质应采用屏蔽双绞线（由主总线和短截线组成）。主总线是传输数据的主电缆，电缆两端有与其传输阻抗相匹配的电阻器进行端接。主总线最大长度与电缆特性、终端的数目及其分布有关，一般可达 100～300 m。短截线是将终端连接到主总线的电缆，短截线的最大长度取决于它与总线的耦合方式。

如图 13.2.2 所示，1553B 总线耦合方式有直接耦合与变压器耦合两种方式，它们之间的主要区别在于变压器耦合方式采用耦合变压器与主总线互连，而直接耦合方式则无耦合变压器；此外在短截线长度方面，变压器耦合可以通过变压器提供较大的接入电阻，能够隔离短截线以外的故障，因此这种耦合方式短截线最大长度可达到 6 m，而直接耦合方式因其直接连接，致使短截线的故障可能造成主总线短路，短截线最大长度只有 0.3 m。

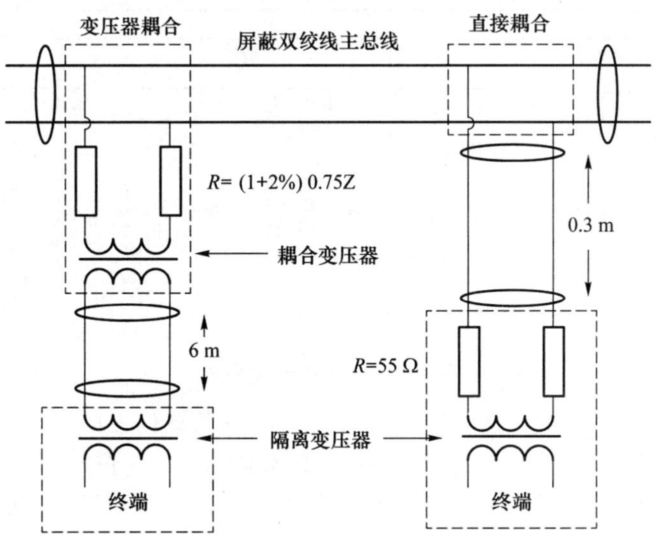

图 13.2.2　MIL－STD－1553B 总线耦合方式

13.2.3　编码方式

为了提高 1553B 数据总线传输的可靠性，通常采用双冗余方式。数据传输信号采用曼彻斯特Ⅱ型码，编码方式是将信号由低电平向高电平的跳变表示逻辑 **0**，将信号由高电平向低电平的跳变表示逻辑 **1**，如图 13.2.3 所示。由于在码元的中间位置会发生跳变，意味着时钟信息包含在码元内，这样就可以在接收端提取位同步时钟，不需要额外增加导频信息，因而具有自同步能力。可以说曼彻斯特Ⅱ型码既是一种相位编码，也是一种自同步编码。另外，因为不存在直流分量，所以可以降低发送功率。

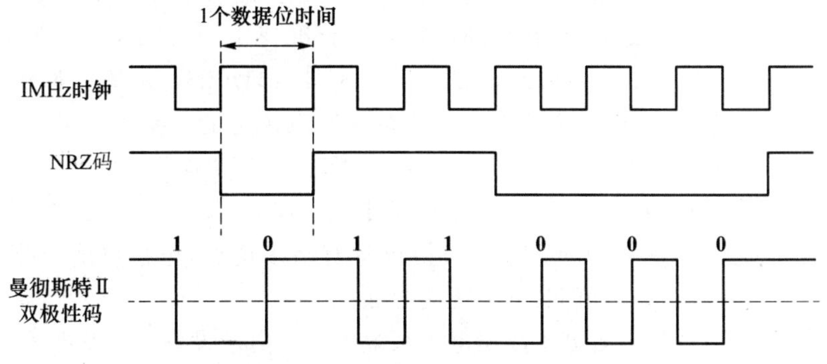

图 13.2.3　曼彻斯特Ⅱ型双极性码

1553B标准中定义了三种字格式，即命令字、数据字和状态字，如图13.2.4所示。每个字20位长，其中前三位作为同步头，中间16位是有效消息，第20位是奇偶校验位。

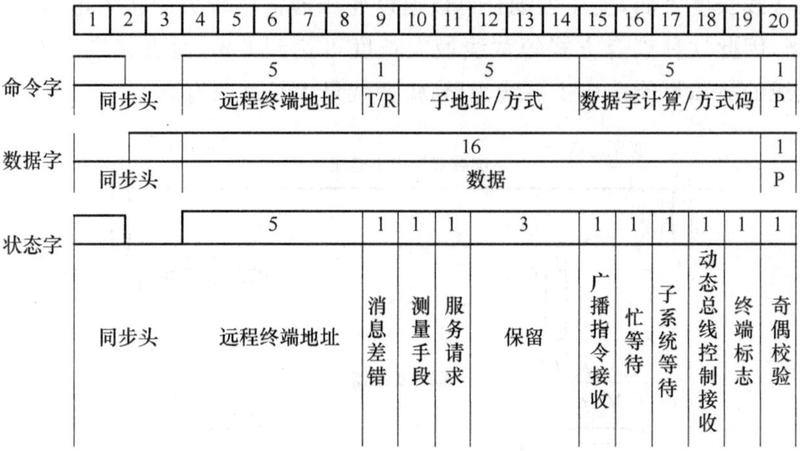

位	1–3	4–8	9	10–14	15–19	20
命令字	同步头	远程终端地址（5）	T/R（1）	子地址/方式（5）	数据字计算/方式码（5）	P（1）

位	1–3	4–19	20
数据字	同步头	数据（16）	P（1）

位	1–3	4–8	9	10	11	12–14	15	16	17	18	19	20
状态字	同步头	远程终端地址（5）	消息差错（1）	测量手段（1）	服务请求（1）	保留（3）	广播指令接收（1）	忙等待（1）	子系统等待（1）	动态总线控制接收（1）	终端标志（1）	奇偶校验（1）

图13.2.4　1553B字格式

每一种字的长度为20位比特，且都由3部分组成：最高位为同步域（3个比特）、消息块（16个比特）和最低位奇偶位（1个比特）。在同步域中（第1～3位）1个半比特位为高电平，1个半比特位为低电平。命令字和状态字在同步域中相同，先高电平再为低电平；而数据字相反，先低电平再为高电平。

传输过程中各种字所需的时间：命令字、状态字和数据字均为20 μs，响应时间最长为12 μs。帧与帧之间传输是有时间间隔的，一般时间间隔为10～30 μs。

13.3　ARINC规范

ARINC规范用于定义航空电子设备的物理封装与装配、数字通信标准和计算机高级语言，包括美国航空无线电通信公司（Aeronautical Radio Inc，ARINC）制定的系列标准规范。

13.3.1　ARINC429总线

ARINC429总线协议是美国航空电子工程委员会（Airlines Electronic Engineering Committee）于1977年7月提出的，并在同年发表并获准使用。ARINC429航空总线全称是数字式信息传输系统（Digital Information Transfer System，DITS），是基于Mark33数字信息传输系统的单向数据总线标准，是专为航空电子系统通讯规定的航空工业标准。该协议标准规定了航空电子设备及有关系统间的数字信息传输规范，被广泛应用于波音、空客等先进的大型民航运输类飞机和中小型直升机。B737、B757、B767、B777及A300～A600等诸多机型均采用ARINC429总线协议。ARINC429总线协议具有诸多优点，包括数据资源丰富，数据精度高，结构简单，性能稳定，传输可靠，抗干扰能力强等。

ARINC429总线协议详细规划了航空电子系统中各个电子设备之间及电子设备和系统之间的通信方式，其数据类型资源丰富、数据精度高。ARINC429总线协议规定了航空器电子系统生产厂家对部件、通用设计、结构及试验规范的要求，使那些影响系统互换性和电气特性达到最大程度的标准化。我国在 ARINC429 总线基础上，于 1986 年发布了国内航空电子设备总线传输协议 HB6096，其数据传输方式及传输电平与 ARINC429 基本相同。

ARINC429 总线协议也有诸多缺点，如传输速度慢、线缆冗杂等，逐渐难以适应当代航空电子系统高度集成的趋势。由于 ARINC429 总线数据仅能单向传输，其电缆数目、长度等必然极其庞大且难以缩减，占用较大空间和重量，是航电系统进一步大规模集成所不可逾越的鸿沟。因此，ARINC429 总线正在逐步被新型航空总线协议替代，但由于 ARINC429 总线应用成熟且历史悠久，作为经典的航空总线值得认真研究和学习。

1. 组成结构

ARINC429 的标准是一种串行标准，是一种面向接口型的单向广播式传输总线。该总线上仅可有一个发射器，但可有多个接收器。与 1553B 相比，ARINC429 不需要总线控制器。在 ARINC429 总线协议中，信息无法倒流，仅可从一台设备的发射器发出，到达总线上的接收器。如果两台设备之间需要双向通信，则需要两组 ARINC429 总线。传输方式为开环传输，接收器不需要通知发射器接收信息。该标准使得设备互换性的物理和电气特性达到最大程度的标准化，提高了设备之间的兼容性。

2. 信号传输

ARINC429 总线是一种半双工总线，采用带有屏蔽层的双绞线进行数据的传输，线两端和所有断开点均屏蔽接地，以提升数据传输过程的抗干扰能力。其数字信息通过一对单向、差分耦合、双绞屏蔽线传输，实现 32 bit 字串行通信传输。传输信息时，ARINC429 通信采用双极性归零码三态调制，传输速率为 100 kb/s 和 12.5 kb/s，前者多用于重要信息的传输，后者多用于非重要信息的传输。在一组总线中，不能同时存在高速和低速传输速率。在连续传输时，字与字之间至少要有 4 个位的时间间隔。

ARINC429 总线工作于单源—复合槽模式，一个源可以将数据传输到各个不同的终端和槽，如果任何一个槽设备需要回复，则需要为每个槽添加一个发射器与物理总线。可见，信号单向传递是 ARINC429 总线协议的特点之一，信号无法逆向传递，因此能够保障信息传递的可靠性。这是它的优势之一，但也是其不可克服的致命缺点。由于信息的单向传递，两台设备间无法互相传输数据，除非使用两组 ARINC429 总线，这使得线路十分冗杂，实现通信需要大量线缆，也就需要大量空间，且占用了大量的载重。

随着超大规模集成电路技术、计算机技术的迅速发展，以及人们对适航性的认识不断加深，更先进和复杂的设备相继问世，航电系统综合化是未来的发展趋势。基于半双工工作模式的 ARINC429 总线，因其速率低、对空间和载重的要求严苛，限制了其未来应用领域空间。目前 ARINC629 已经替代了相当多的 ARINC429 总线，成为航电系统的新主力。

3. 编码方式

ARINC429 通信双绞线上的波形互为反相，分别称为 429A 线和 429B 线。每条线上的信号电压范围为－5～＋5 V。当 A 与 B 的差分电压为 7.25～11 V 时，表示逻辑 **1**；当 A 与 B 的差分电压为－11～－7.25 V 时，表示逻辑 **0**；当 A 与 B 的差分电压为－0.5～0.5 V 时，表示 NULL（自身时钟脉冲），其数据电平定义如图 13.3.1 所示。采用双极性归零码的三态调制编码方式，调制信号有“高”“零”“低”三种电平，这种工作方式被称作双极归零制编码模式。接收区电压分别为＋6.5～＋13.0 V，－2.5～＋2.5 V 和－13.0～＋6.5 V，因此具有很高的干扰抑制能力和高可靠性。

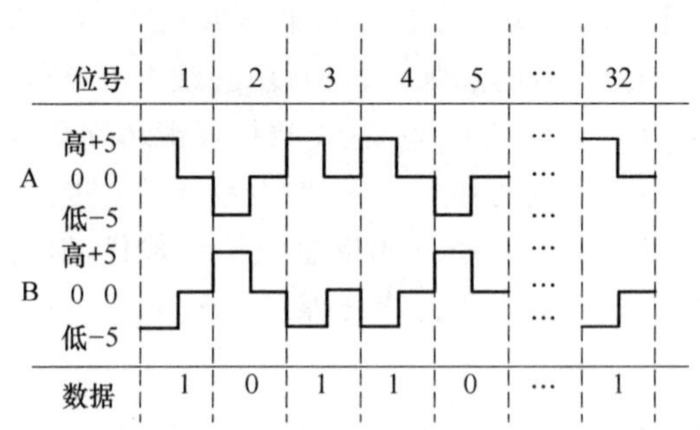

图 13.3.1 ARINC429 位编码示意图

ARINC429 基本数据单元为 32 位数据字，在连续传送数据时，每个 32 比特字之间至少插入 4 个空状态进行隔离，用于同步数据字。字内格式如表 13.3.1 所列，包括 5 部分：① 标志码(label)，第 1～8 位；② 源/目的识别码(SDI)，第 9～10 位；③ 数据区(data)，第 11～29 位；④ 符号状态位(SSM)，第 30～31 位；⑤ 奇偶校验位(parity)，第 32 位。

表 13.3.1 ARINC429 字格式定义

数据位	32	31,30	9	28	27～12	11	10,9	8～1
功能	P	SSM	SIGH	MSB	DATA	LSB	SDI	LABEL

ARINC429 数据字有 4 种应用格式：BNR 数据、BCD 数据、离散数据和 AIM 数据(应答、ISOS 号字母表和维护数据)。其中，BNR 数据和 BCD 数据占据了全部标号的 90% 以上。ARINC429 字中 SSM 用于标识数据字的特性，如，方向、符号等，也可表明数据发生器硬件的状态是无效数据还是试验数据，具体含义如表 13.3.2 所列。

表 13.3.2 SSM 值的具体含义

SSM 二进制值	含义
00	正，北，东，右，上，至
01	无计算数据
10	功能测试
11	负，南，西，左，下，从

13.3.2 ARINC629 总线

为取代不适应新时代飞机发展的 ARINC429 总线，波音主持研发了 ARINC629 新型航空总线。与 ARINC429 总线不超过 100 kps 的传输速率相比，ARINC629 总线的速度可达到 2 Mps，且可以双向传输，进而节省了多达数百千克的线缆重量，提升了航电系统的简约性、高效性，使得航空器有效载荷增加，民机航空总线技术得到了进一步发展。

ARINC629 总线于 20 世纪 90 年代开始在民航上使用，是一种新型双向高速数据总线。ARINC629 与 ARINC429 相似，也由双绞线组成，其主要特点为：各个终端均以自主的形式工作，任何连接到总线上的现场可更换单元(LRU)都相互独立工作，各用户都可以自由地实时传递数据。

ARINC629 总线每个字长 20 位，其中数据有 16 位且占据一个奇偶校验位。标号字有 3 个位时的高—低同步波形，而数据字的同步波形由低到高，也占 3 个位时。一个消息由 1 至 16 个字串组成，每个字串最多可包含 256 个数据字。总线数据传输速度可达 2 Mps，与 ARINC429 总线相比有显著提升。

自 20 世纪 90 年代问世以来，ARINC629 总线已经取代了大量的 ARINC429 总线，由于其优异的性能和简化的结构，航空器线缆的重量和长度大大减小，为航电系统的综合化、集成化提供了很大的帮助。然而，随着航电系统进一步的发展，其综合化、模块化程度得到更大提高，且数据传输量也显著增加，如视频、音频等较大体量的数据也在促进着更高速、可靠、实时的数据传输模式，这些不断增长的新需求使得 ARINC629 总线的地位面临着新的挑战。

13.3.3　ARINC659 总线

ARINC659 总线是 ARINC 公司 1993 年制定的背板数据总线规范，用于实现航空系统中的现场可更换单元(LRU)之间的数据通信。ARINC659 数据吞吐量高、数据传输稳定，具有隔离故障能力，能够满足航空电子系统的综合化、模块化需求。该总线是一个多节点多路串行通信总线，具有高数据完整性和很强的总线容错能力，是未来我国新型飞机将采用的主要机载总线之一。

1. 信号传输

ARINC659 总线是由双总线对组成的双—双配置，总线对 A 和 B 分别具有 x 和 y 两条总线、每一条总线(Ax 和 Ay，Bx 和 By)有各自的 1 条时钟线和 2 条数据线，每个时钟传送 2 个数据位，完整的总线组由 12 条线组成。数据传输采用时间表驱动均衡访问(TDPA)的通信机制，支持 4 条串行总线同时半双工传输和交叉检验的通信。数据为二进制 32 位形式，采用小端序模式，即数据发送先发送最低位的数据。

采用主后备的传输机制，保证了数据的有效传输。采用主后备的消息机制用于多个备用源和单个目或多个目的情况，采用适当的裁决机制只允许主或后备源之一的发送器访问总线。一个后备只有在主和其他优先级更高的后备发送器在预先确定的时间周期保持沉默时，才在总线上发送。

2. 编码方式

发送数据时，对 4 条总线的数据进行编码，提高数据传输的准确性，如表 13.3.1 所列。同时，在接收数据时要对 4 条总线接收的数据进行解码，并比较验证数据的可用性与完整性(Ax=Ay，Bx=By，Ax=By，Bx=Ay)，采用这样的差错检测机制，使接收数据的可靠性能够得到保障。

13.3.4　ARINC661 总线

现代有人飞机普遍使用的平视/下视综合平板显示系统，解决了由于信息猛增引起的显示仪表数量增加、显示空间拥挤的问题，化解了不断增加的有效信息与有限的显示空间之间的矛

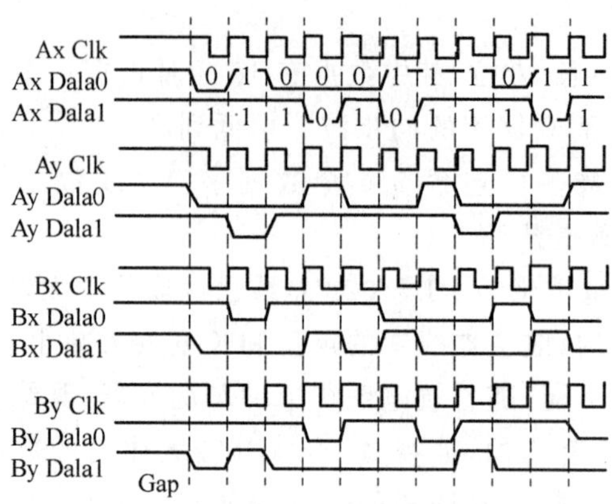

图 13.3.2　ARINC659 发送数据编码图

盾，并将显示信息进行分区显示，便于飞行员在更大的视线场内眼睛无须重新调焦就能获取所需信息，提高了人机信息的交换效率，简化了飞行员操作，减轻了飞行负担。随着座舱显示系统(Cockpit Display System，CDS)的各个任务分系统数量激增，系统的复杂度随之不断增加。但长久以来，航空电子行业内没有统一的接口规范，产品接口由各航空电子设备厂商自行定义，使得各航空电子产品的接口各异，不同设备间兼容性差，对整个系统的集成与各个任务分系统的管理带来了很大困难，大大增加了系统的开发周期与成本，限制了其向着通用化方向的发展，无法满足新一代座舱显示系统的发展需求。在此需求的推动下，ARINC661 规范应运而生。

ARINC661 规范于 2001 年提出，定义了座舱显示系统开发过程中的必要接口，用于座舱显示系统与用户应用(User Applications，UA)的设计，旨在通过定义标准规范的形式来解决各航空电子系统与座舱显示系统之间信息交换的一致性和标准化问题。ARINC661 规范克服了传统座舱显示系统中显示器既要提供图形显示功能又要兼具任务处理能力的需求冲突，将飞机的画面显示与逻辑控制进行解耦，强调 CDS 与飞机各子系统间需要相互独立，为 CDS 与飞机各子系统间的数据交换提供了标准接口，并规范了二者间的通信协议。

1. 组成结构

图 13.3.3 为 ARINC661 规范的组成原理图，在 ARINC661 规范的约束下，CDS 在初始化阶段加载二进制(Binary，BIN)格式的定义文件(Definition File，DF)生成窗体部件实例集。在运行阶段，CDS 接收 UA 发送的逻辑控制指令，获取画面布局，修改窗体部件属性，管理窗体部件实例集，并向飞行员输出图形显示画面；同时，接收飞行员的交互操作事件，改变窗体部件状态，并向 UA 发送操作结果信息及错误通知。UA 与 CDS 间的通信使用 ARINC661 规范规定的标准格式指令。

在基于 ARINC661 规范开发的座舱显示系统中，当系统设计人员频繁修改画面的显示外观时，显示画面的控制逻辑无须随之改动，这样节省了航电系统的开发时间，降低了开发过程中增减功能的费用，节约成本，提高开发效率。并且通过与基于模型的设计思想相结合，使系统的开发符合标准化与规范化要求。

2. 指令数据块

ARINC661 指令数据块的结构如图 13.3.4 所示。

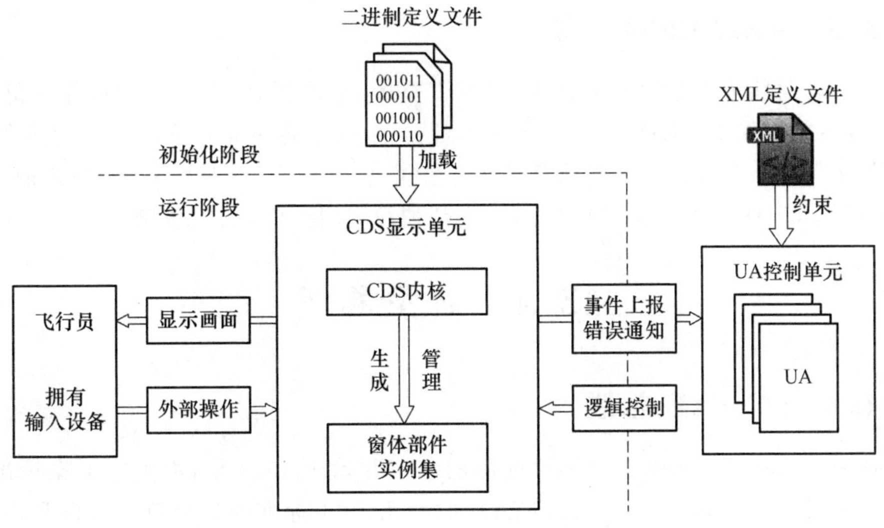

图 13.3.3　ARINC661 规范原理图

BlockSize

A661_BEGIN_BLOCK	LaycrID	ContextNum	BlockSize	Run-Time-Command	A661_END_BLOCK	无效字节	UAID
1字节	1字节	2字节	4字节	(4字节)+	1字节	2字节	1字节

图 13.3.4　ARINC661 指令数据块结构示意图

各模块分析如下：

① A661_BEGIN_BLOCK：指令数据块的开始标识，可用于指令数据块的正确性检验；

② LayerID：图层号，用于记录该指令块所属的图层；

③ ContextNum：关联号，用于图层间的相互关联，可由一条指令进行关联图层的集中控制；

④ BlockSize：用于记录指令数据块的长度信息；

⑤ Run - Time - Command：运行阶段具体的指令消息，长度为 4 字节的整数倍；

⑥ A661_END_BLOCK：指令数据块的结束标识，可配合开始标识对指令数据块进行正确性检验；

⑦ UAID：UA 号，用于记录该指令块所属的 UA。

3. 通信控制

当发送器有数据要送往接收器时，发送器通过传输总线发送“请求发送”初始字(包括待发送的记录个数)；接收器收到此初始字后，通过另一条传输总线以“清除发送”初始字作为应答，表示接收器准备好可以接收数据。发送器收到此应答，发送第一个记录。在发送记录的过程中，先发送“数据跟随”初始字，内容包括记录的序号和记录内的字数，后跟“中间字”“结束字”，接收字处理“结束字”的错误处理信息。如无错，接收器发送“接收正确”初始字以结束第一个记录的传输。接着进行下一个记录的传输，直到文件传输完毕。

13.3.5 ARINC664 总线

ARINC664 总线为双余度网络总线，具有带宽大、集成度高、实时性和可靠性好等特点。C919 大型客机航电采用 ARINC664 总线传输数据，欧洲空客 A380、波音 787、巴西的 CRJ 系列飞机等均采用了该总线技术。其前身是空客公司制定的 AFDX 网络，在被民用航空通用标准组织采纳后，AFDX 总线归为 ARINC664 总线协议，详见 AFDX 总线部分。

13.4 新型总线

13.4.1 FC-AE 总线

光纤通道(Fiber Channel，FC)协议标准的制定开始于 1988 年，由美国国家标准委员会(American National Standards Institute，ANSI)的 X3T11 标准委员会负责开发和协调工作。1993 年 ANSI X3T11 委员会制定了 FC 技术数据通信标准，FC 目前已形成一个庞大的网络协议簇。

为满足航空航天电子设备的应用需求，由专门的分委员会(Fiber Channel，Avionic Environment，FC-AE)负责 FC 在航空电子环境的应用研究，提供了一组在航空航天电子环境中应用的协议子集 FC-AE。FC-AE 航空总线协议是 ANSI 专门针对光纤通信在军事航空领域的飞机控制、数据采集、信号处理、数据分发，以及传感器信号/视频信号传输等应用需要而研制的。在美国的新型战斗机 F-35、B-1B、F/A-18 改型上都采用了 FC-AE 作为机载网络系统。

FC-AE 基于点到点链路和交换网络的传输机制，支持简单的编码方案，进而支持一系列的通道与网络协议。FC-AE 网络不仅具备通用而高效的传输能力，而且可以通过端口对各种设备和应用提供支持。

1. 组成结构

FC 网络的主要部件是节点、交换单元和互连介质，由节点、交换机端口上的点到点链路连接形成网络，交换单元的集合被称为交织网(Fabric)。图 13.4.1 所示为光纤通道基本元素的概况，每个节点可以含有 1 个或多个 N_端口(Node port)，每个交换机含有多个 F_端口(Fabric port)，端口间采用双向链路实现互联。一个网络上的任意两个节点可以使用网络服务进行通信，N_端口之间的帧的路由路径由网络决定。帧可以缓存于网络中，从而使得具有不同数据速率的节点都能够连到 FC 网络上。

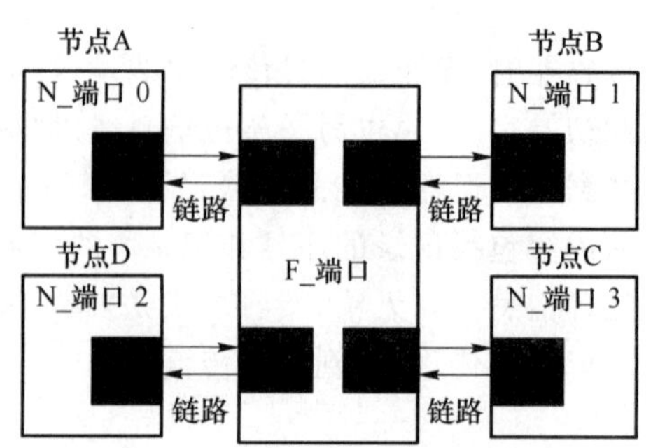

图 13.4.1 光纤通道基本组成

FC 网络中有点对点、仲裁环和交换结构等 3 种基本拓扑形式。在相当一部分应用中是以这些基本的结构组成混合的网络拓扑。其中，交换网络是 FC 使用最普遍的拓扑结构，这是一种至少包含一个交换机的任意拓扑结构，网络拓扑也可以包含几个交换机以形成一个交换网。交换网络拓扑提供了扩充的能力。

在已经广泛应用的机载电子系统中，FC 网络支持 1 Gbps、2 Gbps、4 Gbps、10 Gbps 的传输速率，拓扑结构可以采用点到点、仲裁环或交换结构，各拓扑结构优缺点见表 13.4.1。

表 13.4.1　光纤信道网络拓扑结构优缺点

拓　扑	优　点	缺　点
点到点	能提供最大带宽的数据通信、传输延迟小	成本低，实时性高、扩展性差
仲裁环	成本低，通信不依赖于交换机	带宽低，实时性、可靠性差
交换结构	贷款高，可靠性高，扩展性好，允许最大 16 000 000 个设备接入网络	成本高，通信依赖于交换机

2. 通信协议

FC 标准的通信协议由 5 个功能层组成，如图 13.4.2 所示，每一层定义了一个功能或一组相关功能。

① 物理接口与介质 FC－0 层，允许采用一系列的物理介质和数据速率，每根线路上定义的数据速率可以从 100 Mbps 到 3.2 Gbps，物理介质可以是光纤、同轴电缆或屏蔽双绞线。一条点到点链路的最大距离可为 10 000 m。

② 传输协议 FC－1 层，定义了传输信号的编码方法，并提供点到点链路上的同步，采用 8B/10B 方案编码。

③ 帧协议 FC－2 层，处理 N－端口之间用帧方式进行数据传输。在此层中定义的概念包括：节点及其 N－端口以及它们的标识、拓扑结构，由网络提供的服务类型、数据的分序列与重组，将帧组成逻辑实体即序列（sequence）或交换（exchange），时序、流量控制和差错检测。FC　2层定义了一些不同类型的服务，这些类型规定了两个端口之间如何建立通信，如何进行流量控制和通信的差错控制。

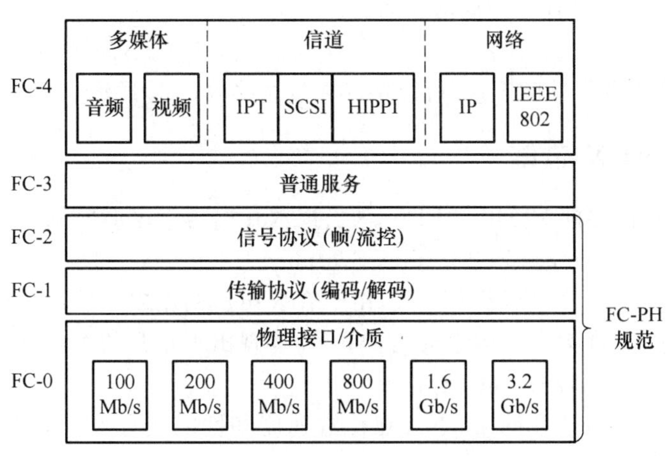

图 13.4.2　光纤通道协议层次

④ 普通服务 FC－3 层，提供了节点的 N－端口之间的一组服务，包括：切细（striping）、搜

索组(hunt group)和多播(multicast)。其中前两种服务使多个 N-端口并行地传输或接收信息单元。

⑤ 协议映射 FC-4 层,将多种通道与网络协议映射到光纤通道的物理和信号接口上,例如 SCSI、高性能并行接口(HPPI)、IEEE 802 MAC 帧到光纤通道帧的映射、ATM 和 IP 协议等,这种在底层传输协议中接纳上层协议(ULP)的技术称为协议映射。

ANSI X3T11 标准委员会的 FC-AE 分委员会,负责扩展 FC 基本标准在航空电子领域的应用接口。根据航空电子系统的要求,该分委员会在 FC-AE 框架基础上扩展定义了 5 种支持飞行器内部互连的上层协议。这 5 种上层协议分别是 1553 映射(FC-AE-1553)、匿名用户消息传输(FC-AE-ASM,Anonymous Subscriber Messaging)、光纤通道轻量协议(FC-AE-FCLP,Lightweight Protocol)、远程直接存储器操作(FC-AE-RDMA,Remote Direct Memory Access)和虚拟接口(FC-AE-VI,Virtual Interface),其中以 FC-AE-1553 和 FC-AE-ASM协议应用比较广泛。FC-AE-1553 的优点是在传统的 1553 网络和光纤信道网络间架设了一座桥梁,保持原有 1553 网络设备接口不变的情况下,实现了航电网络向更高带宽、更多接入设备的网络的升级。FC-AE-ASM 基于帧信号层协议进行设计,每条消息的发送是随机的,接收方按预定的速率进行数据采集,不用关心其数据来源,具有高确定性、高安全性、低延时的特点,代表了军用航空电子光纤通道协议的发展趋势。

3. 流量控制

FC 使用基于"信用"(Credit)机制的流量控制方式,根据网结构与服务类型的不同,分为端到端(EE-Credit)和缓冲到缓冲(BB-Credit)两种形式。以 BB-Credit 为例,一对端口在交换数据之前,必须相互握手登录,在这一过程中建立信用,源端口就会知道目的端口能够缓冲数据帧的深度。帧发送的同时,信用量的计数值相应减少,当信用量被消耗完之后,额外的数据帧就不会再被发送,直到目的端口通知源端口数据帧已经被处理完毕,才能继续发送。

为了保证消息传输的实时性,避免某个节点或某条消息长期占据信道,各节点可以将消息拆分成数据包,在相继的轮次中发送。由 FC-AL 协议,每轮数据传输之前要进行仲裁过程,需要发送数据的节点通过发送、判别和转发含有物理地址的原语,按照优先级排序形成仲裁窗,决定随后的数据传输过程中占据信道的比例。

在负载匹配的资源分配方法的前提下,每条消息流对应的 BB-Credit 的优化设置,并按照 BB-Credit 的值预留缓冲区容量,可以保证在发送接收过程中缓冲区不发生溢出与阻塞。

13.4.2 AFDX 总线

随着空客 A380 正式投入使用,AFDX 总线技术开始为大家所熟知。AFDX 全称为航空全双工交换式以太网(Avionics Full Duplex Switched Ethernet,AFDX),是一个开放性的总线标准。AFDX 网络产生于 20 世纪 90 年代,由空客公司从商用以太网改进而来,在实时性、可靠性方面进行了改良。在大中型运输机上,AFDX 表现出了很强的适应性。后被民用航空通用标准组织采纳,制定了 ARINC664 标准。

AFDX 网络是一种双余度网络,不仅在传输速度和性能上有很大的提高,同时通过引入虚拟链路(VL)、带宽分配间隔(BAG)等概念实现了数据传输的实时性和可靠性。从商用以太网基础上发展而来的 AFDX 总线,虽然出现较晚,但因为有以太网的成熟基础,其协议架构也容易理解。

AFDX 网络具有以下特点。

① 支持 10 Mpbs 和 100 Mpbs 两种传输速率；

② 采用 A、B 双通道冗余及余度管理技术，提高了 AFDX 网络数据的可靠性；

③ 采用虚通道及带宽分配机制，提高了 AFDX 网络数据的实时性；

④ 提供采样、队列和 SAP 三类端口服务，实现了与 ARINC 标准的完美衔接；

⑤ 采用 ARINC 标准完成应用软件及配置表的加卸载；

⑥ 采用 SNMP 协议完成 AFDX 网络的管理与维护。

1. 组成结构

目前广泛采用的 AFDX 网络拓扑结构为星形拓扑，如图 13.4.3 所示，主要由终端、交换机和互联线路组成。每台交换机可连接多台设备，形成接入交换网络。交换机之间通过背板总线连接，形成骨干网络。其组网的灵活性、可扩展性好。其链路码速率可达 100 Mps，数据传输速度高，具有很强的实时性、快速性，适合综合航电系统的发展。在特定场景下，为提高整个网络的可靠性，会采用两个交换机互为备份的工作方式。

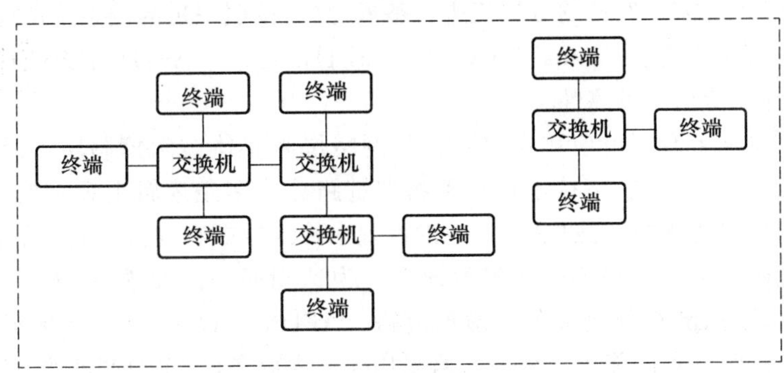

图 13.4.3　AFDX 的星形拓扑结构

按照传统的划分方式可以把 AFDX 总线网络划分为航空电子子系统、端系统和 AFDX 互连模块三个部分，如图 13.4.4 所示。

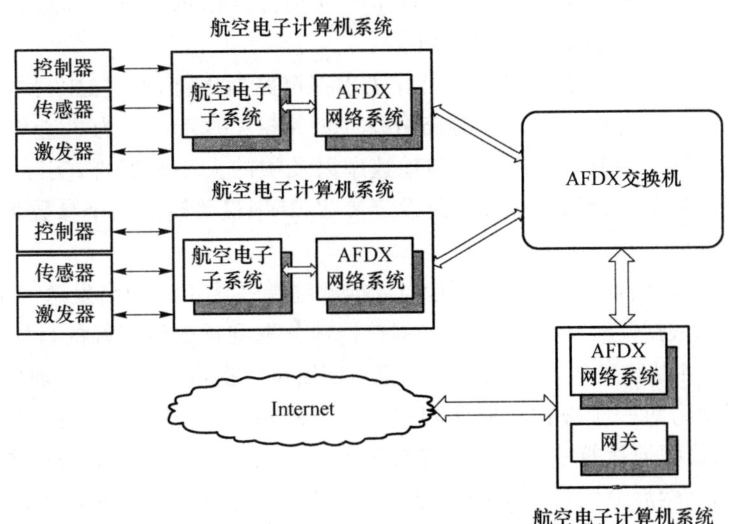

图 13.4.4　AFDX 航空电子系统模型

在进行数据传输的时候，航空电子子系统提供数据，通过终端系统进行流量整形并控制发送时间，各端系统之间通过交换机进行连接。交换机负责将从端系统发送过来的信息按照目的地址转发出去。当数据到达接收端时，再次由终端系统接收并将处理好的数据发往目的航空电子子系统。作为 AFDX 网络的重要部分，端系统和交换机直接影响整个航空电子系统的性能。

由于采用了星形拓扑结构，AFDX 总线使得线路的多路复用成为可能。如果某一端系统需要接收多种其他端系统的信息，在 ARINC429 总线上需要将它们一一互联，而在 AFDX 总线系统中，两种信息都可以通过交换机传递，终端仅须连接到交换机网络即可，不需要任何额外的信息传递线路。采用 AFDX 的架构，可以组建全机的网络，也可以组建部分局域网络。如果部分系统独立工作，则不必与其他系统相连，因此这些系统可以使用内部的以太网，不需要与其他设备互联。

2. 端系统

端系统是 AFDX 中非常重要的一部分，它在航空子系统和交换网络之间起到桥梁的作用，负责将航空子系统需要发送的数据流进行整形，然后按照一定的端系统调度算法将整形完的数据帧经相应的虚拟链路(Visual Link，VL)发往目的终端。AFDX 端系统还具有冗余管理功能，其作用是保证传输的可靠性。

AFDX 端系统从上至下由应用层、传输层、网络层和媒体访问控制层组成。虚拟链路在 AFDX 协议中处于核心地位，该技术将一条物理链路分成多条逻辑上独立的虚拟链路，每条虚拟链路都有其独立的参数，通过这些参数的设置来控制数据在虚拟链路上的传输，一旦一条虚拟链路的带宽确定了之后将不会再发生改变。为达到通信的要求，引入了 sub - VL 的概念，也就是将一条虚拟链路分成多条子虚拟链路。AFDX 协议规定，一条虚拟链路必须具备管理 4 条子虚拟链路队列的能力。虚拟链路采用先来先服务(FCFS)调度法，子虚拟链路之间则采用轮询调度法。

AFDX 网络的一个重要特性就是带有虚拟链路 ID 的以太网数据帧必须来自且只能来自唯一的一个终端系统。AFDX 交换机将带有相同虚拟链路 ID 的数据帧分发到一个预先设置好的终端系统中。虚拟链路代表唯一的终端系统以及将数据包分发到固定设置的终端系统，这一点与 ARINC429 多点接收总线相类似。

在 AFDX 中，目的地址的后 16 位通常作为虚拟链路标识符，通过这个标识符来唯一地确定一条虚拟链路。由于允许多条虚拟链路分享 100 Mbps 的带宽。为了避免干扰，需要采取隔离机制。AFDX 通过限制以太网帧的传输速率以及帧的大小来实现，实际上就是进行分时复用。在系统设计时必须为每条虚拟链路设定参数，其中最关键的两个参数为：①带宽分配间隔(BAG)；②最大帧长($L_{\max}$)。

图 13.4.5 所示的数据包路由实例中，当数据源终端系统 1 向网络发送一个带有虚拟链路 ID 为 100 的以太网数据帧时，AFDX 交换机将数据帧分发到预先设定好的目的终端系统 2 和 3 中。一个终端系统可以有多个虚拟链路，每个虚拟链路可以携带一个或多个通信端口中的消息。

虚拟链路调度为每一个虚拟链路队列配置独立的参数，其中包括虚拟链路号，BAG 值和最大帧长，调度器根据调度算法选择符合条件的帧进行传送，在发往 AFDX 网络之前，还必须对每个帧进行复制，然后分两条不同的路径发送出去，这就是冗余管理过程，有效地保障了传输可靠性。

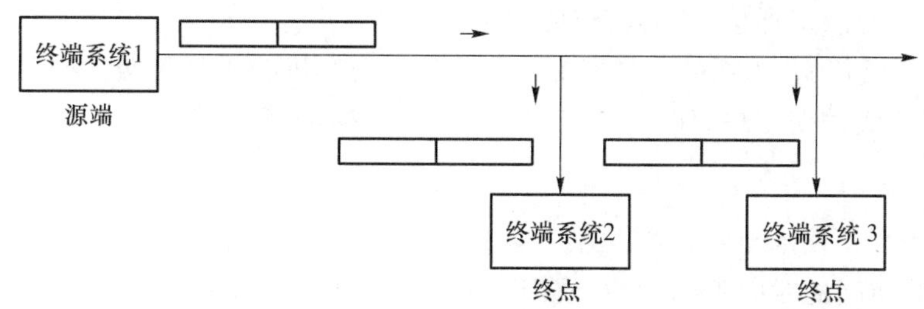

图 13.4.5　数据包路由实例

3. 交换机

AFDX 交换机是整个星形网络的中心，所有的终端系统都是通过交换机相互连接，从而形成一个完整的网络。专用 AFDX 交换机具有固定路由、流量特性识别功能，并且具有故障隔离的特性。AFDX 交换机采用以下两项措施保障网络性能：

① 双余度网络。AFDX 网络为了保障数据传输的可靠性要求，在实际应用中采用双冗余的备份方案，端系统之间通过多个独立冗余的链路进行相互通信，这样可以大大避免交换机故障对通信造成的影响，也消除了由链路切换造成的延迟对网络数据通信的影响。一般情况下，AFDX 网络端系统采用双 MAC 的余度设计保证网络通信的可靠性、每个端系统具有两个独立的物理端口。在航空电子系统中，两个物理端口以互为余度的方式工作。

② 交换机调度算法。交换机调度算法在交换机中占有重要的比重，调度算法的优劣直接决定了数据帧在交换机中延时情况。现阶段，国内外常用的交换机调度算法有先来先服务调度算法、优先级调度算法和轮询调度算法等。

4. 实时性

实时性是航空电子环境下考量一种总线是否合格的最为直接的参考标准。实时性能够反应数据在总线中传递所经历的时间长度，反映整个总线系统的工作效率。航空电子系统对消息的实时性要求非常严格，消息能不能按照规定的时间到达目的终端直接影响航电系统能不能正常工作，从而直接影响飞机的安全性能。

传统以太网冲突避免机制 CSMA/CD 是一种竞争式随机访问控制技术，由于其在冲突发生之后采取的规避措施，导致通信延迟的不确定性，这一缺陷使得传统以太网无法直接应用在航空电子通信系统中。在以太网的基础上，对某些不适合航空电子环境的控制算法加以改进，在保持其优点的情况下使其能够适应航空电子系统的需求。AFDX 由于很好地解决了实时性问题而在当代航空机载总线技术中脱颖而出。

为了解决传统以太网的不确定，AFDX 网络引入了实时通信网络的概念，继承传统以太网的通信机制和硬件集成电路，加入确定性保证机制，既兼顾了传统以太网建造成本低的优点，又保证了通信的实时性，使得 AFDX 总线在未来有非常不错的前景。主要改进有以下几个方面。

① 针对 ARINC429 总线带宽偏低的缺陷，AFDX 协议将网络传输速度提高到 100 Mbps。当吞吐量不变的情况下，这一调整使得网络延时明显减小，传输效率明显提高，从而为数据的实时性提供了保证。

② AFDX 协议采用全双工交换式结构，用交换技术取代了原以太网的总线型 CSMA/CD

技术，同时实现了全双工通信，使得信道的利用率大大提高。

③ 引入优先级策略，为系统中的所有消息按照紧急程度预设优先级。当消息定义了优先级之后，采用优先级调度策略，使得紧急数据的实时性传输得到保障。

5. 确定性

AFDX 采用交换技术与单网段全双工接驳方式，完全克服了共享介质以太网 CSMA/CD 机制造成的介质访问的时间不确定性，成为一种具有确定性的通信协议，使以太网在工业现场网络、舰船和机载等运动平台内部互连等实时应用中受到青睐。随着欧洲空中客车 A380 工程的实施，推出了 ARINC664 的第七部分“确定性网络”(deterministic network)，对 AFDX 进行严格实时性和冗余配置改造。在大中型运输机的航空电子网络的应用中，确定型 AFDX 表现出很强的适应性。

航空电子全双工交换式以太网(AFDX)现已发展成为航空领域标准 ARINC664 规范，其确定性具体体现在以下几个方面。

① 交换机的端口子系统的连接关系是确定的。每个航电子系统都需要通过终端系统接收和发送信息，而终端系统与交换机端口的连接关系是确定的，一旦这种关系确定，一般不会发生改变，所以交换网络不需要随时查找航电子系统的位置；

② 终端不需要通过 DNS 查询通信对方的 IP 地址，主机名与 IP 地址的对应关系是确定的。因为给航电子系统的命名与分配给它的 IP 地址具有对应关系，所以能够轻易地从主机名推断其 IP 地址而不需要通过 DNS 进行查询；

③ 终端不需要通过 ARP 查询通信对方的 MAC 地址，IP 地址与 MAC 地址的对应关系是确定的；

④ 端口的功能是确定的；

⑤ 数据的含义是确定的，也就是说在 AFDX 网络上进行传输的数据包都有固定的格式，从包的格式就能轻易判断出包的类型；

⑥ 数据包的传递路径是确定的，也就是说 AFDX 网络结构一般不会发生变化，从一个终端到另一个终端只需要按照固定的路径进行传输，而这个固定的路径本身就具有最优性。

以上措施保证了整个 AFDX 总线的确定性，使其能够出色地完成消息传输的任务。目前，AFDX 作为 A380 大型客机的航空电子综合化网络，对机上飞行控制、座舱、动力、燃油、机舱等系统的电子设备进行互连。

6. 帧结构

AFDX 帧格式除了应用负载消息外，还包括物理层、链路层、网络层及传输层。AFDX 的帧结构如图 13.4.6 所示。

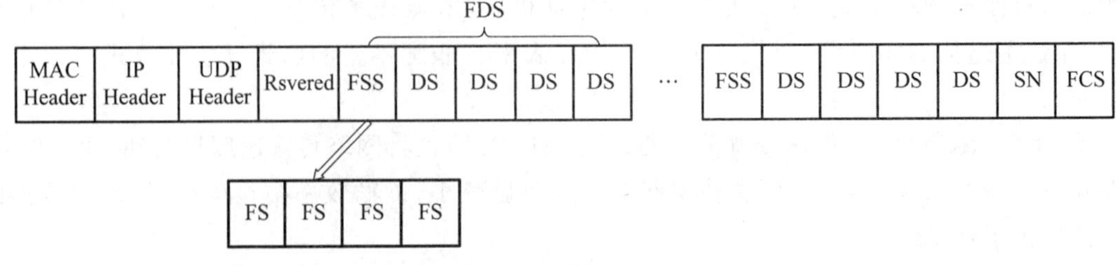

图 13.4.6 AFDX 帧结构

功能数据集(Functional Data Set,FDS)是数据的分组合并,AFDX 将应用消息分解成多个功能数据集来分别进行协议转化。当应用消息在进行功能数据集分解时,应在功能数据集之前保留 32 位值为二进制 0 的保留字。一个功能数据集由一个 32 位的功能状态集(FSS)和 1～4 个的数据集(DS)组成。每个数据集长度应为 32 bit 的倍数,最小的数据集长度为 32 bit,当数据集的长度不是 32 bit 的倍数时,需要对数据集进行补零处理,使其为 32 bit 的倍数。32 位的功能状态集又可分解为 4 个功能状态(Function Status,FS),其分别对应着 4 个数据集的有效性。FS 对应的具体状态如表 13.4.2 所列。

表 13.4.2　FS 值的具体含义

状　态	十六进制	含　义
ND(No Data)	00	数据集中没有有效数据
NO(Normal Operation)	03	数据集中数据有效
FT(Functional Test)	0C	表明数据集正在进行功能测试
NCD(No Computed Data)	30	设备正常运行,但无法计算可靠数据

7. 数据信息结构

民用航空通用标准组织采纳 AFDX 总线协议后,将其编为 ARINC664 总线协议,规范了 ARINC664 P7 数据即参数类数据,包含大量的模拟量和开关量,其数据信息结构如图 13.4.7 所示。ARINC664 P7 数据格式复杂,包含模拟量、离散量数据、ARINC429 总线类数据、ARINC825 总线类数据块等。

图 13.4.7　A664 P7 数据结构

综上所述,机载航空总线在传输带宽上从 ARINC429 总线的 12.5 kbps 速率到 AFDX 总线的 100 Mbps 速率,反映出航空电子系统对高速度传输的追求是不变的。此外,航空电子系统对传输延时的标准也在不断地提高，这个要求主要体现在传输带宽的增大和总线结构的变更。ARINC429 总线使用的是串行传输标准，发送和接收必须在不同的线缆上进行，这使得总线重量过大。而 AFDX 总线采用全双工交换式结构，不但解决了上一代总线的重量问题，而且对总线结构进行了调整，大大降低了传输延时。航空电子网络需要高可靠性和容错性来保证传输的正确性和有效性，AFDX 总线满足了航电技术发展对带宽、延时、容错性和可靠性要求。

13.4.3 LSTB 总线

LTPB(线性令牌传递总线，Linear Token Passing Bus)是美国 SAE 协会开发的限时令牌多优先级传递总线网络协议，已用于 F-22 战斗机航电系统的数据传输。

20 世纪 80 年代之后，航空电子系统的高度复杂性对控制技术的健壮性提出更高要求。为了满足这个需求，美国莱特实验室提出宝石柱(Pave Pillar)计划，被认为是继 DAIS 计划之后的第二代航空电子综合化技术。该计划的一个重要特点是采用高速数据总线(HSDB)，以光纤技术构成双冗余度的通信信道，提高数据通信容量，满足处理部件之间以及系统之间的数据交换的需要。

美国三军联合航空电子工作小组(JIAWG)经过慎重地分析和评估，选择了 LTPB 总线作为 HSDB 的实现方案。LTPB 由美国 SAE 协会开发，标准号为 AS4074。LTPB 本质上是限时令牌多优先级传递总线网络，协议码元速率为 50 Mbps。当 LTPB 工作时，网络上的节点根据其物理地址编码大小顺序组成逻辑环路，令牌沿逻辑环路逐节点传输。环路上获得令牌的节点可以向其他节点发送消息。LTPB 具有低延迟和容错的特性，适用于实时的军用或者商业系统。

LTPB 可以使用总线型电缆连接或星型耦合光纤连接，光纤耦合器可以是有源，也可以是无源的。综合考虑传输距离和可靠性，并且实际应用中任何节点之间一般只有一级或二级耦合器件，总的插入衰减是有限的，因此常用无源耦合器。为了提高系统的故障容错能力，LTPB 规定采用双冗余的连接方案。

LTPB 每个节点的总线接口单元(BIU)中有 1 个令牌持有计时器(Token Holding Timer，THT)和 3 个令牌旋转计时器(Token Rotation Timer，TRT)，THT 限制了持有令牌的节点每轮占据总线的时间，TRT 进行倒计时，用以估计逻辑环路当前的忙碌程度，对应优先级由高到低，计时器初始值 TRT1≥TRT2≥TRT3，说明低优先级的消息只有在网络较空闲的情况下才能获得发送权。令 TMR 等于所有节点中最大的 TRT1 的设置值，它标称了令牌旋转一周的时间，即每一轮中可供各个节点分享的时间资源。机载电子系统中，各个部件之间的严格实时的数据交换通常是固定的，设计过程中以接口控制文件(Interface Control Document，ICD)的形式加以描述，这为正确设置 LTPB 的计时器创造了条件。

需要特别指出，为了兼容大量既有的航电设备，除了 LTPB 总线外，F-22 战斗机还采用了大类其他形式的机载总线络，如 1553B 总线、测试维护总线(TM)、高速数据总线(HSDB)、并行互连总线(PI)、传感器数据分配网络(SDDN)、视频数据分配网络(VDDN)和数据网络(DN)等。由此带来的问题是，不断增加的网络种类使得系统中网关/网桥多样化、复杂化，不同类型的总线之间需要专门的总线转换器。

13.4.4　TTE 网络

20 世纪 90 年代,奥地利维也纳大学开展了时间触发的网络技术研究,并最终提出基于时间触发架构的 TTP 协议。经过近 30 年的发展,业界又基于 TTP 协议开发并形成诸多时间触发的网络,如 SAFEbus、TTA、FlexRay 及 TTE 等,其中以时间触发以太网 TTE 在航空航天的电子控制系统及汽车网络两大领域应用得最为广泛。

TTE 网络通信速率为 1 Gbps,拓扑结构与 AFDX 网络类似,广泛采用星形拓扑。整个网络由多个 TTE 端系统及至少 1 个 TTE 交换机组成,TTE 端系统作为同步控制器 SM 或同步客户(SC),TTE 交换机作为同步集成器(CM)。

TTE 网络具有以下技术特点:

① 提供高精度的全网时间同步,同步精度可以达到微秒级、亚微秒级;

② 面向机载统一网络,提供 TT(时间触发)、RC(AFDX)和 BC(以太网)三种不同安全等级的通信业务;

③ 容错的时间同步算法,提高网络的可靠性;

④ 基于时间触发的通信模式,网络可组性好,传输确定性高;

⑤ 完备的状态机检测,快速的故障隔离和恢复重构;

⑥ 双余度网络;

⑦ 能够与 ARINC 标准完美对接,扩展性好。

13.5　发展趋势

航空机载总线是航电设备和航空测试系统的重要支撑技术,航电设备与航空测试系统的技术改造和升级都是围绕着总线技术展开的,航空机载总线的性能极大程度地影响着航电系统的性能,进而影响整架飞机的性能和竞争力。纵观航空机载总线技术的发展过程可以看出,总线总是由飞行器设计需求牵引,并由电子科学技术和系统工程的发展来推动的。

美国空军莱特实验室倡导的 DAIS 计划,首次将串行数据总线引入军用飞机航空电子系统中,以 F－15 为代表的第三代战斗机首次采用 MIL－STD－1553 总线,实现了机载电子设备互联,解决了飞行器内部任务管理系统的电缆敷设、质量、体积的问题,同时降低了飞行员操作负担。在民机领域,ARINC429 总线在 20 世纪已被广泛应用,成为航电系统综合化、先进化的开端。但随着技术发展,更先进的航电系统也促进了更先进的航空总线协议的问世,由此诞生的 ARINC629 在 20 世纪 90 年代应用后亦广受欢迎,大大取代了 ARINC429 总线。高速数据总线弥补了 1553B 和 ARINC429 总线带宽的不足,为模块化核心处理提供了可能。

机载航电设备和航空测试系统的互联是整个嵌入式计算机硬件体系结构的缩影。在第二代航空电子综合化系统中,采用多种网络实现不同类型的互联。如前所述,美军的 F－22 战斗机总共采用了 7 种不同形式的航空机载总线系统。由此带来的问题是,不断增加的网络种类使得系统中网关/网桥多样化、复杂化,系统吞吐量和传输延时等性能受到限制,同时造成高昂的开发/维护费用。

随着飞行器内部电子系统综合程度的不断提高,信息传输需求进一步宽带化和多样化,采用增加网络种类的方法使得系统复杂,面对性能受限、开发周期和费用急剧上升、技术风险难以控制的严峻挑战。为了提高飞行器内部网络的可扩展性、适应性,降低开发维护成本,美国在开展“联合攻击战斗机(JSF)”研制计划时，提出了统一网络的概念，即以一种网络覆盖机上互连的所有需求。统一网络是覆盖机上所有互连需求的宽带网络，光纤通道(FC)网络是最具有实用价值的统一网络候选解决方案。

为了满足机载电子系统的各种传输需求，统一网络应具有如下特性。

① 适应大范围的不同传输速率的要求，带宽最大应能达到几个 Gbps，并具有规模可扩展性；

② 传输延时很低，并且具有确定性；

③ 既可以支持消息传输模式，也可以支持共享内存模式；

④ 支持串行和低线数的并行传输；

⑤ 支持分布式和集中式交换；

⑥ 支持光纤和电介质物理层；

⑦ 对距离不敏感；

⑧ 具有容错能力；

⑨ 成本较低。

虽然在 F-35 战斗机上未能实现单一网络的目标，但确实显著减少了网络的种类，大大提高了机载网络的效费比。统一网络成为机载互连追求的目标和发展方向，光纤通道(FC)是具有代表性的统一网络解决方案，成为战斗机应用领域中值得关注的机载总线与网络互联技术。

随着 21 世纪民航业的进一步发展，新型飞机的电子设备互联需求不断提高，航空电子系统对机载总线带宽、实时性、可靠性要求越来越高。模块化程度更高、通用程度更高、性能更优异的 AFDX 总线协议问世，并在 A380 等先进客机上获得了很好的效果。确定型 AFDX 网络虽然不能像统一网络那样进行处理器和 I/O 总线的互连，但在大中型运输机的航空电子综合化应用中具有优势。

综合军机与民机领域的具体应用可见，航空机载总线技术的发展总是伴随着航空电子系统的发展而产生，随着微电子技术、微机技术及数字技术的广泛应用，航空电子设备正在向小型化、综合化、智能化发展。同时，航空机载总线技术也随之不断跨上新的台阶，从传统的低速、半双工总线互连向高速交换式网络互连发展，每一次的发展都使飞机的性能得到大幅提升。机载总线网络技术发展至今，传输方式从孤立的单一传输发展到共享互联的网络化，传输速度的单位从原来的 kb 发展到 Mb 乃至 Gb，为航电系统的升级换代提供了强有力的保证，推动了航空电子系统结构的进化。典型的机载数据总线的传输速率如图 13.5.1 所示。

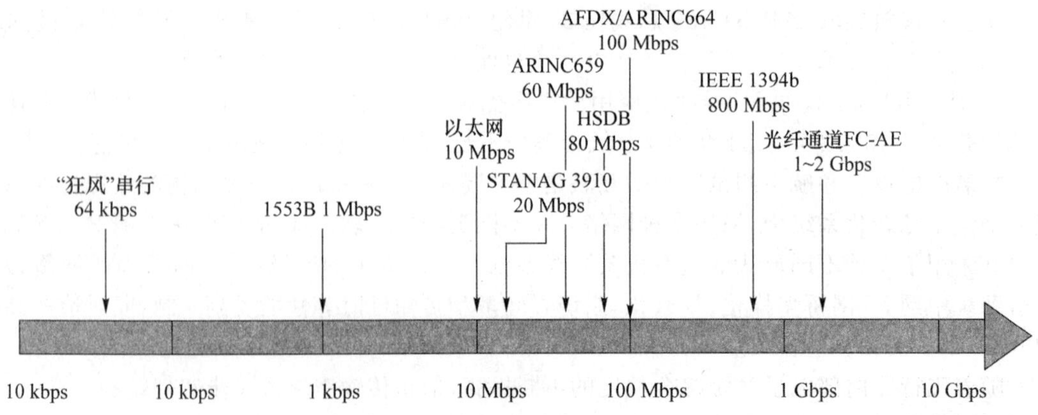

图 13.5.1 机载总线的传输速率

在新一代总线技术中，FC 网络以其高带宽、强实时、高带宽的优点被广泛应用于 F－35 等当前主流军用飞机中，AFDX 网络以其高安全、高可靠的优点被广泛应用于 A－380、C－919 等先进的民用飞机中。为提供更高的带宽，FC 网络在可靠性方面相比 AFDX 网络略差，AFDX 网络由于引入了虚拟通道及带宽分配机制，网络可靠性得到了提升，但提供的带宽与 FC 网络相比较低。时间触发以太网（TTF）很好地解决了 FC 及 AFDX 网络的不足，通过采用时间触发机制及统一的时间规划模式，严格地控制传输延迟与抖动，为机载电子系统提供了一种高带宽、强实时、高可靠、高安全的通信解决方案。因此 TTF 网络或将会成为下一代主流机载总线与网络互联技术，代表航空机载总线与网络互连技术的最新进展。

最后需要指出的是，为了有效地控制机载电子系统全生命周期的成本，采用具有开放式系统体系结构的商用（Commercial Off－The－Shelf，COTS）技术与 COTS 产品成为一种趋势。开放式系统的关键特征是以公开可供利用的标准为基础集成系统。机载 FC 和 TTF 网络正是经过适应性扩展的开放式 COTS 技术，而另一些 COTS 网络标准，如 AFDX、IEEE1394 等，虽然不能够充当统一网络覆盖飞机上所有的互联需求，但或是由于在某些特定应用中的优异性能，或是由于厂商的有力支持，或是由于便于既有设备的改造，也得到新一代航空机载总线与网络互联应用的青睐。

思考题与习题

13.1 简述航空机载总线的作用和特点。

13.2 常用的航空机载总线有哪些？列表比较经典的航空总线的技术特点。

13.3 简述 1553B 总线的组成结构和编码方式。

13.4 简述 ARINC429 总线的组成结构和编码方式。

13.5 新型航空机载总线有哪些？列表比较新型的航空总线的技术特点。

第 14 章　常用航空机载测试系统

14.1　大气数据系统

14.1.1　简　介

飞行器的大气数据信息，包括自由流的静压、动压、静温、高度、高度偏差、高度变化率、指示空速、真空速、Ma 数、Ma 数变化率和大气密度等参数，是飞行控制系统、导航系统、发动机控制系统、火控系统、空中交通管理系统的重要信息，也是用于有人驾驶飞行器的仪表显示系统、警告系统等必不可少的信息。大气数据信息的准确性关系到飞行的安全性和经济性。

在现代各种飞机上，上述分系统所需要的大气数据信息有不同形式(模拟量、数字量)的和重复的，可达上百个。靠数目众多的、分立的测量系统来提供各种大气数据信息，不仅成本高、可靠性差，既不便于维护，也不利于提高信息的测量一致性和测量精度。通过分析可知，各分系统所需要的全部大气数据信息，实际上均可由气压高度、指示空速、Ma 数、大气温度、大气密度和真空速等几个主要参数直接提供或经过简单的运算、组合提供。而这些主要参数又可由静压、动压和总温三个基本参数计算出来。大气数据系统就是在测得静压、动压、总温和少量供修正用的其他参数(如迎角)后，经过解算装置或计算机运算，最后同时输出(包括显示)大量的大气数据信息的系统，这种系统也常称作“大气数据计算机”。

这种将分散的测量系统变为集中的测量系统的方法，有着一系列的优点。

① 可以减少大量的重复的仪表和传感器，从而减少机载设备的体积和质量。

② 可以较方便地提高大气数据信息的精度。

a. 由于压力传感器数量及其管道的长度的减少，可以大大减少由测压管引入的静压和动压的能量损耗而造成的延迟误差。管道长度和容腔的增大对静压的影响尤其严重，随着飞行高度和 Ma 数不同，该延迟所造成的以高度表示的静压误差可达几十到几百米。

b. 测量系统的减少和信号测量与转换的集中，为采用高精度的传感器和采取较完善的误差修正和补偿措施提供了可能。

c. 由大气数据系统统一提供给各分系统的信息具有极高的一致性。

③ 可以扩大测量系统的功能，提高系统的可靠性。统一的大气数据系统不仅可以充分采用安全可靠的固态化、微型化的元器件、电路和计算机，而且可以较方便地实现系统的自检和故障监控，还为采用余度技术提高系统的可靠性创造了条件。如在大型飞机上一般均装有两套大气数据系统，在航天飞机上甚至装有四套这种系统。

大气数据系统的功用及其与飞机其他系统的联系，如图 14.1.1 所示。

14.1.2　大气数据系统的基本工作原理

为了满足飞机各分系统对大气数据信息的需求和对大气数据系统的安全可靠性、可维修性的要求，该系统一般应具有以下功能。

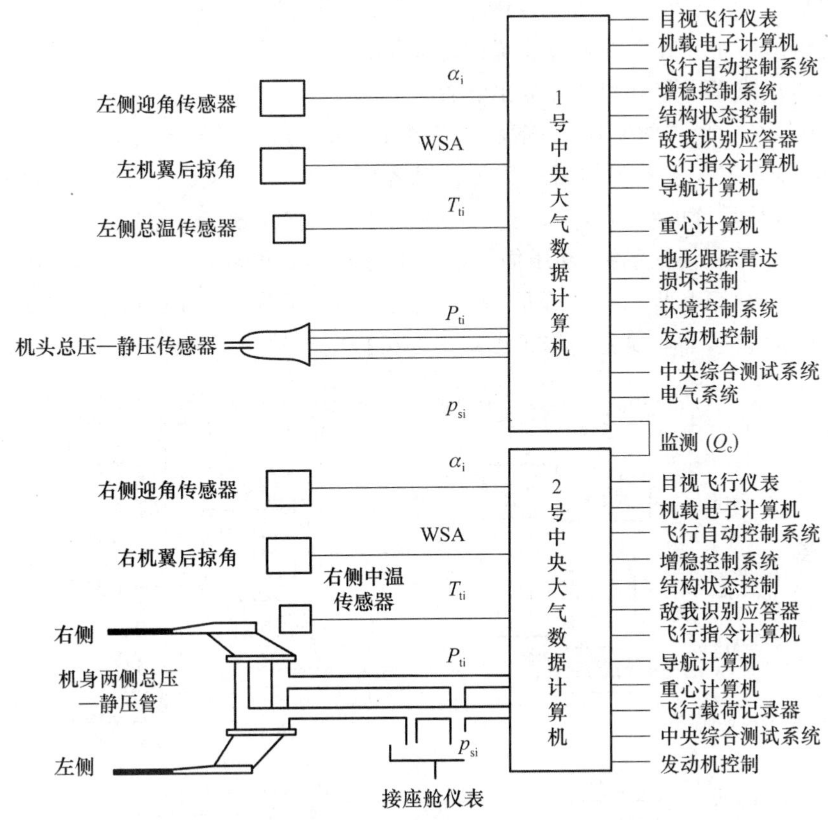

图 14.1.1　大气数据系统与其他系统的联系

① 大气数据系统在输入指示静压 p_{si}、指示总压 p_{ti}、大气总温 T_t、指示迎角α_i、气压修正信号 Δp_0 和静压管误差修正信号(或误差修正规律)的条件下,应能提供以下各种参数信息:气压高度H_p、气压修正高度 Hp_0、气压高度变化率$\dot{H}_p$、高度保持或高度偏差ΔH_p、Ma 数、Ma 数变化率$\dot{Ma}$、指示空速 V_i(或校准空速 V_c)、真实空速 V_t、最大容许空速 V_{MO}和最大容许 Ma 数 M_{MO}、真实迎角α_t、大气密度ρ_s、大气静温 T_s、大气总温 T_t、真实静压P_s、指示动压q_i、真实动压 q_t、空速保持 ΔV 和静压变化率$\dot{p}_s$ 等。

② 系统应具有输出不同形式信息的功能。如根据需要应能输出直流、单相交流、三线交流等模拟信息,二进制和二-十进制串行或并行数字信息以及开关信息等。

③ 系统应具有误差修正功能。如静压源误差修正、传感元件的非线性修正等。

④ 系统应具有自检控制功能和故障告警功能,其中包括全部主要部件的监控能力。

⑤ 系统应具有飞行前和飞行中的自检测的功能。

⑥ 系统应具有可快速方便地更换组件的功能。

随飞机机种的不同,上述功能要求有所差别。除上述功能要求外,大气数据系统还应该满足一般常规要求,如静态性能、动态性能、体积、重量和功耗等。

14.1.3　大气数据系统的组成和类型

任何大气数据系统均由下述三大部分组成。

① 传感器,即静压传感器、动压传感器、总温传感器、迎角传感器等;

② 具有误差修正和补偿的解算装置或计算机;

③ 座舱指示或显示装置和信号输出装置。

按所用解算装置形式的不同,一般将大气数据系统分成三类:模拟式、数字式和混合式。模拟式大气数据系统大多采用伺服式压力传感器和具有少量模拟电路的机电模拟型解算装置。这种大气数据系统的结构形式很多,图 14.1.2 为其典型原理方框图。

图 14.1.2 中静压伺服系统、动压伺服系统本身均具有机电式函数转换机构,他们可直接输出高度、高度变化率和指示空速;*Ma* 数、真空速、大气静温的解算均通过伺服式解算机构来实现。在这种系统中,静压误差的修正也是采用机械或电的修正装置。

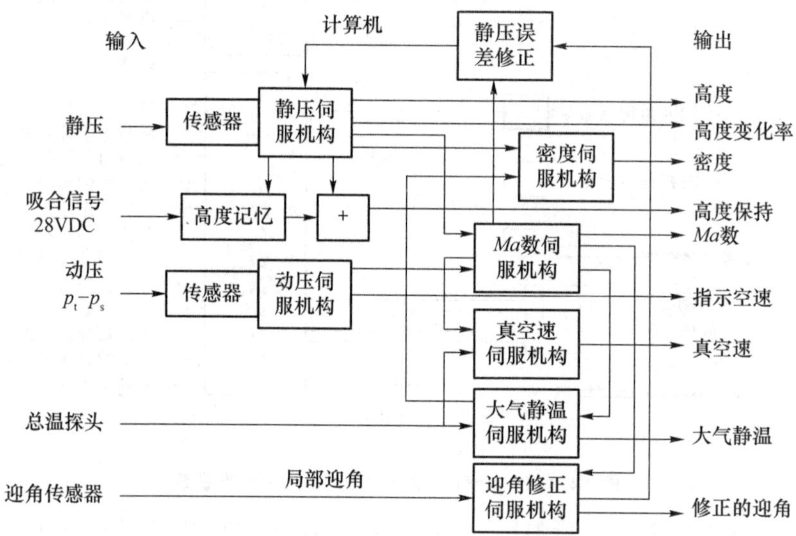

图 14.1.2 机电模拟型大气数据系统典型结构方框图

迎角传感器测得的指示或局部迎角,在传感器安装位置确定后,与 *Ma* 数有关,因此,在迎角修正机构中引入 *Ma* 数信号对局部迎角进行修正。

各种机电模拟式大气数据系统的共同缺点是机构复杂、可靠性差;除传感器外,解算机构的误差占系统总误差的比例相当大;输出信息量小;加工、装配、调试和维护工作量大;体积、质量和功耗大等。

随着电子技术和计算机技术的不断发展,大气数据系统逐渐向数字化发展。数字式大气数据系统有效地克服了模拟式大气数据系统的上述缺点,充分发挥软件的作用,可方便灵活地进行各种误差修正。同时,在传感器具有较高的重复性和稳定性的情况下,可大大提高系统的精度和分辨力。

混合式大气数据系统由于数字式大气数据系统的飞速发展而未能得到广泛的应用。

14.1.4 数字式大气数据系统的工作原理

1. 组成和工作原理

数字式大气数据系统是一种采用通用型中央信息处理机的数据采集与处理系统。在这种系统中,主要用软件来实现参数的数学运算,传感器则大多数采用无活动连接的、具有高重复性和稳定性的开环式系统，并越来越倾向于采用具有准数字量（频率或周期等）输出和数字量输出的传感器，以尽量减小参数测量和变换所产生的误差。图 14.1.3 是数字式大气数据系统的典型原理方框图。

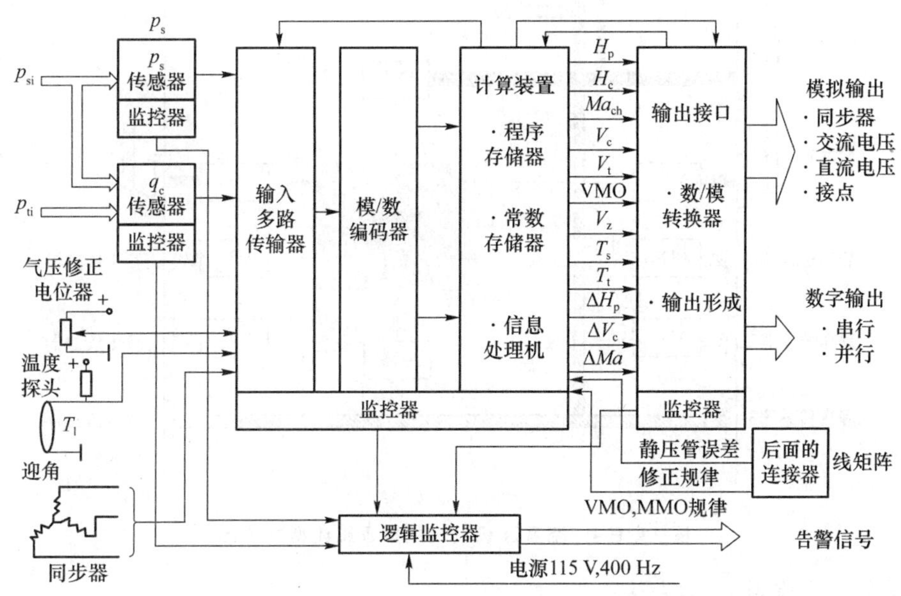

图 14.1.3　数字式大气数据系统(ADS)的典型原理方框图

系统原始输入信息指示静压 p_{si}、指示总压 p_{ti}、大气总温 T_t、指示迎角 α_i 由静压和总压传感器、总温传感器和迎角传感器提供。为了获取气压修正高度，在绝大多数系统中还引入气压修正信号。各种传感器输出的模拟量信息经输入多路传输器和 A/D 转换器，变成一定形式的数字量，并输至计算机。为了提高 A/D 转换器的使用效率，多路传输器按时分制设置。数字计算机一般包括信息处理机、程序存储器和常数或表格存储器以及用于存放运算中间结果的随机存储器。计算机的运算和处理结果经由 D/A 转换器变成所要求的模拟量，或直接转换成不同形式的数字量输出。

在系统中一般均配置逻辑监控器，以监控传感器等主要部件，给出告警信号。同时，可随不同的机种编排静压误差修正规律曲线，提供给信息处理机，进行误差修正。

图 14.1.4 为空客飞机大气数据系统典型配置图，由图可以看出，该系统由 3 个空速管（测量大气总压或动压以及温度）、6 个静压传感器及其相应的管路与大气数据模块（Air Data Module，ADM）组成。空速管 1～3 和静压传感器 1、2、3 分别分布在机身两侧或表面，且通过管路与各自的 ADM 相连，经过 ADM 的计算与修正将大气数据通过数据总线冗余地提供给飞行管理系统和飞行控制系统等。此外，空速管 3 和静压传感器 3 还通过管路直接为飞机备份空速表和高度表提供总压和静压。为了减小飞行姿态对静压测量的影响，位于机身两侧表面的静压传感器测量的信号在飞机内部通过管路联通，以获得静压平均值。

由于大气数据系统使用了狭窄孔径的管路，因此它测得的大气数据存在着固有的延迟，且存在管路易冻结的隐患。在空速管和静压传感器附近使用 ADM 或将 ADM 直接与传感器合并，将有利于减小测量误差，并降低管路凝结和结冰的概率，从而提高飞机的可维护性和安全性。

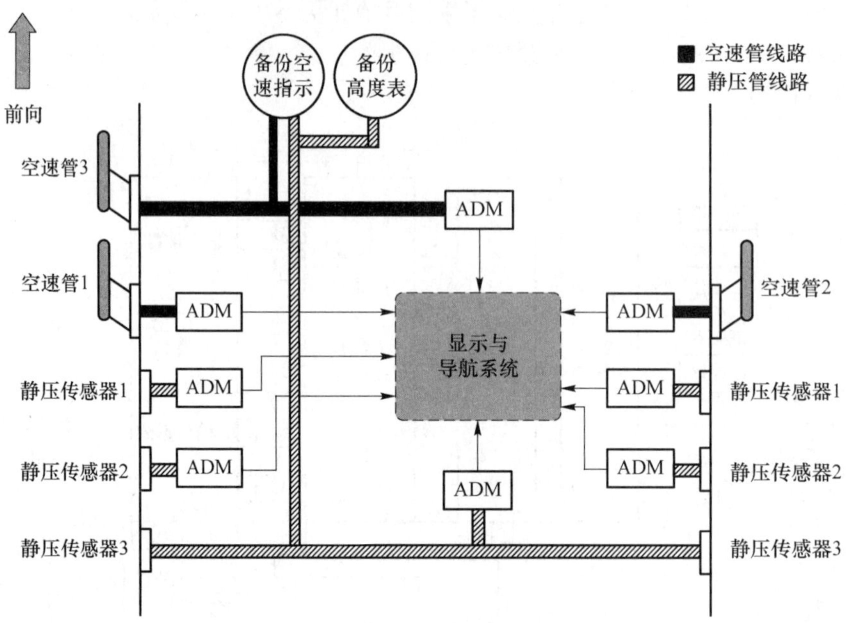

图 14.1.4　空客飞机大气数据系统典型配置图

2. 参数计算原理

数字式大气数据系统的所有参数计算，都是由计算机软件实现的，一般均用汇编语言设计程序。参数计算的原理和方法要根据计算机和传感器的输出形式。

① 高度 H_p 和高度变化率 $\dot{H}_p$ 的计算，详见本书第 7 章。

② Ma 数和变化率 $\dot{M}a$ 的计算，详见本书第 8 章。

大气数据系统的简化解算流程如图 14.1.5 所示。

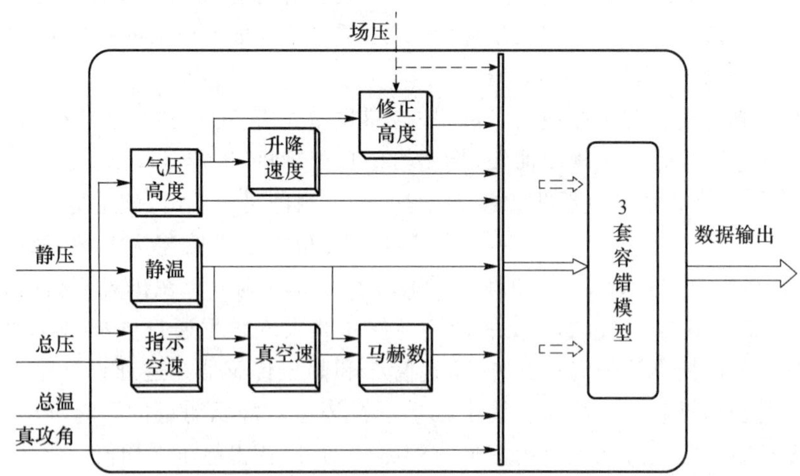

图 14.1.5　大气数据系统简化解算流程

14.2　组合导航系统

导航是引导载体到达目的地的过程,根据应用范围,可分航空导航,航海导航,陆地导航等。飞机的导航系统就是确定飞机的位置并引导飞机按预定航线航行的整套设备(包括飞机上的和地面上的设备)。飞机导航经历了目视导航、仪表导航、无线电导航、惯性导航、卫星导航直到全球定位导航系统的发展过程。在此过程中,为发挥不同导航系统特点,出现了组合导航系统。

14.2.1　导航系统

惯性导航系统是目前航空、航天和航海领域中广泛使用的自主导航系统,而 GPS 全球定位系统则是航天技术出现以后新发展起来的一种新的导航定位方法。除了这两种导航系统之外,还有很多其他的导航方法,从古老的天文导航到新发展的相对导航,从多普勒导航到各种无线电导航。下面对这些导航系统做些简单地介绍。

(1) 多普勒导航系统

多普勒导航系统是用多普勒雷达测量飞行器相对地球的速度,然后通过积分运算进行定位。和惯性导航一样,它是一种航位推算定位系统。多普勒雷达的测速原理是以多普勒效应为基础的。在音频范围内有多普勒效应,在电磁波频域内同样有多普勒效应。人们应用这种效应研制出了多普勒雷达。

(2) 罗兰-C 和奥米加远程无线电导航系统

目前广泛使用的远程无线电导航系统主要是罗兰-C 和奥米加系统。罗兰(Loran)是 Long Rang Navigation 的缩写译音,原义是远程导航。罗兰系统是一种双曲线导航系统,也是目前用户最多的一种系统,有罗兰-A、罗兰-B、罗兰-C。目前广泛使用的是罗兰-C 系统,其特点如下。

① 采用 100 kHz 低频率,传播范围远;

② 采用相位技术,提高了测量精度,同时并用测脉冲时差的方法,以消除测量相位的多值性,它是一种脉冲相位综合测量系统。

奥米加(OMEGA)系统是一种超远程无线电导航系统,工作于甚低频频段,传播距离远,仅用 8 个地面台就可覆盖全球,可以用作全球的导航定位,还可用于水下导航定位。

(3) VOR/DME 近距无线电导航系统

VOR 和 DME 是两种近距离无线电测量系统,VOR 测量飞机磁方位角,DME 测量飞机与地面 DME 台间的斜距,VOR 和 DME 可组成近距无线电导航系统。两套 DME 系统和一套 VOR 系统可组成 VOR/DME 近距无线电导航系统。

(4) GPS 卫星导航系统

全球定位系统 GPS(Global Positioning System)或 NAVSTAR(Navigation Satellite Timing And Ranging)是 20 世纪 70 年代中期美国国防部开始发展的第二代卫星导航系统。和 GPS 同期发展的卫星导航系统还有苏联的 GLONASS(Global Navigation Satellite System)。GPS 可以提供全球三维位置、速度和时间,是三军通用的导航定位设备。采用 P 码的精密定位服务(PPS),定位精度为 16 m(SEP)。而采用 C/A 码的标准定位服务(SPS),在引入人为地选择可用性 SA(Selective Availability)误差后,水平定位精度为 100 m,垂直定位精度为 157 m。图 14.2.1 是 GPS 卫星导航系统简单示意图。

(5) 天文导航

天文导航是用天文方法观测星辰日月等天体来确定航行体的位置,以引导航行体沿预定航线到达目的地。天文导航是一门古老而崭新的技术,在导航技术中占有重要地位。直到 20 世纪 30 年代无线电导航技术问世前的二千多年中,天文导航一直是唯一可用的导航手段。由于天文导航具有仪器简单可靠,测定位置时不用电源,不需要陆岸设备,定位精度不受离航行起始点距离远近的影响等优点,至今仍获得广泛使用。

天文导航最早用于航海,以后会广泛用于远程超声速飞机,飞出大气层或进入空气稀薄的高空的飞行器和宇宙飞行器。即使到 20 世纪 90 年代,天文导航的价值仍然不减当年。

(6) 北斗导航系统

中国北斗卫星导航系统(BeiDou Navigation Satellite System,BDS)是中国自行研制的全球卫星导航系统,目前与美国的 GPS、俄罗斯的 GLONASS 和欧盟的伽利略一道组成了世界四大卫星导航系统,也是继 GPS、GLONASS 之后的第三个成熟的卫星导航系统。

北斗卫星导航系统由空间段、地面段和用户段三部分组成,可在全球范围内全天候、全天时为各类用户提供高精度、高可靠定位、导航、授时服务,并且具备短报文通信能力。北斗是唯一采用三种轨道搭配的星座:27 颗卫星处在距离地面 21 500 km 的中圆轨道,分布在三个轨道面上,保持 55°倾角;5 颗卫星采取赤道上空 35 800 km 高的地球静止轨道;3 颗卫星处在地球同步轨道(也接近 35 800 km 高)、保持约 55°倾角。北斗卫星导航系统分布如图 14.2.2 所示。

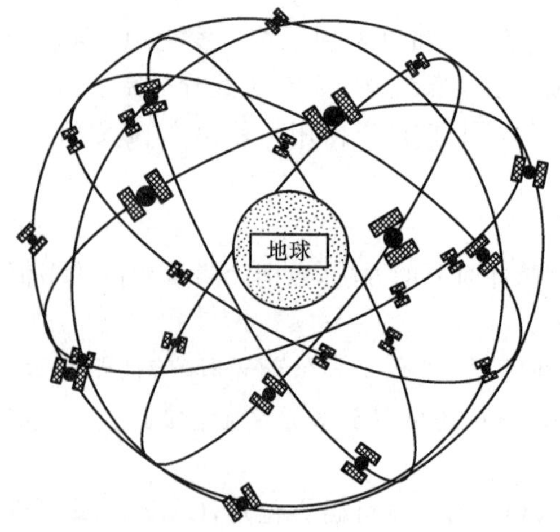

图 14.2.1 GPS 卫星导航系统示意图

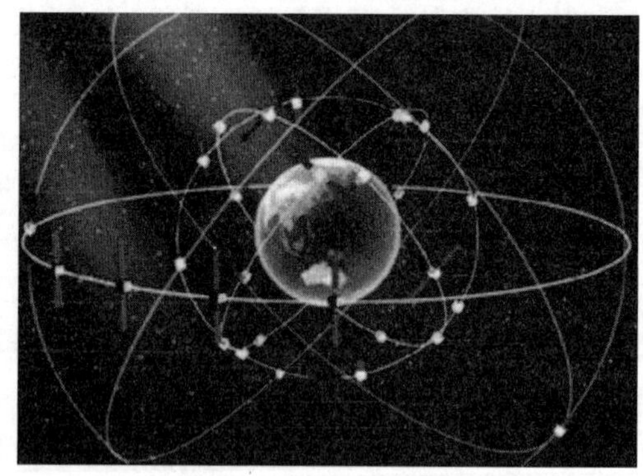

图 14.2.2 北斗卫星导航系统

北斗导航系统具有三种工作频率。电离层会影响电磁波传播,是卫星导航定位的最大误差源,必须消除。电离层的干扰与卫星信号频率相关,因而采用至少双频信号可以构建电离层延迟修正模型最大限度去除这部分干扰因素,对定位精度的提升非常显著,三频则可以构建更复杂模型消除高阶影响。此外,在三个频段上发射也增加了不同信号(军用、民用)的调制选项,抗干扰能力得到提升,定位可靠性也得到提高,对于厘米级乃至毫米级定位,最核心的载波相位模糊度解算也大有益处。正因如此,近些年来原本双频信号的 GPS 系统也在扩展成三频系统。可见，北斗的后发优势不言而喻。

北斗卫星具有短报文系统，简而言之是通过卫星实现天地双向通信。其他三大定位系统都不存在接收机和卫星之间的双向通信，只是单向接收。北斗这项功能意味着卫星可以向拥有此项授权服务的接收机发送专属信息，例如，大洋之上、深山老林等特殊情况并没有任何手机信号，发生紧急情况时高轨北斗卫星可以及时与地面互动。对于军事行动的意义更是无法形容。此外，部分北斗卫星还携带了国际 Cospas - Sarsat 卫星辅助搜索和应急救援计划的有效载荷，在发生紧急情况时可以参与国际合作的应急救灾工作。

北斗卫星具有星间链路功能。导航卫星系统需要长期维持，这意味着需要地面监控站、主控站、注入站等部分。对于全球性导航定位系统而言，这些站点位置分布也有要求，但这会进一步增加系统运营成本。例如，GPS 就拥有 5 个监控站、1 个主控站和 3 个注入站，分散设置在美国领土及其在全球各地的军事基地中，每年开销不菲。对于北斗而言，不仅有全球建站安全性的问题，还有运营成本的问题，有必要最大限度开发自身优势：高中轨道搭配的卫星星座，使它们之间可以互相联络，彼此不再孤立。这意味着北斗只须实现中国境内主控、监控和注入，而高轨卫星“登高望远”可以与系统内其他卫星进行星间链路链接。此外，星间链路本身也可以用来测距，对于提高星座轨道精度大有裨益。系统内部的自我通信也使得整体抗干扰能力大大增强。

14.2.2　组合导航系统

各种导航系统有各自的优点也存在各自的不足，例如，惯性导航系统提供的参数主要是位置、速度和姿态，它自主性强，隐蔽性好，精度高，纯惯导系统已能满足中近程飞行的点到点之间的导航精度要求，但由于其存在随时间而增大的积累性误差，还不能满足远程、长时间航行，以及侦查、精确投弹、变轨等高精度要求。无线电定位系统的定位精度不受使用时间的影响，但它的输出信息主要是载体位置，对精确导航来讲，定位精度也不够高，且工作范围受地面台搜盖区域的限制；多普勒导航系统与惯导系统一样，同属航位推算类，从得到的地球信息去推算位置，误差当然也是积累的。GPS 全球定位系统的特点是定位和测速精度高，几十米以内的定位精度以及基本上不受时间、地区限制的特点，使得 GPS 在航行载体导航系统中属佼佼者，但是，载体的飞行动作，以及不能保证 100％无故障率的空间卫星结构，总要影响 GPS 接收机对 GPS 信号的接收，且 GPS 接收机输出信号的更新频率一般为 1～2 Hz，有时不能满足载体飞行控制对导航信号更新频率的要求，致使在航行载体上单独使用 GPS 接收机的方案受到限制。将载体上安装的几种导航系统综合起来，组成综合导航系统，能取长补短、综合发挥各种导航系统的特点，提高导航信息精度。

现代组合导航系统除引导飞机航行外，还要为飞机上的其他系统，如，侦察、测量、武器发射等系统提供精确的位置、运动速度、载体姿态等导航信息，计算机技术与控制技术的结合应用，加上各种导航仪器系统（GPS 系统，无线电、多普勒雷达导航系统，惯导系统），就能自动完成这些特定的任务，也就组合成不同特点的现代组合导航系统。

(1) GPS/惯性组合导航系统

惯性导航系统导航定位误差随时间增长，因而难以长时间独立工作。GPS 全球定位系统是一种高精度的全球三维实时导航的卫星导航系统，但由于（18＋3）的星座对地球覆盖不完善，特别在中纬度地区，存在着所谓“间隙区”。当飞行器的机动超过 GPS 接收机的动态范围时，接收机会失锁而停止工作，或者因动态误差太大，超过允许值，不能使用。另外，当用在无人驾驶的飞行器上时，由于GPS接收机数据更新频率低（一般每秒一次），因而难以满足实时控制的要求。

GPS/惯性二者组合后，克服了各自缺点，取长补短，使综合后的导航精度高于两个系统单独工作的精度。组合后的导航系统优点表现为：对惯导系统可以实现惯性传感器的校准、惯导系统的空中对准、惯导系统高度通道的稳定等，从而有效地提高了惯导系统的性能和精度；而对GPS全球定位系统，惯导系统的辅助可以提高其跟踪卫星的能力，提高接收机的动态特性和抗干扰性。GPS/惯性组合导航系统还可以实现一体化，把GPS接收机放入惯导部件中，这样使系统的体积、重量和成本都可以减小，且便于实现惯导和GPS的同步，减小非同步误差。总之，GPS/惯性综合可以构成一种比较理想的导航系统，是目前导航技术发展的主要方向。

(2) 多普勒/惯性组合导航系统

多普勒雷达是一种测速系统，因此，多普勒/惯性组合导航是一种速度综合模式。采用线性卡尔曼滤波器的结构，状态方程以误差量作为状态，量测值则是惯性速度和多普勒速度的差值。这样，状态方程和量测方程都是线性方程，所以滤波器是线性滤波器。在这种综合结构中，惯导系统仍独立工作，综合滤波器只对其误差进行估计，用估计的误差对惯导进行校正。这种结构对滤波器的实时性要求较低，一旦滤波器发生故障，惯导仍工作。

(3) 惯性/位置信息最优组合导航系统

惯性/位置信息最优组合导航系统，也称VOR/DME/惯性综合导航系统。在VOR/DME信号覆盖区域内，利用VOR/DME近距无线电定位系统的信息和惯导系统综合，可提高飞机区域导航或着陆前进场所需的导航信息的精度。由于VOR或DME信息的误差与各自地面台和机载接收机的误差和噪声有关，所以综合方式都是直接利用VOR接收机测量的方位角或DME机测量的斜距与惯导综合。

(4) 罗兰/惯性组合导航系统

罗兰导航是一种双曲线定位的导航系统，它也可以工作在测距工作状态，当把罗兰系统和惯性导航系统组合时，根据罗兰系统的工作状态不同，其和惯导的组合方式也不同。当罗兰系统工作在双曲线导航状态时，其和惯导的组合就属位置组合模式。当罗兰系统工作在测距工作状态时，其和惯导的组合就类似于GPS/惯导综合系统中的伪距组合模式：伪距组合模式，本质上也是一种位置组合。因此，罗兰/惯性组合和多普勒/惯性组合相比，它可以消除惯导系统位置误差随时间增长的性质，使组合后的位置误差变为有界的，因而更适用于长时间工作的情况。

(5) 天文/惯性组合导航系统

在众多的组合导航系统中，由于天文/惯性组合导航系统具有很高的导航精度和自主导航能力，因而在导航技术中占有重要的地位。由于天文导航是种高精度、自主式的导航手段，将它与惯导系统组合便可构成一种高精度导航系统。此外，惯导系统的方位初始对准是一项极其困难而又费时的步骤，而利用星体跟踪器观测星体方位角经计算可获得真航向，用来调整平台的方位。20世纪60年代起，在远程超声速飞机上开始应用天文/惯性系统的组合，用以保证定位与航向方面的精度，并使之符合空中走廊的要求。

导航精度对于导弹核潜艇尤其重要，它上面安装的是最先进、最精确、最可靠的导航设备，代表了导航技术的最高水平。核武器有效作用范围是受立方根规律支配的，导弹命中精度提高 10 倍相当于核弹威力增加 1 000 倍。例如“乔治·华盛顿”号导弹核潜艇上就装有惯导系统与星体跟踪器(含计算机)等导航设备。作为三大战略武器之一的战略导弹也采用了天文/惯性制导系统,战略轰炸机也装置了以惯导为主,加上了多普勒和天文构成的组合导航系统。

14.2.3　民用飞机导航系统

为保障空中交通安全并高效运行,全球范围内,民用航空正向通信、导航、监视/空中交通管理(Communication Navigation Surveillance / Air Traffic Management,CNS/ATM)空域体系结构发展。CNS/ATM 显著特点是地空、空空数据链通信能力强,导航由航路导航变为区域导航,监视有地面雷达监视过渡到自动相关监视,即飞机通过数据链自动向地面航管中心和周围飞机报告其当前位置等信息,使其具有监视周围空情的能力,为未来的自由飞行打下基础。导航系统是 CNS/ATM 的核心系统,它引导飞机沿规定的航线,安全、按时、准确地从一点飞到另一点。为此,导航系统必须在任何飞行时间和各种飞行环境下具有下述功能。

① 给出高精度的定位信息(时间,经度、纬度、高度)。

② 获得必要的导航要素如速度姿态航向、风速/风向及周围空情态势等。

③ 引导飞机按预定计划飞行。

④ 所需导航性能(RNP)和实际导航性能(ANP)估计。

此外,为满足民机的安全飞行及经济性,要求导航系统工作可靠,配置经济、合理、少维护且维护方便、快捷。

除了对导航系统的功能要求外,还有性能要求。根据国际民航组织(International Civil Aviation Organization,ICAO)最新颁布的要求,对导航系统的性能要求体现在导航精度、完好性、连续性和可用性等几个方面。以航路/终端区飞行阶段的导航性能要求为例,其导航精度(95%)要求:海洋与边远陆地导航精度满足 4 海里(1 海里=1.852 公里),其他航路巡航阶段满足 1~2 海里。起飞、下降及终端区域满足 0.3~1.0 海里,进近阶段满足 0.1~0.3 海里;完好性要求:导航精度超过上述规定的容值两倍而被检测的概率小于 10^{-5}/h(飞行小时);连续性要求:飞行过程导航精度超出规定的容值两倍,即出现丧失规定的导航能力的概率应小于 10^{-4}/h(飞行小时)。

表 14.2.1 列出了现代民用客机常用的导航设备及其功能、性能特点。

表 14.2.1　常用导航设备及其功能和性能

序　号	设备名称	功能描述	主要性能
1	大气数据系统(ADS)	感受飞机飞行环境条件和飞行使用数据	
2	惯性基准系统(INS 或 IRS)、姿态航向系统(AHRS)	利用磁力、重力、惯性力感测飞机加速度、角速度、姿态、航向、速度、经纬度等信息	AHRS 航向:2.0°,横滚、俯仰:0.5°;INS 位置:0.8 n mile/h,速度:1 m/s
3	仪表着陆系统(ILS)、微波着陆系统(MLS)、GPS 着陆系统(GLS)、多模接收机(MMR)即上述 3 种系统的三合一接收机	进场、着陆和滑跑期间向飞机提供引导信息	MLS 角精度:0.017°,分辨率:0.005;GLS 定位精度优于±1 m

续表 14.2.1

序 号	设备名称	功能描述	主要性能
4	自动定向仪(ADF)、甚高频全向信标(VOR)、测距仪(DME)、无线电高度表(RA)、指点信标(MKR)	提供飞机相对导航台的方位、距离信息,确定飞机位置	ADF:优于 0.9°; VOR:2°; DME:3%; RA:±0.3 m 或 2%
5	飞行管理系统(FMS)	导航数据综合、实际性能评估、航路规划与管理	
6	电子飞行仪表系统(EFIS)	显示飞行指引、导航和系统咨询信息	
7	空中交通告警和防撞系统(TCAS)、气象雷达(XWR)、近地告警系统(GPWS)	提供飞机周围空情态势感知、回避与报警	

显而易见,要全天候、全程满足上述导航功能和性能要求,任何一种单一的导航设施都难以做到。因此,对民机导航系统而言,无论是其功能的实现,还是其导航性能的保障,导航信息应该是多源的。从功能实现的角度看,导航系统应由惯性系统、大气数据系统、无线电导航系统、气象雷达、着陆引导系统、雷达高度表、显示指引系统等构成,而从保障导航性能的角度。为确保导航信息的完好性与连续性,各导航分系统需双套甚至多套配置。

由于惯性系统提供的航向姿态、加速度和角速率等信息是飞行控制系统的关键信息,因此惯性导航系统的冗余设计成为大型飞机导航系统的核心技术之一。从未来新航行系统的发展趋势来看,最终的导航模式是卫星导航、惯性导航和大气数据系统的综合导航,同时兼顾已经建立起符合统一技术和运行标准的完备的陆基无线电导航台网络,通过多种导航手段的合理配置,以大气惯性/卫星组合导航为主,以陆基无线电导航为辅,形成当一个重要子系统故障时,导航系统仍能正常工作,两个重要子系统故障时仍能保证飞行安全,即故障/故障/工作或安全的综合导航系统,以确保大型飞机任务使命的完成。图 14.2.3 所示为当前国内外大型民用客机导航系统的常规配置方案。

为保证国际通航,ICAO 制定了民机导航系统的架构种类和统的性能规范,典型民机导航系统一般采用双套配置架构,如图 14.2.3 所示。随着电子技术的飞速发展,导航系统局部的小型化、综合化也得以体现。以美国 Northrop Grumman (Litton)公司和 Honeywell 公司为代表的将惯性系统/大气数据模块/GPS 集成到一起,提高综合化程度,构成一个载机中心信息源,不仅完成导航功能,同时可以替代原来独立的陀螺、加速度计等传感器组件,为飞行控制系统和飞行管理系统提供完整信息。此外通过惯性器件余度结构配置或系统级的余度配置技术及多种导航手段的信息融合技术,达到系统容错工作,推迟系统维护间隔,提高飞机出勤率和装备的效/费比。

冗余惯性技术的发展始于 20 世纪 60 年代。惯导系统的余度设计方案根据冗余的范围可分为整系统冗余和单表冗余。整系统冗余是指实现冗余的部件本身构成了系统,可以独立完成系统的工作任务。对于捷联惯导系统,除上述的系统级冗余配置方式之外,还可以通过采用多个敏感元件,并对它们实现最佳配置来构成元件级冗余系统。如霍尼韦尔公司为波音

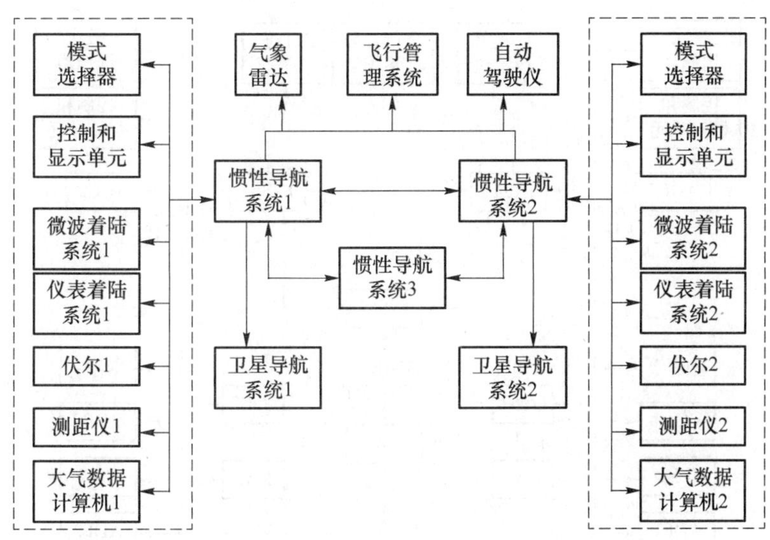

图 14.2.3　导航系统常规配置

B-777飞机研制的 6 个陀螺综合大气数据的捷联惯性基准系统中，采用了 6 个斜置的 GG1320 小型激光陀螺，其容错能力与四套常规惯性基准系统相当，而体积只比一套常规系统稍大一些。系统中的加速度计也做同样的配置。该系统的冗余管理模块通过传感器输出数据构造奇偶向量来诊断并隔离所有的软故障和硬故障。

冗余惯性导航系统的应用范围主要集中于航天和航空等可靠性极高的领域。在航天领域，阿波罗 13 宇宙飞船采用了捷联系统 LM/ASA 作备份。在平台惯导失效的情况下，通过捷联惯导进行导航，使飞船得以平安地返回地球。美国的航天飞机采用了三套常用的四环平台惯导实现系统级冗余。

冗余惯性导航系统在航空领域的应用更为广泛。目前国际航线上使用的空客和波音公司的民用飞机惯导系统，均采用了两套或三套惯导系统来提高其可靠性。

1. A-320 机型

A-320 的导航系统由双套陆基无线电导航和 3 套惯性/大气数据/GPS 的配置架构。惯性导航系统采用 Northrop Grumman 的 LTN-101 FLAGSHIP 无抖动激光陀螺惯性/大气数据/GPS，具有 GPS 自主完好性监控外推(Autonomous Integrity Monitoring Extrapolation，AIME)技术，可在全球范围内一天 24 h 提供 0.3 海里(1 海里=1.852 公里)的导航精度。A-320 机型的导航系统构成如图 14.2.4 所示。

LIT-101F 的主要性能指标如下。

① 体积与重量：

大气数据惯性基准装置(ADIRU)：4MCU，12.3 kg(3)；

(LTN-2001)GPSSU：2MCU，3.6 kg(2)；

ADM：145 mm×97 mm×53 mm，2.4 kg(8)；

② 性能(具有 AIME 功能)：精度 100 m(95%的时间)，可靠性>15 000 h 无故障工作时 MTBF。

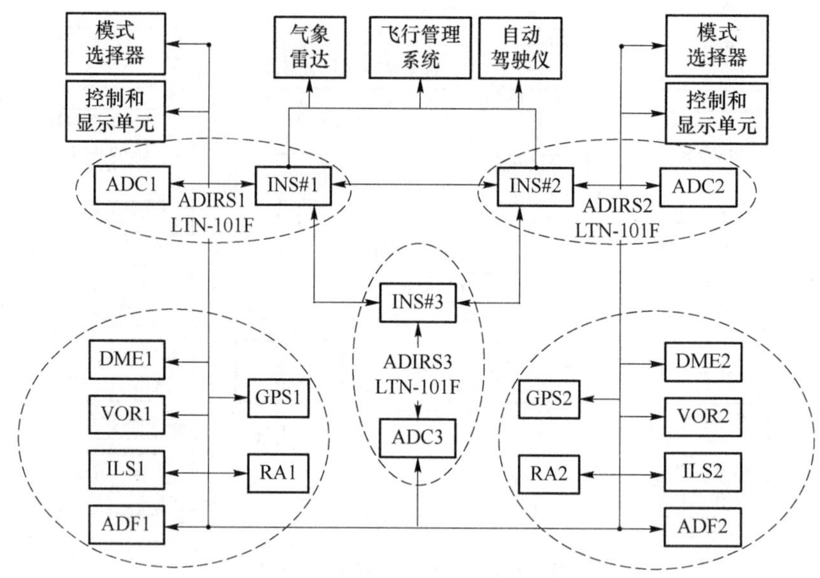

图 14.2.4 A－320 机型的导航系统构成

2. B737NG 机型

B737NG 导航系统的配置基本同 A－320，其中惯性系统采用了 3 套（同一个机箱）Honeywell 的以激光惯性参照系（laser inertial reference system）（激光陀螺腔长 34 cm）为特征的大气数据和惯性基准系统（ADIRS），向显示系统和自动飞行控制系统提供姿态、线加速度、速度、角速率、磁航向等导航信息。其主要技术性能指标如下。

体积：4MCU 或 10MCU；

重量：12.24 kg(4MCU)，19.5 kg(10MCU)；

功耗：44 W(4MCU)，86 W(10MCU)；

精度［10 h（飞行小时），95％圆概率误差（CEP）］：位置 2 海里/小时，速度 12 节（1 节＝1 海里/小时＝1.852 公里/小时）；

自测试：BIT（初始＋连续）95％（95％置信度）；

可靠性：＞5 000 h MTBF（实际达到 20 000 h）。

导航系统配置构成如图 14.2.5 所示。

3. A－380 机型

A－380 采用 Northrop Grummn 公司的 3 套 LTN－101E（GNADIRU）光纤陀螺微机械加速度计惯性系统/大气数据模块/GPS，该系统与 LTN－101 FLAGSHIP（激光）兼容，同样采用 GPS 的自主完好性监控外推技术，在全球范围全天候提供 0.1 n mile 的导航精度，满足 RNP 的导航与进场要求。此外，该系统可靠性提高 4 倍，MTBF 达到 50 000 h，重量与功耗也显著降低。此外构成导航系统的有两套多模接收机 MMR、两套 VOR/DME、三套 RA，两个综合备份仪表（航向、姿态、大气数据），如图 14.2.6 所示。

LTN－101E 主要参数。

体积与重量：4MCU，7.7 kg；

性能（具有 AIME 功能）：精度 15 m（带 AIME 的 95％运行时间内），有效性 100％（24 颗

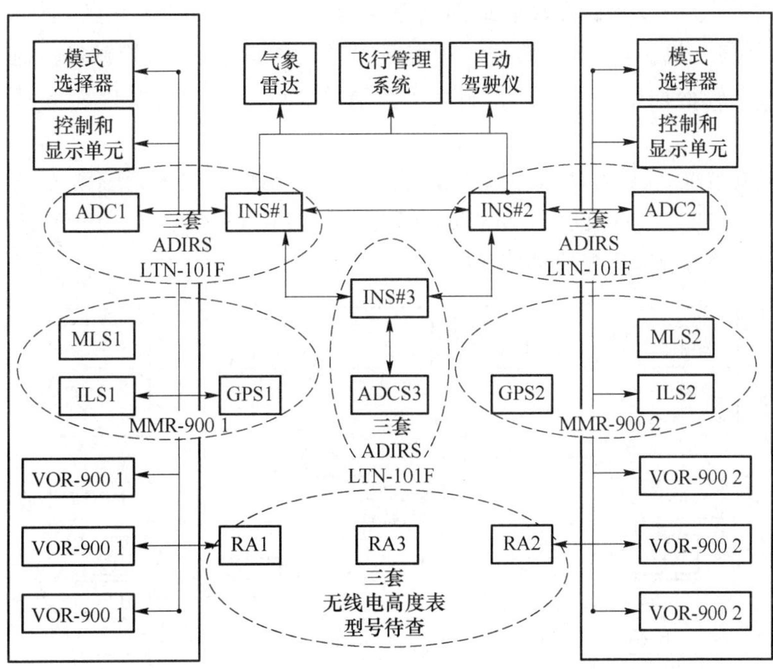

图 14.2.5　B737NG 导航系统构成

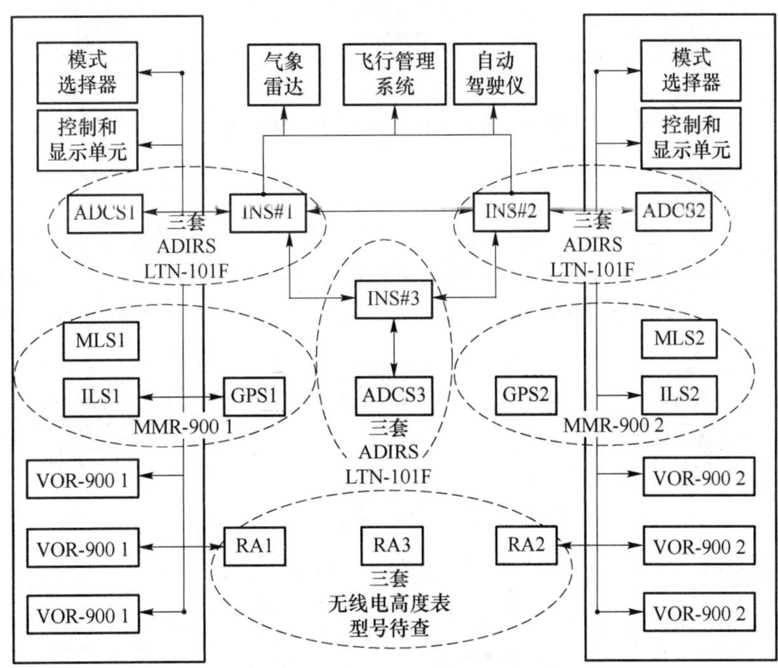

图 14.2.6　A－380 导航系统构成

星)，可靠性＞50 000 h MTBF，对准时间＜10 min。

4. B－787 机型

作为 B－787 标准化飞机设计的一部分，B－787 驾驶舱装配了一整套先进的导航与通信无线电设备及航空电子设备。在没有地面助航设备的情况下，B－787 能够通过点到点的方式着陆到跑道的任何一端。B－787 驾驶舱中集成了开放式构架设计，能够轻松地升级。B－787 的驾驶舱设计，能轻松地融合未来的管制要求与通信、导航、系统与空中交通管理等领域的先进技术。

B－787 导航系统有两套 Honeywell 公司的 CIMS/MMS（包含两套激光陀螺大气惯性参考系统 ADIRS，ADF、VOR/DME、MMR），两套光纤航姿（AHRS）作为激光惯性参考系统的备份，两套无线电高度表，其配置如图 14.2.7 所示。

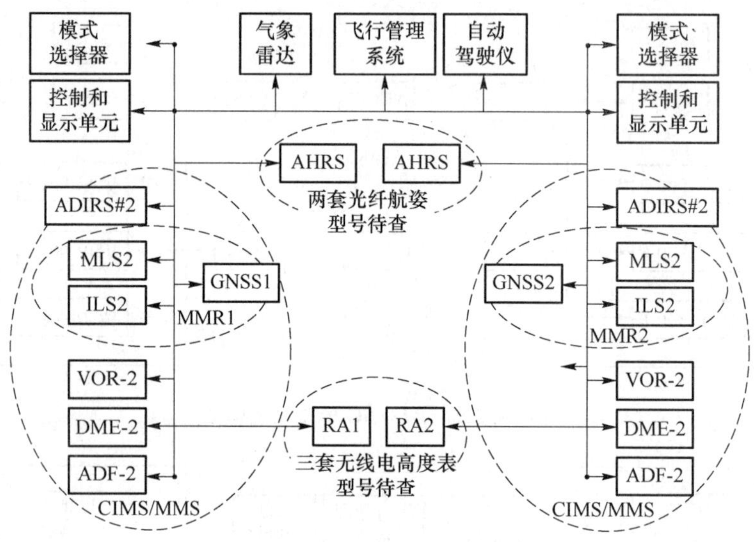

图 14.2.7　B－787 导航系统构成

5. ARJ－21 飞机

国内民机领域中主要是以采购国外产品为主，如新舟 60 配置了 AHRS（如 Rockwell Collins 的 AHS－3000A 或 AHRS－85）和 GPS 的导航系统。ARJ－21 飞机导航系统的构成如图 14.2.8 所示，图中惯性系统配置方案是两套 AHRS 航姿系统或两套 IRS 惯性基准系统。

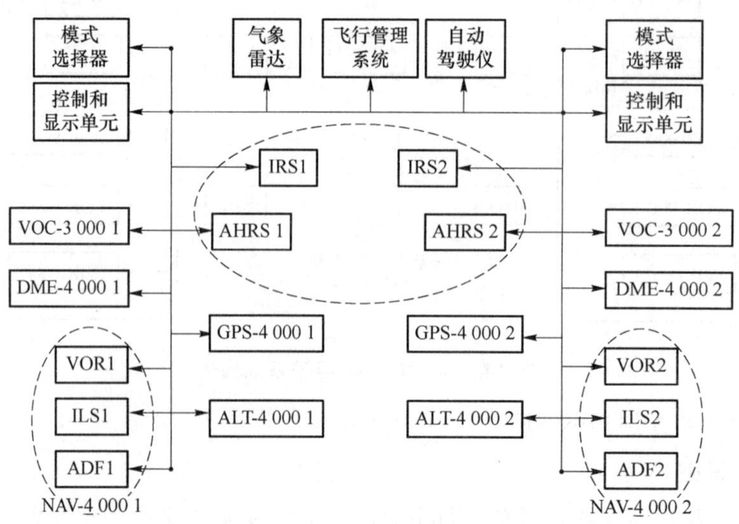

图 14.2.8　ARJ21 导航系统构成

14.3　机载燃油测量系统

飞机燃油测量是飞机燃油系统的核心功能，主要是通过各种传感器的测量及解算，得到燃油的质量特性，如重量、重心、油面角、温度等，并将测量结果输送给燃油管理系统，实现对燃油的加放油控制、供输油控制、燃油的重心管理、发动机的热管理等多项功能。燃油测量的精确度还直接影响了飞行性能和民用客机的经济性，因此，提高飞机燃油测量的精度非常重要。本节先介绍燃油系统的组成，之后着重介绍燃油测量系统组成及功能、燃油测量系统硬件及燃油测量解算方法。

14.3.1　燃油系统组成

燃油系统的功用是储存燃油，并保证在各种飞行高度、飞行姿态下，按发动机所要求压力和流量向发动机持续不间断地供油。随着飞机地不断发展，飞机的体积、飞行距离、飞行高度不断增加，燃油系统也从最初的提供燃油和燃油测量功能逐步发展到了具有燃油存储、燃油测量、加放油控制、供输油控制、热负载管理、通气增压控制、故障诊断的多功能综合管理系统，各个功能之间又存在了互相依存，互相依赖的关系（见图 14.3.1）。例如，加放油控制和供输油控制是以精确的燃油测量为基础的；通气增压控制是为了保证油箱对外的正向压力，使得供输油控制能够正常进行；热负载是以燃油作为冷媒，为飞机其他机电系统降温，保证它们良好的工作性能；故障诊断则是贯穿于测量、控制的各个环节，保证系统的安全运行。

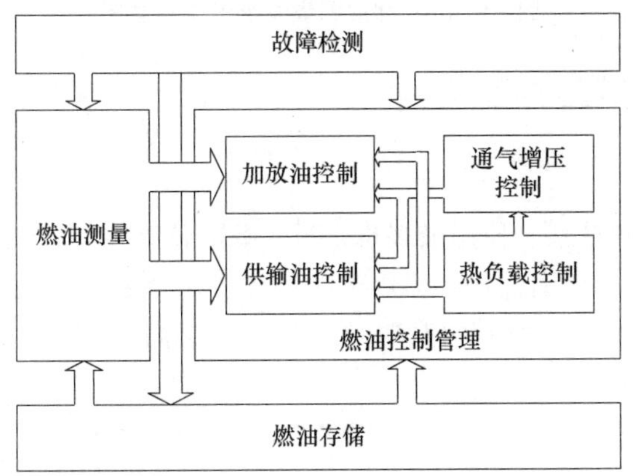

图 14.3.1　燃油系统组成

从燃油系统各部分组成的关系上可以看出，燃油测量和燃油控制管理是燃油系统的核心组成部分。燃油控制管理系统信号来源于燃油测量，因此燃油测量也就成了燃油系统运行的基础。

14.3.2　燃油测量系统组成及功能

图 14.3.2 是燃油测量系统组成示意图。燃油测量系统主要由油位测量传感器、密度测量传感器、燃油测量与处理任务计算机和油量显示等部分组成。燃油管理计算机根据各油箱内传感器的测量值和来自飞机总线的飞机姿态和加速度信号，通过分析和计算得出各油箱及飞

机总的燃油质量特性数据(包括燃油重量、重心和惯性矩等),燃油量信息在驾驶舱油量表及加油控制板上的油量表上显示,燃油质量特性数据还作为加油控制、输油控制依据。燃油测量系统的基本工作过程为:首先由油位测量传感器测量出油箱中的油面高度,测量任务计算机利用油面高度、飞行姿势和存储在内部的油箱数学模型等信息,计算出对应的燃油体积,结合燃油密度传感器所测得的燃油密度,即得油箱所载燃油的质量,燃油测量任务计算机将燃油质量通过数据总线传给座舱显示系统和飞行管理任务系统等。

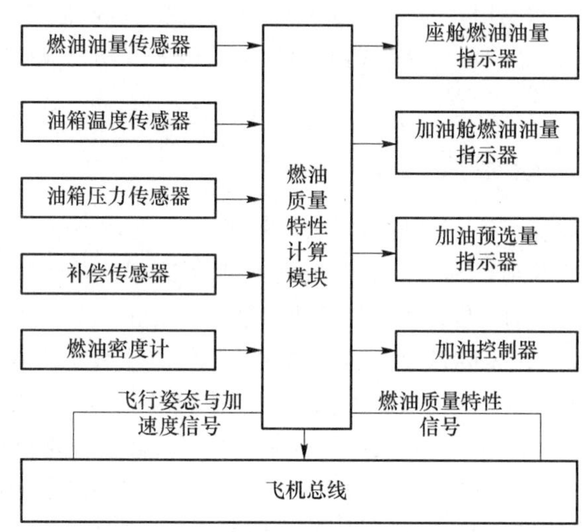

图 14.3.2　燃油测量系统组成示意图

14.3.3　燃油测量系统硬件

1. 传感器

燃油油量传感器是测量系统使用最多也是最主要的传感器,其主要分为耗量传感器(如涡轮式油量表)和油位传感器。油位传感器用于测量飞机剩余油量。现在油位传感器主要有电容式、超声波式和磁致伸缩式油位传感器,使用最为广泛的是电容式。相关传感器已经在第12.3节中做过介绍。

2. 燃油测量计算机

当油量测量单元单独由一个计算机来实现时,此计算机便是燃油测量计算机,它是整个燃油测量系统的中心,担任着数据处理、指令产生、控制总线通信等任务,相当于整个测量系统的大脑。其主要功能可分为如下四个部分。

① 接受前端数据采集单元的输入;

② 经过一定算法计算出燃油的各个质量特性;

③ 控制通信总线(如 ARINC429、1553B 等)按照通信协议对外进行数据交互;

④ 与加油面板进行交互,获取加油指令、加油参数,并输出显示。

燃油测量计算机组成如图 14.3.3 所示。测量计算机的硬件结构与一般的嵌入式计算机相似,包含 CPU、内存、硬盘、输入输出设备等基本组成部分,软件上根据处理数据的规模和算法的复杂程度,有使用实时操作系统和不使用操作系统的。

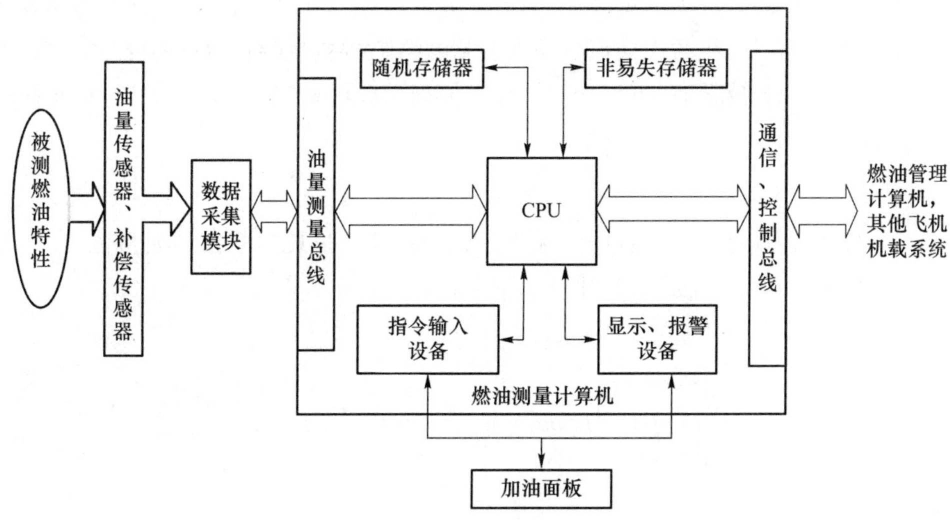

图 14.3.3　燃油测量计算机组成框图

3. 燃油测量系统总线

总线用于燃油系统同其他的机载系统的信息交互，随着飞机地不断发展，要处理的信息越来越多，要求的速度也越来越快，实时性不断提高。最有代表性的航空总线为 20 世纪 80 年代由美国公布的 MIL－STD－1553B、ARINC429 总线标准。

在波音 777 上的燃油量测量系统（FQIS，Fuel Quantity Indication System）中，使用了超声波油位测量单元，其与信息处理模块，以及燃油量检测处理单元（Fuel Quantity Process Unit，FQPU）与其他设备之间的总线采用的是 ARINC 629 总线，而综合加油面板（IRP）与 FQPU 之间由 ARINC 429 相连。加油、应急放油阀的操作也是由电气负载管理系统通过 ARINC 629 控制的。ARINC 629 总线的工作速度达到 2 MHz，与 STD－1553B 总线不同的是它不需要总线控制器。

14.3.4　燃油测量解算方法

因为飞机中的油箱是不规则的，所以，在获得了燃油油位信息之后，燃油测量系统还需要利用具体的测量算法才能够得到燃油的各个质量特性，不同的测量算法得到的测量效果如准确度、实时性不同。

利用油量传感器计算燃油体积时，往往有以下几种方法。

1. 多维查表法

对于一定的油箱及传感器位置，在考虑俯仰角 α、滚转角 β 的影响时，油量 V 是飞机姿态角 α、β、油面高度 h 的函数，$V=f(\alpha,\beta,h)$，这是一个多元的非线性函数，找到它的精确解析式是非常困难的。在数字式系统中，一个非常有效的办法是采用列表的方法来描述它。通过对此三元列表函数进行三维线性插值，来得到其函数的逼近值并进行非线性补偿。在表格中存放的是 $V=f(\alpha,\beta,h)$ 某些离散点上的精确值，这些离散点为插值基点，对于其他点，则根据所在的插值区间进行线形插值。表格的建立一般利用 CAD 对油箱模型在各个姿态下进行切片叠加法来确定任意姿态高度下的剩余油量，有研究者介绍了在切片法中步长的选择方法和油量计算方法以及介绍了二维线性插值以及在表格建立后根据线性度来进行表格的数据压缩。一个油箱内存在多个传感器时，可以在每个传感器周围区域划定虚拟的油箱空间，最后将所有虚拟空间的油量相加。

2. 最小二乘参数估计

最小二乘参数估计是利用飞机的实际飞行数据和发动机耗油管路的质量流量计（耗量传感器）推算出当时的剩余油量。首先建立如下方程：

$$\begin{pmatrix} Y \\ \vdots \end{pmatrix} = \begin{pmatrix} 1 & Probe & \boldsymbol{\Phi} & \theta & Jx & Jz \\ \vdots & \vdots & \vdots & \vdots & \vdots & \vdots \end{pmatrix} = \begin{bmatrix} c1 \\ c2 \\ c3 \\ c4 \\ c5 \\ c6 \end{bmatrix} \tag{14.3.1}$$

式中，Y 为剩余油量；$Probe$ 为燃油传感器输出；$\boldsymbol{\Phi}$，θ 为飞机俯仰角和滚转角；Jx，Jz 为飞机的转动惯量；$c0 \sim c6$ 为待估计的参数；方程的个数为 N。利用最小二乘估计，得到 $c0 \sim c6$ 的参数值，用这些参数来计算剩余油量 Y。

3. 神经网络方法

油箱内燃油的油量计算是一个多输入，单输出的非线性系统，为解决其非线性问题，将偏最小二乘法应用到飞机油箱油量估计系统的神经模糊建模过程中，很好地解释了测量系统，达到很高的精度。结果显示出神经网络在解决飞机油量测量中的良好性能。

神经网络的输入由油箱内参与测量的传感器种类、数量决定，包括油位传感器的输出、燃油密度计的输出、燃油介电常数、油箱内温度等。神经网络权值的训练原则是平均方差最小。与前两种方法比较神经网络具有更高的精度，但由于神经网络等人工智能方法缺乏数学上严格地证明，无法排除其潜在的不安全因素，是其在航空航天应用的一大瓶颈。

燃油测量中，由于实际飞行中各个环境数据不断变化，引起燃油特性的改变，需要引入大量的补偿，包括飞行姿态补偿，燃油密度补偿，介电常数补偿，飞机油箱形变补偿，飞机加速度（转动惯量）补偿等。飞行姿态的补偿一般体现在飞机油量体积的计算方法上，如建立表格、神经网络参数估计。而燃油密度和介电常数的补偿可以在油箱内安装密度计和介电常数补偿传感器，或者由介电常数和油箱内温度经过理论公式推算得到，但这种理论推算由于没有考虑其他环境的变化和非线性，会引入一定的误差。在一些战斗机上，由于战机的机动性较高，加速度较大，即使飞机姿态不改变，但是加速度很大也会引起油箱内燃油面的变化，所以在燃油测量中可考虑飞机的转动惯量的影响，将其作为测量系统输入的一部分来计算。在大飞机中，飞机油箱载油量巨大，燃油的重量变化必然会引起油箱的变形，影响燃油传感器测量的准确性。对油箱变形的补偿一般应用耗油法进行测量，即在发动机耗油管路中加入燃油流量计，来计算消耗的油量，从而精确地得到剩余油量。耗油法测量一般应用在测量整机燃油量上。

14.4　机载综合显示系统

14.4.1　机载仪表与显示系统

为了保障飞机的安全操纵和飞行，飞行员需要通过仪表与显示系统实时了解飞机的状态。无论航空仪表与显示系统是模拟式还是数字式，航空仪表与显示系统一般分为三类：性能仪表、控制仪表和导航仪表。

(1) 性能仪表(performance instruments)

性能仪表用于指示飞机的真实性能参数，直接反应飞机所能达到的性能。性能是由高度表、空速表或升降速度表、航向指示器、转弯侧滑仪等仪表的参考值综合确定。其他常见的性能仪表还有航向指示器、攻角指示器、侧滑斜滑指示器等。

(2) 控制仪表(control instruments)

控制仪表实时显示姿态和动力变化。控制仪表经过校准，允许进行精确的增量调节。显示飞行姿态的控制仪表是姿态指示器，控制仪表不指示飞机速度或高度等性能变量，飞行员要想获取这些性能参数，只能参考性能仪表。

(3) 导航仪表(navigation instruments)

导航仪表指示飞机的相对位置，包括各种类型的航线指示器、航程指示器、下滑信标指示器和方位指针。导航仪表由卫星定位系统、甚高频全向无线电信标、全向信标和仪表着陆系统组成，用于指示飞机相对于具体的地面导航设施或固定点的位置。导航仪表同时提供领航信息，引导飞机做出机动动作以保持沿着预先装订好的航路飞行。

早期仪表与显示系统都是分立式的，每个仪表只能显示一个或几个信息。随着电子和计算机技术的不断进步，新型飞机采用更先进的仪表与综合显示技术显示融合信息。

综合显示的含义是：在进行某种状态的飞行时，飞行员可以在有限的视域内，依靠一个或几个显示器，及时地获得有关飞机本身和它所处环境的各种必要而又充分的信息。

综合显示器并不是显示出所有的信息，它只显示此时此刻飞行员最需要的一组信息，那些与飞行状态关系不大的参数应当暂时消隐，即按时间分配与显示信息。如在起飞或进场着陆或超低空飞行时，驾驶员应当从低空测量性能较好的无线电高度表获得真实高度信息；而在高空巡航阶段，驾驶员则是从大气数据系统获得气压高度信息。在传统的仪表板显示系统上，对信息的选择工作是靠驾驶员的扫视与判断；对于综合显示仪表来说，对信息的选择工作则是系统按照不同的飞行阶段，自动或半自动进行的。

以往传统的空分制仪表显示器在使用中存在的一个突出问题是：仅在很小或极小比例的飞行时间内使用，而却在 100%的飞行时间内占据着仪表板上的某个部位，如刹车压力表、起落架位置指示器等。综合显示技术的应用，成功地解决了这一难题。

航空电子综合显示装置是基于数字计算机的电子化、数字化字符—图形显示设备，它使所显示的信息更加准确、形象直观和易辨易读。目前，电子综合显示仪表的缺点是造价比较高。在使用电子综合显示仪表的飞机上，为了提高可靠性和安全性，仍须安装某些关键性的传统仪表(如高度表、空速表、航向仪表等)作备用。随着电子综合显示仪表的发展，座舱仪表板的组成也发生了彻底的变革，先进的座舱仪表板只包括 3～4 个平板式多功能显示器和少量的备用仪表。

早期的飞机仪表板采用的是机械式显示器，由于不易综合显示，大多数是单一功能仪表，所以在座舱仪表版上装有许多仪表(见图 14.4.1(a))。将飞行员所需的主要飞行仪表按“T”形布局的形式装在飞行员正前方的仪表板上，如图 14.4.1(b)所示。

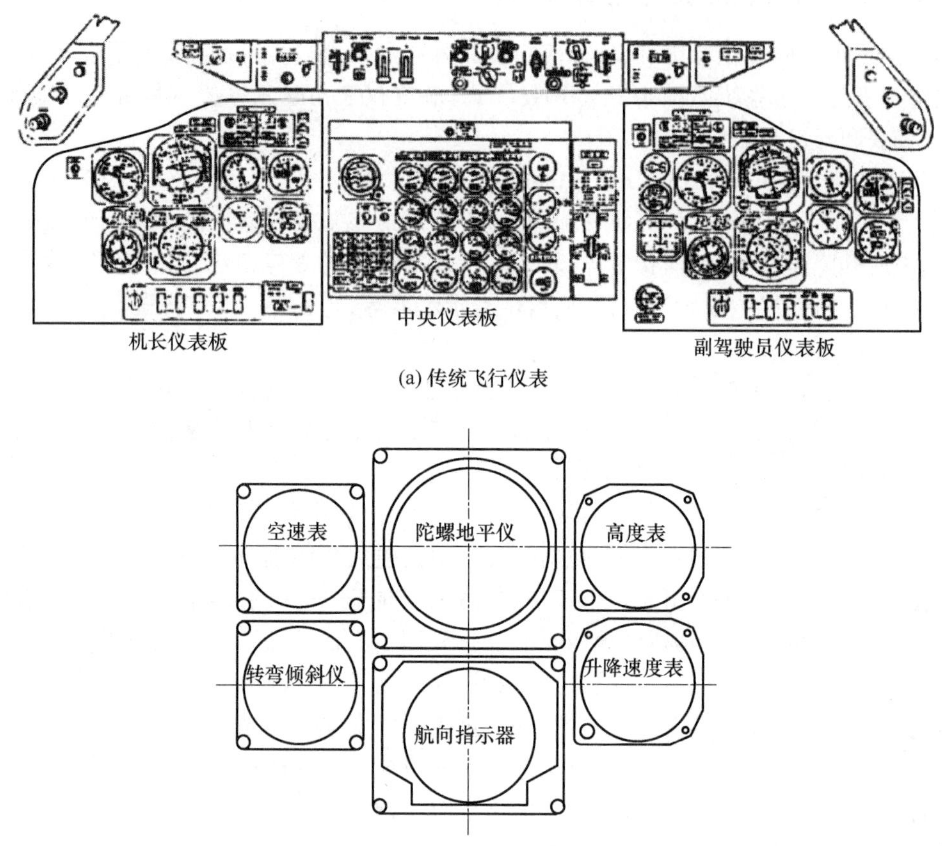

(a) 传统飞行仪表

(b) 飞行仪表布局

图 14.4.1　机械式飞行仪表板

指示飞机姿态的陀螺地平仪作为最重要的飞行仪表放在驾驶员正前方主仪表板正中间的上方位置。空速表、升降速度表和高度表的指示与陀螺地平仪的俯仰指示有关，也属驾驶员最常观察的仪表，安放在陀螺地平仪的两旁和下侧。航向指示器位于陀螺地平仪的下方。指示飞机转弯倾斜的转弯侧滑仪排列在左下方。

美国波音 757/767 型和欧洲 A－310 型客机于 1982 年秋和 1984 年初先后采用电子综合显示器；随后，F－16 和波音 757、767、747－400 以及 A－320 等客机均采用了电子综合显示器。而波音 777 型客机则代表了 20 世纪 90 年代初的先进飞机仪表板。图 14.4.2 是波音 777 型客机的仪表板布置图，各部分介绍如下。

1. 主仪表板

主仪表板主要由 5 个彩色液晶平板显示仪组成。在正副驾驶员前方各装有两个相同的主飞行显示仪和导航显示仪。中央一个是两个驾驶员共用的发动机指示与空勤告警系统显示仪。在主仪表板左、右两侧各装有一个可供选用的侧面平板液晶显示仪。一般，在两个驾驶员

A—在舱顶有冷却的发光二极管(LED)照明开关、照明板和照明亮度主控制器；B—飞行轨迹角与工作模态可选择的三通道自动驾驶仪控制板；C—彩色液晶平板显示仪 (LCD)；C_1—主飞行显示仪 (PFD)；C_2—导航显示仪 (ND)；C_3—发动机指示与空勤告警累统 (EICAS)；C_4—多功能显示仪 (MFD)；C_5—可选用侧面平板液晶显示仪；C_6—备用飞行仪表；C_7—飞行管理控制显示仪 (MCDU)；D—触敏光标控制装置；E—全尺寸打印机；F—管理台

图 14.4.2　波音 777 型客机的仪表板布置图

之间的油门杆等的中央控制板上，装有几个飞行管理显示仪(如，波音 777 的仪表板布置)。

2. 中央控制板的显示仪

中央控制板上的显示仪有一个多功能显示仪 C_4 在油门控制杆前方，它的两侧各装有一个飞行管理控制显示仪 C_7，第 3 个飞行管理控制显示仪装在打印机前方。3 个飞行管理控制显示仪的外形特点是：在显示屏周围和下方装有功能键、数字键、键盘等，它们占用一半以上的表盘面积。两个触敏光标控制装置 D，分别给正副驾驶员使用，还有一个打印机 E，供机组人员共用。触敏光标控制装置、键盘和打印机是计算机输入/输出装置，显示仪表是计算机的显示屏。

3. 飞机信息管理系统

图 14.4.3 是波音 777 飞机信息管理系统(Airplane Information Management System，AIMS)的结构图，将主飞行显示仪和导航显示仪统称为电子飞行仪表系统(Electronic Flight Instrument System，EFIS)，仪表板左、右各一套，各自配有控制板。发动机指示和空勤告警系统(Engine Indication and Crew Alerting System，EICAS)图中有两个，一个为主(primary EICAS)，另一个为辅(secondary EICAS)；在主仪表板上只装一个，另一个装在飞机工程师仪表板上。两个发动机指示和空勤告警系统共用一个控制板。每三个显示仪共用一个远距照明传感器，用于调节彩色液晶显示仪的显示亮度。两个光标控制装置和左、中、右三个飞行管理控制显示仪(MCDU)都和图 14.4.2 相同。只有一个多功能显示仪在图 14.4.3 中没有画出。

图 14.4.3 中画出两个(左、右各一个)飞机信息管理系统(AIMS)的机箱,所有显示仪表与机箱和电传操纵系统都用总线(ARINC629)相联。

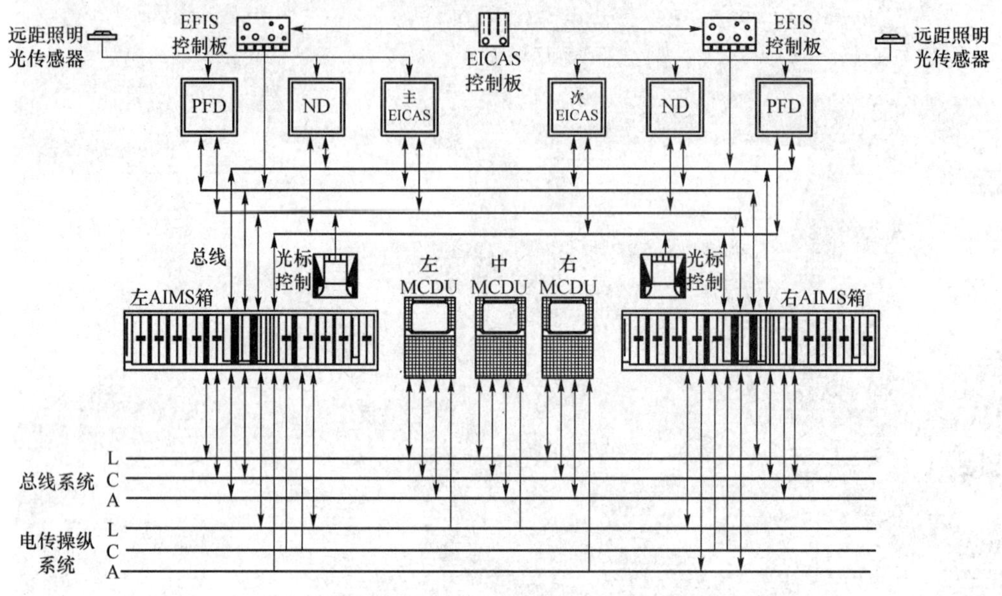

PFD—主飞行显示仪;ND—导航显示仪;EFIS—电子飞行仪表系统;
EICAS—发动机指示和空勤告警系统;MCDU—飞行管理控制显示仪;AIMS—飞机信息管理系统

图 14.4.3 波音 777 飞机信息管理系统的结构图

4. 备份仪表

由图 14.4.2 可以看出,波音 777 仪表板上有 4 个备份仪表 C_6,磁罗盘、陀螺地平仪、气压式高度表等。在左、右两个主飞行显示仪的外侧各装有一个带数码轮的圆盘指针式备份仪表 G。在左主飞行显示仪下方装有一个圆盘指针式的小仪表。在主仪表板中的发动机指示和空勤告警系统显示仪的右侧有起落架位置指示器。共装有 8 个备份仪表。

电子综合显示器的原理框图如图 14.4.4 所示。电子综合显示器所需的原始信息来自飞机其他机载设备,如大气数据系统、惯性导航系统、雷达等。原始信息经输入接口进入信息处理机,进行信息处理,并产生字符—图形发生器所需的信息。字符—图形发生器产生驱动电子显示器所需的信息,最后由电子器件显示所需的画面。所以以计算机为核心的电子综合显示器实质上是一个机载计算机的终端数据图形显示设备。通过变更软硬件可以实现显示信息的组合和搭配,使不同飞行阶段驾驶员所须观察的一组信息同时显示在电子显示器件的屏幕上。

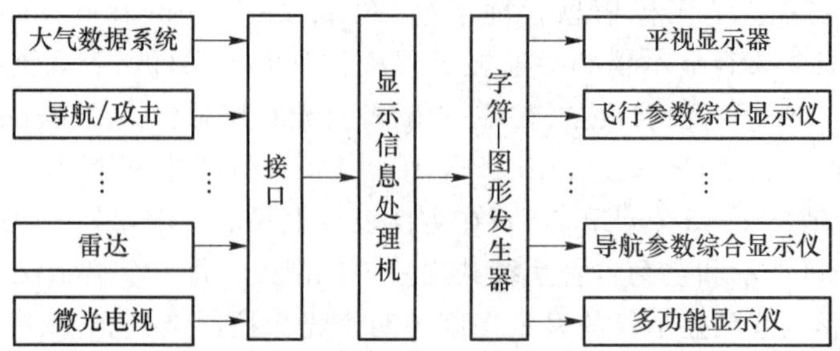

图 14.4.4 电子综合显示器原理框图

常用的飞行显示仪表有：飞行参数综合显示仪、导航参数综合显示仪、发动机指示与空勤告警显示仪等。

图 14.4.5 所示为飞行状态参数在分立式仪表与综合显示器上的显示方式，图 14.4.6 所示为飞机控制参数在分立式仪表与综合显示器上的显示方式，图 14.4.7 所示为以模拟式和数字式显示的航向参数，图 14.4.8 所示为以模拟式和数字式显示的进近信息。

图 14.4.5　飞机上在分立显示器与综合显示器上显示的飞行状态参数

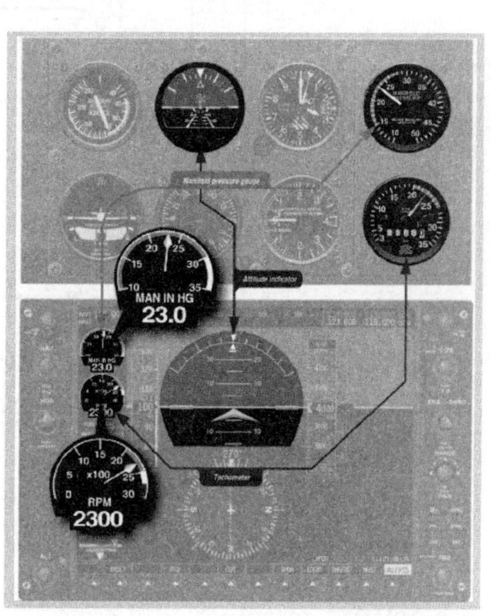

图 14.4.6　飞机控制参数仪表

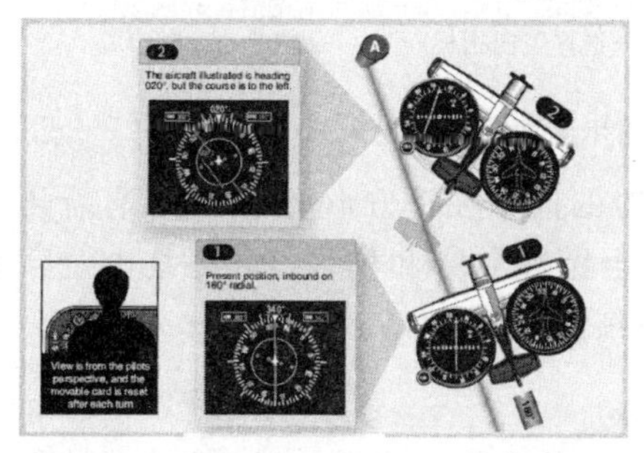

图 14.4.7　以模拟和数字形式显示的航向参数

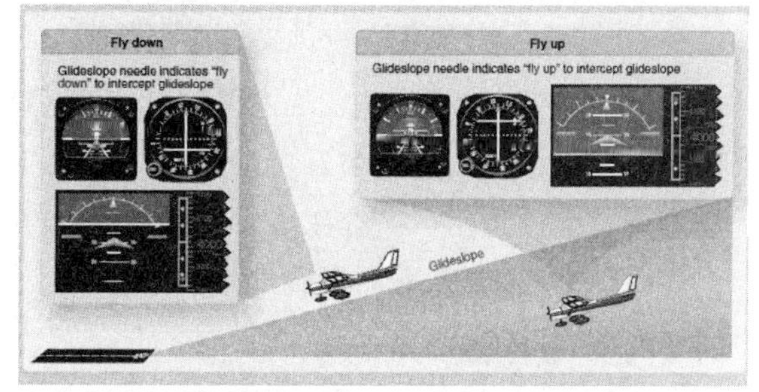

图 14.4.8　以模拟和数字形式显示的进近信息

14.4.2　飞行参数综合显示仪

主飞行显示仪(Primary Flight Display，PFD)几乎将型布局仪表板上的主要飞行参数都综合在一个电子综合显示器上，所以又称为飞行参数综合显示仪。它显示的信息包括：姿态指引信息、航向信息、速度信息和高度信息。图 14.4.9 所示为主飞行显示仪的显示画面。

1. 姿态指引信息

在主飞行显示仪中央正方形内显示，除有俯仰角(5，6)、侧滚角(11，12)、偏离跑道延长线等信号区的侧向偏离(2，3)、下滑道偏离(26，27)四个主要的信息之外，还有一侧滑指标(10)和

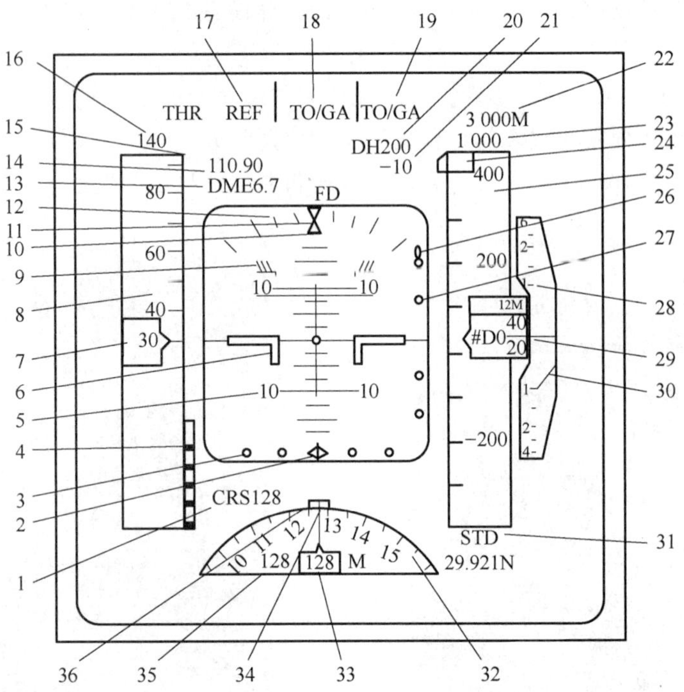

1—选择机场跑道方向；2—偏离跑道延长线等信号区的指标；3—偏离信号延长线等信号区的刻度；4—失速告警空速；5—俯仰刻度；6—飞机指标；7—当时空速；8—空速刻度；9—俯仰极限；10—侧滑角指标；11—侧滚角指标；12—侧滚角刻度；13—离航向台距离；14—仪表着陆系统电台频率；15—选择空速指标；16—选择空速；17—飞行模态指标；18—滚动模态；19—俯仰模态；20—着陆提示高度；21—无线电高度；22—公制选择高度读数；23—英制选择高度读数；24—选择高度指标；25—气压高度；26—下滑道偏离指标；27—下滑道偏离刻度；28—升降速度刻度带；29—当时气压高度；30—升降速度指针；31—标准气压；32—航向刻度盘；33磁航向；34—偏流角指标；35—选择航向；36—选择航向指标

图 14.4.9 主飞行显示器显示画面

俯仰极限指标(9)(运输机和民航客机特有)；飞机着陆时的信息在正方形下方显示，有着陆机场跑道方向的指示(1)；在正方形上方左侧显示离航向台距离(13)和仪表着陆系统电台频率(14)；在正方形上方右侧有着陆提示高度(20)和无线电高度(21)。

2. 航向信息

主飞行显示仪下方弧形刻度内显示航向信息。磁航向信号特意将航向刻度盘上的读数放大后置于最下方的长方形窗口内(33)，它旁边的字母 M 注明是磁航向。在航向刻度盘上可以读出选择航向(36)，同时在长方形窗左侧设有数字显示(35)。选择航向的读数和磁航向的读数相同，表示飞机正朝着选择航向飞行。一般航向仪表中没有偏流角指标(34)。

3. 飞行速度信息

仪表盘左边竖直刻度带显示各种速度信息。竖直刻度带中央放大的读数是当时飞机空速(7)，选择空速指标(15)的读数在刻度带上方用数字显示(16)。为了提高读数的分辨率，竖直刻度带的刻度值是可变的。竖直刻度带的下方有失速告警空速(4)显示。

4. 飞行高度信息

飞行高度信息在仪表盘右边的竖直刻度带内显示，其中间放大的读数是当时的气压高度

(29)。所选择的高度指标(24),其读数有公制的米(m)(22)和英制的英尺(ft)(23)显示。竖直刻度带最下方的读数是标准大气压(31)。高度刻度带右边的刻度带是升降速度(28),其指针(30)在刻度带上的读数便是当时的升降速度。对于不在跑道上着陆的回收式飞行器来说,主要需要指示下降速度,因此,该刻度带可设计成上下移动的。

14.4.3　导航参数综合显示仪

导航显示仪又称导航参数综合显示仪。它显示的信息有航向信息、地速和风速风向信息、航线与航程信息。导航显示仪有两种主要的显示格式,如图 14.4.10 所示,分别为环形地图显示格式和扇形地图显示格式。

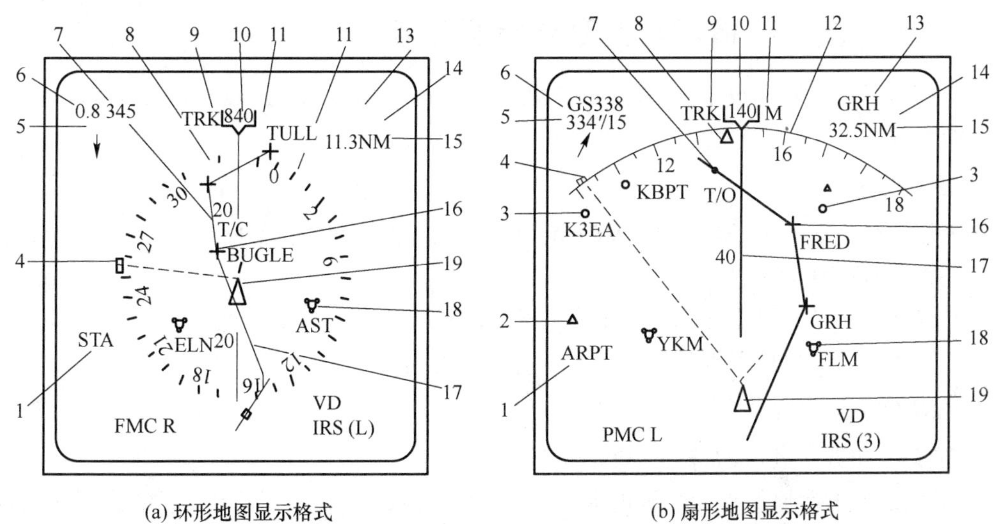

(a) 环形地图显示格式　　(b) 扇形地图显示格式

1　机场、路标、电台选择指示；2—地面参考点；3—伏尔(VOR)导航台；4—选择航向指标；5—风速风向；16—地速；17—机场；8—航向指标；19—真航向指标；10—航向读数；11—磁航向标记；12—航向刻度盘；13—有效路标；14—路标高度；15—到路标距离；16—路标；17—距离刻度；18—伏尔塔康导航台；19—飞机所在地面位置

图 14.4.10　导航显示仪

1. 航向信息

航向信息是导航的重要参数,航向刻度盘(12)是导航显示仪的主要刻度盘,其航向信息与主飞行显示仪下方显示的内容基本相同。当时的航向读数(10)是放大的,其左右两旁的字母注明是磁航向 M(11)和真航向(9)。选择航向(4)由驾驶员选择。机电伺服式航向仪表都必须有指针在 0°～360°的航向刻度盘上指示航向角。在显示屏(CRT 或 LCD)上显示航向无需指针,只要用符号在航向刻度盘上表示出航向的读数即可。

2. 地速、风速、风向信息

地速、风速、风向信息在仪表盘的左上角,GS(Ground Speed)右边的数字表示地速,它的下面是风向角和风速的大小,小箭头示意风向。

3. 航程与航线信息

导航中最重要的问题是随时知道当时飞行器所在地的位置坐标。图 14.4.10 中用三角形

(19)表示当时飞机所在位置;其次是目的机场所在位置(7)T/C应沿什么航线飞向目的地,须经过哪些地方(地标),有哪些明显的路标(16)、有效路标(13)、路标高度(14),如高山等;有哪些导航台(3)与(18);当时所在地离目的地及各路标与导航台的距离,这些都是飞行员关心的问题。

图14.4.10(a)和(b)分别表示两种显示方式。图14.4.10(a)是以当时飞机所在地为圆心,用不同的同心圆表示距离。同心圆也可以不显示出来,用飞机正前方的一根直线上的刻度(17)表示距离。图14.4.10(b)是放大的扇形,以当时飞机所在地面位置为扇形的中心,以飞机前方的直线上的刻度(17)表示距离(也可以绘几个同心圆弧)。这种显示格式较为明显,把导航台(3)与(18)、路标(16)、目的地机场(7)等重要的信息都在显示画面上注明。

14.4.4 发动机指示与空勤告警显示仪

发动机指示与空勤告警系统(Engine Indication and Crew Altering System,EICAS)显示发动机的参数和注意/告警信息。

1. 显示的参数

显示的参数主要有发动机参数,如转速、排气温度、压力比、滑油压力、温度、油量、燃油流量、存油量与温度、振动等。

有时其他系统的信息也显示在该显示仪中,如液压、气压系统的压力;电源系统的电压、电流、功率、频率;座舱高度、温度等。

2. 显示的主要格式

① 用文字和数字显示,如转速、燃油油量等。

② 用数字加上形象的指针与刻度盘。如图14.4.11(a),用一个不到270°的圆弧表示刻度盘,大多数圆弧上无刻度,只有少数带有刻度。另一个从圆弧中心到圆弧的直线(无箭头),代表指针。在圆弧上方的确切数字,显示被测参数的实测数据,指针在刻度盘上转动表示该参数的变化趋势。

③ 用数字显示加上形象的竖直刻度与指标。用一根垂直线象征竖直刻度,在直线旁画一箭头,它在垂直线上的位置高低象征参数的大小,准确值由箭头旁的数字显示读出(见图14.4.11(a)与图14.4.11(d))。

④ 数字显示加上粗细的垂直线,细垂直线在中央不动,粗垂直线长短表征被测参数大小,粗线高表示参数大,相反则参数小。确切数字由它下方的数字显示,如图14.4.11(b)所示。

⑤ 用数字显示加上被测系统的形象图形。例如,显示燃油油量的画面中,形象地显示发动机与油箱,箱内油面离箱底高低表示油量多少,确切数值用数字显示,如图14.4.11(c)所示。

以上5种显示格式,被测参数的准确值均用数字显示,再加上一些形象的图形,表示参数的变化趋势。在一个显示屏内,可采用相同或不同的格式显示多个参数。

注意/告警系统的显示格式,采用红、黄、蓝、绿不同颜色的文字代表不同的提示、注意、告警的等级及内容。

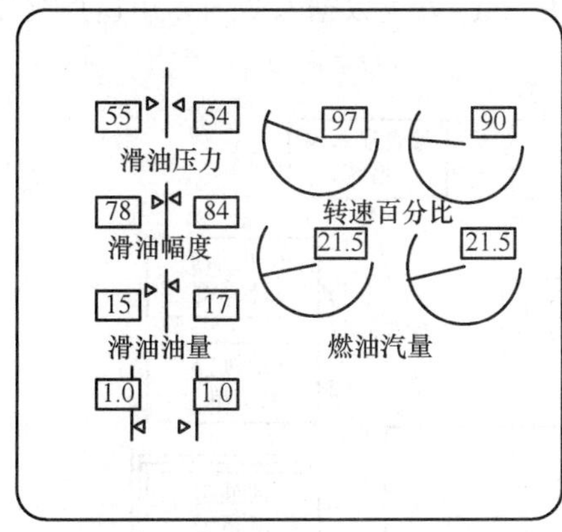

(a) 数字加形象指针刻度盘和竖直刻度带

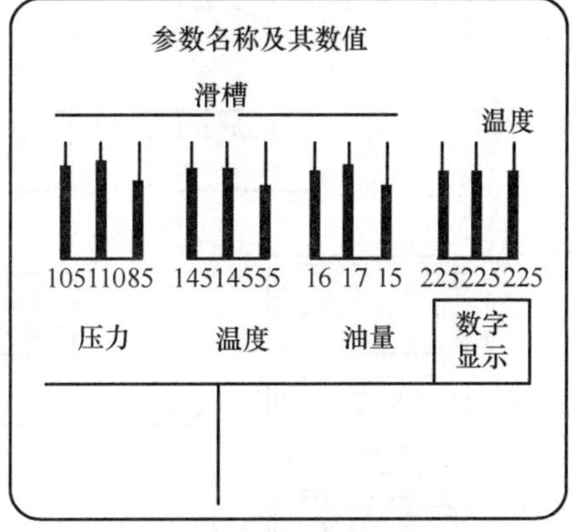

(b) 数字加形象竖直刻度带

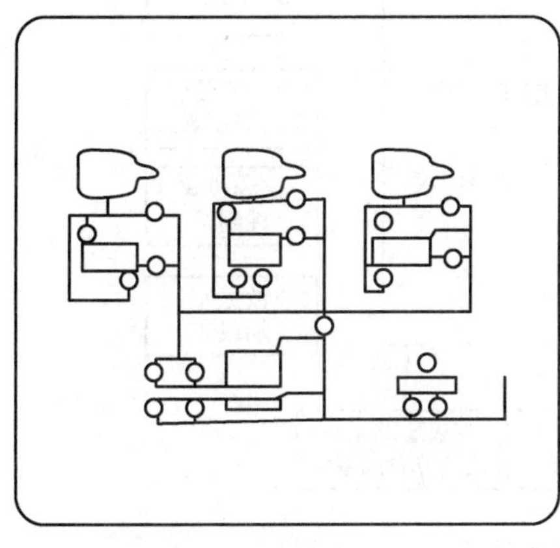

(c) 图形显示

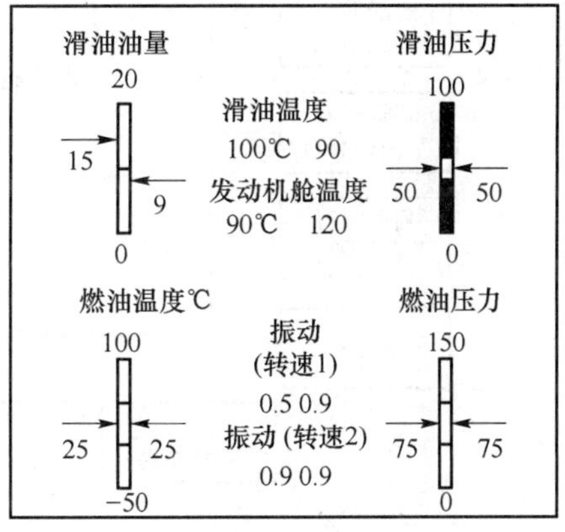

(d) 数字加形象竖直刻度带

图 14.4.11　发动机指示与空勤告警显示仪的几种显示格式

14.4.5　飞行管理系统显示仪

1. 飞行管理系统的主要功能

① 飞行计划管理，包括从飞机机场的入口直至目的地跑道的航线，中间经过的重要路标等完整的飞行计划。

② 确定飞机各时刻位置的导航运算数据，并将计算结果送给导航显示仪。

③ 给自动驾驶仪和飞行指引器输送制导指令，以及油门自动控制器与推力管理，使飞机自动沿最佳航线飞行。

④ 为导航显示仪生成有航线的地图，包括导航台、路标、目的地机场跑道等相对位置的导航地图。

⑤ 存储导航、航空动力和发动机的数据，作为航线更新用的导航数据库。

⑥ 用所有的基准数据和航线进行性能优化计算等。

2. 飞行管理系统的组成

图 14.4.12 所示为飞行管理计算机的接口，由图可以看出飞行管理系统的组成。其中惯

性基准系统，飞行控制计算机与电子接口单元均用三套，大气数据系统与多用途控制显示单元均用两套。

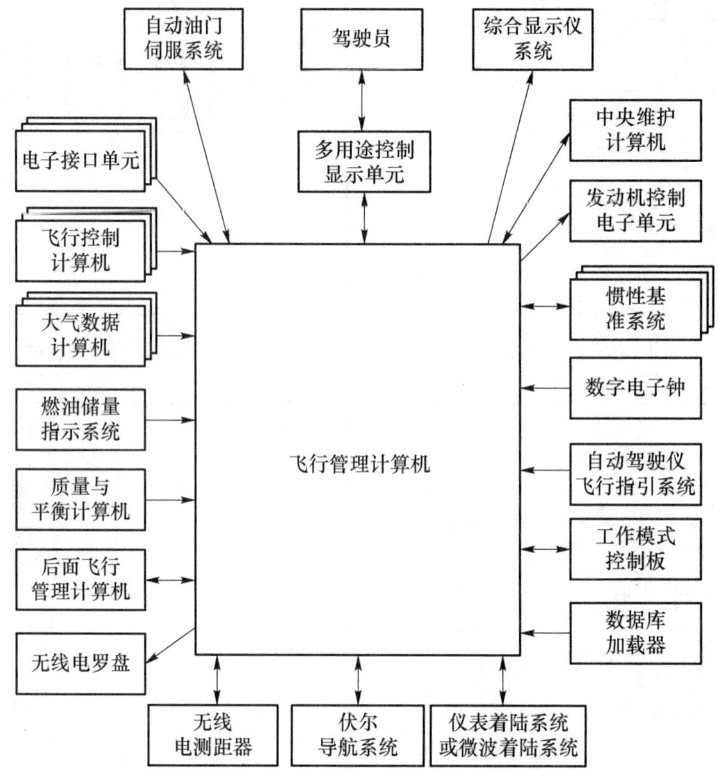

图 14.4.12　飞行管理计算机接口

3. 飞行管理控制显示仪

图 14.4.13 所示为飞行管理控制显示仪，它将飞行控制系统、自动油门伺服系统、导航系统、仪表显示系统、注意/告警系统等统一管理起来，按照飞行计划，使飞行航线最佳。图 14.4.13 中各种功能键、数字键与字母很多，例如计算机的键盘和显示屏的组合，故称为多用途控制显示仪。

14.4.6　平视显示仪

飞机在进场着陆时(特别是在低高度时)，驾驶员往往需要集中精力看跑道，无暇低头看仪表显示。航天飞机开始进场的下滑角为 22°，平视显示仪的显示屏为半透明的玻璃，装在驾驶员前方仪表板的上方挡风玻璃内，驾驶员透过半透明玻璃，既能看到跑道外景，又能看见主要仪表读数。

1. 平视显示仪的系统组成

平视显示仪简称平视仪，由计算机系统和字符—图形发生器组成的电子装置、CRT 显示器和光学系统组装而成，所需信号来自大气数据计算机、导航—攻击系统、超高频自动导引、无线电高度表、仪表着陆系统等。其中既有仪表着陆时的信息，又有导引攻击用的信息。这些信息送给字符—图形发生器(或计算机系统)，它将需要显示的信号按显示格式编好后送给显示仪的 x、y、z 轴信号放大器。图 14.4.14 所示为平视仪的系统组成。

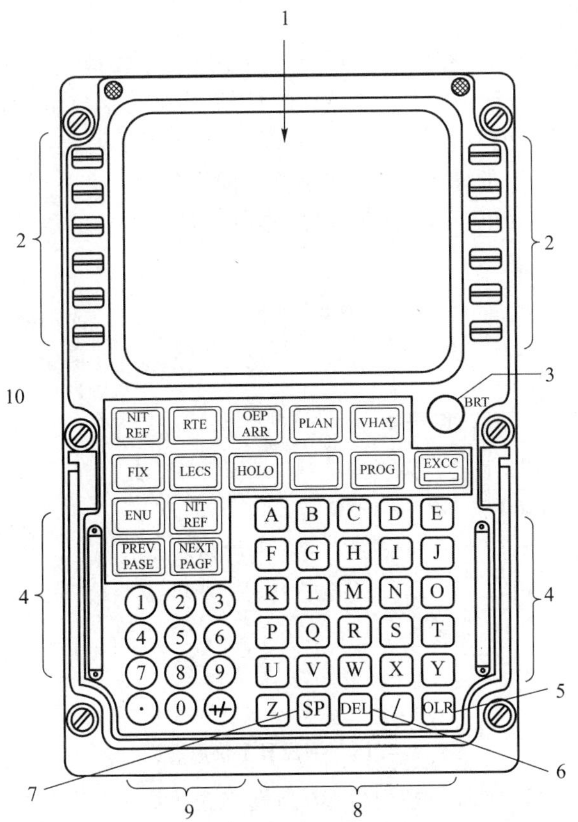

1—显示屏；2—线选择键；3—显示亮度调节钮；4—信号灯；5—清除键；
6—删除键；7—空格键；8—字母键；9—数字键；10—功能与模态键

图 14.4.13　飞行管理控制显示仪

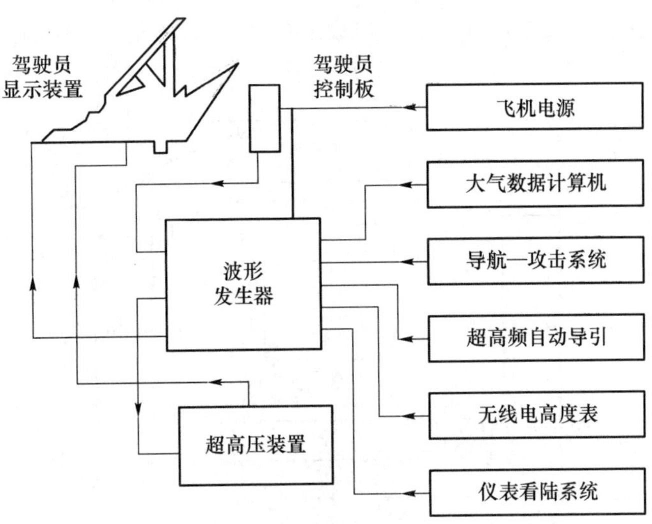

图 14.4.14　平视显示仪系统组成

2. 平视显示仪原理

图 14.4.15 是平视仪的原理和结构示意图。由字符发生器提供的轴偏转信号经放大后分别送给磁偏转线圈，并配合 z 轴亮度控制信号，在 CRT 屏幕上形成所需显示的画面，再经光学系统把画面投影到驾驶员正前方视场中，驾驶员通过半透明平面镜在观察外景的同时，可清晰地看到 CRT 显示屏上显示的图形、符号和字符。因为需要一套光学投影系统，故这种 CRT 必须是高亮度和高分辨率的(也可改用高亮度的彩色液晶平板显示器)。

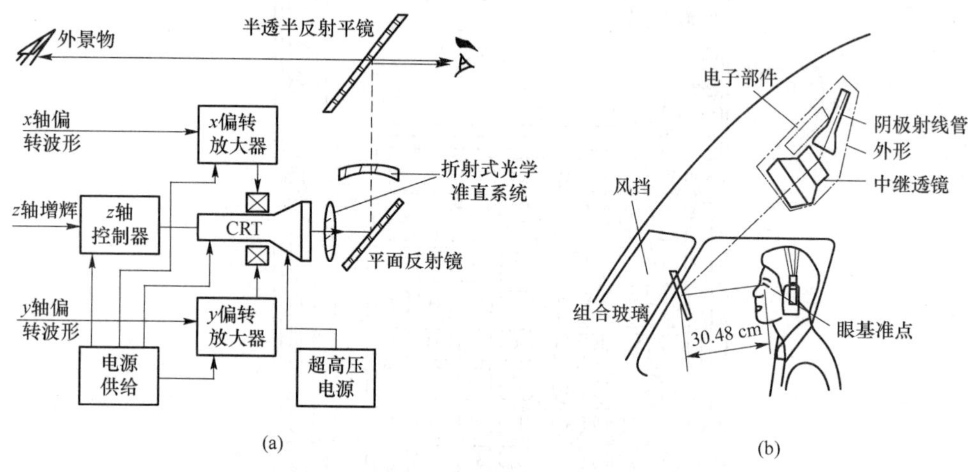

图 14.4.15 平视显示仪原理图

平视仪可显示姿态信息、导航与指引信息、高度与速度信息、武器与瞄准信息(如光环、接近目标速度、目标距离等)、临界值与告警信息等。除字符外，还可显示微光电视、前视红外雷达等视频图像。

在平视仪显示图形设计上，字符尺寸大小和线段长度一般不采用长度单位表示，而是用视角大小表示。例如，数字的字高(1/2)°、字宽(1/3)°，英文字母的字高 1°、字宽(2/3)°。显示格式和区域的新分一般应从工程心理学角度和战术技术要求考虑。图 14.4.16 是一种典型的显示区域划分示意图。

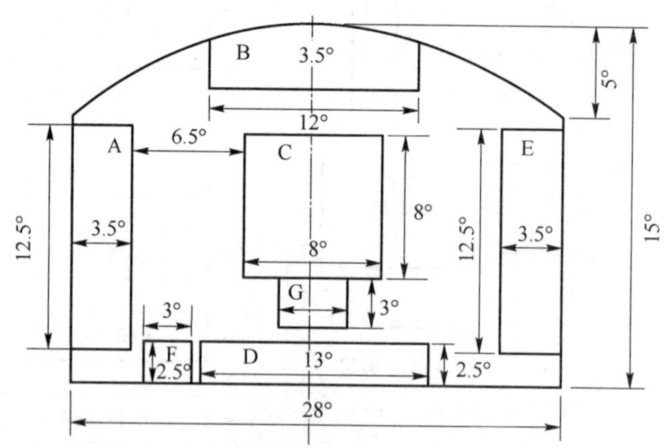

A—升降速度、空速及 *Ma* 数；B—航向；C—姿态与操纵提示；D—距离；
E—气压高度、无线电高度或目标接近速度；E—军械类别和数量；G—警告提示

图 14.4.16 平视仪视场中显示区域的划分

14.4.7　头盔显示器

头盔显示器与头盔瞄准具(helmet mounted display / helmet mounted sight),可在驾驶员向任何方向转动头部时,仍能把仪表参数显示在驾驶员眼睛前方视线中。

头盔显示器原理和平视显示仪类似。它是用光学系统将 CRT 显示屏上的仪表图形与符号等,投影到驾驶员眼前的组合玻璃上(头盔显示器的显示屏)。CRT、光学系统和显示屏都固定在头盔上。头盔较重,通常采用轻型复合材料头盔和内衬以减轻重量,头盔的标准质量为 1.7 kg。CRT 可以在头盔上,也可以放在座舱内,用光缆传送至头盔上,这样不仅可以减小头盔质量,还可以把 CRT 需要的 7 kV～10 kV 高压电源分开。1997 年,有源矩阵液晶显示(AMLCD)已经代替了 HMD 中的 CRT。

机载头盔显示器的基本结构有三种形式:第一种是单目型,用一个眼睛观察(monocular);第二种是单管双目型,即单传感器的像被两个眼睛观察(binocular);第三种是双管双目型,即双传感器双观察通道(binocular)。下面介绍几种头盔显示器。

1. 光纤头盔显示器

光纤头盔显示器的基本原理是将计算机成像的结果,在 CRT 显示屏上显示的图形、字符与文字等整个画面,用光缆传到头盔,然后投影到驾驶员眼睛的双目镜准直显示屏。这种扁圆显示屏是半透明的,驾驶员透过它能正常地观察外景和舱内的控制器和显示器。

2. 仪表显示与电视组合的光纤头盔显示器

图 14.4.17 是仪表显示与电视组合的光纤头盔显示器的方框图。三轴稳定的摄像机对所需的视场进行摄像,并在电视屏上显示。各种传感器的信号通过接口送入计算机,计算机成像的结果(需要仪表显示的结果)和电视机的图像在显示电子组件中叠加,叠加后的全部信号通过光缆传给头盔显示器,直至驾驶员眼前的显示屏上。驾驶员可以看到传感器感受的信号与显示的参数,同时又可看到电视摄像机摄影的图像。同理,加上前视红外的视频信号,便可在夜间执行任务。

3. 超级头盔虚拟仪表板

图 14.4.18 是一种功能较全的超级头盔虚拟仪表原理框图。各种传感器的信息,由数据总线输入计算机后,用计算机成像软件生成各种需要显示的图像与图形,经双目镜电子部件后,带动两个阴极射线管,并经光学系统传至双目镜显示屏上。计算机经语音合成器与三维声发生器,产生的语音送给头盔内的双耳耳机,驾驶员可以用话筒发出控制指令。

头盔顶部装上发光二极管阵列,座舱盖上装上光学跟踪探测器,便可以控制头盔位置。目镜部位可装眼探测器,驾驶杆附近可装上手位跟踪器。头位、眼位和手位信号经其电子部件送入计算机内。由头盔位置信号经驾驶员状态监视系统输入计算机,在计算机内有数据库、知识库和推理机,属于智能系统,整个系统是以头盔显示器(双目镜)为中心,包括耳机与话筒。有头位与眼位信号,统一由智能系统管理,因此称为第 3 号超级座舱系统。

14.4.8　飞行仪表显示系统的发展趋势

驾驶员主要靠视觉观察显示器得到信息,由驾驶员用双手操纵各种控制器控制对象。电子综合显示技术虽然提高了信息的综合程度,但是由于信息量大,故驾驶员的负担太重。为了解决这一问题,未来的仪表显示系统可能采取如下措施。

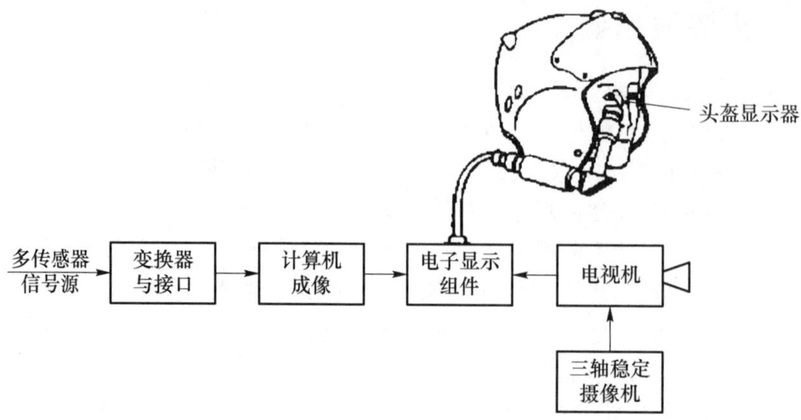

(a) 仪表显示与电视组合的头盔显示器

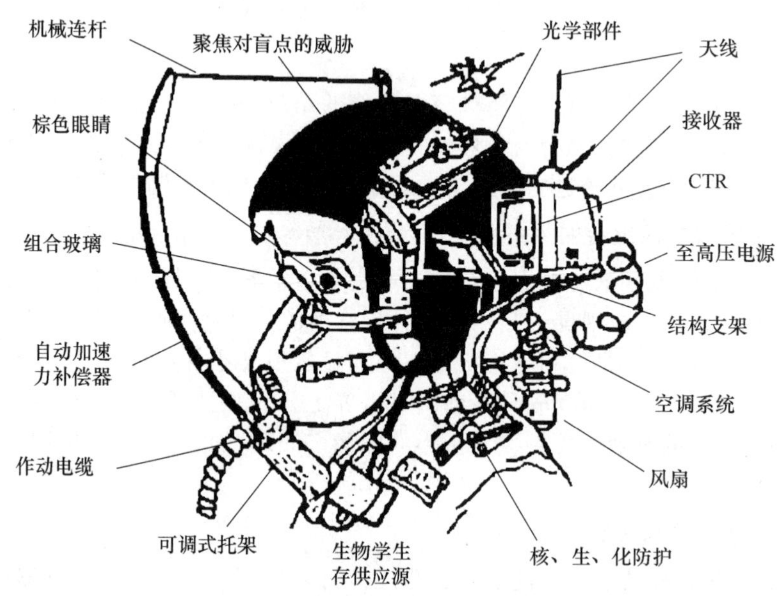

(b) 头盔显示和瞄准系统示意图

图 14.4.17 头盔显示器

(1) 彩色液晶显示器

彩色液晶显示器具有体积小、质量小、节省电源功率、可靠性高和读数清晰等优点，是未来显示器的发展方向之一。

(2) 采用语言指令系统

语言指令系统包括语言合成和语音识别两部分。语言合成系统把计算机输出的数字信号转换成人的语音，由驾驶员的听觉接受，以分担驾驶员的视觉负担。目前的语言合成技术已可以向驾驶员发出警告、提示和飞行计划等信息。

语音识别系统，把驾驶员的语言变换成数字代码输入计算机，经计算机处理后进行控制，代替驾驶员手操纵。其技术难度是要有一个容量足够大的语言词汇库和不同驾驶员口音差别的语音识别。

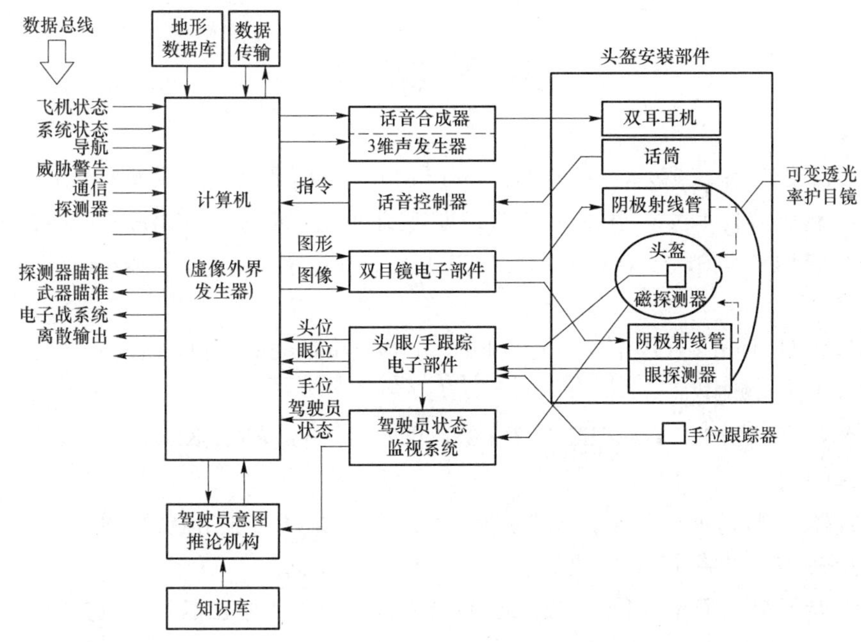

图 14.4.18　超级头盔虚拟仪表板原理框图

(3) 头盔显示器

头盔显示方便、灵活，配合语音系统的高智能化的虚拟头盔显示器在未来战斗机中有广泛应用。

(4) 触敏显示屏使显示与控制结合

目前飞机上采用传统的开关和按键，为了能准确无误地进行操纵，开关和按键必须做得足够大，并留有足够的间隔和清晰的标志。所以，飞机座舱内开关和按键的控制板所占用的面积很大。触敏显示屏是在显示器屏幕上根据显示系统的简化图形和控制开关，在显示屏上触摸相应的开关，就可以实现控制。

(5) 大屏幕全景显示与控制系统

美国麦克唐纳-道格拉斯公司提出的“大图像”方案，设想将整个仪表板作为一个大显示屏，没有常规仪表、开关和按钮，采用触敏显示屏并与语言指令系统交联，构成一个大屏幕全景控制和显示系统(Pantoscopic Cockpit Control And Display System，PCCADS)。

思考题与习题

14.1 电子综合显示有哪些特点？

14.2 简述电子综合显示系统的功能。

14.3 飞行参数综合显示仪、导航参数综合显示仪、发动机指示与空勤告警显示仪是常用的飞行显示仪表，它们各自显示的主要内容是什么？

14.4 平视仪视场中显示区域一般是如何划分的？线性预测合成技术有哪些特点？

14.5 简述头盔显示器原理。机载头盔显示器的基本结构有哪三种形式？

14.6 简述飞行仪表显示系统的发展趋势。

参 考 文 献

[1] 樊尚春,吕俊芳,张庆荣,等. 航空测试系统[M]. 北京:北京航空航天大学出版社,2005.
[2] 樊尚春. 传感器技术及应用[M]. 3 版. 北京:北京航空航天大学出版社,2016.
[3] IAN M, ALLAN S, MALCOLM J. Civil Avionics System[M]. Second Edition Wiley Press, 2013.
[4] COOK N H, ROBINOWICZ, E. Physical Measurement and Analysis[M]. Addison Wesley, Inc. 1963.
[5] ILLMAN, PAUL E. The Pilot's Handbook of Aeronautical Knowledge[J]. McGraw-Hill Professional, 2013.
[6] 朱定国,林燕珊,杨世均. 航空测试系统[M]. 北京:国防工业出版社,1990.
[7] 杨世均. 航空测试系统[M]. 北京:国防工业出版社,1984.
[8] 贾玉红. 航空航天概论[M]. 4 版. 北京:北京航空航天大学出版社,2017.
[9] RATHAKRISHNAN, ETHIRAJAN. Instrumentation, Measurements, and Experiments in Fluids[M]. [S. l. :s. n.],2016.
[10] 林坤. 航空仪表与显示系统[M]. 北京:北京理工大学出版社,2015.
[11] 王有隆. 航空仪表[M]. 成都:西南交通大学出版社,2001.
[12] 刘向阳. 航天测试技术[M]. 北京:国防工业出版社,2013.
[13] ROY L, CHUCK C, MARTIN H, et al. Aircraft Fuel Systems[M]. [S. l]: Viley Press, 2008.
[14] 何兆湘,黄兆祥,王楠. 传感器原理与检测技术[M]. 武汉:华中科技大学出版社,2019.
[15] 李艳红,李海华,杨玉蓓. 传感器原理及实际应用设计[M]. 北京:北京理工大学出版社,2016.
[16] 陈裕泉[美],葛文勋. 现代传感器原理及应用[M]. 北京:科学出版社,2007.
[17] 余愿,刘芳. 传感器原理与检测技术[M]. 武汉:华中科技大学出版社,2017.
[18] 梁福平. 传感器原理及检测技术[M]. 2 版. 武汉:华中科技大学出版社,2018.
[19] 熊华钢, 周贵荣, 李峭. 机载总线网络及其发展[J]. 航空学报, 2006, 27(6).
[20] 袁梅, 曲方伟. 民用机载航空总线发展概述[C]// 大型飞机关键技术高层论坛暨中国航空学会 2007 年学术年会论文集. [S. l. :s. n.],2007.
[21] 支超有. 机载数据总线技术及其应用[M]. 北京:国防工业出版社, 2009.
[22] 逯计划. 机载总线技术发展研究[J]. 电子测试, 2017(4):72-73.
[23] 尤然. 高安全性航空总线转接器的设计与实现[D]. 天津:中国民航大学, 2019.
[24] 侯轶宸, 冯毅. 高速串行总线与传统航空总线的混合应用研究[J]. 航空计算技术, 2019(3).
[25] 陈长胜,范祥辉,邱征,等. 民用飞机机载总线与网络[M]. 上海交通大学出版社, 2020.
[26] 卢永强, 李宁, 赵晶晶. 民机飞行数据记录系统——ARINC717 规范发展历程[C]// 2013 年度标准化学术研究论文集. [S. l. :s. n.],2013.

[27] 孟锐，刘彩虹，吴欣茹．基于航空总线提高数据可靠性的设计与实现[J]．电子设计工程，2012(27)：7-9．
[28] 宁伟．通用航空总线实时测试与分析技术研究[D]．西安：西北工业大学，2006．
[29] 季健．总线监控技术的研究与应用[D]．南京：南京航空航天大学，2012．
[30] 冯悦．ARINC661 航电总线数据可视化处理技术研究[D]．南京：南京航空航天大学，2019．
[31] PAUL E. I. 飞行员航空知识手册[M]．王同乐，译．北京：航空工业出版社，2008．
[32] 程农，李四海．民机导航系统[M]．上海：上海交通大学出版社，2015．
[33] 赵勇．光纤光栅及其传感技术[M]．北京：国防工业出版社，2007．